气体敏感功能材料与气体传感器

王毓德 陈 婷 田 旭 著

科学出版社
北京

内 容 简 介

本书根据著者在高性能气体敏感材料与电阻式气体传感器领域的研究成果，结合近年来国内外的研究进展、发展趋势及存在问题，阐述环境毒害气体金属氧化物敏感材料的制备及其在电阻式气体传感器领域的应用。本书针对敏感材料组分、形貌等与环境毒害气体传感器的性能关系和相关机理展开讨论，分别介绍 SnO_2、ZnO、TiO_2、WO_3、$MSnO_3$（M = Zn、Cd、Ni）、$LnFeO_3$（Ln = La、Sm、Er、Eu）、其他金属氧化物、聚合物基等敏感材料及其对环境毒害气体的性能与气敏机理、气体传感器可靠性试验与可靠性水平的评价及性能改善。

本书可作为高等院校材料科学与技术、电子科学与技术、测控技术与仪器、自动化、电气工程及其自动化、计算机应用、生物医学工程等专业的本科生或研究生的教学或科研参考书，也可作为从事功能材料、敏感材料、可燃性、有毒有害气体检测相关领域应用和设计开发的研究人员、工程技术人员的参考用书。

图书在版编目（CIP）数据

气体敏感功能材料与气体传感器 / 王毓德，陈婷，田旭著. —北京：科学出版社，2025.6. -- ISBN 978-7-03-080636-9

Ⅰ．TP212.2

中国国家版本馆 CIP 数据核字第 2024VJ5152 号

责任编辑：华宗琪 / 责任校对：郝璐璐
责任印制：罗 科 / 封面设计：义和文创

科学出版社 出版
北京东黄城根北街16号
邮政编码：100717
http://www.sciencep.com

四川煤田地质制图印务有限责任公司印刷
科学出版社发行 各地新华书店经销

*

2025年6月第 一 版 开本：787×1092 1/16
2025年6月第一次印刷 印张：24
字数：569 000

定价：219.00元

（如有印装质量问题，我社负责调换）

序　言

　　人类赖以生存的基础——物质，其形态有固态、液态、气态、等离子体、气溶胶等。在一定条件下，固态、液态、气态可相互转化。在不同的条件下可存在不同的气态物质：①在常温、常压下的气态物质有空气、氧气、氮气等。②液态物质在一定的加热条件下可由液态转化为气态，如水蒸气即由水加热沸腾后转化而来。③一些固态物质在低压（真空）、高温条件下可转化为气体，如在真空条件下加热金属熔融可转化为金属蒸气。④一些固体、液体物质在一定条件下可挥发形成气体，如酒精挥发形成乙醇气体；水果、食品可挥发出与其相关的气味；腐败食物挥发出不同的特异臭味；不同患者会呼出或身体散发出特有的气味。

　　气态物质不仅广泛存在，而且种类繁多，有生物存活、繁衍、生长和人类卫生健康必需的空气、氧气等；有对生物、人类造成伤害甚至致命的有害气体和毒性气体，如CO、NO、酸蒸气、碱蒸气等；有为人们生产、生活提供能源的液化石油气；有用于食品或保鲜的CO_2、N_2等。此外，气态物质还广泛用于或存在于化工、冶金、半导体工业、交通运输、国防、农业、科学研究等众多领域。气态物质作为物质世界的重要组成部分和一种特殊形态，与人类的生产、生活、经济密切相关，从而成为人们长久乐此不疲的重要研究对象。

　　对物质进行检测、表征、标定是物质研究的重要内容。由于气态物质的特殊性，对它的研究不仅重要，而且相较困难。已有的检测手段并不太多，有气相色谱、质谱、红外光谱仪、拉曼光谱等。这些大型仪器有其固有的优点，但也存有一些局限性，如难于实现在线快速检测与控制等。因此，寻求可直接输出电信号，并能快速检测的相关传感器和仪器就成为该研究的一个重要方向。

　　1947年，日本科学家发现氧化锌（ZnO）接触到乙醇气体后，其导电特性会发生改变，进而又发现二氧化锡（SnO_2）也有类似特性。利用此特性可制成检测乙醇气体的气体传感器，因此国防部门、企业、科学家等对其关注并纷纷投入研究。先期研究从两个方面展开：一是可燃、易爆气体及与消防安全相关的传感器；二是有毒、有害和国防安全相关的特异气体传感器。而近几年，气体传感器研究又扩展到食品新鲜度检测、环境、医疗、卫生等各个领域。在可燃气体的研究和应用方面，日本处于国际领先地位。20世纪80年代末，日本已将液化石油气传感器用于家用燃气泄漏报警与控制，并在90年代实现了普及。我国相关的研究起步较晚，在20世纪70年代末至80年代初才逐渐受到重视。吉林大学、中国科学技术大学、云南大学、清华大学及相关企业纷纷投入人力开展研究；继之又有福州大学、郑州大学、内蒙古大学、四川大学等单位加入其中，取得了一系列成果，特别在乙醇气体传感器的应用方面。云南大学气体传感器研究团队，自20世纪80年代至今，在多种气体敏感材料、多种气体传感器，以及提高气敏元件灵敏性、选择性、气敏元件可靠性等多个领域开展了广泛深入的研究。学术上提出了气敏元件的互补反馈原理、气敏元件表面修饰、表面阻隔与表面催化反应、杂化材料、材料掺杂、材料纳米化等一系列颇具创意的学术思想，并发明和开发出实现上述学术思想的相关技术与方法，形成了自身的显著特色。特别在材料纳米化方面，王毓德教授主导的研究，不仅涉及多种气体敏感材料、多种制备方法与技术，而且方法新颖；材料纳米体系化，有纳米颗粒、纳米线、纳米多孔、零维等系列材料；材料分析与表征准确且全面。其研究如此广泛、全面、深入、细微、创新性突出，这在传感器材料纳米化研究方面是颇为少见的。

云南大学气体传感器研究团队，在长期的气体敏感材料和气体传感器的研究中，获得多项发明专利，取得了多项成果，包含国家技术发明奖两项及省部级科技奖多项。本书重点介绍该团队的主要研究成果，相信本书的出版将会促进和推动我国该领域的研究再上新台阶。

吴兴惠

2024 年 9 月

前　言

半导体气体传感器因其制备工艺简单、成本低、灵敏性高和稳定性好等特点，在有毒有害、易燃易爆气体检测方面应用最为广泛，在国民经济的各个领域也得到较多应用。随着人们对生活质量的高需求以及智能化信息化的快速发展，空气质量监测、智能家居、医疗诊断等多领域对气体传感器的需求不断升级，新技术、新材料研发与传感器网络化、集成化是未来发展的必然趋势。

本书为该领域的研究生、研究人员、工程技术人员等提供较为系统的气体敏感功能材料和气体传感器相关基础知识和技术，根据著者在该领域多年的研究成果，特别是在高性能有毒有害气体敏感材料与电阻式气体传感器领域的研究成果，结合近年来国内外的研究进展、发展趋势及存在问题，同时借鉴国内外同行的研究成果撰写而成。本书主要阐述了有毒有害气体金属-氧化物-半导体敏感材料的制备及其在电阻式气体传感器领域的应用。

本书基于著者主持的国家自然科学基金项目"纳米多孔氧化锡基复合材料的自组装合成及其对室内有毒有害气体敏感特性的研究"（51262029）、"基于海水中甲烷气体探测的气体传感器及其敏感机理研究"（61761047）、"电化学原位监测获取的海洋底水溶解甲烷浓度变化影响因素和检测方法改进方案"（41876055），省部级重点项目"高性能环境毒害气体传感器敏感材料性能与机制研究"（2011FA001）、"基于纳米多孔材料的环境毒性气体传感器敏感性能与机制研究"（210206）、"基于海水中甲烷气体探测的敏感材料与传感器研究"（2017FA025），以及国家奖、省级奖等多项研究成果。全书内容顺应当今学科发展趋势，强调基础性和实用性，不仅涉及多种气敏材料、多种制备方法与技术，而且方法新颖。本书为我国气体敏感材料和气体传感器领域的相关科研工作者提供了重要的理论和技术依据，对我国未来的气体敏感材料和气体传感器发展具有重要的实用价值。

本书结合不同功能的敏感材料和与其相对应的气体传感器分章撰写，包含10章内容。首先介绍电阻式气体传感器的工作原理、制作方法和特性等基本知识，同时也对与电阻式气体传感器密切相关的敏感材料特性进行重点介绍。针对敏感材料组分、形貌等与有毒有害气体传感器的性能关系和相关机理展开讨论，分别介绍SnO_2、ZnO、TiO_2、WO_3、$MSnO_3$（M = Zn、Cd、Ni）、$LnFeO_3$（Ln = La、Sm、Er、Eu）、其他金属氧化物、聚合物基等敏感材料及其对环境毒害气体的性能与气敏机理、气体传感器可靠性试验与可靠性水平的评价及性能改善。

本书第 1 章和第 10 章由王毓德撰写，第 5 章和第 9 章由田旭撰写，第 6 章和第 7 章由陈婷撰写，其中邢欣欣、赵荣俊、崔秀秀、姚丽佳在攻读研究生阶段分别对第 2 章、第 3 章、第 4 章和第 8 章的内容作出了重要贡献，全书由王毓德统稿。

由于著者水平有限，书中疏漏之处在所难免，希望广大读者批评指正。

目 录

第 1 章 电阻式气体传感器简介 ... 1
1.1 气体检测 ... 1
1.2 氧化物半导体气敏材料 ... 2
1.3 电阻式气体传感器器件结构 ... 3
1.3.1 n+n 型组合结构气体传感器 ... 5
1.3.2 p+n 型组合结构气体传感器 ... 7
1.3.3 n+p 型组合结构气体传感器 ... 11
1.4 电阻式气体传感器工作原理 ... 14
1.4.1 吸附氧模型 ... 14
1.4.2 晶界势垒模型 ... 14
1.4.3 表面电导模型 ... 15
1.4.4 颈部沟道控制模型 ... 16
1.4.5 接触（催化）燃烧模型 ... 17
1.4.6 体电阻控制型理论 ... 17
1.5 电阻式气体传感器性能评价指标与测试 ... 18
1.6 提高气体传感器性能的技术措施 ... 19
参考文献 ... 20

第 2 章 气体敏感功能材料 ... 24
2.1 多晶体 ... 24
2.1.1 多晶体粉末 ... 25
2.1.2 薄膜材料 ... 27
2.2 纳米结构 ... 29
2.2.1 零维纳米结构 ... 29
2.2.2 一维纳米结构 ... 30
2.2.3 二维纳米结构 ... 31
2.2.4 三维纳米结构 ... 32
参考文献 ... 33

第 3 章 SnO_2 基气体敏感材料与气体传感器 ... 35
3.1 零维纳米结构 SnO_2 基气体敏感材料与气体传感器 ... 35
3.1.1 零维纳米结构 SnO_2 基气体敏感材料的制备 ... 35
3.1.2 零维纳米结构 SnO_2 基气体敏感材料的表征与分析 ... 36
3.1.3 零维纳米结构 SnO_2 基气体传感器 ... 44

3.2 一维纳米结构 SnO$_2$ 基气体敏感材料与气体传感器 ·············· 53
 3.2.1 一维纳米结构 SnO$_2$ 基气体敏感材料的制备 ·············· 53
 3.2.2 一维纳米结构 SnO$_2$ 基气体敏感材料的表征与分析 ·············· 55
 3.2.3 一维纳米结构 SnO$_2$ 基气体传感器 ·············· 72
3.3 二维纳米结构 SnO$_2$ 基气体敏感材料与气体传感器 ·············· 90
 3.3.1 二维纳米结构 SnO$_2$ 基气体敏感材料的制备 ·············· 90
 3.3.2 二维纳米结构 SnO$_2$ 基气体敏感材料的表征与分析 ·············· 91
 3.3.3 二维纳米结构 SnO$_2$ 基气体传感器 ·············· 97
3.4 三维纳米结构 SnO$_2$ 基气体敏感材料与气体传感器 ·············· 103
 3.4.1 三维纳米结构 SnO$_2$ 基气体敏感材料的制备 ·············· 103
 3.4.2 三维纳米结构 SnO$_2$ 基气体敏感材料的表征与分析 ·············· 105
 3.4.3 三维纳米结构 SnO$_2$ 基气体传感器 ·············· 115
3.5 纳米多孔结构 SnO$_2$ 基气体敏感材料与气体传感器 ·············· 125
 3.5.1 纳米多孔结构 SnO$_2$ 基气体敏感材料的制备 ·············· 125
 3.5.2 纳米多孔结构 3D OP ZnO-SnO$_2$ HM 敏感材料的表征与分析 ·············· 126
 3.5.3 纳米多孔结构 SnO$_2$ 基气体传感器 ·············· 128
参考文献 ·············· 130

第4章 ZnO 基气体敏感材料与气体传感器 ·············· 135
4.1 零维结构 ZnO 基气体敏感材料 ·············· 135
 4.1.1 Au/ZIF-8 衍生的多孔 Au/ZnO 复合纳米材料 ·············· 135
 4.1.2 MOF 衍生 ZnFe$_2$O$_4$/(Fe-ZnO) 纳米复合材料 ·············· 139
4.2 一维纳米结构 ZnO 基气体敏感材料 ·············· 143
 4.2.1 花状氧化锌微米棒 ·············· 143
 4.2.2 Au 修饰 ZnO 纳米棒阵列 ·············· 146
4.3 二维纳米结构 ZnO 基气体敏感材料 ·············· 148
 4.3.1 ZnO 纳米片 ·············· 148
 4.3.2 Au 掺杂 ZnO 纳米片 ·············· 152
4.4 三维纳米结构 ZnO 基气体敏感材料——空心球结构纳米 ZnO ·············· 155
 4.4.1 三维空心球结构纳米 ZnO 基气体敏感材料的制备 ·············· 155
 4.4.2 三维空心球结构纳米 ZnO 基气体敏感材料的表征与分析 ·············· 157
 4.4.3 三维空心球结构纳米 ZnO 基气体敏感材料的气敏性能与机理 ·············· 160
4.5 纳米多孔结构 ZnO 基气体敏感材料 ·············· 165
 4.5.1 纳米多孔结构 ZnO 基气体敏感材料的制备 ·············· 165
 4.5.2 纳米多孔结构 ZnO 基气体敏感材料的表征与分析 ·············· 165
 4.5.3 纳米多孔结构 ZnO 基气体敏感材料的气敏性能与机理 ·············· 170
参考文献 ·············· 174

第5章 TiO$_2$ 基气体敏感材料与气体传感器 ·············· 178
5.1 零维结构 TiO$_2$ 基气体敏感材料与气体传感器 ·············· 178

5.1.1	零维结构 TiO$_2$ 基气体敏感材料的制备	178
5.1.2	零维结构 TiO$_2$ 基气体敏感材料的表征与分析	180
5.1.3	零维结构 TiO$_2$ 基气体传感器	190

5.2 一维纳米结构 TiO$_2$ 基气体敏感材料与气体传感器 … 202
  5.2.1 一维纳米结构 TiO$_2$ 基气体敏感材料的制备 … 202
  5.2.2 一维纳米结构 TiO$_2$ 基气体传感器 … 203

5.3 二维纳米结构 TiO$_2$ 基气体敏感材料与气体传感器 … 205
  5.3.1 二维纳米结构 TiO$_2$ 基气体敏感材料的制备 … 205
  5.3.2 二维纳米结构 TiO$_2$ 基气体传感器 … 206

5.4 三维纳米结构 TiO$_2$ 基气体敏感材料与气体传感器 … 208
  5.4.1 三维纳米结构 TiO$_2$ 基气体敏感材料的制备 … 208
  5.4.2 三维纳米结构 TiO$_2$ 基气体传感器 … 209

5.5 纳米多孔结构 TiO$_2$ 基气体敏感材料与气体传感器 … 211
  5.5.1 纳米多孔结构 TiO$_2$ 基气体敏感材料的制备 … 211
  5.5.2 纳米多孔结构 TiO$_2$ 敏感材料的表征与分析 … 213
  5.5.3 纳米多孔结构 TiO$_2$ 气体传感器 … 215

参考文献 … 218

第6章 WO$_3$ 基环境毒害气体敏感材料与气体传感器 … 223
6.1 概念和发展简史 … 223
6.2 结构与气敏机理 … 223
6.3 WO$_3$ 基气体敏感材料的制备与表征 … 224
  6.3.1 零维纳米结构 WO$_3$ 基气体敏感材料 … 225
  6.3.2 一维纳米结构 WO$_3$ 基气体敏感材料 … 225
  6.3.3 二维纳米结构 WO$_3$ 基气体敏感材料 … 227
  6.3.4 三维纳米结构 WO$_3$ 基气体敏感材料 … 228

6.4 WO$_3$ 基气体敏感材料的气敏性能提升方法 … 231
  6.4.1 形貌调控 … 231
  6.4.2 元素掺杂 … 232
  6.4.3 贵金属修饰 … 233
  6.4.4 形成异质结 … 235
  6.4.5 光辐射 … 241

参考文献 … 242

第7章 MSnO$_3$ 和 LnFeO$_3$ 基环境毒害气体敏感材料与气体传感器 … 251
7.1 概念和发展简史 … 251
7.2 结构与性质 … 252
7.3 LnFeO$_3$ 基气体敏感材料 … 253
  7.3.1 LnFeO$_3$ 基气体敏感材料的制备 … 253
  7.3.2 LnFeO$_3$ 基气体敏感材料的表征与分析 … 256

7.3.3　LnFeO$_3$基气体敏感材料的气敏性能与机理 ……………………………… 258
7.4　MSnO$_3$基气体敏感材料 ………………………………………………………………… 261
7.4.1　MSnO$_3$基气体敏感材料的制备 ………………………………………………… 261
7.4.2　MSnO$_3$基气体敏感材料的表征与分析 ……………………………………… 269
7.4.3　MSnO$_3$基气体敏感材料的气敏性能与机理 ………………………………… 269
参考文献 ……………………………………………………………………………………… 271

第8章　其他金属氧化物基气体敏感材料与气体传感器 …………………………………… 276
8.1　In$_2$O$_3$基气体敏感材料与气体传感器 ………………………………………………… 276
8.1.1　In$_2$O$_3$基气体敏感材料的制备 ………………………………………………… 276
8.1.2　In$_2$O$_3$基气体敏感材料的表征与分析 ………………………………………… 277
8.1.3　In$_2$O$_3$基气体传感器 …………………………………………………………… 285
8.2　NiO基气体敏感材料与气体传感器 …………………………………………………… 295
8.2.1　NiO基气体敏感材料的制备 …………………………………………………… 296
8.2.2　NiO基气体敏感材料的表征与分析 …………………………………………… 297
8.2.3　NiO基气体传感器 ……………………………………………………………… 300
8.3　CuO基气体敏感材料与气体传感器 …………………………………………………… 302
8.3.1　CuO基气体敏感材料的制备 …………………………………………………… 302
8.3.2　CuO基气体敏感材料的表征与分析 …………………………………………… 303
8.3.3　CuO基气体传感器 ……………………………………………………………… 305
8.4　Co$_3$O$_4$基气体敏感材料与气体传感器 ………………………………………………… 308
8.4.1　Co$_3$O$_4$基气体敏感材料的制备 ………………………………………………… 309
8.4.2　Co$_3$O$_4$基气体敏感材料的表征与分析 ………………………………………… 310
8.4.3　Co$_3$O$_4$基气体传感器 …………………………………………………………… 314
8.5　CdIn$_2$O$_4$基气体敏感材料与气体传感器 ……………………………………………… 316
8.5.1　CdIn$_2$O$_4$基气体敏感材料的制备 ……………………………………………… 316
8.5.2　CdIn$_2$O$_4$基气体敏感材料的表征与分析 ……………………………………… 317
8.5.3　CdIn$_2$O$_4$基气体传感器 ………………………………………………………… 320
参考文献 ……………………………………………………………………………………… 323

第9章　导电高聚物基气体敏感材料与气体传感器 ……………………………………… 328
9.1　导电高聚物基气体敏感材料的结构与性质 …………………………………………… 328
9.1.1　聚苯胺 …………………………………………………………………………… 329
9.1.2　聚吡咯 …………………………………………………………………………… 330
9.1.3　聚（3,4-乙烯二氧噻吩）:聚（苯乙烯磺酸） ………………………………… 331
9.2　导电高聚物基气体敏感器件的性能提升策略 ………………………………………… 332
9.2.1　负载贵金属颗粒 ………………………………………………………………… 333
9.2.2　与非导电材料复合 ……………………………………………………………… 335
9.2.3　与导电材料复合 ………………………………………………………………… 337
9.2.4　与金属氧化物复合 ……………………………………………………………… 339

目录

- 9.2.5 与新型二维材料复合 ································ 342
- 9.2.6 构建三元材料 ································ 344
- 参考文献 ································ 346

第10章 气体传感器可靠性试验与可靠性水平的评价及性能改善 ······ 350
10.1 气体传感器筛选方案设计 ································ 350
- 10.1.1 筛选项目的确定 ································ 351
- 10.1.2 筛选应力水平的确定 ································ 352
- 10.1.3 筛选时间的确定 ································ 352
- 10.1.4 筛选参数及电参数测量周期的确定 ································ 353

10.2 气体传感器寿命试验方案设计 ································ 353
- 10.2.1 试验样品的抽取方法和数量的确定 ································ 353
- 10.2.2 试验条件的确定 ································ 354
- 10.2.3 试验截止时间的确定 ································ 354
- 10.2.4 测试周期的确定 ································ 354
- 10.2.5 失效判据的确定 ································ 355
- 10.2.6 在试验中需解决的问题 ································ 355

10.3 气体传感器可靠性试验数据处理 ································ 355
- 10.3.1 试验数据处理的目的和方法 ································ 355
- 10.3.2 筛选试验结果及评价 ································ 356
- 10.3.3 寿命试验数据处理 ································ 358

10.4 提高气体传感器可靠性的措施 ································ 367
- 10.4.1 合理设计器件的结构 ································ 368
- 10.4.2 材料问题 ································ 368
- 10.4.3 工艺问题 ································ 369

- 参考文献 ································ 369

第 1 章　电阻式气体传感器简介

1.1　气 体 检 测

　　生产力发展、工业化进程给人类生活带来了巨大变革，同时也给生态环境带来了极大的破坏和污染，阻碍了人类的健康发展。燃料燃烧产生的烟气、工业生产排放的废气和汽车尾气等人类活动释放的污染物会造成局部地区浓度过高，危害人体安全。特别是在工业化国家，酸雨、光化学烟雾污染等给当地居民造成了很大的危害，与此同时，废气排放带来了全球共同面临的温室效应、臭氧层破坏等问题，也影响着人类的发展。因此，准确地检测 CO、CH_x、氮化物、硫化物、甲烷及各种挥发性有机化合物（volatile organic compound，VOC，包括二甲苯、甲苯、苯、甲醛、丙酮、甲醇、异丙醇、正丁醇等）等造成大气污染的有毒有害气体和破坏臭氧层的碳氟化合物、卤化物等成为环境保护的前提条件。

　　近年来，人们发现室内空气污染给人类身心健康带来的危害远大于室外的空气污染。这里所指的"室内"，不仅包括居室，也包括办公室、会议室、教室、影剧院、图书馆等各种室内公共场所，以及飞机、火车、汽车等交通工具的内环境。随着经济发展，人们生活水平的不断提高，优越便利的生活使人们停留在室内的时间越来越长，我国统计数据表明，成人 80%～90%的时间在室内环境中，生活在城市中一些行动不便的人如老人、婴儿等则可能高达 95%的时间在室内。我国在过去的十多年内，随着现代化工业的迅速发展，各种新型建筑材料被用于室内保温、装修和装饰，各种涂料也大量用到房间和家具的装饰中，还有除臭剂、清新剂、杀虫剂等的广泛应用，这些合成建筑材料、家具和日用化学品等使室内空气中有机物含量大大增加；而出于节能的目的，现代建筑物及车体的密封性增强，进而导致室内污染日益严重。室内空气污染通常分为物理性污染（放射性物质、可吸入颗粒物等）、化学性污染（挥发性有机化合物、无机有害气体等）和生物性污染（微生物、真菌等），其中挥发性有机化合物如甲醛、苯、甲苯、苯乙烯等是室内空气污染物的主要成分。甲醛及苯系物是世界上公认的潜在致癌及强致癌物质，并且能与其他挥发性有机化合物一起造成呼吸系统、血液系统及神经系统疾病，还能致使胎儿畸形。这些有机污染物若不能被及时排放到室外或被分解，则在室内的浓度逐渐升高，致使室内空气质量进一步恶化。研究表明，在对人们身心健康造成的危害方面，室内空气污染已在很大程度上超过了室外空气污染，污染程度通常为室外的 5～10 倍，有的甚至达到 100 倍，尤其是新装修的居室、写字楼及新车辆。因此，监测空气尤其是室内空气中这些有害气体的浓度，以便采取必要的措施是十分必要的。

　　此外，对气体的检测还可以应用到医学领域，如糖尿病、胃病、癌症等疾病的诊断；应用到食品和生活用品加工领域，如海鲜的新鲜度检测，果汁、番茄酱、橄榄油、香水的鉴别、分类和分级等；应用到国防安全，如毒品的检测等。

目前，气体的检测方法主要有电化学法、光学法、色谱法等，但这些方法存在需要对室内空气采样或检测设备昂贵等缺点，给气体的现场检测带来一定困难。半导体气体传感器相比于高效液相色谱法、电化学法等具有体积小、操作简单、响应快速等优点，更适用于实时、连续、在线的气体检测。

气体传感器是目前传感器研究比较活跃的领域之一，同时也是产业化进程较快的传感器之一。其是气体泄漏检测、环境检测等控制装置和报警器的理想探头，目前已广泛用于科学测量、生产管理、环境监测、日常生活、军事等领域。气体传感器能将与气体浓度和气体种类有关的信息转换成电信号，并通过对这些电信号的分析得到与待测气体存在情况有关的信息。常见的气体传感器有电化学气体传感器、接触燃烧式气体传感器、光学气体传感器和半导体气体传感器等。其中半导体气体传感器由于具有体积小、电路简单、成本低、使用寿命长、对湿度敏感低、适合实时连续地动态测量等显著优点，已成为目前研究最广泛、应用最普遍，也是最为人们所接受的一类气体传感器。半导体气体传感器可以分为电阻式和非电阻式气体传感器，非电阻式气体传感器主要包括金属-氧化物-半导体（MOS）场效应型气体传感器（通过检测气体与材料反应时引起的阈值电压漂移量，获得待测气体的浓度和种类的信息）和 MOS 肖特基二极管式气体传感器（通过检测气体与材料反应时引起的二极管的 I-V 特性漂移来检测气体）。然而，由于非电阻式气体传感器的制备成本高、稳定性较差，限制了其在气体传感器领域的推广。电阻式气体传感器是通过检测气敏元件的电阻值变化来得到与待测气体有关的信息，由于其制备成本较低、制备过程简单且性质稳定，成为目前研究最广泛、各方面性能优良的一类半导体气体传感器。

随着科学技术、传感器技术的发展和电阻式气体传感器的广泛应用，传感器在功能、结构、使用条件等方面越来越复杂，因而对传感器的质量要求也越来越高。质量要求分两个方面：一是对现有的气体传感器响应值、可靠性、稳定性、寿命等要求更高；二是希望研究、开发检测更多种类气体的气体传感器。因此，改进现有元件的性能使其更优良，同时研究开发新型的气体传感器是目前气体传感器研究的重要方向。

1.2　金属氧化物半导体气敏材料

电阻式气体传感器的特性主要取决于气体敏感材料的灵敏性、特异性和稳定性。因此，开发新型高性能的气体敏感功能材料，特别是具有高灵敏性、特异性和稳定性的敏感材料是气体传感器发展的关键。20 世纪 60 年代以来，金属氧化物半导体气体传感器因较高的响应值和更快的响应速度等优点逐渐成为气体传感器的主流。金属氧化物半导体气敏材料作为一种功能材料，物理化学性质在接触特定气体前后随气体浓度和器件工作温度会发生一定的变化，利用这一特性可以检测气体的种类和浓度。使用金属氧化物半导体气敏材料制备出来的元件具有以下优点：

（1）响应值高。可以检测低至 ppb（ppb 表示 10^{-9}）级的气体。

（2）响应快。响应和恢复时间仅有几秒到几十秒。

（3）结构简单。半导体气敏元件的制备和测试电路都较为简单。

（4）使用方便。半导体气敏元件不像大型复杂仪器的使用一样需要专门的培训，使用起来很方便。

（5）体积小。半导体气敏元件体积很小，通常为几厘米。

（6）成本低，便于普及。半导体气敏元件的售价通常为几元至几十元，便于推广应用。

（7）寿命长。一般寿命为几年，甚至十年以上。

（8）可以实现现场检测。半导体气敏元件可以做成袖珍式、便携式等报警检漏仪安放在各种测试场所。

金属氧化物半导体气敏元件具有上述优点，从而使得金属氧化物半导体气敏材料的开发和研究成为近年来国内外科研工作的热门课题。

金属氧化物半导体气敏材料的探索与研究经历了从单一金属氧化物到贵金属掺杂，再到复合金属氧化物的发展过程[1]。

1931 年，Braver 发现 CuO 的电导率随水蒸气的吸附而改变，引发了对半导体表面的气敏效应的研究。1948 年，Grag 发现 Cu_2O 在 200℃时电导率随水蒸气的吸附而变化。首个气敏元件则是 1962 年日本九州工业大学 Seiyama 等制作的 ZnO 薄膜型气体探测器，并对 O_2、CO 等可燃气体进行了测试[2]。1968 年，日本费加罗（Figaro）公司将 SnO_2 气敏元件投入市场，使半导体气敏元件得到了迅速发展[3]。同年，美国通用电气公司与斯克内克塔迪研制中心发现半导体基体上添加 Pt、Pd、Ir 或 Ru 可以极大地提高气敏性能[4]。随后，日本中谷吉彦制备出 γ-Fe_2O_3 气敏元件，在 1978 年及 1981 年分别用于液化石油气和煤气的检测和报警[5]。

ZnO、SnO_2 和 Fe_2O_3 被称为三大基体气体敏感材料，广泛用于可燃和有毒气体的检测[6-8]。它们具有成本低、功耗低、设计简单和与微电子加工技术兼容性高等优点，成为理想的大气监控手段。但是，在响应值、选择性和长期稳定性等方面仍需改进。近年来，新的金属氧化物气体敏感材料 In_2O_3[9]、WO_3[10]、TiO_2[11]和 CeO_2[12]由于良好的气敏性和选择性成为研究的热点。

在探索和克服单一金属氧化物气敏特性不足的过程中，还发现大量复合金属氧化物如 ABO_3（$SrFeO_3$[13]、$LaFeO_3$[14]、$NiSnO_3$[15]、$CdSnO_3$[16]等）和 AB_2O_4［$MgFe_2O_4$[17]、$CdIn_2O_4$[18]、$CoFe_2O_4$[19]、ZnM_2O_4（M = Fe，Co，Cr）[20]等］及其掺杂半导体气敏材料[21-27]也具有优良的气敏性能及高温抗干扰能力，从而使得新型复合金属氧化物及其掺杂半导体气敏材料的研究成为人们继 ZnO、SnO_2、Fe_2O_3 之后，寻求探索优质高效气体检测材料的又一崭新领域。

1.3　电阻式气体传感器器件结构

电阻式气体传感器通常是利用金属氧化物半导体材料为敏感材料制成的一种传感元件或装置。其结构主要有烧结型、薄膜型、厚膜型和组合型气敏元件。

烧结型气敏元件主要分为直热式和旁热式两种类型。由金属氧化物半导体粉末制成的气敏元件，具有很好的疏松性，有利于气体的吸附，因此其响应速度和响应值都较好。直热式烧结型气敏元件是将加热元件和测量电极直接烧结在敏感材料内部，形成珠型烧结体[28]，如图1.1所示[29]。该类元件强度较差且多为手工制作，不利于大规模生产。旁热式烧结型气敏元件是将敏感材料涂覆在中间有加热电阻丝的陶瓷管上[30]，如图1.2所示，电阻丝经陶瓷管给敏感材料加热，而测量电极则在陶瓷管的外壁两端。旁热式在烧结型气敏元件中占有很大比例，具有制备简单、响应值高、选择性好、成本低等优点，成为实验室研究的首选方法。

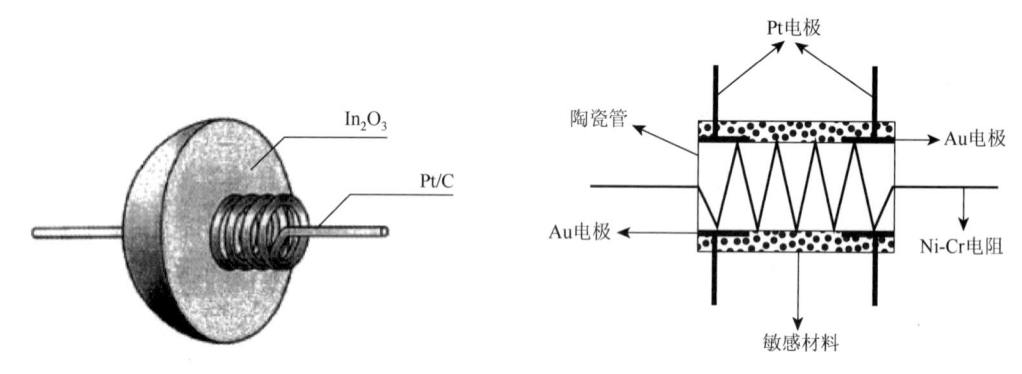

图1.1　直热式烧结型气敏元件　　　　图1.2　旁热式烧结型气敏元件

薄膜型气敏元件的制作工艺是在基片（石英、Al_2O_3等）上一面镀上半导体气敏薄膜，另一面熔焊上加热元件，如图1.3所示。半导体薄膜的主要制作方法有溶胶-凝胶法[31]、液相外延生长和热氧化法（RGTO）[32]、气相沉积法[33]、射频磁控溅射法[34]等。生产出来的薄膜型气敏元件具有响应值高、重复性好、机械强度高和容易掺杂等优点，但所需的实验条件高、制作复杂，同时成本较高。

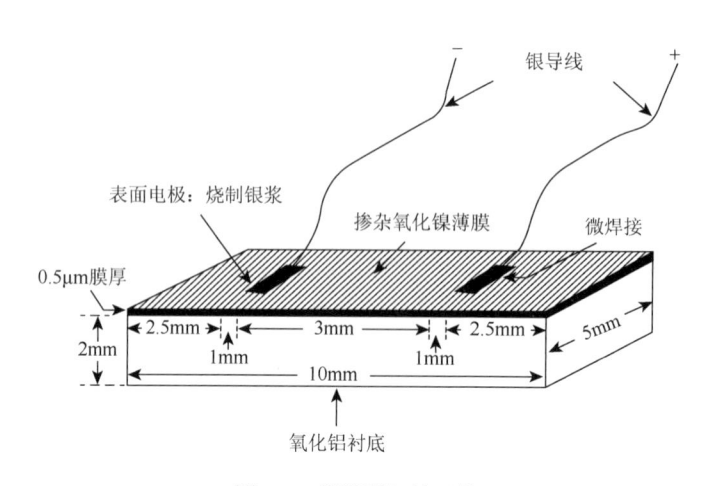

图1.3　薄膜型气敏元件

厚膜型气敏元件由丝网印刷技术制备而成[35]。首先将氧化物半导体粉末与一定量的有机黏结剂（如乙基纤维素）和催化剂（如 Pt）混合，形成糊状混合物。然后将该混合物印刷在安装好工作电极和加热元件的陶瓷管上，经干燥烧结去除有机黏结剂，形成厚膜型气敏元件，如图 1.4 所示[36]。该方法制备出来的元件具有响应值高、成本低、结构简单和体积小等优点。

我们基于互补反馈和互补增强原理提出了组合型气敏元件[37]。基于这种原理的新型传感器可由两种相同导电类型的敏感体（n+n、p+p）组成（图 1.5），这种结构的传感器可获得好的选择性；也可以由两种不同导电类型的敏感体组成，其构成可以是 p+n 型，即 p 型敏感体在上，n 型敏感体在下，也可以是 n+p 型。由于互补增强作用，这种结构的传感器可实现响应值、选择性的倍增。n+n 型、p+p 型、p+n 型、n+p 型的气体传感器都可以获得好的热稳定性和好的抗湿度干扰能力。p+n 型和 n+p 型结构的元件具有相似的性能，可以根据在实际应用中具体的监测气体和实现该结构的难易程度选择应用何种结构。

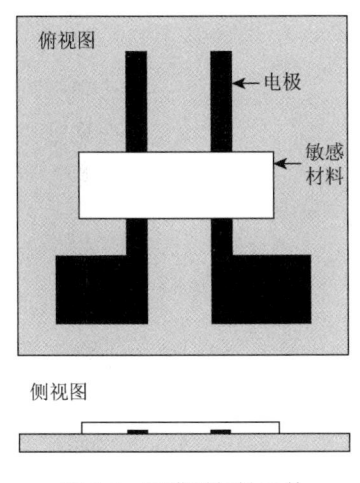

图 1.4 厚膜型气敏元件

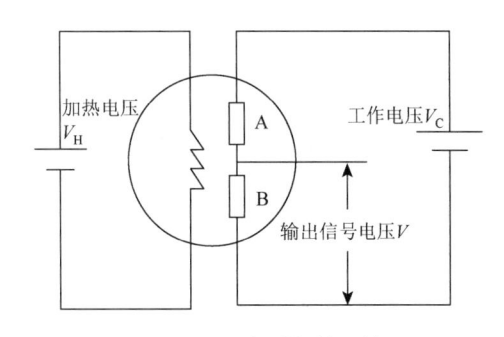

图 1.5 组合型气敏元件

1.3.1 n+n 型组合结构气体传感器

1. 元件的响应值

设 A、B 敏感体在清洁空气中的电阻分别为 R_A、R_B，接触待测气体后的电阻分别为 R'_A、R'_B，则敏感体 A、B 的响应值分别定义为

$$\beta_A = \frac{R_A}{R'_A}, \quad \beta_B = \frac{R_B}{R'_B} \tag{1.1}$$

设上述变化下，n+n 型传感器的输出信号电压由 V_0 变为 V'，则气体传感器的响应值定义为

$$\beta = \frac{V'}{V_0} \tag{1.2}$$

由图 1.5 可以得到

$$V_0 = \frac{V_C \cdot R_B}{R_A + R_B} \quad 和 \quad V' = \frac{V_C \cdot R'_B}{R'_A + R'_B} \tag{1.3}$$

将式（1.1）、式（1.3）代入式（1.2），简化后可以得到

$$\beta = \frac{1 + \dfrac{R_B}{R_A}}{\dfrac{\beta_B}{\beta_A} + \dfrac{R_B}{R_A}} \tag{1.4}$$

当元件接触检测气体时，若 $\beta_A > \beta_B$，则有 $\dfrac{\beta_B}{\beta_A} < 1$。式（1.4）为

$$\beta > 1 \quad (在检测气体中) \tag{1.5}$$

当元件接触干扰气体时，若 $\beta_A < \beta_B$，则 $\dfrac{\beta_B}{\beta_A} > 1$。式（1.4）为

$$\beta < 1 \quad (在干扰气体中) \tag{1.6}$$

2. 元件的选择性

定义 n+n 型气体传感器的选择性为

$$\gamma = \frac{V' - V_0}{V'_S - V_0} = \frac{\dfrac{V'}{V_0} - 1}{\dfrac{V'_S}{V_0} - 1} = \frac{\beta - 1}{\beta_S - 1} \tag{1.7}$$

式中，V'_S 和 β_S 分别为元件在干扰气体中的输出信号电压和响应值。

根据式（1.5）～式（1.7），可以得到 n+n 型气体传感器在检测气体中的响应值 $\beta > 1$；在干扰气体中的响应值 $\beta_S < 1$，因此有 $\gamma < 0$。然而，对于原有结构的气体传感器（图1.2），当接触待测气体（检测和干扰气体）时，它们的响应值总是 $\beta_A > 1$ 和 $\beta_B = 1$，即 $\beta_A > \beta_B$，所以可以得到 $\beta > 1$（在检测气体中）和 $\beta_S > 1$（在干扰气体中）。根据式（1.7）有 $\gamma > 0$，即在检测气体中 $V' > V_0$，在干扰气体中 $V'_S > V_0$。

因此，只要敏感体 A 和 B 满足在检测气体中 $\beta_A > \beta_B$，在干扰气体中 $\beta_A < \beta_B$，n+n 型气体传感器就比原有结构的传感器具有更高的选择性。

3. 元件的热稳定性

由于构成元件敏感体的材料是半导瓷，其温度系数 $\gamma(T)$ 可表示为

$$\gamma(T) = \frac{1}{R} \frac{dR}{dT} \tag{1.8}$$

当温度变化不太大时，有

$$\Delta R = \gamma R \Delta T \tag{1.9}$$

先分析元件在空气中的热稳定性。假设在温度由 T_1 变为 $T_2 = T_1 + \Delta T$ 时，元件的输出信号电压由 V_{T_1} 变为 V_{T_2}；敏感体 A 的电阻由 R_A 变为 $R_{A_T} = R_A + \Delta R = R_A(1 + \gamma_A \Delta T)$；敏感

体 B 的电阻由 R_B 变为 $R_{B_T} = R_B + \Delta R = R_B(1+\gamma_B \Delta T)$。而对于原有结构的气体传感器，其输出信号电压由 V'_{T_1} 变为 V'_{T_2}。由上面的假设可以得到

$$\Delta V_T = V_{T_2} - V_{T_1} = \frac{R_{B_T}}{R_{A_T}+R_{B_T}} \cdot V_C - \frac{R_B}{R_A+R_B} \cdot V_C = \frac{V_C}{1+\frac{R_A}{R_B}\left(\frac{1+\gamma_A \Delta T}{1+\gamma_B \Delta T}\right)} - \frac{V_C}{1+\frac{R_A}{R_B}} \quad (1.10)$$

$$\Delta V'_T = V'_{T_2} - V'_{T_1} = \frac{R_B}{R_{A_T}+R_{B_T}} \cdot V_C - \frac{R_B}{R_A+R_B} \cdot V_C = \frac{V_C}{1+\frac{R_A}{R_B}(1+\gamma_A \Delta T)} - \frac{V_C}{1+\frac{R_A}{R_B}} \quad (1.11)$$

对于式（1.10），在通常情况下为了获得好的热稳定性，关键是 $\frac{1+\gamma_A \Delta T}{1+\gamma_B \Delta T} = 1$，即

$$\gamma_A = \gamma_B \quad (1.12)$$

在理论上可以满足式（1.12），但是在实际中很难满足。即使材料是绝对相同，也可能由于制备等问题，敏感体 A、B 的温度系数就会出现漂移。但是，只要 $\gamma_A \approx \gamma_B$，对于 n + n 型结构的气体传感器的输出信号电压的变化就会比较小。

a. $\Delta T > 0$。对于一般的陶瓷半导体材料，它的温度系数在工作温度范围内是负值，即 $\gamma_A < 0$，$\gamma_B < 0$，因此有 $0 < 1+\gamma_A \Delta T < 1$ 和 $0 < 1+\gamma_B \Delta T < 1$。

（1）如果 $|\gamma_A| \geqslant |\gamma_B|$，则 $1+\gamma_A \Delta T < \frac{1+\gamma_A \Delta T}{1+\gamma_B \Delta T} \leqslant 1$，即 $\Delta V_T < \Delta V'_T$。

（2）如果 $|\gamma_A| < |\gamma_B|$，则 $1+\gamma_A \Delta T < 1 < \frac{1+\gamma_A \Delta T}{1+\gamma_B \Delta T}$，为不确定情况。

b. $\Delta T < 0$。有 $1 < 1+\gamma_A \Delta T$ 和 $1 < 1+\gamma_B \Delta T$。

（1）如果 $|\gamma_A| \geqslant |\gamma_B|$，则 $1+\gamma_A \Delta T > \frac{1+\gamma_A \Delta T}{1+\gamma_B \Delta T} \geqslant 1$，即 $|\Delta V_T| < |\Delta V'_T|$。

（2）如果 $|\gamma_A| < |\gamma_B|$，则 $1+\gamma_A \Delta T > 1 > \frac{1+\gamma_A \Delta T}{1+\gamma_B \Delta T}$，为不确定情况。

由上述分析可以看出，只要敏感体 A 和 B 满足 $|\gamma_A| \geqslant |\gamma_B|$，那么 n + n 型结构的气体传感器的输出信号电压的温度漂移就比原有结构的传感器的小，可获得好的热稳定性。在待测气体中，热稳定性的分析与在空气中的分析相同，也可以获得相同的结论。

4. 元件的抗湿度干扰能力

元件的抗湿度干扰能力的分析和讨论类似于热稳定性的分析。

综上所述，只要找到两个敏感体 A 和 B 分别满足上述理论分析的条件，则由敏感体 A、B 构成的 n + n 型气体传感器就具有高的选择性、好的热稳定性和抗湿度干扰能力。

p + p 型结构的分析类似于 n + n 型结构的理论分析。

1.3.2　p + n 型组合结构气体传感器

现行气体传感器的原理图，R_L 为固定电阻，不随气体浓度而变，仅有气体传感器电

阻 R_p 随待测气体浓度而变化。若将 R_L 变为对气体敏感的敏感体，则其电阻将随气体浓度、温度和湿度的变化而变化。当满足一定条件时，可大大改善传感器的性能。我们提出一种新型结构气体传感器，其原理如图 1.6 所示。这种新型结构气体传感器由两个敏感体（p 型和 n 型敏感材料）组成，利用这两个敏感体的不同特性，可实现上述设想。

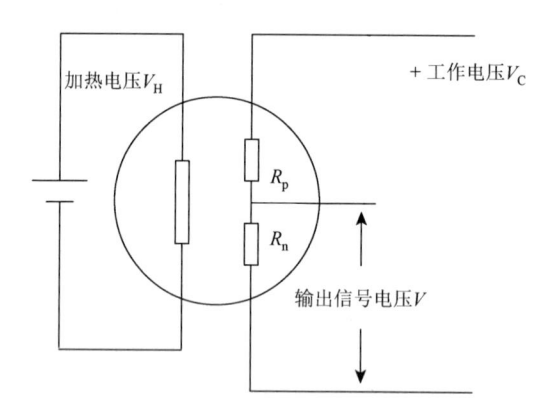

图 1.6 p + n 型结构气体传感器原理

1. 传感器的响应值

p + n 型气体传感器的响应值定义为

$$\beta = \frac{V_0}{V'} \quad (1.13)$$

式中，V_0 为元件在清净空气中的输出信号电压；V' 为接触气体后的输出信号电压。图 1.6 中的两个敏感体（p 型材料和 n 型材料）在还原性气体中的响应值分别定义为

$$\beta_p = \frac{R'_p}{R_p} \quad (1.14)$$

$$\beta_n = \frac{R_n}{R'_n} \quad (1.15)$$

在式（1.14）、式（1.15）中，R'_p、R'_n 分别为 p 型、n 型敏感体接触待测气体后的电阻，R_p、R_n 分别为 p 型、n 型敏感体在清净空气中的电阻。

由图 1.6 可以得到

$$V_0 = \frac{V_C}{R_p + R_n} \cdot R_n \quad (1.16)$$

$$V' = \frac{V_C}{R'_p + R'_n} \cdot R'_n \quad (1.17)$$

将式（1.16）、式（1.17）代入式（1.13）得

$$\beta = \frac{\dfrac{R_n}{R_p + R_n}}{\dfrac{R'_n}{R'_p + R'_n}} = \frac{R_n(R'_p + R'_n)}{R'_n(R_p + R_n)} = \frac{R_n R'_p \left(1 + \dfrac{R'_n}{R'_p}\right)}{R'_n R_p \left(1 + \dfrac{R_n}{R_p}\right)} \quad (1.18)$$

将式（1.14）、式（1.15）代入式（1.18）可得

$$\beta = \beta_p \beta_n \left(\frac{1 + \dfrac{R'_n}{R'_p}}{1 + \dfrac{R_n}{R_p}} \right) \qquad (1.19)$$

式（1.19）经变换后得

$$\beta = \frac{1}{1 + \dfrac{R_n}{R_p}} \beta_n \beta_p + \frac{\dfrac{R_n}{R_p}}{1 + \dfrac{R_n}{R_p}} \qquad (1.20)$$

从式（1.20）可以看出，在实际的器件设计中，$\dfrac{R_n}{R_p}$ 是一个固定的值，可令 $B = \dfrac{R_n}{R_p}$，$a = \dfrac{1}{1+B}$，$b = \dfrac{B}{1+B}$，则式（1.20）可变为

$$\beta = \frac{1}{1+B} \cdot \beta_p \beta_n + \frac{B}{1+B} = a\beta_p \beta_n + b \qquad (1.21)$$

对于现行结构的气体传感器，$\beta_n = 1$，根据式（1.21）可得现行结构传感器的响应值为

$$\beta' = \frac{1}{1+B} \beta_p + \frac{B}{1+B} = a\beta_p + b \qquad (1.22)$$

对比式（1.21）和式（1.22），n 型敏感体的响应值 β_n 始终是一个大于 1 的数，所以可有 $\beta > \beta'$。由此可得出半导体 p+n 型气体传感器的响应值比现行结构的响应值高，从而实现了气体传感器响应值的倍增。

由式（1.21）还可以看出，p+n 型气体传感器的响应值 β 在相同的 B 和 β_p 下，β_n 越大，响应值倍增越大。此外，从式（1.21）也可以得到，B 值越小，传感器响应值的倍增效率越高。

2. 传感器的选择性

p+n 型气体传感器的选择性定义为

$$\alpha = \frac{\beta_I}{\beta_{II}} \qquad (1.23)$$

式中，β_I 为传感器在检测气体中的响应值；β_{II} 为在干扰气体中的响应值。

两个敏感体各自的选择性分别为 $\alpha_p = \dfrac{\beta_{pI}}{\beta_{pII}}$，$\alpha_n = \dfrac{\beta_{nI}}{\beta_{nII}}$。将式（1.21）代入式（1.23）得

$$\alpha = \frac{a\beta_{nI}\beta_{pI} + b}{a\beta_{pII}\beta_{nII} + b} \qquad (1.24)$$

当 p + n 型气体传感器的响应值 $\beta \approx a\beta_n\beta_p$ 时，式（1.24）可近似为

$$\alpha \approx \frac{\beta_{nI}\beta_{pI}}{\beta_{nII}\beta_{pII}} \approx \alpha_n\alpha_p \tag{1.25}$$

对于现行结构的气体传感器，$\alpha_n = 1$，即其选择性 $\alpha' = \alpha_p$。因此可以得出 p + n 型气体传感器的选择性为 $\alpha = \alpha_n\alpha'$。由此可知，只要 n 型敏感体材料对气体有一定的选择性，即 $\alpha_n > 1$，就可得到 $\alpha > \alpha'$，从而实现了气体传感器选择性的倍增。

3. 传感器的热稳定性

由于构成传感器的敏感材料是半导瓷，①其温度系数表示为 $\gamma(T) = \frac{1}{R}\frac{dR}{dT}$，当温度变化不大时，近似有 $\Delta R = \gamma R \Delta T$；②在传感器的工作温区，不论是 p 型材料还是 n 型材料，其温度系数均为负。

在温度由 T_1 变到 $T_2 = T_1 + \Delta T$ 时，对于传统的器件结构，R_L 是不随温度而变的固定电阻，只有器件电阻 R_p 变为 $R_p + \gamma_p R_p \Delta T$；对于图 1.6，两个敏感体的电阻都随温度发生变化，R_p 变为 $R_p + \gamma_p R_p \Delta T$，$R_n$ 变为 $R_n + \gamma_n R_n \Delta T$。设在 T_1 和 T_2 温度时，图 1.2 的输出信号电压分别为 V'_{T_1}、V'_{T_2}，图 1.6 的输出信号电压分别为 V_{T_1}、V_{T_2}，根据图 1.6 和图 1.2 可以得到

$$V'_{T_1} = \frac{V_C R_L}{R_p + R_L} = \frac{V_C}{1 + \frac{R_p}{R_L}} \tag{1.26}$$

$$V'_{T_2} = \frac{V_C}{1 + \frac{R_p(1+\gamma_p\Delta T)}{R_L}} \tag{1.27}$$

$$V_{T_1} = \frac{V_C}{1 + \frac{R_p}{R_n}} \tag{1.28}$$

$$V_{T_2} = \frac{V_C}{1 + \frac{R_p}{R_n}\left(\frac{1+\gamma_p\Delta T}{1+\gamma_n\Delta T}\right)} \tag{1.29}$$

比较式（1.26）和式（1.27），欲使输出信号电压不随温度而变，$1+\gamma_p\Delta T$ 应趋近于 1。除了 $\Delta T \to 0$、$\gamma_p \to 0$ 外，此条件是难以满足的，且通常 $\frac{R_p}{R_L}$ 比较小，故 $1+\gamma_p\Delta T$ 稍微偏离 1，输出将产生较大的波动。这是传感器零点漂移的原因。

比较式（1.28）和式（1.29），欲使 V_{T_2} 趋近于 V_{T_1}，应有

$$\frac{1+\gamma_p\Delta T}{1+\gamma_n\Delta T} \to 1 \tag{1.30}$$

式（1.30）要成立，可以有两种情况：

（1）$1+\gamma_p\Delta T = 1+\gamma_n\Delta T$，即 $\gamma_n = \gamma_p$。这表明，当两个敏感体的温度系数相同时，对

于任意的温度变化,输出信号电压均不变。当然,严格满足此条件是困难的。即使是完全相同的材料,由于制作工艺的不同、材料涂覆的厚薄等的影响,两者的温度系数也会出现少许差别。但是只要$\gamma_p \approx \gamma_n$,其输出信号电压的变化就会比较小。

(2)$\gamma_p \Delta T \ll 1$,$\gamma_n \Delta T \ll 1$。这表明,当两个敏感体的温度系数均很小时,其输出信号电压随温度变化也不大。

比较式(1.26)和式(1.27),只要满足$|\gamma_p| > |\gamma_n|$,则由两个敏感体构成的气体传感器的输出信号电压的温度漂移就比现行结构传感器的小,就可以获得好的热稳定性。

上述的讨论表明,只要构成p+n型传感器的两个敏感体的材料的选择满足上述条件,传感器的输出信号电压的温度漂移就比较小,或比现行结构传感器的小,从而呈现出高的热稳定性。

4. 传感器的抗湿度干扰能力

p+n型气体传感器抗湿度干扰能力的分析和讨论类似于热稳定性的分析。

综上所述,只要找到的两个敏感体分别满足上述理论分析所述的条件,则由这两个敏感体构成的p+n型气体传感器就具有高的响应值、高的选择性、好的热稳定性和抗湿度干扰能力。

1.3.3 n+p型组合结构气体传感器

图1.7为n+p型结构氧传感器的原理图,R_1和R_2分别为构成元件的n型、p型氧传感器材料的电阻,它们均随氧分压而变化,工作时R_2又作负载电阻,$V_{\text{out}}^{\text{n+p}}$为输出信号电压。

1. 热稳定性

研究表明n型半导体金属氧化物的电导率与氧分压的关系满足下面的方程:

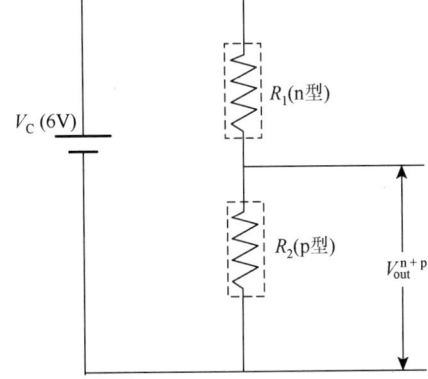

图1.7 n+p型结构氧传感器原理图

$$\delta_1 \propto P_{O_2}^{-\frac{1}{n_1}} \exp\left(-\frac{E_1}{KT}\right) \quad (n_1 为 4\sim6)$$

电阻R_1为

$$R_1 = a_1 P_{O_2}^{\frac{1}{n_1}} \exp\left(\frac{E_1}{KT}\right) \quad (1.31)$$

p型半导体金属氧化物的电导率与氧分压的关系满足下面的方程:

$$\delta_2 \propto P_{O_2}^{\frac{1}{n_2}} \exp\left(-\frac{E_2}{KT}\right) \quad (n_2 为 4\sim6)$$

电阻R_2为

$$R_2 = a_2 P_{O_2}^{-\frac{1}{n_2}} \exp\left(\frac{E_2}{KT}\right) \tag{1.32}$$

以上各式中，P_{O_2} 是氧分压；E_1 和 E_2 是形成氧空位的激活能；a_1 和 a_2 是常数；K 是玻尔兹曼（Boltzmann）常量；T 是热力学温度。

空燃比 λ 定义为 $\lambda = \dfrac{空气质量/燃油质量}{(空气质量/燃油质量)_{化学计量}}$。对于 n 型半导体材料，其电阻 R_1 与 λ 的关系如下：R_1 先随 λ 的减小而缓慢减小，到 λ 接近 1 时突然减小，然后随 λ 的减小而缓慢减小。而对于 p 型半导体材料，其电阻 R_2 随 λ 的变化情况与 n 型的相反，即电阻 R_2 先随 λ 的减小而缓慢增大，到 $\lambda \approx 1$ 时突然增大，然后随 λ 的减小而缓慢增大。

陶瓷氧化物半导体的温度系数可以由以下公式给出：

$$\gamma(T) = \frac{1}{R}\frac{dR}{dT} \tag{1.33}$$

如果温度变化不大，式（1.33）可以近似为

$$\Delta R = \gamma(T) \cdot R \cdot \Delta T \tag{1.34}$$

但温度从 T_1 变化到 T_2 时，电阻由 $R(T_1)$ 变化到 $R(T_2)$，即

$$R(T_2) = R(T_1) + \Delta R = R(T_1)[1 + \gamma(T_1) \cdot \Delta T] \tag{1.35}$$

根据图 1.5 和式（1.31）、式（1.32），在 T_1 和 T_2 温度下的输出信号电压分别为

$$V_{out}^n(T_1) = \frac{R_L}{R_1 + R_L}V_C = \frac{V_C}{1 + \dfrac{R_1}{R_L}} \tag{1.36}$$

$$V_{out}^n(T_2) = \frac{V_C}{1 + \dfrac{R_1}{R_L}[1 + \gamma_1(T_1) \cdot \Delta T]} \tag{1.37}$$

在通常情况下，为了获得好的热稳定性，关键是要求 $\gamma_1(T_1) \cdot \Delta T = 0$，即 V_{out}^n 不随温度变化或变化很小，必须由 $\Delta T \to 0$ 或 $\gamma_1(T_1) \to 0$。然而，在一般情况下这个条件是很难满足的。

对于 p 型半导体材料的氧传感器，其情况与 n 型的相似。

根据图 1.7，我们可以得到

$$V_{out}^{n+p}(T_1) = \frac{V_C}{1 + \dfrac{R_1(T_1)}{R_2(T_2)}} \tag{1.38}$$

$$V_{out}^{n+p}(T_2) = \frac{V_C}{1 + \dfrac{R_1(T_1)}{R_2(T_2)}\dfrac{1 + \gamma_1(T_1) \cdot \Delta T}{1 + \gamma_2(T_2) \cdot \Delta T}} \tag{1.39}$$

如果 $V_{out}^{n+p}(T_1) \approx V_{out}^{n+p}(T_2)$，可以得到 $\dfrac{1 + \gamma_1(T_1) \cdot \Delta T}{1 + \gamma_2(T_2) \cdot \Delta T} \to 1$。在此有两种情况，$\gamma_1 \approx \gamma_2$ 和 $\gamma_1 \cdot \Delta T \ll 1$，$\gamma_2 \cdot \Delta T \ll 1$。在这两种情况下 n+p 型氧传感器均可以获得好的热稳定性。

对照式（1.37）和式（1.39），可以看出 $\dfrac{R_1}{R_L}$ 与 $\dfrac{R_1}{R_2}$ 的差别。R_2 在制作时和 R_L 具有相同的阻值，$V_{\text{out}}^{\text{n}}(T_2)$ 与 $V_{\text{out}}^{\text{n+p}}(T_2)$ 的差别取决于 $\dfrac{R_1}{R_L}$ 和 $\dfrac{R_1}{R_2}$ 的变化程度，哪一个更接近 1，其相关的输出信号电压变化就小，那么传感器就具有好的热稳定性。

（1）对于 $\Delta T > 0$，$\gamma_1 \cdot \Delta T \ll 1$，$\gamma_2 \cdot \Delta T \ll 1$。由于陶瓷半导体的热稳定性通常是负值，因此 $\gamma_1 < 0$，$\gamma_2 < 0$，可以得到 $0 < \gamma_1 \cdot \Delta T < 1$，$0 < \gamma_2 \cdot \Delta T < 1$。如果 $|\gamma_1| > |\gamma_2|$，那么 $\dfrac{1 + \gamma_1 \cdot \Delta T}{1 + \gamma_2 \cdot \Delta T}$ 比 $1 + \gamma_1 \cdot \Delta T$ 更接近于 1；如果 $|\gamma_1| \approx |\gamma_2|$，那么 $\dfrac{1 + \gamma_1 \cdot \Delta T}{1 + \gamma_2 \cdot \Delta T}$ 比 $1 + \gamma_1 \cdot \Delta T$ 更接近 1；如果 $|\gamma_1| < |\gamma_2|$，这属于未确定情况。

（2）对于 $\Delta T < 0$，$1 + \gamma_1 \cdot \Delta T > 1$，$1 + \gamma_2 \cdot \Delta T > 1$。如果 $|\gamma_1| > |\gamma_2|$，$\dfrac{1 + \gamma_1 \cdot \Delta T}{1 + \gamma_2 \cdot \Delta T}$ 比 $1 + \gamma_1 \cdot \Delta T$ 更接近 1；如果 $|\gamma_1| \approx |\gamma_2|$，那么 $\dfrac{1 + \gamma_1 \cdot \Delta T}{1 + \gamma_2 \cdot \Delta T}$ 比 $1 + \gamma_1 \cdot \Delta T$ 更接近 1；如果 $|\gamma_1| < |\gamma_2|$，这属于未确定情况。

通过上述的理论推导，如果构成 n+p 型氧传感器的两种材料，其温度系数相等或相近，或 $|\gamma_1| \geqslant |\gamma_2|$，则由它们构成的 n+p 型氧传感器的输出信号电压随温度的变化均比单一 n 型氧传感器的小。满足此条件，特别是满足 $|\gamma_1| \geqslant |\gamma_2|$ 是不难做到的。所以 n+p 型结构氧传感器可获得好的热稳定性。

2. 响应值

根据图 1.5、图 1.7 和式（1.31）和式（1.32），可以得到

$$V_{\text{out}}^{\text{n}} = \dfrac{V_{\text{C}}}{1 + \dfrac{a_1}{R_L} P_{\text{O}_2}^{\frac{1}{n_1}} \exp\left(\dfrac{E_1}{KT}\right)} \tag{1.40}$$

$$V_{\text{out}}^{\text{n+p}} = \dfrac{V_{\text{C}}}{1 + \dfrac{a_1}{a_2} P_{\text{O}_2}^{\left(\frac{1}{n_1} + \frac{1}{n_2}\right)} \exp\left(\dfrac{E_1 - E_2}{KT}\right)} \tag{1.41}$$

在空气中，电阻 $R_2 \leqslant R_L$，即 $a_2 P_{\text{O}_2}^{-\frac{1}{n_2}} \exp\left(\dfrac{E_2}{KT}\right) \leqslant R_L$。由式（1.40）和式（1.41），有

$$V_{\text{out}}^{\text{n}} \geqslant V_{\text{out}}^{\text{n+p}} \tag{1.42}$$

这表明，在空气中 n 型氧传感器的输出信号电压大于或接近等于 n+p 型氧传感器的输出信号电压值。

在理论空燃比附近（$\lambda = 1$），R_2 突然增大两个数量级以上，则 $R_2 > R_L$，且因为①$n_1 > 1$ 和 $n_2 > 1$；②在空燃比附近 P_{O_2} 较小；③$\exp\left(\dfrac{E_1}{KT}\right) > \exp\left(\dfrac{E_1 - E_2}{KT}\right)$，所以有

$$\frac{a_1}{a_2}P_{O_2}^{\left(\frac{1}{n_1}+\frac{1}{n_2}\right)}\exp\left(\frac{E_1-E_2}{KT}\right)<\frac{a_1}{R_L}P_{O_2}^{\frac{1}{n_1}}\exp\left(\frac{E_1}{KT}\right) \text{或} V_{out}^n<V_{out}^{n+p} \quad (1.43)$$

这表明，n+p 型氧传感器的响应值比单一的 n 型材料氧传感器的高。

1.4 电阻式气体传感器工作原理

半导体气敏元件是对特殊气体的物化性质作出感应，在材料表面和内部发生一定的物理或化学变化，并将其转化为电信号的一种器件。氧化物半导体材料的气敏机理有多种模型，康昌鹤等[38]将半导体金属氧化物的气敏机理分为表面电阻控制机理、体电阻控制机理及非电阻控制机理；冯祖勇[39]进一步将其分为表面电阻控制模型、体电阻控制模型、吸附气体产生新能级模型、隧道效应模型、控制栅极模型和接触燃烧模型。下面就不同的气敏模型加以描述。

1.4.1 吸附氧模型

目前较公认的机理是吸附氧模型：由于加热作用，气体表面吸附氧，从而改变材料的电导率，在接触还原性的气体后，氧脱附释放出电子。

当气体敏感材料在空气（或其他氧化性气氛）中被加热到一定温度时，将对氧进行表面吸附，氧从敏感材料表面及晶格得到电子[39]，形成不同化学态的吸附氧，反应过程如下：

$$O_{2gas} \rightleftharpoons O_{2ads} \quad (1.44)$$

$$O_{2ads} + e^- \rightleftharpoons O_{2ads}^- \quad (1.45)$$

$$O_{2ads}^- + e^- \rightleftharpoons 2O_{ads}^- \quad (1.46)$$

$$O_{ads}^- + e^- \rightleftharpoons O_{ads}^{2-} \quad (1.47)$$

吸附氧从材料中捕获电子，导致空穴浓度增加、电子浓度减少，使得气体敏感材料整体电阻增大。而在还原性气氛中，吸附在晶体表面的还原性气体与吸附氧交换位置或发生反应：

$$R_{(g)} \rightleftharpoons (R)_{ads} \quad (1.48)$$

$$(R)_{ads} + (O_{ads})^- \rightleftharpoons RO + e^- \quad (1.49)$$

之前被氧俘获的电子被释放出来，导致电子浓度增大、整体电阻变小。通过测量接触还原性气体前后材料电阻的变化来实现对不同浓度气体的检测。

1.4.2 晶界势垒模型

由于半导体气敏材料是由多个晶粒组成的多晶体，在晶粒接触的界面处存在着势垒[40, 41]。Singh 等认为，晶粒本身电阻较低，气敏元件电阻主要取决于晶粒之间接触电阻，即由晶界势垒控制[9]。流过材料的电流要克服晶界势垒，并遵守下述关系式：

$$I(T) = I_O(P_{O_2}, T)\exp(-eV_S/KT) \tag{1.50}$$

式中，eV_S 为晶界势垒高度；I_O 为与氧分压 P_{O_2} 和温度 T 有关的常数；K 为玻尔兹曼常量。而表面势垒高度 V_S 与吸附氧离子产生的表面态密度 N_S 成正比[41, 42]，如

$$V_S = eN_S^2/2\varepsilon_S N_D \tag{1.51}$$

式中，N_D 为电离施主浓度；ε_S 为介电系数。由式（1.50）和式（1.51）可知，流过半导体材料的电流 I 与表面吸附氧离子密度 N_S 成正比。

元件在加热条件下可以吸附空气中的氧，使得晶界处势垒升高[42]，如图 1.8 所示。势垒能够束缚电子在电场作用下的漂移运动，引起材料电导率降低；当元件接触还原性气体时，表面势垒降低，从而引起敏感材料的电导率增加。

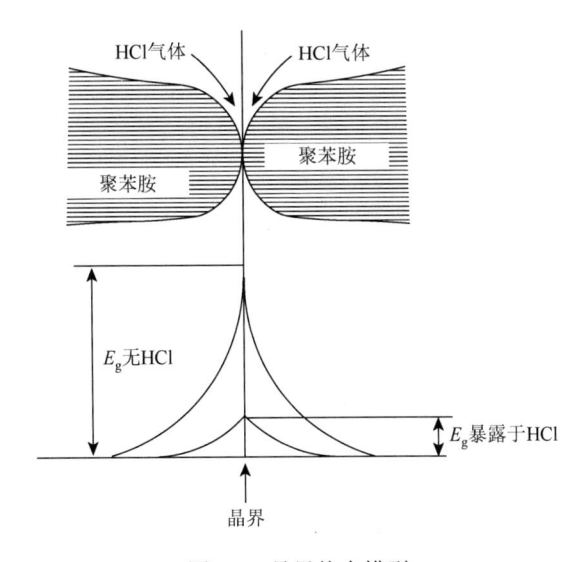

图 1.8　晶界势垒模型

1.4.3　表面电导模型

当半导体表面吸附气体分子时，在半导体与吸附分子之间将引起电子转移。如 n 型半导体 SnO_2 吸附氧化性气体，吸附气体的电子亲和势 A 大于半导体功函数 W_S，形成表面负电荷吸附，如图 1.9 所示[43]，C 为吸附在半导体表面的气体分子。由于吸附气体所形成的表面能级位于费米能级 E_F 之下，电子从半导体导带向吸附气体迁移，形成表面负电荷吸附。在半导体表面附近形成由半导体内指向表面的电场，阻止电子从半导体向表面迁移。半导体表面附近的能带产生弯曲，表面电子浓度降低，电阻率增加。弯曲部分（$0<x<1$）称为表面层，而半导体内（$x>1$）部分的能带则在吸附气体前后无变化。

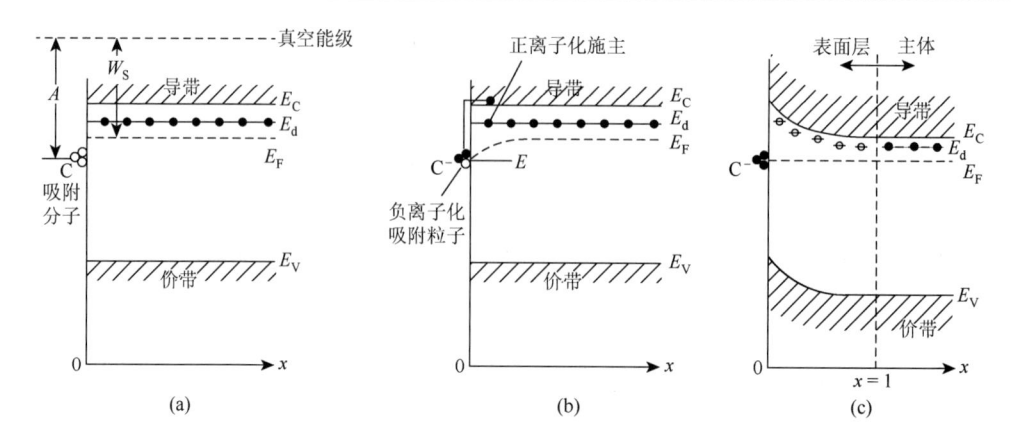

图 1.9 n 型半导体表面的负电荷吸附

（a）$A > W_S$ 的气体吸附；（b）从半导体向吸附粒子的电子转移；（c）平衡状态
E_C：导带底能级；E_d：施主能级；E_V：价带顶能级；E_F：费米能级

反之，当半导体表面吸附还原性气体时，吸附气体的电子亲和势 A 小于半导体功函数 W_S，气体向半导体表面注入电子，形成表面正电荷吸附。能级向下弯曲，电子浓度增大，电阻降低，如图 1.10 所示。

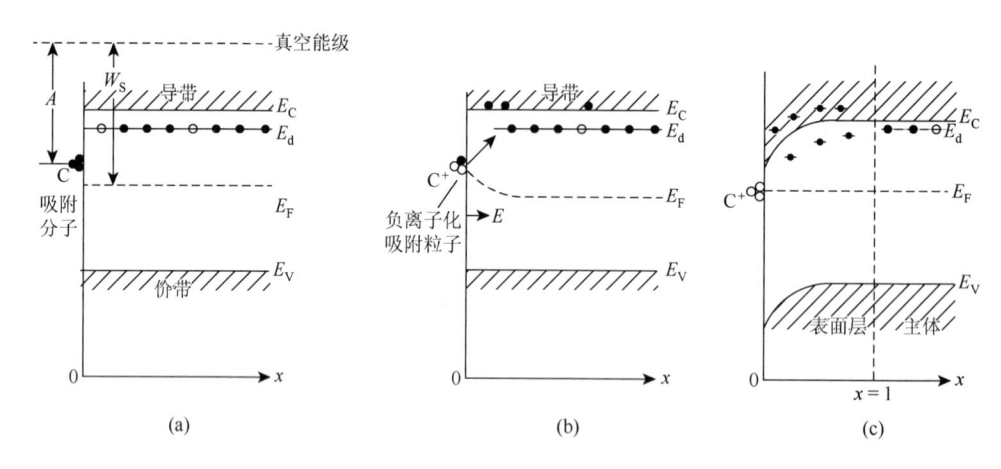

图 1.10 n 型半导体表面的正电荷吸附

（a）$A < W_S$ 的气体吸附；（b）从吸附粒子向半导体的电子转移；（c）平衡状态

1.4.4 颈部沟道控制模型

充分烧结的金属氧化物半导体，晶粒间可以形成如图 1.11 所示的颈部，半导体的电阻由颈部控制[41, 42]。设颈部是半径为 d 的圆柱，晶粒表面耗尽区宽度为 X_d，则通过气敏元件的电流满足：$I \propto \pi(d - X_d)^2$，同时，根据泊松方程求解得耗尽区宽度 $X_d = (2\varepsilon_S V_S / eN_D)^{1/2}$，因而流过半导体材料的电流正比于表面氧吸附-脱附以及氧与还原性气体的反应。

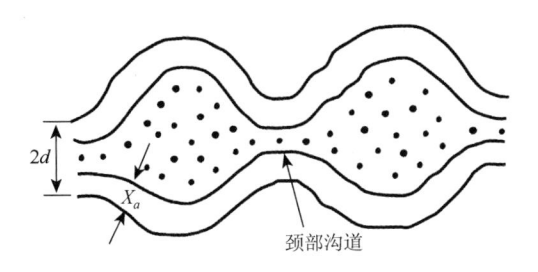

图 1.11 颈部沟道控制模型

在低浓度还原性气氛中，元件电阻的明显变化是晶界势垒与颈部沟道共同作用的结果。透射电镜研究表明，SnO_2气体传感电阻的颈部直径为晶粒尺寸（D）的70%～90%[42]。

1.4.5 接触（催化）燃烧模型

气体敏感材料的工作温度为300～600℃时，CH_4、C_4H_{10}等可燃气体氧化燃烧或在催化剂作用下氧化燃烧，燃烧热进一步使电阻丝升温，从而使其电阻值发生变化，通过测量电阻变化实现对气体浓度的测量。

图 1.12 表明在催化剂作用下接触燃烧和吸附燃烧的不同[44]。图 1.12（a）表示的是接触燃烧模型，氢气、甲烷和异丁烯等气体在加热器通电前不能吸附在催化剂表面，通电后100ms内在催化剂表面接触燃烧，电阻值随着气体浓度发生变化。图 1.12（b）表示的是吸附燃烧模型，在加热器通电之前，乙醇、乙酸和乙醛等类似气体被吸附在催化剂表面，通电后50ms内元件的输出信号达到稳定的最大值。同样地，电阻值随着可燃气体浓度而发生变化。

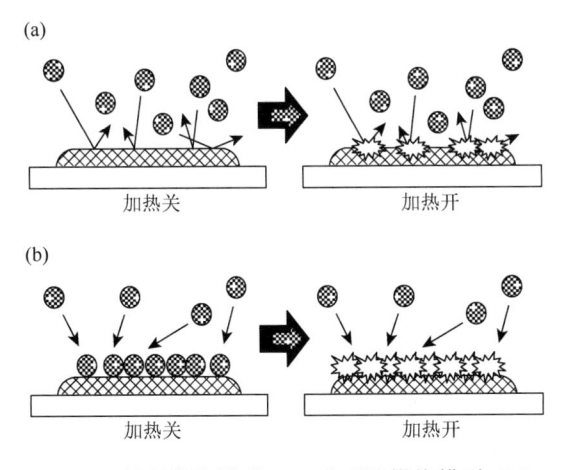

图 1.12 接触燃烧模型（a）和吸附燃烧模型（b）

1.4.6 体电阻控制型理论

以Fe_2O_3为代表的体电阻控制型机理是材料在被测气氛中发生氧化还原反应[45]，从而引起材料电导率的变化，进而感知被测气体。当 FeO 处于较高温度的洁净空气中时被完全氧化为 Fe_2O_3（特别是在晶粒的表面）；当 Fe_2O_3 遇还原性气体时被还原为 Fe_3O_4。Fe_2O_3 的电导率较低而 Fe_3O_4 的电导率较高，从而引起材料电导率的变化，进而检测还原性气体。当没有被测气体时，处于洁净空气中的 Fe_3O_4 又被氧化为 Fe_2O_3，由此实现对气体的检测。

1.5 电阻式气体传感器性能评价指标与测试

气体传感器的主要特征参数有电阻值、最佳工作温度、响应值、选择性、响应和恢复时间、动态响应、重复性和稳定性。

1. 电阻值

电阻型气敏元件在洁净空气中和被测气体中的电阻值分别称为固有电阻值和工作电阻值，分别用 R_a 和 R_g 来表示。

2. 最佳工作温度

最佳工作温度是测试气体传感器其他性能参数的一个重要基础。金属氧化物材料是半导体材料，其电导率会随着温度的增加而增加，同时引起电阻的变化。在某工作温度下，气体分子在金属氧化物表面发生氧化还原反应引起的材料热电阻的变化最大，则称此工作温度为最佳工作温度。在最佳工作温度下，金属氧化物对待测气体的响应值达到最高，对待测气体表现出优异的选择性，同时响应和恢复时间、动态响应、重复性和稳定性都在最佳工作温度下测得。

3. 响应值

响应值是用来表征气体传感器与被测气体之间所产生响应的敏感程度的特性指标，可以用来衡量气体传感器中气敏元件性能的优劣。对于气体传感器，假设气敏元件在洁净空气中的电阻值为 R_a，而在一定浓度的目标气体中的电阻值为 R_g，则气体传感器的响应值 β 可以由公式 $\beta = R_a/R_g$ 得出。气敏元件响应值的高低与基体材料性质、制备条件、传感器结构形式和工作温度等有较大关系。

4. 选择性

选择性也称交叉灵敏度，被定义为相同条件、相同温度下气敏元件对相同浓度不同气体的响应值的比值。传感器选择性的好坏与其对于干扰气体和被测气体的响应差异直接相关，响应差异大证明器件的选择性能较好，反之则说明器件的选择性能较差。

5. 响应和恢复时间

响应时间是元件接触一定浓度的被测气体开始，到元件的电阻变化值达到 $|R_a - R_g|$ 的 80%所需的时间。

恢复时间则表示为气敏元件从脱离被测气体开始，直到其电阻变化值达到$|R_a-R_g|$的80%所需的时间。

元件气敏性能的好坏与响应和恢复时间的长短有直接的关系，响应和恢复时间长说明元件气敏性能较差，时间越短则说明元件气敏性能越好。响应和恢复时间也是评估气体传感器重要的性能指标，目前通常以电阻改变来表示传感器的响应和恢复时间。

6. 动态响应

动态响应是指气体传感器响应值随气体浓度变化而产生的响应，它表示气体传感器对随气体浓度变化的响应值的响应特性。

7. 重复性

重复性是指气体传感器对测试结果的重现能力，连续测试结果浮动程度越小，重复性越好。

8. 稳定性

稳定性是指在气敏元件整个工作时间内，如果气体的浓度不变，而其他某个或者某些条件产生变化时，气敏元件的输出特性可以保持稳定的能力，是衡量传感器能否在工业生产、生活中实际使用的一个重要指标。

1.6 提高气体传感器性能的技术措施

随着对气体传感器的研究和开发不断深入，人们对气体传感器的性能要求越来越高。研究人员就如何研发出具有优异气敏性能的气体传感器做了大量的工作，目的都在于降低工作温度，缩短响应和恢复时间，以及提高响应值、选择性、重复性和稳定性，而决定气体传感器气敏性能的主要因素则在于它所搭载的气体敏感材料。由于纳米材料具有小尺寸、独特的表面与界面效应、小尺寸效应等诸多优点，纳米结构气体敏感材料成为研究的一个热点，这些优点也成为提高材料气敏性能的突破点。然而，单一组分的气体敏感材料制备的气体传感器存在着响应值低、响应速度慢、稳定性差等问题。因此，通常需要通过控制形貌、掺杂高价金属元素和复合贵金属来提高气体敏感材料的气敏性能。

1. 控制形貌

由于材料的形貌特征对材料的物理化学性质有重要的影响，且被测气体和材料之间的相互作用主要发生在材料的表面，因此具有不同形貌的气体敏感材料表现出来的气敏性能也有所不同。例如，Han 等[46]利用模板法制备出 ZnO 空心球，对正丁醇表现出良好的选择性和较高的响应值；Zhang 等[47]的研究表明，通过调整 ZnO 纳米线的电阻状态可以实现气体传感器对氧化性气体和还原性气体的选择性识别，同时加快材料表面气体的解吸过程,从而缩短恢复时间;Wang 等[48]合成的纳米四针状 ZnO 对 NH$_3$ 表现出很好的灵敏性、稳定性和较短的响应时间。由此可知,通过控制 ZnO 的形貌,可以改变材料暴露出的晶面、比表面积、表面缺陷和晶体生长取向等,从而影响材料的物理化学性质,进而对材料的气敏性能产生重要的影响。

2. 掺杂高价金属元素

在 ZnO 中引入高价金属元素(如 Ga、In、Al 和 B 等)可以显著提高 ZnO 的电导率,使制备得到的气体传感器的电阻值较小,更加具有实用性。例如,Liu 等[49]在不同温度下对 Al 掺杂 ZnO 薄膜(即为 AZO 薄膜)进行热处理后,电阻率由 3.22Ω·cm 降低到 1.42Ω·cm,用此 AZO 薄膜制作的气体传感器对乙醇有很好的响应特性。

另外,掺杂高价金属元素可以提高气体传感器的响应值。高价元素在 ZnO 中为施主杂质,在热激发下可以产生更多的自由电子。当气体传感器暴露在空气中时,材料表面吸附的氧气分子会捕获更多的电子,形成吸附氧离子,使气体传感器的电阻(R_a)变大;当气体传感器接触到待测气体时,吸附氧离子和待测气体之间发生氧化还原反应,并释放电子回导带,使气体传感器的电阻(R_g)变小。正是气体传感器电阻的变化导致了响应值的提升($\beta = R_a/R_g$)。例如,Hjiri 等[50]通过溶胶-凝胶法制备得到 AZO 纳米颗粒,其气体敏感层的电阻相比于纯 ZnO 气体敏感层的电阻有了明显的降低,并且对 CO 的敏感性能也有所提升。

3. 复合贵金属

贵金属具有优异的电学性质、催化性质以及独特的等离子体效应和溢出效应等,在光催化、气体传感、离子检测、生物医学和荧光材料领域有广泛的应用[50-56]。适量的贵金属复合可以明显提高 ZnO 对待测气体的响应值、缩短响应和恢复时间,使 ZnO 对待测气体具有选择性。例如,Zheng 等[57]在 ZnO 纳米棒表面复合 Ag 纳米颗粒,形成 Ag-ZnO 异质结,在 ZnO 表面产生大量的自由电子以及氧空位,使得 Ag-ZnO 异质结成为提高气敏性能的重要因素;Dong 等[58]在报道中指出,在金属氧化物中引入 Au、Ag、Pt 和 Pd 等贵金属会形成金属氧化物-金属异质结,这种纳米复合材料各组分之间的协同作用,在科学研究中常被用作气体敏感材料、催化材料和电学材料。由于贵金属价格昂贵,因此在使用时通常要控制贵金属的用量。

参 考 文 献

[1] 张玲. 稀土氧化物 La$_{1-x}$Pb$_x$(Fe、Mn)O$_3$ 的电性能及其气敏特性研究. 济南:山东大学,2005.

[2] Seiyama T,Kato A,Fujiishi K,et al. A new detector for gaseous components using semiconductor films. Anal Chem,1962,34:1502-1508.

[3] 周桢来,王毓德,张俊. 气体敏感元件及其发展和应用. 云南大学学报(自然科学版),1998,20:91-94.

[4] Shaver P J. Activated tungsten oxide gas detectors. Appl Phys Lett,1967,11(8):255-257.

[5] 葛秀涛. 新型复合金属氧化物及其掺杂半导体气敏材料的研究进展. 滁州师专学报,2003,5(3):75-78.

[6] Wang Y,Wu X,Li Y,et al. Mesostructured SnO$_2$ as sensing material for gas sensors. Solid State Electron,2004,48(5):

627-632.

[7] Fernandez C D J, Manera M G, Pellegrini G, et al. Surface plasmon resonance optical gas sensing of nanostructured ZnO films. Sens Actuators B: Chem, 2008, 130 (1): 531-537.

[8] Reddy C V G, Seela K K, Manorama S V. Preparation of γ-Fe$_2$O$_3$ by the hydrazine method: Application as an alcohol sensor. Int J Inorg Mater, 2000, 2 (4): 301-307.

[9] Singh V N, Mehta B R, Joshi R K, et al. Size-dependent gas sensing properties of indium oxide nanoparticle layers. Journal of Nanoscience & Nanotechnology, 2007, 7 (6): 1930-1934.

[10] Bendahan M, Guerin J, Boulmani R, et al. WO$_3$ sensor response according to operating temperature: Experiment and modeling. Sens Actuators B: Chem, 2007, 124 (1): 24-29.

[11] Epifani M, Helwig A, Arbiol J, et al. TiO$_2$ thin films from titanium butoxide: Synthesis, Pt addition, structural stability, microelectronic processing and gas-sensing properties. Sens Actuators B: Chem, 2008, 130 (2): 599-608.

[12] Bene R, Perczel I V, Réti F, et al. Chemical reactions in the detection of acetone and NO by a CeO$_2$ thin film. Sens Actuators B: Chem, 2000, 71 (1-2): 36-41.

[13] Wang Y, Chen J, Wu X. Preparation and gas-sensing properties of perovskite-type SrFeO$_3$ oxide. Mater Lett, 2001, 49 (6): 361-364.

[14] Fergus J W. Perovskite oxides for semiconductor-based gas sensors. Sens Actuators B: Chem, 2007, 123 (2): 1169-1179.

[15] Wang Y, Sun X, Li Y, et al. Perovskite-type NiSnO$_3$ used as the ethanol sensitive material. Solid State Electron, 2000, 44 (11): 2009-2014.

[16] Wang X, Wang X, Li Y, et al. Electrical and gas-sensing properties of perovskite-type CdSnO$_3$ semiconductor material. Mater Chem Phys, 2003, 77 (2): 588-593.

[17] Liu Y L, Liu Z M, Yang Y, et al. Simple synthesis of MgFe$_2$O$_4$ nanoparticles as gas sensing materials. Sens Actuators B: Chem, 2005, 107 (2): 600-604.

[18] Chu X, Liu X, Meng G. Preparation and gas-sensing properties of nano-CdIn$_2$O$_4$ material. Mater Res Bull, 1999, 34 (5): 693-700.

[19] Chu X, Jiang D, Yu G, et al. Ethanol gas sensor based on CoFe$_2$O$_4$ nano-crystallines prepared by hydrothermal method. Sens Actuators B: Chem, 2006, 120 (1): 177-181.

[20] Niu X, Du W, Du W. Preparation and gas sensing properties of ZnM$_2$O$_4$ (M = Fe, Co, Cr). Sens Actuators B: Chem, 2004, 99 (2): 405-409.

[21] Chiu C M, Chang Y H. The structure, electrical and sensing properties for CO of the La$_{0.8}$Sr$_{0.2}$Co$_{1-x}$Ni$_x$O$_{3-\delta}$ system. Mater Sci Eng A, 1999, 266 (1): 93-98.

[22] Song P, Qin H, Zhang L, et al. Electrical and CO gas-sensing properties of perovskite-type La$_{0.8}$Pb$_{0.2}$Fe$_{0.8}$Co$_{0.2}$O$_3$ semiconductive materials. Physica B, 2005, 368 (1): 204-208.

[23] Jagtap S V, Kadu A V, Sangawar V S, et al. H$_2$S sensing characteristics of La$_{0.7}$Pb$_{0.3}$Fe$_{0.4}$Ni$_{0.6}$O$_3$ based nanocrystalline thick film gas sensor. Sens Actuators B: Chem, 2008, 131 (1): 290-294.

[24] Römer E W J, Nigge U, Schulte T, et al. Investigations towards the use of Gd$_{0.7}$Ca$_{0.3}$CoO$_x$ as membrane in an exhaust gas sensor for NO$_x$. Solid State Ionics, 2001, 140 (1): 97-103.

[25] Arshak K, Gaidan I. Effects of NiO/TiO$_2$ addition in ZnFe$_2$O$_4$-based gas sensors in the form of polymer thick films. Thin Solid Films, 2006, 495 (1): 292-298.

[26] Salker A V, Choi N J, Kwak J H, et al. Thick films of In, Bi and Pd metal oxides impregnated in LaCoO$_3$ perovskite as carbon monoxide sensor. Sens Actuators B: Chem, 2005, 106 (1): 461-467.

[27] Porta P, Cimino S, De Rossi S, et al. AFeO$_3$ (A = La, Nd, Sm) and LaFe$_{1-x}$Mg$_x$O$_3$ perovskites: Structural and redox properties. Mater Chem Phys, 2001, 71 (2): 165-173.

[28] 吴兴惠, 王彩君. 传感器与信号处理. 北京: 电子工业出版社, 1998.

[29] Zhan Z, Lu J, Song W, et al. Highly selective ethanol In$_2$O$_3$-based gas sensor. Mater Res Bull, 2007, 42 (2): 228-235.

[30] Wang Y D, Ma C L, Wu X H, et al. Mesostructured tin oxide as sensitive material for C_2H_5OH sensor. Talanta, 2002, 57 (5): 875-882.

[31] Dirksen J A, Duval K, Ring T A. NiO thin-film formaldehyde gas sensor. Sens Actuators B, 2001, 80 (2): 106-115.

[32] Szuber J, Uljanow J, Karczewska-Buczek T, et al. On the correlation between morphology and gas sensing properties of RGTO SnO_2 thin films. Thin Solid Films, 2005, 490 (1): 54-58.

[33] Hirmke J, Rosiwal S M, Singer R F. Monitoring oxygen species in diamond hot-filament CVD by zircon dioxide sensors. Vacuum, 2008, 82 (6): 599-607.

[34] Lee C Y, Chiang C M, Wang Y H, et al. A self-heating gas sensor with integrated NiO thin-film for formaldehyde detection. Sens Actuators B: Chem, 2007, 122 (2): 503-510.

[35] Kamble R B, Mathe V L. Nanocrystalline Nickel ferrite thick film as an efficient gas sensor at room temperature. Sens Actuators B: Chem, 2008, 131 (1): 205-209.

[36] Lee S, Lee G G, Kim J, et al. A novel process for fabrication of SnO_2-based thick film gas sensors. Sens Actuators B: Chem, 2007, 123 (1): 331-335.

[37] Wang Y, Wu X, Li Y, et al. The n + n combined structure gas sensor based on burnable gases. Solid-State Electron, 2001, 45 (10): 1809-1813.

[38] 康昌鹤, 唐省吾. 气、湿敏感器件及应用. 北京: 科学出版社, 1988.

[39] 冯祖勇. α-Fe_2O_3基气敏纳米材料的制备及其结构、性能的研究. 福州: 福州大学, 2001.

[40] Misra S C K, Mathur P, Yadav M, et al. Preparation and characterization of vacuum deposited semiconducting nanocrystalline polymeric thin film sensors for detection of HCl. Polymer, 2004, 45 (25): 8623-8628.

[41] 田敬民, 李守智. 金属氧化物半导体气敏机理探析. 西安理工大学学报, 2002, 18 (2): 144-147.

[42] 唐大海, 庄严, 周方桥, 等. 影响ZnO压敏陶瓷非线性有关参数的优化分析. 压电与声光, 2003, 25 (4): 336-340.

[43] 何丽萍. 基于金属氧化物的甲醛气敏元件的研制. 长春: 吉林大学, 2007.

[44] Ozawa T, Ishiguro Y, Toyoda K, et al. Detection of decomposed compounds from an early stage fire by an adsorption/combustion-type sensor. Sens Actuators B: Chem, 2005, 108 (1): 473-477.

[45] 王广健, 尚德库, 胡琳娜, 等. 敏感功能材料的气敏机理及二氧化锡在传感器中的应用研究. 功能材料, 2003, 4: 375-381.

[46] Han B, Liu X, Xing X, et al. A high response butanol gas sensor based on ZnO hollow spheres. Sens Actuators B: Chem, 2016, 237: 423-430.

[47] Zhang R, Pang W, Feng Z, et al. Enabling selectivity and fast recovery of ZnO nanowire gas sensors through resistive switching. Sens Actuators B: Chem, 2017, 238: 357-363.

[48] Wang X, Zhang J, Zhu Z, et al. Effect of Pd^{2+} doping on ZnO nanotetrapods ammonia sensor. Colloids Surf A, 2006, 276 (1-3): 59-64.

[49] Liu X, Pan K, Li W, et al. Optical and gas sensing properties of Al-doped ZnO transparent conducting films prepared by sol-gel method under different heat treatments. Ceram Int, 2014, 40 (7): 9931-9939.

[50] Hjiri M, El Mir L, Leonardi S G, et al. Al-doped ZnO for highly sensitive CO gas sensors. Sens Actuators B: Chem, 2014, 196: 413-420.

[51] Li F B, Li X Z. The enhancement of photodegradation efficiency using Pt-TiO_2 catalyst. Chemosphere, 2002, 48 (10): 1103-1111.

[52] Park S, Kim S, Park S, et al. Effects of functionalization of TiO_2 nanotube array sensors with Pd nanoparticles on their selectivity. Sensors, 2014, 14 (9): 15849-15860.

[53] Zhang M, Liu Y Q, Ye B C. Colorimetric assay for parallel detection of Cd^{2+}, Ni^{2+} and Co^{2+} using peptide-modified gold nanoparticles. Analyst, 2012, 137 (3): 601-607.

[54] Misra M, Singh N, Gupta R K. Enhanced visible-light-driven photocatalytic activity of Au@Ag core-shell bimetallic nanoparticles immobilized on electrospun TiO_2 nanofibers for degradation of organic compounds. Catal Sci Technol,

2017, 7 (3): 570-580.

[55] Zhang X, Li Y, Lv H, et al. Sandwich-type electrochemical immunosensor based on Au@Ag supported on functionalized phenolic resin microporous carbon spheres for ultrasensitive analysis of α-fetoprotein. Biosens Bioelectron, 2018, 106: 142-148.

[56] Sahai S, Husain M, Shanker V, et al. Facile synthesis and step by step enhancement of blue photoluminescence from Ag-doped ZnS quantum dots. J Colloid Interf Sci, 2011, 357 (2): 379-383.

[57] Zheng Y, Zheng L, Zhan Y, et al. Ag/ZnO heterostructure nanocrystals: Synthesis, characterization, and photocatalysis. Inorg Chem, 2007, 46: 6980-6986.

[58] Dong C, Liu X, Han B, et al. Nonaqueous synthesis of Ag-functionalized In_2O_3/ZnO nanocomposites for highly sensitive formaldehyde sensor. Sens Actuators B: Chem, 2016, 224: 193-200.

第 2 章 气体敏感功能材料

电阻式气体传感器是目前气体传感器市场的重要组成部分。这些设备成本低、灵敏性高、响应快速和相对简单,特别是在便携式设备领域,相比于其他不同的气体检测方法,电阻式气体传感器仍然是使用最广泛的一类传感器。典型的电阻式气体传感器的工作原理是基于目标分析物在材料表面氧化还原反应平衡状态的漂移,导致化学吸附氧浓度的变化,进而引起气体敏感材料电阻的变化。例如,还原性气体(CO、H_2、CH_4 等)分别导致 n 型半导体电导率的升高和 p 型半导体材料电导率的降低,而氧化性气体(O_3 等)的影响则相反。不同结构状态的材料可以用于电阻式气体传感器,包括非晶态、玻璃态、纳米晶态、多晶态和单晶态。每种结构状态都有其独特的属性和特征,影响着传感器的性能。然而,在实际应用中,多晶材料和纳米晶在固态气体传感器中得到广泛的应用。多晶材料和纳米晶具有传感器应用的关键性能的最佳组合,包括由于小晶体尺寸而产生的高表面积、廉价的设计技术以及结构和物电性能的稳定性等。下面将详细介绍两者分别作为气体敏感材料时的具体特征。

2.1 多晶体

电阻式气体传感器是通过测量气体敏感材料的电阻变化来检测气体浓度的,当气体分子与气体敏感材料表面发生化学反应时,会改变气体敏感材料的电子结构,导致电阻发生变化,这种变化的大小取决于气体浓度、气体种类、气体敏感材料的性质等因素。多晶体在这个过程中扮演着关键的作用,其晶粒尺寸、晶界面积和晶界结构等因素对其电学性质有很大影响。与单晶体不同的是,在多晶体中,晶粒之间存在着晶界(图 2.1),晶界是晶体结构中的缺陷区域,具有很高的能量状态,易与其他物质发生反应。在电阻式气体传感器中,多晶体被广泛应用,因为它们的电学性质对传感器的灵敏性、响应速度和稳定性等性能指标有很大影响。下面将详细叙述多晶体的晶粒尺寸、晶界面积和晶界结构等因素对其电学性质的影响。

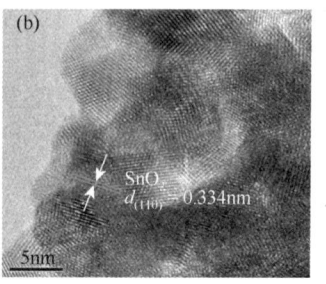

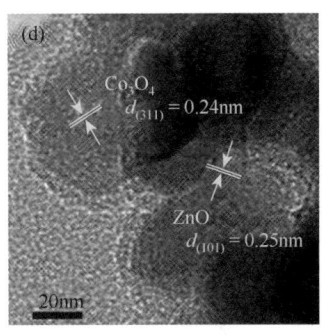

图 2.1 SnO$_2$ 多晶体的透射电子显微镜图（a）和高分辨率透射电子显微镜图（b）[1]；Co$_3$O$_4$-ZnO 纳米线的透射电子显微镜图（c）和高分辨率透射电子显微镜图（d）[2]

（1）晶粒尺寸对电学性质的影响：晶粒尺寸是指晶粒的平均直径。晶粒尺寸较小的多晶体具有更大的比表面积和更多的晶界，当晶粒尺寸较小时，晶界占据了多晶体的大部分体积，晶界对电子和空穴的传输有很大的影响，导致多晶体的电阻变化更加显著，对多晶体的电学性质有着明显的影响。由于晶格定向的改变和存在未排列的原子等因素，晶界处存在表面悬空键，形成深能级陷阱态，在金属氧化物半导体气体传感器中发挥着重要的作用。首先，这些晶界能够促进气体分子的吸附和解吸，从而提高传感器的灵敏性。同时，额外的电子态和电荷载流路径，会引起电子的散射和反射，从而增加半导体的电阻。此外，晶界也是多晶体材料中应力分布的集中区域，这会引起局部电场的产生，从而改变电荷的分布和传输，影响传感器的响应特性，使其对气体分子的吸附和解吸更加敏感。

（2）晶界面积对电学性质的影响：晶界面积是指晶界的总面积，对多晶体的电学性质也有很大的影响。晶界具有很高的能量状态，易与气体分子发生反应，导致电阻发生变化。因此，晶界面积越大，多晶体的灵敏性越高。当面积增加时，多晶体的电阻也会随之下降。另外，晶界面积增加还会增加多晶体的比表面积，从而增加吸附气体的机会，提高传感器的灵敏性。

（3）晶界结构对电学性质的影响：晶界结构也对多晶体的电学性质产生影响。晶界是晶体中的缺陷区域，其结构与晶粒内部的结构不同。晶界区域由于缺陷、杂质和畸变的存在，会影响电子和空穴的传输，进而影响多晶体的电学性质。这种影响会使多晶体的灵敏性降低，响应速度变慢。

综上所述，在电阻式气体传感器中，多晶体的晶粒尺寸、晶界面积和晶界结构等因素与其电学性质有着很强的关联。因此，在传感器的设计中需要考虑多晶体的这些特性，选择合适的多晶体材料和制备工艺，以获得更好的传感器性能。

2.1.1 多晶体粉末

多晶体粉末是由多个晶体颗粒组成的微米级颗粒状物质（图 2.2），是电阻式气体传感器中常用的敏感材料之一，目前，TiO$_2$、SnO$_2$、ZnO、Fe$_2$O$_3$ 等多晶体粉末是电阻式气体传感器中应用最广泛的氧化物多晶体粉末材料。随着科技的发展，人们对于气体传感器的需求越来越高，传感器的性能和精度也越来越高。多晶体粉末作为敏感材料，在气体传感器领域中具有许多优势，具体表现如下：

（1）高灵敏性：多晶体粉末的表面积较大，敏感材料与气体的接触面积增大，能够更有效地响应气体的变化，因此具有较高的灵敏性。多晶体粉末的灵敏性取决于晶体的尺寸、形态和晶面情况等，可以通过控制制备条件和材料组分来调节其灵敏性，满足不同气体检测需求。

（2）高选择性：多晶体粉末材料可以根据其晶体结构、尺寸和表面性质的不同，针对不同的气体分子进行选择性响应，从而提高传感器的选择性。例如，利用不同金属氧化物组成的多晶体粉末，或采用不同的制备方法，可以实现对不同气体的选择性响应。因此，多晶体粉末可以根据需要来选择制备，以实现对特定气体的高选择性检测。

（3）快速响应：多晶体粉末具有高灵敏性和较短的响应时间，能够快速响应气体的变化，适用于需要快速检测气体的应用。多晶体粉末响应时间主要受其表面性质、晶粒尺寸、孔隙率和气体分子大小等因素影响，可以通过优化制备工艺和材料组分等方法来降低响应时间。

（4）成本低廉：相对于其他敏感材料，多晶体粉末的制备方法简单，可以通过溶胶-凝胶法、共沉淀法、高能球磨法等多种方法制备。同时，多晶体粉末的加工和制备成本也较低，可以实现大规模生产。

（5）安全性好：多晶体粉末材料通常本身是无毒、稳定、不易燃烧和防爆炸的，不会对环境和人体造成影响。此外，多晶体粉末的制备过程中通常不需要使用有害物质，也可以通过控制制备条件来避免有害物质的产生。因此，多晶体粉末在气体传感器中的应用更为安全可靠。

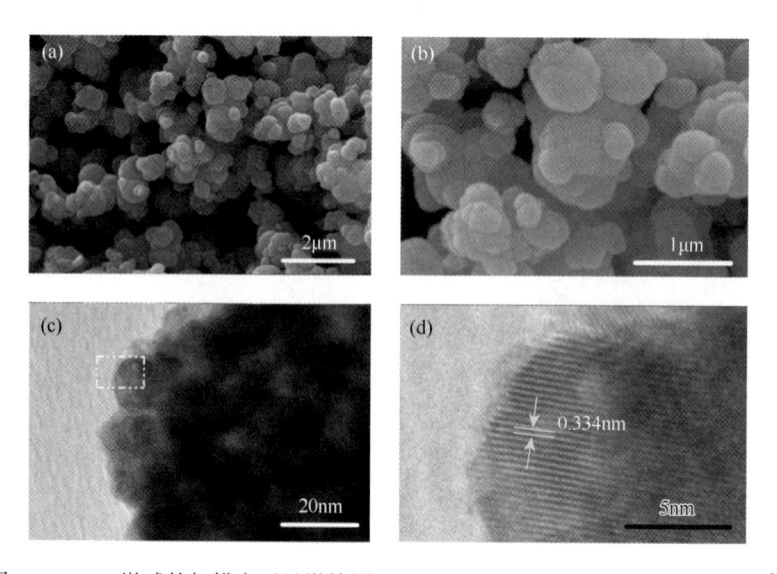

图 2.2　SnO_2 微球的扫描电子显微镜图（a，b）和透射电子显微镜图（c，d）[3]

需要指出的是，目前多晶体粉末在电阻式气体传感器中的应用还存在一些问题需要解决。虽然多晶体粉末具有很好的灵敏性和选择性，但是其在使用中也会出现一些问题，如温度敏感性、交叉灵敏度、噪声干扰、使用寿命等问题。

（1）温度敏感性：多晶体粉末作为电阻式气体传感器的敏感材料，其电阻值随温度的变化而变化，并导致传感器的灵敏性受到影响。因此，当传感器暴露在不同温度下时，其输出信号也会发生变化，这会影响传感器的准确性和稳定性。为了克服温度敏感性问题，需要对气体传感器的温度进行控制，以保持其灵敏度的稳定性。同时，还可以采用一些温度补偿技术来消除温度对传感器的影响。例如，可以在传感器中加入温度传感器来监测环境温度，并根据测得的温度值进行修正。此外，还可以采用电路补偿的方法，通过对传感器的电路进行调整，来消除温度对传感器的影响。

（2）交叉灵敏度：交叉灵敏度是指传感器对多种气体的响应能力。由于多晶体粉末具有很好的灵敏性和选择性，它可以响应多种气体，但是在实际应用中，这种响应能力也会导致交叉灵敏度的问题。交叉灵敏度会导致传感器对不同气体的响应出现重叠，从而影响传感器的准确性和选择性。为了解决这个问题，可以采用多传感器阵列技术来增加传感器的选择性。多传感器阵列可以通过同时使用多个传感器来检测不同的气体，从而避免交叉灵敏度的影响。

（3）噪声干扰：在实际应用中，气体传感器可能会受到一些外部噪声干扰，如电磁干扰、机械振动等。这些干扰会干扰传感器的工作，导致其输出信号不稳定。为了解决这个问题，可以采用一些技术来抑制噪声干扰。例如，可以在传感器电路中加入一些滤波器来滤除噪声干扰信号，或者使用特殊的信号处理技术，如数字滤波、自适应滤波等。此外，在气体传感器的设计和制造中，还应该采取一些措施来减少传感器对外部噪声的敏感度，如选择抗干扰性能更好的元器件和材料，优化传感器的结构和布局等。

（4）使用寿命：多晶体粉末在气体传感器中的使用寿命通常比较短，这是因为多晶体粉末在使用过程中会发生热解、氧化等现象，从而影响其电阻特性。为了延长传感器的使用寿命，可以采用一些措施来减缓多晶体粉末的老化过程。例如，可以将传感器的工作温度控制在较低的范围内，减少多晶体粉末的老化速率；选择一些具有更好稳定性的敏感材料，如金属氧化物等，来延长传感器的使用寿命。

此外，多晶体粉末还存在着应用环境的限制，如在高温、高湿度和强腐蚀等环境下，其性能和稳定性会受到影响。多晶体粉末在制备过程中还存在着一些技术难题，包括如何提高多晶体粉末的均匀性和稳定性等问题。这些问题会影响传感器的灵敏性和选择性，因此需要采用先进的制备技术和质量控制手段来保证多晶体粉末的质量和稳定性，从而实现传感器的可靠性和实用性，为人们的生活和工作带来更多的便利和安全保障。

2.1.2 薄膜材料

多晶体薄膜材料是一种新型的敏感材料，其在电阻式气体传感器中具有很多优越性能。传统的电阻式气体传感器使用粉体材料作为敏感材料，而薄膜材料的出现使得气体传感器的性能得到了更大的提升。相对于粉体材料，多晶体薄膜材料的表面积非常大，这意味着气体分子能够更容易与材料表面相互作用,从而提高了敏感材料的灵敏性。此外,多晶体薄膜材料的厚度很薄,通常只有几纳米到几十纳米,气体分子在敏感材料中的扩散距离相对较短,有利于气体分子在敏感材料表面的吸附和解吸,也有利于提高敏感材料的响应速度。薄膜材料的结构和成分也可以被调控,可以通过改变制备工艺和材料成分等方式来实现对不同气体的选择性检测。薄膜材料具有较高的化学稳定性和结构稳定性,可以在较宽的温度和湿度范围内工作,并且其敏感性和响应速度在多次使用后不易退化,具有较好的重复性和稳定性。另外,薄膜材料的制备方法多样,可以通过物理气相沉积、溅射、化学气相沉积等方法制备成大面积的薄膜,并且易与其他材料集成,实现多种功能的气体传感器的制备(图2.3)。此外,薄膜材料可以实现对多种气体的检测,包括挥发性有机物、硫化氢、二氧化氮等气体,可以应用于环境监测、化工安全等领域。薄膜材料具有良好的柔性和可塑性,可以应用于柔性电子器件的制备,如可穿戴传感器、智能手表等。其制备工艺简单,成本较低,有望实现低成本大规模制备。

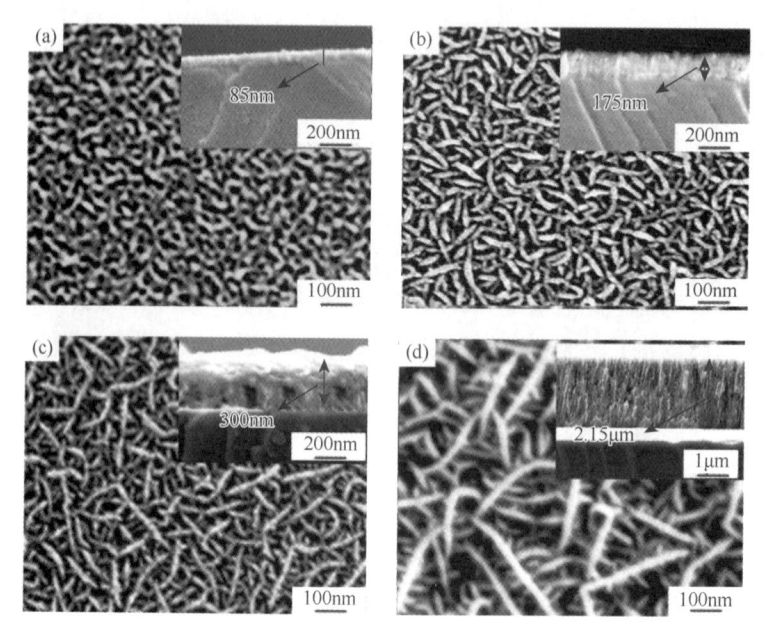

图2.3　不同厚度 MoS_2 薄膜的场发射扫描电子显微镜图和截面图(插图)[4]

截面图清晰显示 MoS_2 薄膜的厚度分别为(a)85nm、(b)175nm、(c)300nm 和(d)2.15μm

然而,薄膜材料的应用也存在一些问题,其中一个主要问题是高温下的稳定性。在高温下,多晶体薄膜可能会发生晶格结构的变化,导致其电学性能降低。这不仅会影响传感器的灵敏性和选择性,还会缩短传感器的使用寿命。此外,长时间使用后的失效也是多晶体薄膜应用中的主要问题。由于气体传感器需要长时间工作,多晶体薄膜也需要长时间承受氧化、腐蚀等因素的影响,随着时间的推移,多晶体薄膜的电学性能可能会逐渐降低,这将导致传感器的灵敏性和选择性下降,影响传感器的性能。与多晶体粉末相同的是,交叉干扰也是薄膜材料应用中的一个问题。薄膜材料的选择性很高,但不同气体之间可能会发生交叉干扰,即当多种气体同时存在时,它们之间可能会相互影响,导致传感器检测结果的误差增大。为了解决这些问题，研究人员已经采取了一系列的措施：通过对薄膜材料进行表面处理，可以提高其在高温下的稳定性；采用新的包装材料可以减少薄膜材料在使用过程中的氧化、腐蚀等损伤；使用多个传感器可以减少交叉干扰的影响。

薄膜材料作为电阻式气体传感器的敏感材料之一，在气体检测领域中具有广泛的应用前景。未来，通过进一步改进材料的结构和性质，以及制备技术的改进，将进一步提高薄膜材料的气敏性能和选择性，从而推动电阻式气体传感器的发展。同时，薄膜材料在新型传感器中的应用也将继续得到拓展和研究，为气体检测技术的创新和发展提供更多可能性。

2.2 纳米结构

气敏性能主要取决于所使用的金属氧化物的微观结构、形状和尺寸。在传感过程中，不同形貌的材料展现出各自的优势，引入纳米结构有助于增加表面活性位点，提升响应速度并增强气体扩散效果。许多研究人员试图制造新型纳米结构来提高传感器的性能，包括纳米颗粒[5]、纳米线[6]、纳米纤维[7]、纳米片[8]、纳米花[9]、空心[10]和核壳型[11]纳米结构等。这些金属氧化物通常由两种方法制备：自上而下技术和自下而上技术。在自上而下技术中，纳米材料的具体尺寸和形态可以从较大或块状固体中获得。相比之下，自下而上技术通过晶体生长和自组装单元来构建纳米结构。

许多金属氧化物已广泛应用于气体传感器，如 SnO_2[12]、ZnO[13]、WO_3[14]、In_2O_3[15]、NiO[16]和 TiO_2[17]等，这些氧化物的形貌可以通过维数进行分类，包括零维、一维、二维和三维纳米结构材料。到目前为止，关于金属氧化物的形貌与使用半导体氧化物的传感器的气敏性能之间的关系尚不清楚。因此，了解与气体相互作用时的有利形貌和微观结构参数对进一步改进气体传感器具有重要意义。

2.2.1 零维纳米结构

零维纳米结构是指具有纳米尺寸的球形结构，如纳米颗粒和量子点等，如图 2.4 所示。由于其纳米尺寸的特殊性质，零维纳米结构的气体敏感材料通常具有高灵敏性和快速响应速度。这种特殊性质主要来源于其纳米尺寸的特征，包括高表面积、量子限制效应、快速响应速度、可控的制备和可重复使用性等。

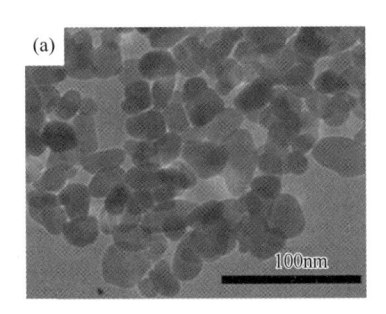

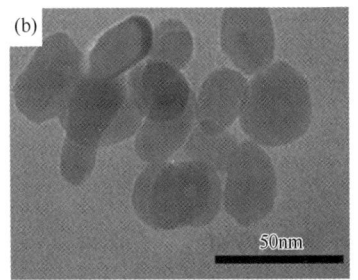

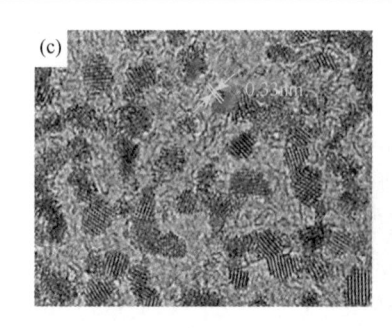

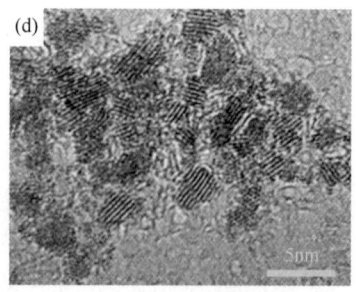

图 2.4 （a，b）In$_2$O$_3$ 纳米颗粒的透射电子显微镜图[18]；（c，d）SnO$_2$ 量子点的透射电子显微镜图[19]

（1）零维纳米材料具有高比表面积。零维纳米颗粒和量子点的尺寸通常小于 100nm，从而导致其比表面积相对较大。这种高比表面积使得气体分子更容易与材料表面相互作用，从而增加了吸附和反应的机会，提高了气体敏感材料的灵敏性和响应速度。

（2）零维纳米材料具有量子限制效应。量子限制效应是指在纳米尺度下材料的物理性质会因尺寸限制而发生改变的现象。在零维纳米颗粒和量子点中，电子和光子的行为在纳米尺度下与宏观物理学有很大的不同。这种差异可以被利用来设计高性能的气体敏感材料。例如，量子点的能带结构和电子性质可以通过控制量子点的大小和形状来调节。这种调节可以使得气体敏感材料具有更好的选择性和响应速度，使其在气体检测和传感应用中表现出色。

（3）零维纳米材料具有可控制的制备过程。通过化学还原法、溶胶-凝胶法、电化学法、热分解法等不同的制备方法来控制纳米材料的形状、大小和表面性质，并且可以通过控制合成条件来调节材料的表面性质，从而获得理想的气体敏感材料。

（4）零维纳米材料具有可重复使用性。由于其特殊的结构和性质，零维纳米结构的气体敏感材料通常具有良好的稳定性和可重复使用性。这种可重复使用性使得气体敏感材料可以在多次使用后仍然保持其高灵敏性和快速响应速度，从而使得其在气体检测和传感应用中具有广泛的应用前景。

除了以上提到的特性外，零维纳米材料还具有其他重要的特性，如通常成本低、易于制备和制造、可在不同环境下工作、可以用于多种气体检测和传感应用等。因此，它们在工业、医疗、环保、食品安全等领域中具有广泛的应用前景。

2.2.2 一维纳米结构

一维纳米结构是指具有纳米尺寸的线形结构，如纳米线和纳米管等（图 2.5）。这些一维纳米结构所构成的气体敏感材料具有一系列引人注目的特性，其中最引人瞩目的是它们的高灵敏性、快速响应速度以及卓越的选择性。一维纳米结构的特殊纳米尺寸赋予了这些材料更大的比表面积，从而提高了气体吸附和反应的机会，进一步提升了其灵敏性。这意味着它们能够更有效地捕捉周围环境中的气体分子，并迅速响应。此外，一维纳米结构的形貌和晶体结构也对材料的选择性和灵敏性产生显著影响。一维纳米结构的独特之处还在于其可控性和可调性，这使得研究人员能够通过精确控制结构和成分来定制材料的性能，以满足不同应用的需求。这种可定制性使一维纳米结构成为未来科学和工程领域中的热门研究方向之一。

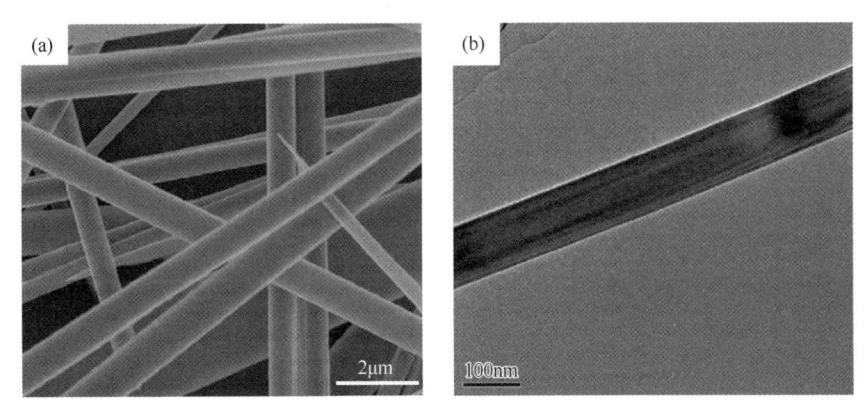

图 2.5　MoO_3 纳米带的场发射扫描电子显微镜图（a）和透射电子显微镜图（b）[20]

2.2.3　二维纳米结构

二维纳米结构是指具有纳米尺寸的平面结构（图 2.6），如纳米片和石墨烯等。二维纳米结构的气体敏感材料通常具有高灵敏性、快速响应速度和优异的选择性。

图 2.6　陶瓷管表面 Co_3O_4 的扫描电子显微镜图[21]

二维纳米结构的比表面积非常大，如石墨烯的比表面积是普通碳素材料的几十倍，这可以提高材料与气体吸附和反应的机会，从而提高检测灵敏性。

此外，二维纳米结构的形貌和晶体结构也可以影响材料的选择性和灵敏性。例如，具有不同晶向和表面特征的石墨烯在检测不同气体时具有不同的响应特性。这是因为不同的气体分子具有不同的化学特性和分子尺寸，它们可以在二维纳米材料表面发生不同的化学反应，导致不同的电子传输行为。因此，通过设计不同形貌和晶体结构的二维纳米材料，可以实现对特定气体的高选择性检测。

二维纳米结构的电子性质也是其成为气体敏感材料的重要因素之一。二维纳米结构因其电子性质具有层依赖性、易调、范德华力弱、共价键强等特点而得到广泛应用。当用作传感器时，传感机理是基于电荷转移和氧离子的吸附（由于表面反应，能带发生弯曲）。这些电子特性使得二维纳米材料具有非常高的电子传输速率和灵敏性，可以快速地响应气体的变化。此外，二维纳米结构还具有可调的电子性质，这意味着可以通过控制其形貌、尺寸和组分等参数来调节其电子传输性质，以实现对不同气体的选择性检测。

2.2.4 三维纳米结构

三维纳米结构是指具有纳米尺寸的立体结构（图 2.7），如纳米多孔材料和纳米球状材料等。这些材料通常具有高灵敏性、快速响应速度和优异的选择性。由于其纳米尺寸的特殊性质，三维纳米材料的气体敏感材料表面积非常大，有许多活性位点，可以提高气体吸附和反应的机会，从而提高灵敏性。此外，三维纳米结构的形貌和孔隙结构也可以影响材料的选择性和灵敏性，使得具有不同孔径和孔隙结构的纳米多孔材料在检测不同气体时具有不同的响应特性。

图 2.7 球状 ZnO（a）、菜花状 ZnO（b）、剑麻状 ZnO（c）场发射扫描电子显微镜图[22]；ZnSnO$_3$ 空心立方体（d）[23]、SnO$_2$ 空心球（e）[24]、ZnO 多层空心球（f）透射电子显微镜图[25]

另外，金属有机骨架（metal-organic framework，MOF）等新型材料在气体传感器中的应用正在受到越来越多的关注。MOF 由金属离子和有机配体构成，具有大量的孔隙结构和大比表面积，可以提高气体分子的吸附和反应速率，具有优异的气敏特性、高稳定性和选择性。

综上所述，不同维度的纳米结构对气体敏感材料的性能具有不同的影响。零维纳米结构和一维纳米结构的气体敏感材料通常具有高灵敏性和快速响应速度，而二维纳米结构和三维纳米结构的气体敏感材料通常具有优异的选择性和灵敏性。通过对不同维度的纳米结构进行合理的设计和制备，可以优化气体敏感材料的性能，并将其广泛应用于各个领域。在环境监测领域，气体敏感材料可以被用来检测大气中的气体成分，以了解地球的环境变化和气候变化。在空气质量监测领域，气体敏感材料可以被用来检测 $PM_{2.5}$、NO_x 等污染物，以便及时采取措施减少污染。在生化分析领域，气体敏感材料可以用于检测生物体内的气体代谢产物，如呼吸中的一氧化碳、乙醇等，以便对人体健康进行监测。此外，在智能穿戴设备中，气体敏感材料可以用于检测人体内的代谢产物，如汗液中的乳酸、氨等。在汽车尾气排放监测中，气体敏感材料可以用于检测尾气中的有害气体，以保护环境和维护人类健康。在食品安全检测领域，气体敏感材料可以被用来检测食品中的有害气体，以保障人们的饮食健康。因此，纳米结构对气体敏感材料的性能优化具有重要作用。未来，气体敏感材料的研究和应用将会更加广泛和深入，为人类的生活和健康提供更多的保障。

参 考 文 献

[1] Fan J, Wang F, Sun Q, et al. Application of polycrystalline SnO_2 sensor chromatographic system to detect dissolved gases in transformer oil. Sens Actuators B: Chem, 2018, 267: 636-646.

[2] Lee J H, Kim J Y, Kim J H, et al. Co_3O_4-loaded ZnO nanofibers for excellent hydrogen sensing. Int J Hydrogen Energy, 2019, 44 (50): 27499-27510.

[3] Li Y X, Chen N, Deng D Y, et al. Formaldehyde detection: SnO_2 microspheres for formaldehyde gas sensor with high sensitivity, fast response/recovery and good selectivity. Sens Actuators B: Chem, 2017, 238: 264-273.

[4] Neetika N, Kumar A, Chandra R, et al. MoS_2 nanoworm thin films for NO_2 gas sensing application. Thin Solid Films, 2021, 725: 138625.

[5] Tangirala V K, Olvera M D L L, Maldonado A, et al. CO gas sensing properties of pure and Cu-incorporated SnO_2 nanoparticles: A study of Cu-induced modifications. Sensors, 2016, 16 (8): 1283.

[6] Huber F, Riegert S, Madel M, et al. H_2S sensing in the ppb regime with zinc oxide nanowires. Sens Actuators B: Chem, 2017, 239: 358-363.

[7] Kim N H, Choi S J, Kim S J, et al. Highly sensitive and selective acetone sensing performance of WO_3 nanofibers functionalized by Rh_2O_3 nanoparticles. Sens Actuators B: Chem, 2016, 224: 185-192.

[8] Yan H, Song P, Zhang S, et al. Au nanoparticles modified MoO_3 nanosheets with their enhanced properties for gas sensing. Sens Actuators B: Chem, 2016, 236: 201-207.

[9] Liu J, Wang C, Yang Q, et al. Hydrothermal synthesis and gas-sensing properties of flower-like Sn_3O_4. Sens Actuators B: Chem, 2016, 224: 128-133.

[10] Wang Q, Li X, Liu F, et al. The enhanced CO gas sensing performance of Pd/SnO_2 hollow sphere sensors under hydrothermal conditions. RSC Adv, 2016, 6 (84): 80455-80461.

[11] Kim J H, Kim H W, Kim S S. Ultra-sensitive benzene detection by a novel approach: Core-shell nanowires combined with the Pd-functionalization. Sens Actuators B: Chem, 2017, 239: 578-585.

[12] Tan W, Ruan X, Yu Q, et al. Fabrication of a SnO_2-based acetone gas sensor enhanced by molecular imprinting. Sensors, 2015, 15 (1): 352-364.

[13] Zhang R, Pang W, Feng Z, et al. Enabling selectivity and fast recovery of ZnO nanowire gas sensors through resistive switching. Sens Actuators B: Chem, 2017, 238: 357-363.

[14] Yin M, Yu L, Liu S. Synthesis of thickness-controlled cuboid WO$_3$ nanosheets and their exposed facets-dependent acetone sensing properties. J Alloys Compd, 2017, 696: 490-497.

[15] Li F, Jian J, Wu R, et al. Synthesis, electrochemical and gas sensing properties of In$_2$O$_3$ nanostructures with different morphologies. J Alloys Compd, 2015, 645: 178-183.

[16] Tian K, Wang X X, Li H Y, et al. Lotus pollen derived 3-dimensional hierarchically porous NiO microspheres for NO$_2$ gas sensing. Sens Actuators B: Chem, 2016, 227: 554-560.

[17] Peng X, Wang Z, Huang P, et al. Comparative study of two different TiO$_2$ film sensors on response to H$_2$ under UV light and room temperature. Sensors (Basel), 2016, 16 (8): 1249.

[18] Xiao B, Wang F, Zhai C, et al. Facile synthesis of In$_2$O$_3$ nanoparticles for sensing properties at low detection temperature. Sens Actuators B: Chem, 2016, 235: 251-257.

[19] Liu J, Xue W, Jin G, et al. Preparation of tin oxide quantum dots in aqueous solution and applications in semiconductor gas sensors. Nanomaterials, 2019, 9 (2): 240.

[20] Yang S, Liu Y, Chen W, et al. High sensitivity and good selectivity of ultralong MoO$_3$ nanobelts for trimethylamine gas. Sens Actuators B: Chem, 2016, 226: 478-485.

[21] Li Z, Lin Z, Wang N, et al. High precision NH$_3$ sensing using network nano-sheet Co$_3$O$_4$ arrays based sensor at room temperature. Sens Actuators B: Chem, 2016, 235: 222-231.

[22] Diao K, Zhou M, Zhang J, et al. High response to H$_2$S gas with facile synthesized hierarchical ZnO microstructures. Sens Actuators B: Chem, 2015, 219: 30-37.

[23] Zhou T, Zhang T, Zhang R, et al. Highly sensitive sensing platform based on ZnSnO$_3$ hollow cubes for detection of ethanol. Appl Surf Sci, 2017, 400: 262-268.

[24] Liu J, Dai M, Wang T, et al. Enhanced gas sensing properties of SnO$_2$ hollow spheres decorated with CeO$_2$ nanoparticles heterostructure composite materials. ACS Appl Mater Interfaces, 2016, 8 (10): 6669-6677.

[25] Yang H M, Ma S Y, Jiao H Y, et al. Synthesis of Zn$_2$SnO$_4$ hollow spheres by a template route for high-performance acetone gas sensor. Sens Actuators B: Chem, 2017, 245: 493-506.

第 3 章 SnO₂ 基气体敏感材料与气体传感器

近年来,随着社会的不断进步与工业的迅速发展,环境污染和空气质量已经成为当今备受关注的两大问题。在人们生活质量逐步提高的同时,通过工业生产、汽车、化工制造等渠道排放出的各种废气种类和数量也不断增加,如氮化物、碳化物、硫化物及各种挥发性有机化合物等有毒有害气体[1-3],不仅影响了空气质量,还对人们的身体健康与生活环境产生了严重的威胁,甚至会引发头昏、头痛、呕吐、黏膜刺激、皮炎以及中枢神经系统紊乱等一系列症状。另外,许多易燃易爆气体如甲烷、氢气、一氧化碳和丁烷等在储存和输运过程中一旦发生泄漏,轻则引起上述不良反应,重则会引起爆炸等安全事故。因此,在生活与生产过程中对不同的有毒有害、易燃易爆气体进行实时有效监测和检测是至关重要的。

二氧化锡(SnO₂)是一种典型的 n 型宽禁带(E_g = 3.6eV)半导体氧化物,由于具有良好的物理化学性能、较好的化学稳定性、无毒以及成本低、易制备等优点,已成为半导体气体传感器敏感材料的首选。然而,SnO₂ 气体传感器仍然存在着工作温度高、响应值低、检测限高、响应-恢复慢以及选择性和稳定性较差等不足,阻碍了传感器的实际应用。随着纳米技术的不断发展,纳米结构 SnO₂ 也被广泛研究和应用。纳米结构的 SnO₂ 具有形貌均匀可控、尺寸小、比表面积大等优点,并且纳米材料本身具有量子尺寸效应、小尺寸效应和表面效应,将纳米结构 SnO₂ 作为传感器的敏感材料,由于在敏感材料表面具有更多的活性位点和缺陷,可有效改善 SnO₂ 敏感材料的气敏性能。此外,不同的 SnO₂ 纳米结构和金属/金属氧化物掺杂、功能化和修饰等也可以极大地改善和提高传感器气敏性能。

在本章中,结合著者在气体传感器领域多年的研究工作,主要介绍著者和同领域部分研究学者关于 SnO₂ 基纳米材料作为气体传感器敏感材料的部分具有代表性研究工作,从不同材料维度角度出发,分别从敏感材料的可控制备、分析表征及气敏性能和气敏机理等几方面进行简略介绍,促进气体传感器研究领域进一步发展。

3.1 零维纳米结构 SnO₂ 基气体敏感材料与气体传感器

3.1.1 零维纳米结构 SnO₂ 基气体敏感材料的制备

1. 水热法制备 SnO₂ 纳米颗粒及 Pd、Pt 复合 SnO₂ 纳米颗粒

(1)在室温搅拌条件下,将 SnCl₄·5H₂O 和 C₆H₁₂O₆ 按物质的量比 1∶2 溶解在 70mL 去离子水中,制备 Pt、Pd 复合 SnO₂ 纳米颗粒时,再添加不同摩尔分数的 H₂PtCl₆·6H₂O

（0mol%*、1.5mol%、2.5mol%）或PdCl₂（0mol%、1.5mol%、2.5mol%、5.0mol%、7.5mol%）于上述溶液中。

（2）量取60mL上述混合溶液于100mL聚四氟乙烯内衬反应釜中，在180℃的恒温干燥箱中保温16h。

（3）将其取出冷却至室温，得到的产物用无水乙醇和去离子水交替离心洗涤，再在60℃下干燥24h。最后将干燥后的样品在500℃下退火1h，直接收集得到浅黄色粉末，制备过程如图3.1所示。

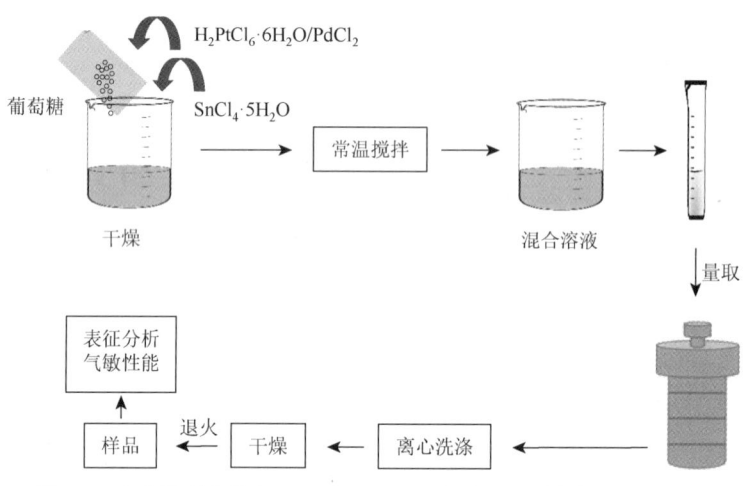

图3.1 水热法制备纯相SnO_2及Pd、Pt复合SnO_2纳米颗粒示意图

2. 溶剂热法制备贵金属Pt活化SnO_2纳米颗粒团簇

（1）将0.8167g $SnCl_4 \cdot 5H_2O$、0.62mL乙二胺、0.58mL H_2PtCl_6水溶液（浓度为0.1214mol/L）分别添加到20mL、10mL和5mL甲醇溶液中，搅拌直至形成透明溶液。

（2）将H_2PtCl_6溶液添加到$SnCl_4 \cdot 5H_2O$溶液中（原子比Pt：Sn = 3：100），磁力搅拌15min，随后加入乙二胺溶液，同时溶液呈现亮黄色。

（3）将30mL悬浮液转移至聚四氟乙烯内衬反应釜中，在150℃的恒温干燥箱中保温24h。最后将样品洗涤并干燥。

3.1.2 零维纳米结构SnO_2基气体敏感材料的表征与分析

1. 水热法制备SnO_2及Pd、Pt复合SnO_2纳米颗粒的表征与分析

采用X射线衍射（XRD）表征技术测试了水热法制备的不同样品的物相和结构，如图3.2所示。图3.2（a）为水热法制备的无添加的SnO_2样品，图中所有衍射峰的位置均与四方金红石结构的SnO_2的标准谱图［JCPDS：41-1445；空间群为$P4_2/mnm$（136）］吻合，没有观察到其他杂质峰存在，同时衍射峰较为尖锐平滑，结果表明制备得到的产物为

---

* 本书中mol%代表摩尔分数的百分比。

纯相 SnO$_2$ 且结晶度较高。从图 3.2（b）中可以看出，所有谱线的衍射峰的位置均与纯相 SnO$_2$ 的表征谱线相吻合。随着 Pt 添加量的比例增加，产物中出现了立方相 Pt（JCPDS：04-0802）的微弱物相，表明 Pt 和 SnO$_2$ 复合成功。值得注意的是，所有衍射峰均呈现出较好的结晶性且在复合 Pt 之后，其衍射峰出现一定程度的宽化现象，说明 Pt 的复合使得样品的平均晶粒尺寸减小。为了进一步证实这一结论，采用谢乐公式对 SnO$_2$ 的（110）晶面进行粒径计算，随 Pt 含量增加，样品晶粒尺寸分别为 12nm、9.3nm 和 9.5nm。图 3.2（c）为水热法制备得到的不同比例 Pd 复合 SnO$_2$ 样品的 XRD 图，从图中可以看出 Pd 的引入并未影响 SnO$_2$ 样品的物相，随着样品中 Pd 含量的增加，在位于 40.12°、46.66°和 68.12°处可以检测到立方相 Pd（JCPDS：46-1043）的衍射峰，且 SnO$_2$ 的衍射峰并没有发生偏移，结果说明 Pd 成功复合了 SnO$_2$ 且没有进入到 SnO$_2$ 晶格中。谢乐公式计算结果表明 Pd 的复合并未影响 SnO$_2$ 的晶粒大小，Pd-SnO$_2$（Pd 摩尔分数分别为 0mol%、1.5mol%、2.5mol%、5.0mol%和 7.5mol%）复合物晶粒大小分别为 12nm、12nm、11.9nm、11.8nm 和 12nm。

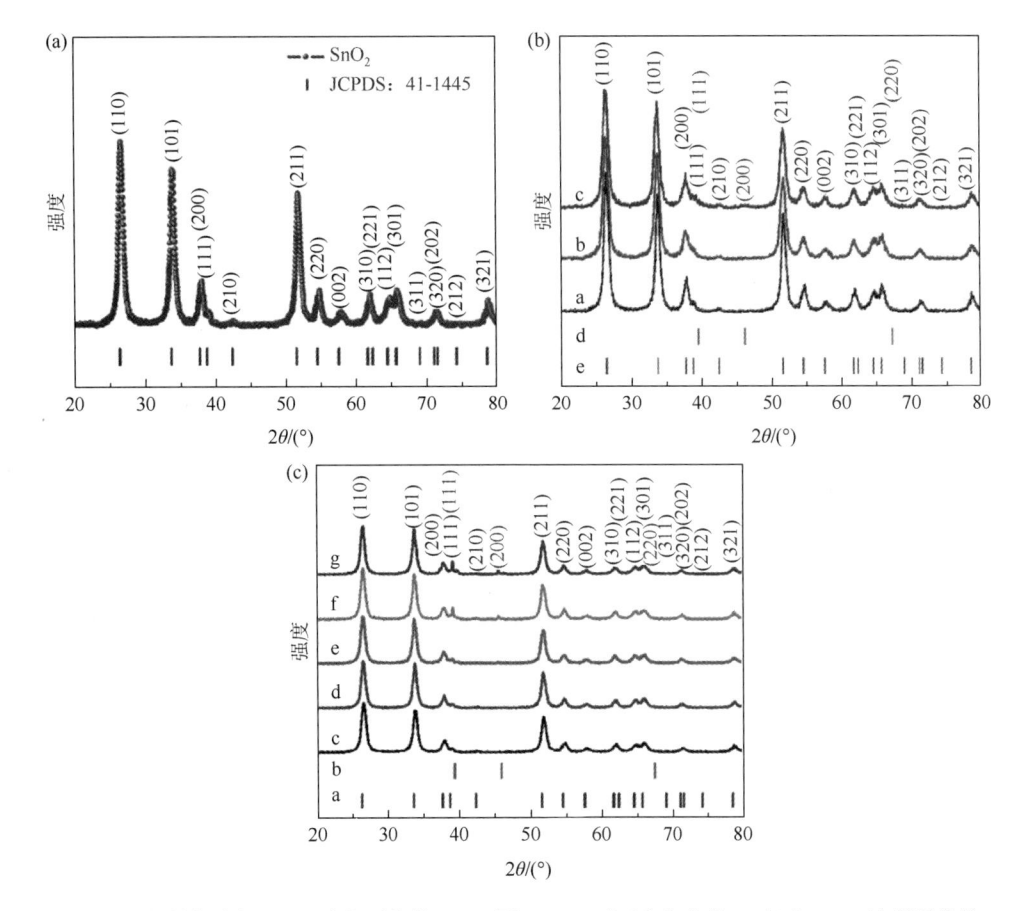

图 3.2 （a）所制备纯相 SnO$_2$ 纳米颗粒的 XRD 图；（b）不同摩尔分数 Pt 复合 SnO$_2$ 纳米颗粒的 XRD 图［谱线 a～e 分别为 0mol%、1.5mol%、2.5mol% Pt-SnO$_2$，Pt 相的 PDF 卡片（JCPDS：04-0802）和 SnO$_2$ 相的 PDF 卡片（JCPDS：41-1445）］；（c）不同摩尔分数 Pd 复合 SnO$_2$ 纳米颗粒的 XRD 图［谱线 a～g 分别为 SnO$_2$ 相的 PDF 卡片（JCPDS：41-1445），Pd 相的 PDF 卡片（JCPDS：46-1043），0mol%、1.5mol%、2.5mol%、5.0mol%、7.5mol% Pd-SnO$_2$］

利用透射电子显微镜（TEM）和高分辨透射电子显微镜（HRTEM）对所制备的样品进行显微结构和微观形貌分析，图 3.3 为纯相 SnO_2 的 TEM 图和 HRTEM 图。从图中可以明显看出，采用水热法制备得到的 SnO_2 具有颗粒状的微观结构，且纳米颗粒的边缘相互衔接在一起，呈现出一定的团聚现象。从 HRTEM 图中可以看出，SnO_2 纳米颗粒呈现出不规则的微观形貌，其纳米颗粒尺寸分布在 8~16nm，与 XRD 计算结果大致吻合。此外，相邻晶面间的晶面间距大约为 0.335nm，与四方金红石结构 SnO_2 的（110）晶面相对应，进一步证实产物为纯相 SnO_2。同时，明显的晶格条纹表明所制备的 SnO_2 具有较好的结晶性。

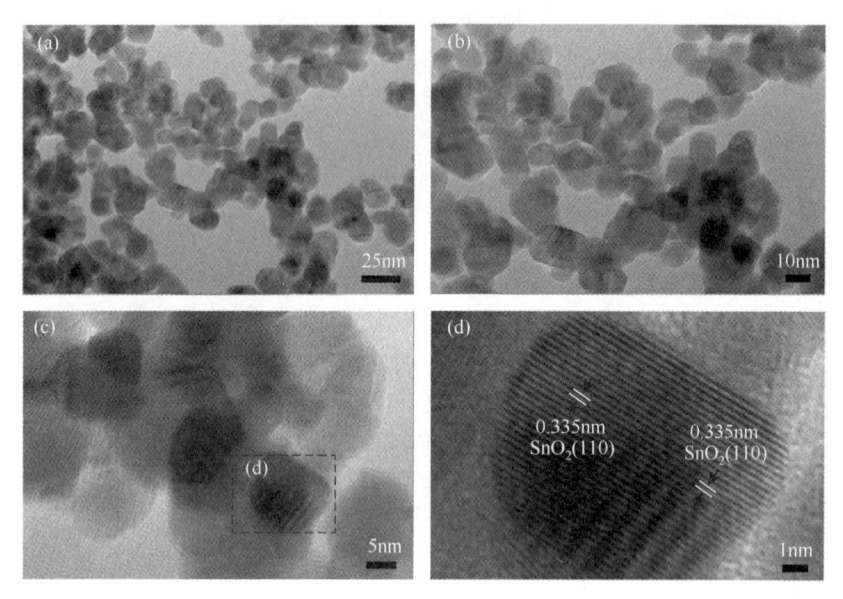

图 3.3 纯相 SnO_2 纳米颗粒低倍（a）和高倍（b）的 TEM 图，以及相应的 HRTEM 图（c，d）

为了进一步分析贵金属 Pt 和 Pd 的引入对 SnO_2 微观结构的影响，同样对相应样品进行了透射电子显微镜测试。图 3.4 和图 3.5 分别为 1.5mol% Pt-SnO_2 纳米复合材料和 2.5mol%Pd-SnO_2 纳米复合材料的 TEM 和 HRTEM 图。从图中可以看出，与纯相 SnO_2 相比，一定含量的 Pt 和 Pd 复合并未改变样品的微观形貌，均呈现出不规则的纳米颗粒形状，且邻近的纳米颗粒相互连接。在图 3.4 的 HRTEM 图中，可以看到明显的晶格条纹，且测量不同位置纳米颗粒晶格条纹之间的距离，得到 0.335nm 和 0.227nm 两种晶面间距，其分别对应四方金红石结构 SnO_2 相的（110）晶面和立方 Pt 相的（111）晶面，结果证实 Pt 已经成功与 SnO_2 复合而不是掺杂到 SnO_2 晶格中。在图 3.5 的 HRTEM 图中，同样测量纳米颗粒不同位置晶格条纹之间的距离得到 0.335nm 和 0.225nm 两种晶面间距，其分别对应四方金红石结构 SnO_2 相的（110）晶面和立方 Pd 相的（111）晶面，说明 Pd 已成功与 SnO_2 复合。通过对不同样品的微观形貌进行表征与分析，可知一定含量的贵金属 Pt 和 Pd 复合到 SnO_2 中并不会对 SnO_2 的微结构造成影响。此外，不同纳米颗粒的随机结晶取向所引起的应力和缺陷可能会产生更多的氧空位，增加样品表面的吸附活性位点，从而有利于增加对目标气体的吸附速率和提高其响应程度。

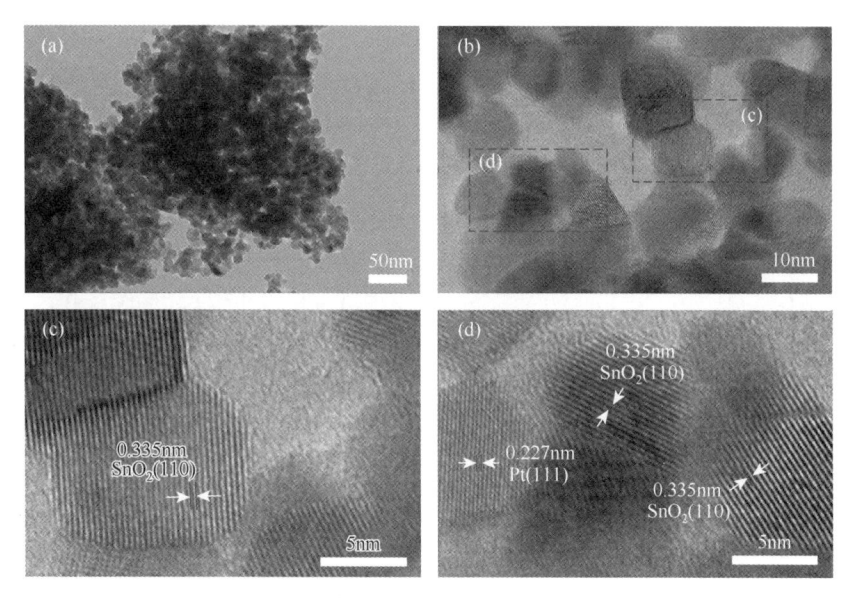

图 3.4　1.5mol% Pt-SnO$_2$ 纳米复合材料低倍（a）和高倍（b）的 TEM 图，以及相应的 HRTEM 图（c，d）

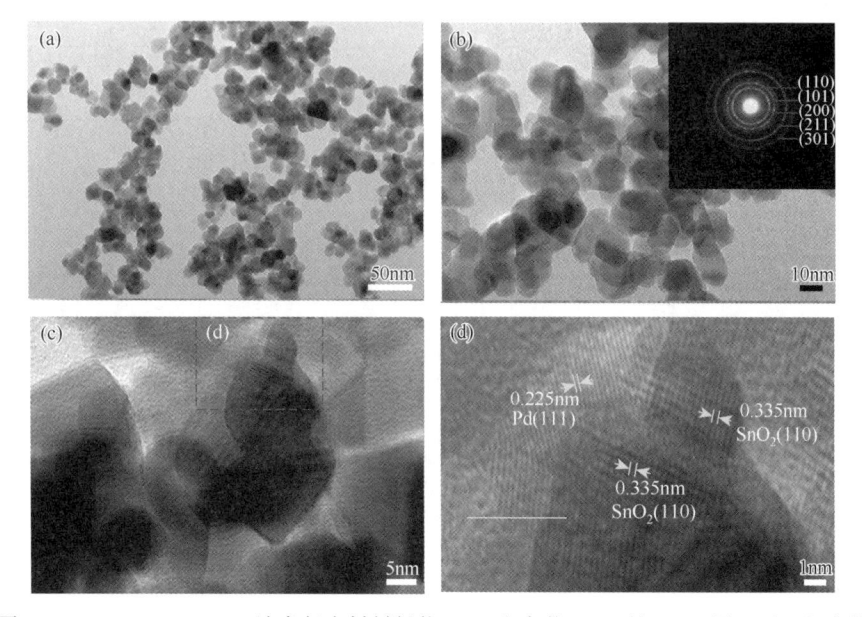

图 3.5　2.5mol% Pd-SnO$_2$ 纳米复合材料低倍（a）和高倍（b）的 TEM 图，以及相应的 HRTEM 图（c，d）（插图为相应的 SAED 图）

在气体传感器中，半导体敏感材料的表面活性位点在传感器响应方面起着重要作用，因此利用 X 射线光电子能谱（XPS）进一步分析制备得到的样品表面的氧元素和贵金属元素的原子价态及化学成分，图 3.6 为不同样品表面氧元素、Pt 和 Pd 元素的高分辨 XPS 图。从图 3.6（a）～（c）中可以看出，三个样品中的氧均以两种形式存在，结合能中心位于 531eV 附近的峰，对应于氧化物晶格中的晶格氧（O$_{lat}$）；而位于 532eV 左右的峰则归因于氧化物表面的吸附氧离子（O$_{2ads}^-$，O$_{ads}^-$，O$_{ads}^{2-}$）。其中，O$_{lat}$ 状态相对稳定，并不能与目标气体发生反应，也不会影响电荷、载流子和空穴的形成及传输。相反，吸附氧离子来源于敏感材料表面吸附的化学吸附氧 O_{ads}，它们十分活跃，并且与目标气体接触能够发生氧化还原反应，诱导传感器电阻发生变化，从而影响气敏性能[4]。较多的吸附氧存在，可以有效增加敏感材料表面的活性位点，从而有利于更多的目标气体发生反应。图 3.6（d）为 Pt 4f 的高分辨 XPS 图，Pt $4f_{5/2}$ 和 Pt $4f_{7/2}$ 的自旋轨道能级分别在 75.72eV 和 73.35eV 处叠加，说明 Pt 以 0 价态的形式存在于复合物中[4]。图 3.6（e）为 Pd 3d 的高分辨 XPS 图[5]，Pd $3d_{3/2}$ 和 Pd $3d_{5/2}$ 的自旋轨道能级分别在 343.35eV 和 337.77eV 处叠加，两峰之间的差值为 5.58eV，和已知的 Pd 的分裂能级相符合。XPS 结果表明，在制备的不同样品中均存在吸附氧，且检测到 Pt 和 Pd 的信号，说明 Pt 和 Pd 复合 SnO_2 成功，有利于提高器件的气敏性能。

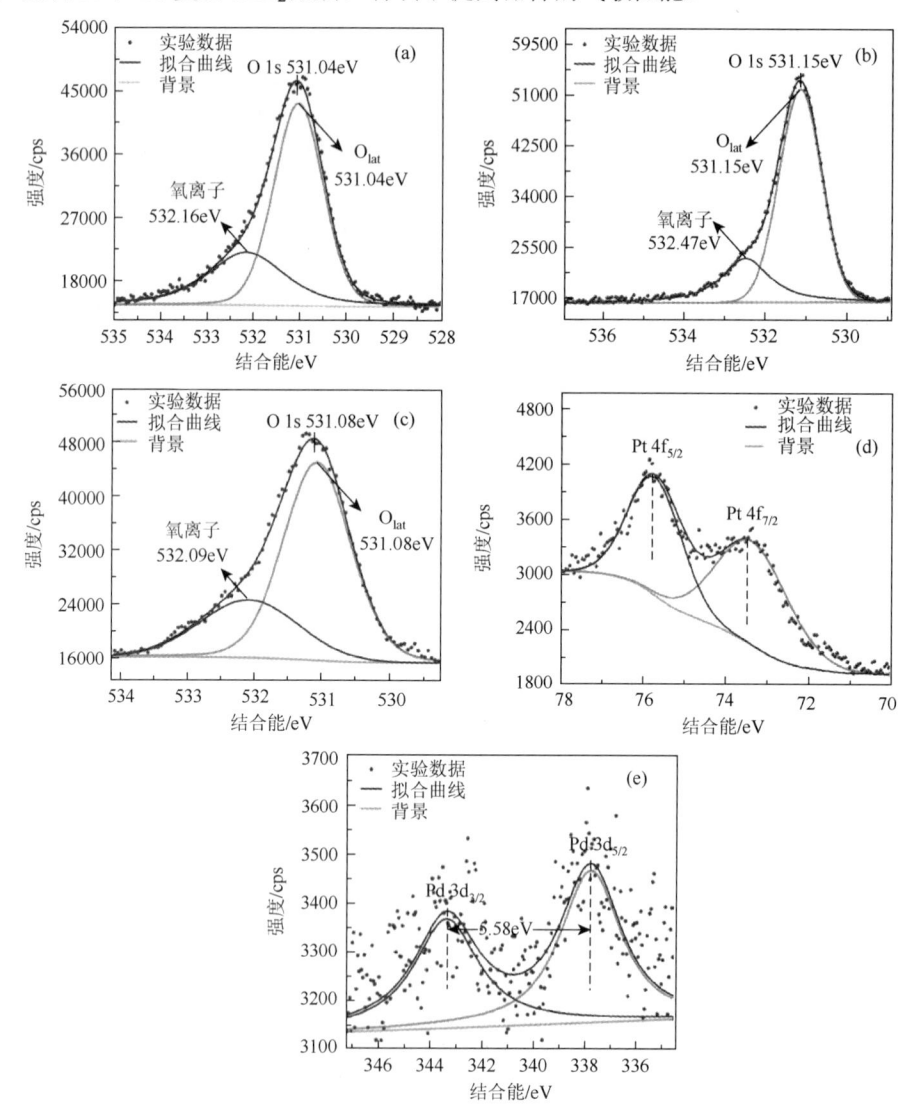

图 3.6 （a）纯相 SnO_2 纳米颗粒的 O 1s 高分辨 XPS 图；（b）1.5mol% Pt-SnO_2 纳米复合材料的 O 1s 高分辨 XPS 图；（c）2.5mol% Pd-SnO_2 纳米复合材料的 O 1s 高分辨 XPS 图；（d）1.5mol% Pt-SnO_2 纳米复合材料的 Pt 4f 的高分辨 XPS 图；（e）2.5mol% Pd-SnO_2 纳米复合材料的 Pd 3d 的高分辨 XPS 图

我们知道，敏感材料表面的吸附活性位点在气体响应过程中起着重要作用，较大的比表面积能够为目标气体提供更多的吸附位点，有利于进一步提升气敏性能。为了获得更多关于不同样品的比表面积及孔径分布信息，采用 BET（Brunauer-Emmett-Teller）氮气吸附-脱附等温线测试和相应的 BJH（Barrett-Joyner-Halenda）模型对样品进行表征分析，图 3.7 分别为纯相 SnO_2、1.5mol% Pt-SnO_2 和 2.5mol% Pd-SnO_2 复合纳米颗粒的比表面积和空隙结构。从图中可以看出，所有样品的等温线的吸附分支和脱附分支曲线不一致，在相对压力较高的区域出现明显的迟滞现象，呈现出典型的Ⅳ型等温线，说明所制备纳米颗粒具有多孔性，根据 BJH 模型可以得到其孔径分别为 16.264nm、16.253nm 和 16.155nm。此外，通过吸附-脱附曲线计算得到三个样品的比表面积分别为 34.450m²/g、54.225m²/g 和 35.440m²/g。值得注意的是，Pt 的复合使得样品的比表面积从 34.450m²/g 增加至 54.225m²/g，这可能是由于高温作用下 Pt 有效地抑制了 SnO_2 纳米颗粒的生长，使得其晶粒尺寸变小，导致复合材料的比表面积增加，从而在纳米材料表面提供更多的活性位点给吸附氧与目标气体分子反应，提高材料的气敏性能。然而，Pd 复合 SnO_2 纳米颗粒中比表面积基本没有变化，说明 Pd 的复合不影响 SnO_2 纳米颗粒的生长。

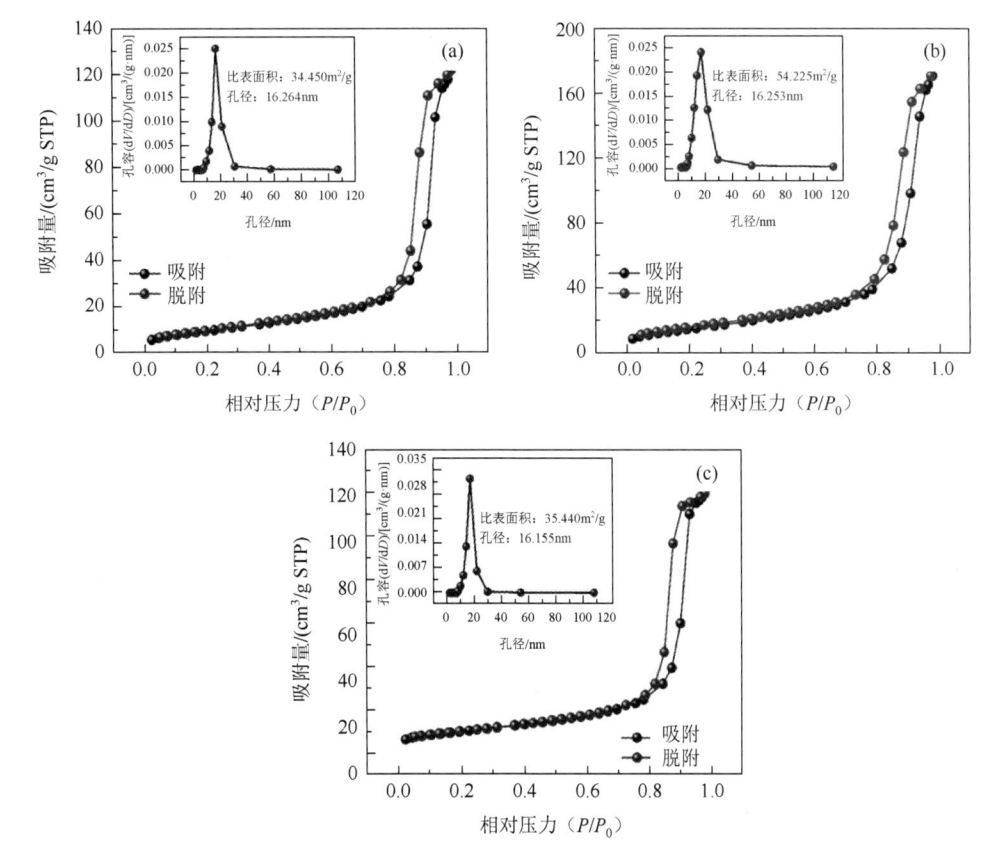

图 3.7　SnO_2（a）、1.5mol% Pt-SnO_2（b）、2.5mol% Pd-SnO_2 复合纳米颗粒（c）的氮气吸附-脱附等温线和 BJH 孔径分布曲线（插图）

2. 溶剂热法制备贵金属 Pt 活化 SnO$_2$ 纳米颗粒团簇的表征与分析

采用 XRD 对所合成样品进行了物相和结构分析,图 3.8(a)为所合成样品的 XRD 图。从图中可以看出,所有的衍射峰都可以索引为锡石 SnO$_2$,较宽的衍射峰表明所合成的 SnO$_2$ 样品具有较小的晶粒尺寸。值得注意的是,在 3% Pt-SnO$_2$ 样品中,在衍射角 39.78°、43.44°和 46.28°处检测到三个新的衍射峰,其中 39.78°和 46.28°处的衍射峰可以归结于 Pt 的(111)和(200)晶面,而 43.44°处的衍射峰可以归结于 PtO$_2$ 的(004)晶面。结果说明在 Pt 活化 SnO$_2$ 纳米颗粒团簇中以金属 Pt 和二价金属氧化物 PtO$_2$ 两种形式存在,并且 PtO$_2$ 具有沿(004)晶面择优生长取向。为了更加深入地理解 SnO$_2$ 纳米颗粒团簇的晶体结构特点,Rietveld(里特沃尔德)精修方法用于 SnO$_2$ 样品分析[6],如图 3.8(b)所示,结果表明精修计算得到的结果与实验 XRD 结果相吻合。

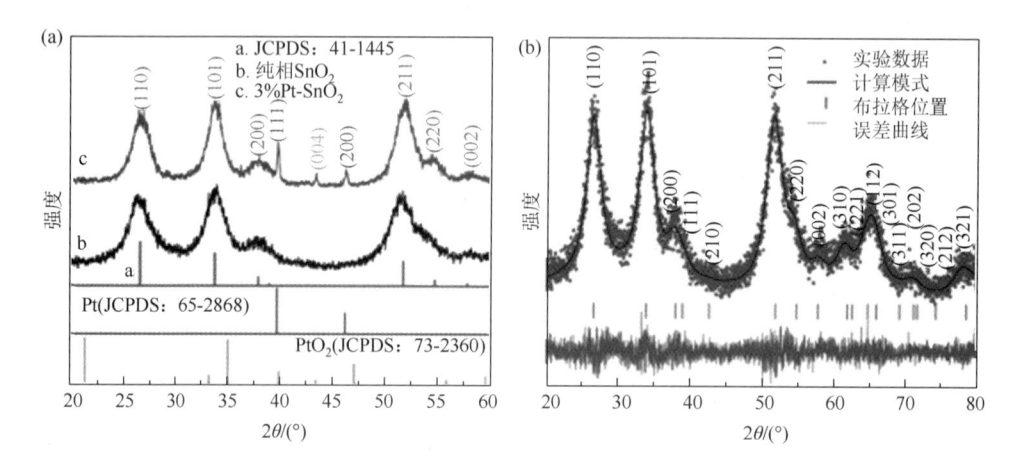

图 3.8 所合成的 Pt 活化 SnO$_2$ 纳米颗粒团簇的 XRD 图(a)和 XRD 精修图(b)

在气体传感器应用中,敏感材料的微观结构和表面形貌对气敏性能具有较大的影响。采用 TEM 对所制备的 Pt 活化 SnO$_2$ 纳米颗粒团簇进行进一步表征与分析,图 3.9(a)~(d)分别为 Pt 活化 SnO$_2$ 纳米颗粒团簇的 TEM 和 HRTEM 图。从 TEM 图中可以看到许多晶粒尺寸超小的 SnO$_2$ 纳米颗粒组成较大的纳米团簇,并且很多较小的孔状结构存在于团簇中。在图 3.9(c)中,较明显的晶格条纹表明制备的 SnO$_2$ 纳米颗粒具有较好的结晶性和不定向的生长取向。此外,从 HRTEM 图中可以估算得到 SnO$_2$ 纳米颗粒的尺寸大多分布在 2~4nm。图 3.9(c)选区电子衍射图中四个较宽的特征衍射环对应着锡石 SnO$_2$ 的(110)、(101)、(211)和(301)晶面,同时也说明了 SnO$_2$ 具有较小的颗粒尺寸。图 3.9(d)为单个 SnO$_2$ 纳米颗粒的 HRTEM 图,相邻晶面的晶面间距大致为 0.335nm,接近 SnO$_2$ 的(110)晶面,晶粒尺寸约为 3.1nm,与 XRD 分析结果相吻合。通常,较小的晶粒尺寸往往具有相对较大的比表面积,表面拥有更多的吸附活性位点,能为目标气体与敏感材料表面吸附氧间的化学反应提供更多的反应中心。使用氮气吸附-脱附等温线测试进一步研究了 Pt 活化 SnO$_2$ 纳米颗粒团簇的比表面积,使用 BET 方法估算得到材料的比表面积为 181.58m²/g。较大的比表面积能够为氧化还原反应提供更多的反应活性位点，从而提升材料的气敏性能。如此高的比表面积主要归结于超小的纳米颗粒和自组装的微结构间的协调作用，这个过程中合成方法起着重要作用。因此，我们提出了 SnO₂ 纳米颗粒团簇阵列可能的形成机理，如图 3.9（e）所示。首先，SnCl₄ 和乙二胺在溶液中通过离子化分别产生 Sn⁴⁺ 和 OH⁻，并且发生反应形成 Sn(OH)₄ 中间体，通过脱水过程形成 SnO₂ 晶核[7]。同时，SnO₂ 晶体表面包覆了 OH⁻，且 OH⁻ 能与甲醇中的烷基相互形成氢键。在甲醇溶剂中，甲基较为稳定且甲醇充当了抑制剂限制了 SnO₂ 的生长[8]。此外，由于乙二胺分子结构具有对称性，两端的 N 原子具有较强的电负性，未发生离子化的乙二胺与 SnO₂ 晶核表面的 OH⁻ 可以形成氢键，从而有可能连接两个 SnO₂ 晶核。随着进一步的反应，SnO₂ 晶体互相连接并且限制生长，因此独特的 SnO₂ 纳米颗粒团簇结构形成。由于乙二胺与 SnO₂ 纳米颗粒间氢键的随机性，团簇中出现的孔也具有随机性和不规则的形状。由此可见，氢键的形成在整个过程中具有重要作用，并且氢键的形成高度依赖于 SnO₂ 表面的氢氧键[9]。XPS 被用于深入分析 Pt 活化 SnO₂ 纳米颗粒团簇的化学成分和化学状态，如图 3.9（f）和（g）分别为 O 1s 和 Pt 4f 的高分辨 XPS 图。从 O 1s 高分辨谱图中可以看出，O 1s 包含三种不同的化学态，分别为 O_{lat}（530.73eV）、O_x^-（531.71eV）和 O-H（533.02eV）。其中，O_{lat} 来自 SnO₂ 晶格中的氧离子，其化学结构较为稳定且对气体响应没有贡献，O_x^- 源自表面吸附氧离子和氧缺陷，其在气体响应过程中起着关键作用，并且化学性质较为活泼，能与目标气体发生氧化还原反应而引起传感器电阻值变化。而结合能中心位于 533.02eV 处的 O_{OH} 主要归结于 SnO₂ 表面吸附的氢氧根离子。此外，O_{lat}、O_x^- 和 O_{OH} 三种成分所占的比例分别为 19.8%、30.8% 和 49.4%，较高的氢氧根离子浓度有利于更多氢键的形成，从而支撑了提出的可能的形成机理[10, 11]。

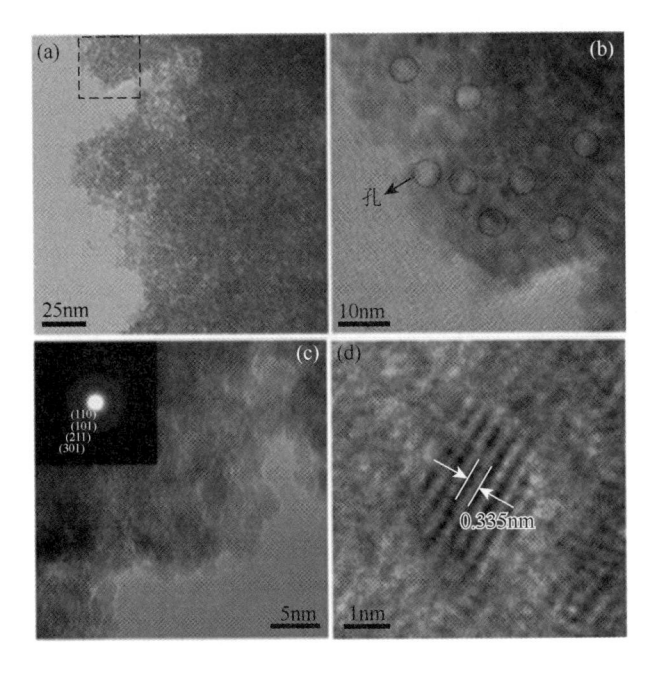

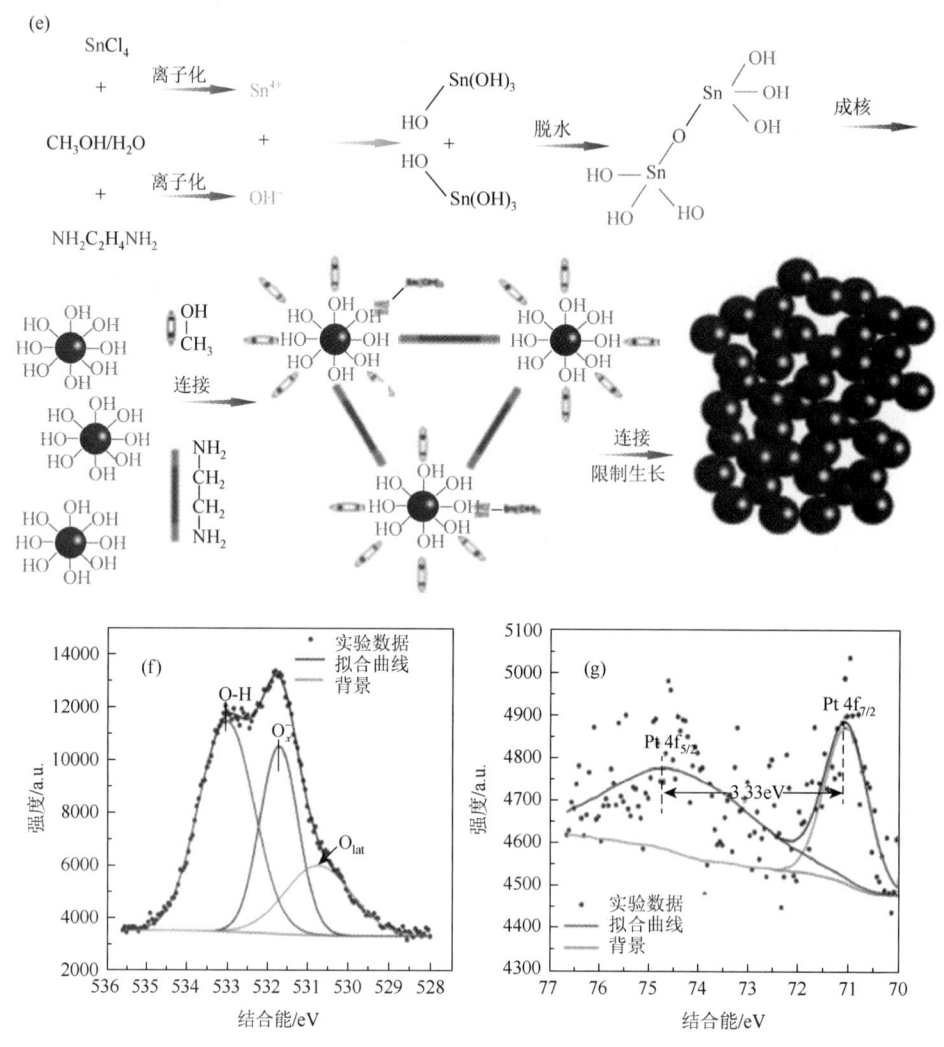

图 3.9 （a~d）Pt 活化 SnO$_2$ 纳米颗粒团簇的 TEM 和 HRTEM 图；（e）SnO$_2$ 纳米颗粒团簇形成机理图；（f）O 1s 高分辨 XPS 图；（g）Pt 活化 SnO$_2$ 纳米颗粒团簇的 Pt 4f 高分辨 XPS 图

3.1.3 零维纳米结构 SnO$_2$ 基气体传感器

1. 水热法制备 SnO$_2$ 及 Pd、Pt 复合 SnO$_2$ 纳米颗粒的可燃性气体气敏性能

为了进一步探究所制备的纯相 SnO$_2$ 纳米颗粒及 Pt、Pd 复合 SnO$_2$ 纳米颗粒作为气体传感器敏感材料的气敏性能，分别选择丁烷（C$_4$H$_{10}$）、一氧化碳（CO）、甲烷（CH$_4$）作为目标气体，测试了传感器在不同条件下的气敏性能。

图 3.10 为基于纯相 SnO$_2$ 纳米颗粒气体传感器的气敏性能。众所周知，工作温度是影响敏感材料气敏性能的关键因素之一，主要决定了目标气体的吸脱附速率。图 3.10（a）为气体传感器在不同工作温度下对 3000ppm（ppm 表示 10^{-6}）丁烷的气体响应曲线，可以看出气体响应值随着工作温度的递增而逐渐升高，在 420℃时气体响应值达到最高值 22.43，而后气体响应值随着温度继续升高而降低。这一现象可以解释为在最佳工作温度

以前，所提供的能量较低且不能满足氧化还原反应过程所需要的活化能，造成气体响应偏差，在最佳工作温度时，反应得到的能量最大且足以克服反应所需的活化能，气体吸附-脱附达到平衡状态，响应值最高，继续升高温度，敏感材料表面的脱附速率大于吸附速率，导致反应减慢且响应值降低。因此，将420℃选为SnO$_2$纳米颗粒气体传感器的最佳工作温度，并在此工作温度下进行后续气敏性能研究。如图3.10（b）所示，气体传感器在最佳工作温度下对3000ppm丁烷气体呈现出较快的气体响应和恢复时间，响应时间和恢复时间分别为3s和5s，与目前文献报道的传感器相比其响应和恢复时间要更短[12,13]。

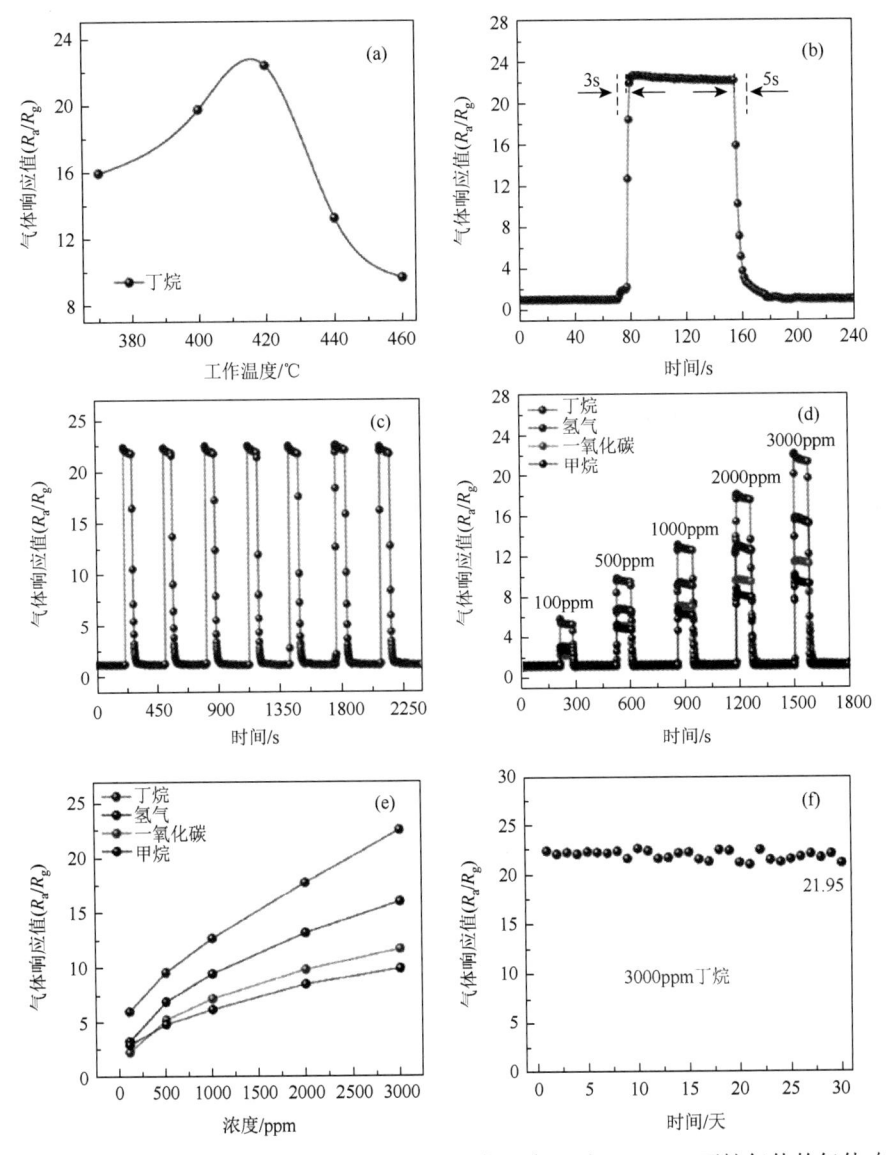

图3.10 （a）纯相SnO$_2$纳米颗粒敏感材料在不同工作温度下对3000ppm丁烷气体的气体响应曲线；（b，c）传感器在420℃下对3000ppm丁烷气体的响应-恢复时间曲线和重复性曲线；（d，e）传感器在420℃下对丁烷、氢气、一氧化碳和甲烷四种气体不同浓度下动态响应曲线和气体浓度与响应之间的关系；（f）传感器在420℃下对3000ppm丁烷的长期稳定性

为了检验 SnO₂ 纳米颗粒气体传感器的可重复性,在 420℃下将传感器暴露于 3000ppm 丁烷气体中,进行了连续 7 次的循环测试,结果如图 3.10(c)所示。结果显示,在连续测试 7 个循环后,气体响应值基本保持一致,没有发生较为显著的衰减和变化,表明所制备的 SnO₂ 纳米颗粒气体传感器具有较好的重复性,是一种较为可靠的敏感材料。在实际应用中,气体传感器能否对单一或某种特定气体及不同浓度快速、精准地进行检测是评价气体传感器优越性的重要参数指标。图 3.10(d)和(e)为最佳工作温度下气体传感器对不同浓度的丁烷、一氧化碳、氢气和甲烷四种可燃性气体的动态响应曲线。在 100~3000ppm 气体浓度范围内,四种可燃性气体的响应值均随着气体浓度的增加而逐渐升高,且在不同的气体浓度下,气体传感器始终对丁烷有着较高的气体响应,对 100ppm、500ppm、1000ppm、2000ppm 和 3000ppm 丁烷气体的响应值分别达到 5.93、9.48、12.57、17.64 和 22.43。结果表明 SnO₂ 纳米颗粒敏感材料对不同的可燃性气体有着较宽的浓度检测范围,且对丁烷呈现出较好的选择性。从图 3.10(e)中可以看出,气体响应值与气体浓度之间呈现出较高的线性关系,并且浓度越高,线性效果越明显,说明 SnO₂ 纳米颗粒气体传感器可以实现对丁烷气体的定量检测。在实际应用中,长期稳定性和可靠性对气体传感器具有重要意义,图 3.10(f)为基于 SnO₂ 纳米颗粒气体传感器在 420℃下对 3000ppm 丁烷气体进行为期 30 天的稳定性测试结果。从图中可以看出,传感器对丁烷的响应在前 8 天内基本维持稳定,从第 9 天开始出现了波动范围低于 0.47%的轻微波动,且 30 天内气体响应的平均值保持为 21.95,结果说明 SnO₂ 敏感材料对丁烷气体的检测具有较高的稳定性和优异的可靠性。

为了探讨 Pt-SnO₂ 纳米复合材料在气体传感器方面的潜在应用,以一氧化碳为目标气体,从最佳工作温度、动态响应特性、响应和恢复时间、重复性、选择性和稳定性等几个方面进行了研究,气敏性能如图 3.11 所示。

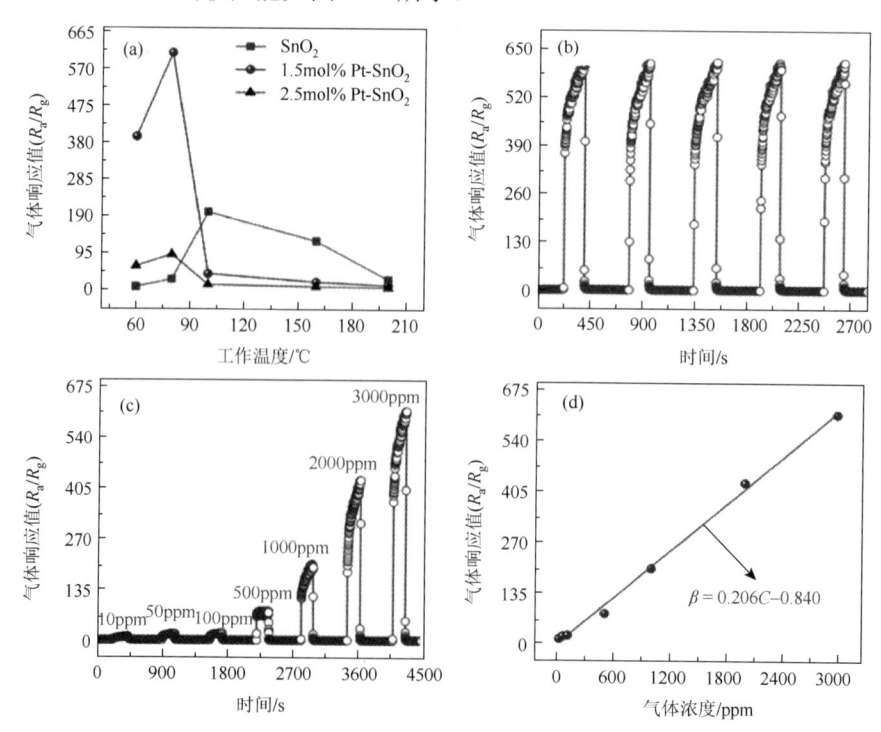

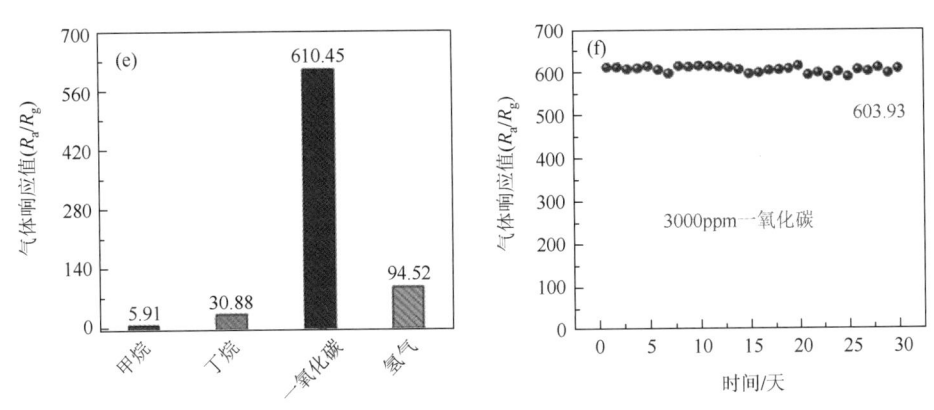

图 3.11 （a）不同比例 Pt 复合 SnO$_2$ 纳米颗粒敏感材料在不同工作温度下对 3000ppm 一氧化碳的气体响应曲线；（b）1.5mol% Pt 复合 SnO$_2$ 纳米颗粒气体传感器在 80℃下对 3000ppm 一氧化碳气体的重复性曲线；（c，d）最佳工作温度下不同一氧化碳浓度的动态响应曲线和气体响应与浓度之间的关系；（e）1.5mol% Pt 复合 SnO$_2$ 纳米颗粒气体传感器在 80℃下对 3000ppm 丁烷、氢气、一氧化碳和甲烷四种气体的气体响应选择性；（f）传感器在 80℃下对 3000ppm 一氧化碳的长期稳定性

图 3.11（a）为不同比例 Pt 复合 SnO$_2$ 纳米颗粒敏感材料气体传感器在不同工作温度下对 3000ppm 一氧化碳的气体响应曲线。从图中可以看出，所有器件均呈现出相似的气体响应趋势，随着工作温度的升高，传感器的气体响应值随之升高，在低温范围时，气体分子在敏感材料表面的吸附量以及与吸附氧之间的相互作用程度很低，导致传感器的气体响应较差，当传感器达到最佳工作温度时其气体吸附-脱附动力学过程达到平衡，此时气体响应值达到最高值。继续升高工作温度，大量的气体分子开始从传感器表面脱附，导致气体响应值随之下降[14-16]。在不同比例 Pt 复合 SnO$_2$ 纳米颗粒气体传感器中，纯相 SnO$_2$ 在 100℃最佳工作温度下对 3000ppm 一氧化碳的气体响应值达到 198.63，Pt 复合 SnO$_2$ 纳米颗粒气体传感器的最佳工作温度则降至 80℃，且 1.5mol% Pt-SnO$_2$ 纳米复合材料气体传感器对 3000ppm 一氧化碳的响应值高达 610.45，其为纯相 SnO$_2$ 纳米颗粒气体传感器的 3 倍左右。此外，随着复合比例的增加，2.5mol% Pt-SnO$_2$ 纳米复合材料气体传感器对 3000ppm 一氧化碳的响应值则低至 88.86。因此，1.5mol% Pt-SnO$_2$ 复合纳米材料为最优器件，且最佳工作温度低至 80℃。图 3.11（b）为 1.5mol% Pt-SnO$_2$ 纳米复合材料气体传感器在 80℃下对 3000ppm 一氧化碳气体进行连续 5 次循环测试曲线，结果表明 5 次连续测试的气体响应值以及响应和恢复时间基本相同，并无较大波动。同时，在最佳工作温度下进一步研究了最优器件在 10~3000ppm 不同气体浓度范围内的动态响应特性，结果如图 3.11（c）所示。随着一氧化碳浓度增加，传感器的气体响应值逐渐升高，其对 10ppm、50ppm、100ppm、500ppm、1000ppm、2000ppm 和 3000ppm 一氧化碳的响应值分别达到 10.61、17.69、19.58、78.74、199.47、427.57 和 610.45，且该气体传感器对一氧化碳的检测限低至 10ppm，气体响应时间和恢复时间分别为 70s 和 5s。此外，不同气体浓度与对应气体响应值呈现出较好的线性关系，拟合结果如图 3.11（d）所示，可呈现出如下线性关系式：$\beta = 0.206C - 0.840$。其中，C 为一氧化碳浓度，β 为气体响应值，拟合得到的线性相关系数 R^2 为 0.99626，结果说明一氧化碳浓度与气体响应之间具有较好的线性关系，气体传感器在对一氧化碳气体进行实时监测方面具有较大的应用潜力。在

实际应用中，气体传感器的选择性是评价传感器的重要指标之一。在最佳工作温度下，测试了 1.5mol% Pt-SnO$_2$ 纳米复合材料气体传感器对 3000ppm 不同易燃易爆气体的气体响应，包括甲烷、一氧化碳、丁烷和氢气，结果如图 3.11（e）所示。可以看出，传感器对一氧化碳的气体响应值明显高于其他的可燃性气体，分别是甲烷、丁烷、氢气的 103.29 倍、19.77 倍和 6.46 倍。上述分析结果表明，在相同的环境条件下传感器对一氧化碳表现出较好的选择性。图 3.11（f）为 1.5mol% Pt-SnO$_2$ 纳米复合材料气体传感器在 80℃下对 3000ppm 一氧化碳为期 30 天的长期稳定性监测结果。从图中可以看出，传感器在测试周期前 19 天内相对稳定，而后期则出现了轻微的波动且波动范围在 7.63%左右。同时，30 天的测试周期内其平均气体响应值为 603.93，略低于初始响应值（610.45），但其响应值维持在允许范围内，说明气体传感器具有相对较高的长期稳定性和较长的使用寿命。

为了研究 Pd-SnO$_2$ 纳米复合材料在气体传感器领域的实用价值，以甲烷为目标气体，从最佳工作温度、动态响应特性、响应和恢复时间、重复性和稳定性等几个方面进行了气敏性能研究。图 3.12（a）为不同比例 Pd 复合 SnO$_2$ 纳米颗粒气体传感器在不同工作温度下对 3000ppm 甲烷气体的气体响应曲线。传感器的响应值随着工作温度的递增而逐渐升高，纯相 SnO$_2$ 纳米颗粒在 420℃时对 3000ppm 甲烷的响应值达到最高且为 9.8，随后继续升高温度而气体响应值降低。在复合材料中，随着 Pd 含量的增加，气体传感器对甲烷气体的响应值也呈现出升高的趋势，达到最佳复合比例 2.5mol%后，继续增加 Pd 的含量，其响应值反而降低。从图中可以看出，1.5mol% Pd-SnO$_2$、2.5mol% Pd-SnO$_2$ 和 5.0mol% Pd-SnO$_2$ 纳米复合材料气体传感器在 340℃的最佳工作温度下对 3000ppm 甲烷气体的响应值分别为 13.84、17.72 和 15.70。而 7.5mol% Pd-SnO$_2$ 纳米复合材料气体传感器在 300℃的最佳工作温度下对 3000ppm 甲烷气体的响应值降为 14.80。有趣的是，气体传感器的最佳工作温度随着 Pd 复合比例的增加从 420℃降低至 340℃，最终最佳工作温度低至 300℃。在上述气体响应现象中，气体响应随着温度的升高而逐渐升高是因为吸附作用的增强和表面电荷密度的增加使得空穴浓度增加，导致气体响应增加。当工作温度升高至一定程度时，氧气分子会由于高温作用而脱附，造成气体响应降低。另外，敏感材料表面的吸附氧离子与目标气体分子间的氧化还原反应也受温度响应。在最佳工作温度下，吸附氧离子与目标气体分子之间的反应会更容易进行，所以在此温度下响应程度可以达到最大值[17]。2.5mol% Pd-SnO$_2$ 纳米复合材料气体传感器在 340℃最佳工作温度下对 3000ppm 甲烷的气体响应值高至 17.72。

对于气体传感器而言，能够满足实际检测需要的气体传感器不仅需要较短的响应和恢复时间，还需要较好的可重复性。在 3000ppm 甲烷气氛中对 2.5mol% Pd-SnO$_2$ 纳米复合材料气体传感器在最佳工作温度下的重复性和响应-恢复时间特性进行了测试，结果如图 3.12（b）和（c）所示。在经过连续的 5 次循环测试后，气体传感器对甲烷气体的响应程度及响应和恢复时间没有明显变化，说明传感器在短期内具有较好的重复性。同时，传感器对 3000ppm 甲烷呈现出较快的响应-恢复速率，响应时间和恢复时间分别为 3s 和 5s，如此低的响应时间和恢复时间在甲烷实时监测方面呈现出较大的应用优势[18, 19]。图 3.12（d）为 2.5mol% Pd-SnO$_2$ 纳米复合材料气体传感器在 340℃下对不同甲烷气体浓度的动态响应曲线。如图所示，随着甲烷气体浓度从 100ppm 增加到 3000ppm，传感器的响应值也逐渐升高。对于 100ppm、500ppm、1000ppm、2000ppm 和 3000ppm 的甲烷气

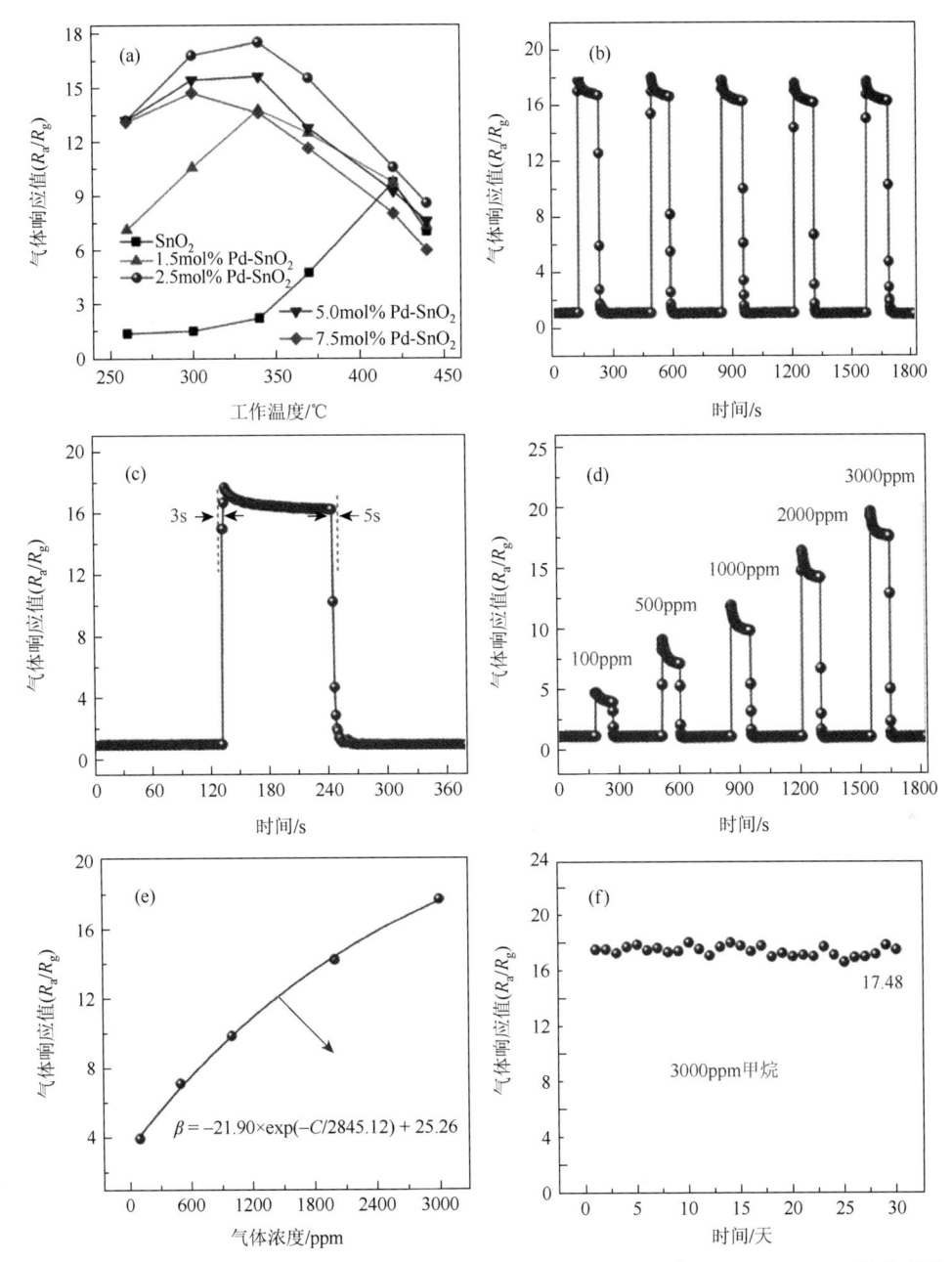

图 3.12 （a）不同比例 Pd 复合 SnO$_2$ 纳米颗粒敏感材料在不同工作温度下对 3000ppm 甲烷气体的气体响应曲线；（b，c）2.5mol% Pd 复合 SnO$_2$ 纳米颗粒气体传感器在 340℃下对 3000ppm 甲烷气体的重复性曲线和响应-恢复时间曲线，（d，e）最佳工作温度下不同甲烷气体浓度的动态响应曲线和气体响应与浓度间关系；（f）2.5mol% Pd 复合 SnO$_2$ 纳米颗粒气体传感器在 340℃下对 3000ppm 甲烷气体的长期稳定性

体浓度，传感器的响应程度分别为 3.97、7.12、9.86、14.23 和 17.72，说明 2.5mol% Pd-SnO$_2$ 纳米复合材料气体传感器对甲烷具有较宽的监测范围和较高的响应值。同时，通过拟合得到传感器响应值与甲烷浓度之间具有指数增长模式，如图 3.12（e）所示，相互关系可

表示为 $\beta = -21.90 \times \exp(-C/2845.12) + 25.26$,相关系数为 R^2 为 0.998 05,结果表明传感器响应值与甲烷气体浓度之间具有较好的指数关系,在实际甲烷气体检测方面呈现较大的应用潜力。此外,在 340℃下对传感器在 3000ppm 甲烷气氛中进行了为期 30 天的长期稳定性测试,气体响应情况如图 3.12(f)所示。从图中可以看出,传感器响应值较为稳定且平均响应值为 17.48,波动幅度仅为 0.36%,结果表明 2.5mol% Pd-SnO₂ 纳米复合材料气体传感器具有优异的长期稳定性。综上所述,2.5mol% Pd-SnO₂ 敏感材料对甲烷气体呈现出较好的气体响应特性,在气体传感器实际应用方面具有较大的应用价值和潜力。

2. 溶剂热法制备贵金属 Pt 活化 SnO₂ 纳米颗粒团簇的氨气气敏性能

为了探究所制备气体传感器对氨气检测的潜在应用,研究了 Pt 活化 SnO₂ 纳米颗粒团簇敏感材料的基本气敏特性。如图 3.13(a)所示,在 500ppm 氨气气氛中,传感器的气体响应值随着工作温度的升高而逐渐增加,且基于 Pt 活化 SnO₂ 纳米颗粒团簇的传感器气体响应值要高于纯 SnO₂ 纳米颗粒团簇。在通过贵金属 Pt 活化后,气体传感器的最佳工作温度从 140℃降低至 115℃,并且气体响应值从 6.48 显著升高至 203.44。高响应值和低工作温度主要归因于贵金属活化特性,再次证实了 Pt 功能化在气体传感器中的有效促进作用[20-22]。图 3.13(b)呈现出了 Pt 活化 SnO₂ 纳米颗粒团簇气体传感器在 115℃对 50～1000ppm 氨气浓度范围内的动态响应曲线和对 1000ppm 氨气的响应-恢复时间特性。可以看出,气体传感器在空气和氨气中均能迅速达到动态平衡时,呈现出较快的响应和恢复速率,分别为 75s 和 67s。此外,Pt 活化 SnO₂ 纳米颗粒团簇气体传感器的气体响应值随着氨气浓度的增加而急剧升高,对 50ppm、100ppm、300ppm、500ppm、700ppm 和 1000ppm 的氨气响应值分别为 29.19、69.17、150.44、203.44、249.29 和 314.43。重要的是,该传感器对氨气的检测限低至 10ppm 且响应值为 4.3,其远低于氨气的标准检测限 50ppm 和 300ppm,较高的氨气响应值和较低的工作温度在氨气实际检测方面呈现出较大的应用潜力和优势。同时,传感器气体响应值与气体浓度之间呈现出较好的线性关系,可描述为 $\lg\beta = 0.5386 + 0.6550 \lg C$,线性相关系数 R^2 为 0.9984,如图 3.13(c)所示。

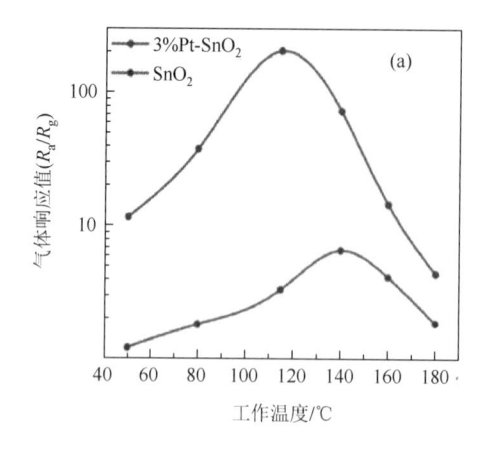

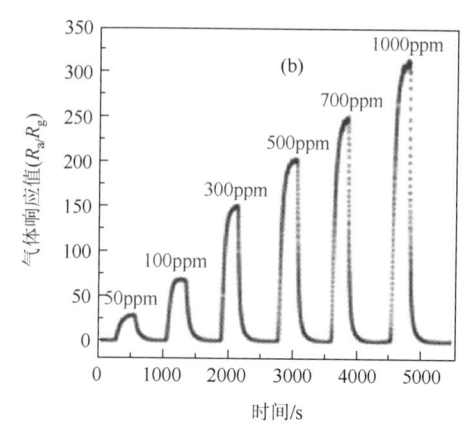

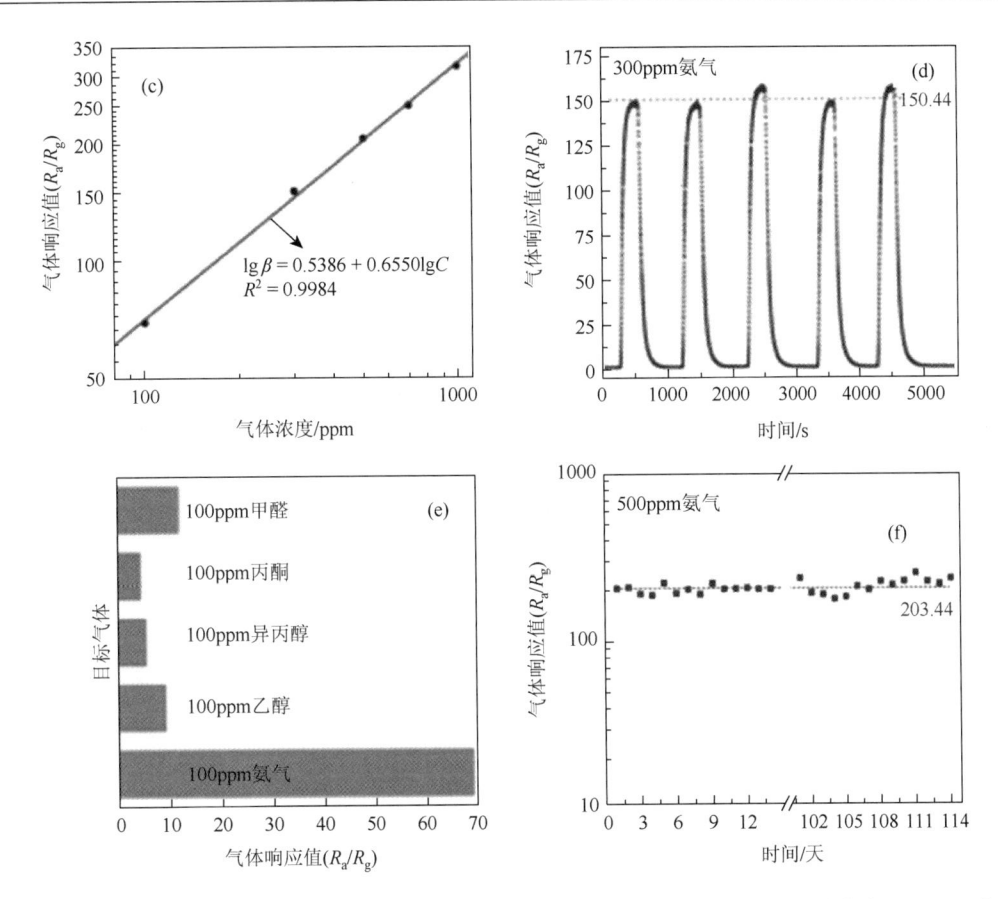

图 3.13 （a）Pt 活化 SnO$_2$ 纳米颗粒团簇在不同工作温度下对 500ppm 氨气的气体响应曲线；(b，c) 气体传感器在最佳工作温度 115℃下对不同气体浓度的动态响应曲线和气体响应与浓度之间的关系；(d) 气体传感器在最佳工作温度下对 300ppm 氨气的重复性曲线；(e) 最佳工作温度下传感器对 100ppm 不同气体的选择性；(f) 115℃下传感器对 500ppm 氨气的长期稳定性

在最佳工作温度下，气体传感器在 300ppm 氨气气氛中连续 5 次循环测试，气体响应值均维持在 150 左右，波动范围在 4.1%内，且响应时间和恢复时间并无明显差别，如图 3.13（d）所示。结果表明，Pt 活化 SnO$_2$ 对氨气具有较好的短期重复性。同时，在最佳工作温度下，测试了 100ppm 不同挥发性有机化合物气体的气体响应，包括丙酮、乙醇、甲醛和异丙醇，结果如图 3.13（e）所示。可以看出，在不同气体中，传感器对氨气的响应值最高，且分别为丙酮、乙醇、甲醛和异丙醇响应值的 15.2 倍、7.4 倍、5.8 倍和 12.3 倍，意味着 Pt 活化 SnO$_2$ 纳米颗粒团簇气体传感器对氨气呈现出较好的选择性和抗干扰性。如图 3.13（f）所示，气体传感器在 115℃下对 500ppm 氨气在约 110 天后仍有较好的气体响应，且平均响应值为 203.44，波动范围在 10.01%内，结果说明该气体传感器具有较好的长期稳定性和可靠性，在氨气检测方面具有潜在应用。

3. 气敏机理

对于半导体金属氧化物的气敏机理，表面电子沉积层模型是目前广泛接受的理论机制，其气体响应过程主要依赖于敏感材料表面气体分子的吸附-脱附和气体的扩散。通过复合或掺杂策略来提高气敏性能，其气敏增强机理主要来源于复合材料或掺杂元素的协同作用，从而提升气体响应。本节中以贵金属 Pd、Pt 复合 SnO_2 纳米颗粒为敏感材料检测可燃性气体为例，详细介绍传感器气体敏感机理。如图 3.14 所示，对于表面控制型电阻式气体传感器，当器件暴露于空气中，氧气吸附在样品的表面，从样品中获得电子并电离成吸附氧离子（O_{2ads}^-、O_{ads}^-、O_{ads}^{2-}），在样品的表面形成电荷堆积的空间电荷层，导致电阻增大，反应过程如下[23]：

$$O_{2gas} \rightleftharpoons O_{2ads} \tag{3.1}$$

$$O_{2ads} + e^- \rightleftharpoons O_{2ads}^- \tag{3.2}$$

$$O_{2ads}^- + e^- \rightleftharpoons 2O_{ads}^- \tag{3.3}$$

$$O_{ads}^- + e^- \rightleftharpoons O_{ads}^{2-} \tag{3.4}$$

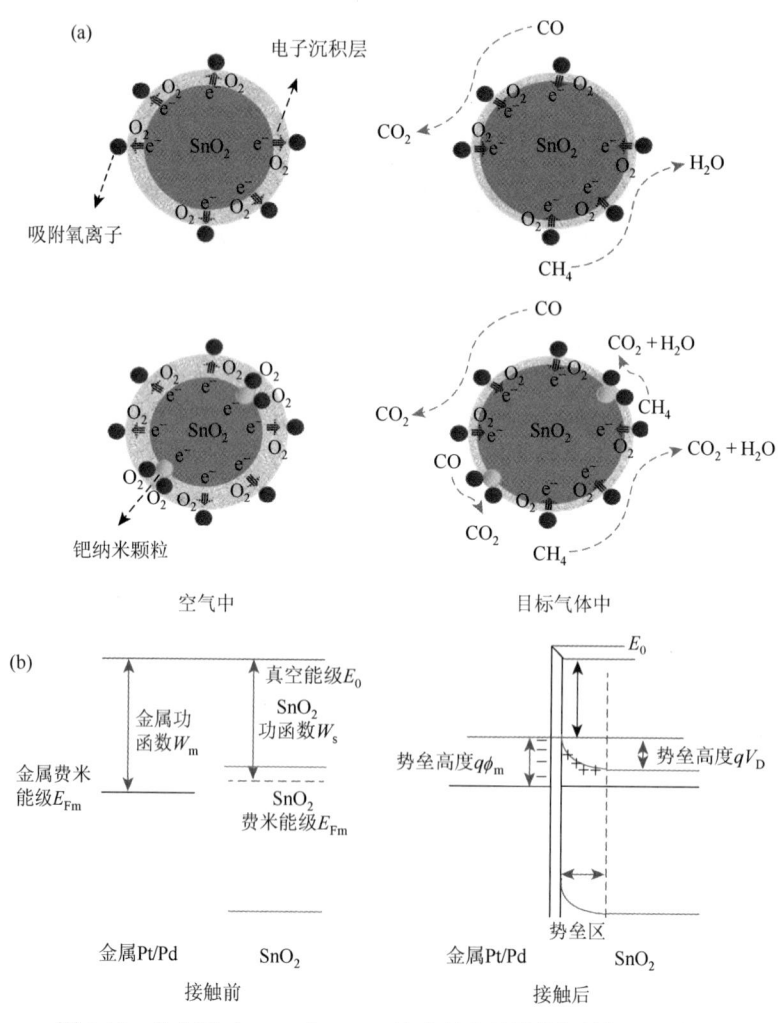

图 3.14 贵金属（Pt、Pd）/SnO_2 纳米复合材料的气敏机理示意图

当传感器与目标气体接触时，敏感材料表面的化学吸附氧离子（O_{2ads}^-、O_{ads}^-、O_{ads}^{2-}）会与目标气体发生相互作用，目标气体会在样品的表面发生分解反应，使 CO 转化为 CO_2，CH_4 分解成 CO_2 和 H_2O；吸附氧离子被消耗后，样品表面堆积的空间电荷层会变薄，导致电阻减小，反应过程如下[24, 25]：

$$(CO)_{gas} \rightleftharpoons (CO)_{ads} \tag{3.5}$$

$$(CO)_{ads} + O_{ads}^- \rightleftharpoons CO_2 + e^- \tag{3.6}$$

$$(CO)_{ads} + O_{ads}^{2-} \rightleftharpoons CO_2 + 2e^- \tag{3.7}$$

$$(CH_4)_{gas} \rightleftharpoons (CH_3)_{ads} + H_{ads} \tag{3.8}$$

$$(CH_3)_{ads} + H_{ads} + 4O_{ads}^- \rightleftharpoons CO_2 + 2H_2O + 4e^- \tag{3.9}$$

基于上述的表征与分析，将气敏性能的提升归因于贵金属（Pt、Pd）的化学敏化作用和电子敏化作用[26]。一方面，纯的 SnO_2 纳米颗粒表面吸附着较少的氧气分子，从而使电离产生的吸附氧离子（O_{ads}^-）较少，形成较窄的电子耗尽层，所以与气体分子的反应相对较弱。添加贵金属（Pt、Pd）之后，贵金属（Pt、Pd）的催化作用使 SnO_2 的表面被激活，空气中大量的氧气分子会吸附在 SnO_2 的表面，有效地促进氧气的电离，产生更多的吸附氧离子（O_{ads}^-），同时使耗尽层变宽，为目标气体提供更多附加的活性位点，有效地增强与气体分子之间的相互作用，这就是贵金属（Pt、Pd）的化学敏化作用，即"溢出效应"[27][图 3.14（a）]。另一方面，由于 SnO_2 和贵金属（Pt、Pd）的功函数不同，在贵金属（Pt、Pd）与 SnO_2 之间会发生相互作用，即电子敏化作用[28]，使 SnO_2 的费米能级发生改变，从而促进目标气体在样品表面反应的进行[图 3.14（b）]。因此，贵金属（Pt、Pd）的复合能够有效地提升 SnO_2 纳米颗粒的气敏性能。

3.2 一维纳米结构 SnO_2 基气体敏感材料与气体传感器

3.2.1 一维纳米结构 SnO_2 基气体敏感材料的制备

1. 化学沉淀法制备双相共存 SnO_2 一维纳米结构

本节采用化学沉淀法在常压下以 PEG400 作为表面活性剂合成双相（四方相和正交相）共存的 SnO_2 一维纳米结构，该实验方案具备操作简单、反应均匀、反应速率快、对设备的要求不苛刻、不受环境因素影响等优点。具体工艺流程（图 3.15）如下：

（1）称取一定量的 $H_2C_2O_4·2H_2O$ 加入无水乙醇与 PEG400 的混合溶液中，搅拌溶解得到澄清溶液。

（2）称取一定量的 $SnCl_2·2H_2O$ 加入上述澄清溶液中。

（3）待 $SnCl_2·2H_2O$ 溶解后逐滴加入 5mL 蒸馏水，搅拌 15min 得到白色浊液。

（4）将所得白色浊液用去离子水和乙醇交替离心洗 5 次后放入恒温箱 60℃干燥 12h 得到 SnC_2O_4 白色粉末。

（5）对所得 SnC_2O_4 进行不同温度的热处理：升温速率均为 1℃/min，随炉冷却至室温后即可得到 SnO_2。

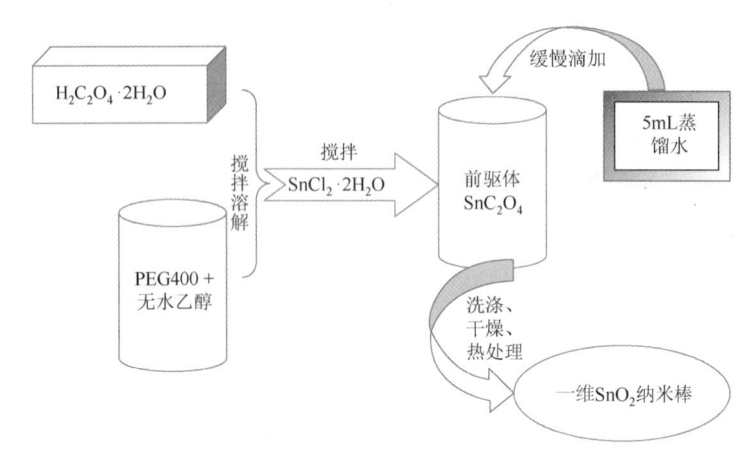

图 3.15　化学沉淀法制备双相共存 SnO_2 一维纳米结构合成流程图

2. 柚子皮作为生物模板制备 SnO_2 及 Pd 功能化、Cd 掺杂 SnO_2 一维纳米纤维材料

本节采用"绿色合成"途径制备具有一维结构的 SnO_2 纳米材料。利用天然的柚子皮内层白色部分作为生物模板辅助构建一维结构，通过简单的水热法制备出一维 SnO_2 纳米纤维（图 3.16）。

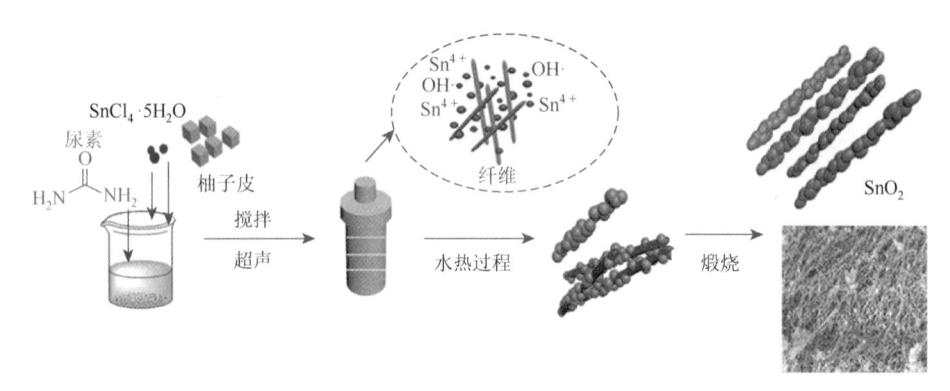

图 3.16　生物模板法制备一维 SnO_2 纳米纤维流程及形成机理示意图

（1）将柚子皮的内层白色部分分离出来并分为多份块体，分别用去离子水和无水乙醇清洗数次，超声处理 1h，然后 60℃下干燥 24h。

（2）10mmol $SnCl_4·5H_2O$ 在磁力搅拌下溶解到 40mL 去离子水和无水乙醇的混合溶剂中（去离子水与无水乙醇的体积比为 1∶1）形成 0.25mol/L 溶液，搅拌至完全溶解。

（3）将不同比例的 $PdCl_2$（Pd 摩尔分数 1mol%、3mol%、5mol%和 7mol%）或不同比例 $CdCl_2·2.5H_2O$（Cd 摩尔分数 5mol%、10mol%和 20mol%）在持续搅拌下添加到步骤（2）所得混合溶液中，待完全溶解。

（4）将步骤（1）中得到的 1.0g 干燥柚子皮在搅拌下添加到上述混合溶液中，同时添加 0.2404g 尿素，持续搅拌 4h，并将混合溶液超声处理 30min。

（5）将步骤（4）得到的混合溶液转移至聚四氟乙烯内衬反应釜中加热至 150℃，并在 150℃下保温 12h，反应完成后反应釜自然冷却至室温。

(6) 从步骤（5）的反应釜中去除黑色沉淀物进行离心处理，分别用去离子水和无水乙醇交替洗涤数次，在恒温干燥箱中 60℃ 干燥。

(7) 将步骤（6）中得到的产物放入管式气氛炉中，在空气下以 2℃/min 的升温速率将炉子升温至 550℃，并烧结 2h，随后炉子自然冷却至室温，得到的淡黄色粉末即为目标产物 SnO_2。制备纯相 SnO_2 纳米纤维时，则不需要添加 $PdCl_2$ 和 $CdCl_2 \cdot 2.5H_2O$。

3.2.2 一维纳米结构 SnO_2 基气体敏感材料的表征与分析

1. 化学沉淀法制备双相共存 SnO_2 的表征与分析

通常制备四方相金红石结构 SnO_2 的方法比较简单，采用简单的化学沉淀法或水热法就可获得，而要获得正交相的 SnO_2 则需要高温高压以及复杂的仪器设备，条件比较苛刻。本节采用聚合物作为前驱体和自组装链，通过简单的化学沉淀法和热处理制备了具有一维纳米结构的 SnO_2 纳米棒，并使用不同的表征技术对其进行测试分析。图 3.17（a）为未经热处理的 SnC_2O_4 纳米棒的 XRD 图，可以看出所有的衍射峰与纯单斜相[空间群 $C_2/c(15)$]的 SnC_2O_4（晶格常数 $a = 10.37$Å，$b = 5.503$Å，$c = 8.872$Å，JCPDS：51-0614）相吻合。图 3.17（b）为以 PEG400 作为前驱体和自组装链，采用简单的化学沉淀法获得 SnC_2O_4 以 1℃/min 升温速率升温至不同的烧结温度得到的正交相含量不同的 SnO_2 纳米棒的 XRD 图。从图中可以看出，随着烧结温度的升高，样品的衍射峰越来越尖锐，表明其结晶度越来越高。值得注意的是，在 700℃ 保温 2h 和 650℃ 保温 2h 的 SnO_2 纳米棒与金红石结构的四方相 SnO_2（JCPDS：41-1445）吻合，没有检测到其他杂质峰，说明 SnC_2O_4 在焙烧过程中已被完全转换为金红石结构的 SnO_2。然而，当烧结温度降低至 600℃、550℃、500℃、450℃ 以及 400℃ 时，除了四方相的衍射峰外，还出现了正交相 SnO_2（JCPDS：29-1484）的衍射峰，如图 3.17（b）XRD 图中的曲线 c～g 所示，表明在这几个热处理温度下得到的样品中都是两相（四方相和正交相）共存的。同时从图中还可以看出，450℃ 保温 2h 的正交相衍射峰最尖锐，其正交相的衍射最强烈说明其含量也最多。为了进一步分析不同热处理条件下得到的样品中四方相和正交相的含量，采用 XRD 测试数据进行了物相定量分析，图 3.17（c）为不同热处理获得的 SnO_2 纳米棒的正交相含量，这些 SnO_2 样品都是采用 PEG400 为表面活性剂以及 SnC_2O_4 为前驱体通过缓慢升温（1℃/min）至 400℃、450℃、500℃、550℃、600℃、650℃ 和 700℃ 而获得，其中除了热处理温度为 400℃ 保温 24h 以外，其余样品均保温 2h。从图中可以看出，当热处理温度为 450℃ 时，正交相含量最高，达到 18.2%。当继续升高或降低温度时，正交相含量呈现递减状态。温度上升到 650℃ 或以上时，正交相含量为 0，只有四方相，这与 XRD 的结果一致。

为了进一步探究烧结温度对最终样品的晶粒大小的影响，根据 XRD 测试数据和谢乐公式计算出了不同烧结温度下制备的双相共存 SnO_2 的平均晶格应变及四方相和正交相 SnO_2 的平均晶粒尺寸，结果如图 3.17（d）所示。随着烧结温度的升高，由四方相所产生的晶格应变减小且其平均晶粒尺寸变大，正交相的晶粒尺寸也随着温度的升高基本呈上升趋势。同时从图中可看出，对于 450℃ 保温 2h 制备的正交相含量最高的 SnO_2 纳米棒，无论是四方相还是正交相，其平均晶粒尺寸都是最小的，而较小的晶粒尺寸往往具有较

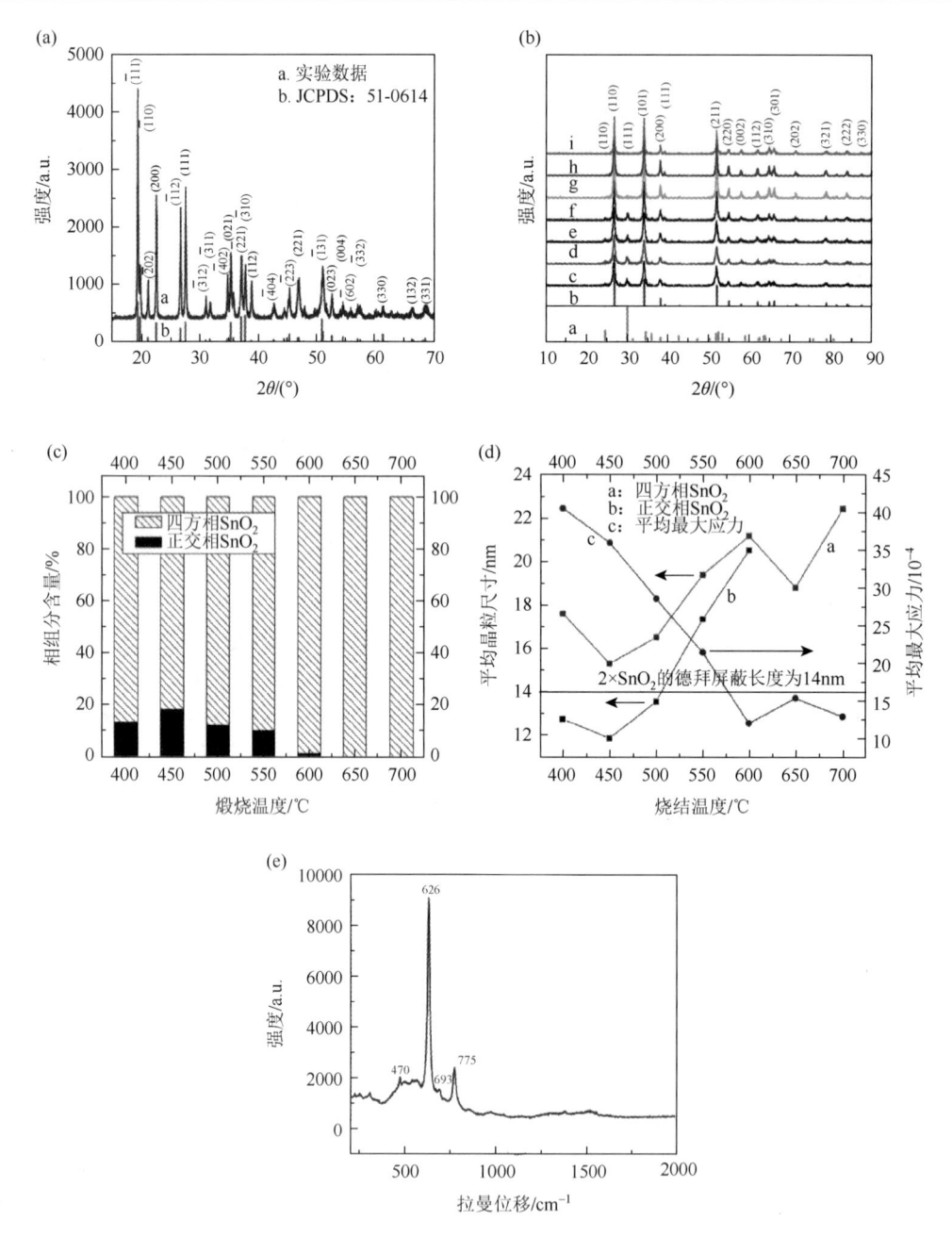

图 3.17 （a）SnC₂O₄ 纳米棒的 XRD 图；（b）不同热处理条件下制备的 SnO₂ 纳米棒的 XRD 图[谱线 a～i 分别为正交相 PDF 卡片（JCPDS：29-1484）、四方相 PDF 卡片（JCPDS：41-1445）、400℃ 24h、450℃ 2h、500℃ 2h、550℃ 2h、600℃ 2h、650℃ 2h 和 700℃ 2h]；（c）PEG400 为表面活性剂，不同温度下烧结制备的正交相 SnO₂ 含量；（d）烧结温度与平均晶粒尺寸、平均最大应力的关系；（e）化学沉淀法制备的 650℃ 保温 2h SnO₂ 纳米棒室温拉曼光谱图

大的比表面积，为目标气体响应过程提供更多的反应活性位点，从而有利于提升气体传感器的气体敏感特性。此外，通过 XRD 分析可知 650℃ 保温 2h 制备的 SnO₂ 纳米棒样

品为典型的金红石结构晶体,属于 $P4/mnm$ 空间群。金红石结构的 SnO_2 拉曼活性模有 E_g、A_{1g} 和 B_{2g},图 3.17(e)为 650℃保温 2h 制备的 SnO_2 纳米棒在室温下的拉曼光谱。在谱图中出现了四个拉曼位移峰,其中 470cm^{-1}、626cm^{-1} 和 775cm^{-1} 三个拉曼位移峰是金红石结构 SnO_2 典型的拉曼位移峰,这与 XRD 结果和点群理论都吻合[29,30]。其中 470cm^{-1} 处的峰对应于 E_g 模,可归结为 $(E_u)v_{2(LO)}$[31]和 E_g 振动模式,是由 SnO_2 纳米晶体中 A_{1g} 对称 Sn—O 伸缩振动造成的,626cm^{-1} 处尖锐的峰对应于 A_{1g} 模,775cm^{-1} 处的峰对应于 B_{2g} 模。同时在拉曼光谱图中还观察到位于 693cm^{-1} 的峰,可归结于红外活性模 A_{2u}(LO),这是由于当晶粒尺度降到一定程度时,一些在理想晶体中理论上禁止的声子模将产生活性,特别是一些具有红外活性的模会呈现拉曼活性[32],这在 SnO_2 纳米带中也观察到了类似的现象[33]。拉曼光谱的结果进一步表明合成的 SnO_2 纳米棒为四方金红石结构,这与 XRD 结果一致。

在气体传感器应用中,敏感材料的表面形貌和微观结构对器件性能起着重要作用。为了探究不同烧结温度对最终产物的微观结构的影响,通过扫描电子显微镜观察了在不同热处理温度下制备的 SnO_2 样品的微观形貌及其结构。如图 3.18 所示,从图中可以看出所有制备出的样品均呈现出一维的纳米棒结构。图 3.18(a)为未经热处理的 SnC_2O_4 纳米棒的微观形貌,纳米棒表面比较均匀、光滑,表面看不到明显的孔隙,长度在 500nm~3μm,直径约为 200nm。当一维纳米结构的 SnC_2O_4 经过不同温度的热处理变成 SnO_2 后,纳米棒表面均变得粗糙,可以明显地看到纳米棒是由平均粒度在 100nm 左右的纳米颗粒有序堆积而成的,表面结构比较疏松,有很明显的孔隙和孔洞,主要归因于在烧结过程中 SnC_2O_4 转换成 SnO_2 时有气体放出,留下了这些疏松的孔隙结构。当烧结温度为 400℃保温 24h 时,如图 3.18(b)所示,纳米棒的长径比相对于 SnC_2O_4 的变小,纳米棒断裂得比较严重。但当烧结温度继续升高到 500℃保温 2h 时,如图 3.18(d)所示,其形貌结构比 400℃保温 24h 的更均匀一致。同样,从 700℃保温 2h 所制备出的 SnO_2 纳米棒的 FESEM(场发射扫描电镜)图[图 3.18(h)]中可以看出,其形貌也比 400℃保温 24h 的更均匀一致,长径比也比其大。图 3.18(c)、(e)、(f)和(g)分别是缓慢升温到 450℃、550℃、600℃和 650℃且均保温 2h 的 FESEM 图。所获得的 SnO_2 与 500℃、700℃的一样,所有样品都为一维纳米结构。同时,随着温度的升高,其结构变得越来越疏松,可清晰地看出纳米棒由许多纳米小颗粒有序堆积组成,形貌变得更加均匀,长径比也较 400℃保温 24h 的大。

通过对样品 FESEM 分析可知,烧结温度、升温速率和保温时间对 SnO_2 的形貌都有影响,快速升温会导致结构坍塌从而不利于形成一维结构的 SnO_2。当温度≤400℃时,保温 24h 更有利于形成一维结构的纳米 SnO_2;当温度高于 450℃时,保温 2h 制备的 SnO_2 纳米棒的长径比大。在敏感材料中,一维纳米结构有利于电子的输运和转移,且较大的长径比能为目标气体与吸附氧离子之间的氧化还原反应提供更多的反应活性位点。

为了更深入地了解不同热处理温度制备的 SnO_2 的微观结构与形貌,采用 TEM 和 HRTEM 进一步表征了 SnO_2 纳米棒,结果如图 3.19 所示。从 TEM 图中可以清晰地看出纳米棒由 30~50nm 的小颗粒堆积而成,长度和直径分别在 500nm 和 50nm 左右,这与

图 3.18 PEG400 为表面活性剂，不同热处理条件下制备样品的 FESEM 图

(a) SnC_2O_4 纳米棒；(b) 热处理 400℃ 24h；(c) 热处理 450℃ 2h；(d) 热处理 500℃ 2h；(e) 热处理 550℃ 2h；
(f) 热处理 600℃ 2h；(g) 热处理 650℃ 2h；(h) 热处理 700℃ 2h

FESEM 观察的结构一致。同时，在纳米棒表面可以看到一些孔隙，这是由颗粒晶体堆积造成的，此外在烧结过程中有 CO_2 等气体逸出也会造成一些孔洞。这些气孔将大大提高纳米棒的表面积，有利于在以后的气敏测试中目标气体的渗透和扩散。

为了更进一步了解样品的原子排序情况，对样品进行了晶格衍射。图 3.19（b）、(d)、(f)、和 (h) 分别为 400℃保温 24h、450℃保温 2h、550℃保温 2h 和 650℃保温 2h 的样品 HRTEM 图。从图中均可以看到明暗相间的衍射条纹，表明样品具有较高的结晶度。在 650℃

保温 2h 所制备的 SnO₂ 纳米棒 HRTEM 图中，只观察到单一的晶面间距（0.3239nm），对应于四方相的（110）晶面，说明其沿着四方相的（110）晶面择优取向生长。此外，其他样品均有分别与四方相（110）晶面和正交相（020）晶面对应的晶格间距，结果表明 650℃保温 2h 制备的 SnO₂ 纳米棒中仅存在四方相晶体结构的 SnO₂，而 400℃保温 24h、450℃保温 2h、550℃保温 2h 制备的 SnO₂ 纳米棒除了由四方相构成以外，中间还有正交相，这与 XRD 测试的结果一致。

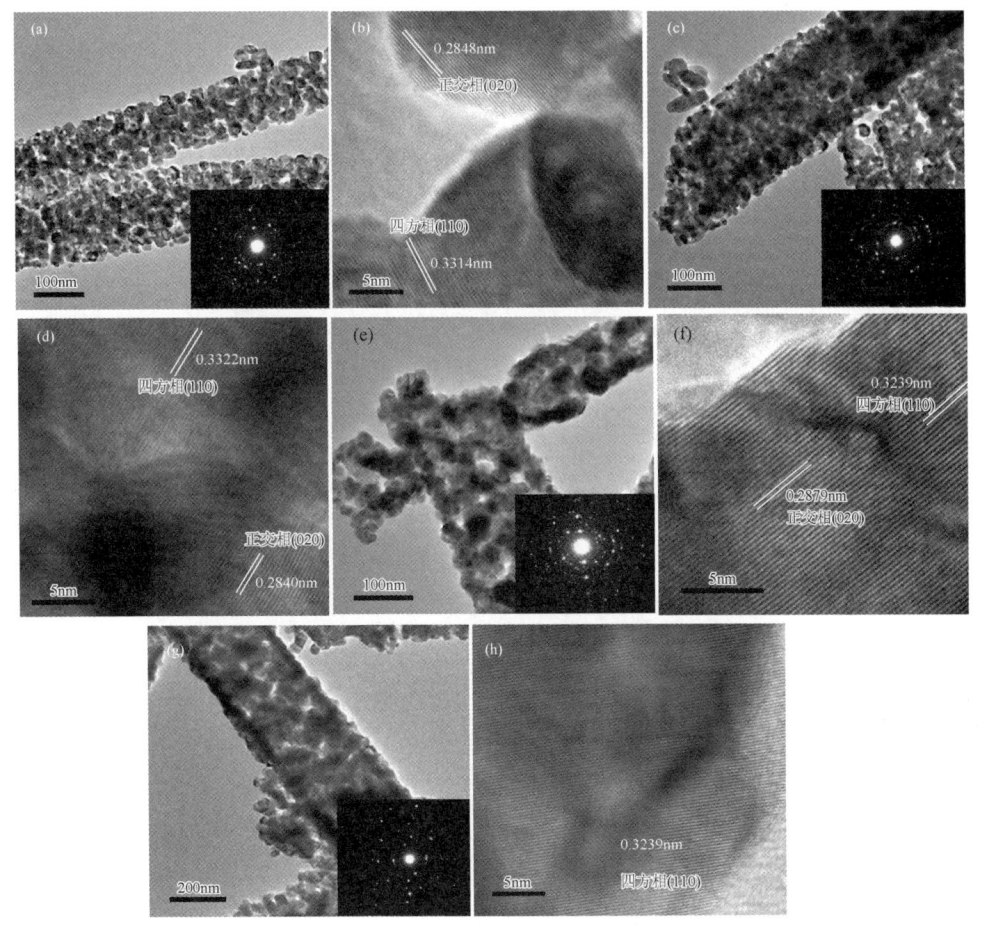

图 3.19 PEG400 为表面活性剂，不同热处理条件下制备 SnO₂ 样品的 TEM、HRTEM 和 SAED 图

（a，b）缓慢升温到 400℃保温 24h 制备 SnO₂；（c，d）缓慢升温到 450℃保温 2h 制备 SnO₂；（e，f）缓慢升温到 550℃保温 2h 制备 SnO₂；（g，h）缓慢升温到 650℃保温 2h 制备 SnO₂

图 3.19（a）、（c）和（e）中的插图分别为 400℃保温 24h、450℃保温 2h 和 550℃保温 2h 的选区电子衍射（SAED）。这些 SAED 图均由几个同心圆组成，说明制备的 SnO₂ 纳米棒为多晶，XRD 测试也同样证明了 SnO₂ 双相的存在。

基于上述的表征与分析，我们提出了以 PEG400 为前驱体和采用化学沉淀法制备出一维纳米结构 SnO₂ 纳米棒的可能的形成机理（图 3.20）和两相（四方相和正交相）共存的作用机理。首先，在制备过程中，当去离子水滴入反应系统后，$SnCl_2·2H_2O$ 慢慢溶解并分解出 Sn^{2+}，Sn^{2+} 与 $C_2O_4^{2-}$ 反应形成 SnC_2O_4 晶胚。由于结核能低的晶胚更容易形成晶核，所以 SnC_2O_4 沿着 PEG400 的高分子链生长和自组装，形成 SnC_2O_4 一维结构。在烧结过程中，SnO_2 纳米棒的形成分成两个阶段。第一阶段，SnC_2O_4 受热释放出 CO 和 CO_2，反应的化学方程式如下：

$$SnC_2O_4 = SnCO_3 + CO\uparrow \quad (3.10)$$

$$SnCO_3 = SnO + CO_2\uparrow \quad (3.11)$$

在这一阶段，气体的释放使结构变得疏松，同时留下了气孔。在第二阶段中 SnO 被氧化成 SnO_2，如化学方程式（3.12）所示，最终，具有孔洞结构的一维纳米结构的 SnO_2 纳米棒形成。

$$2SnO + O_2 = 2SnO_2 \quad (3.12)$$

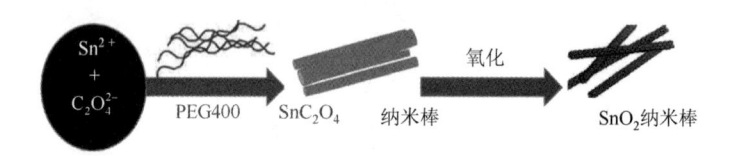

图 3.20 一维纳米结构 SnO_2 生长机理示意图

对于两相共存材料体系，根据 X 射线粉末衍射定量方法，利用 K 值法对 XRD 数据进行分析得到相组分含量。正交相含量与 SnO 前驱体中晶粒尺寸和缺陷水平有强的相关性[34]。在实验中，虽然调整烧结温度可以调控正交相的形成，但不会影响煅烧过程中 SnC_2O_4 分解成的 SnO 的晶粒尺寸或缺陷水平。

然而 SnO 前驱体在 SnO_2 正交相的形成过程中发挥了重要的作用，其较少原子的重排相对于锡石的形成对正交相晶格的形成促进更大。在 400～600℃温度范围内煅烧使有利的空间效应出现，导致了低的结核能从而使正交相结晶化。一旦烧结温度升高（低于 600℃），需要更多的晶格重排，四方相的形成就占主导因素。

2. 柚子皮作为生物模板制备 SnO_2 一维纳米纤维结构的表征与分析

利用 XRD 对制备得到的样品在退火处理前后进行表征与分析，如图 3.21 所示。图 3.21（a）为利用柚子皮为生物模板通过水热法制备得到的样品在退火处理前的 XRD 图，从图中可以看出，大多数的衍射峰与金红石结构的 SnO_2 相对应，说明在水热反应过程中已经形成了 SnO_2 产物，并且柚子皮在水热反应下被碳化。在 XRD 中由于 C 的衍射峰与 SnO_2 的衍射峰位置相近，其可能与 SnO_2 重合或 C 的量较少，所以 XRD 图中并不能明显地观察到 C 元素的衍射峰。此外，从图 3.21（a）中也可以看出未经过退火处理的样品晶粒尺寸较小。图 3.21（b）为样品在 550℃下退火处理 2h 后得到的 XRD 图。从图中可以看出，所有的衍射峰都可以指标化为四方金红石结构 SnO_2 [JCPDS：41-1445，空间群：*P*4$_2$/*mnm*（136）]，并未有其他杂质的衍射峰被检测到，表明退火处理后的样品为纯相的 SnO$_2$。谱图中在 2θ 值为 26.611°、33.863°、37.949°、51.780°、54.757°和 57.818°处的尖锐衍射峰分别对应四方金红石结构 SnO$_2$ 的（110）、（101）、（200）、（211）、（220）和（002）晶面。同时，通过退火处理后样品的结晶性变得更好且晶粒尺寸变大，其平均晶粒尺寸通过谢乐公式估算约为 13.5nm。

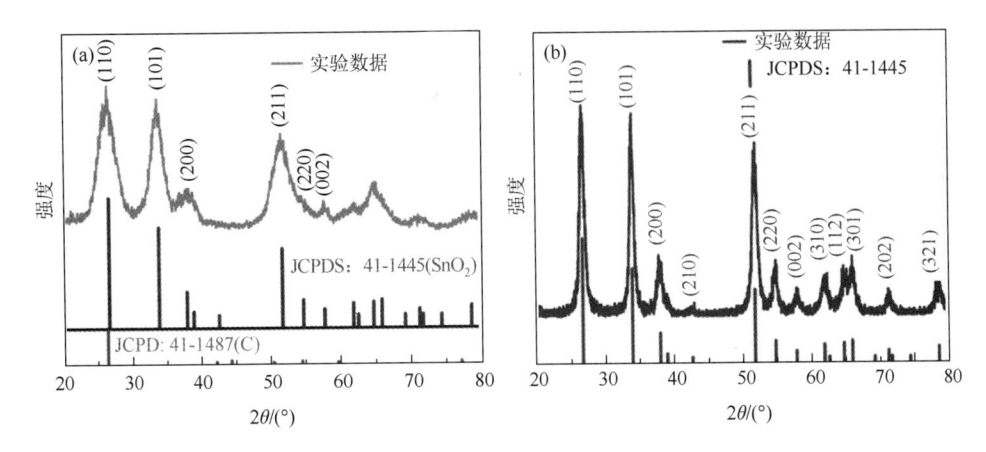

图 3.21 （a）样品退火处理前的 XRD 图；（b）样品退火处理后的 XRD 图

利用 FESEM 对制备得到的样品进行表征与分析，结果如图 3.22 所示。图 3.22（a）和（b）是采用柚子皮为生物模板通过水热法制备得到的 SnO$_2$ 粉末退火后的微观结构和形貌。从图中可以看出，制备得到的 SnO$_2$ 呈现出一维纤维状结构，该纤维由许多相互连接的纳米颗粒沿着一个方向团聚堆积而成，这些纤维之间相互交错。由此可见，采用柚子皮为生物模板通过水热法成功制备得到了一维 SnO$_2$ 纳米纤维。此外，为了探究器件烧结、老化以及气敏性能测试对 SnO$_2$ 材料微观结构和形貌的影响，对经过 400℃烧结 1h、350℃老化 150h 和气敏测试后的敏感材料做了相应的形貌表征，结果如图 3.22（c）和（d）所示。从图中可以清晰地看出，敏感材料 SnO$_2$ 依旧保持着一维纤维状结构而没有明显的形貌变化，结果说明器件烧结、老化以及气敏测试对敏感材料的微观结构和形貌不会造成较大的影响。

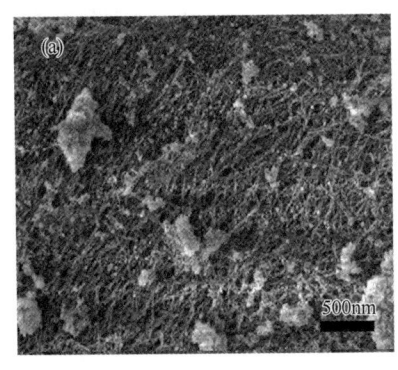

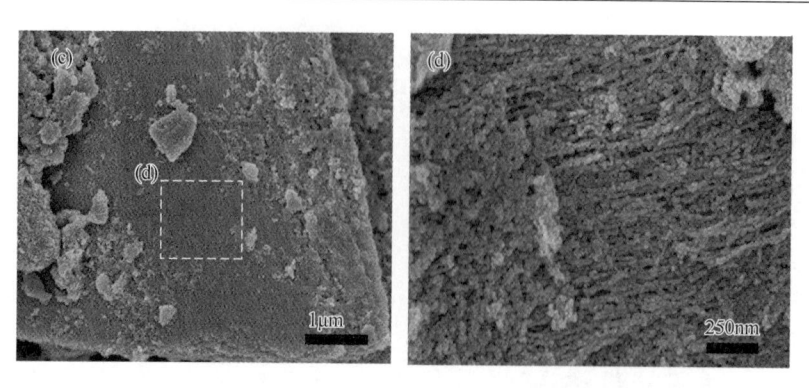

图 3.22　（a，b）柚子皮为生物模板制备得到的 SnO$_2$ 纳米材料退火后的 FESEM 图；（c，d）敏感材料在 400℃烧结 1h、350℃老化 150h 和气敏测试后的 FESEM 图

利用透射电子显微镜对制备得到的一维 SnO$_2$ 纳米纤维的微观形貌进行表征与分析，结果如图 3.23 所示。从图 3.23（a）和（b）中可以看出，一维纤维状 SnO$_2$ 由许多形状不规则且颗粒大小不均匀的 SnO$_2$ 纳米颗粒组成。同时，SnO$_2$ 纳米颗粒的大小为 11～16nm，与 XRD 的结果大致吻合。从图 3.23（b）中可以清晰地看出，不规则的纳米颗粒沿着一个方向聚集，从而形成一维纳米纤维结构。图 3.23（c）和（d）是 SnO$_2$ 的 HRTEM 图，从图中可以看到清晰的晶格条纹，说明制备得到的 SnO$_2$ 有较好的结晶性。相邻晶面之间的距离为 0.265nm 和 0.176nm，分别对应四方金红石结构 SnO$_2$ 的（101）和（211）晶面，说明制备得到的 SnO$_2$ 为纯相。

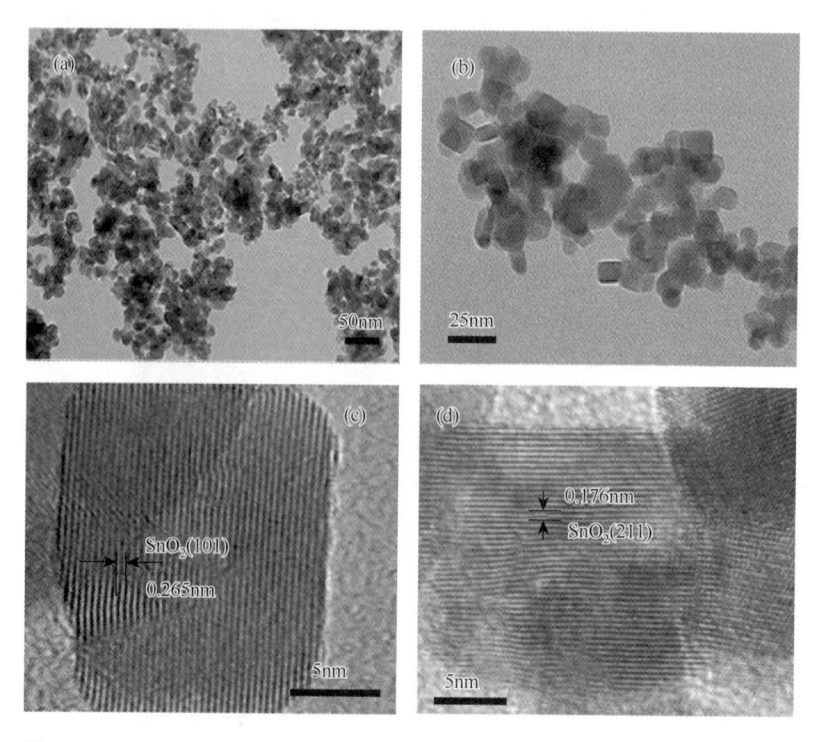

图 3.23　（a，b）SnO$_2$ 纳米纤维 TEM 图；（c，d）SnO$_2$ 纳米纤维 HRTEM 图

利用X射线光电子能谱对制备得到的SnO₂纳米纤维进行表面元素成分与原子价态表征分析，结果如图3.24（a）和（b）所示，图3.24（a）和（b）分别为Sn 3d和O 1s的高分辨XPS图。从图3.24（a）中可以看出，Sn 3d可以分为结合能在495.21eV和486.79eV位置的两个明显的对称峰，分别对应着Sn $3d_{3/2}$和Sn $3d_{5/2}$，并且两个对称峰之间的结合能差值为8.42eV，该差值与报道的SnO₂轨道能量分裂值相符，说明制备得到的SnO₂晶体中Sn以单一的Sn^{4+}氧化价态形式存在并且为纯相的SnO₂[35,36]。在图3.24（b）的O 1s高分辨XPS图中，O 1s核谱可以分裂为两个非对称的谱峰，表明SnO₂中存在两种形式的氧元素，分别为结合能位于530.65eV和532.08eV的晶格氧（O_{lat}）和吸附氧（O_{ads}）[37]。其中，结合能位于530.65eV处的晶格氧（O_{lat}）对应着SnO₂晶格中的氧离子，O_{lat}化学状态相对稳定，并且不能与吸附在SnO₂表面的目标气体分子发生反应，从而对气敏性能没有贡献。相反，结合能位于532.08eV处的吸附氧（O_{ads}）来源于SnO₂表面吸附的不同状态的氧负离子种类（O_{2ads}^{-}、O_{ads}^{-}或O_{ads}^{2-}），它们化学状态较为活跃，并且在一定条件下能与目标气体分子发生氧化还原反应，从而导致气体传感器对目标气体分子呈现出气体响应[4,37]。此外，表面吸附氧的数量多少对于气体敏感材料的气敏性能有着重要影响，在敏感材料表面吸附氧数量越多，能提供氧化还原反应的活性位点越多，从而气体传感器气敏性能越好。

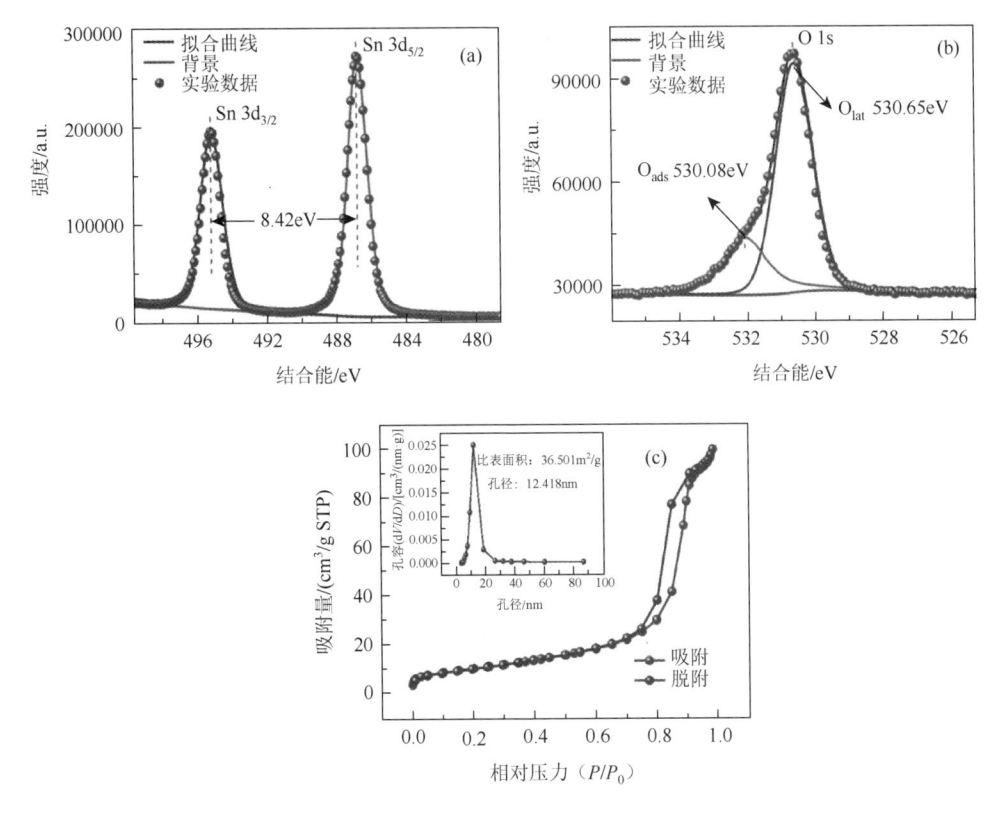

图3.24 （a，b）一维SnO₂纳米纤维的XPS图；（c）一维SnO₂纳米纤维的N₂吸附-脱附等温线和孔径分布曲线

(a) Sn 3d 高分辨 XPS 图，(b) O 1s 高分辨 XPS 图

为了分析一维 SnO_2 纳米纤维的比表面积和孔结构，我们对样品进行了 N_2 吸附-脱附等温线测试，并通过 BET 和 BJH 方法得到了相应的比表面积和孔径分布，如图 3.24（c）所示。从图中可以看出，N_2 吸附与脱附分支不一致，在相对压力较高的区域出现明显的迟滞回线，呈现出典型的Ⅳ型等温线和 H_3 型迟滞回线，说明制备得到的样品具有孔结构。同时，根据 BJH 模型从等温线脱附分支可以得到一维 SnO_2 纳米纤维的孔径分布，且平均孔径大小为 12.418nm。此外，利用 BET 方法计算得到 SnO_2 纳米纤维的比表面积大小为 36.501m^2/g。

根据上述的表征与分析结果，我们提出了可能的一维 SnO_2 纳米纤维形成机理，如图 3.16 所示。我们知道，柚子皮的主要成分包含一些有机物质且由许多纤维构成，其结构与柔软的海绵十分相似，该结构有利于金属离子的渗透与扩散。首先，$SnCl_4·5H_2O$ 在去离子水与无水乙醇的混合溶液中完全溶解并产生 Sn^{4+}，随后干燥的柚子皮浸泡到混合溶液中且变得十分松软。在浸泡有柚子皮的混合溶液中，Sn^{4+} 在超声处理后渗透和扩散到松软的柚子皮内部，并且吸附到柚子皮纤维表面。同时，在水热过程中尿素作为添加剂加入上述混合溶液中。通常，尿素在 90℃的温度下开始分解并产生 OH^- 和 CO_2，从而提供一个适合的碱性环境[38, 39]。在 150℃的水热反应中，柚子皮被碳化且表面吸附部分羟基（—OH）官能团，柚子皮纤维表面吸附的 Sn^{4+} 与—OH 和溶液中的 OH^- 结合形成氢氧化物。随着水热反应的进行，SnO_2 晶核逐渐形成且在柚子皮纤维表面生长成为 SnO_2 纳米颗粒，XRD 结果已证实在水热过程中已生成 SnO_2。此外，在水热过程中 SnO_2 纳米颗粒沿着一个方向逐渐团聚在一起，它们紧紧吸附在柚子皮纤维表面，从而形成了由许多纳米颗粒组成的一维纤维状 SnO_2。最后，经过在空气中退火处理，碳化的柚子皮模板被去除且以 CO_2 的形式被释放，采用柚子皮为生物模板通过简单水热法制备得到了具有一维结构的 SnO_2 纳米纤维。

3. 柚子皮作为生物模板制备 Pd 功能化 SnO_2 一维纳米纤维结构的表征与分析

利用 XRD 对制备得到的不同摩尔比例的 Pd 功能化 SnO_2 一维纳米纤维结构样品进行晶体结构和物相成分研究，分析结果如图 3.25 所示。从图中可以清晰看出，不同比例（0、1mol%、3mol%、5mol%和 7mol%）Pd 功能化 SnO_2 样品的所有衍射峰都与四方金红石结构 SnO_2［JCPDS: 41-1445，空间群：$P4_2/mnm$（136）］的谱峰相吻合。与此同时，在 1mol%、3mol%、5mol%和 7mol% Pd-SnO_2 复合物的 XRD 图中，并没有其他杂质峰或 Pd 及 PdO 相关的衍射峰被检测到，这可能是由于在 Pd-SnO_2 复合物中 Pd 的浓度较低且不能被 X 射线衍射仪检测到。此外，利用谢乐公式对不同比例 Pd 功能化的 SnO_2 样品的晶粒尺寸进行估算，其晶粒尺寸大小分别为 12.8nm、13.2nm、12.8nm、13.2nm 和 12.2nm，分别对应着 0、1mol%、3mol%、5mol%和 7mol% Pd 功能化 SnO_2 复合物，结果说明所制备得到的 Pd-SnO_2 复合物具有较小的晶粒尺寸，这有利于提高材料的气敏性能。另外，从图中可以看出，不同比例 Pd 功能化 SnO_2 的 XRD 峰较为尖锐，说明制备得到的样品具有较好的结晶性。

对不同条件下制备得到的一维 SnO_2 纳米纤维结构进行微观结构和表面形貌分析，结果如图 3.26 所示。图 3.26（a）是采用柚子皮为生物模板通过水热法制备得到的 5mol% Pd 功能化 SnO_2 的微观结构，没有经过退火过程，从图中可以看出制备得到的样品呈现出纤维状的特殊一维结构，这种结构由许多较小的纳米颗粒沿着一个方向有序地排列而成，说明在水热反应过程中一维结构已经形成，并且保留了原始生物模板的微结构特色。图 3.26（b）为采用柚子皮为生物模板通过水热法制备得到的 5mol% Pd 功能化 SnO$_2$ 样品在 550℃温度下退火 2h 后的微观结构，可以清楚地看出退火处理后的样品仍然保留着由纳米颗粒构成的一维纤维状结构，微观形貌与退火处理前并没有太大的改变，样品结晶性更好，说明适当条件的退火处理并不会对样品最终形貌产生较大影响，且能够有效去除样品中多余的杂质成分。此外，为了研究在相同条件下不同贵金属 Pd 对样品形貌的影响，进一步分析了不同 Pd 浓度的样品的微观结构。结果表明，不同 Pd 浓度（0、1mol%、3mol%和 7mol%）样品的形貌都较为相似，均呈现出由纳米颗粒构成的一维纤维状结构，图 3.26（c）为 3mol% Pd 功能化 SnO$_2$ 样品在 550℃下退火处理 2h 后的微观结构。与此同时，为了进一步探究生物模板柚子皮在制备过程以及气体检测中的作用，在相同条件下制备了没有添加柚子皮的 5mol% Pd 功能化的 SnO$_2$ 样品，其在 550℃下退火处理后的微观结构如图 3.26（d）所示。从图中可以清晰地看出，样品呈现出具有不同尺寸的不规则颗粒阵列，并没有形成一维纤维状结构。所有结果表明，使用柚子皮作为结构导向剂通过简单的水热路线和退火处理过程成功地制备出一维纤维结构的 Pd 功能化 SnO$_2$ 样品，并且柚子皮在特殊结构形成过程中起着重要作用，有利于提高气体传感器的气敏性能。

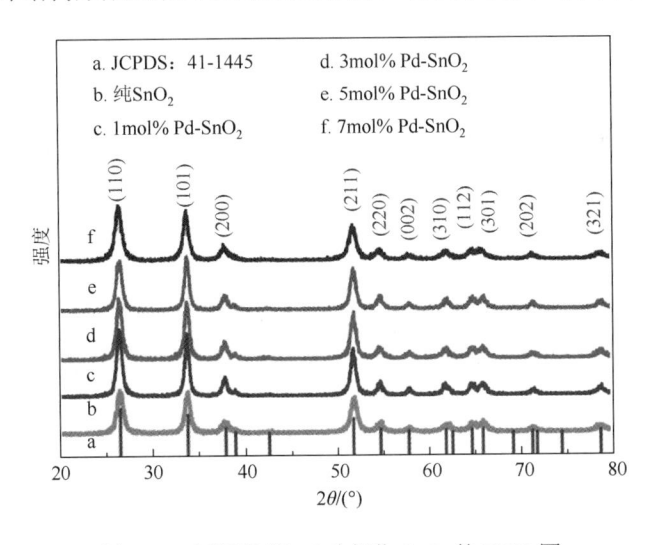

图 3.25 不同比例 Pd 功能化 SnO$_2$ 的 XRD 图

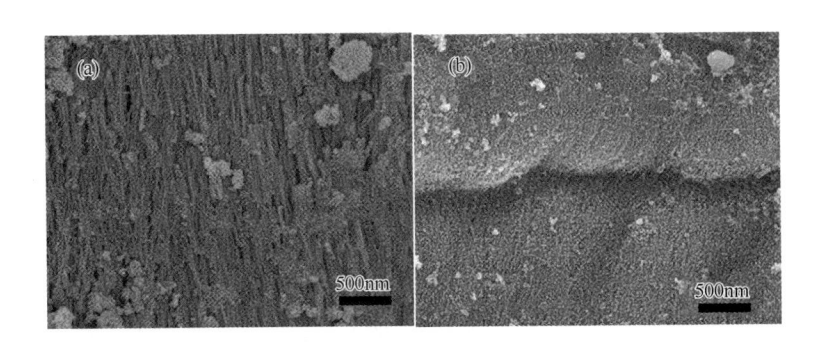

图 3.26 （a，b）柚子皮为生物模板制备的 5mol% Pd 功能化 SnO$_2$ 退火前（a）和退火后（b）的 FESEM 图；（c）柚子皮为生物模板制备的 3mol% Pd 功能化 SnO$_2$ 退火后的 FESEM 图；（d）没有柚子皮情况下制备的 5mol% Pd 功能化 SnO$_2$ 退火后的 FESEM 图

为了获取更多关于样品的微观结构信息，采用 TEM 对 5mol% Pd 功能化 SnO$_2$ 纳米纤维进行表征分析，结果如图 3.27 所示。在图 3.27 中，可以看到制备得到的一维纤维状 5mol% Pd 功能化 SnO$_2$ 由许多不规则形状纳米颗粒构成，并且这些颗粒沿着一个方向团聚堆积，与 FESEM 的结果相一致。相应的 HRTEM 图如图 3.27（b）～（d）所示。图 3.27（b）证实构成纤维状结构的纳米颗粒具有不规则的形状和不同的晶粒尺寸，可以明显观察 Pd 纳米颗粒嵌入 SnO$_2$ 纳米颗粒之间。另外，明显的晶格条纹可以被观察到，说明通过退火处理后的样品具有较好的结晶性。图 3.27（c）为 Pd 纳米颗粒的 HRTEM 图，相邻晶面之间的晶面间距约为 0.230nm，这一结果与 Pd 相的（111）晶面十分吻合[40]，说明在 Pd-SnO$_2$ 复合物中 Pd 元素以单质 Pd 的形式存在。与此同时，图 3.27（d）为 SnO$_2$ 纳米颗粒的 HRTEM 图，结果出现明显的晶格条纹，相邻的晶面间距约为 0.265nm 和 0.335nm，分别对应四方金红石结构 SnO$_2$ 的（101）和（110）晶面。由此可见，一维 Pd 功能化的 SnO$_2$ 纳米纤维通过使用柚子皮为生物模板成功制备得到。

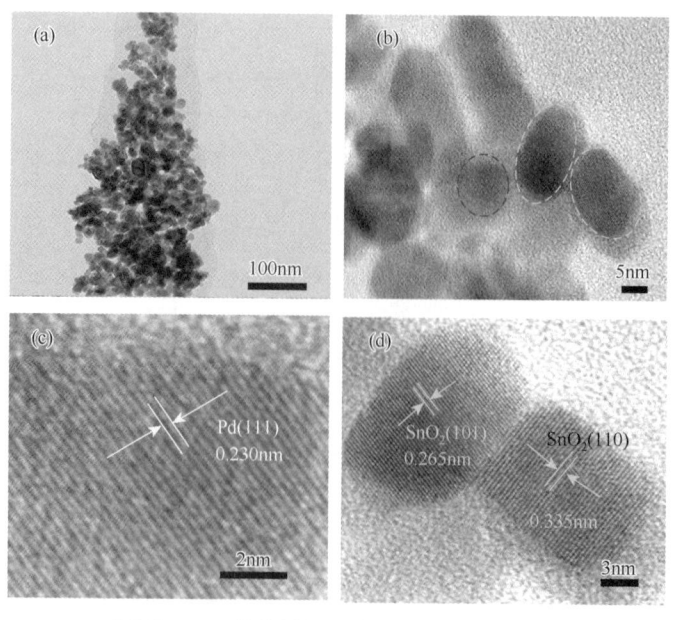

图 3.27 5mol% Pd 功能化 SnO$_2$ 纳米纤维退火后 TEM 图（a）和 HRTEM 图（b～d）

为了获得不同比例 Pd 功能化 SnO$_2$ 的比表面积和相应的孔径分布，N$_2$ 吸附-脱附等温线测试被用于分析 BET 比表面积，结果如图 3.28 所示。在图 3.28 不同样品的 N$_2$ 吸附-脱附等温线中，在相对压力较高的区域可以看到存在明显的迟滞现象，吸附与脱附曲线并没有完全重合，并且呈现出典型的IV型等温线和 H$_3$ 型迟滞回线，说明制备得到的样品有孔结构存在。此外，根据 BJH 方法利用脱附分支获得相应的孔径分布，结果说明样品中存在不同孔径的介孔结构。不同比例 Pd 功能化 SnO$_2$ 纳米纤维材料的比表面积大小也

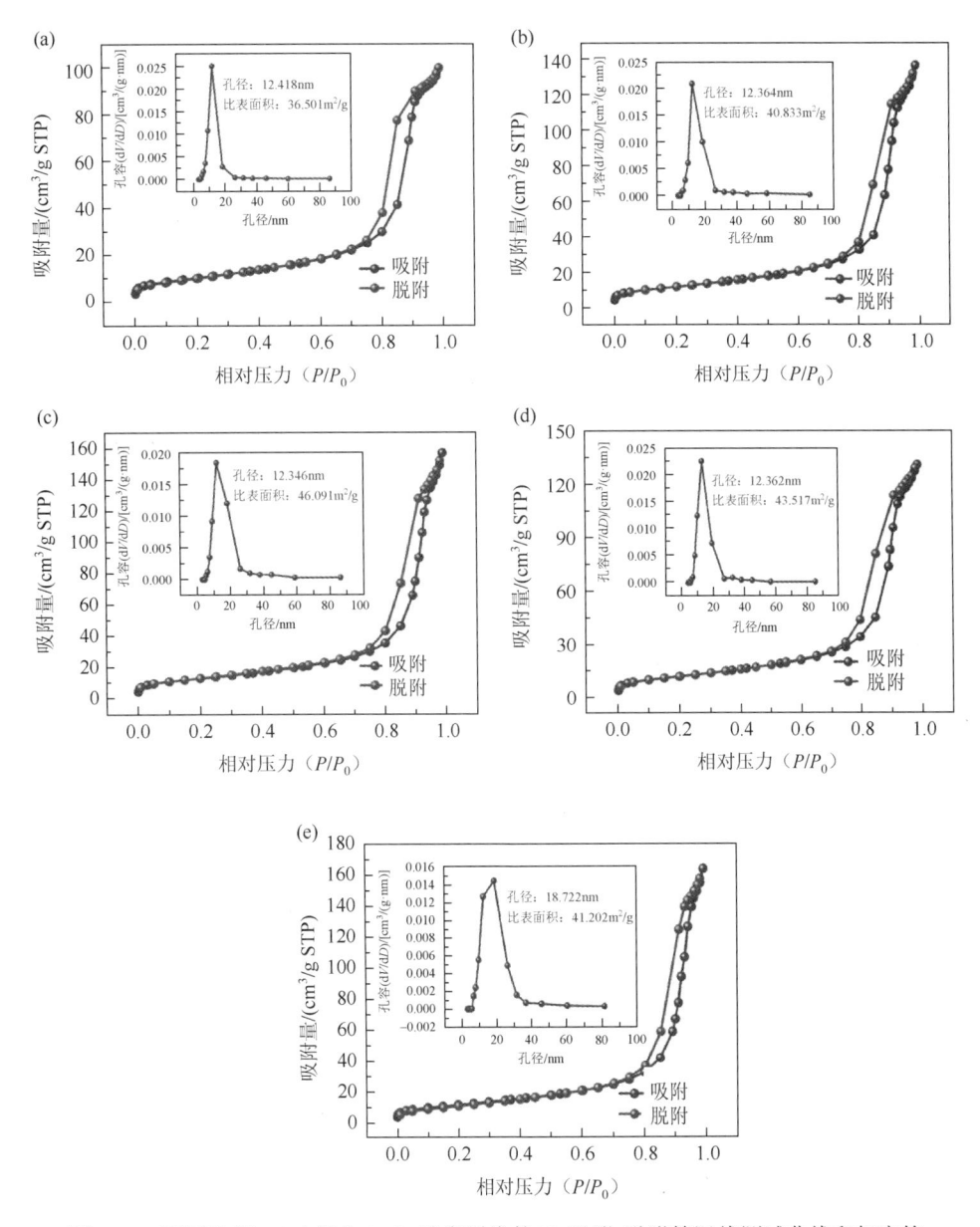

图 3.28 不同比例 Pd 功能化 SnO$_2$ 纳米纤维的 N$_2$ 吸附-脱附等温线测试曲线和相应的孔径分布曲线

(a) 0；(b) 1mol%；(c) 3mol%；(d) 5mol%；(e) 7mol%

根据 BET 方法计算得到，且 0、1mol%、3mol%、5mol%和 7mol% Pd 功能化 SnO$_2$ 纳米纤维的 BET 比表面积分别为 36.501m^2/g、40.833m^2/g、46.091m^2/g、43.517m^2/g 和 41.202m^2/g。由此可见，与纯相 SnO$_2$ 相比，Pd 功能化 SnO$_2$ 纳米纤维的比表面积明显增大，这对于提高材料的气敏性能是十分重要的。通常而言，气体传感器材料具有较大的比表面积和多孔性是很重要的，它们能够在气体传感器材料表面为气体吸附提供更多的活性位点，从而有利于化学反应的快速进行以及气体分子的渗透和扩散。

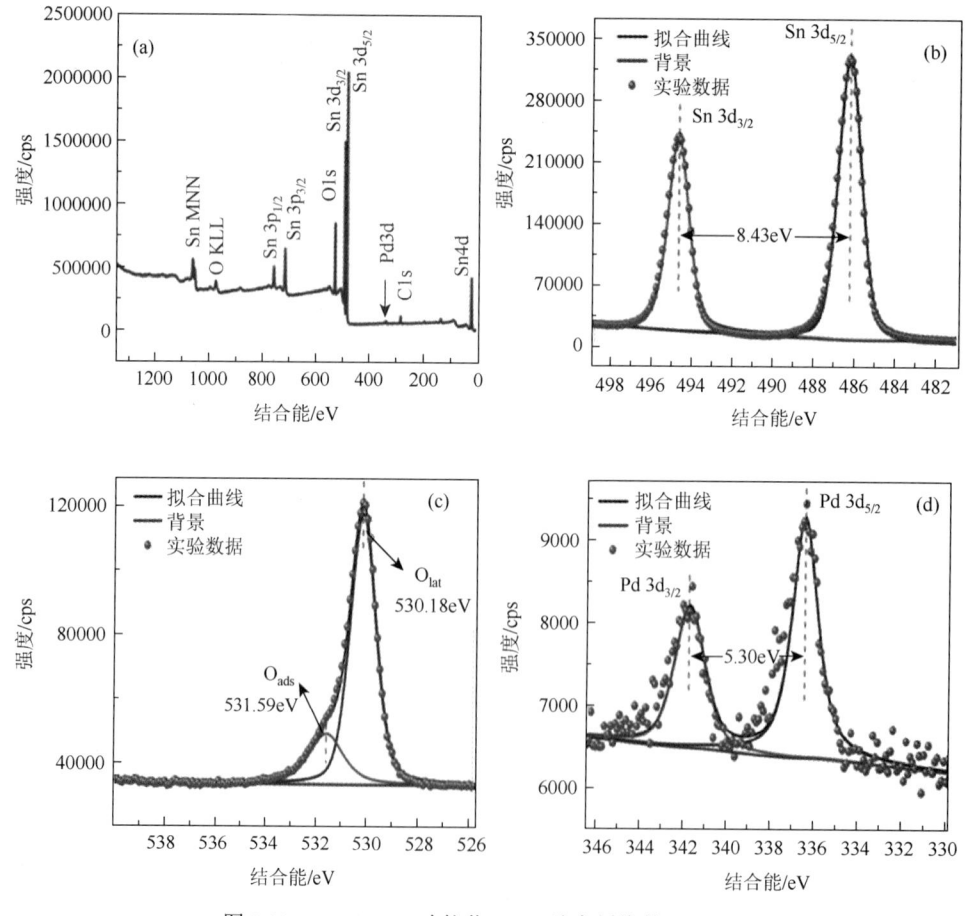

利用 XPS 进一步分析制备得到的 5mol% Pd 功能化 SnO$_2$ 纳米纤维的表面成分和化学状态，其结果如图 3.29 所示。图 3.29（a）为制备得到的 5mol% Pd 功能化 SnO$_2$ 的 XPS 图全谱，从图中可以看出样品中只包含 O、Sn 和 Pd 元素相关的谱峰，说明制备得到的样品纯度较高且没有其他杂质存在。在图 3.29（b）中，可以看到 Sn 3d 被分为两个对称的谱峰 Sn 3d$_{3/2}$ 和 Sn 3d$_{5/2}$，分别位于结合能 494.66eV 和 486.23eV 位置。同时，两个对称峰之间的结合能差约为 8.43eV，这一差值与报道的 SnO$_2$ 的能量相吻合，表明 Sn 元素以 Sn^{4+}的氧化态形式存在。众所周知，吸附氧在气体传感器的应用中起着重要作用，它的多少能够影响气体传感器的气敏性能，图 3.29（c）为 O 1s 的 XPS 图，在结合能 530.18eV 和 531.59eV 处存在

图 3.29 5mol% Pd 功能化 SnO$_2$ 纳米纤维的 XPS 图
（a）全谱；（b）Sn 3d 谱图；（c）O 1s 谱图；（d）Pd 3d 谱图

两个明显的非对称谱峰,分别对应晶格氧（O_{lat}）和吸附氧（O_{ads}）两种形式[37]。此外,Pd 3d 的 XPS 谱图如图 3.29（d）所示,Pd 3d 包含分别位于 341.72eV 和 336.42eV 处的 Pd $3d_{3/2}$ 和 Pd $3d_{5/2}$ 两个自旋态,并且两个自旋态之间的结合能差值约为 5.30eV,这一结果与文献所报道的数值吻合[5],说明在 5mol% Pd 功能化 SnO_2 中 Pd 纳米颗粒的存在,与 TEM 表征结果相一致。

4. 柚子皮作为生物模板制备 Cd 掺杂 SnO_2 一维纳米纤维结构的表征与分析

利用 XRD 对制备得到的不同摩尔比例的 Cd 掺杂 SnO_2 进行结构与物相分析,结果如图 3.30 所示。从图中可以看出,不同摩尔比例（0、5mol%、10mol%和 20mol%）Cd 掺杂 SnO_2 样品中所有的衍射峰都与四方金红石结构 SnO_2 [JCPDS：41-1445,空间群：$P4_2/mnm$（136）]的标准谱峰相吻合。此外,在样品中并没有其他关于杂质或 Cd 元素相关的衍射峰被检测到,这可能是由于在样品中 Cd 元素浓度较低或 Cd 掺杂到了 SnO_2 晶体中。位于 2θ 为 26.611°、33.893°、37.949°、51.780°、54.757°、61.870°和 65.937°的衍射峰分别对应四方金红石结构 SnO_2 的（110）、（101）、（200）、（211）、（220）、（002）和（301）晶面。同时,利用谢乐公式估算出纯相 SnO_2,5mol%、10mol%和 20mol% Cd 掺杂 SnO_2 的平均晶粒大小分别约为 12.74nm、14.01nm、15.07nm 和 12.41nm,XRD 图也说明了制备得到的 Cd 掺杂 SnO_2 纳米材料的结晶性较好。

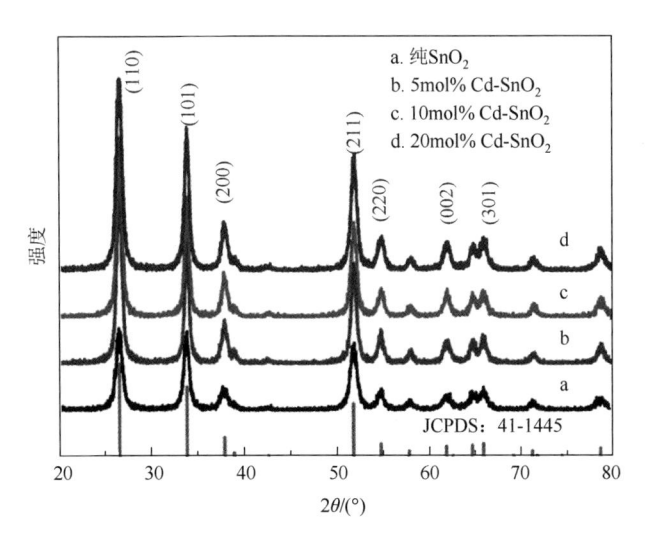

图 3.30 不同摩尔比例 Cd 掺杂 SnO_2 的 XRD 图

为了进一步探究制备得到的 Cd 掺杂 SnO_2 纳米材料的微观结构与形貌,将 FESEM 用于表征样品形貌,图 3.31 为 5mol% Cd 掺杂 SnO_2 纳米材料在 550℃退火处理后的 FESEM 图。从图 3.31（a）和（b）中可以看出,5mol% Cd 掺杂 SnO_2 呈现出明显的一维纤维状结构,并且这些纤维结构有序排列。同时,可以清晰地看到复合物的微观结构主要由许多颗粒尺寸不均匀的纳米颗粒组成,它们沿着一个方向聚集形成一维纤维状结构。值得注意的是,5mol% Cd 掺杂 SnO_2 纳米材料的微观形貌与本章中报道的纯相 SnO_2

的相似，没有较大的差别，说明过渡金属 Cd 的添加并没有影响产物最后的形貌结构。此外，在图 3.31 中可以看到 Cd 掺杂 SnO_2 纳米纤维表面附着一些纳米颗粒，这可能是在水热反应过程中产生的过量的 SnO_2。

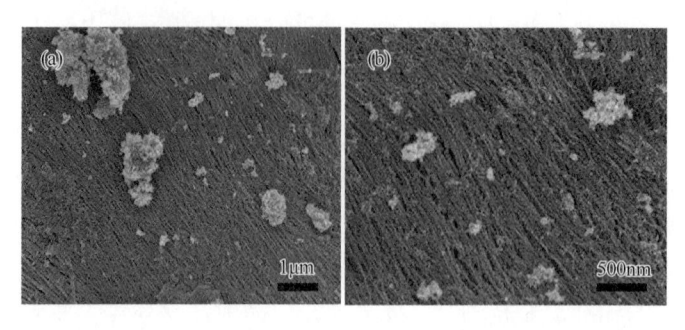

图 3.31 以柚子皮为生物模板制备得到的 5mol% Cd 掺杂 SnO_2 纳米材料的 FESEM 图

利用 TEM 和 HRTEM 对制备得到的 5mol% Cd 掺杂 SnO_2 纳米纤维进行微观结构分析，结果如图 3.32 所示。

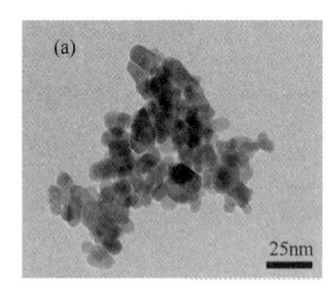

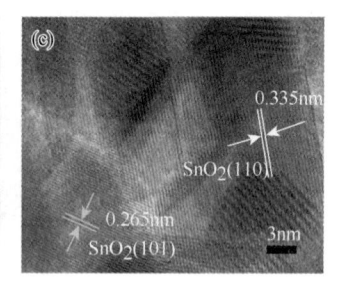

图 3.32 5mol% Cd 掺杂 SnO_2 纳米纤维的 TEM 图（a）和 HRTEM 图（b，c）

从图 3.32（a）中可以看出，5mol% Cd 掺杂 SnO_2 是由许多不规则形状的纳米颗粒团聚而成，颗粒大小为 13~20nm，这与 XRD 估算得到的颗粒大小相吻合。在图 3.32（b）中，可以观察到清晰的晶格条纹，说明制备得到的样品结晶性较好。此外，从图 3.32（c）的 HRTEM 图中可以得到相邻条纹间的晶格间距为 0.335nm 和 0.265nm，它们分别对应四方金红石结构 SnO_2 的（110）和（101）晶面。

图 3.33 为 5mol% Cd 掺杂 SnO_2 纳米纤维的 N_2 吸附-脱附等温线和根据 BJH 模型计算得到的产物的孔径分布曲线（插图）。从图中可以看出，吸附与脱附分支并不完全重合且在相对压力较高的区域存在明显的迟滞现象，呈现出典型的Ⅳ型等温线和 H_3 型迟滞回线，说明制备得到的 5mol% Cd 掺杂 SnO_2 纳米纤维存在孔结构。根据 BET 方法计算得到 5mol% Cd 掺杂 SnO_2 纳米纤维的比表面积为 38.850m^2/g，较大的比表面积能够在敏感材料表面为吸附氧与气体分子之间的反应提供更多的活性位点，从而有利于提高传感器气敏性能。此外，利用 BJH 模型根据等温线的脱附分支得到 Cd 掺杂 SnO_2 纳米纤维的孔径分布曲线，说明样品中存在孔结构且平均孔径为 12.440nm，孔结构有利于气体分子在敏感材料层的渗透、扩散和电子转移。

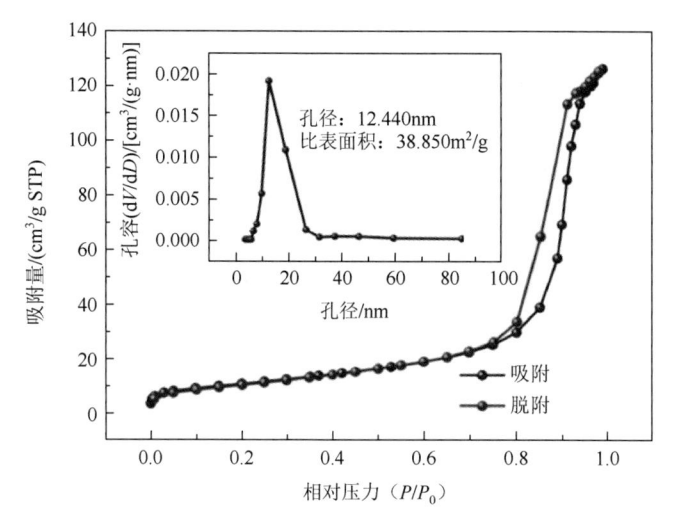

图 3.33　5mol% Cd 掺杂 SnO$_2$ 纳米纤维的 N$_2$ 吸附-脱附等温线和孔径分布曲线

利用 XPS 分析制备得到的 5mol% Cd 掺杂 SnO$_2$ 的元素成分和化学价态，结果如图 3.34 所示。其中，O 1s 的高分辨 XPS 图如图 3.34（b）所示，O 1s 位于 530.87eV 和 532.26eV 处存在两个非对称峰，它们分别来自 SnO$_2$ 晶格中的晶格氧（O$_{lat}$）和表面吸附氧（O$_{ads}$）。基于气体传感器的反应机理，在敏感材料表面吸附氧的存在和数量对于气

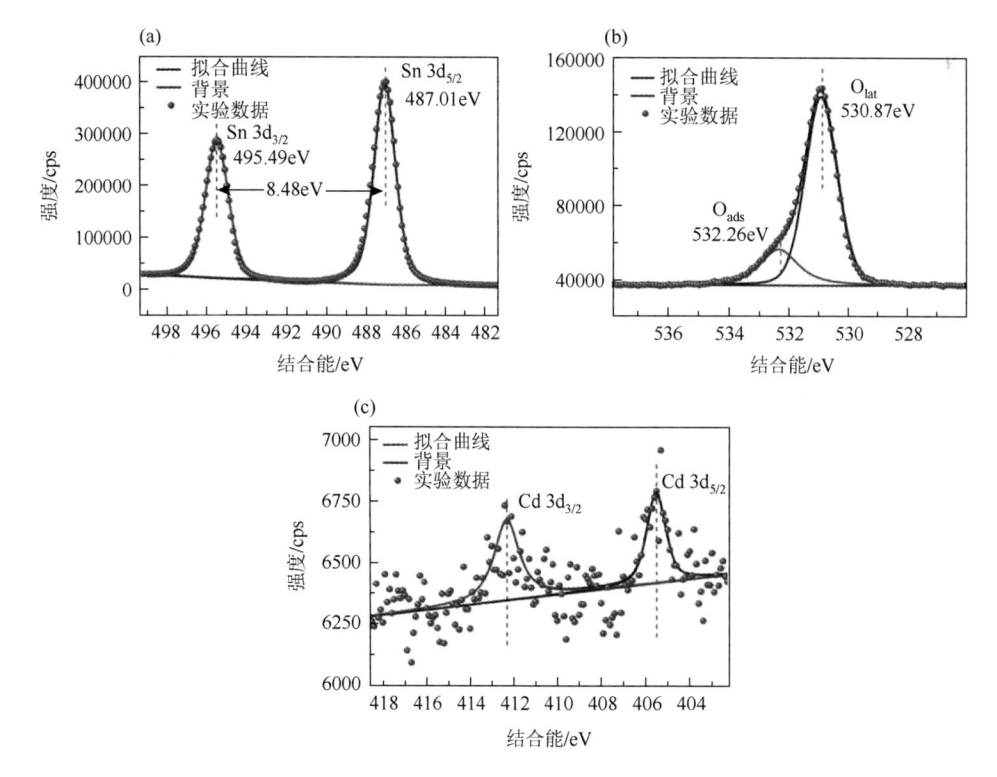

图 3.34　5mol% Cd 掺杂 SnO$_2$ 纳米纤维的高分辨 XPS 图
（a）Sn 3d 谱图；（b）O 1s 谱图；（c）Cd 3d 谱图

敏性能有着较大的影响。图 3.34（c）为 Cd 3d 的高分辨 XPS 图，从图中可以看出，两个较弱的峰 Cd $3d_{3/2}$ 和 Cd $3d_{5/2}$ 出现在结合能 412.36eV 和 405.40eV 处，说明在所制备的 Cd 掺杂 SnO_2 中 Cd 以 Cd^{2+} 的存在[41]。

3.2.3 一维纳米结构 SnO_2 基气体传感器

1. 化学沉淀法制备的双相共存 SnO_2 一维纳米结构的气敏性能

纳米颗粒具有高比表面积、高活性等特点，而半导体纳米材料对化学环境如温度、压力、湿度、光等比较敏感。双相（正交相和四方相）共存的 SnO_2 由于具有特殊的晶体界面结构，有助于提高器件的气敏特性。本节以 PEG 400 为表面活性剂，在不同热处理条件下制备正交相含量不同的 SnO_2 一维纳米结构，并对其进行异丙醇、丙酮和甲醛气敏性能测试。为了评估传感器对挥发性有机化合物（VOC）气体的潜在适用性，从工作温度、响应值、响应时间、选择性和稳定性等方面研究 SnO_2 的气敏性能。

1）对异丙醇的气敏性能研究

图 3.35（a）～（f）是不同热处理温度下制备的正交相含量不同的 SnO_2 一维纳米结构分别在工作温度为 178℃、195℃、214℃、233℃、255℃和 277℃下对 100～2000ppm 异丙醇的气敏性能。从图中可以看出，以 PEG400 为表面活性剂，正交相含量不同的 SnO_2 一维纳米结构对异丙醇的响应值不同。当工作温度低于 214℃时，所有器件对异丙醇的响应值都比较低，即在 2000ppm 异丙醇下都低于 20，但是继续升高温度，响应值均有所上升。当工作温度在 233℃时，如图 3.35（d）所示，正交相含量相近的两个器件［400℃保温 24h（正交相含量 13.4%）和 500℃保温 2h（正交相含量 12.0%）］的响应值最高，其次是正交相含量最高的 450℃保温 2h（正交相含量 18.2%）。但是在这个温度下，正交相含量为 9.9%的 550℃保温 2h 以及 600℃保温 2h 和 700℃保温 2h 的 SnO_2 一维纳米结构对异丙醇的响应值基本差不多，即在 2000ppm 都低于 15。然而，当温度升高到 255℃时，如图 3.35（e）所示，正交相含量最高的器件对 100～2000ppm 异丙醇的响应值都高于其他样品对异丙醇的响应值，在异丙醇浓度为 1000ppm 时达到了 61.5，在 2000ppm 时高达 87.2，这是其他器件在任何工作温度下都从未达到过的。但是继续升高温度到 277℃，如图 3.35（f）所示，所有器件对异丙醇的响应值都有不同程度的下降，450℃保温 2h 的 SnO_2 在异丙醇的高浓度下表现最好，在 2000ppm 时为 66.8，400℃保温 24h 和 500℃保温 2h 的次之。但是在低浓度下，700℃保温 2h 的 SnO_2（纯四方相）却是响应值最高的，在 500ppm 时达到了 27.6。

同时从图 3.35 可以看出，虽然纯四方相结构 650℃保温 2h 的 SnO_2 一维纳米结构对异丙醇的响应值不是最高，但随着温度的升高，其响应值上升。图 3.36（a）是纯四方相结构 650℃保温 2h 的 SnO_2 一维纳米结构在 300℃、325℃下对 100～2000ppm 异丙醇的响应值，从图中可以看出，在高温下，纯的 SnO_2 纳米棒表现出非常好的灵敏性，当工作温度为 325℃时，在 1000ppm 的异丙醇浓度下其响应值高达 80.6，2000ppm 时为 124.4。从图 3.35 看出，不管是在低温还是在高温，正交相含量为 9.9%的 550℃保温 2h SnO_2 一维纳米结构对异丙醇的响应值基本是最低的。表明对异丙醇的气敏性能不仅与 SnO$_2$ 一维纳米结构晶体结构有关，还受样品形貌、工作温度等影响。通过以上灵敏特性的分析可知，在低温下正交相含量最高的 450℃保温 2h 的 SnO$_2$ 一维纳米结构对 100～2000ppm 灵敏性比较好，但其灵敏性会随着工作温度的升高先升高后降低。当工作温度升高到 300℃以上时，纯四方相结构 650℃保温 2h 的 SnO$_2$ 一维纳米结构对异丙醇呈现出非常好的灵敏特性。

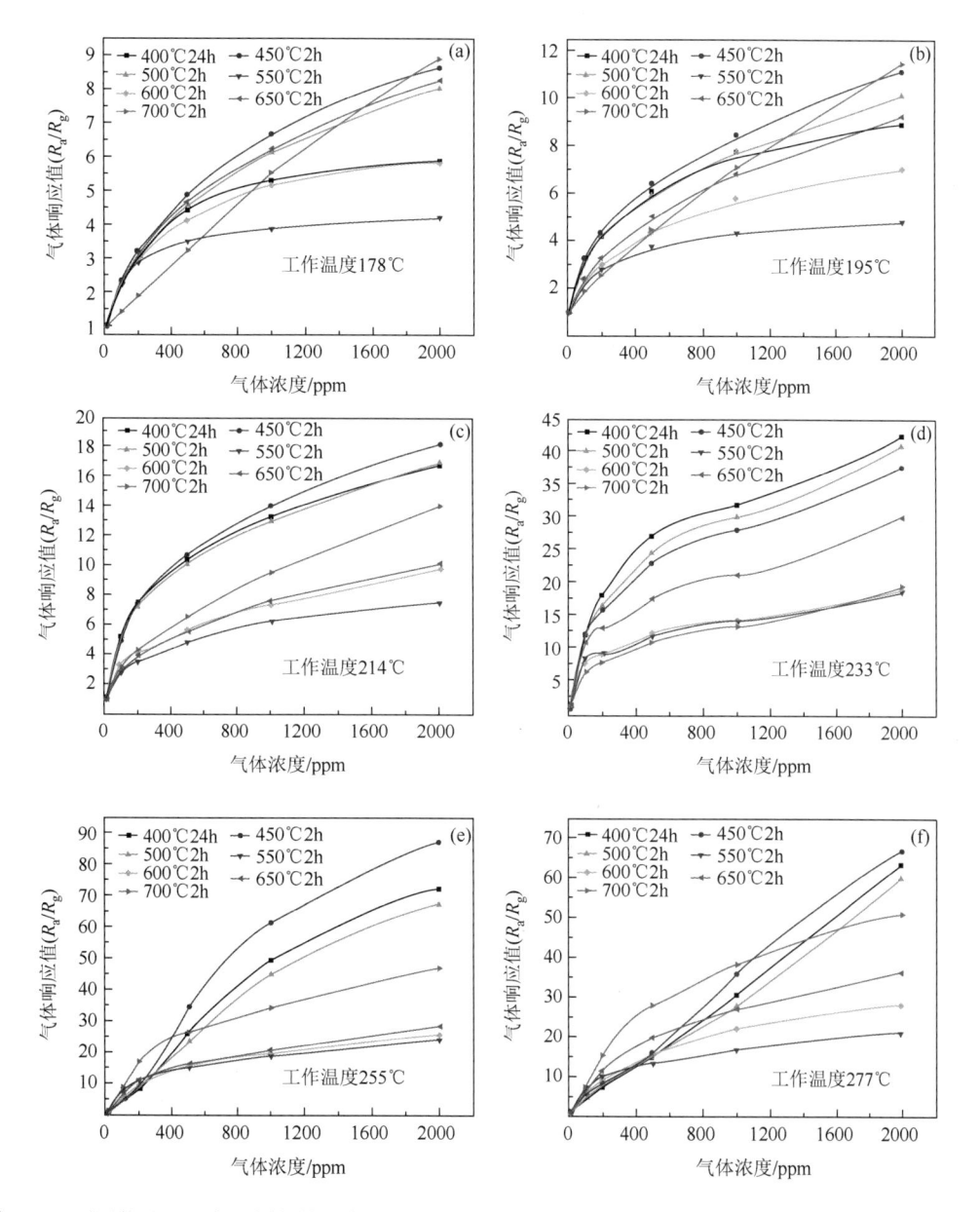

图 3.35　不同热处理温度下制备的正交相含量不同的 SnO$_2$ 一维纳米结构在工作温度为 178℃（a）、195℃（b）、214℃（c）、233℃（d）、255℃（e）和 277℃（f）下对 100～2000ppm 异丙醇的气敏性能

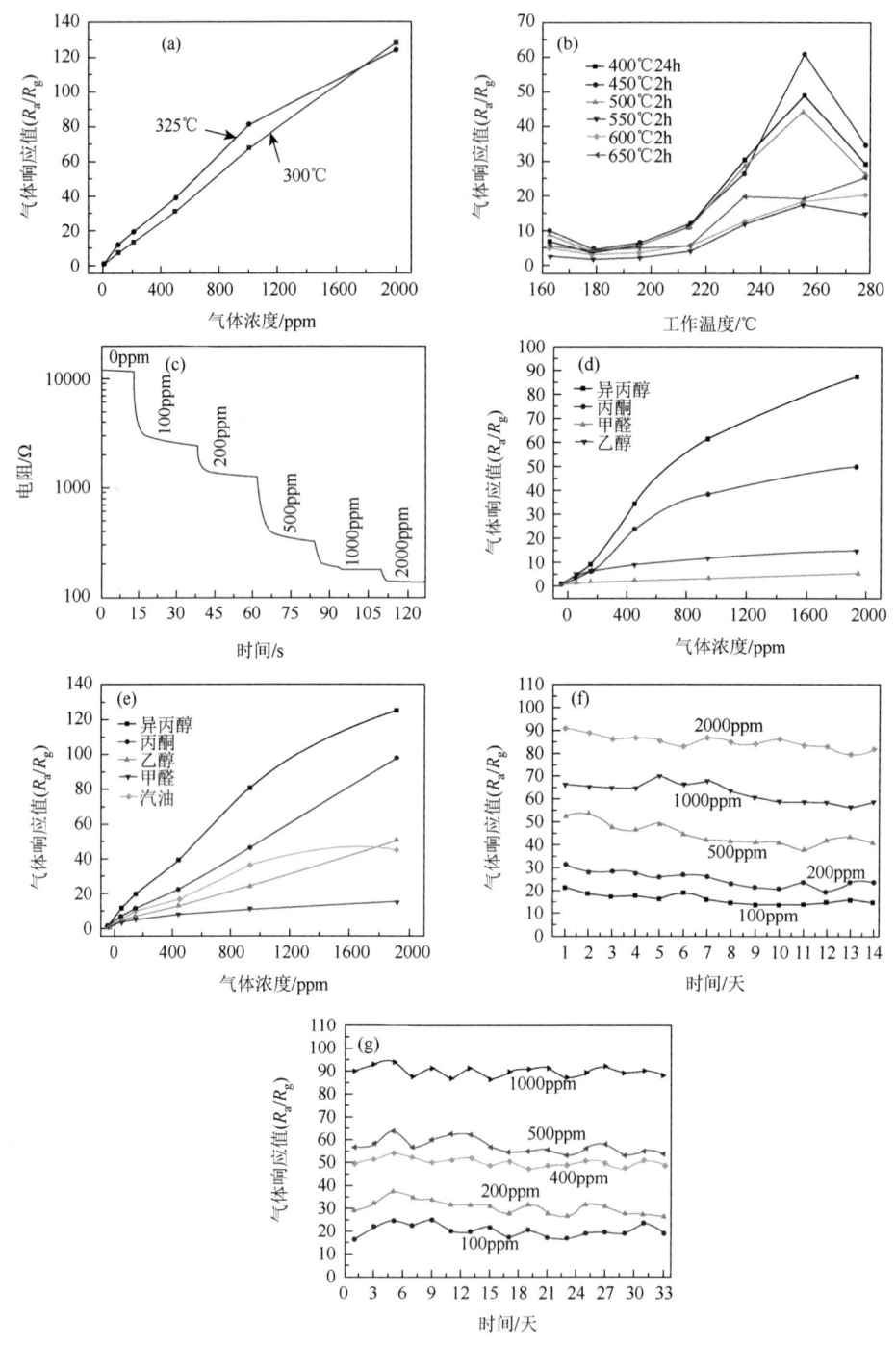

图 3.36 (a)化学沉淀法 650℃保温 2h 制备的 SnO$_2$ 一维纳米结构在工作温度为 300℃、325℃下对 100~2000ppm 异丙醇的气敏性能；(b) SnO$_2$ 一维纳米结构对 1000ppm 异丙醇的最佳工作温度响应曲线；(c)工作温度为 255℃时，450℃保温 2h 制备的 SnO$_2$ 一维纳米结构对不同浓度异丙醇的响应曲线；(d) 450℃保温 2h 以及 (e) 650℃保温 2h 制备的 SnO$_2$ 一维纳米结构分别在 255℃和 325℃下对不同浓度物质的响应值；(f) 450℃保温 2h 以及 (g) 650℃保温 2h 制备的 SnO$_2$ 一维纳米结构分别在 255℃和 325℃下对不同浓度异丙醇响应值的稳定性

图 3.36（b）是不同正交相含量的 SnO$_2$ 器件在不同工作温度下对 1000ppm 异丙醇的响应值。从图中可以看出，随着温度的升高，所有器件的响应值均升高，当达到 255℃时，400℃保温 24h（正交相含量 13.4%）、450℃保温 2h（正交相含量 18.2%）和 500℃保温 2h（正交相含量 12.0%）的响应值达到最高，随后随着温度的升高而下降。而 550℃保温 2h（正交相含量 9.9%）、600℃保温 2h（正交相含量 1.3%）和 650℃保温 2h（正交相含量 0%）对 1000ppm 异丙醇一直都是随着温度的升高而响应值升高，但温度从 255℃上升到 277℃时，其响应值变化程度不是很大。从图中可以看出，所有器件的最佳工作温度都在 255℃，但是不论在低温还是在高温，正交相含量最高的器件（450℃ 2h）对 1000ppm 异丙醇的响应值基本都是最高的。

图 3.36（c）是正交相含量最高的 450℃保温 2h 的器件在 255℃下对不同浓度异丙醇的响应曲线。从图中可以看出，随着异丙醇浓度的增加，电阻降低，说明响应值随异丙醇浓度增加而升高。同时对异丙醇的响应特别快，只要异丙醇浓度一增加，器件的电阻就立马下降，但是随着气体浓度的增加，其下降幅度有所减小。当异丙醇浓度从 100ppm 增加到 2000ppm 时，正交相含量 18.2%的 SnO$_2$ 一维纳米结构的响应时间分别为 10s、8s、7s、4s 和 2s，随着浓度的增加，其响应速度越来越快。对气体传感器的考查因素除了灵敏性以外，还要考虑器件对不同种类气体的选择性以及其长期重复使用的稳定性。图 3.36（d）为正交相含量最高的器件（450℃保温 2h SnO$_2$ 一维纳米结构）在 255℃的工作温度下对不同种类气体的选择性。从图中看出，器件在同一浓度下对不同气体的响应值是不同的，在所有气体中，对异丙醇的响应值是最高的，其次是丙酮和乙醇，而对甲醛的响应值是最低的，在这个工作温度下对不同的气体是具有选择性的。图 3.36（e）为纯四方相结构的 SnO$_2$ 一维纳米结构（650℃保温 2h）在 325℃时对 100~2000ppm 异丙醇、丙酮、甲醛以及乙醇和汽油的响应值。从图中看出，除了对 100~2000ppm 乙醇以及汽油的响应值相近以外，对其他的气体的响应特性都不同，响应值最高的依然是异丙醇，最低的是甲醛。图 3.36（f）和图 3.36（g）分别为 450℃保温 2h SnO$_2$ 一维纳米结构在 255℃的工作温度下连续测量 14 次对 100~2000ppm 异丙醇的响应值以及 650℃保温 2h SnO$_2$ 一维纳米结构在 325℃的工作温度下连续测量 17 次对 100~1000ppm 异丙醇的响应值，测量周期分别为两周和一个月。从图中看出，对同一浓度的异丙醇虽然每次测量的响应值不一样，但偏差不是很大，其中 450℃保温 2h SnO$_2$ 一维纳米结构的波动程度没有 650℃保温 2h SnO$_2$ 一维纳米结构的明显，但都显示出良好的稳定性。

2）对丙酮的气敏性能研究

图 3.37（a）~（f）是不同热处理温度下制备的正交相含量不同的 SnO$_2$ 一维纳米结构分别在工作温度为 178℃、195℃、214℃、233℃、255℃和 277℃下对 100~2000ppm 丙酮的气敏性能。从图 3.37（a）中可以看出，当工作温度为 178℃时，700℃保温 2h 制备的 SnO$_2$ 一维纳米结构（纯四方相）对 500~2000ppm 丙酮气体的响应值大于双相 SnO$_2$ 一维纳米结构对丙酮气体的响应值，当丙酮浓度为 2000ppm 时，其响应值为 8.2。但是更值得注意的是，同样是纯四方相，650℃保温 2h 制备的 SnO$_2$ 一维纳米结构对 100~2000ppm 丙酮的响应值最低，当丙酮浓度为 2000ppm 时，其响应值为 5.1。650℃保温 2h

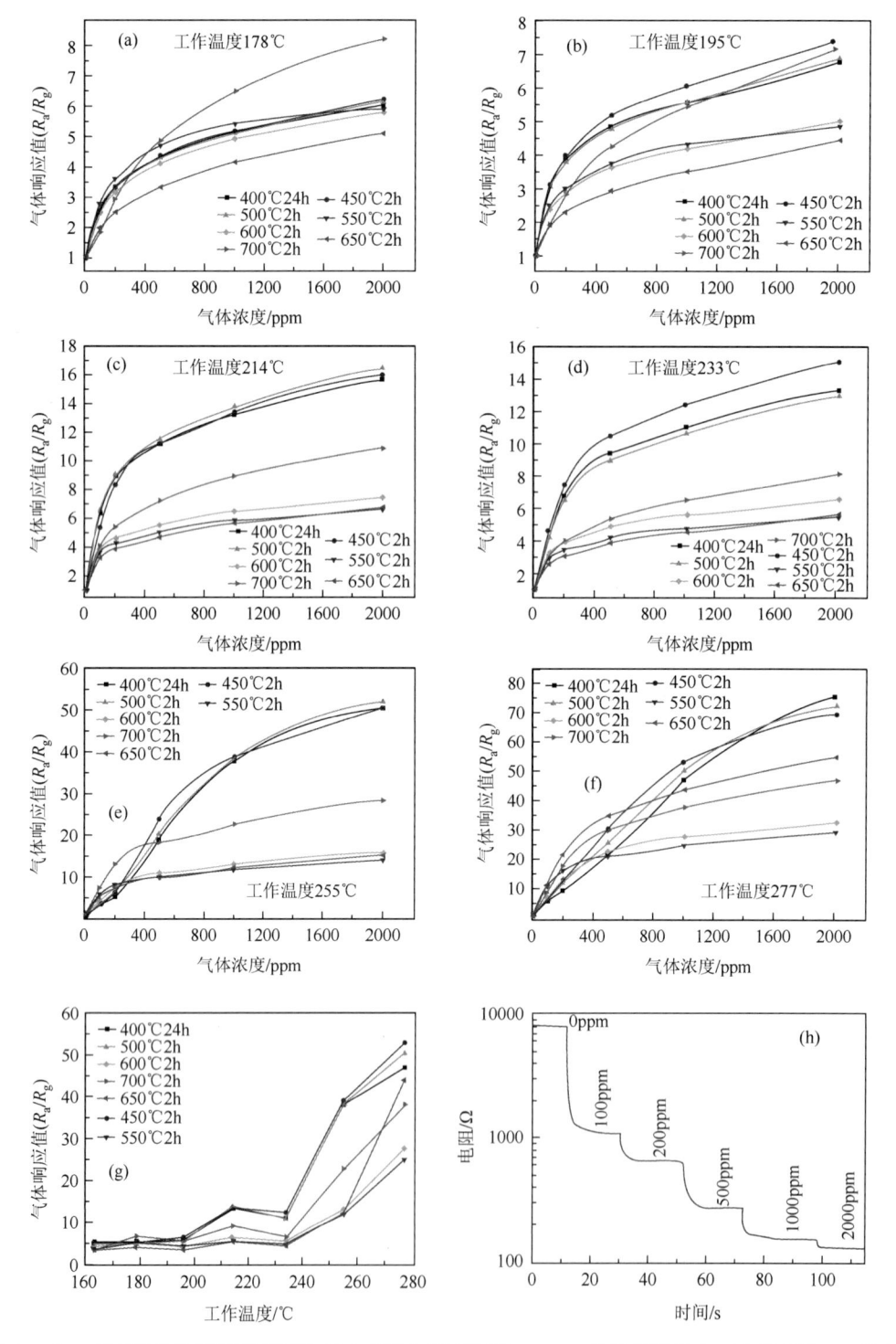

图 3.37 （a～f)不同热处理温度下制备的正交相含量不同的 SnO$_2$ 一维纳米结构在工作温度为 178℃(a)、195℃（b）、214℃（c）、233℃（d）、255℃（e）和 277℃（f）下对 100～2000ppm 丙酮的气敏性能；（g）SnO$_2$ 一维纳米结构对 1000ppm 丙酮的最佳工作温度响应曲线；（h）工作温度为 277℃时，450℃保温 2h 制备的 SnO$_2$ 一维纳米结构对不同浓度丙酮的响应特性曲线

制备的 SnO$_2$ 一维纳米结构（纯四方相）比 700℃保温 2h 制备的样品（纯四方相）的响应值低，这可能是由 SnO$_2$ 纳米棒的长径比不同造成的。

当工作温度上升到 195℃时［图 3.37（b）］，正交相含量最高的 450℃保温 2h 制备的 SnO$_2$ 样品对 100～2000ppm 丙酮气体的响应值最高。同时，正交相含量相近的 400℃保温 24h 和 500℃保温 2h 的 SnO$_2$ 一维纳米结构对 100～2000ppm 丙酮气体的响应值几乎相近。但是同 178℃对丙酮气体的响应值一样，所有器件对丙酮的响应值非常低，都低于 10。当工作温度上升到 214℃时［图 3.37（c）］，400℃保温 24h、450℃保温 2h 和 500℃保温 2h 的 SnO$_2$ 一维纳米结构对丙酮的响应值较高，但也都非常相近，在 2000ppm 丙酮下，其响应值分别为 15.6、15.9 和 16.5。而其他正交相含量不同的器件对 100～2000ppm 丙酮气体的响应值都比较低，均小于 10。

图 3.37（e）表示在 255℃工作温度下，不同正交相含量的 SnO$_2$ 一维纳米结构对 100～2000ppm 丙酮气体的气敏特性。从图中可以看出，相对于前面所述的低温下，所有器件对丙酮的响应值均大幅上升。在丙酮气体浓度在 500～2000ppm 时，400℃保温 24h、450℃保温 2h 和 500℃保温 2h 的 SnO$_2$ 一维纳米结构对丙酮的响应值也都非常相近，500℃保温 2h 的 SnO$_2$ 一维纳米结构对 2000ppm 丙酮的响应值达到了 52.1。但是在低浓度（100～500ppm）下，700℃保温 2h 的 SnO$_2$ 一维纳米结构对丙酮的响应值最高。550℃保温 2h、600℃保温 2h 和 650℃保温 2h 的 SnO$_2$ 一维纳米结构的响应值最低，在 100～2000ppm 丙酮时响应值仍都低于 10。

继续升高温度到 277℃，如图 3.37（f）所示，器件对丙酮的响应值发生了非常大的变化。正交相含量都超过 10%的三个器件（400℃保温 24h、450℃保温 2h 和 500℃保温 2h）依然在高浓度下表现出高的响应值，在 1000ppm 下响应值分别为 47.0、52.8 和 50.3，在 2000ppm 下响应值分别达到 75.6、69.4 和 72.5。其他在低温下表现不好的器件在这个温度下响应值也上升很多，其中 650℃保温 2h（纯四方相）在 100～1000ppm 丙酮浓度中响应值最高，在 500ppm 下响应值就达到了 35.0。同时，根据以上分析可知，所有 SnO$_2$ 一维纳米结构对丙酮的响应值都随着温度的上升而增大。

图 3.37（g）是不同条件下制备的 SnO$_2$ 一维纳米结构对 1000ppm 丙酮的最佳工作温度响应曲线。由图可知，所有器件对丙酮的响应值都随着温度的上升而上升，在测试的温度范围之内最佳的工作温度为 277℃，同时在所测试的丙酮浓度范围之内，450℃保温 2h 的 SnO$_2$ 纳米棒的响应值最高。

图 3.37（h）是在 277℃下，450℃保温 2h 制备的 SnO$_2$ 一维纳米结构（正交相含量 18.2%）对 100～2000ppm 丙酮气体的响应特性曲线。从图中看出，随着丙酮浓度的增加，电阻值减小，而且减小幅度减缓，说明响应值随丙酮浓度增加而升高，但增加的速率减缓。当丙酮浓度从 100ppm 增加到 2000ppm 时，正交相含量最高的器件对其响应时间分别为 5s、4s、4s、2s 和 1s。

3）对甲醛的气敏性能研究

相对于异丙醇和丙酮，SnO$_2$ 一维纳米结构对甲醛的响应值不是很理想。图 3.38（a）～（f）是不同热处理温度下制备的正交相含量不同的 SnO$_2$ 一维纳米结构分别在工作温度为 178℃、195℃、214℃、233℃、255℃和 277℃下对 100～2000ppm 甲醛的气敏性能。从图中看出，随着温度的升高，器件对甲醛的最高响应值先是缓慢升高然后逐渐降低，当工作温度为233℃时，400℃保温24h的SnO$_2$一维纳米结构对2000ppm甲醛的响应值达到最高，为16.6。同时，550℃保温2h制备的SnO$_2$一维纳米结构对甲醛气体的响应值最低，在100~2000ppm甲醛下均小于8。当甲醛气体浓度低于1000ppm时，650℃保温2h制备的SnO$_2$一维纳米结构的响应值最高，然而，当甲醛浓度增加到1000ppm以上时，400℃保温24h、450℃保温2h和500℃保温2h制备的SnO$_2$一维纳米结构的响应值高于650℃保温2h制备的SnO$_2$一维纳米结构对甲醛气体的响应值。当工作温度升高到255℃时，700℃保温2h制备的SnO$_2$一维纳米结构对100~2000ppm甲醛气体的响应值最高[图3.38（e）]，在甲醛浓度为2000ppm时达到12.6。而其他器件对甲醛的响应值均低于8。图3.38（g）是不同条件下制备的SnO$_2$一维纳米结构对1000ppm甲醛的最佳工作温度响应曲线。从图中可以看出，所有器件对甲醛的响应值都随着温度的升高而呈增大趋势，当温度达到233℃时，响应值达到最高点，随后随着温度的升高而呈降低趋势。同时在所测试的甲醛浓度范围之内，450℃保温2h的SnO$_2$一维纳米结构的响应值是最高的，所有器件对甲醛的最佳工作温度均为233℃。图3.38（h）是在233℃下，450℃保温2h制备的SnO$_2$一维纳米结构（正交相含量18.2%）对100~2000ppm甲醛气体的响应特性曲线。从图中看出，随着甲醛浓度的增加，电阻值减小，说明响应值随甲醛浓度增加而升高。当甲醛浓度从100ppm增加到2000ppm时，正交相含量最高的器件对其响应时间分别为6s、5s、6s、9s和9s。

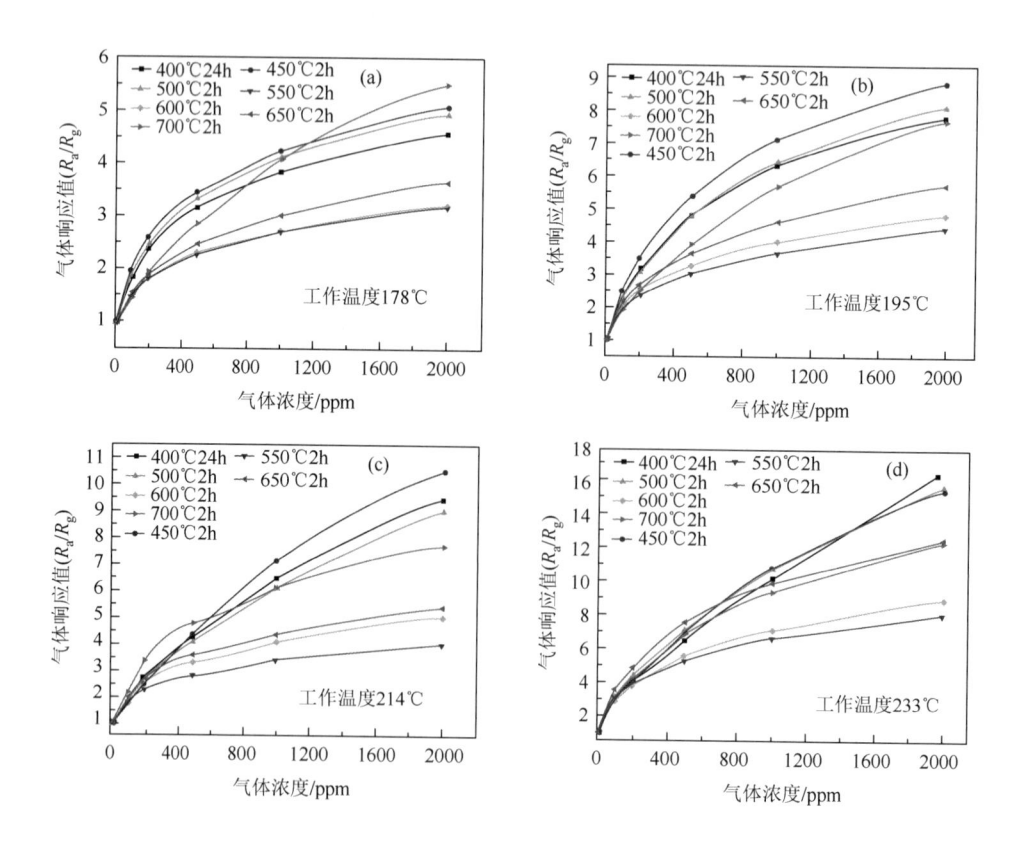

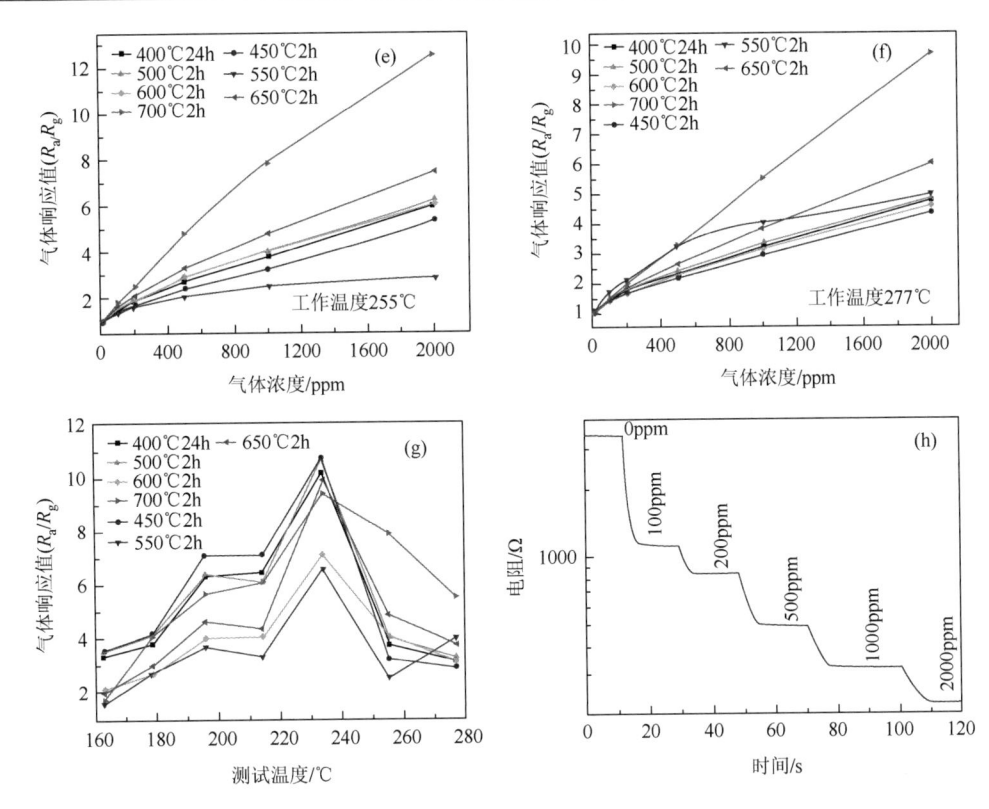

图 3.38 （a～f）不同热处理温度下制备的正交相含量不同的 SnO$_2$ 一维纳米结构在工作温度为 178℃（a）、195℃（b）、214℃（c）、233℃（d）、255℃（e）和 277℃（f）下对 100～2000ppm 甲醛的气敏性能；（g）SnO$_2$ 一维纳米结构对 1000ppm 甲醛的最佳工作温度响应曲线；（h）工作温度为 233℃时，450℃保温 2h 制备的 SnO$_2$ 一维纳米结构对不同浓度甲醛的响应特性曲线

2. 柚子皮作为生物模板制备 SnO$_2$ 一维纳米纤维结构的气敏性能

工作温度是评估气体传感器的一个重要参数，它影响着气体传感器对目标气体的响应能力。因此，选择一个最佳的工作温度对于传感器的气敏性能是至关重要的。图 3.39（a）为 SnO$_2$ 纳米纤维气体传感器在 240～340℃工作温度范围内分别对 100ppm 不同 VOC 气体的响应值。

从图 3.39（a）中可以看出，在 240～340℃工作温度范围内，对于不同的 VOC 气体，包括乙醇、甲醇、异丙醇、甲醛、丙酮和正丁醇，气体传感器的响应值首先随着工作温度的升高而逐渐升高，在 260℃时响应值均达到最高值，随后气体传感器的响应值随着工作温度继续升高而逐渐降低。因此，SnO$_2$ 纳米纤维气体传感器对不同的 VOC 气体呈现出共同的最佳工作温度为 260℃，同时也说明工作温度在气体传感器的实际应用中起着至关重要的作用，它很大程度上决定着目标气体分子在敏感材料表面的吸附与脱附能力。我们知道，一般化学反应需要消耗一定能量克服反应所需的活化能，从而使反应能顺利进行，在气体传感器检测不同的 VOC 气体时，不同的 VOC 气体分子与表面吸附氧在敏感材料表面发生氧化还原反应。在整个过程中，随着工作温度的不断升高，气体分子得

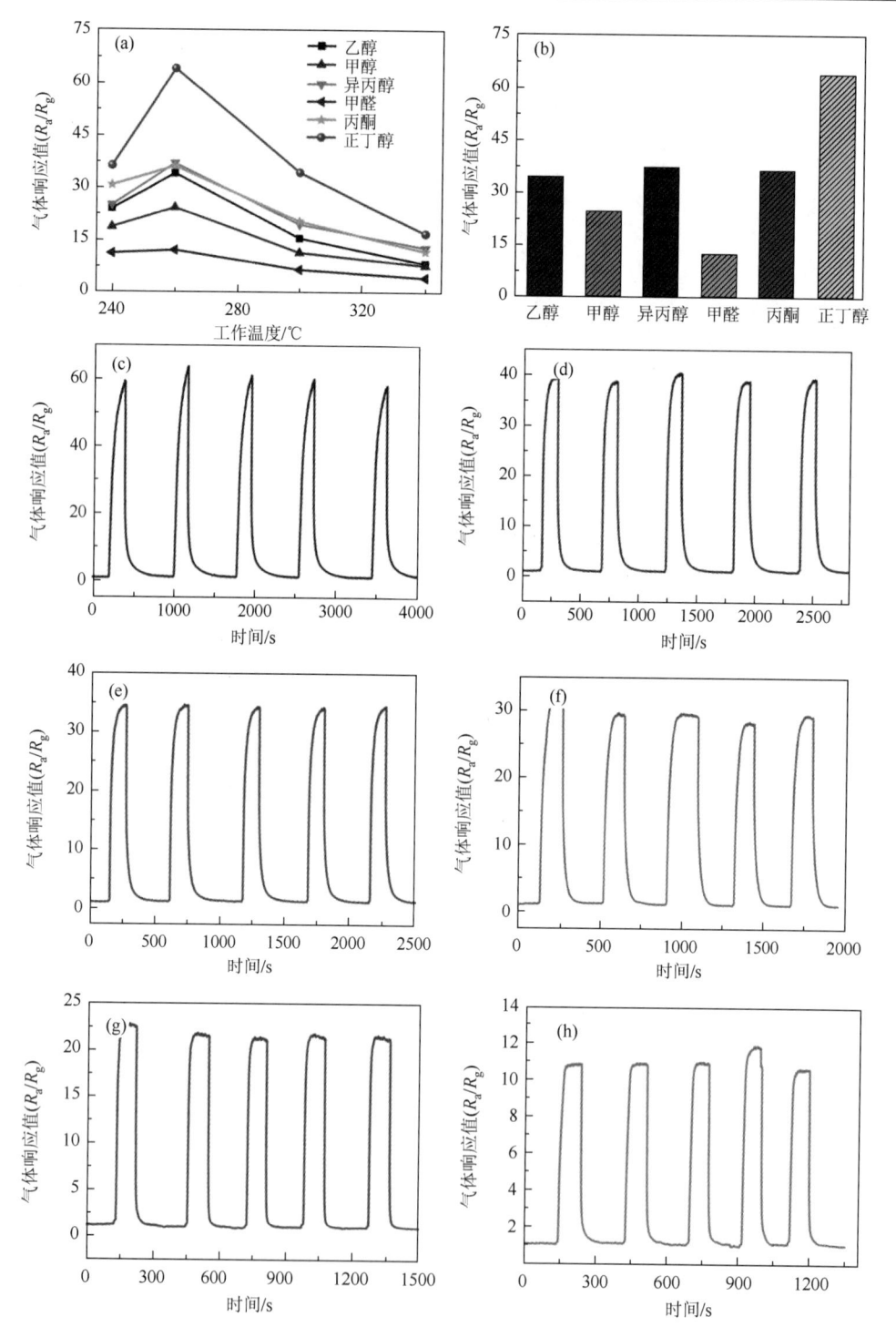

图 3.39 （a）SnO$_2$ 纳米纤维气体传感器在不同温度下对 100ppm VOC 气体的响应值；（b）气体传感器在 260℃下对 100ppm VOC 气体的响应值；（c～h）SnO$_2$ 纳米纤维气体传感器在 260℃下对 100ppm 不同 VOC 气体的重复性测试

（c）正丁醇；（d）异丙醇；（e）丙酮；（f）乙醇；（g）甲醇；（h）甲醛

到的能量逐渐增大,并且能够克服在敏感材料表面发生的化学反应的活化能,从而造成气体传感器响应值逐渐升高,在最佳工作温度下目标气体分子与吸附氧的反应达到稳定状态。继续升高工作温度,气体分子得到的能量越来越多,在温度较高时目标气体分子的吸附能力远低于脱附能力,使得敏感材料表面的吸附分子减少,导致了在高温下气体传感器较低的响应值[42]。由此可以看出,工作温度严重影响着目标气体分子的吸附与脱附能力,从而影响着气体响应值。图3.39（b）是SnO_2纳米纤维气体传感器在260℃下对100ppm VOC气体的响应值。从图中可以看出,SnO_2纳米纤维气体传感器在260℃时对正丁醇呈现出最好的气体响应,响应值为64.32。同时,100ppm乙醇、甲醇、异丙醇、甲醛和丙酮的响应值分别为34.41、24.55、37.22、12.33和36.42。采用柚子皮为生物模板通过水热法制备得到的SnO_2纳米纤维对不同的VOC气体表现出较好的气敏性能。

在实际应用中,连续重复性也是评估气体传感器气敏性能的重要参数之一。如图3.39（c）~（h）所示,测试了SnO_2纳米纤维气体传感器在260℃下对100ppm不同VOC气体的短期重复性,从图中可以看出,伴随着目标气体与气体传感器的接触,传感器迅速呈现出气体响应,且响应值迅速升高,当目标气体脱离敏感材料后其响应值迅速恢复到最初状态。同时,对于所有的目标气体,气体传感器响应值在经过5个循环测试之后并未发现较大幅度的波动,而是基本保持在一个常数,说明SnO_2纳米纤维气体传感器在最佳工作温度260℃下对不同的VOC气体呈现出较好的重复性与稳定性。

另外,气体传感器在最佳工作温度下对不同的VOC气体都呈现出较快的响应与恢复性能,对100ppm甲醛、甲醇、乙醇、丙酮、异丙醇和正丁醇的响应时间/恢复时间分别为13s/27s、6s/9s、32s/44s、33s/56s、34s/38s和94s/100s。

为了进一步理解SnO_2纳米纤维气体传感器的气体敏感特性,在最佳工作温度下研究了气体传感器对10~1000ppm不同浓度VOC气体的动态响应,如图3.40（a）~（f）所示。从图中可以看出,气体传感器在整个过程中呈现出良好的气敏性能。对于所有的不同浓度的目标气体,气体传感器的响应情况都呈现出相似的趋势,在10~1000ppm浓度范围内响应值随着气体浓度的升高而逐渐升高,这是由于在SnO_2表面吸附了更多的气体分子,氧化还原反应更加充分。另外,从图中可以看出在目标气体未接触敏感材料时,传感器响应值基本保持稳定而没有较大幅度的波动。当目标气体与敏感材料接触后,传感器立即对气体呈现出响应且响应迅速达到最高值,然而,气体响应随着目标气体的脱附也迅速恢复到基线状态,这说明气体传感器对不同浓度的VOC气体都呈现出快的响应与恢复,与上述连续重复性的结果相吻合。值得注意的是,气体传感器的响应值随着浓度的增加而急剧升高,并没有观察到饱和状态,说明SnO_2纳米纤维气体传感器对不同的VOC气体均有一个较宽浓度的检测范围。此外,气体传感器可以检测到浓度低至10ppm的VOC气体,其响应值为2.70、4.26、6.20、5.64、6.04和7.19,分别对应甲醛、甲醇、乙醇、丙酮、异丙醇和正丁醇。

图3.40（g）是SnO_2纳米纤维气体传感器在260℃下对不同浓度的VOC气体（乙醇、甲醇、异丙醇、丙酮、甲醛和正丁醇）的响应值随气体浓度变化的关系。由图可知,不同的气体浓度决定着气体传感器的响应值,并且响应值随着气体浓度的增加而不断升高。

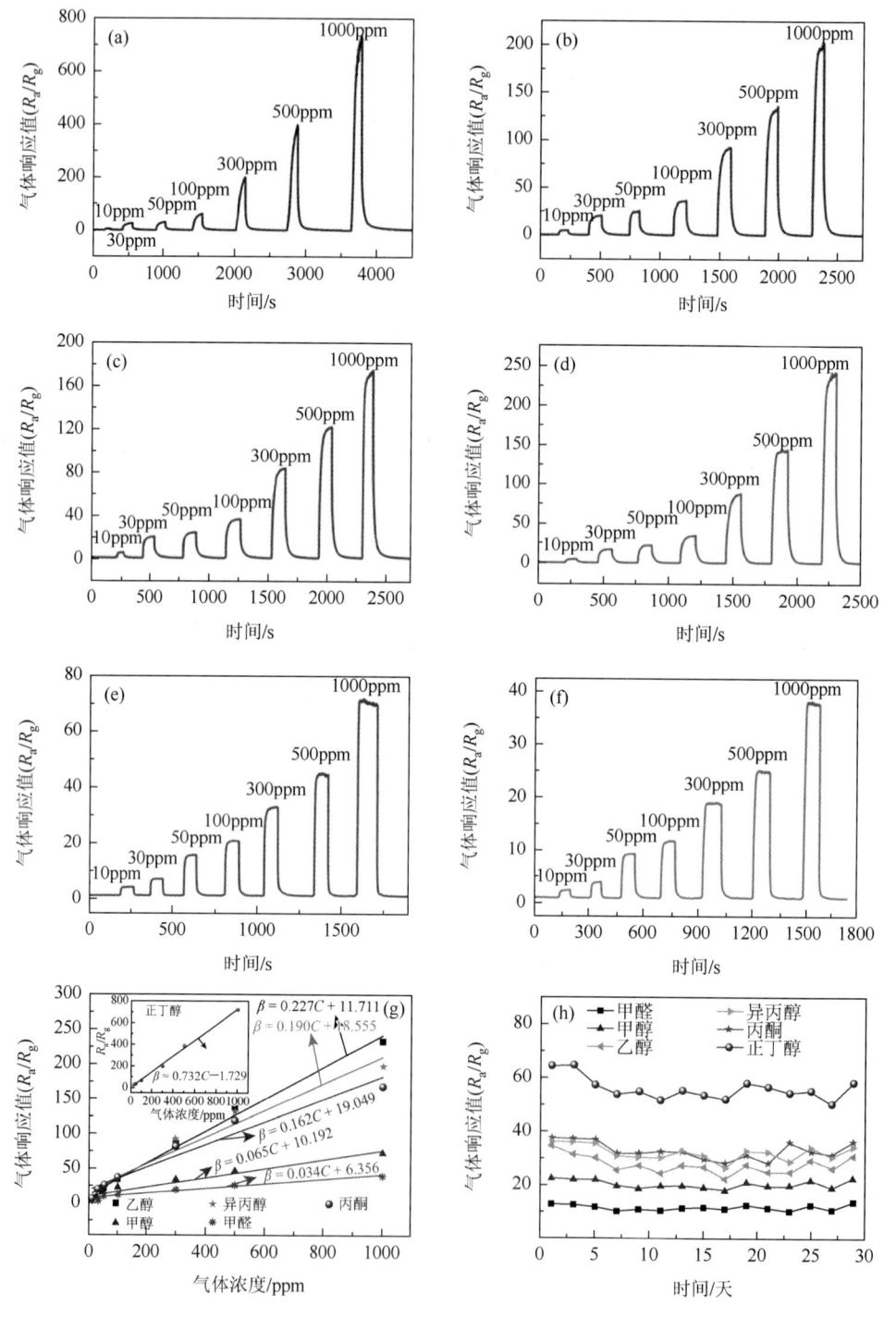

图 3.40 （a～f）SnO_2 纳米纤维气体传感器在 260℃下对 10～1000ppm 不同 VOC 的动态响应曲线；（g）气体传感器在 260℃下对 10～1000ppm 不同 VOC 气体的响应值与气体浓度之间的关系；（h）SnO_2 纳米纤维气体传感器在 260℃下对 100ppm 不同 VOC 气体的长期稳定性

(a) 正丁醇；(b) 异丙醇；(c) 丙酮；(d) 乙醇；(e) 甲醇；(f) 甲醛

同时，通过拟合实验数据可以得到气体传感器响应值与 VOC 气体浓度之间的关系，除了异丙醇和丙酮，其他测试气体（乙醇、甲醇、甲醛和正丁醇）的传感器响应值与浓度之间均呈现出较好的线性关系，并且拟合曲线可以如下形式表示：

$$\beta = A \times C + k \tag{3.13}$$

式中，β 是气体传感器响应值；A 是响应值系数；C 是 VOC 气体浓度；k 为一个常数。例如，对于正丁醇气体而言，传感器响应值与气体浓度之间的关系如下：

$$\beta = 0.732C - 1.729 \tag{3.14}$$

对于正丁醇，线性相关系数 R^2 为 0.997，表明 SnO_2 纳米纤维气体传感器在正丁醇浓度 10~1000ppm 区间内具有较好的线性关系。

在实际应用中，气体传感器的长期稳定性也是一项重要的指标，它决定了传感器的可靠性和使用寿命。为了探究 SnO_2 纳米纤维气体传感器的长期稳定性，在 260℃的最佳工作温度下对 100ppm 的不同 VOC 气体（乙醇、甲醇、甲醛、异丙醇、丙酮和正丁醇）进行了连续 29 天的测试，结果如图 3.40（h）所示。从图中可以看出，气体传感器对不同的 VOC 气体都呈现出响应值减小的趋势，但是总体而言响应值波动幅度不是太大。结果说明 SnO_2 纳米纤维气体传感器对 VOC 气体的稳定性相对较好，并且制备得到的 SnO_2 纳米纤维是一种具有应用潜力的 VOC 气体传感器敏感材料。

由此可见，采用柚子皮为生物模板通过水热法制备得到的一维 SnO_2 纳米纤维对不同的 VOC 气体呈现出优异的气敏性能，包括乙醇、甲醇、甲醛、异丙醇、丙酮和正丁醇。

3. 柚子皮作为生物模板制备 Pd 功能化 SnO_2 一维纳米纤维结构的气敏性能

在本节中，首先在 200~340℃的工作温度范围内测试了使用柚子皮为生物模板制备得到的不同比例 Pd 功能化 SnO_2 纳米纤维气体传感器对 3000ppm 丁烷的气体响应值，结果如图 3.41（a）所示。在 200~340℃温度范围内，所有的响应曲线都呈现出相似的变化趋势，响应值先随着工作温度的升高而逐渐增加，在某一个温度下达到最高值，然后随着工作温度的持续升高而逐渐降低。从图 3.41（a）中还可以看出，贵金属 Pd 的引入不仅明显提高了传感器对丁烷气体的响应值，还影响了器件的最佳工作温度。在不同比例

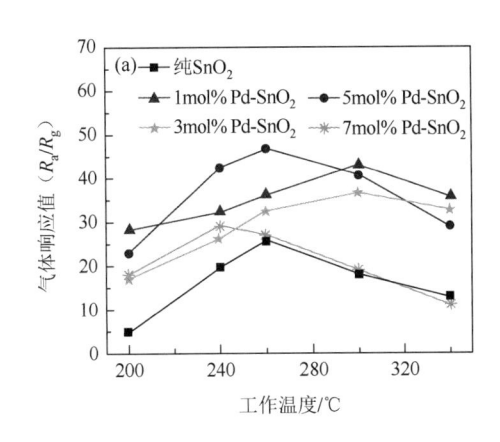

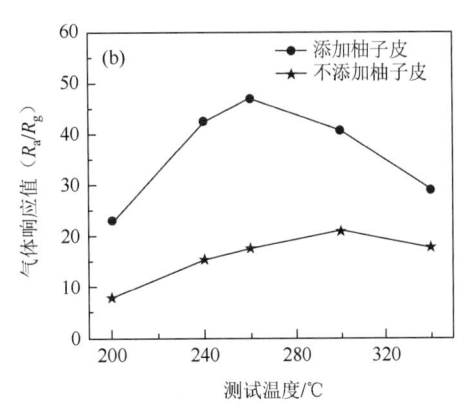

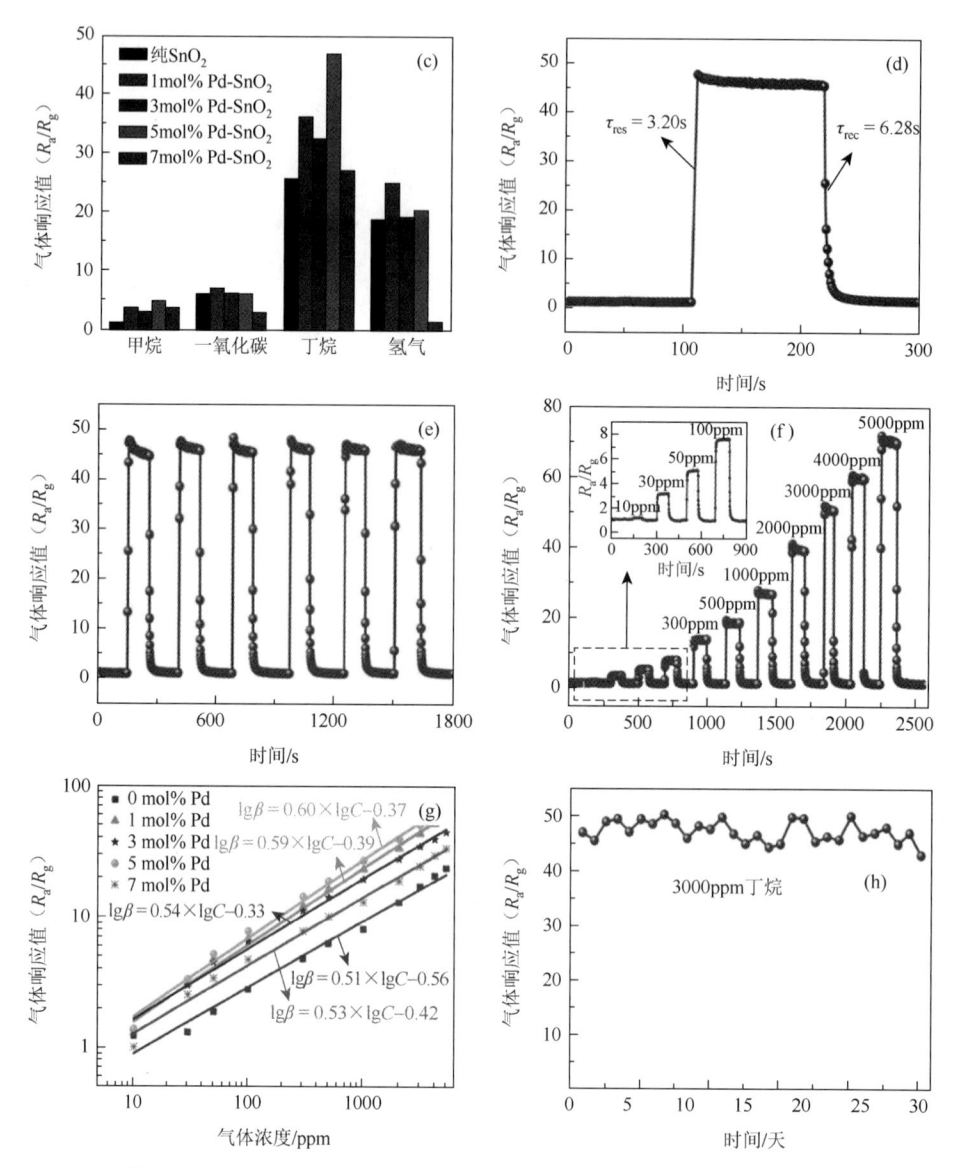

图 3.41 （a）以柚子皮为生物模板制备得到的不同比例 Pd 功能化 SnO₂ 纳米纤维气体传感器在不同工作温度下对 3000ppm 丁烷的气体响应值；（b）添加和不添加柚子皮为生物模板制备得到的 5mol% Pd 功能化 SnO₂ 纳米纤维气体传感器在不同工作温度下对 3000ppm 丁烷的气体响应值；（c）不同比例 Pd 功能化 SnO₂ 纳米纤维气体传感器在 260℃下对 3000ppm 不同可燃性气体的气体响应值；（d）5mol% Pd 功能化 SnO₂ 纳米纤维气体传感器在 260℃下对 3000ppm 丁烷的响应-恢复时间曲线；（e）5mol% Pd 功能化 SnO₂ 纳米纤维气体传感器在 260℃下对 3000ppm 丁烷重复性曲线；（f）5mol% Pd 功能化 SnO₂ 纳米纤维气体传感器在 260℃下对 10~5000ppm 丁烷的动态响应曲线；（g）在 260℃下不同比例 Pd 功能化 SnO₂ 纳米纤维气体传感器响应值与丁烷浓度之间的关系曲线；（h）5mol% Pd 功能化 SnO₂ 纳米纤维气体传感器在 260℃下对 3000ppm 丁烷气体的长期稳定性

Pd（0、1mol%、3mol%、5mol%和 7mol%）功能化 SnO₂ 纳米纤维气体传感器中，5mol% Pd 功能化 SnO₂ 纳米纤维气体传感器在 260℃工作温度下对 3000ppm 丁烷气体呈现出最高的气体响应值47.58,而在此工作温度下纯相SnO$_2$和其他Pd(1mol%、3mol%和7mol%)功能化SnO$_2$纳米纤维气体传感器对3000ppm丁烷的响应值分别为25.57、35.36、31.64和26.60。因此,以260℃为器件最佳工作温度。

增加的气体响应值一方面可能是由于比表面积增大,较大的比表面积能够为吸附氧与目标气体分子之间的反应提供更多的活性位点,从而增强气体响应。另一方面,贵金属Pd的催化效应能够加快吸附氧与目标气体分子之间的反应,从而加快气体吸附与脱附过程。此外,为了进一步分析以柚子皮为生物模板制备的一维结构在气体检测过程中的作用,本节在相同条件下以添加和未添加柚子皮分别制备得到5mol% Pd功能化SnO$_2$纳米纤维,其形貌结构在3.2.2节中已详细分析,并且进行了相同的气敏测试,结果如图3.41(b)所示。从图中可以看出,以添加柚子皮为生物模板制备得到的5mol% Pd功能化SnO$_2$纳米纤维气体传感器的响应值明显高于未添加生物模板制备得到的纳米材料的响应值,并且最佳工作温度由300℃降低到260℃。由此可见,一维纤维状结构在改善丁烷气敏性能方面起着重要作用。

在实际应用中,气体传感器对不同气体的选择性是评估器件性能的另一个重要参数,本节中测试了所有比例Pd功能化SnO$_2$纳米纤维气体传感器在最佳工作温度260℃下对3000ppm不同种类可燃性气体的气体响应值,测试气体包括氢气(H$_2$)、一氧化碳(CO)、甲烷(CH$_4$)和丁烷(C$_4$H$_{10}$),结果如图3.41(c)所示。从图中可以看出,在相同的测试环境下,Pd功能化SnO$_2$纳米纤维的气体响应普遍都有一定的改善,尤其是对丁烷气体的响应提高较为明显。5mol% Pd功能化SnO$_2$纳米纤维气体传感器对3000ppm的丁烷呈现出最高的气体响应,其响应值为47.58,而相同条件下对甲烷、氢气和一氧化碳的响应值分别为4.87、20.40和6.08,对丁烷的响应值分别约是它们的9.7倍、2.3倍和7.8倍。由此可见,5mol% Pd功能化SnO$_2$纳米纤维气体传感器在最佳工作温度260℃对丁烷具有良好的选择性和抗干扰能力。此外,其他传感器对于不同种类的气体有着差异较大的气体响应,是由于在催化燃烧反应中不同种类气体的活化能(E_a)不同,并且在多孔材料中气体的扩散-反应现象也能够影响传感器的响应[43,44]。众所周知,还原性气体中C—H键的相对强度对气体传感器的响应值和选择性也存在着较大的影响。若碳氢化合物分子中包含的碳原子数量较多,则化合物分子更容易分离,丁烷分子中C—H键的分离能为425kJ/mol,远低于甲烷分子(436kJ/mol),甲烷分子更为稳定且相同条件下与吸附氧的反应更难进行,而丁烷分子更容易断裂与吸附氧发生反应,因此传感器对丁烷的响应程度明显高于甲烷[45]。此外,由于在低温条件下反应所具有的能量较低,吸附氧与CO或H$_2$的氧化反应较难发生,从而传感器对H$_2$和CO的响应值较低。因此,5mol% Pd功能化SnO$_2$纳米纤维气体传感器对丁烷气体具有较高的响应值和良好的选择性,尤其是能够在不同的易燃气体中区分出丁烷气体。

响应时间和恢复时间是气体传感器性能的重要参数指标,在实际应用中至关重要。本节中测试了5mol% Pd功能化SnO$_2$纳米纤维气体传感器在260℃下对3000ppm丁烷气体的响应-恢复性能,响应-恢复时间曲线如图3.41(d)所示。当丁烷分子与敏感材料接触后,表面吸附氧与丁烷分子迅速反应且响应值达到最高,气体传感器在浓度为3000ppm丁烷气氛中持续一段时间且响应值没有发生明显的变化。一旦传感器重新暴露于空气气氮中，丁烷分子立即从敏感材料表面脱离，传感器恢复到初始状态。由此可见，5mol% Pd 功能化 SnO_2 纳米纤维气体传感器在最佳工作温度下对 3000ppm 丁烷呈现出较快的响应和恢复，响应时间和恢复时间分别为 3.20s 和 6.28s。此外，较快的响应和恢复时间可能归结于 Pd 纳米颗粒的催化活性，从而加快吸附氧离子与丁烷分子之间的氧化反应[46]。

为了进一步评估所制备的 5mol% Pd 功能化 SnO_2 纳米纤维气体传感器的连续重复性，在 260℃下对 3000ppm 丁烷气体进行了 6 个连续性测试，重复曲线如图 3.41（e）所示。从图中可以看出，每一次丁烷分子与器件接触后传感器都迅速响应并且达到稳定状态，然后随着目标气体的脱附，传感器又立即恢复，从而也更加说明在连续测试中传感器具有较短的响应和恢复时间。此外，在经过 6 次连续重复测试之后，发现传感器的响应值并没有发生明显的改变，且连续测试的平均响应值为 46.84±0.46。结果表明，5mol% Pd 功能化 SnO_2 纳米纤维气体传感器在最佳工作温度下对丁烷气体呈现出良好的连续重复性，同时也说明该器件在实时监测丁烷气体方面具有较大的应用潜力。

在实际应用中，气体传感器的动态响应性能是评估器件的另一个重要参数，它要求器件能够对不同浓度的目标气体做出连续响应。本节在最佳工作温度 260℃下测试了传感器在 10～5000ppm 浓度范围内丁烷的气敏性能。图 3.41（f）为 5mol% Pd 功能化 SnO_2 纳米纤维气体传感器在丁烷浓度 10～5000ppm 内的动态响应曲线，从图中可以清晰地看出，传感器气体响应值随着丁烷浓度增加而升高，并且在高浓度范围内并没有出现饱和现象，说明传感器对丁烷气体的检测浓度范围较宽。此外，5mol% Pd 功能化 SnO_2 纳米纤维气体传感器在较低的工作温度下对丁烷气体的检测浓度低至 10ppm 且响应值为 1.38。由此可见，5mol% Pd 功能化 SnO_2 纳米纤维可能是一种很有应用价值的传感材料，它不仅具有较宽的浓度检测范围和可靠的气体响应值，还有低至 10ppm 的检测限。图 3.41（g）为不同比例 Pd 功能化 SnO_2 纳米纤维气体传感器气体响应值与丁烷浓度之间的关系曲线。从图中可以看出，贵金属 Pd 的含量对传感器检测的气体响应值有着较大的影响，并且适当的 Pd 含量能够很大程度提高响应值，相反，过多的 Pd 含量则对气体响应没有明显提高。另外，所有传感器气体响应值与丁烷浓度之间的关系曲线都呈现出较好的线性关系，并且这种线性关系可以表述为

$$\lg\beta = k \times \lg C + B \tag{3.15}$$

式中，β 为传感器气体响应值；C 为丁烷气体浓度；k 和 B 分别为不同的系数。传感器气体响应值与丁烷浓度之间的良好线性关系说明 Pd 功能化 SnO_2 纳米纤维气体传感器在宽浓度丁烷气体检测方面有着较好的应用前景。

如图 3.41（h）所示，在 260℃下将 5mol% Pd 功能化的 SnO_2 纳米纤维气体传感器暴露于 3000ppm 丁烷气体中进行了连续 30 天的稳定性测试。从图中可以看出，在连续测试过程中，传感器的气体响应值呈现出幅度较小的变化，并且在测试周期内平均响应值为 47.25±1.93。结果说明，5mol% Pd 功能化的 SnO_2 纳米纤维气体传感器对丁烷检测具有一个较好的长期稳定性和可靠性，适合用于长期监测。

4. 柚子皮作为生物模板制备 Cd 掺杂 SnO_2 一维纳米纤维结构的气敏性能

首先，在工作温度 120～340℃范围内测试了不同比例 Cd 掺杂 SnO_2 纳米纤维气体传

感器对 100ppm 甲醛的气体响应,如图 3.42(a)所示。从图中可以看出,所有传感器在 120～340℃工作温度范围内对 100ppm 甲醛的响应值都呈现出"升高—最高值—降低"的趋势。首先,传感器的响应值随着工作温度的升高而逐渐升高,纯相 SnO_2 和 Cd 掺杂 SnO_2 纳米纤维气体传感器的响应值分别在 200℃和 160℃时达到最高值,然后气体传感器的响应值随着工作温度的继续升高而急剧下降。由此可见,纯相 SnO_2 纳米纤维气体传感器的最佳工作温度为 200℃且响应值为 17.13,不同比例(5mol%、10mol%和 20mol%)Cd 掺杂 SnO_2 纳米纤维气体传感器的最佳工作温度均为 160℃且响应值分别为 51.11、29.88 和 31.52。这一现象是由于半导体气体传感器的气敏性能与材料表面的分子吸附情况有关。通常,在较低工作温度的环境中,甲醛分子没有足够的能量克服与吸附氧之间反应的活化能,从而造成在低温情况下甲醛分子难以吸附到材料表面,导致传感器响应值很小。随着工作温度的升高,甲醛分子得到更多的能量且能够克服与表面吸附氧反应所需的活化能,所以传感器的响应值逐渐升高,并且在最佳工作温度时敏感材料表面的反应达到平衡,响应值达到最高。然而,一旦温度超过了最佳工作温度,整个过程中气体脱附占据主要地位,导致甲醛分子从反应中被快速释放并脱离敏感材料,从而传感器响应值急剧减小[47,48]。此外,在所有的气体传感器中,5mol% Cd 掺杂 SnO_2 纳米纤维气体传感器在 160℃下对 100ppm 的甲醛呈现出最高的响应,响应值 51.11 是纯相 SnO_2 纳米纤维气体传感器在 160℃下响应值的 4 倍。由此可见,Cd 元素的添加不仅大大增强了传感器对甲醛气体的响应,还将气体传感器的最佳工作温度从 200℃降低为 160℃。因此,在气体传感器材料中引入 Cd 元素对甲醛气敏性能有很大的改善。

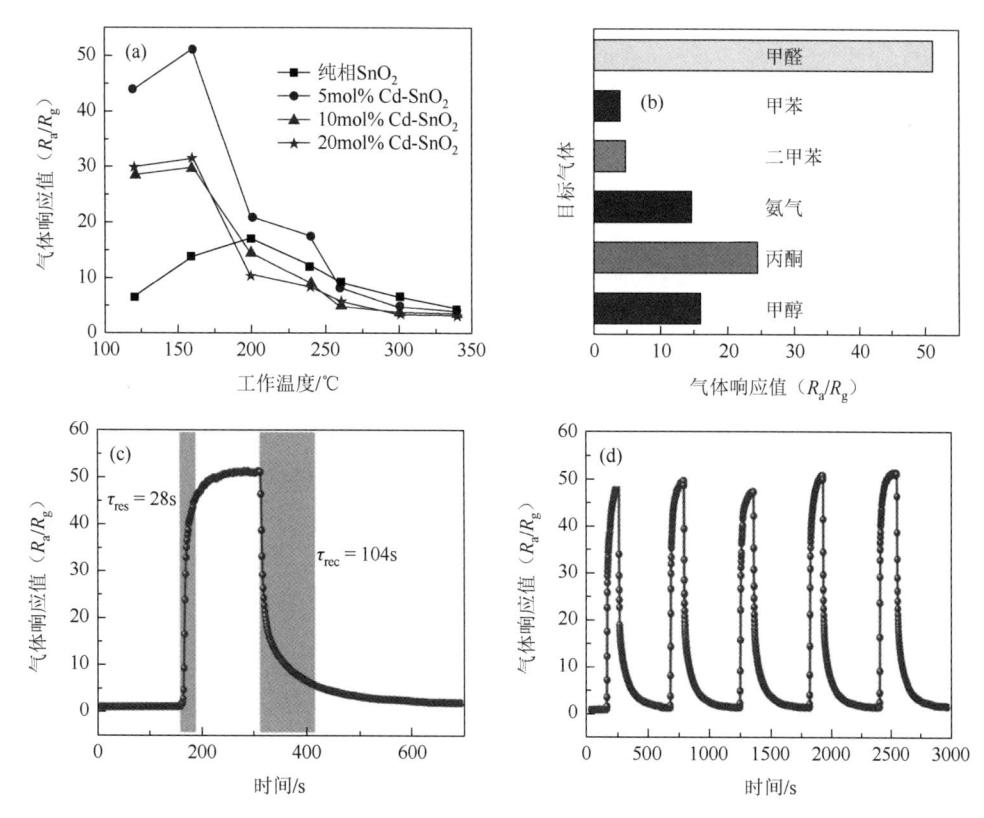

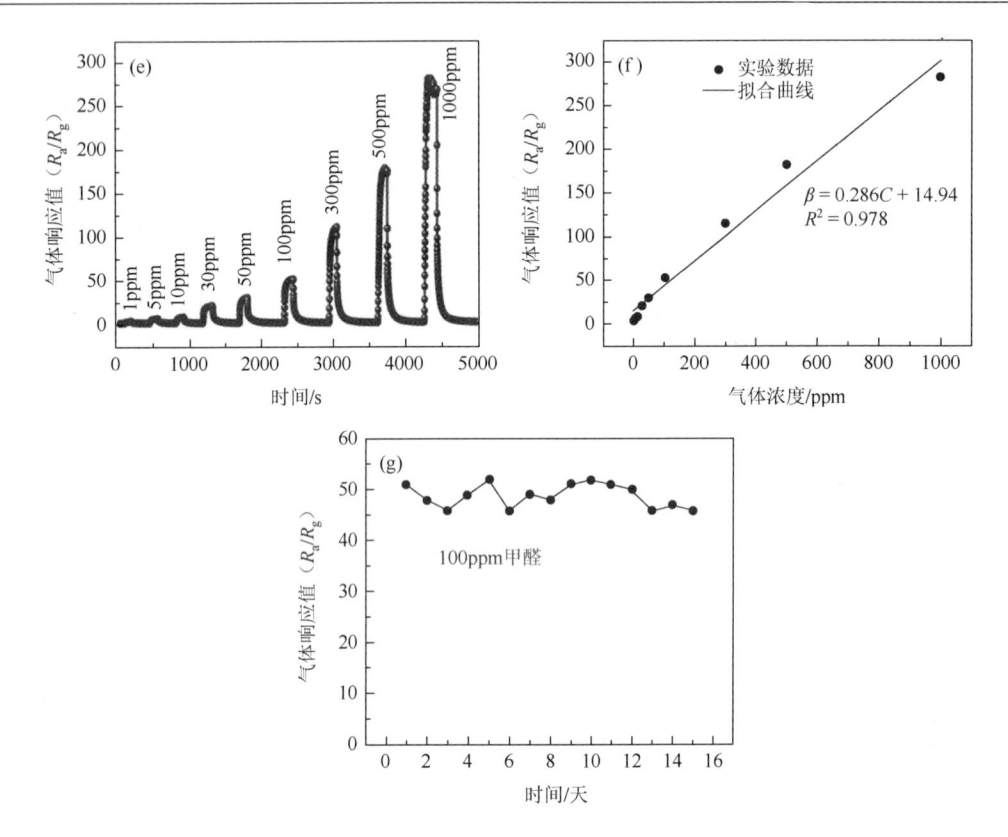

图3.42 （a）不同比例Cd掺杂SnO$_2$纳米纤维气体传感器在不同工作温度下对100ppm甲醛的气体响应；（b）5mol% Cd掺杂SnO$_2$纳米纤维气体传感器在160℃下对100ppm不同气体的选择性；（c）5mol% Cd掺杂SnO$_2$纳米纤维气体传感器在160℃下对100ppm甲醛的响应-恢复时间曲线；（d）5mol% Cd掺杂SnO$_2$纳米纤维气体传感器在160℃下对100ppm甲醛的重复性曲线；（e）5mol% Cd掺杂SnO$_2$纳米纤维气体传感器在160℃下对1～1000ppm甲醛的动态响应曲线；（f）气体浓度与气体响应值之间的关系曲线；（g）5mol% Cd掺杂SnO$_2$纳米纤维气体传感器在160℃下对100ppm甲醛的长期稳定性

在实际应用中，气体传感器能够分辨出不同的目标气体是十分重要的，本节测试了5mol% Cd掺杂SnO$_2$纳米纤维气体传感器在160℃下对几种VOC气体的响应值，参考气体分别为甲醛、甲苯、二甲苯、氨气、丙酮和甲醇且浓度均为100ppm，结果如图3.42（b）所示。当不同的测试气体暴露在相同的测试环境中，5mol% Cd掺杂SnO$_2$纳米纤维气体传感器对甲醛呈现出最高的气体响应值为51.11，而对甲苯、二甲苯、氨气、丙酮和甲醇的响应值分别为3.96、4.72、14.60、24.45和15.94，对甲醛的响应值分别约为它们的12.90倍、10.82倍、3.50倍、2.10倍和3.21倍。由此可见，5mol% Cd掺杂SnO$_2$纳米纤维气体传感器在160℃下对甲醛具有较好的选择性和抗干扰能力。

气体传感器对甲醛具有较好的选择性可以解释为由于不同气体分子之间轨道能量的差异和气体分子键离能的不同，使得传感器在不同的工作温度下能够选择性地检测不同的目标气体。在上述的测试气体中，甲醛分子的键离能（364kJ/mol）比其他参考气体要低，相对较低的键离能使得甲醛分子在低温下较为容易断裂，导致在160℃下甲醛分子与表面吸附氧离子反应更为活跃，从而在相同的测试条件下传感器对甲醛呈现出最高的气体响应值和选择性[49-52]。因此，5mol% Cd 掺杂 SnO₂ 纳米纤维气体传感器在最佳工作温度下对甲醛具有优异的选择性。

如图 3.42（c）所示为 5mol% Cd 掺杂 SnO₂ 纳米纤维气体传感器在最佳工作温度 160℃下对 100ppm 甲醛的响应-恢复时间曲线。从图中可以看出，当传感器与甲醛分子接触后，响应值迅速增加达到最大值并且持续一段时间而没有发生明显的变动，当传感器再次接触空气后，甲醛分子经过相对长的时间才基本脱附完全。在 160℃下，5mol% Cd 掺杂 SnO₂ 纳米纤维气体传感器在 100ppm 甲醛环境中的响应时间和恢复时间分别为 28s 和 104s。较短的响应时间可能是由于独特的一维结构和较大的比表面积以及存在孔结构，它们有利于甲醛分子在 SnO₂ 表面吸附和扩散。此外，Cd 元素作为催化剂可以加速甲醛分子与吸附氧之间的化学反应，从而缩短响应时间。然而，较慢的恢复时间可能是由于在较低的工作温度下，甲醛分子没有得到足够的能量脱离与吸附氧之间的化学反应，导致需要很长的时间才能恢复到初始状态。

为了评估气体传感器的连续重复性，本节在最佳工作温度 160℃下连续 5 次测试了 5mol% Cd 掺杂 SnO₂ 纳米纤维气体传感器对 100ppm 甲醛的响应-恢复性能。从图 3.42（d）中可以看出，在经过 5 次循环测试之后，传感器对 100ppm 甲醛的响应没有发生太大的波动，响应值维持在 50 左右。结果说明，5mol% Cd 掺杂 SnO₂ 纳米纤维气体传感器在 160℃下对 100ppm 甲醛气体具有稳定的重复性，在连续监测甲醛方面具有较大的应用潜力。

为了研究气体传感器响应值与气体浓度之间的关系，在 160℃下测试了 5mol% Cd 掺杂 SnO₂ 纳米纤维气体传感器在浓度 1~1000ppm 范围内的气敏性能。图 3.42（e）为 160℃下气体传感器在甲醛浓度 1~1000ppm 范围内的动态响应曲线，从图中可以看出，当甲醛分子与敏感材料接触后传感器迅速表现出响应，并且随着甲醛分子脱离敏感材料，传感器响应立刻恢复到初始状态。同时，气体传感器的响应值随着甲醛浓度的增加而升高，并且在高浓度范围传感器的响应值还持续升高，没有出现饱和现象，说明 5mol% Cd 掺杂 SnO₂ 纳米纤维气体传感器能检测更高浓度的甲醛。明显地，5mol% Cd 掺杂 SnO₂ 纳米纤维气体传感器在较低工作温度 160℃下能检测到浓度低至 1ppm 的甲醛，说明传感器对甲醛有一个较低的检测限（1ppm）。此外，传感器对 1ppm、5ppm、10ppm、30ppm、50ppm、100ppm、300ppm、500ppm 和 1000ppm 甲醛的响应值分别为 4.05、6.86、8.44、21.34、31.16、52.61、115.49、182.25 和 284.50。

图 3.42（f）为在 160℃下传感器响应值与甲醛浓度之间的关系曲线。从图中可以看出，传感器响应值随着甲醛浓度增加而线性升高，实验数据通过拟合可以表示为

$$\beta = 0.286C + 14.94 \quad (3.16)$$

式中，β 为传感器响应值；C 为甲醛浓度。拟合曲线的线性相关系数 $R^2 = 0.978$，说明传感器响应值与甲醛浓度之间有较好的线性关系，并且响应值具有随着浓度增加而升高的趋势。5mol% Cd 掺杂 SnO₂ 纳米纤维气体传感器在 160℃下对甲醛气体呈现出较宽浓度的检测范围和低至 1ppm 的检测限，表明传感器具有对不同甲醛浓度实时监测的应用潜力。

最后，连续 15 天测试了 5mol% Cd 掺杂 SnO₂ 纳米纤维气体传感器在 160℃下对 100ppm 甲醛的气体响应值，结果如图 3.42（g）所示。从图中可以看出，在连续 15 天的测试中，传感器对 100ppm 甲醛的响应值出现了一定幅度的波动，并且 15 天的平均响

值为 48.80±2.27，说明 5mol% Cd 掺杂 SnO_2 纳米纤维对于甲醛检测具有较好的长期稳定性，它可能是一种很有价值的甲醛传感器材料。

3.3 二维纳米结构 SnO_2 基气体敏感材料与气体传感器

在气体传感器应用中，二维（2D）纳米材料已经受到了广泛关注，主要归结于其独特的电子性能、可控的材料形貌及较小的厚度和较大的比表面积，这些优异的性能有利于气体传感器实现理想的气敏特性。此外，通过掺杂及修饰工程可以有效地调控材料表面反应活性和抗干扰性，从而克服传感器灵敏性低、选择性差等问题。

3.3.1 二维纳米结构 SnO_2 基气体敏感材料的制备

1. Bi 掺杂 SnO_2 多孔纳米片的制备

Jia 等报道了一种简单的静电纺丝技术制备 Bi 掺杂 SnO_2 超薄二维纳米片，其微观形貌呈现出多孔结构[53]。静电纺丝法制备超薄纳米片过程如下：

（1）将 1.125g $SnCl_2·2H_2O$ 和不同含量的 $Bi(NO_3)_3·5H_2O$（Bi 摩尔分数为 0、0.25mol%、0.5mol%、0.75mol%和 1mol%）溶于 6mL 的 N,N-二甲基甲酰胺（DMF）溶液中并持续搅拌 30min 形成均匀溶液。

（2）一定量的聚乙烯吡咯烷酮（polyvinyl pyrrolidone，PVP）加入上述的均匀溶液，在室温下持续搅拌过夜获得均匀溶液。

（3）将上述得到的前驱体溶液转移至塑料注射器中用于静电纺丝，注射泵用于控制流速为 0.2mL/h，并且采用 14kV 的电压，针尖至收集器之间的固定距离为 15cm。

（4）待静电纺丝结束后，将产物收集并在 150℃下加热 12h。制备 Bi 掺杂 SnO_2 纳米片，需要进行两步热处理。首先，在 300℃下加热 1h 从而稳定纳米片状结构，随后 600℃煅烧 2h 用于分解有机成分和氧化无机前驱体，最后获得二维纳米片结构。

2. 双金属 PdAu 纳米颗粒修饰 SnO_2 二维纳米片的可控制备

由于贵金属的催化活性和特殊的电子结构性能，贵金属修饰或功能化金属氧化物半导体表面已成为一种有效的增强气敏性能的应用策略，从而提升传感器性能。与传统的单种贵金属成分修饰不同，Xu 等报道了一种 PdAu 双金属共修饰 SnO_2 二维纳米片敏感材料的策略，从而有效提升了传感器气敏性能[54]。双金属 PdAu 纳米颗粒修饰 SnO_2 纳米片具体过程如下：

（1）合成 SnO_2 纳米片：将 1.128g $SnCl_2·2H_2O$ 和 2.94g $Na_3C_6H_5O_7·2H_2O$ 溶解于 80mL 乙醇和去离子水的混合溶液中（体积比为 1:1），磁力搅拌 60min。随后将混合溶液转移至聚四氟乙烯内衬反应釜中并加热至 180℃保温 12h。最后，将产物收集并离心、洗涤，在 60℃下干燥 8h。

（2）双金属 PdAu 纳米颗粒修饰 SnO_2 纳米片：在 SnO_2 纳米片表面以抗坏血酸为还原剂原位修饰 H_2PdCl_4 和 $HAuCl_4$。首先，将 0.1g 纳米片分散到 10mL 去离子水中并超声处理 10min，随后将 211 μL H$_2$PdCl$_4$（22.56mmol/L）和 128 μL HAuCl$_4$（20mmol/L）添加到上述溶液中，几分钟后，将 1mL 抗坏血酸溶液（0.1mol/L）添加到混合溶液中并磁力搅拌 3h。最后，收集产物并离心和洗涤，60℃干燥 12h。此外，为了进一步比较，以同样的方式分别制备了 Pd/SnO$_2$ 和 Au/SnO$_2$。具体制备流程如图 3.43 所示。

图 3.43 双金属 PdAu 纳米颗粒修饰 SnO$_2$ 纳米片制备工艺图[54]

3.3.2 二维纳米结构 SnO$_2$ 基气体敏感材料的表征与分析

1. Bi 掺杂 SnO$_2$ 多孔纳米片的表征与分析

采用 XRD 对所合成的材料进行物相及晶体结构分析，结果如图 3.44（a）所示。可以清晰地看到，所有样品的 XRD 峰都可以索引为四方金红石结构的 SnO$_2$，并没有观察到 Bi 相关的衍射峰，可能是由于 Bi 的掺杂浓度较低。值得注意的是，随着 Bi 掺杂量的增加，（110）衍射峰向低角度方向移动。我们知道，Bi^{3+} 的离子半径远远大于 Sn^{4+}，Bi—O 键长大于 Sn—O 键长，从而导致 SnO$_2$ 的晶格常数增加[55]。根据布拉格定律，Bi^{3+} 取代 Sn^{4+} 可能导致衍射角变小。所以，XRD 结果表明 Bi^{3+} 已成功掺杂到 SnO$_2$ 晶格中。此外，根据谢乐公式，不同比例（0~1mol%）Bi 掺杂 SnO$_2$ 的晶粒尺寸分别为 12.8nm、11.8nm、10.9nm、10.7nm 和 11.4nm，较小的晶粒尺寸有助于气敏性能增强。

用 FESEM 对不同样品的特殊结构和形貌进行表征与分析，如图 3.44（b）~（f）所示。从 FESEM 图中可以看出，所有样品均呈现出典型的二维超薄纳米片结构，且纳米片由许多蠕虫状纳米颗粒构成。在图 3.44（b）中，纯相 SnO$_2$ 纳米片具有较小的尺寸且颗粒更加致密地堆叠在一起。引入 Bi 元素后，纳米片首先碎裂成更小尺寸的片状结构而后继续长大。当 Bi 掺杂量增加到 0.75mol%，纳米片达到其最大尺寸。此外，通过原子力显微镜可以证实纳米片的厚度随着 Bi 含量的增加而变薄，当 Bi 含量为 0.75mol%时，纳米片几乎为半透明且厚度仅为 21nm。经过分析可知，0.75mol% Bi 掺杂 SnO$_2$ 纳米片具有最小的厚度和最大的纳米片尺寸，其在增加吸附、反应位点方面具有较大的优势，从而增加了电子在材料中的传输效率。

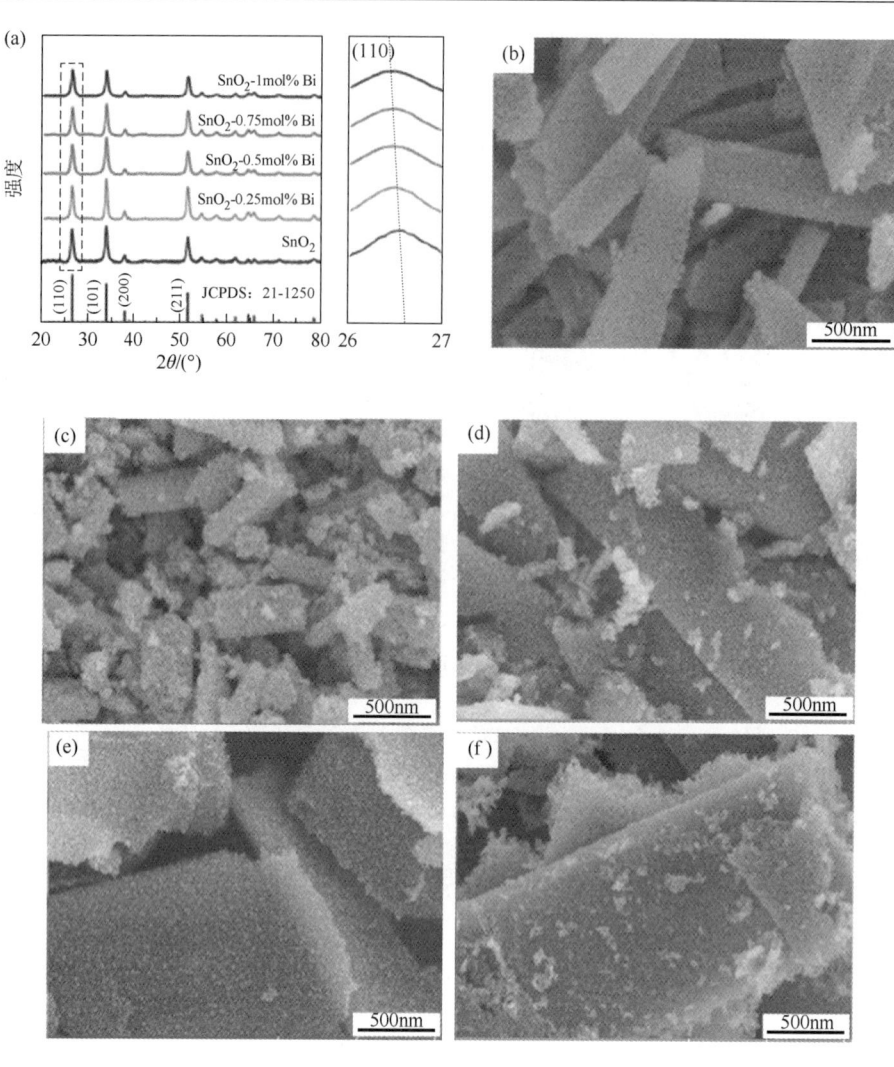

图 3.44 （a）不同 Bi 掺杂 SnO$_2$ 纳米片的 XRD 图、(110)峰放大图及 FESEM 图［(b)纯相 SnO$_2$；(c) SnO$_2$-0.25mol% Bi；(d) SnO$_2$-0.5mol% Bi；(e) SnO$_2$-0.75mol% Bi；(f) SnO$_2$-1mol% Bi］[53]

采用 TEM 表征材料更微观的形貌结构，如图 3.45 所示。图 3.45（a）为 SnO$_2$-0.75mol% Bi 样品的 TEM 图，可以看出材料具有显著的二维纳米片结构且片的厚度较薄，从图 3.45（b）中可知二维纳米片是由许多较小的纳米颗粒组成，在不同的颗粒之间存在较多的小孔，因此纳米片具有多孔结构。从 HRTEM 图［图 3.45（c）］中可以看出明显的晶格条纹，表明材料具有较好的结晶性。此外，相邻的晶面之间的距离为 0.26nm 和 0.33nm，可以分别索引为四方金红石结构 SnO$_2$ 的（101）和（110）晶面。图 3.45（d）为 EDS Mapping 元素分析，可以看出 Sn、O、Bi 三种元素存在且均匀分散在纳米片上面。TEM 分析结果表明所制备的材料为纳米颗粒组成的二维纳米片，且具有多孔结构，同时也进一步证实了 Bi 成功掺杂到 SnO$_2$ 纳米片中。

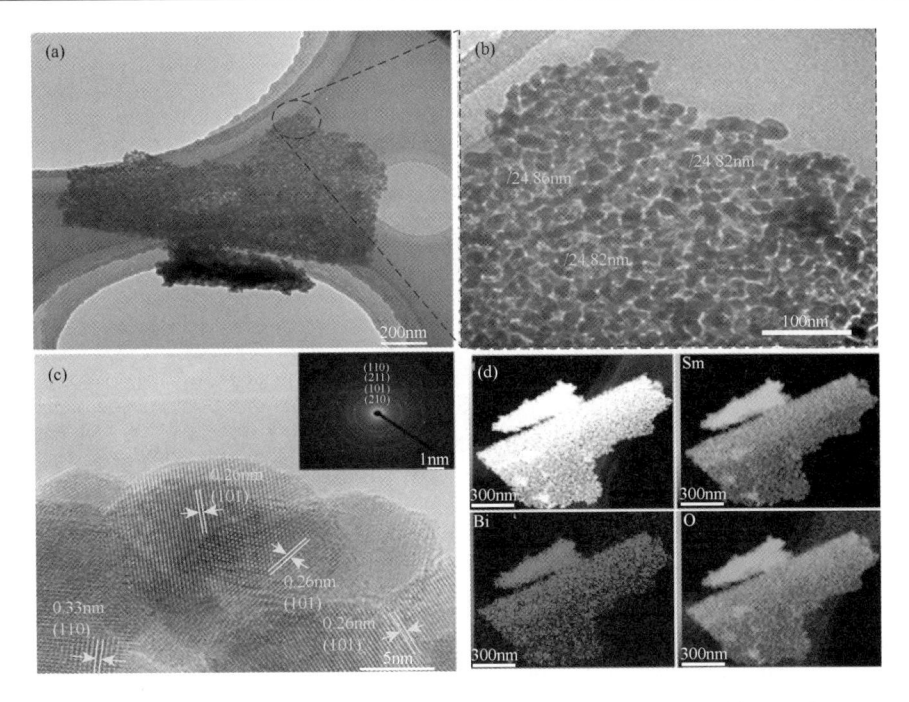

图 3.45 SnO$_2$-0.75mol% Bi 样品的 TEM 图（a，b）、HRTEM 图（c）和 Mapping 元素分析图（d）[53]

采用 XPS 分析材料的成分和化学态，结果如图 3.46 所示。图 3.46（a）呈现了不同比例 Bi 掺杂 SnO$_2$ 的 XPS 全谱。图 3.46（b）为 Sn 3d 的高分辨 XPS 图，结合能差值与已报道的 Sn^{4+} 吻合，表明样品中 Sn 元素以 Sn^{4+} 形式存在。此外，随着 Bi 掺杂量的增加，Bi 元素的峰逐渐增强，两个明显的对称峰位于结合能 164.8eV 和 159.55eV 处，分别对应着 Bi 4f$_{5/2}$ 和 Bi 4f$_{7/2}$ 的自旋轨道信号，说明 Bi 元素以 Bi^{3+} 形式存在[图 3.46（c）][56]。图 3.46（d）～（h）为不同样品 O 1s 的高分辨 XPS 图，与前面分析同理，O 1s 峰可以分为三部分，其中结合能位于 530.47eV 处的峰归因于晶格氧（O$_{lat}$），531.55eV 处代表着氧空位（O$_V$），而位于更高结合能 533.35eV 处的峰则归因于化学吸附氧（O$_{ads}$）。可以看出，随着 Bi 掺杂量的增加，化学吸附氧的百分比逐渐增加，且当 Bi 掺杂量达到 0.75mol%时其吸附氧含量最大，结果表明 SnO$_2$-0.75mol% Bi 具有最高的吸附氧能力，较高的化学吸附氧含量在气敏研究中起着重要作用，并且能有效增强气敏性能。

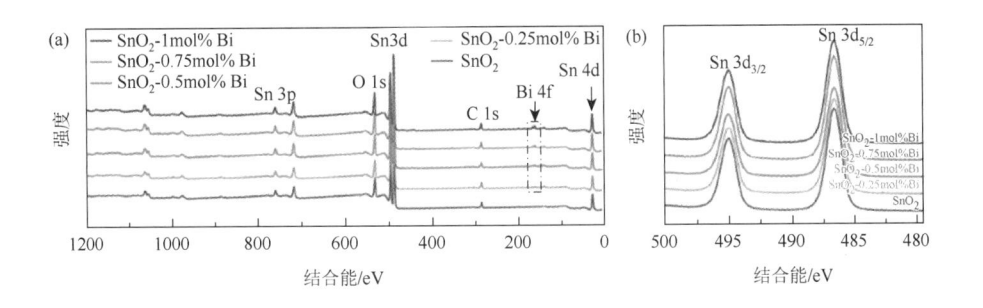

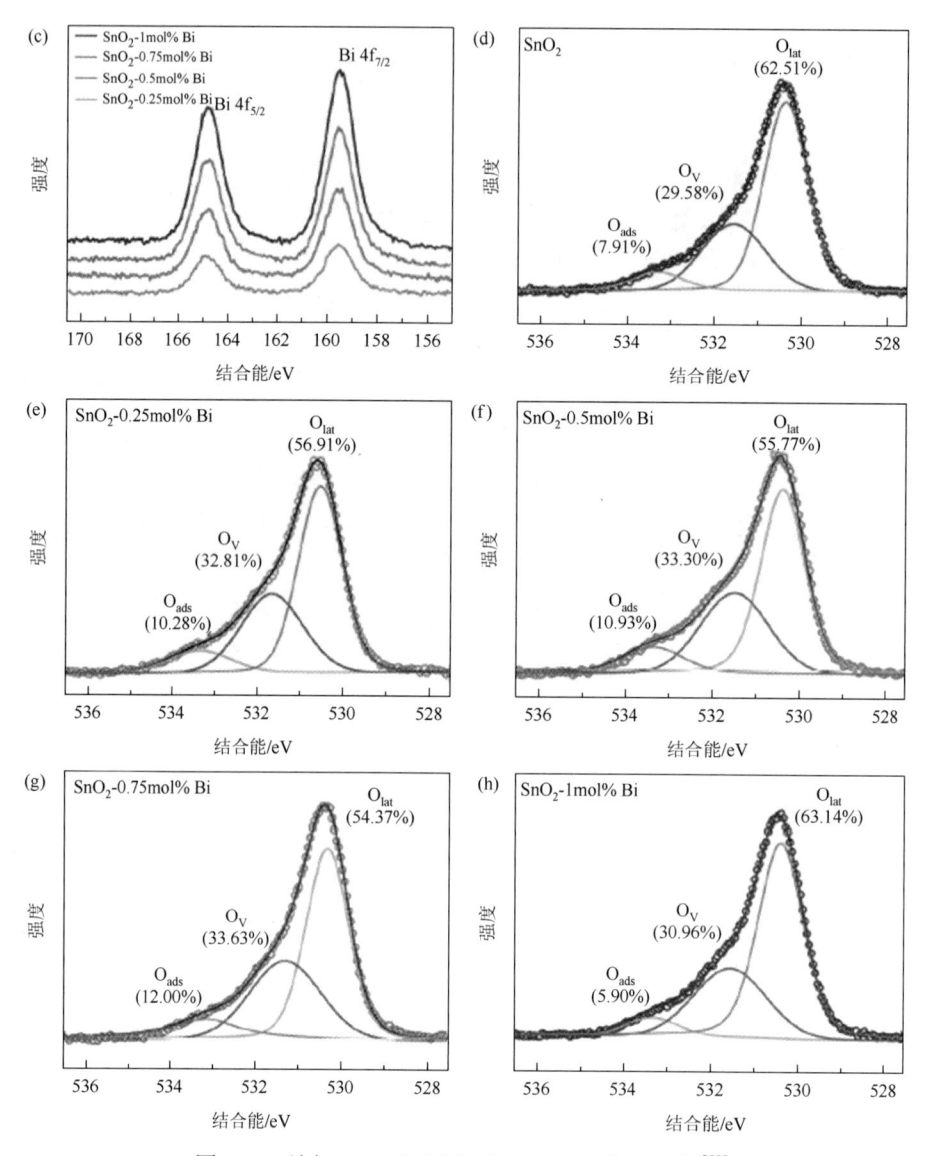

图 3.46 纯相 SnO₂ 和不同含量 SnO₂-Bi 的 XPS 图[53]

(a) 全谱；(b) Sn 3d；(c) Bi 4f；(d~h) O 1s

2. 双金属 PdAu 纳米颗粒修饰 SnO₂ 二维纳米片的表征与分析

图 3.47（a）为不同样品的 XRD 图，结果表明所有的衍射峰都可以索引为四方金红石结构 SnO₂，对于 Au/SnO₂ 样品，观察到两个较小的衍射峰位于 $2\theta = 38.1°$ 和 44.4°，它们可以归结于面心立方结构 Au 的（111）和（200）晶面[57]。对于 Pd/SnO₂ 样品，在衍射角 $2\theta = 40.1°$ 和 46.7°处观察到两个微弱的宽衍射峰，可归结为面心立方结构 Pd 的（111）和（200）晶面[58]。Pd 和 Au 衍射峰的存在无疑证实了贵金属纳米颗粒成功修饰于 SnO₂ 纳米片表面。此外，在双金属 PdAu 纳米颗粒修饰 SnO₂ 纳米片的 XRD 图上并没有观察到 Au 或 Pd 相关的衍射峰，主要是由于 Au 和 Pd 的含量较少。另外，Au 和 Pd 的存在也

可以用 EDS 和 XPS 表征技术证明。图 3.47（b）~（f）为不同样品的 XPS 图，值得注意的是，在 XPS 图中可以检测到 Pd 和 Au 的信号且呈现出明显的 XPS 峰。分析表明，在 PdAu/SnO₂ 纳米片中，贵金属 Pd 和 Au 均以 0 价的金属单质形式存在，与 XRD 结果相吻合[59-62]。Pd 和 Au 结合能信号的位移证实了 PdAu 纳米颗粒合金已形成。PdAu 纳米颗粒的引入显著地增加了敏感材料表面的吸附氧含量，从而有利于增加材料表面的吸附活性位点，提高传感器的气敏性能 [图 3.47（f）]。

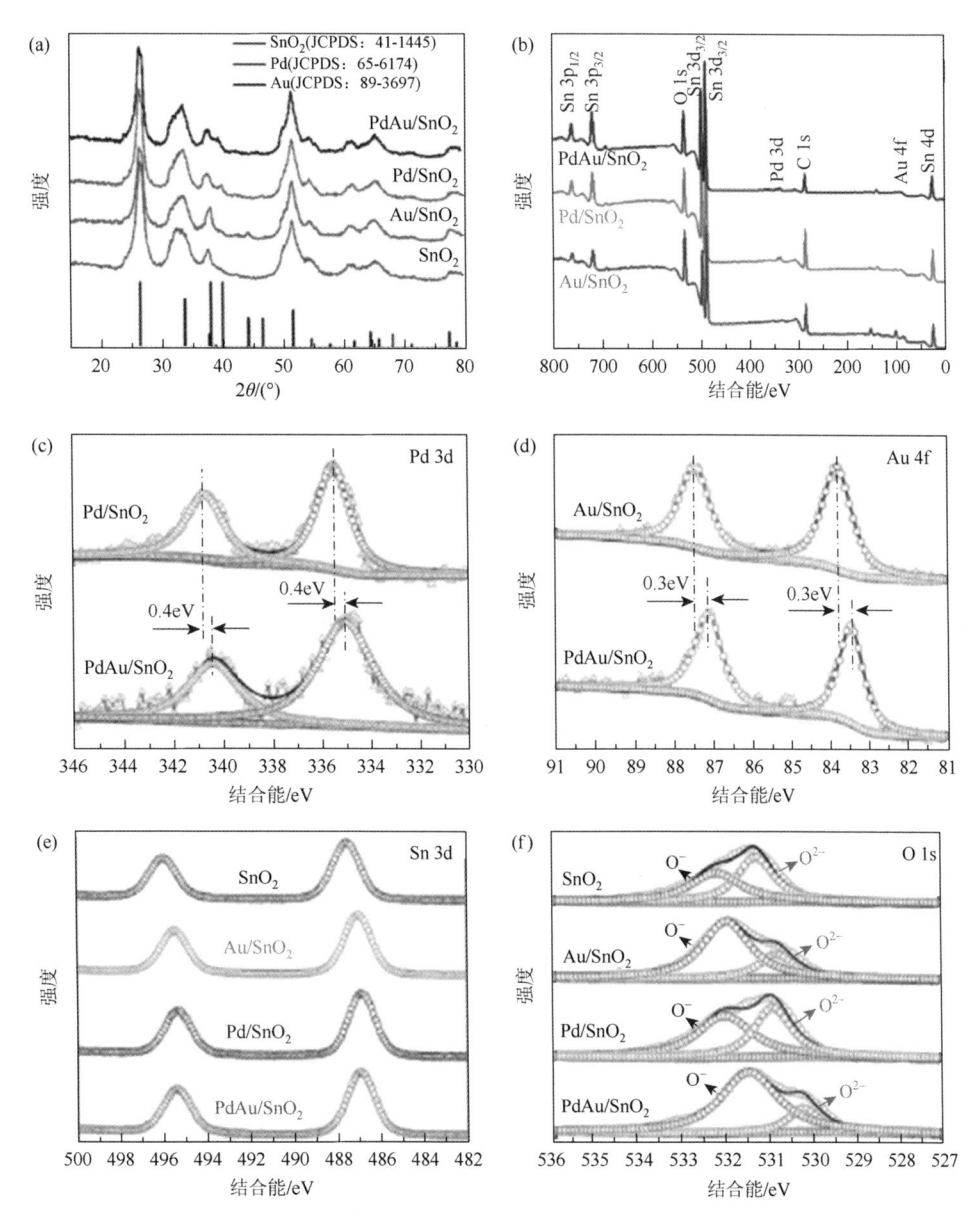

图 3.47 （a）不同样品的 XRD 图；（b）XPS 全谱；（c）Pd 3d 的高分辨 XPS 图；（d）Au 4f 的高分辨 XPS 图；（e）Sn 3d 的高分辨 XPS 图；（f）O 1s 的高分辨 XPS 图[54]

在半导体气体传感器中，敏感材料的微结构和微观形貌在调控气敏性能方面起着重要作用。如图 3.48 所示为不同样品的微观形貌 FESEM 图。图 3.48（a）～（c）为纯相 SnO$_2$ 纳米材料的 FESEM 图，图 3.48（d）～（f）分别为 Au/SnO$_2$、Pd/SnO$_2$ 和 PdAu/SnO$_2$ 的 FESEM 图。从图中可以看出，所有样品均呈现出二维纳米片为自组装单元构成的花状结构。对于纯相 SnO$_2$，纳米片表现出光滑的表面且片的厚度为 6～10nm，纳米片自组装的三维花状结构具有较高的比表面积且结构稳定，更利于气体吸附与扩散，从而更有效地提高气敏性能[63,64]。图 3.48（g）～（j）为 EDS Mapping 元素分析，结果证实 Sn、O、Pd

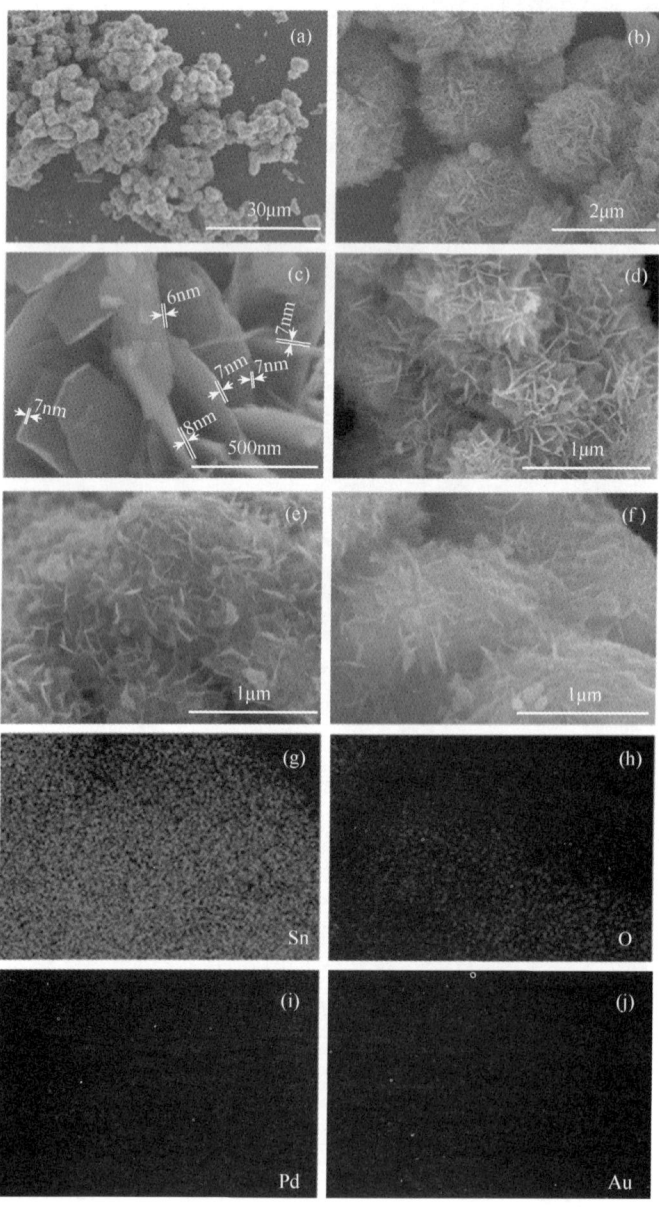

图 3.48 纯相 SnO$_2$ 纳米片（a～c）、Au/SnO$_2$（d）、Pd/SnO$_2$（e）、PdAu/SnO$_2$（f）的 FESEM 图，FESEM 图对应的 EDS Mapping 元素分析图（g～j）[54]

和 Au 四种元素在样品中均匀地分散。更多的微观结构特色通过 TEM 和 HRTEM 表征得到，如图 3.49 所示。可以看出，样品具有二维片状结构，且纳米片的厚度约为 8nm 和 9nm，与 FESEM 结果一致。此外，通过 HRTEM 表征可知，纳米颗粒的晶面间距约为 0.225nm 和 0.235nm，分别对应着 Pd（111）和 Au（111）晶面[65, 66]。所有分析表明，PdAu 纳米颗粒成功修饰于 SnO₂ 纳米片有利于改善传感器性能。

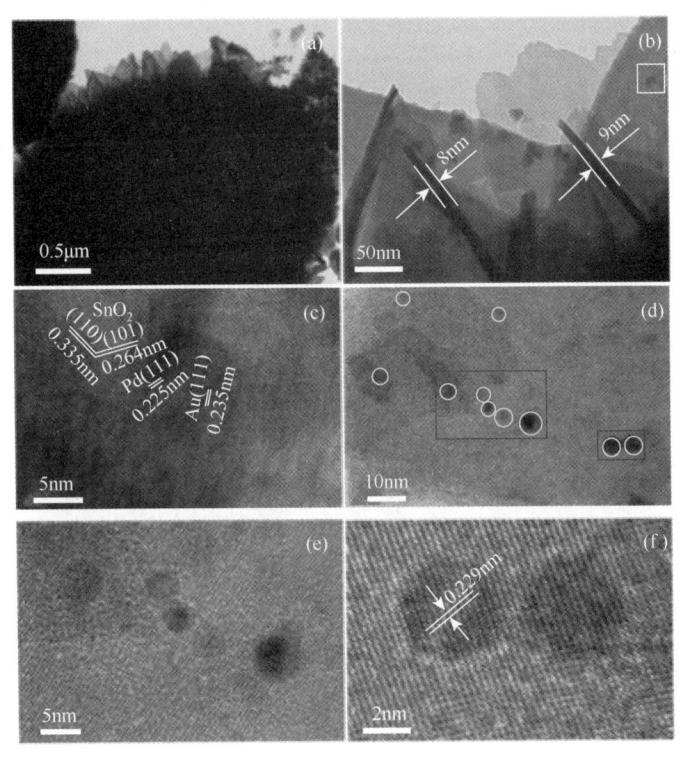

图 3.49 双金属 PdAu 纳米颗粒修饰 SnO₂ 纳米片的 TEM 图（a，b）、HRTEM 图（c～f）

3.3.3 二维纳米结构 SnO₂ 基气体传感器

1. Bi 掺杂 SnO₂ 多孔纳米片的气敏性能

工作温度是影响半导体金属氧化物气体传感器气敏性能的重要参数之一。为了进一步优化最佳工作温度，测试了不同比例 Bi 掺杂 SnO₂ 纳米片气体传感器在 25～100℃下对 10ppm NO 的气体响应，如图 3.50（a）所示。所有传感器的响应值均随着温度升高而升高，在最佳工作温度达到气体响应最高值后随温度继续升高而逐渐降低，主要原因是较低的工作温度不能为 NO 与材料表面的吸附氧之间的反应提供足够的反应热能，当工作温度过高时，敏感材料表面的气体分子脱附速率大于吸附速率，从而使得气体响应值较小[67-69]。测试结果表明，所有气体传感器的最佳工作温度均为 75℃，因此选择此温度进行后续的气敏性能测试。在所有的气体传感器中，当 Bi 掺杂量为 0.75mol%时气体传感器的响应值达到最高，为 217，是纯相 SnO₂ 纳米片响应值（47.35）的 4 倍多。从图 3.50（b）

可以看出，在最佳工作温度下测试五个循环，结果表明气体传感器具有较好的重复性。通过对气体传感器不同 NO 气体浓度下进行动态响应测试 [图 3.50（c）]，气体响应值随着 NO 浓度的增加而呈线性升高趋势，气体响应值与气体浓度的线性拟合曲线如图 3.50（d）所示。值得注意的是，SnO_2-0.75mol%Bi 气体传感器对 NO 气体的检测限低至 50ppb 且响应值为 1.35。较低的检测限和宽的检测浓度范围在气体传感器的实际应用中具有重要意义，可进一步实现对有毒有害气体的实时监测、检测。

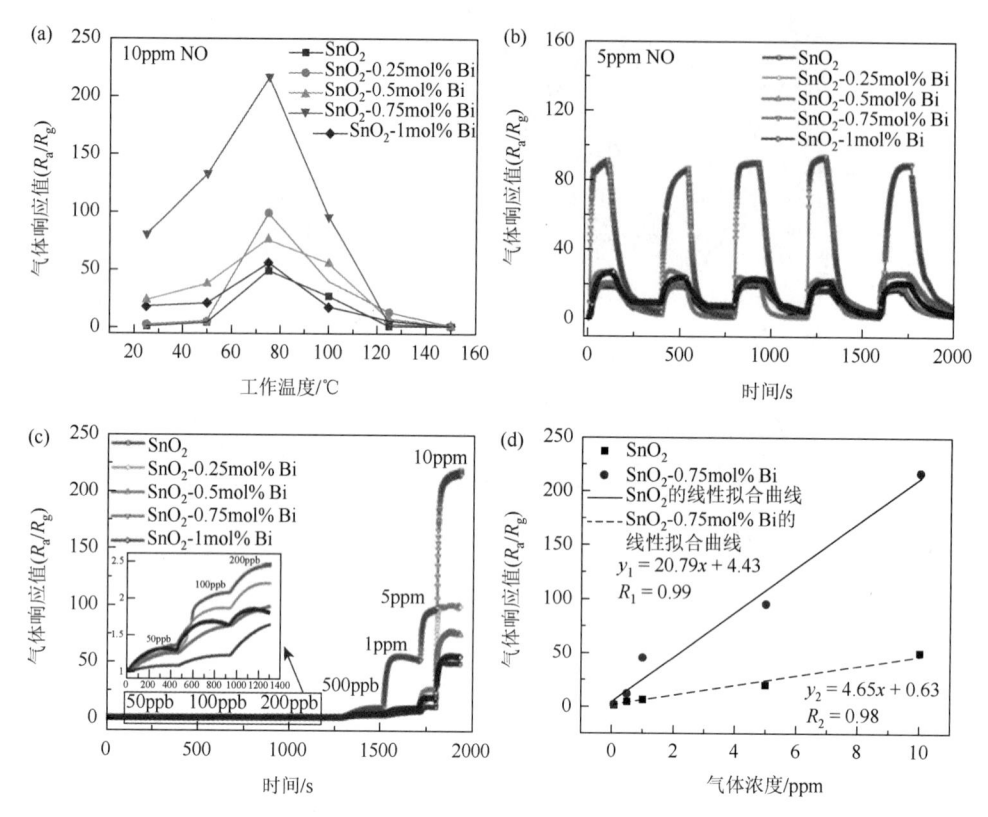

图 3.50 （a）不同气体传感器在不同工作温度下对 10ppm NO 气体的响应值；（b，c）不同比例 Bi 掺杂 SnO_2 纳米片气体传感器在 75℃ 下对 5ppm NO 的响应重复性（b）、动态响应曲线（c）；（d）纯相 SnO_2 和 SnO_2-0.75mol% Bi 气体传感器响应与 NO 浓度的关系曲线[53]

在评估气体传感器的实用性中，传感器的选择性和抗干扰性对检测特定气体是至关重要的。图 3.51（a）为不同传感器在最佳工作温度下对 10ppm 不同种类气体（包括甲醛、甲苯、二甲苯、NO_2、CO、NH_3、H_2S 和 NO）的气体响应值，结果表明所有的传感器对 NO 都有很好的气体响应，说明传感器对 NO 有较好的气体选择性，对其他气体具有良好的抗干扰性。此外，SnO_2-0.75mol% Bi 气体传感器对 10ppm NO 具有较好的长期稳定性 [图 3.51（b）] 和良好的湿度稳定性 [图 3.51（c）]，且 Bi 掺杂 SnO_2 纳米片与气体金属氧化物相比对 NO 呈现出优越的气敏性能 [图 3.51（d）]。较高的气体响应、低的工作温度及良好的选择性和稳定性都表明 Bi-SnO_2 纳米片在 NO 气体检测中具有较大的应用潜力和价值。

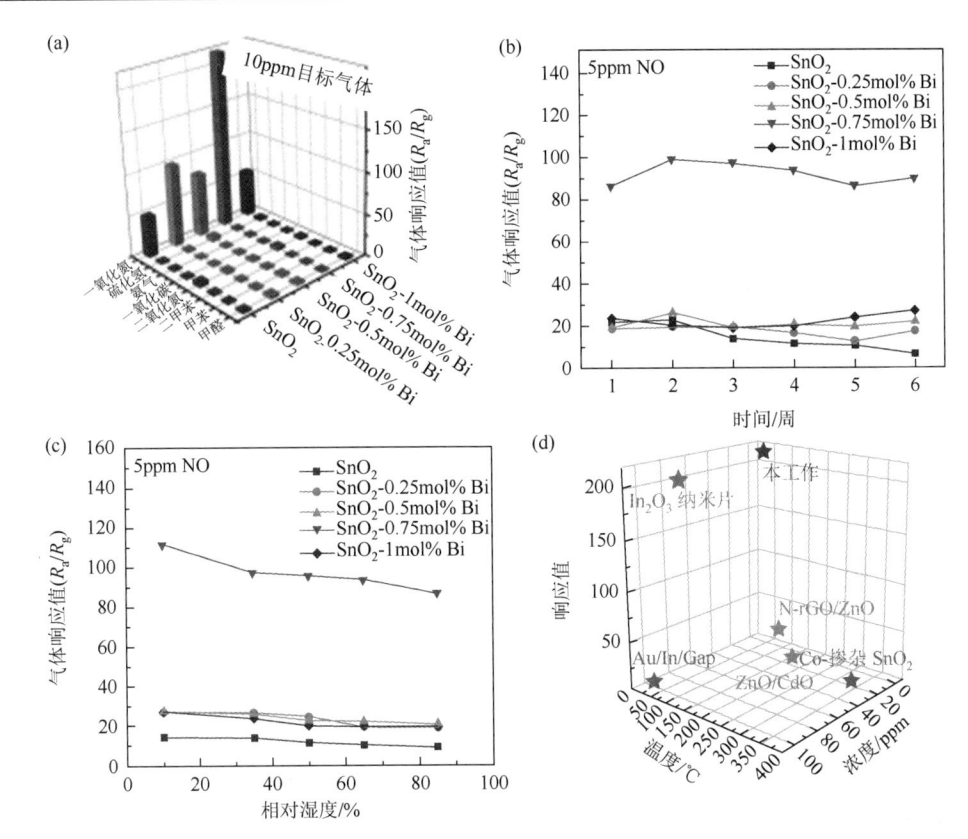

图 3.51 （a～c）不同比例 Bi 掺杂 SnO₂ 基气体传感器在最佳工作温度下对 10ppm 不同测试气体的气体响应值（a），对 5ppm NO 的长期稳定性（b），对 5ppm NO 的湿度稳定性（c）；（d）SnO₂-0.75mol% Bi 传感器与报道的传感器对 NO 的气体响应对比[53]

SnO₂ 作为一种典型的 n 型半导体传感材料，其气敏机理主要采用广泛接受的表面沉积模型[68]。当敏感材料暴露于空气中时，氧气分子吸附到 SnO₂ 表面并从导带中捕获自由电子，在敏感材料表面形成一层较厚的电子沉积层，导致传感器电阻增加，此时氧成分可能以不同的离子形式存在，包括 O^-_{ads}、O^-_{2ads} 和 O^{2-}_{ads}，气敏机理图如图 3.52 所示，主要分为如下几个过程[69]：

$$O_2(g) + e^- \longrightarrow O^-_{2ads} \quad (T < 420K) \quad (3.17)$$

$$\frac{1}{2}O_2(g) + e^- \longrightarrow O^-_{ads} \quad (420K < T < 670K) \quad (3.18)$$

$$O^-_{ads} + e^- \longrightarrow O^{2-}_{ads} \quad (T > 670K) \quad (3.19)$$

为了进一步探究 Bi 掺杂 SnO₂ 纳米片对 NO 气体的敏感特性，分别在测试 NO 气体前后 12h 进行样品的 XPS 分析。结果发现，在测试 NO 气体后，吸附氧的含量从 13.89% 下降到 11.68%，表明 NO 已与材料表面的吸附氧阴离子发生了化学反应，从而降低了吸附氧离子含量。结合 XPS 等表征分析，Bi 掺杂 SnO₂ 纳米片对 NO 具有优越的气敏性能，在最佳工作温度下，当氧化性气体 NO 与敏感材料接触后将吸附在材料表面，电子被释

放并回到导带中,导致传感器电阻增加,整个过程可描述如下[70, 71]:

$$NO(g) + e^- \longrightarrow NO^-_{ads} \tag{3.20}$$

$$NO(g) + O^-_{2ads} + e^- \longrightarrow NO^-_{2ads} + O^-_{ads} \tag{3.21}$$

$$NO(g) + O^-_{2ads} \longrightarrow NO^-_{3ads} \tag{3.22}$$

我们知道,气体传感器的气敏性能与材料的电导率、表面形貌、比表面积、孔径和材料的孔体积等因素紧密相连。Bi 掺杂可以有效地提高 SnO_2 对 NO 的传感性能,主要归结于以下几点:首先,掺杂适量的 Bi 可增加二维纳米片的比表面积,为吸附氧与 NO 之间的反应创造更多的吸附活性位点,从而增加传感性能。其次,掺杂适量的 Bi 可以使 SnO_2 纳米片明显变薄,极大地增加了内部材料的利用率和块体材料内电荷传输效率,促使气体响应变快,导致传感器具有较低的检测限。再次,掺杂适量的 Bi 显著增加了 SnO_2 纳米片内的孔数量,这些介孔可以为 NO 提供更多的气体传输通道和增加载流子数量。最后,Bi 掺杂明显减小了传感器的电阻和增加了敏感材料的电导率,更容易传输电子和吸附 NO。基于上述分析,Bi 掺杂 SnO_2 纳米片作为敏感材料在 NO 气体监测、检测方面呈现出较大的应用潜力和使用价值。

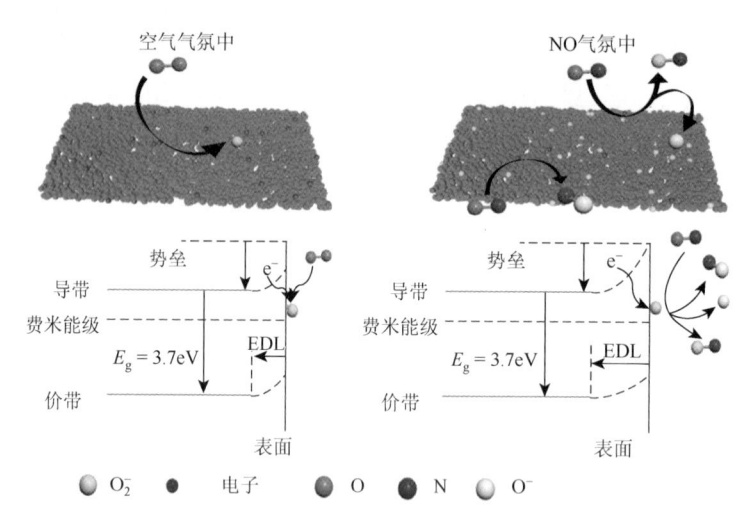

图 3.52 Bi 掺杂 SnO_2 二维纳米片对 NO 气体的气敏机理示意图

EDL 表示电荷耗尽层

2. 双金属 PdAu 纳米颗粒修饰 SnO_2 二维纳米片的气敏性能

在金属氧化物半导体气体传感器改性中,贵金属材料表面修饰是一种有效的改性策略,主要归结于金属的催化活性和电子反应对金属氧化物表面性能的改善。其中,由于双金属纳米颗粒的协同效应,双金属纳米颗粒相比于单金属颗粒可以增强其催化活性,从而有效提升敏感材料的气敏性能。图 3.53 为不同贵金属修饰的 SnO_2 纳米片对丙酮和甲醛两种气体的气敏性能。图 3.53(a)为不同气体传感器在不同工作温度下对50ppm丙酮的气体响应曲线，所有的响应曲线均呈现出"火山"型趋势，且双金属PdAu纳米颗粒修饰的SnO_2纳米片在250℃时对50ppm丙酮呈现出最高的气体响应值（109），而SnO_2、Pd/SnO_2、Au/SnO_2的最佳工作温度和响应值分别为290℃/12、250℃/42和280℃/71。同时，双金属PdAu纳米颗粒修饰的SnO_2纳米片除了对丙酮具有较高的响应之外，在较低的工作温度110℃下对50ppm甲醛气体也具有较高的气体响应（86），如图3.53（b）所示，由此可见，$PdAu/SnO_2$对甲醛和丙酮呈现出较好的双选择性。此外，$PdAu/SnO_2$传感器在不同的最佳工作温度下分别对不同浓度的丙酮和甲醛均有较好的动态响应，如图3.53（c）、（d）和（f）所示，可以看出，双金属纳米颗粒修饰后传感器对丙酮和甲醛气体具有较宽的检测浓度和较低的检测限，且在较低浓度下传感器对丙酮具有较短的响应和恢复时间，如图3.53（e）所示。

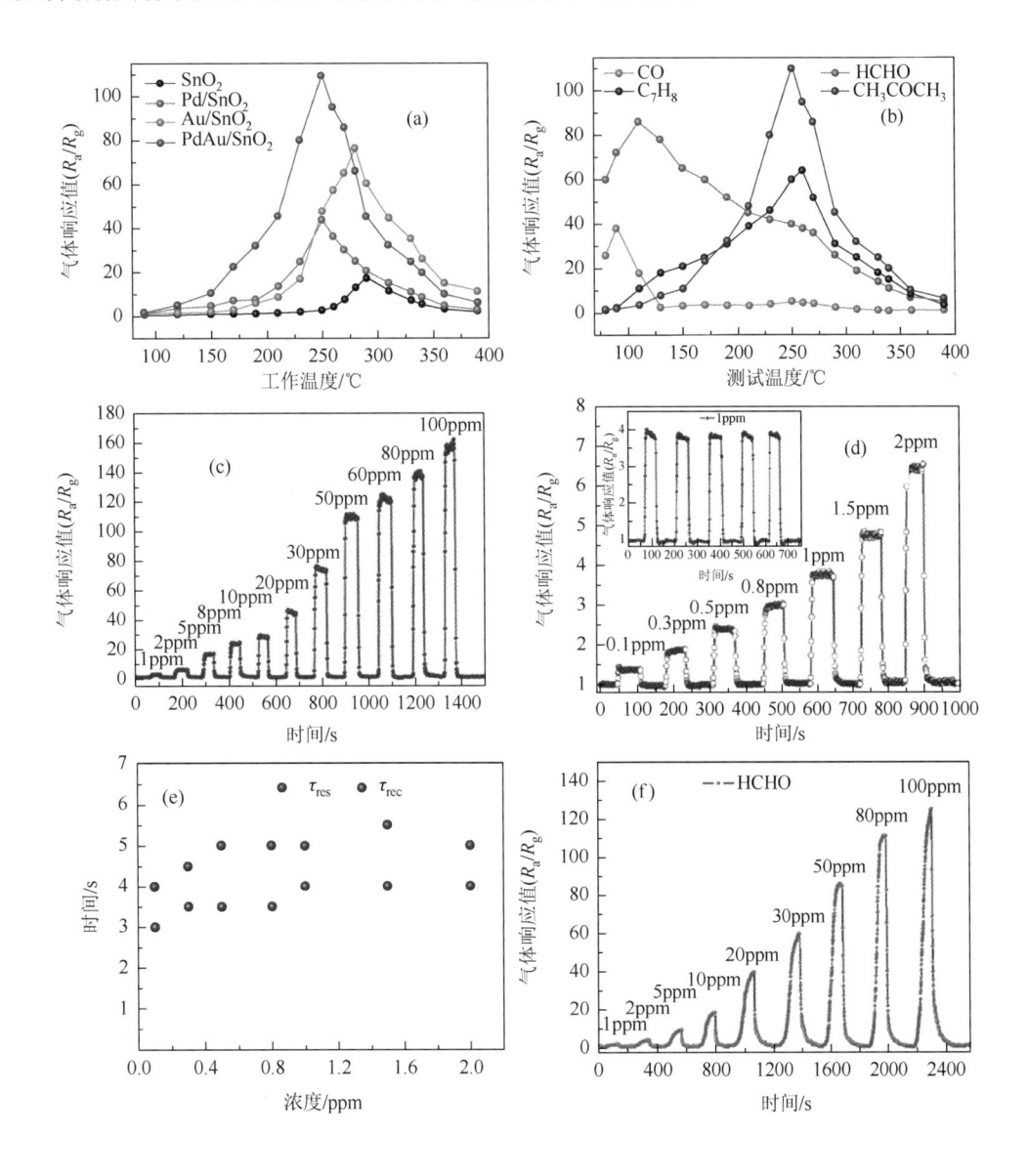

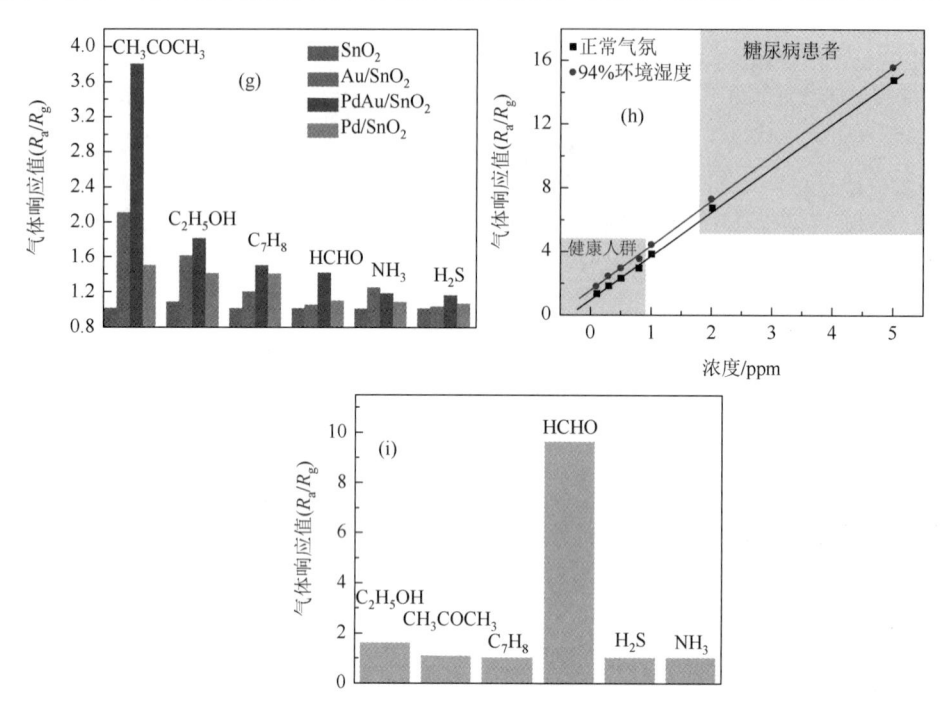

图 3.53　（a）不同气体传感器在不同工作温度下对 50ppm 丙酮的气体响应；（b）PdAu/SnO$_2$ 传感器在不同工作温度下对 50ppm 不同气体的响应；（c，d）PdAu/SnO$_2$ 传感器在最佳工作温度下分别对不同浓度的丙酮（c）和低浓度甲醛（d）的动态响应曲线；（e）在最佳工作温度下传感器对不同浓度丙酮的响应-恢复时间；（f）PdAu/SnO$_2$ 传感器在最佳工作温度下对不同甲醛气体浓度的动态响应曲线；（g）PdAu/SnO$_2$ 传感器对 1ppm 不同检测气体的响应值；（h）PdAu/SnO$_2$ 传感器在 94%环境湿度（27℃）最佳工作温度下对不同浓度丙酮的气体响应曲线；（i）PdAu/SnO$_2$ 传感器在 110℃下对 5ppm 不同气体的响应值选择性对比

在人体的呼出气中其成分较为复杂，生物标记物也因此而多样化，因此优越的气体选择性是十分重要的。在 250℃的工作温度下对一些典型的生物标记物测试了不同传感器的选择性，主要包括呼吸气中会引起肺癌的甲苯、引起心血管病的甲醛、引起酒驾的乙醇和引起肾脏疾病的氨气以及导致口臭的硫化氢等，所有的检测气体浓度均为 1ppm。如图 3.53（g）所示，PdAu/SnO$_2$ 传感器对低浓度丙酮具有优越的选择性，而对其他生物标记物基本不敏感和响应较低。图 3.53（h）为 PdAu/SnO$_2$ 传感器响应值在高湿度环境（94% RH）和正常环境气氛中随气体浓度的线性变化关系。另外，PdAu/SnO$_2$ 传感器在最佳工作温度下对 5ppm 甲醛具有较好的气体选择性［图 3.53（i）］。综上所述，双金属 PdAu/SnO$_2$ 纳米片气体传感器对丙酮和甲醛具有优越的双选择性和较高的响应值，在人体呼吸气有害气体及身体健康监测方面具有较大的应用价值和潜力。

与前面机理相似，PdAu/SnO$_2$ 纳米片气体传感器对丙酮和甲醛两种气体的敏感机理可用电子沉积层模型解释，如图 3.54 所示。在整个气体响应过程中，传感器性能较大程度依赖于敏感材料表面吸附氧数量。与纯相 SnO$_2$ 或单贵金属修饰 SnO$_2$ 传感器相比，PdAu/SnO$_2$ 纳米片增强的气敏性能主要归因于三个方面。首先，Au 纳米颗粒由于典型的"溢出效应"而成为一种典型的化学敏化剂，Au 是一种优于 SnO$_2$ 的氧解离催化剂，它对氧分子的分解具有较高的催化能力,并且所产生的活性氧会溢出在金属氧化物表面。高浓度的化学吸附氧增加了电子沉积层的厚度从而导致空气中的基线电阻增加,较厚的沉积层范围造成传感器灵敏性提高[5, 72, 73]。其次,Pd 的电子敏化效应在提高灵敏性和选择性方面也起到了重要作用[74]。由于 Pd(5.6eV)和 SnO$_2$(4.5eV)的功函数不同,SnO$_2$ 中的电子会向 Pd 转移,导致 Pd 和 SnO$_2$ 界面间形成肖特基势垒和电荷沉积层增加。传感器暴露于丙酮和甲醛中时,电子会被重新释放并回到 Pd/SnO$_2$ 导带中,并且增强了电荷传输动力学。Pd 的引入导致传感器具有较高的气体响应和较短的响应时间。最后,双金属 PdAu 纳米颗粒的协同效应至关重要。一方面,PdAu 纳米颗粒的引入直接修饰了 SnO$_2$ 表面的电子结构。另一方面,PdAu 的协同催化作用降低了反应活化能和加快了甲醛或丙酮分子与表面吸附氧之间的氧化还原反应,从而增强了传感器的气敏性能。

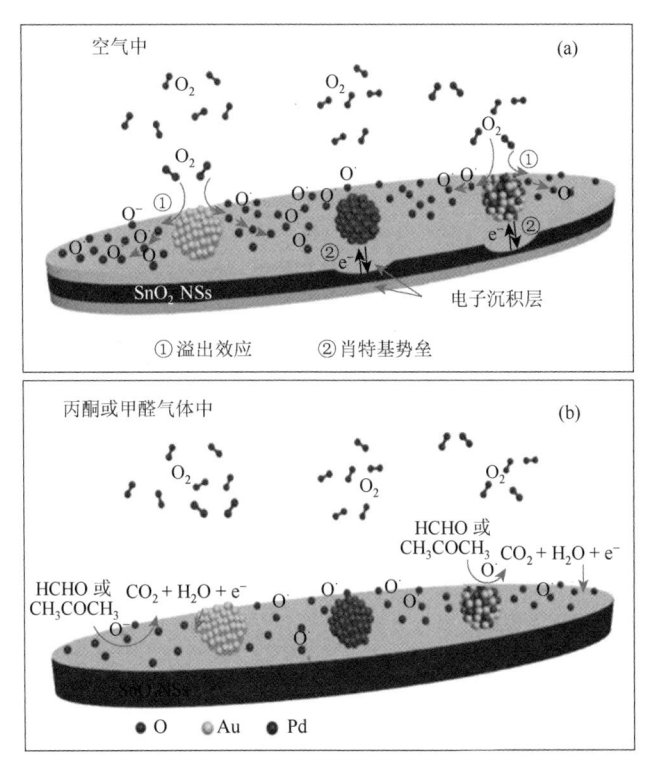

图 3.54　Pd、Au 和 PdAu 纳米颗粒修饰的 SnO$_2$ 纳米片对丙酮和甲醛可能的气敏机理示意图

3.4　三维纳米结构 SnO$_2$ 基气体敏感材料与气体传感器

3.4.1　三维纳米结构 SnO$_2$ 基气体敏感材料的制备

1. 溶剂热法制备 SnO$_2$ 微球及贵金属(Pd、Pt)复合 SnO$_2$ 微球纳米结构

本节采用条件温和的溶剂热合成法制备 SnO$_2$ 微球及贵金属(Pd、Pt)复合 SnO$_2$ 微

球纳米结构，以去离子水（H_2O）和 N, N-二甲基甲酰胺（DMF）的混合溶液作为溶剂，以四氯化锡（Ⅳ）五水合物（$SnCl_4·5H_2O$）作为合成 SnO_2 微球的前驱体，实验过程中没有使用任何的聚合物模板和表面活性剂。制备过程如下：

（1）配制 20mL 浓度为 2mol/L 的 NaOH 溶液：称取 1.6g 固体 NaOH 于 50mL 烧杯中，加入 20mL 去离子水，室温下搅拌溶解得到均匀溶液，待用。

（2）称取 4mmol $SnCl_4·5H_2O$ 于 25mL 烧杯中，加入 10mL 去离子水，室温下搅拌溶解得到均匀溶液。量取 12mL DMF 加入上述溶液中，继续搅拌得到均匀混合溶液。

（3）对于贵金属 Pt、Pd 复合 SnO_2 微球，添加一定摩尔比的 $H_2PtCl_6·6H_2O$（0、0.5mol%、1.5mol%、2.5mol%、5mol%）或 $PdCl_2$（0、2.5mol%、7.5mol%、10mol%）到上述步骤（2）所得溶液中。

（4）在室温搅拌条件下将步骤（1）所配制的 NaOH 溶液逐滴加入步骤（2）或（3）的混合溶液中，室温下继续搅拌 30min，使其完全反应。然后量取 18mL 去离子水加入上述溶液中，使整个溶液的体积达到 60mL（H_2O 与 DMF 的体积比为 4∶1），室温下搅拌一定时间至形成均一溶液。

（5）将上述混合溶液移入 90mL 聚四氟乙烯内衬的水热反应釜中，在 160℃下保温 15h，然后将其取出冷却至室温，将制备得到的产物用无水乙醇和去离子水交替离心洗涤，再在 60℃的恒温干燥箱中干燥 24h。最后将干燥后的样品在 400℃下退火 1h，直接收集得到不同颜色的粉末。

溶剂热法制备 SnO_2 微球及贵金属复合 SnO_2 微球纳米结构的工艺流程如图 3.55 所示。

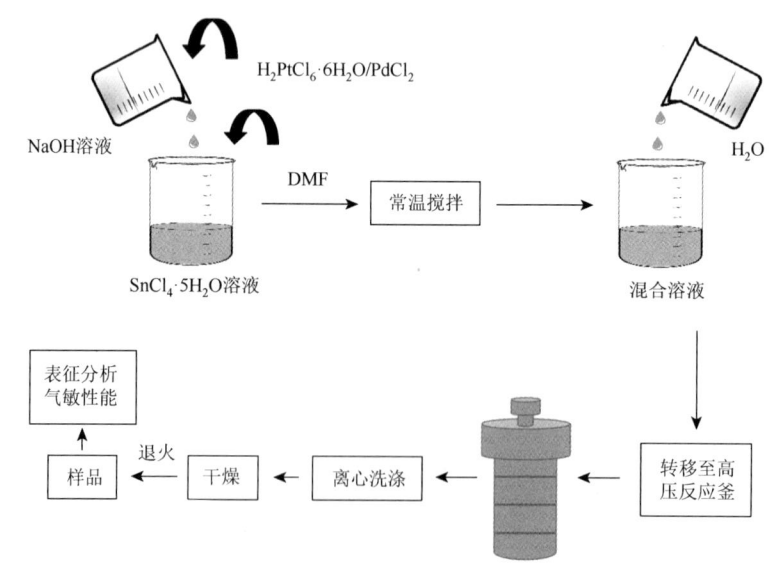

图 3.55　溶剂热法制备 SnO_2 微球及贵金属（Pt、Pd）复合 SnO_2 微球纳米结构的工艺流程图

2. 树莓状 SnO_2 空心纳米结构材料的制备

本节利用简单的水热法和热处理成功制备了具有树莓状特殊结构的 SnO_2 空心纳米结构材料，制备过程如图 3.56 所示。

(1) 将 2.00g Na₂SnO₃·3H₂O 在磁力搅拌下添加到 50mL 去离子水中，搅拌至完全溶解。

(2) 将 5.4048g 葡萄糖在磁力搅拌下添加到步骤（1）的混合溶液中，并持续搅拌 2h 形成均匀溶液。

(3) 将步骤（2）所得混合溶液转移至聚四氟乙烯内衬水热反应釜中，加热至 180℃ 并保温 3h，反应完成后待反应釜自然冷却至室温，所得沉淀离心处理，用去离子水和无水乙醇交替洗涤数次，最后在 60℃下干燥 24h。

(4) 将步骤（3）干燥后的产物放置于管式气氛炉中，在空气气氛中以 5℃/min 的升温速率将炉子升温至 500℃并保温 2h，待炉子冷却后得到 SnO₂ 粉末。

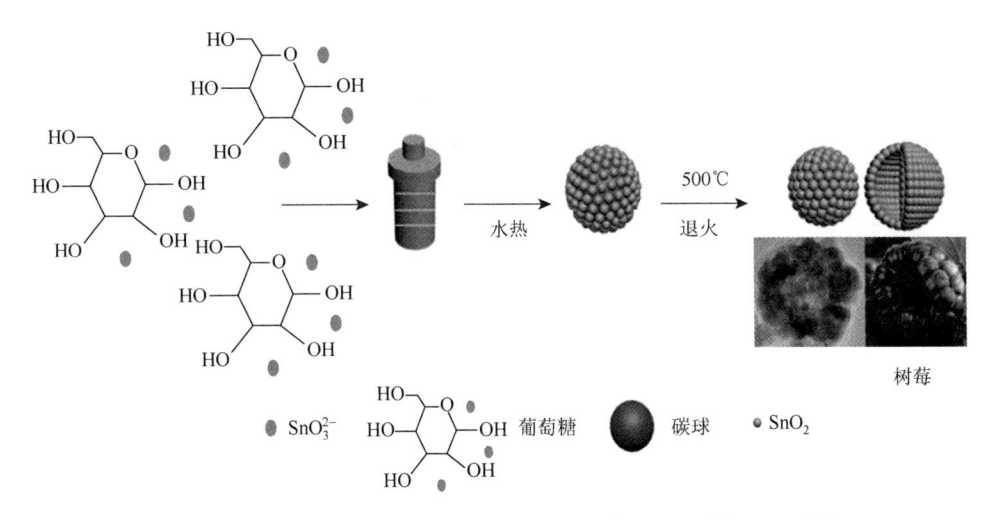

图 3.56 树莓状 SnO₂ 空心纳米结构的制备流程及形成机理示意图

3.4.2 三维纳米结构 SnO₂ 基气体敏感材料的表征与分析

1. 溶剂热法制备 SnO₂ 微球及贵金属（Pd、Pt）复合 SnO₂ 微球纳米材料的表征与分析

利用 X 射线粉末衍射仪对溶剂热法制备得到的产物的纯度和晶体结构进行分析，得到的 XRD 图如图 3.57 所示，从图 3.57（a）中可以看出，XRD 图中所有的衍射峰与锡石 SnO₂ 的标准谱图 [JCPDS：99-0024；空间群为 $P4_2/mnm$（136）；晶格常数 $a=b=4.739Å$，$c=3.187Å$] 相匹配，谱图中不存在其他杂质的衍射峰，表明采用溶剂热法制备得到的产物为单一的 SnO₂。尖锐的衍射峰强度表明制备得到的 SnO₂ 具有较高的结晶度。另外，较宽的衍射峰形说明所制备的 SnO₂ 具有较小的晶粒尺寸。

为了获得进一步的结构信息，通过 Rietveld 精修方法对制备得到的 SnO₂ 的 XRD 图进行计算，得到的精修谱图如图 3.57（b）所示，实验数据、精修谱线、误差曲线及布拉格衍射线均显示在精修谱图中。从图中可以看出，精修后 XRD 图的拟合谱线与实验数据相吻合。此外，计算得到的 SnO₂ 的平均晶粒尺寸为 8nm，与谢乐公式计算的数值相

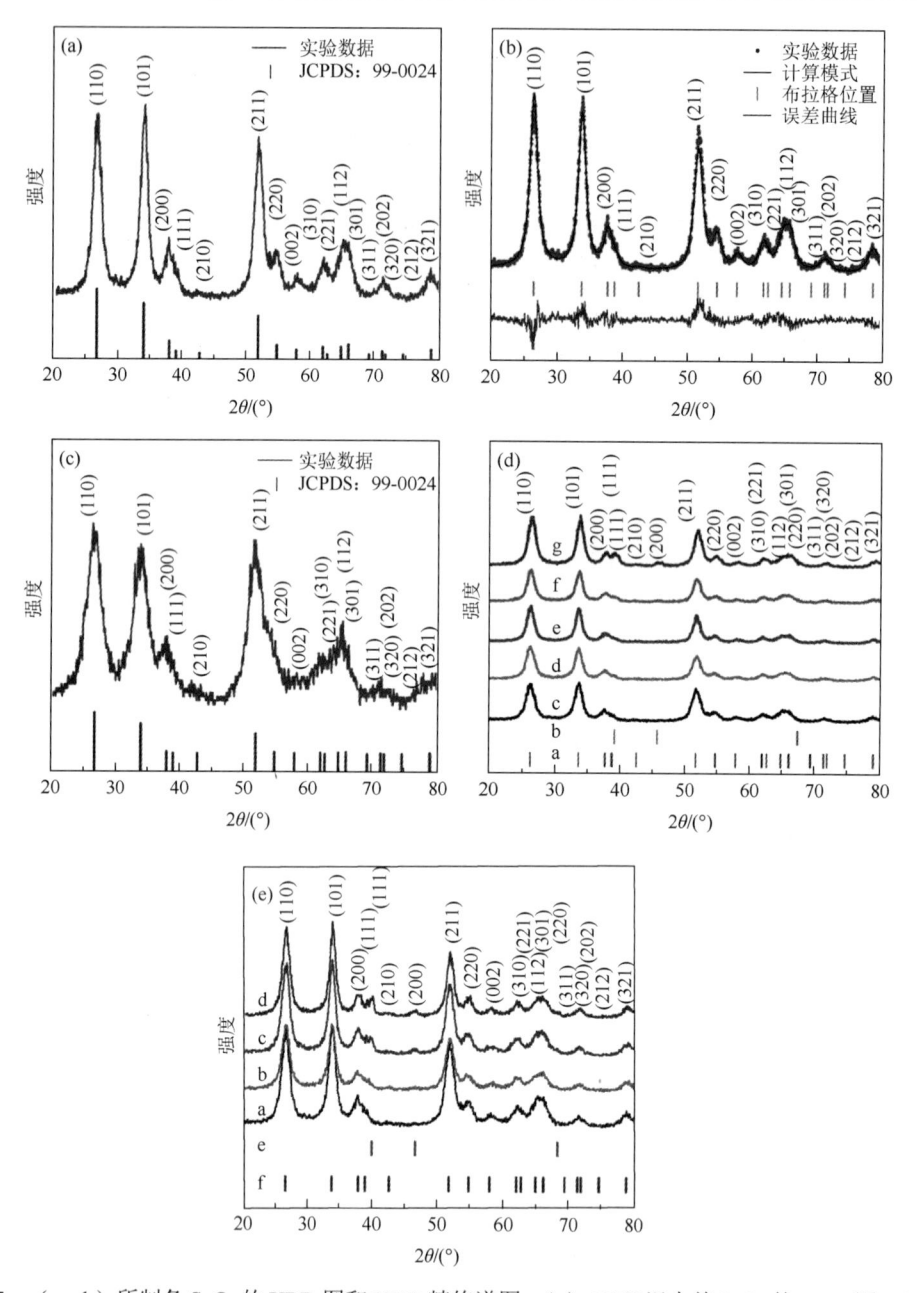

图3.57 （a，b）所制备 SnO$_2$ 的 XRD 图和 XRD 精修谱图；（c）400℃退火前 SnO$_2$ 的 XRD 图；（d）不同比例 Pt-SnO$_2$ 纳米复合材料的 XRD 图 [a～g 分别为 SnO$_2$ 相的 PDF 卡片（JCPDS：99-0024），Pt 相的 PDF 卡片（JCPDS：04-0802），0、0.5mol%、1.5mol%、2.5mol%、5mol% Pt-SnO$_2$]；（e）不同比例 Pd-SnO$_2$ 纳米复合材料的 XRD 图 [a～f 分别为 0、2.5mol%、7.5mol%、10mol% Pd-SnO$_2$，Pd 相的 PDF 卡片（JCPDS：46-1043），SnO$_2$ 相的 PDF 卡片（JCPDS：99-0024）]

吻合。精修得到的晶格常数分别为 $a = b = 4.7420$Å，$c = 3.1844$Å，接近标准谱图的晶格常数，而微观应力（$R_{wp} = 13.430\%$）的存在也可能是因为晶胞发生了畸变。为了更好地理解 SnO$_2$ 的生长过程，对 400℃退火之前的产物也进行了 XRD 分析。如图 3.57（c）所示，退火前产物的所有衍射峰位置均与锡石 SnO_2 的标准谱图相吻合。然而，相比于 400℃退火之后的样品，退火前样品的衍射峰峰形较宽且峰的强度较低，根据谢乐公式计算得到的平均晶粒尺寸大约为 3.88nm，说明进行退火处理后 SnO_2 的晶粒进一步长大。

为了研究 Pt 的复合对 SnO_2 微球的影响，对不同比例 Pt-SnO_2 纳米复合材料进行 XRD 分析，分析结果如图 3.57（d）所示。将所有的衍射峰与锡石 SnO_2 标准谱图的 PDF 卡片（JCPDS：99-0024）和立方相 Pt 标准谱图的 PDF 卡片（JCPDS：04-0802）进行比对，可以看出，所有检测样品均含有与纯 SnO_2 相同的衍射峰，且峰形和峰位没有发生任何变化，SnO_2 所有衍射峰的位置均与锡石 SnO_2 的标准谱图（JCPDS：99-0024）相吻合，且峰形尖锐，说明 SnO_2 具有较高的结晶度。同时，在 0.5mol%和 1.5mol%的添加比例中未找到与 Pt 相关的衍射峰，说明 Pt 的添加量相对较少。而随着添加比例的增加（2.5mol%和 5mol%），从衍射谱图中可以看出，在 39.76°、46.24°和 67.45°处有三个新衍射峰出现，分别对应立方相 Pt（JCPDS：04-0802）的（111）晶面、（200）晶面和（220）晶面。更重要的是，随着添加比例的增加，Pt 衍射峰的强度也随之增强，表明样品中 Pt 的存在不受 SnO_2 的影响。另外，在所有检测样品的 XRD 图中没有发现如 PtO、PtO_2 等杂质峰存在，说明通过溶剂热合成法成功地合成了 Pt 复合 SnO_2 纳米材料。通过谢乐公式计算得到所有样品中 SnO_2 的平均晶粒尺寸大约都为 8nm，说明 Pt 复合比例的大小对 SnO_2 的平均晶粒尺寸基本没有影响。然而，由于 Pt 的衍射峰相对较弱，利用谢乐公式无法计算其晶粒尺寸。

图 3.57（e）为不同比例 Pd-SnO_2 纳米复合材料的 XRD 图。将所有样品的衍射谱图与锡石 SnO_2 标准谱图的 PDF 卡片（JCPDS：99-0024）和立方相 Pd 标准谱图的 PDF 卡片（JCPDS：46-1043）进行比对可以发现，在所有的衍射谱图中都有与 SnO_2 相同的衍射峰，均与锡石 SnO_2 的标准谱图（JCPDS：99-0024）相匹配，且峰形和峰位没有发生任何变化，峰形尖锐，表明 SnO_2 在添加 Pd 前后一直保持较高的结晶度。同时，在 2.5mol%的添加比例中未能找到与 Pd 相关的衍射峰，说明 Pd 的添加比例较少。随着复合比例的增加，在 7.5mol%和 10mol%的添加比例中发现了三个新的衍射峰，且衍射峰的强度随着复合比例的增加而增强，峰的位置位于 40.12°、46.66°和 68.12°处，分别对应于立方相 Pd（JCPDS：46-1043）的（111）晶面、（200）晶面和（220）晶面。同时，进一步观察可以发现谱图中没有其他明显的杂质峰（如 PdO 等）。基于以上的讨论可以指出，利用溶剂热合成法成功地合成了 Pd-SnO_2 纳米复合材料。另外，通过谢乐公式计算所有样品中 SnO_2 的平均晶粒尺寸，其值大约都为 8nm，说明 Pd 的复合对 SnO_2 的平均晶粒尺寸没有影响。同时，由于 Pd 的衍射峰相对较弱，利用谢乐公式无法计算其晶粒尺寸。

利用扫描电子显微镜表征制备得到的 SnO_2 微球及贵金属（Pt、Pd）复合 SnO_2 微球纳米材料的微观形貌及结构，得到的 SEM 图如图 3.58 所示。从图 3.58（a）中可以明显地看出 SnO_2 纳米结构已经被获得，并且观察到 SnO_2 的微观结构呈球状。为了进一步了解 SnO_2 的微结构，不难看出，产物是由众多平均直径大约为 250nm 的微球聚集而成的，每一个微球的表面比较粗糙，可以进一步观察到 SnO_2 微球是由众多密集的平均晶粒尺寸大约是几纳米的纳米颗粒堆积而成的。而图 3.58（b）和（c）可以看出，在引入贵金属 Pt 和 Pd 后，复合材料的结构呈球状，并且是由直径大约是几百纳米的微球堆积而成的，图中可以看出自组装的单元基本都是球状，且分散性较差，相互黏结叠加在一起。结果表明，贵金属 Pt 和 Pd 的引入并不会对 SnO_2 微球在溶剂热过程中的生长产生较大的影响。

图 3.58　SnO_2 微球（a）、5mol% Pt-SnO_2 复合微球（b）、10mol% Pd-SnO_2 复合微球（c）的 SEM 图

为了进一步研究所制备的不同样品的微观结构，对样品进行透射电子显微镜（TEM）和高分辨透射电子显微镜（HRTEM）测试，如图 3.59 所示。图 3.59（a）～（d）为 SnO_2 微球的 TEM 和 HRETM 图，可以看出溶剂热法制备的 SnO_2 具有较规则的球状结构，微球的尺寸各异，平均直径高达几百纳米，这与 SEM 的分析结果相吻合，并且 SnO_2 微球出现一定程度的融合叠加现象。从图中可以看出，所制备的 SnO_2 微球是由多个平均晶粒尺寸大约是 8nm 的初始纳米晶堆积而成的，这与 XRD 的分析结果相一致。图 3.59（c）和（d）中清晰且发育良好的晶格条纹说明所制备的 SnO_2 微球具有较高的结晶度及随机的结晶取向。进一步观察可发现，两个相邻晶面的晶面间距大约是 0.334nm，对应锡石 SnO_2 相的（110）晶面。图 3.59（e）～（h）为 5mol% Pt-SnO_2 复合微球的 TEM 和 HRETM 图，从图 3.59（e）中可以看出，与纯相 SnO_2 相比，其微观形貌没有任何变化且每个微球都是由晶粒尺寸仅为几纳米的纳米颗粒堆积而成的。图 3.59（f）中清晰的晶格条纹说明所制备的 5mol% Pt-SnO_2 纳米复合材料具有较高的结晶度及随机的结晶取向，其高的结晶度将有利于传感器的长期稳定性。同时，可以测量得到组成微球的纳米颗粒的平均晶粒尺寸大约为 8nm，这与 XRD 的表征结果相吻合。此外，将图 3.59（f）中虚线框内的区域放大并分别显示在图 3.59（g）和（h）中，其晶格条纹间的晶面间距分别为 0.335nm 和 0.227nm，对应于锡石 SnO_2 的（110）晶面和立方相 Pt 的（111）晶面。同时，没有发现任何 PtO 和 PtO_2 的痕迹，再次有力地支持了 XRD 的测试结果。图 3.59（i）～（l）为 10mol% Pd-SnO_2 复合微球的 TEM 和 HRTEM 图，结果表明 Pd 的引入并没有改变 SnO_2 微球的微观形貌，并且微球是由一系列形状各异的纳米颗粒组装而成的，晶粒尺寸仅为几纳米。此外，清晰且发育良好的晶格条纹说明所制备的样品具有较高的结晶度及随机的结晶取向，并且测量得到其晶粒尺寸大约为 8nm，这与 XRD 的计算值相吻合。为了获得更清晰的晶格条纹图像，将图 3.59（k）中虚线框内的区域放大并显示在图 3.59（l）中，在互相连通的纳米颗粒表面测量得到的晶面间距分别为 0.335nm 和 0.225nm，分别对应于 SnO_2 的（110）晶面和 Pd 的（111）晶面。同时，没有发现任何 PdO 的相，再次有力地支持了上述 XRD 的测试结果。

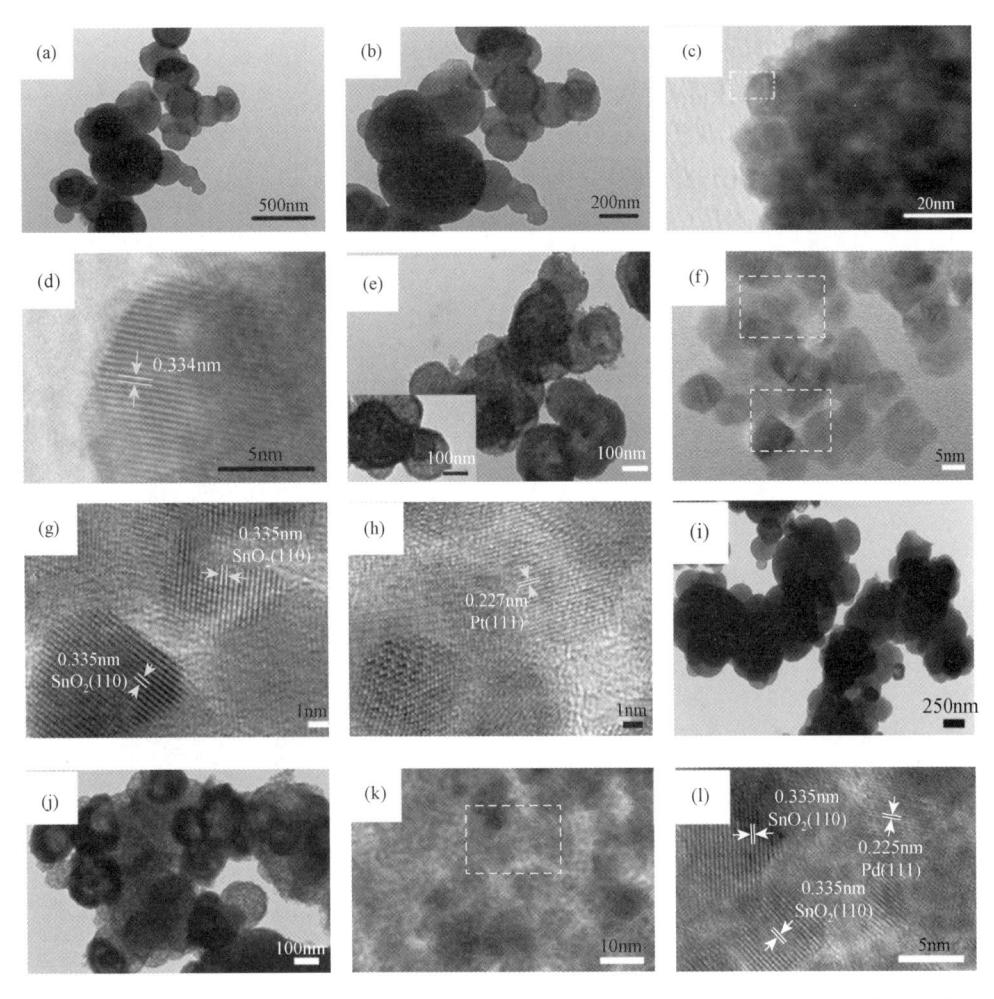

图 3.59 SnO$_2$ 微球（a～d）、5mol% Pt-SnO$_2$ 复合微球（e～h）、10mol% Pd-SnO$_2$ 复合微球（i～l）的 TEM 和 HRTEM 图

众所周知，传感器的气敏机理是一个表面控制的过程，晶粒尺寸、表面状态和表面吸附的氧离子对材料的气敏性能影响很大。采用 X 射线光电子能谱仪对制备得到的不同样品的组成成分和表面化学态进行分析和阐述，其 XPS 图如图 3.60 所示。其中，图 3.60（b）为 SnO$_2$ 微球的 O 1s 的高分辨 XPS 图，从图中可以看出，在位于 530.90eV 处有一个非对称的 O 1s 峰，从谱图中可断定有两种形式的氧，分别是位于 530.90eV 的 O$_{lat}$ 和位于 532.15eV 的 O$_{ads}$（O$_{2ads}^-$、O$_{ads}^-$、O$_{ads}^{2-}$）。O$_{lat}$ 对应 SnO$_2$ 微球的晶格氧，相对稳定，所以与样品的气敏性能无关，而 O$_{ads}$（O$_{2ads}^-$、O$_{ads}^-$、O$_{ads}^{2-}$）则是 SnO$_2$ 微球表面的吸附氧离子，对样品的气敏性能影响很大[4]。吸附氧离子 O$_{ads}$ 与目标气体发生反应，使氧空位的浓度增加[75]。因此，增加吸附氧离子 O$_{ads}$ 的浓度能有效地提升材料的气敏性能。此外，还对 5mol% Pt [图 3.60（c）和（d）] 和 10mol% Pd [图 3.60（e）和（f）] 复合 SnO$_2$ 纳米材料进行了 XPS 表征，并分析了 O 元素和贵金属（Pt、Pd）元素的高分辨 XPS 图。通过计算峰的面积比，得到 5mol% Pt-SnO$_2$ 复合材料中吸附氧离子的浓度为 38.7%，10mol%

Pd-SnO₂ 复合材料中吸附氧离子的浓度为 37.8%而纯相 SnO₂ 中吸附氧离子的浓度仅为 29.2%，说明贵金属的存在能够增加吸附氧离子的数量，促进吸附氧的溢出，有利于提升气敏性能。其中，图 3.60（d）和（f）分别为 Pt 4f 和 Pd 3d 的高分辨 XPS 图，结果表明 Pt 和 Pd 已成功引入到 SnO₂ 复合纳米材料中，与 XRD、SEM 和 TEM 等分析结果相吻合。

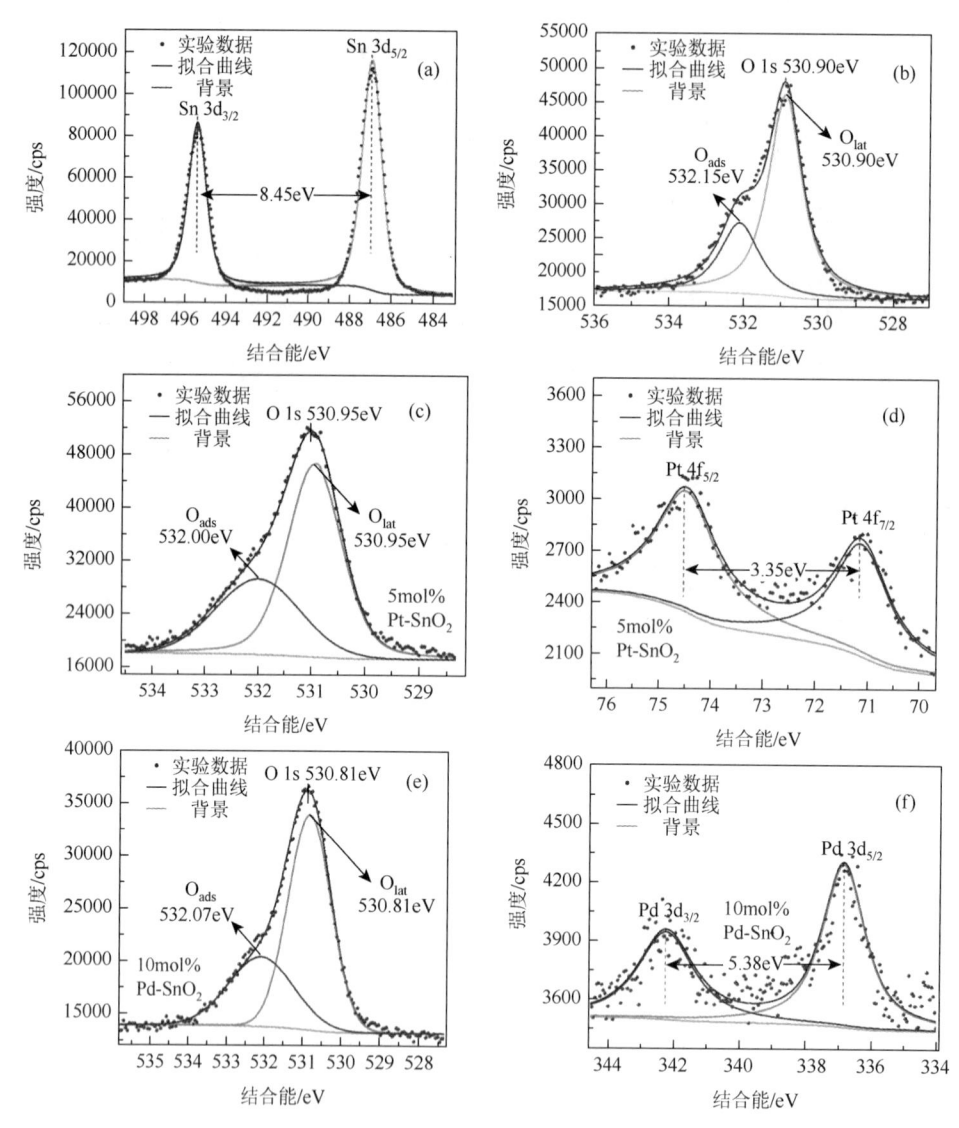

图 3.60　SnO₂ 纳米材料中 Sn 3d 的高分辨 XPS 图（a）和 O 1s 的高分辨 XPS 图（b）；5mol% Pt-SnO₂ 复合材料中 O 1s 的高分辨 XPS 图（c）和 Pt 4f 的高分辨 XPS 图（d）；10mol% Pd-SnO₂ 复合材料中 O 1s 的高分辨 XPS 图（e）和 Pd 3d 的高分辨 XPS 图（f）

为了获得更多关于不同样品孔隙结构的信息，采用 BET 氮气吸附-脱附等温线测试进一步研究了样品的比表面积和孔隙结构。图 3.61 为不同 SnO₂ 微球的氮气吸附-脱附等温线及相应的 BJH 孔径分布曲线。测试结果表明，所有样品 BET 曲线显示一个明显的滞后环，符合 Langmuir IV 型曲线的特征，反映了样品中孔隙结构的存在，也意味着所合成的微球中的纳米颗粒是通过第二介孔结构从外部相互靠近的，并没有相互黏结在一起。从插图的曲线可以观察到一个 4~16nm 的孔径分布范围，其中尖峰的位置位于 6~9nm 处，表明制备得到的 SnO$_2$ 微球具有介孔结构。此外，根据 BET 曲线计算得到纯相 SnO$_2$ 微球、5mol% Pt-SnO$_2$ 复合材料和 10mol% Pd-SnO$_2$ 复合材料的比表面积分别为 64.361m^2/g、49.952m^2/g 和 50.565m^2/g，结果表明贵金属的引入降低了 SnO$_2$ 微球的比表面积。

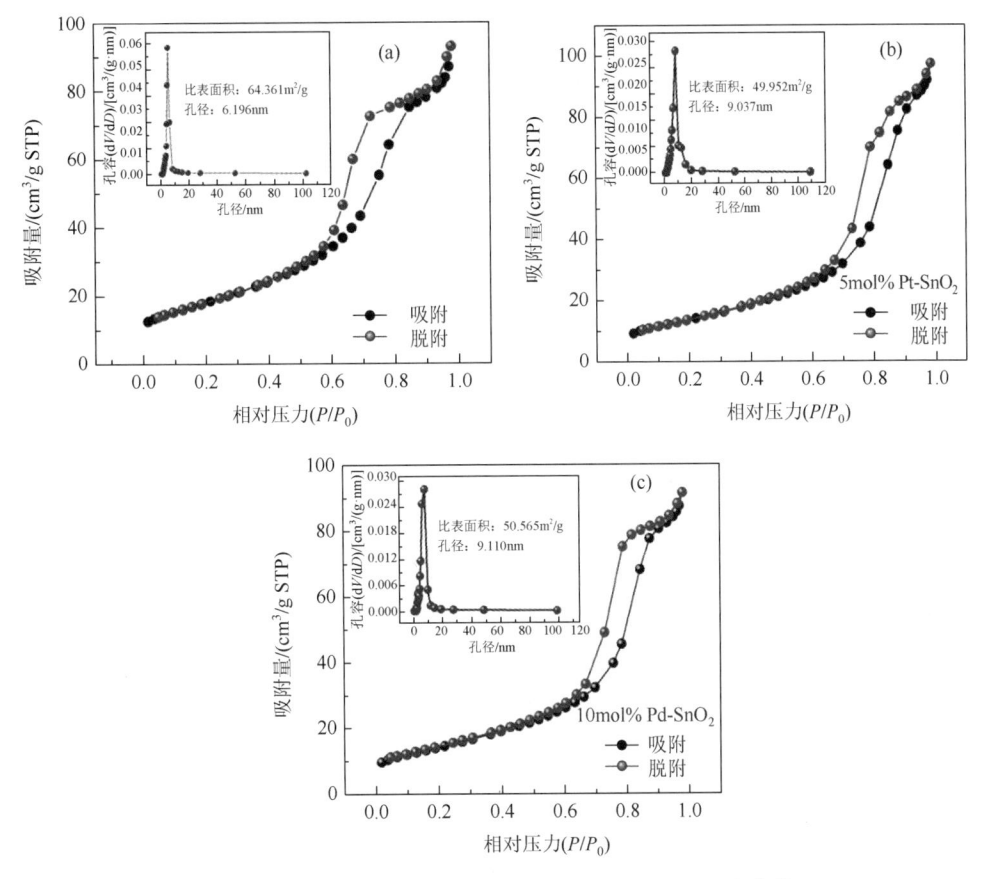

图 3.61 氮气吸附-脱附等温线，插图为 BJH 孔径分布曲线

(a) SnO$_2$ 微球；(b) 5mol% Pt-SnO$_2$ 复合材料；(c) 10mol% Pd-SnO$_2$ 复合材料

2. 树莓状 SnO$_2$ 空心纳米结构材料的表征与分析

在 180℃的水热环境下，葡萄糖极易被碳化[76]，因此最终得到的产物为 SnO$_2$/C 复合物。在空气气氛下，利用同步热分析仪在室温到 800℃的温度范围内对水热法制备得到的 SnO$_2$/C 复合物进行 TG 和 DSC 分析，结果如图 3.62（a）所示。从图中 TG 曲线可以看出，所制备的 SnO$_2$/C 复合物在室温到 800℃的温度区间内有两个阶段出现明显的失重。第一阶段出现在室温到 227℃的温度区间内，失重 2.60%，其可以归结于样品表面吸附的

水分蒸发和样品失去结晶水[77]。第二阶段出现在 227～507℃，失重 39.75%，其可以归结于 SnO_2/C 复合物中 C 的分解，与空气中的氧气发生氧化还原反应形成了 CO_2。图中 DSC 曲线表明在约 426.20℃时出现一个明显的放热峰，这可能是由复合物中 C 分解所导致[78]。所制备的样品在室温到 500℃内共失重 42.35%，并且样品质量在 500℃以后基本没有发生变化，结果表明在 500℃的烧结温度下样品中的 C 可以被完全去除。此外，Ke 等[79]报道过退火温度对 SnO_2 电子传输性能有较大的影响，在退火温度 300～900℃范围内，n 型半导体的载流子（电子）浓度随着温度的升高而增加，在 500℃时达到最大值，然后载流子浓度随着退火温度继续升高而减少，而较大的载流子浓度有利于提升敏感材料的气敏性能。因此，500℃可以选择作为最佳的退火温度。

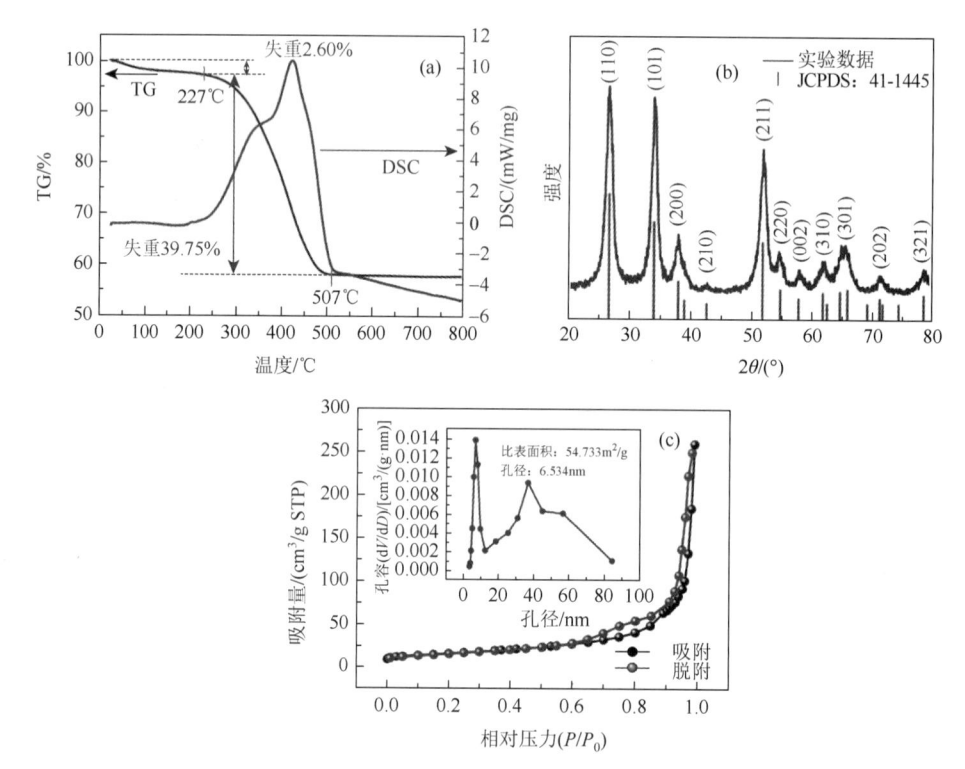

图 3.62 （a）所制备样品的 TG 和 DSC 曲线；（b）树莓状 SnO_2 空心纳米结构的 XRD 图；（c）N_2 吸附-脱附等温线曲线和孔径分布曲线

利用 XRD 对所制备的样品进行物相和结构分析，结果如图 3.62（b）所示。由图可以看出，所有的衍射峰都可以指标化为四方金红石结构的 SnO_2［JCPDS：41-1445，空间群：$P4_2/mnm$（136）］，并且没有检测到其他杂质的衍射峰，说明所制备的样品为纯相的 SnO_2。同时，通过水热法和热处理后制备得到的 SnO_2 衍射峰尖锐，说明所制备的 SnO_2 结晶度较高。此外，由谢乐公式可以估算出所制备 SnO_2 纳米结构材料的晶粒大小约为 8nm。

树莓状 SnO_2 空心纳米结构的比表面积和孔径分布通过 N_2 吸附-脱附等温线测试和相应的 BJH 模型得到，如图 3.62（c）所示。从图中可以看出，等温线的吸附分支与脱附分支曲线不一致，在相对压力较高的区域出现明显的迟滞回线，呈现出典型的Ⅳ型等温线，表明所制备的树莓状 SnO_2 空心纳米结构具有多孔性,根据 BJH 模型可以得到平均孔径大小为 6.534nm。同时,根据 BET 方法计算出制备得到的树莓状 SnO_2 空心纳米结构具有较高的比表面积,为 54.733m^2/g。较高的比表面积使得气体分子与敏感材料表面拥有较大的接触面积,为目标气体分子与敏感材料表面的吸附氧离子发生氧化还原反应提供更多的活性位点,从而有利于提高敏感材料的气敏性能。同时,样品的多孔性也有利于在气体检测中目标气体分子的吸附、扩散与电子转移。

利用 FESEM 对 SnO_2 纳米结构材料的微观形貌进行表征分析,图 3.63 为 FESEM 观察到的 SnO_2 微观形貌。从图中可以看出,通过水热法制备出的 SnO_2 形貌较为均匀,微观结构呈现微球状且具有一个粗糙的表面,其由许多不规则的小颗粒组成,形貌特征与树莓很相似。

图 3.63 树莓状 SnO_2 空心纳米结构的 FESEM 图(a)和放大的 FESEM 图(b)

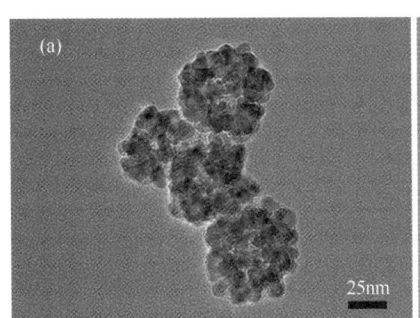

利用 TEM 对所制备的树莓状 SnO_2 空心纳米结构材料的微观形貌与结构特征进行表征与分析,结果如图 3.64 所示。从图 3.64(a)中可以看出,SnO_2 由许多不规则的纳米颗粒自组装形成树莓状结构,与 FESEM 表征结果相符。从图 3.64(b)中可以明显地看出,实验所制备的树莓状 SnO_2 呈现空心结构,且直径约为 60nm。图 3.64(c)和(d)为树莓状 SnO_2 空心纳米结构材料的 HRTEM 图,从图中可以看到清晰的晶格条纹,表明 SnO_2 结晶度较高,同时相邻晶面的间距为 0.262nm 和 0.334nm,分别对应四方金红石结构 SnO_2 的(101)和(110)晶面,与 XRD 表征结果相对应,证明所制备的样品为纯相的 SnO_2。此外,选区电子衍射(SAED)图中五个清晰的特征衍射环分别对应金红石 SnO_2 的(110)、(101)、(200)、(211)和(112)晶面,表明树莓状 SnO_2 为多晶结构。

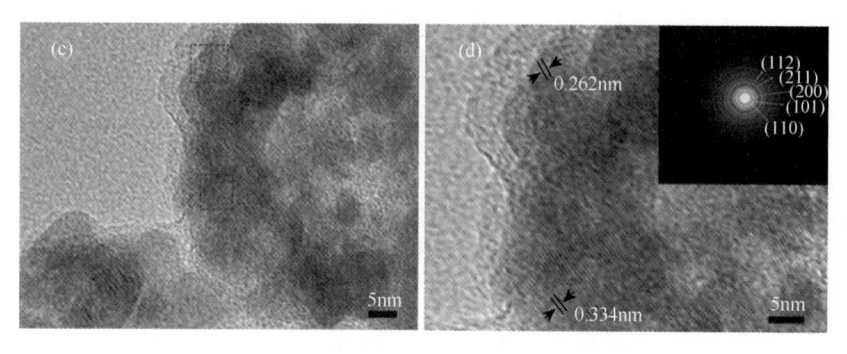

图 3.64　树莓状 SnO_2 空心纳米结构材料的 TEM 图（a，b）和 HRTEM 图（c，d）[图（d）中右上方的插图为 SnO_2 的 SAED 图]

利用 X 射线光电子能谱进一步分析制备得到的样品表面的元素组成和不同元素的原子价态，测试结果如图 3.65 所示。在气体传感器应用中，表面吸附氧与气敏性能紧密相关，O 1s 的高分辨 XPS 图如图 3.65（b）所示，与前面讨论相似，从图中可以看出样品中的氧以两种形式存在，分别为中心位于 530.90eV 的晶格氧（O_{lat}）和中心位于 532.20eV 的吸附氧（O_{ads}）。其中，O_{ads} 来源于敏感材料表面吸附的化学吸附氧，它们十分活跃，并且与目标气体接触能够发生氧化还原反应，导致气体传感器电阻发生变化，从而影响气体传感器的气敏性能。因此，吸附氧的存在和数量多少在敏感材料气敏性能方面起到重要的作用[4]。此外，较大的比表面积能够提供更多的活性位点，有利于在敏感材料表面吸附更多的吸附氧。

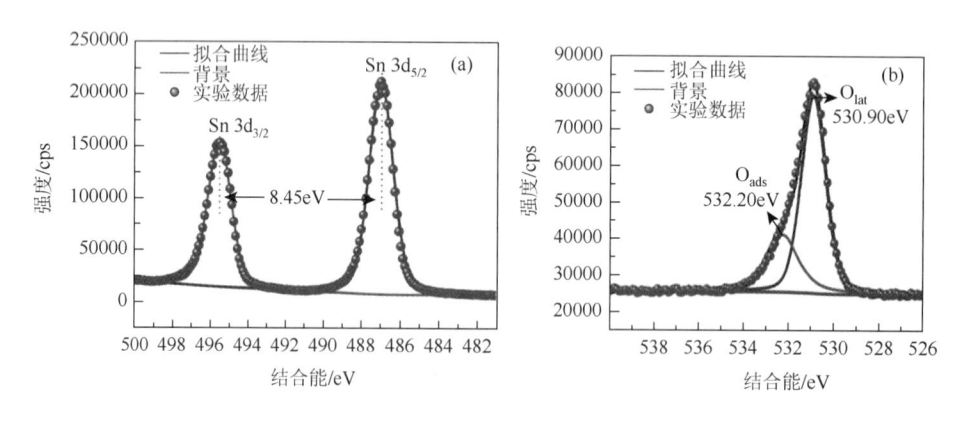

图 3.65　树莓状 SnO_2 空心纳米结构的 XPS 图
（a）Sn 3d 高分辨 XPS 图；（b）O 1s 高分辨 XPS 图

基于上述的表征与分析，本节中我们提出了一种可能的树莓状 SnO_2 空心纳米结构形成机理，如图 3.56 所示。Sun 等[76]已经报道过在水热反应温度为 160～180℃时，利用葡萄糖作为反应物可以制备出大小均匀的碳球，并且与正常的苷化温度相比，如果水热温度过高可能会导致葡萄糖碳化。本节以 180℃为水热反应温度，以锡酸钠和葡萄糖为反应物制备 SnO_2 纳米材料。首先，在 180℃的水热环境下，葡萄糖脱水、分解并碳化，随着反应的进行形成大小均匀的碳球，在碳球表面也出现大量的羟基（—OH）官能团[80]。同时，锡酸钠水解产生 Sn^{4+}，由于静电吸引效应，Sn^{4+} 与水解产生的氢氧根（OH^-）和碳球表面的羟基（—OH）结合反应生成锡的氢氧化物，并吸附在碳球表面[81]。随着水热反应的进行，氢氧化物继续与过量的 OH^- 反应生成 SnO_2 晶核，随后 SnO_2 晶核继续长大成为 SnO_2 晶体颗粒并紧紧附着在碳球表面，因此形成了 C/SnO_2 的核壳结构。最后，通过在空气中 500℃退火处理，核部分（C）被去除，并且 SnO_2 层在退火过程中没有坍塌，从而得到树莓状 SnO_2 空心纳米结构。

3.4.3 三维纳米结构 SnO_2 基气体传感器

1. 溶剂热法制备 SnO_2 微球及贵金属（Pd、Pt）复合 SnO_2 微球纳米材料的气敏特性

1）SnO_2 微球纳米材料对甲醛的气敏性能

甲醛是一种无色、有刺激性的挥发性有机化合物，也是一种重要的工业原材料，在各种建筑材料、室内装修原料以及生活用品中会有大量的甲醛气体源源不断地释放到空气中，严重危害人体的健康。甲醛被列为人类的第一类致癌物质，获得国际癌症研究机构（IARC）的权威认证。目前，国际上已经设立了多种甲醛安全限量标准，世界卫生组织（WHO）和美国国家职业安全卫生研究所（NIOSH）规定空气中游离甲醛的阈限值分别为 0.08ppm 和 1ppm[82]。因此，发展一种快速、有效的甲醛传感器和检测仪对甲醛进行监测和检测具有重要的现实意义。为了评估所制作的气体传感器对甲醛气体的适用性，从动态响应特性、响应和恢复时间、重复性、选择性和稳定性等多个方面研究其对甲醛气体的敏感性能。

金属氧化物气体传感器在最佳的工作温度下能够激发其全部的化学活性，工作温度对传感器的气敏性能有很大的影响，如影响其响应特性、响应和恢复时间以及选择性等。通过前期大量的测试，将 200℃选为最佳工作温度并且在此温度下进行其他气敏性能的测试，因为在 200℃工作温度下气体传感器表现出较高的响应值和较快的响应和恢复速率。图 3.66（a）为 SnO_2 微球气体传感器在 200℃工作温度下对 100ppm 甲醛气体的响应-恢复特性曲线。从图中可以看出，SnO_2 微球气体传感器的响应和恢复时间分别为 17s 和 25s。快速的响应和恢复可归因于 SnO_2 微球特殊的微观结构，这个球状结构能够提供充分的活性表面，促使其具有优异的渗透性，能够使气体快速地吸附和脱附。重复性是用来评估气体敏感材料气敏性能的又一重要参数，图 3.66（b）为 SnO_2 微球气体传感器在 200℃工作温度下对 100ppm 甲醛气体的重复性测试曲线。从图中可以看出，连续重复的响应-恢复曲线基本没有任何变化，6 次重复测试得到的响应值几乎都达到 38。另外，响应和恢复时间几乎是一样的，意味着 SnO_2 微球气体传感器对甲醛气体的监测表现出卓越的可逆性和可重复性。

此外，为了进一步证实 SnO_2 微球气体传感器对甲醛气体监测的适用性，在 200℃工作温度下对 100ppm 可能存在的干扰气体进行了选择性测试，如丙酮、氨气、二甲苯、甲醇以及甲苯等，测试的结果如图 3.66（c）所示。很明显，相比于其他干扰气体，SnO_2 微球气体传感器对甲醛气体表现出较高的响应值，其响应值可以达到 38.28，而对丙酮、

氨气、二甲苯、甲醇和甲苯的响应值则分别为 6.42、1.74、1.99、19.38 和 1.55。可以看出，SnO_2 微球气体传感器对甲醛气体的响应程度比同浓度的丙酮、氨气、二甲苯、甲醇和甲苯分别高约 6.0 倍、22.0 倍、19.2 倍、2.0 倍和 24.7 倍。由此看来，SnO_2 微球气体传感器对甲醛气体的检测有较好的选择性。通过分析研究可知，气体传感器的选择性有多个方面的影响因素，气体分子的结构和键的离解能对其都有重要的影响。甲醛分子的键

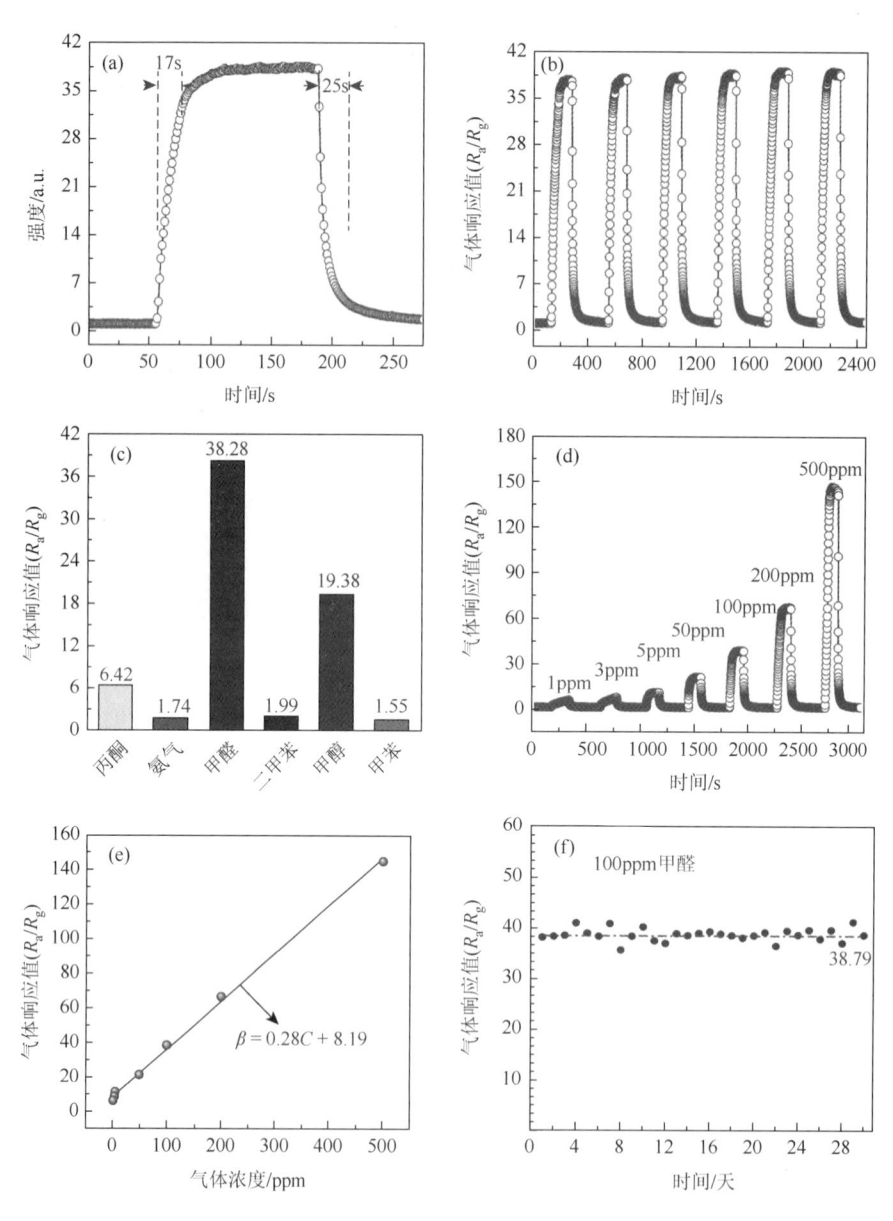

图 3.66 SnO_2 微球气体传感器在 200℃工作温度下对 100ppm 甲醛气体的响应-恢复特性曲线（a）、重复性测试曲线（b）及对 100ppm 不同气体的选择性测试（c）；SnO_2 微球气体传感器在 1~500ppm 不同甲醛气体浓度下的动态响应-恢复曲线（d），相对应的响应值与甲醛气体浓度之间的拟合曲线（e），对 100ppm 甲醛气体的长期稳定性测试（f）

能仅为 364kJ/mol，在低温时均小于其他的干扰气体。因此，甲醛气体在 SnO_2 微球表面进行化学吸附时其化学键更容易断裂。另外，其他的干扰气体由于其较高的离解能，在低温时不容易与 SnO_2 微球发生相互作用，所以对甲醛显示出较低的响应值[83]。由此看来，工作温度也是一个很重要的因素，它是由气体分子的轨道能量、吸附方式以及吸附数量等共同决定的[84]。总之，SnO_2 微球对甲醛气体表现出较好的选择性使其成为一种卓越的气体敏感材料。

在气体传感器的实际应用中，对不同气体浓度进行动态监测及检测是十分重要的。图 3.66（d）展示了在 200℃的工作温度下，SnO_2 微球气体传感器在 1～500ppm 范围内的 7 个不同甲醛气体浓度下的响应值。可以清楚地看到，将传感器暴露在不同的甲醛气体浓度下时，其响应值呈现阶梯形的变化。随着甲醛气体浓度从 1ppm 增加到 500ppm，传感器的响应幅度逐级增加。对于 1ppm、3ppm、5ppm、50ppm、100ppm、200ppm 和 500ppm 的甲醛气体浓度，其相应的响应值分别为 5.72、7.70、10.85、21.12、38.26、66.25 和 144.90。由此可以确定 SnO_2 微球气体传感器可以用于较宽甲醛气体浓度范围的检测，并且能对低浓度的甲醛进行定量监测。图 3.66（e）为相对应的响应值与甲醛气体浓度之间的拟合曲线。从图中可以看出，随着甲醛气体浓度的增加，传感器的响应值呈直线增加，甲醛气体浓度与响应值之间的关系可以表示为

$$\beta = 0.28C + 8.19 \tag{3.23}$$

式中，C 为甲醛气体浓度；β 为响应值。进一步观察可以看出，拟合曲线与实验数据具有较好的一致性，计算得到的相关系数 R^2 为 0.99781。结果表明，制备得到的 SnO_2 微球用作甲醛气体敏感材料具有广阔的前景。为了确保在实际监测中的准确性，气体传感器应该维持较好的长期稳定性。为了证实 SnO_2 微球气体传感器的长期稳定性，在 200℃工作温度下，考察了其在 30 天内对 100ppm 甲醛气敏性能的变化情况，如图 3.66（f）所示。从图中可以看出，虽然每天测试的响应值都有所不同，但响应值都是在 38.79 附近进行微小的波动，30 组数值的标准偏差仅为 1.24%。很显然，SnO_2 微球气体传感器具有较好的长期稳定性，能够广泛地应用于多个领域。

2）Pt 复合 SnO_2 微球纳米材料对甲醇的气敏性能

许多研究表明 Pt 复合半导体金属氧化物具有优越的气敏性能，被列为理想的复合类型用于气体传感器领域。因为 Pt 的催化作用可以为反应提供更多的活性位点，有助于目标气体的传递和扩散。为了在合成的多个不同比例的传感器中挑选出对甲醇气敏性能最优的传感器，并且确定其最佳工作温度，在不同工作温度下测试了不同比例 Pt 复合 SnO_2 微球气体传感器对 100ppm 甲醇气体的响应值，如图 3.67（a）所示。从图中可以看出，所有样品的响应值都随着工作温度的递增而升高，达到最高响应值后，随着工作温度的继续升高，响应值反而降低。在 20～300℃的工作温度范围内，纯 SnO_2 都展示了偏低的响应值，在 200℃时达到最高响应值（19.38）。对于 0.5mol% Pt-SnO_2 和 1.5mol% Pt-SnO_2 纳米复合材料气体传感器，分别在 160℃和 100℃达到其最高响应值，响应值分别为 45.79 和 47.65。另外，随着 Pt 复合比例的增加，传感器对 100ppm 甲醇气体的响应值随之升高，在 80℃时 2.5mol% Pt-SnO_2 和 5mol% Pt-SnO_2 纳米复合材料气体传感器的响应值分别达到

121.83 和 190.88。上述分析结果表明 Pt 的复合使传感器对甲醇气体的响应值升高以及最佳工作温度降低，说明 Pt 的添加能够有效地提升传感器对甲醇气体的气敏性能。因此，选择 5mol% Pt-SnO$_2$ 纳米复合材料气体传感器用于甲醇气体的监测，并将 80℃作为最佳工作温度进行后续其他气敏性能的测试。

作为一个有效的气体传感器，选择性也是一个重要的指标参数，为了进一步验证 5mol% Pt-SnO$_2$ 纳米复合材料气体传感器对甲醇的气敏性能，在 80℃工作温度下对 100ppm 不同挥发性有机化合物气体进行选择性测试，测试结果如图 3.67（b）所示。测试的气体包括乙醇、异丙醇、甲醇、甲醛、丙酮、二甲苯、正丁醇、甲苯和氨气，从图中可以看出，传感器对甲醇气体的响应程度都明显高于其他的挥发性有机化合物气体。传感器对甲醇气体的响应值分别是乙醇、异丙醇、甲醛、丙酮、二甲苯、正丁醇、甲苯和氨气的 2.90 倍、

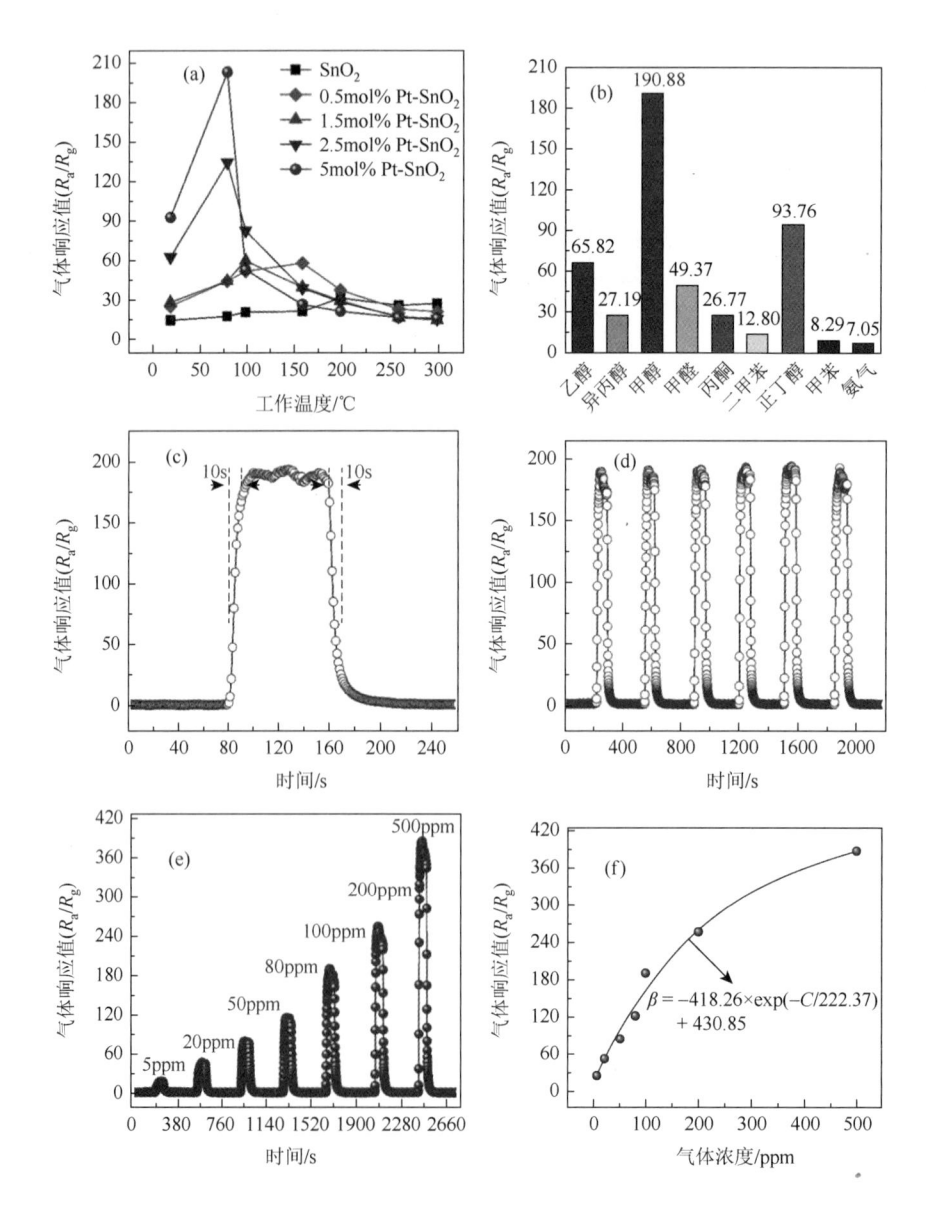

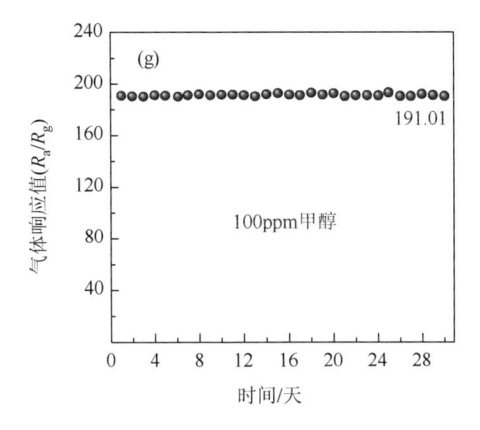

图 3.67 （a）不同比例的 Pt 复合 SnO$_2$ 微球气体传感器在递增工作温度下对 100ppm 甲醇气体的响应测试曲线；(b~d) 5mol% Pt-SnO$_2$ 纳米复合材料气体传感器在 80℃工作温度下对 100ppm 不同气体的选择性测试（b）、响应-恢复时间测试曲线（c）、6 次循环测试曲线（d），（e）5mol% Pt-SnO$_2$ 纳米复合材料气体传感器在 5~500ppm 不同甲醇气体浓度下的响应-恢复曲线，（f）相对应的响应值与甲醇气体浓度之间的拟合曲线，（g）80℃工作温度下对 100ppm 甲醇气体的长期稳定性测试

7.02 倍、3.87 倍、7.13 倍、14.91 倍、2.04 倍、23.03 倍和 27.08 倍，说明在 80℃下 5mol% Pt-SnO$_2$ 纳米复合材料气体传感器对甲醇气体具有较好的选择性。图 3.67（c）为 5mol% Pt-SnO$_2$ 纳米复合材料气体传感器在 80℃最佳工作温度下对 100ppm 甲醇气体的响应-恢复时间测试曲线。由图可知，传感器对 100ppm 甲醇气体能够进行快速的响应和恢复，响应时间和恢复时间都低至 10s。值得注意的是，这个响应时间和恢复时间都明显低于目前的文献报道值，这都归因于 SnO$_2$ 微球中 Pt 的复合，Pt 的催化活性能够促进氧气分子的吸附，从而加速与甲醇气体之间的相互作用。图 3.67（d）为 5mol% Pt-SnO$_2$ 纳米复合材料气体传感器在 80℃工作温度下对 100ppm 甲醇气体的 6 次循环测试曲线，目的是验证传感器的再现性和可重复性。从图中可以看出，传感器对 100ppm 甲醇气体表现出稳定且可重复的响应值，6 次循环测试的平均响应值为 190.88，响应的波动值为 1.08%。此外，6 次循环测试的响应和恢复时间都基本相同，说明 5mol% Pt-SnO$_2$ 纳米复合材料气体传感器对甲醇气体的检测表现出优异的可逆性和可重复性。

在最佳工作温度下，测试了 5mol% Pt-SnO$_2$ 纳米复合材料气体传感器对不同甲醇气体浓度的动态响应曲线。图 3.67（e）为传感器在 5~500ppm 不同甲醇气体浓度下的响应-恢复曲线。如图所示，随着甲醇气体浓度的增加，其响应值也随之升高。在 80℃最佳工作温度下，传感器对 5ppm、20ppm、50ppm、80ppm、100ppm、200ppm 和 500ppm 甲醇气体的响应值分别达到 24.85、52.16、84.86、121.94、190.88、256.12 和 386.91。更重要的是，传感器对甲醇气体的检出限低至 5ppm。这么宽的检测范围、低的工作温度以及高的响应值说明传感器可以满足实际监测的需要。相对应的响应值与气体浓度之间的拟合曲线如图 3.67（f）所示，随着甲醇气体浓度的增加，响应值呈指数关系随之升高，拟合关系如下：

$$\beta = -418.26 \times \exp(-C/222.37) + 430.85 \tag{3.24}$$

最后，对最优器件进行了长期稳定性测试，结果如图 3.67（g）所示。在持续的 30

天内传感器对甲醇气体的响应值基本没有变化，只在 191.01 的响应值附近进行微小的波动，波动范围在 0.81% 左右。因此，5mol% Pt-SnO$_2$ 纳米复合材料气体传感器具有较高的稳定性，可以连续不断地重复使用。

3）Pd 复合 SnO$_2$ 微球纳米材料对氢气的气敏性能

为了研究所制备的不同比例 Pd-SnO$_2$ 纳米复合材料在可燃性气体监测方面的应用，选择氢气作为目标气体，主要从最佳工作温度、动态响应特性、响应和恢复时间、重复性、选择性和稳定性六个方面进行测试。工作温度是影响金属氧化物半导体气体传感器气敏性能的一个重要因素，在最佳工作温度条件下，半导体氧化物的化学活性会全部激发出来，使传感器的响应值达到最高值。图 3.68（a）为 0、2.5mol%、7.5mol% 和 10mol% Pd-SnO$_2$ 纳米复合材料气体传感器在 100～340℃ 的工作温度下对 3000ppm 氢气的响应测试曲线，所有传感器的响应值完全依赖于工作温度。随着工作温度的递增，器件的响应值随之升高，当达到最高值后，随着工作温度的进一步递增，响应值反而降低。从图中可以看出，纯 SnO$_2$ 在 260℃ 的工作温度下对 3000ppm 氢气的响应值为 38.99。随着 Pd 复合比例的增加，传感器对氢气的响应程度随之增加，2.5mol% Pd-SnO$_2$ 纳米复合材料气体传感器在 260℃ 的工作温度下对 3000ppm 氢气的响应值达到 139.71，而 7.5mol% 和 10mol% Pd-SnO$_2$ 纳米复合材料气体传感器在 200℃ 的工作温度下对 3000ppm 氢气的响应值分别达到 192.23 和 315.34。其中 10mol% Pd-SnO$_2$ 纳米复合材料气体传感器对氢气的响应程度是纯 SnO$_2$ 的 8 倍。值得注意的是，Pd 的复合比例增加到一定程度时，最佳工作温度会有所降低，这可能是由于 Pd 的催化提升作用。低温可以有效地减少能源消耗，所以较低的工作温度对于传感器的实际应用是至关重要的。因此，选择 10mol% Pd-SnO$_2$ 纳米复合材料气体传感器用于氢气的监测，并将 200℃ 作为最佳工作温度进行后续其他气敏性能的测试。为了探讨 10mol% Pd-SnO$_2$ 纳米复合材料气体传感器的选择性，在 200℃ 的工作温度下，将传感器分别暴露在 3000ppm 常见的易燃易爆气体中，干扰气体包括甲烷、丁烷、氢气和一氧化碳，测试结果如图 3.68（b）所示。从图中可以看出，传感器对甲烷、丁烷、氢气和一氧化碳的响应值分别为 1.54、17.25、315.34 和 79.57。对氢气的响应值约是一氧化碳的 4 倍，约是丁烷的 18 倍，更约是甲烷的 204 倍，说明 10mol% Pd-SnO$_2$ 纳米复合材料气体传感器对氢气具有较好的选择性。

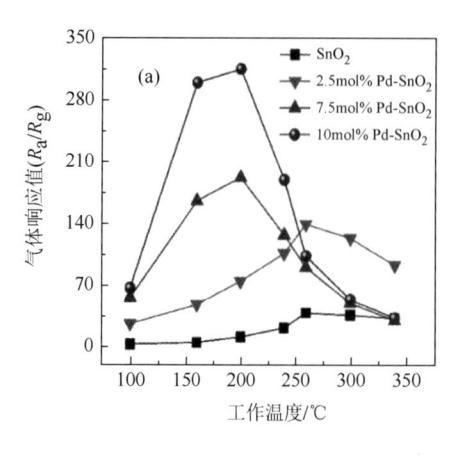

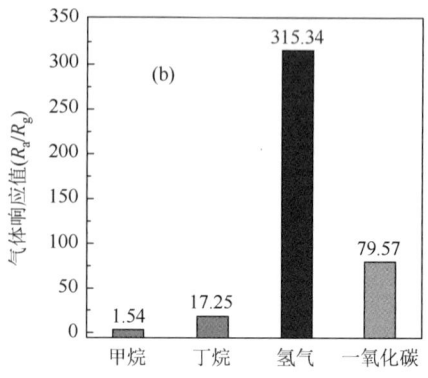

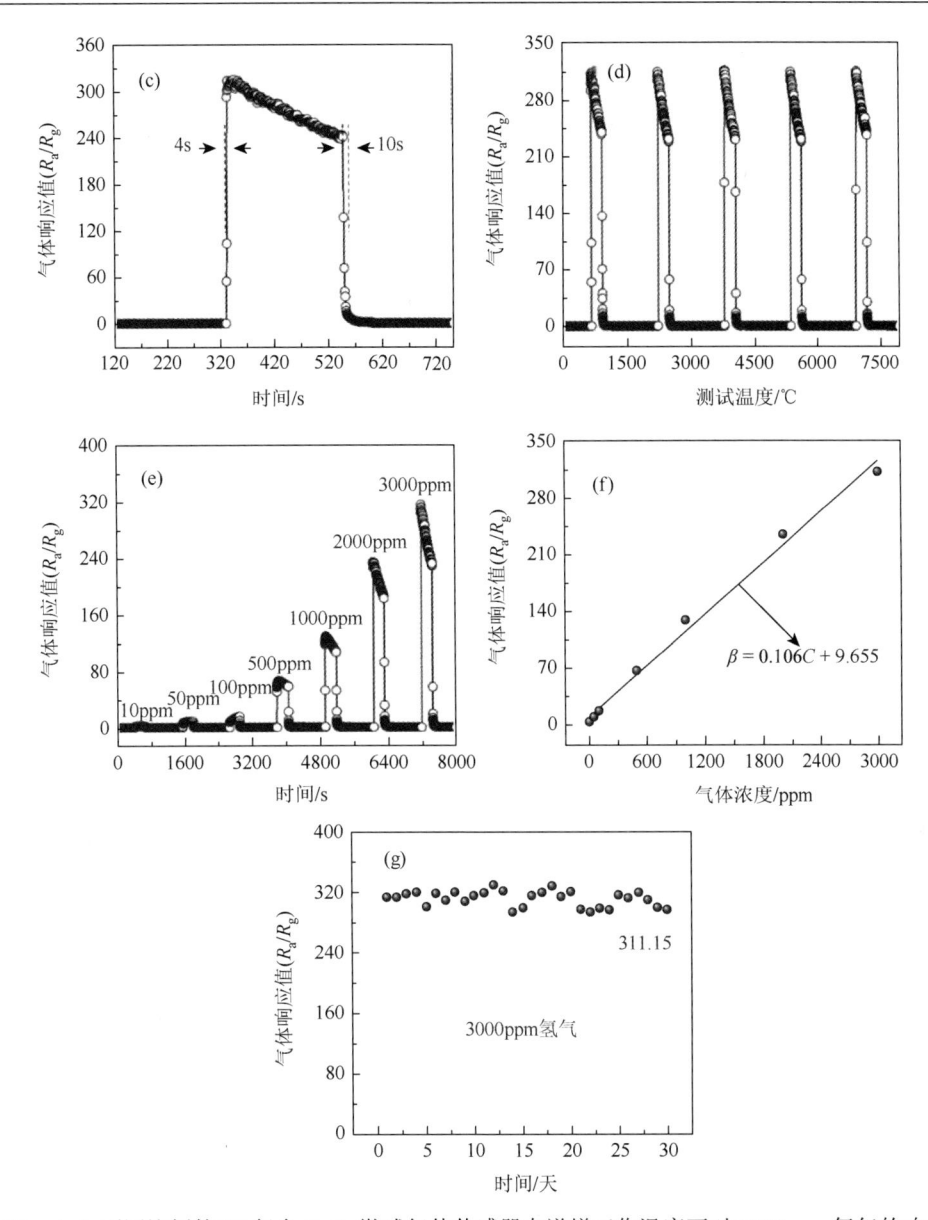

图 3.68 （a）不同比例的 Pd 复合 SnO$_2$ 微球气体传感器在递增工作温度下对 3000ppm 氢气的响应测试曲线；（b~d）10mol% Pd-SnO$_2$ 纳米复合材料气体传感器在 200℃ 工作温度下对 3000ppm 不同气体的选择性测试，（c）对 3000ppm 氢气响应-恢复时间测试曲线，（d）5 次循环测试曲线；（e）10mol% Pd-SnO$_2$ 纳米复合材料气体传感器在不同氢气浓度下的动态响应-恢复曲线，（f）相对应的响应值与氢气浓度之间的拟合曲线，（g）200℃ 工作温度下对 3000ppm 氢气的长期稳定性测试

图 3.68（c）为 10mol% Pd-SnO$_2$ 纳米复合材料气体传感器在 200℃ 最佳工作温度下对 3000ppm 氢气的响应-恢复时间测试曲线。由图可知，传感器展示了可逆的实时响应，响应时间低至 4s，恢复时间接近 10s。较短的响应和恢复时间可能归因于 Pd 的催化作用。Pd 的催化作用能够促进氧气分子的吸附，从而加快与氢气之间的相互作用。图 3.68（d）为 10mol% Pd-SnO$_2$ 纳米复合材料气体传感器在 200℃ 工作温度下对 3000ppm 氢气的 5 次

循环测试曲线。从图中可以看出，该器件对氢气的检测没有出现衰减的现象，具有较好的可重复性。也就是说，在 5 次循环测试过程中，传感器对氢气显示出几乎相同的响应值、响应和恢复时间，说明在连续循环测试的过程中，传感器能够保持较好的再现性。

此外，在 200℃的最佳工作温度下测试了传感器对 10ppm、50ppm、100ppm、500ppm、1000ppm、2000ppm 和 3000ppm 氢气的连续动态响应曲线，如图 3.68（e）所示。传感器对 10ppm、50ppm、100ppm、500ppm、1000ppm、2000ppm 和 3000ppm 氢气的响应值分别为 3.42、9.53、16.47、66.75、129.08、235.81 和 315.34。另外，由于氢气容易泄漏，在传感器响应值达到最高值后出现了轻微下降的趋势。更重要的是，即使氢气的浓度低至 10ppm，传感器也能监测到。图 3.68（f）是 10mol% Pd-SnO$_2$ 纳米复合材料气体传感器在氢气浓度为 10~3000ppm 范围内的线性拟合曲线，线性关系为

$$\beta = 0.106C + 9.655 \tag{3.25}$$

从图 3.68 中可以看出，实验数值与拟合曲线之间吻合良好，说明氢气浓度与响应值之间具有较好的线性关系。根据这个线性关系函数可以外推其他浓度的理论响应值，这将有助于传感器在实际应用中的定量监测。

最后，对最优器件进行了长期稳定性测试，结果如图 3.68（g）所示。从图中可以看出，前 12 天测试结果相对稳定，响应值的标准偏差在 7.12%左右。从第 13 天开始，传感器对氢气的响应程度出现一定幅度的波动，标准偏差达到 11.15%，计算得到 30 天内响应值的平均值为 311.15，说明 10mol% Pd-SnO$_2$ 纳米复合材料气体传感器具有相对高的稳定性，基本能满足实际检测的需要。

2. 树莓状 SnO$_2$ 空心纳米结构材料的正丁醇气敏性能

正丁醇是一种重要的溶剂和工业原材料，已经被广泛地应用于有机合成和工业化生产等领域。人们长期暴露于正丁醇环境中可以使身体感觉到不舒服和引发一些症状，如头痛、头晕、呕吐、皮炎甚至损坏中枢神经系统等[85, 86]。此外，作为一种易燃易爆气体，当空气中的正丁醇含量达到 1.45%~11.25%时可能会引发爆炸，当温度高于正丁醇闪点温度（35℃）时会出现火光。许多国家和安全机构对于正丁醇气体在不同环境中都有相应的极限值，在工作场所的允许范围是 152~304mg/m^3。例如，在中国正丁醇极限值是 200mg/m^3，美国职业安全与健康管理局（Occupational Safety and Health Administration，OSHA）规定在工作场所正丁醇的极限值为 304mg/m^3，而美国政府工业卫生学家会议（American Conference of Governmental Industrial Hygienists，ACGIH）规定正丁醇的极限值为 152mg/m^3[85]。因此，研发一种具有高响应值、优越的选择性和稳定性、低检测限的气体传感器用于实时监测和检测正丁醇气体十分重要。

为了评估树莓状 SnO$_2$ 空心纳米结构气体传感器对正丁醇检测的潜在适用性，本节从以下几个方面研究了气体传感器的气敏性能，包括最佳工作温度测试、气体选择性测试、连续重复性测试、动态响应测试、响应-恢复时间、长期稳定性测试等。如图 3.69（a）所示，分析了树莓状 SnO$_2$ 空心纳米结构气体传感器在 120~300℃工作温度范围内分别对 100ppm 不同的挥发性有机化合物气体的气敏特性。从图中可以看出，在气体浓度为 100ppm 时，树莓状 SnO$_2$ 空心纳米结构气体传感器在不同的工作温度下对不同的

气体响应情况各不相同，其中对 100ppm 的正丁醇表现出较高的气体响应。对于正丁醇气体，气体传感器响应值首先随着工作温度的升高而升高，在工作温度为 160℃时达到最大，响应值为 303.49，然后响应值随着工作温度的继续升高而逐渐降低，因此 160℃为气体传感器检测正丁醇气体的最佳工作温度。这种现象可以解释为作为电阻控制型半导体气体传感器，在敏感材料表面发生的目标气体吸附与脱附是气体传感器工作原理的两个重要过程，其很大程度上受到工作温度的影响。在较低的工作温度下，正丁醇气体所获得的能量很低且不能克服表面反应的活化能，使得正丁醇气体分子很难与吸附在敏感材料表面的少量的吸附氧发生反应，因此在较低的工作温度下气体传感器的响应值较低。随着工作温度的升高，正丁醇气体得到的能量逐渐增加且气体分子较为活跃，此时目标气体分子的化学键断裂，在敏感材料表面与吸附氧的反应更加剧烈，从而导致气体传感器具有较高的响应值。然而，随着工作温度继续升高，目标气体在敏感材料表面的吸附能力远低于脱附能力，从而导致在工作温度较高时气体传感器的响应值逐渐降低[48, 49]。图 3.69（b）是在工作温度 160℃下树莓状 SnO_2 空心纳米结构气体传感器对 100ppm 不同的挥发性有机化合物气体的响应值对比，包括氨气、正丁醇、丙酮、甲醛、异丙醇、甲醇和乙醇。从图中可以清晰地看到，在相同的环境下，气体传感器对正丁醇气体的响应值最高且明显高于其他气体的响应值。气体传感器对 100ppm 氨气、正丁醇、丙酮、甲醛、异丙醇、甲醇和乙醇的响应值分别为 7.51、303.49、23.55、75.76、64.29、22.31 和 48.55。气体传感器对正丁醇的响应值分别是同浓度其他干扰气体的响应值约 40.41 倍、12.89 倍、4.01 倍、4.72 倍、13.60 倍和 6.25 倍，表明树莓状 SnO_2 空心纳米结构气体传感器对正丁醇气体具有优异的选择性。

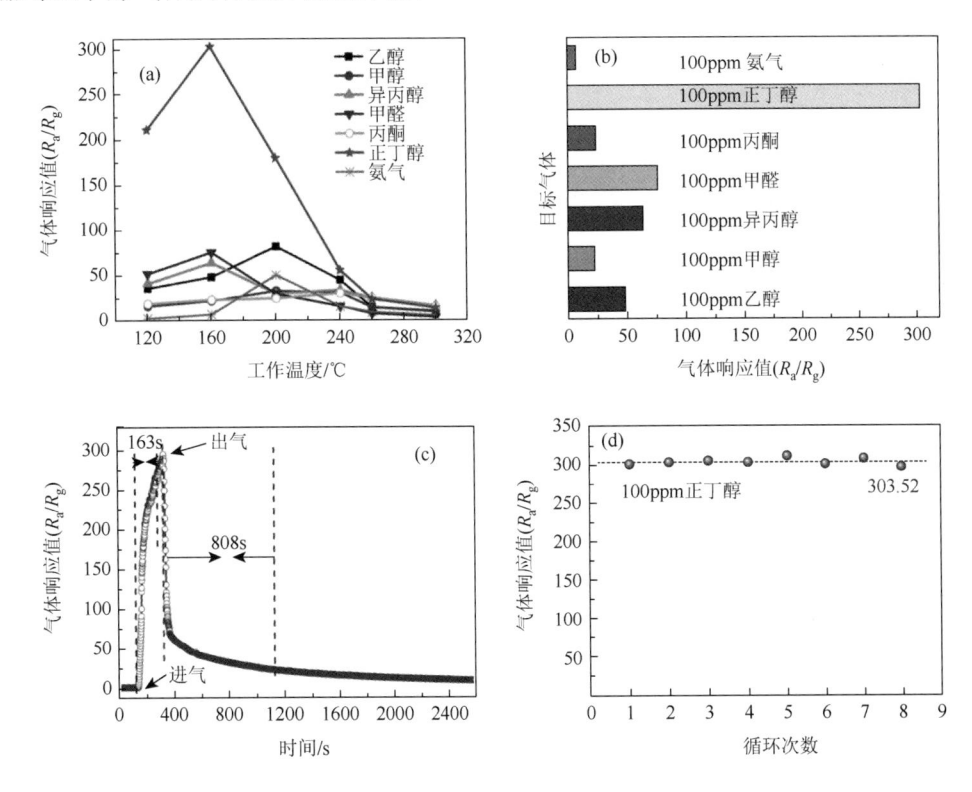

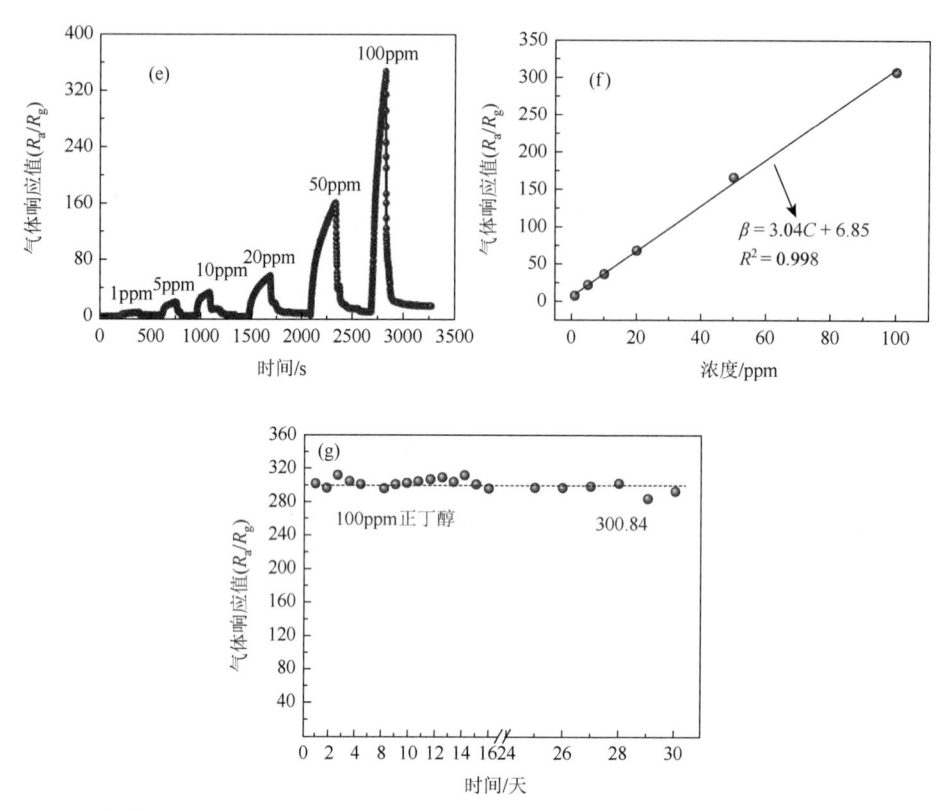

图 3.69 （a）树莓状 SnO₂ 空心纳米结构气体传感器在不同温度下对 100ppm 不同气体的响应值；树莓状 SnO₂ 空心纳米结构气体传感器在 160℃下：(b) 对 100ppm 不同气体的响应值；(c) 对 100ppm 正丁醇的响应-恢复时间曲线，(d) 对 100ppm 正丁醇连续 8 次测试的响应值，(e) 对不同浓度正丁醇的动态响应，(f) 气体传感器响应值随不同浓度正丁醇的变化曲线，(g) 对 100ppm 正丁醇的长期稳定性

图 3.69（c）为气体传感器在 160℃下对 100ppm 正丁醇气体的响应-恢复时间曲线。从图中可以看出，在 160℃下气体传感器对 100ppm 正丁醇气体的响应和恢复时间分别为 163s 和 808s。然而，对于气体传感器的实际应用，该响应和恢复时间并不理想。较长的响应和恢复时间可以解释为气体敏感过程中目标气体与表面吸附氧发生反应和努森扩散两个过程同时进行[55]。根据努森扩散理论，扩散速率通常受温度、敏感材料的孔半径和扩散气体的相对分子质量等影响，努森扩散系数（D_k）可以如下描述[87]：

$$D_k = (4r/3) \cdot (2RT/\pi M)^{1/2} \tag{3.26}$$

式中，r 为孔半径；M 为扩散气体的相对分子质量；T 为温度；R 为普适气体常量。在所有的测试气体中，正丁醇气体的相对分子质量是最大的，对于同一敏感材料，孔的半径相同，因此努森扩散系数较小，表明正丁醇气体在传感层表面的扩散较慢，并且随着正丁醇气体分子在传感层扩散深度的增加，气体分子敏感材料颗粒间的接触碰撞变得更加困难，因此导致了较长的响应和恢复时间[55]。为了研究气体传感器的重复性，气体传感器在 160℃下对 100ppm 正丁醇气体进行了 8 个循环测试，结果如图 3.69（d）所示。从图中可以看出，经过连续的 8 次测试，树莓状 SnO₂ 空心纳米结构气体传感器对 100ppm 正丁醇气体的响应值基本一致，并没有发生明显变化，气体传感器连续 8 次测试的平均响应值为303.52。结果表明,树莓状SnO$_2$空心纳米结构气体传感器对正丁醇检测重复性较好。

图3.69(e)为树莓状SnO$_2$空心纳米结构气体传感器在160℃下对不同浓度正丁醇的动态响应曲线,从图3.69(e)可以看出,在最佳工作温度160℃下,气体传感器响应值随着正丁醇浓度增加而升高,传感器对1ppm、5ppm、10ppm、20ppm、50ppm和100ppm正丁醇气体的响应值分别为7.37、21.85、36.33、67.48、166.07和307.30。值得注意的是,在最佳工作温度下树莓状SnO$_2$空心纳米结构气体传感器对正丁醇的检测限低至1ppm且响应值达到7.37,这个检测限满足在工作场所可以接受的正丁醇气体浓度45～90ppm和最低爆炸限正丁醇气体体积占空气体积的1.45%的要求,结果表明气体传感器对正丁醇有一个较低的检测限和较宽的检测范围,适合对不同浓度正丁醇进行实时监测。图3.69(f)为气体传感器的响应值随正丁醇浓度变化的关系曲线。从图中可以看出,响应值随正丁醇浓度的增加而线性升高,且实验数据通过拟合可以表示为

$$\beta = 3.04C + 6.85 \tag{3.27}$$

其中拟合曲线的线性相关系数R^2为0.998,这表明响应值与不同正丁醇浓度之间具有较好的线性关系。

为了探讨树莓状SnO$_2$空心纳米结构气体传感器的长期稳定性,连续30天测试了气体传感器在160℃下对100ppm正丁醇的响应值,如图3.69(g)所示。从图中可以看出,经过30天测试之后,气体传感器对100ppm正丁醇的平均响应值为300.84,虽然响应值每天都在变化,但是波动幅度并不大且波动范围为±6.32%,说明树莓状SnO$_2$空心纳米结构气体传感器具有较好的长期稳定性和可靠性。

3.5 纳米多孔结构SnO$_2$基气体敏感材料与气体传感器

3.5.1 纳米多孔结构SnO$_2$基气体敏感材料的制备

金属氧化物半导体气体传感器检测气体是一个气体吸附-扩散-脱附的动态过程,敏感材料较大的比表面积能够为气体吸附提供更多的表面活性位点。多孔结构有利于气体分子的渗透与扩散,使得气体分子与吸附氧离子之间充分反应。纳米多孔结构由于具有较大的比表面积和多孔特性,有利于提高气体传感器的敏感特性,从而在敏感材料中呈现出较大的应用潜力。其中,具有空心微结构的纳米多孔三维反蛋白石结构在金属氧化物气体传感器应用中被广泛研究。目前,悬涂、界面自组装和拉涂法等方法已被广泛用于制备三维反蛋白石多孔结构纳米材料[88-91]。例如,Su等[92]采用水热法和模板辅助制备了Fe$_2$O$_3$单层/多层空心球阵列,Rao等[93]结合化学浴沉积和自组装的聚苯乙烯(PS)球阵列模板途径有效地制备了有序的金属氧化物空心球阵列。然而,耗时而复杂的合成过程、昂贵笨重的实验设备和特殊的表面处理严重地限制了大规模工业化生产。鉴于此,Wang等[94]通过直接自组装合成路径,采用超声喷雾热解方法和磺化的聚苯乙烯(PS)球为模板制备了三维反蛋白石多孔空心结构ZnO-SnO$_2$复合材料(3D OP ZnO-SnO$_2$ HM)。特殊的多孔结构可以提供更多的活性表面位点,从而利于增加敏感材料的灵敏性和超短的

响应-恢复时间。此外，该种方法更易于控制反蛋白石微球结构的尺寸和产生更多的孔结构，具体制备过程如图 3.70 所示：

（1）采用无乳液聚合方法制备 PS 球，并通过磺化过程形成功能化 S-PS 球。

（2）喷雾热解法制备 3D OP ZnO-SnO$_2$ HM：将一定量的 SnCl$_2$·5H$_2$O 和 ZnCl$_2$，0.175g S-PS 微球粉末溶于 15mL 去离子水中，再将 0.3mL 过氧化氢溶液和 0.16mL 盐酸（0.2mol/L）加入上述溶液中，并在 25℃下搅拌溶液 4h（Sn/Zn 物质的量比控制为 1∶0，1∶1，0∶1）。

（3）固态 SnO$_2$ 微球在未添加 S-PS 球模板的条件下制备得到。

（4）上述反应得到的沉淀经过离心分离，并用去离子水和乙醇交替洗涤，然后在空气中干燥，最后在 600℃下煅烧 3h 得到产物。

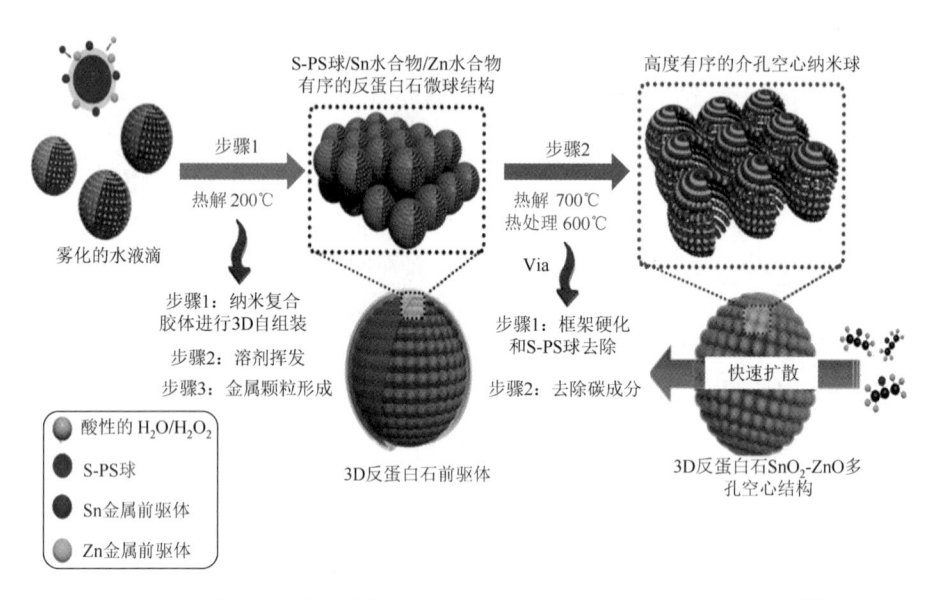

图 3.70　通过自组装方法制备 3D OP ZnO-SnO$_2$ HM 纳米材料示意图[94]

3.5.2　纳米多孔结构 3D OP ZnO-SnO$_2$ HM 敏感材料的表征与分析

在上述制备过程中，前驱体溶液在一定环境条件下首先生成部分复合物胶体，其在氮气作载流气的情况下约 200℃时发生热解并自组装形成高度有序的三维反蛋白石前驱体，伴有溶剂蒸发、金属颗粒附着在 S-PS 微球表面。XRD 表征结果表明所制备的 S2 样品为四方金红石 SnO$_2$ 和六方铅锌矿 ZnO 两种晶体结构［图 3.71（a）］[95]，说明 S2 为目标产物 3D OP ZnO-SnO$_2$ HM。从图 3.71（b）中可以看出合成的 3D OP ZnO-SnO$_2$ HM 的微观结构是一种由多个空心多孔纳米球自组装形成的高度有序的三维反蛋白石微球框架，可以明显观察到介孔和微孔存在于三维结构中［图 3.71（c）］。此外，单个空心多孔纳米球的直径大约为 200nm。三维空心、多孔等结构特点能为气体吸附过程提供更多的吸附活性位点，并且提供更多的通道用于目标气体吸附与扩散，从而增强气体传感器敏感性能。

Lu 等采用 TEM 和 HRTEM 进一步分析了 S2 纳米材料的微结构特点，如图 3.72

所示。如图 3.72（a）SAED 中，明亮的衍射环说明所制备的样品为多晶结构，且衍射环可分别归结于 ZnO（002）晶面和 SnO$_2$ 的（110）、（211）和（112）晶面，表明 ZnO-SnO$_2$ 复合物已成功合成。图 3.72（b）TEM 结果进一步表明单个的三维反蛋白石空心微球是由许多空心多孔纳米球自组装形成，每个空心纳米球之间彼此有序连接，并且在去除有机物和前驱体分解过程中空心纳米球的微结构并没有发生坍塌。图 3.72（c）再次证实了单个 3D OP HM 纳米材料是由许多空心多孔纳米球组成，此外，相似方法制备得到的 ZnO 和 SnO$_2$ 相的微结构均为三维多孔球，并未发生显著变化。图 3.72（e）中可以观察到明显的晶格条纹，晶面间距 0.177nm 和 0.334nm 分别归于四方金红石结构 SnO$_2$ 的（211）和（110）晶面。同时在 HRTEM 图中也观察到了 ZnO 相，其晶面间距 0.192nm 可索引为（102）晶面。此外，样品的 TEM 对应的 Mapping 元素分析图如图 3.72（d）所示，结果表明 S2 样品中 Zn、Sn 和 O 三种元素均匀分布，说明 ZnO-SnO$_2$ 复合物成功制备。结合 ZnO 和 SnO$_2$ 纳米材料的气敏特性，它们之间的相互协同作用在气敏性能增强方面起着重要作用。

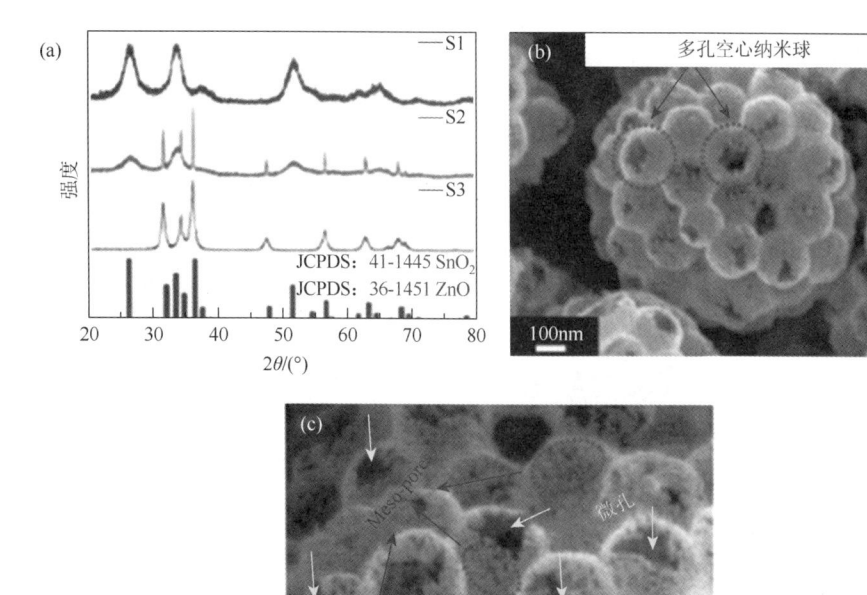

图 3.71 （a）合成样品的 XRD 图；(b, c) 3D OP ZnO-SnO$_2$ HM 的微观结构[94]

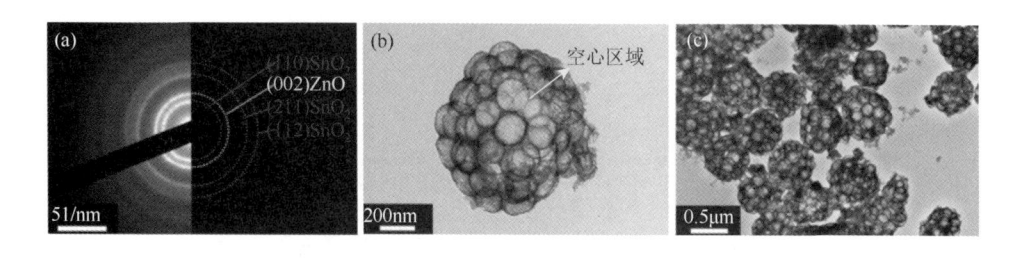

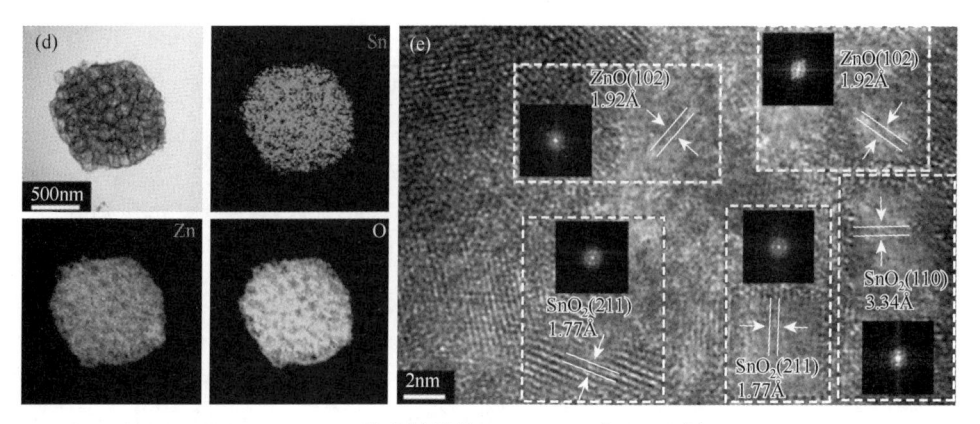

图 3.72 （a～c）3D OP ZnO-SnO₂ HM 纳米材料的 SAED（a）和 TEM 图（b，c）；(d) 3D OP ZnO-SnO₂ HM 的 TEM 和对应 Mapping 元素分析图；(e) 3D OP ZnO-SnO₂ HM 样品的 HRTEM[94]

3.5.3 纳米多孔结构 SnO₂ 基气体传感器

由于材料特殊的三维多孔空心结构，基于该敏感材料的气体传感器对人体呼吸气如乙醇和丙酮呈现出较好的气敏性能。其中，3D OP ZnO-SnO₂ HM 基气体传感器在最佳工作温度 275℃ 下对 100ppm 丙酮气体的响应值最高且达到 45.8，远高于乙醇和丙酮气体。我们知道，丙酮作为人体呼气中的主要成分，其含量与人体疾病如糖尿病具有较大的关联，若人体患有糖尿病，则呼气中丙酮含量较高，精准测量呼气中丙酮含量可以对人体健康进行有效监测，因此对较低的丙酮含量进行有效检测对气体传感器提出了较高的应用要求。图 3.73（a）和（b）为 3D OP ZnO-SnO₂ HM 基气体传感器对健康人体呼气和模拟患病人体呼气中丙酮含量的检测。可以看出，气体传感器检测模拟患病人体呼气中丙酮气体时，其响应值约为 2.64，远高于健康人体呼气中的丙酮响应值，说明气体传感器对真实糖尿病患者呼气中的丙酮检测具有显著作用，可以有效预警人体患有糖尿病的风险[96,97]。此外，气体传感器在检测中对丙酮具有较快的响应和恢复速率，在丙酮检测实际应用中具有较大的应用潜力。如图 3.73（c）和（d）所示，3D OP SnO₂ 敏感材料对乙醇具有较好的气体响应，且在模拟酒驾测试中呈现出较高的气体响应，因此可用于乙醇含量测定和酒驾检测的实际应用，且对乙醇及其他气体的检测响应和恢复时间较快，是一种具有较大应用潜力的敏感材料。

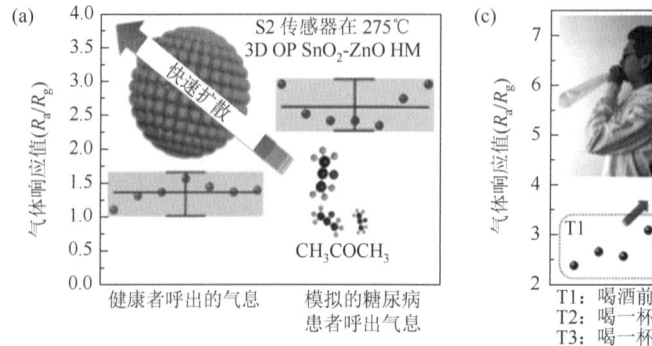

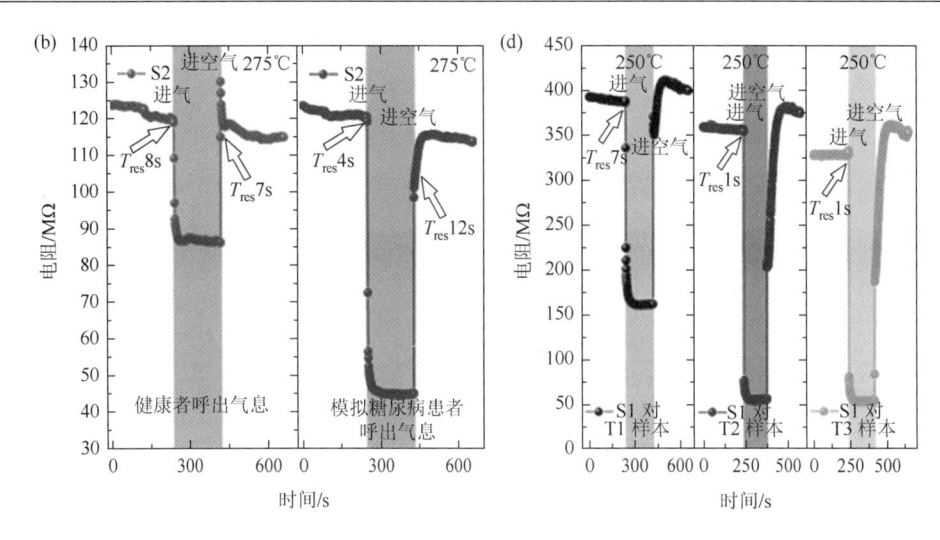

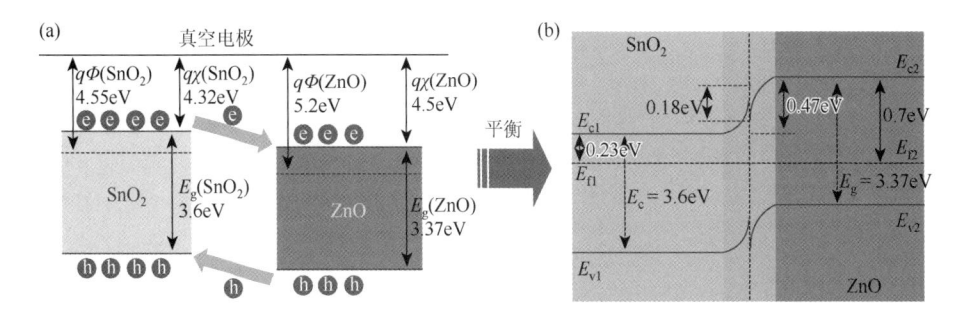

图 3.73　（a，b）3D OP ZnO-SnO$_2$ HM 基气体传感器对健康人体和模拟患病人体中丙酮含量的检测；（c，d）3D OP SnO$_2$ 基气体传感器对乙醇气体的检测[94]

根据基本的化学传感理论，金属氧化物半导体对还原性气体的检测机理也可以用电子沉积层模型解释。基于上述的分析，3D OP ZnO-SnO$_2$ HM 对丙酮呈现出较高的响应值主要可归于以下几个方面：首先，ZnO 和 SnO$_2$ 形成了 n-n 异质结，异质结之间更好的能级匹配可以改善两种材料间的势垒和电子传输或转移过程，从而有效地提升气体传感器对特定检测气体的敏感性能[98]，如图 3.74（a）和（b）所示。其次，异质结能够引起电子沉积层范围的厚度发生可控性的改变，导致气体传感器暴露于丙酮中时其敏感电阻发生显著的变化及波动[99]。另外，独特的反蛋白石空心结构具有连续的结构框架、三维多孔系统、较多的孔道和较大的气体接触面积，从而更有利于气体的扩散和更多的吸附活性位点存在于敏感材料表面。因此，基于 3D OP ZnO-SnO$_2$ HM 的敏感材料对丙酮和乙醇等气体呈现出优越的气敏性能。

综上所述，多孔纳米结构 SnO$_2$ 由于其独特的多孔结构和纳米化，往往具有较大的比表面积、较大的孔径分布和气体孔道，能够为吸附氧离子与目标气体分子之间提供更多的活性吸附位点，从而有效增强气体传感器的气敏性能。因此，多孔纳米材料在气体传感器实际应用方面具有较大的应用潜力和使用价值。

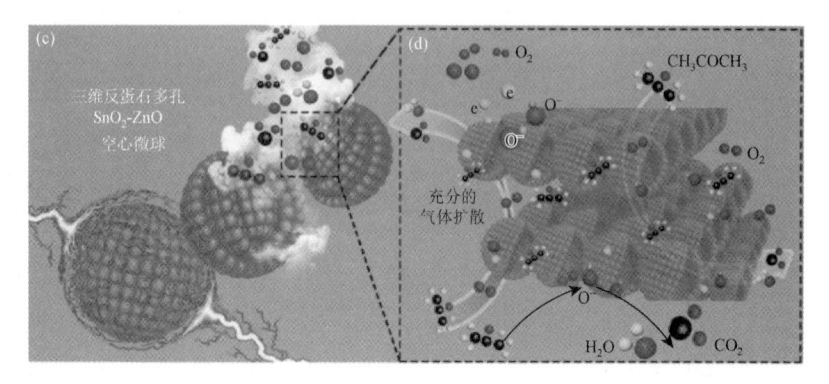

图 3.74 （a，b）3D OP ZnO-SnO$_2$ HM 基气体传感器的敏感机理示意图；（c，d）反蛋白石多孔空心结构的形成示意图

参 考 文 献

[1] Hotovy I, Rehacek V, Siciliano P, et al. Sensing characteristics of NiO thin films as NO$_2$ gas sensor. Thin Solid Films, 2002, 418: 9-15.

[2] Yaday A A, Lokhandle V C, Bulakhe R N, et al. Amperometric CO$_2$ gas sensor based on interconnected web-like nanoparticles of La$_2$O$_3$ synthesized by ultrasonic spary pyrolysis. Microchemica Acta, 2017, 184: 3713-3720.

[3] Khanna A, Kumar R, Bhatti S S. CuO-doped SnO$_2$ thin films as hydrogen sulfide gas sensor. Appl Phys Lett, 2003, 82: 4388-4390.

[4] Liu X, Chen N, Han B Q, et al. Nanoparticle cluster gas sensor: Pt activated SnO$_2$ nanoparticles for NH$_3$ detection with ultrahigh sensitivity. Nanoscale, 2015, 7: 14872-14880.

[5] Lin Y, Wei W, Li Y J, et al. Preparation of Pd nanoparticle-decorated hollow SnO$_2$ nanofibers and their enhanced formaldehyde sensing properties. Alloys Compd, 2015, 651: 690-698.

[6] McCusker L B, von Dreele R B, Cox D E, et al. Rietveld refinement guidelines. J Appl Crystallogr, 1999, 32: 36.

[7] (a) Kawska A, Duchstein P, Hochrein O, et al. Atomistic mechanisms of ZnO aggregation from ethanolic solution: Ion association, proton transfer, and self-organization. ACS Appl Mater Interfaces, 2008, 8: 2336; (b) Xu S, Wang Z L. One-dimensional ZnO nanostructures: Solution growth and functional properties. Nano Res, 2011, 4: 1013.

[8] Liu X, Xing X, Li Y X, et al. Controllable synthesis and change of emission color from green to orange of ZnO quantum dots using different solvents. New J Chem, 2015, 39: 2881.

[9] Zheng Y, Zheng L, Zhan Y, et al. Ag/ZnO Heterostructure nanocrystals: Synthesis, characterization, and photocatalysis. Inorg Chem, 2007, 46: 6980.

[10] Dong C, Liu X, Xiao X, et al. Combustion synthesis of porous Pt-functionalized SnO$_2$ sheets for isopropanol gas detection with a significant enhancement in response. J Mater Chem A, 2014, 2: 20089.

[11] Wang G, Mu Q, Chen T, et al. Synthesis, characterization and photoluminescence of CeO$_2$ nanoparticles by a facile method at room temperature. J Alloys Comp, 2010, 493: 202.

[12] Prakash A, Majumdar S, Devi P S, et al. Polycarbonate membrane assisted growth of pyramidal SnO$_2$ particles. J Membrane Sci, 2009, 326 (2): 388-391.

[13] Supothina S. Gas sensing properties of nanocrystalline SnO$_2$ thin films prepared by liquid flow deposition. Sens Actuators B: Chem, 2003, 93 (1-3): 526-530.

[14] Sun Y F, Liu S B, Meng F L, et al. Metal oxide nanostructures and their gas sensing properties: A review. Sensors, 2012, 12 (3): 2610-2631.

[15] Hu D, Han B Q, Deng S J, et al. Novel mixed phase SnO$_2$ nanorods assembled with SnO$_2$ nanocrystals for enhancing

gas-sensing performance toward isopropanol gas. J Phys Chem C, 2014, 118 (18): 9832-9840.

[16] Li Z M, Lai X Y, Wang H, et al. General synthesis of homogeneous hollow core-shell ferrite microspheres. J Phys Chem C, 2009, 113 (7): 2792-2797.

[17] Dong C J, Xing X X, Chen N, et al. Biomorphic synthesis of hollow CuO fibers for low-ppm-level n-propanol detection via a facile solution combustion method. Sens Actuators B: Chem, 2016, 230: 1-8.

[18] Gaiduk P I, Chevallier J, Prokopyev S L, et al. Plasmonic-based SnO_2 gas sensor with in-void segregated silver nanoparticles. Microelectron Eng, 2014, 125: 68-72.

[19] Das A, Bonu V, Prasad A K, et al. The role of SnO_2 quantum dots in improved CH_4 sensing at low temperature. J Mater Chem C, 2014, 2 (1): 164-171.

[20] Shahabuddin M, Sharma A, Kumar J, et al. Metal clusters activated SnO_2 thin film for low level detection of NH_3 gas. Sens Actuators B: Chem, 2014, 194: 410.

[21] Suematsu K, Shin Y, Hua Z, et al. Nanoparticle cluster gas sensor: Controlled clustering of SnO_2 nanoparticles for highly sensitive toluene detection. Sens Actuators B: Chem, 2014, 6: 5319.

[22] Peeters D, Barreca D, Carraro G, et al. Au/ε-Fe_2O_3 Nanocomposites as selective NO_2 gas sensors. J Phys Chem C, 2014, 118: 11813.

[23] Wang Y D, Chen T, Mu Q Y, et al. A nonaqueous sol-gel route to synthesize $CdIn_2O_4$ nanoparticles for the improvement of formaldehyde-sensing performance. Scripta Materialia, 2009, 61 (10): 935-938.

[24] Bai S L, Guo W T, Sun J H, et al. Synthesis of SnO_2-CuO heterojunction using electrospinning and application in detecting of CO. Sens Actuators B: Chem, 2016, 226: 96-103.

[25] Haridas D, Gupta V. Enhanced response characteristics of SnO_2 thin film based sensors loaded with Pd clusters for methane detection. Sens Actuators B: Chem, 2012, 166: 156-164.

[26] Jin W, Yan S L, Chen W, et al. Enhanced ethanol sensing characteristics by decorating dispersed Pd nanoparticles on vanadium oxide nanotubes. Mater Lett, 2014, 128: 362-365.

[27] Jang B H, Landau O, Choi S J, et al. Selectivity enhancement of SnO_2 nanofiber gas sensors by functionalization with Pt nanocatalysts and manipulation of the operation temperature. Sens Actuators B: Chem, 2013, 188: 156-168.

[28] Fu J C, Zhao C H, Zhang J L, et al. Enhanced gas sensing performance of electrospun Pt-functionalized NiO nanotubes with chemical and electronic sensitization. ACS Appl Mater Interfaces, 2013, 5 (15): 7410-7416.

[29] Kravets V G. Photoluminescence and Raman spectra of SnO_2 nanostructures doped with Sm ions. Opt Spectrosc, 2007, 103: 766-771.

[30] Kohno H, Iwasaki T, Mita Y, et al. One phonon Raman scattering studies of chains of crystalline-Si nanospheres. J Appl Phys, 2002, 91: 3232-3235.

[31] Lupan O, Chow L, Chai G, et al. A rapid hydrothermal synthesis of rutile SnO_2 nanowires. Materi Sci Eng B, 2009, 157: 101-104.

[32] Abello L, Bochu B, Gaskov A, et al. Structural characterization of nanocrystalline SnO_2 by X-ray and Raman spectroscopy. J Solid State Chem, 1998, 135: 78-81.

[33] Peng X S, Zhang L D, Meng G W, et al. Micro-Raman and infrared properties of SnO_2 nanobelts synthesized from Sn and SiO_2 powders. J Appl Phys, 2003, 93: 1760-1763.

[34] Lamelas F J. Formation of orthorhombic tin dioxide from mechanically milled monoxide powders. J Appl Phys, 2004, 96: 6195-6200.

[35] Huang J R, Wang L Y, Gu C P, et al. Preparation of porous SnO_2 microcubes and their enhanced gas-sensing properties. Sens Actuators B: Chem, 2015, 207: 782-790.

[36] Wang Y D, Djerdj I, Antonietti M, et al. Polymer-assisted generation of antimony-doped SnO_2 nanoparticles with high crystallinity for application in gas sensors. Small, 2008, 4 (10): 1656-1660.

[37] Hu D, Han B Q, Han R, et al. SnO_2 nanorods based sensing material as an isopropanol vapor sensor. New J Chem, 2014,

38：2443-2450.

[38] Lv J L，Yang M，Hideo M. The effect of urea on microstructures of tin dioxide grown on Ti plate and its supercapacitor performance. Chem Phys Lett，2017，669：161-165.

[39] Tangirala V K K，Pozos H G，Lugo V R, et al. A study of the CO sensing response of Cu-, Pt- and Pd-activated SnO_2 sensors：Effect of precipiton agents，dopants and doping methods. Sensors，2017，17：1011-1035.

[40] Dong C J，Jiang M，Tao Y，et al. Nonaqueous synthesis of Pd-functionalized SnO_2/In_2O_3 nanocomposites for excellent butane sensing properties. Sens Actuators B：Chem，2018，257：419-426.

[41] Zhang X C，Yang H M. Structural characterization and gas sensing property of Cd-doped SnO_2 nanocrystallities synthesized by mechanochemical reaction. Sens Actuators B：Chem，2012，173：127-132.

[42] Wei D D，Huang Z S，Wang L W，et al. Hydrothermal synthesis of Ce-doped hierarchical flower-like In_2O_3 microspheres and their excellent gas-sensing properties. Sens Actuators B：Chem，2018，255：1211-1219.

[43] Becker T，Ahlrs S，Braunmühl C B，et al. Gas sensing properties of thin- and thick-film tin-oxide materials. Sens Actuators B，2001，77：55-61.

[44] Ahlers S，Muller G，Doll T. Factors influencing the gas sensitivity of metal oxide materials. Encyclopedia of Sensors，2006，3：413-447.

[45] Banerjee S，Nag P，Mahumdar S，et al. High butane sensitivity and selectivity exhibited by combustion synthesized SnO_2 nanoparticles. Mater Res Bullet，2015，65：216-223.

[46] Li Y X，Deng D Y，Chen N，et al. Pd nanoparticles composited SnO_2 microspheres as sensing materials for gas sensors with enhanced hydrogen response performances. J Alloys Compd，2017，710：216-224.

[47] Wang S M，Wang P，Li Z F，et al. Facile fabrication and enhanced gas sensing properties of In_2O_3 nanoparticles. New J Chem，2014，38：4879-4884.

[48] Zhou X，Feng W，Wang C，et al. Porous $ZnO/ZnCo_2O_4$ hollow spheres：Synthesis，characterization，and applications in gas sensing. J Mater Chem A，2014，2：17683-17690.

[49] Meng D，Liu D Y，Wang G S，et al. Low-temperature formaldehyde gas sensors based on $NiO-SnO_2$ heterojunction microflowers assembled by thin porous nanosheets. Sens Actuators B：Chem，2018，273：418-428.

[50] Mirzaei A，Leonardi S G，Neri G. Detection of hardous volatile organic compounds（VOCs）by metal oxide nanostructures-based gas sensors：A review. Ceramic International，2016，42：15119-15141.

[51] Li Y X，Chen N，Deng D Y，et al. Formaldehyde detection：SnO_2 microspheres for formaldehyde gas sensor with sensitivity，fast response/recovery and good selectivity. Sens Actuators B：Chem，2017，238：264-273.

[52] Zhang R，Zhou T T，Zhang T. Functionalized of hybrid 1D SnO_2-ZnO nanofibers for formaldehyde detection. Adv Mater Interf，2018：1800967-1800976.

[53] Ma Z Z，Yang K，Xiao C L，et al. Electrospun Bi-doped SnO_2 porous nanosheets for highly sensitive nitric oxide detection. J Hazard Mater，2021，416：126118.

[54] Li G J，Cheng Z X，Xiang Q，et al. Bimetal PdAu decorated SnO_2 nanosheets based gas sensor with temperature-dependent dual selectivity for detecting formaldehyde and acetone. Sens Actuators B：Chem，2019，283：590-601.

[55] Chu L，Duo F，Zhang M，et al. Doping induced enhanced photocatalytic performance of SnO_2：Bi^{3+} quantum dots toward organic pollutants. Colloids Surf A：Physicochem Eng Asp，2020，589：124416.

[56] Qiao X，Xu Y，Yang K，et al. Laser-generated $BiVO_4$ colloidal particles with tailoring size and native oxygen defect for highly efficient gas sensing. J Hazard Mater，2020，392：122471.

[57] Kim S，Park S，Park S，et al. Acetone sensing of Au and Pd-decorated WO_3 nanorod sensors. Sens Actuators B：Chem，2015，209：180-185.

[58] Lin Y，Deng P，Nie Y，et al. Room-temperature self-powered ethanol sensing of a Pd/ZnO nanoarray nanogenerator driven by human finger movement. Nanoscale，2014，6：4604-4610.

[59] Zheng J N，He L L，Chen F Y，et al. A facile general strategy for synthesis of palladium-based bimetallic alloyed

[60] Xu J, White T, Li P, et al. Biphasic Pd-Au alloy catalyst for low-temperature CO oxidation. J Am Chem Soc, 2010, 132: 10398-10406.

[61] Si R, Flytzani M. Stephanopoulos, shape and crystal-plane effects of nanoscale Ceria on the activity of Au-CeO$_2$ catalysts for the water-gas shift reaction. Angew Chem Int Ed, 2008, 47: 2884-2887.

[62] Huo Z, Tsung C K, Huang W, et al. Sub-two nanometer single crystal Au nanowires. Nano Lett, 2008, 8: 2041-2044.

[63] Moon C S, Kim H R, Auchterlonie G. Highly sensitive and fast responding CO sensor using SnO$_2$ nanosheets. Sens Actuators B: Chem, 2008, 131: 556-564.

[64] Yu H, Yang T, Zhao R, et al. Fast formaldehyde gas sensing response properties of ultrathin SnO$_2$ nanosheets. RSC Adv, 2015, 5: 104574-104581.

[65] Lee Y W, Kim M, Kim Y, et al. Synthesis and electrocatalytic activity of Au-Pd alloy nanodendrites for ethanol oxidation. J Phys Chem C, 2010, 114: 7689-7693.

[66] Lee Y W, Kim N H, Lee K Y, et al. Synthesis and characterization of flower-shaped porous Au-Pd alloy nanoparticles. J Phys Chem C, 2008, 112: 6717-6722.

[67] Zhao R, Zhang X, Peng S, et al. Shaddock peels as bio-templates synthesis of Cd-doped SnO$_2$ nanofibers: A high performance formaldehyde sensing material. J Alloys Compd, 2020, 813: 152170.

[68] Zhao C, Gong H, Niu G, et al. Ultrasensitive SO$_2$ sensor for sub-ppm detection using Cu-doped SnO$_2$ nanosheet arrays directly grown on chip. Sens Actuators B: Chem, 2020, 324: 128745.

[69] Li C, Qiao X, Jian J, et al. Ordered porous BiVO$_4$ based gas sensors with high selectivity and fast-response towards H$_2$S. Chem Eng J, 2019, 375: 121924.

[70] Naderi H, Hajati S, Ghaedi M, et al. Highly selective few-ppm NO gas sensing based on necklace-like nanofibers of ZnO/CdO n-n type I heterojunction. Sens Actuators B: Chem, 2019, 297: 126774.

[71] Murali G, Reddeppa M, Seshendra Reddy C, et al. Enhancing the charge carrier separation and transport via nitrogen-doped graphene quantum dot-TiO$_2$ nanoplate hybrid structure for an efficient NO gas sensor. ACS Appl Mater Interfaces, 2020, 12: 13428-13436.

[72] Jang J S, Kim S J, Choi S J, et al. Thin-walled SnO$_2$ nanotubes functionalized with Pt and Au catalysts via the protein templating route and their selective detection of acetone and hydrogen sulfide molecules. Nanoscale, 2015, 7: 16417-16426.

[73] Xing R, Xu L, Song J, et al. Preparation and gas sensing properties of In$_2$O$_3$/Au nanorods for detection of volatile organic compounds in exhaled breath. Sci Rep, 2015, 5: 10717.

[74] Yamazoe N, Sakai G, Shimanoe K. Oxide semiconductor gas sensors. Catal Surv Asia, 2003, 7: 63-75.

[75] Aono H, Traversa E, Sakamoto M, et al. Crystallographic characterization and NO$_2$ gas sensing property of LnFeO$_3$ prepared by thermal decomposition of Ln-Fe hexacynocomplexes, Ln[Fe(CN)$_6$]·nH$_2$O, Ln = La, Nd, Sm, Gd, and Dy. Sens Actuators B: Chem, 2003, 94 (2): 132-139.

[76] Sun X M, Li Y D. Colloidal carbon spheres and their core/shell structures with noble-metal nanoparticles. Angew Chem Inter Ed, 2004, 43: 597-601.

[77] Chen T, Liu Q J, Zhou Z L, et al. A high sensitivity gas sensor for formaldehyde based on CdO and In$_2$O$_3$ doped nanocrystalline SnO$_2$. Nanotechnology, 2008, 19: 095506-095511.

[78] Dong C J, Liu X, Guan H T, et al. Combustion synthesized hierarchically porous WO$_3$ for selectibe acetone sensing. Mater Chem Phys, 2016, 184: 155-161.

[79] Ke C, Yang Z, Pan J S, et al. Annealing induced anomalous electrical transport behavior in SnO$_2$ thin films prepared by pulsed laser deposition. Appl Phys Lett, 2010, 97: 092101-092103.

[80] Titirici M M, Antonietti M, Thomas A. A generalized synthesized of metal oxide hollow spheres using a hydrothermal approach. Chem Mater, 2006, 18: 3808-3812.

[81] Zhang L P, Huang J, Ma D J, et al. Preparation and gas sensing properties of ZnO hollow microspheres. J Sol-Gel Sci Technol, 2017, 82: 59-66.

[82] Jiang X G, Li C Y, Chi Y, et al. TG-FTIR study on urea-formaldehyde resin residue during pyrolysis and combustion. J Hazard Mater, 2010, 173 (1-3): 205-210.

[83] Zhang C L, Wang J, Hu R J, et al. Synthesis and gas sensing properties of porous hierarchical SnO_2 by grapefruit exocarp biotemplate. Sens Actuators B: Chem, 2016, 222: 1134-1143.

[84] Wen Z, Tian-mo L. Gas-sensing properties of SnO_2-TiO_2-based sensor for volatile organic compound gas and its sensing mechanism. Physica B: Condensed Matter, 2010, 405 (5): 1345-1348.

[85] Liu X, Chen N, Xing X X, et al. A high-performance n-butanol gas sensor based on ZnO nanoparticles synthesized by a low-temperature solvothermal route. RSC Adv, 2015, 5: 54372-54378.

[86] Wang H, Qu Y, Chen H, et al. Highly selective n-butanol gas sensor based on mesoporous SnO_2 prepared with hydrothermal treatment. Sens Actuators B: Chem, 2014, 201: 153-159.

[87] Zhang W, Tian J L, Wang Y A, et al. Single porous SnO_2 microtubes template from *Papilio maacki* bristles: New structure towards superior gas sensing. J Mater Chem A, 2014, 2: 4543-4550.

[88] Dai Z, Dai H, Zhou Y, et al. Monodispersed Nb_2O_5 microspheres: Facile synthesis, air/water interfacial self-assembly, Nb_2O_5-based composite films, and their selective NO_2 sensing. Adv Mater Interf, 2015, 2: 1500167.

[89] Shibata T, Fukuda K, Ebina Y, et al. One nanometer-thick seed layer of unilamellar nanosheets promotes oriented growth of oxide crystal films. Adv Mater, 2008, 20: 231-235.

[90] Hu L, Chen M, Fang X, et al. Oil-water interfacial self-assembly: A novel strategy for nanofilm and nanodevice fabrication. Chem Soc Rev, 2012, 41: 1350-1362.

[91] Zhang H, Duan G, Liu G, et al. Layer-controlled synthesis of WO_3 ordered nanoporous films for optimum electrochromic application. Nanoscale, 2013, 5: 2460-2468.

[92] Su X, Gao L, Zhou F, et al. A substrate-independent fabrication of hollow sphere arrays via template-assisted hydrothermal approach and their application in gas sensing. Sens Actuators B: Chem, 2017, 251: 74-85.

[93] Rao A, Long H, Harley-Trochimczyk A, et al. *In situ* localized growth of ordered metal oxide hollow sphere array on microheater platform for sensitive, ultra-fast gas sensing. ACS Appl Mater Interfaces, 2017, 9: 2634-2641.

[94] Wang T S, Zhang S F, Yu Q, et al. Novel self-assembly route assisted ultra-fast trace volatile organic compounds gas sensing based on three-dimensional opal microspheres composites for diabetes diagnosis. ACS Appl Mater Interfaces, 2018, 10: 32913-32921.

[95] Sivalingam D, Gopalakrishnan J B, Rayappan J B B. Nanostructured mixed ZnO and CdO thin film for selective ethanol sensing. Mater Lett, 2012, 77: 117-120.

[96] Turner C, Walton C, Hoashi S, et al. Breath acetone concentration decreases with blood glucose concentration in type I diabetes mellitus patients during hypoglycaemic clamps. J Breath Res, 2009, 3: 046004.

[97] Kalapos M P. On the mammalian acetone metabolism: From chemistry to clinical implications *Biochim biophys*. Acta Gen Subj, 2003, 1621, 122-139.

[98] Hwang I S, Kim S J, Choi J K, et al. Synthesis and gas sensing characteristics of highly crystalline ZnO-SnO_2 core-shell nanowires. Sens Actuators B: Chem, 2010, 148: 595-600.

[99] Chen H, Sun L, Li G D, et al. Well-tuned surface oxygen chemistry of cation off-stoichiometric spinel oxides for highly selective and sensitive formaldehyde detection. Chem Mater, 2018, 30: 2018-2027.

第 4 章　ZnO 基气体敏感材料与气体传感器

金属氧化物半导体因其高响应、快速响应、低成本和选择性良好等优点已被广泛应用于气体传感器。氧化锌（ZnO）作为最早被发现的重要的气敏材料之一，被广泛用来检测可燃和有毒气体[1]。纳米材料的小尺寸效应不仅可以确保材料与更多气体分子接触，还能提供更多的表面活性位点。目前合成的纳米结构包括一维（1D）纳米线[2]、纳米棒[3]或纳米带[4]，二维（2D）纳米片[5]，三维（3D）分级结构[6-8]以及扩孔结构。ZnO纳米片因大的比表面积、高的结晶性和高的暴露活性面比例在许多领域显示出优异的性能[9,10]，如太阳能电池、催化和传感器领域等[11-13]。

ZnO 是直接带隙的宽禁带半导体材料，禁带宽度达到 3.37eV。由于氧原子空位、间隙锌离子的存在，ZnO 表现为 n 型半导体[14]。该半导体具有透明度好、电子迁移率高、带隙宽、室温发光强等优点。这些特性在液晶显示器、气体传感器、薄膜晶体管和发光二极管等电子产品的应用中具有重要价值。ZnO 传感器具有响应快速、寿命长、成本低等特点，在气体敏感材料研究中一直作为热门研究对象，但 ZnO 传感器在实际应用中仍存在工作温度较高、气体响应值较低等问题。

4.1　零维结构 ZnO 基气体敏感材料

4.1.1　Au/ZIF-8 衍生的多孔 Au/ZnO 复合纳米材料

金属有机骨架（MOF）是金属离子或团簇与有机配体配位形成一维、二维或三维结构的化合物，由于具有高孔隙率、大比表面积和多金属位点等诸多性能，在化学化工领域得到广泛应用，如有毒有害化学物质的吸附、气体储存、分子分离、催化和药物缓释等。因此，利用 MOF 衍生物较大的比表面积能提供更多的活性位点，进一步改善 MOF 衍生 ZnO 纳米颗粒的气敏性能。

贵金属中，金纳米颗粒不仅具有催化活性和电子敏化活性，还具有纳米材料固有的性质如比表面积大等，常被掺杂或修饰在气体敏感材料中以提高气体敏感材料的传感性能。除了金纳米颗粒本身的特性之外，金和金属氧化物复合材料的性能提升还和两者之间形成的异质纳米结构如肖特基接触有关[15]。

1. 多孔 Au/ZnO 复合纳米材料的制备与表征

ZIF-8 衍生的多孔 Au/ZnO 复合纳米材料的整个合成过程如图 4.1 所示。具体的合成步骤如下[16]：

称量 0.05g 制备的 ZIF-8 纳米晶体粉末，加入 10mL 去离子水中超声分散 10min。再向其中加入 0.5mL 合成的金种子水溶液，搅拌 5h，得到 Au/ZIF-8 复合纳米材料的悬浊液。

将悬浊液离心分离后高温干燥,得到粉末状的 Au/ZIF-8 复合纳米材料。将制备的 Au/ZIF-8 复合纳米颗粒粉末置于马弗炉中,在空气气氛中,以 1℃/min 的升温速率升温至 500℃后在 500℃煅烧 2h,然后降温至室温,得到多孔 Au/ZnO 复合纳米材料。

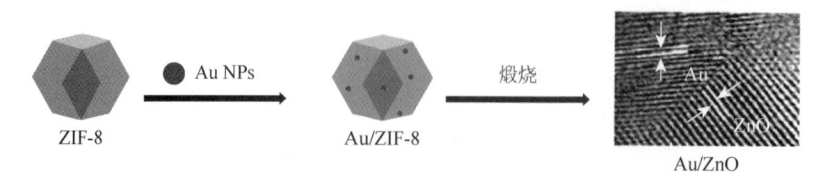

图 4.1　多孔 Au/ZnO 复合纳米材料的制备流程图

作为自牺牲模板,Au/ZIF-8 复合纳米材料对合成的 Au/ZnO 的形貌和性能非常重要。图 4.2 展示了制备的 Au 和 Au/ZIF-8 纳米材料的形貌特征。图 4.2（a）为 Au 纳米颗粒的 TEM 图,如图所示,制备的 Au 纳米颗粒的大小较为均一。Au 纳米颗粒呈球形,直径约为 5nm。由于 ZIF-8 的孔径为 1.2nm,可以判断 Au 纳米颗粒在 Au 与 ZIF-8 复合的过程中,不能进入 ZIF-8 的内部,这也应该是 ZIF-8 晶体结构未受 Au 纳米颗粒影响的原因。图 4.2（b）为合成的 Au/ZIF-8 纳米颗粒的 SEM 图。由于 Au 纳米颗粒相对于 ZIF-8 过小,从 SEM 图中难以明显观察到 Au 纳米颗粒的存在。因此,对 Au/ZIF-8 纳米颗粒进行进一步的 TEM 观测,观测结果如图 4.2（c）所示。Au/ZIF-8 纳米颗粒的表面附着细小的颗粒。通过对附着的颗粒进行放大的 HRTEM 观测,如图 4.2（d）所示,可以发现附着颗粒的晶格间距为 0.236nm,与 Au 的（111）晶面相匹配。由此判断 Au 纳米颗粒成功地附着在 ZIF-8 表面,成功合成了 Au/ZIF-8 复合纳米材料。

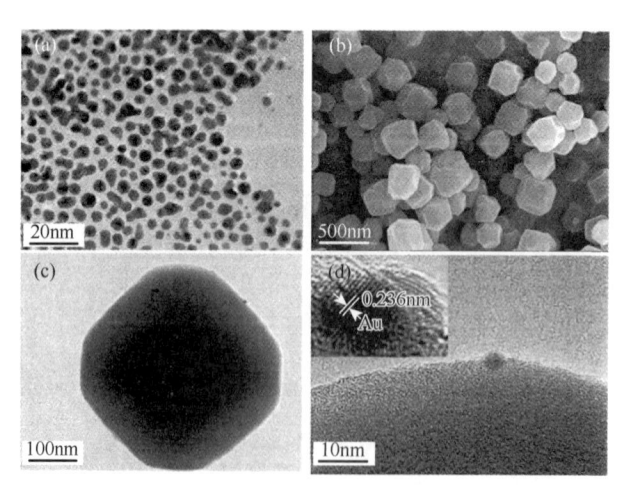

图 4.2　(a) Au 纳米颗粒的 TEM 图;(b) Au/ZIF-8 的 SEM 图;(c) Au/ZIF-8 的 TEM 图;(d) Au/ZIF-8 的 HRTEM 图

图 4.3 展示了合成的 Au/ZnO 复合纳米材料的结构形貌特征。图 4.3（a）和（b）为 Au/ZnO 复合纳米材料的电镜图。从电镜图中可以看出 Au/ZnO 由互相贯穿的超细小的粒子组成多孔的网络。图 4.3（c）为 Au/ZnO 的 HRTEM 图,图中一部分材料的晶格间距为

0.281nm，与六方纤锌矿结构 ZnO 的（100）晶面相匹配。另一部分材料的晶格间距为 0.236nm，与 Au 的（111）晶面相匹配。不同晶格间距的材料相连，说明将 Au/ZnO 复合物进行高温处理后成功得到了 Au/ZIF-8 复合物，且 Au 和 ZnO 之间结合较为紧密。图 4.3（d）～（g）为 Au/ZnO 在 TEM 模式下的 EDS 元素映射图。从图中可以进一步确定 Au 纳米颗粒较好地分散在 ZnO 中。

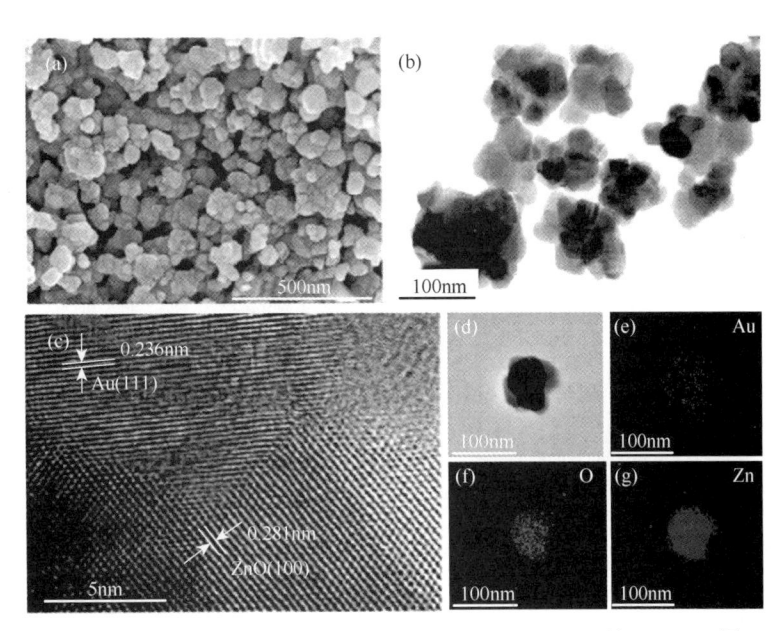

图 4.3　（a）Au/ZnO 的 SEM 图；（b）Au/ZnO 的 TEM 图；（c）Au/ZnO 的 HRTEM 图；（d～g）Au/ZnO EDS 的元素分布图

2. Au/ZnO 的气敏性能

将合成的 Au/ZnO 复合纳米材料作为气体敏感材料制成了气体传感器，并对气体传感器的气敏性能进行了测试，测试气体的浓度为亚 ppm 量级至 ppm 量级。

图 4.4 展示了 Au/ZnO 传感器在 200～400℃ 范围内，对 1ppm 丙酮的响应。从图中可以看出 Au/ZnO 传感器的最佳工作温度为 275℃，与 ZnO 传感器类似。

图 4.5（a）展示了 Au/ZnO 传感器和 ZnO 传感器对低浓度丙酮气体（100～3000ppb）的实时响应-恢复曲线。从图中可看出当传感器暴露于丙酮中时，其对应的响应值（R_a/R_g）增加直至平衡值。当传感器暴露于空气中时，其对应的响应值降低直至基线。这表示 Au/ZnO 传感器表现出典型的 n 型半导体材料对还原性气体的响应特征，说明 Au/ZnO 传感器的主要传感材料是 ZnO。在测试过程中，Au/ZnO 传感器的响应值明显高于 ZnO 传感器。图 4.5（b）对比了 ZnO 传感器和 Au/ZnO 传感器对不同浓度丙酮的响应值，其中丙酮浓度为 100～3000ppb。从图中可以看出，在测试范围内，随着丙酮浓度的增加，Au/ZnO 传感器的响应值逐渐升高。这是因为更多的丙酮气体分子会与 Au/ZnO 材料上的吸附氧进行反应，导致传感器的响应值提高。这也说明在测试的丙酮浓度范围内，丙酮分子与材料上吸附氧的反应未达到饱和。从图中也可看出，测试范围内对于各浓度的丙

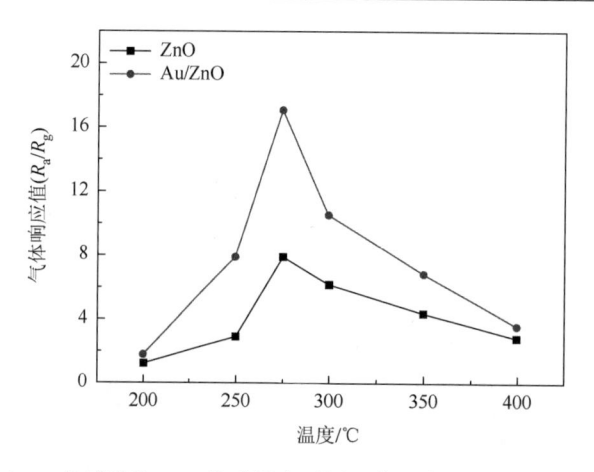

图 4.4 Au/ZnO 传感器和 ZnO 传感器在不同工作温度下对 1ppm 丙酮的响应值

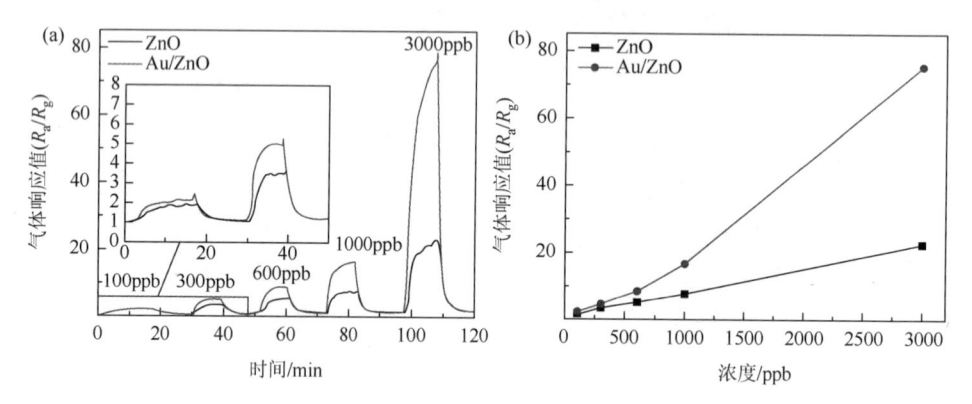

图 4.5 （a）Au/ZnO 传感器和 ZnO 传感器在最佳工作温度 275℃时对不同浓度丙酮的响应值；（b）Au/ZnO 传感器和 ZnO 传感器响应值和丙酮浓度的关系

酮，Au/ZnO 传感器的响应值均明显高于 ZnO 传感器。以 1000ppb 丙酮为例，ZnO 传感器的响应值为 7.9，而 Au/ZnO 传感器对应的响应值为 17.1。

3. 机理分析

在 ZnO 中引入金纳米颗粒以合成 Au/ZnO 复合纳米颗粒可以提供化学和电子敏化效应，相对于纯的 ZnO 纳米颗粒，该敏化效应对提高材料的气敏性能有利。图 4.6（a）展示了 Au/ZnO 纳米颗粒气敏过程中，对气敏有利的主要效应。图 4.6（b）展示了 Au/ZnO 的能带示意图。

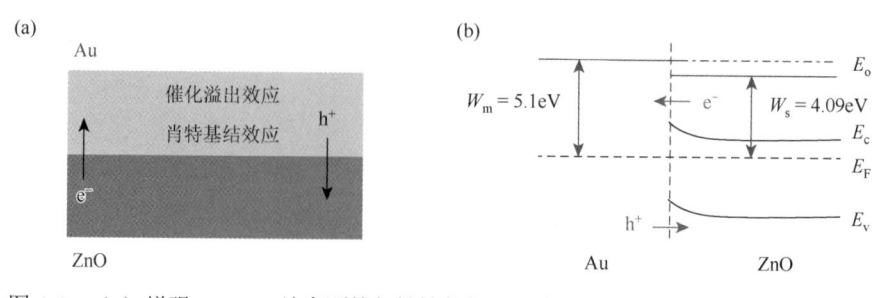

图 4.6 （a）增强 Au/ZnO 纳米颗粒气敏性能机理示意图；（b）Au/ZnO 的能带示意图

从化学敏化效应的角度而言,Au 纳米颗粒具有催化效应和溢出效应,这些效应对气敏过程有利。一种气体敏感材料的气敏性能与该种材料吸附氧分子并将吸附的氧分子离子化的能力有较大关系。Au 纳米颗粒可以提供更好的吸附和活化反应位点,来与氧分子进行结合并使氧分子的分子键断裂,这样会使气体敏感材料上吸附氧的数量增加。增加的吸附氧可以与更多的电子进行反应,因此更多的电子会从 ZnO 的导带中离开,致使 ZnO 在空气中达到的平衡基值降低。而从响应值(R_a/R_g)的定义而言,响应值则会升高[17]。除此之外,Au 纳米颗粒可以破坏丙酮分子使其变成更加有活性的分子碎片,由于 Au 的溢出效应,分子碎片会溢流至半导体上,与吸附在表面的吸附氧轻易地结合进行反应。因此,丙酮与 ZnO 之间的反应速率会加快,这应该是 Au/ZnO 复合纳米颗粒的响应时间短于纯的 ZnO 纳米颗粒的原因。

从电子敏化的角度考虑,在 ZnO 中掺杂 Au 纳米颗粒会使 Au 和 ZnO 之间形成肖特基结。肖特基结可以归因于费米能级的调控。Au 的功函数大约为 5.1eV,ZnO 的功函数大约为 4.09eV。Au 的功函数大于 ZnO 的功函数,费米能级为真空能级和功函数之差,说明 Au 的费米能级低于 ZnO 的费米能级。自由电子会由于费米能级差自然地从 ZnO 的导带向 Au 的导带转移,导致能带弯曲,这样会使得 ZnO 的表面形成电子耗尽层且 ZnO 上的电子浓度降低。当丙酮分子被吸附于有肖特基结的 Au/ZnO 复合纳米颗粒上时,丙酮分子会与 Au/ZnO 复合纳米颗粒上的吸附氧反应,这时相对于纯的 ZnO 纳米颗粒,由于 ZnO 表面电子耗尽层的存在,更多的电子会被释放回 ZnO 的导带,使得 Au/ZnO 复合纳米颗粒对丙酮响应值增大[18]。

4. 小结

通过简单的 MOF 模板法成功合成了多孔 Au/ZnO 纳米复合材料,将合成的多孔 Au/ZnO 复合纳米材料制成平面式气体传感器,测试关于低浓度丙酮的气敏性能。测试结果表明 Au/ZnO 传感器最佳工作温度为 275℃,气敏性能较之前制成的纯 ZnO 传感器有着明显提升。对于 1ppm 的丙酮,Au/ZnO 传感器的响应值为 17.1。Au/ZnO 传感器对丙酮的检测下限低,对于低浓度丙酮的传感性能良好,同时具备优秀的选择性和稳定性。

Au/ZnO 传感器对于低浓度丙酮气体优异的传感性能,主要归因于其多孔结构、高比表面积和 Au 纳米颗粒的掺杂修饰。Au 纳米颗粒具有电子敏化效应和化学敏化效应,能够增加 ZnO 基体材料的吸附氧数量,提升气敏过程中的化学反应速率,增厚 ZnO 表面的电子耗尽层,使得 Au/ZnO 传感器的气敏性能相对于 ZnO 传感器得到进一步提升。

4.1.2 MOF 衍生 ZnFe$_2$O$_4$/(Fe-ZnO)纳米复合材料

1. ZnFe$_2$O$_4$/(Fe-ZnO)纳米复合材料的制备与表征

为了提高 MOF 衍生 ZnO 纳米颗粒的丙酮气敏性能,太原理工大学郭照青[19]进行了一系列的工作,他们将 MOF-5 粉体分别直接浸泡在硝酸铁和硝酸锌溶液中,经过后期的退火处理,得到了 ZnFe$_2$O$_4$/(Fe-ZnO)纳米复合材料,实现了金属元素掺杂和异质结结构的引入。

按照 Fe、Zn 物质的量比 $x = 0$、0.05、0.10、0.15、0.20、0.25 和 0.30 称取硝酸铁 [Fe(NO$_3$)$_3$·9H$_2$O] 和 MOF-5 粉体，分散于去离子水中，将混合液置于 80℃ 恒温水浴锅中并搅拌，待完全烘干后取出粉体并研磨，将研磨好的样品放入马弗炉中以 500℃ 煅烧 2h，得到淡棕红色粉末，即为 ZnFe$_2$O$_4$/(Fe-ZnO)纳米复合材料。

图 4.7 展示了一系列 SEM 图，其中图 4.7（a）和（c）是 MOF-5 粉体煅烧纯 ZnO 的 SEM 图，图 4.7（b）和（d）则是其对应的局部放大图。可以看到煅烧后 MOF-5 去除了有机物，形成了 ZnO 并保持着立方结构，而在它表面生长的 ZnO 在煅烧后也保持着球形形貌。从图 4.7（b）和（d）的局部放大图中还可以看到立方结构内具有多孔结构，而球形结构的 ZnO 由纳米

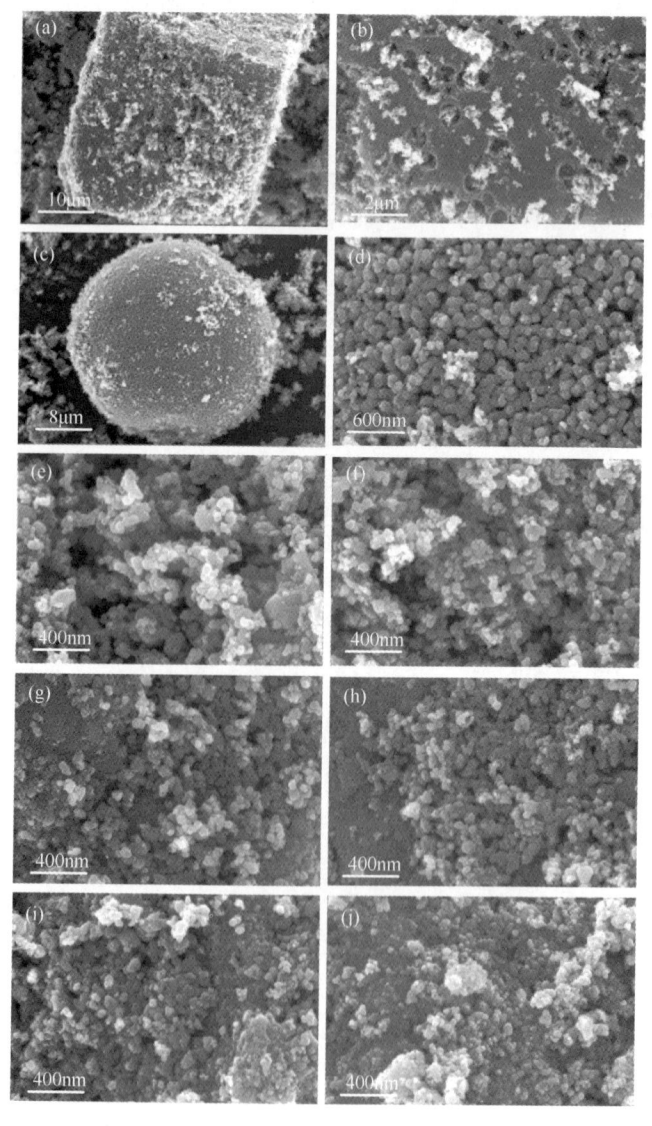

图 4.7 （a，b）ZnO 纳米颗粒的立方体微观结构及相应的局部放大图像；（c，d）ZnO 纳米颗粒的微球结构及相应的局部放大图像；（e～j）$x = 0.05$、0.10、0.15、0.20、0.25 和 0.30 的 ZnFe$_2$O$_4$/(Fe-ZnO)纳米复合材料的微观结构及相应的局部放大图像

颗粒组成。图 4.7（e）~（j）分别为 $x = 0.05$、0.10、0.15、0.20、0.25 和 0.30 的 $ZnFe_2O_4$/(Fe-ZnO) 纳米复合材料的 SEM 图像，从各图中得到各比例的 $ZnFe_2O_4$/(Fe-ZnO) 均为纳米颗粒。

2. $ZnFe_2O_4$/(Fe-ZnO) 的气敏性能

图 4.8 显示了 ZnO 纳米颗粒和 $ZnFe_2O_4$/(Fe-ZnO) 纳米复合材料传感器的丙酮传感特性。图 4.8（a）显示不同比例 $ZnFe_2O_4$/(Fe-ZnO) 纳米材料在相对湿度为 15% 时电阻随温度变化关系，从整体上得到纯 ZnO 的电阻最小，而随着 x 的不断增加，复合材料的电阻不断增加，这是因为 $ZnFe_2O_4$ 为绝缘体，当其在复合材料中的比例增加，其电导率降低，电阻增大。

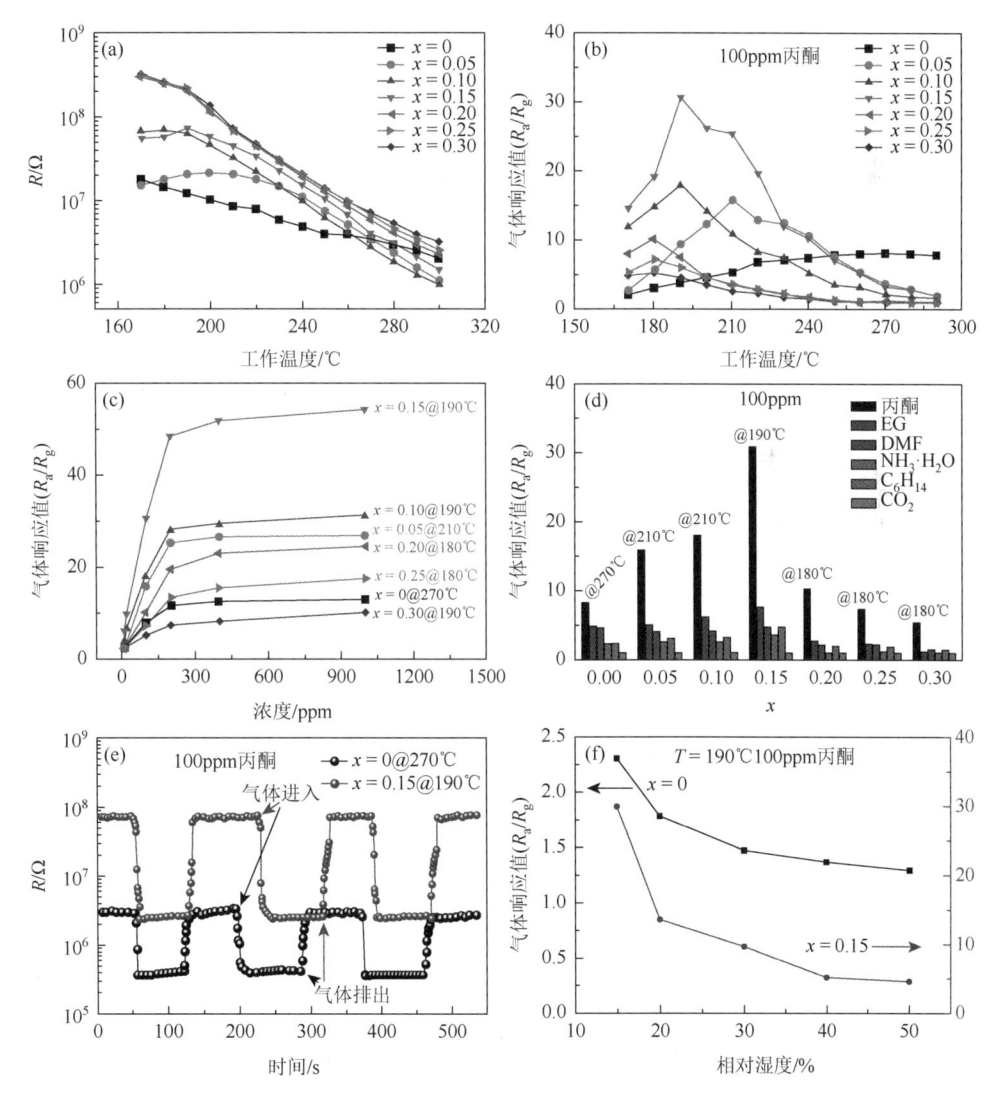

图 4.8 相对湿度为 15% 下对于 $x = 0$、0.05、0.10、0.15、0.20、0.25 和 0.30 的 $ZnFe_2O_4$/(Fe-ZnO) 传感器气敏测试

（a）170~290℃电阻随温度的变化；（b）在 170~290℃对 100ppm 丙酮响应与温度关系；（c）在不同初始工作温度下不同浓度丙酮的响应；（d）在各自最佳工作温度下对 100ppm 不同目标气体的响应；（e）在各自最佳工作温度下连续三次测量 $x = 0$ 和 0.15 对 100ppm 丙酮的动态响应；（f）在 190℃下 $x = 0$ 和 0.15 的 $ZnFe_2O_4$/(Fe-ZnO) 对 100ppm 丙酮响应与相对湿度关系

从图 4.8（b）中可知 ZnO 和 $x = 0.15$ 的 ZnFe$_2$O$_4$/(Fe-ZnO)传感器的最佳工作温度分别为 270℃和 190℃。在 190℃时 $x = 0.15$ 的 ZnFe$_2$O$_4$/(Fe-ZnO)传感器的气体响应值为 30.8，几乎是 ZnO 传感器最高气体响应值的 4 倍。随着 x 的增大，复合材料的最佳工作温度向低温漂移，虽然 $x = 0.20$、0.25 和 0.30 时最佳工作温度仅为 180℃，但它们的气体响应值较低。纯 ZnO 在高温区域表现出稳定的丙酮气体响应，说明其具有高温抗干扰性。

气体响应随目标气体浓度的变化反映了传感器的响应值。从图 4.8（c）可以看出，在 10~200ppm 范围内 $x = 0.15$ 的 ZnFe$_2$O$_4$/(Fe-ZnO)传感器的响应值远高于 ZnO 传感器和其他比例的 ZnFe$_2$O$_4$/(Fe-ZnO)传感器。图 4.8（d）显示了各类传感器对 100ppm 不同气体的气体响应。$x = 0.15$ 的 ZnFe$_2$O$_4$/(Fe-ZnO)传感器对丙酮的响应比对乙二醇（EG）、DMF、氨水、正己烷或二氧化碳的响应高得多，而 ZnO 传感器对丙酮的响应相比其他气体相差不多。所有比例的 ZnFe$_2$O$_4$/(Fe-ZnO)传感器的丙酮选择性相较纯 ZnO 都有所提高，其中 $x = 0.15$ 的 ZnFe$_2$O$_4$/(Fe-ZnO)传感器对丙酮的选择性是最优异的。

图 4.8（e）显示了连续三次测量 ZnO 和 $x = 0.15$ 的 ZnFe$_2$O$_4$/(Fe-ZnO)传感器分别对 100ppm 丙酮的动态响应。两种传感器均表现出良好的稳定性，$x = 0.15$ 的 ZnFe$_2$O$_4$/(Fe-ZnO)传感器在脱气后的电阻比 ZnO 传感器更稳定。$x = 0.15$ 的 ZnFe$_2$O$_4$/(Fe-ZnO)传感器的平均响应时间计算为 4.7s，略长于 ZnO 传感器的 4s，而平均恢复时间为 10.3s，小于 ZnO 传感器的 11s。图 4.8（f）为 ZnO 和 $x = 0.15$ 的 ZnFe$_2$O$_4$/(Fe-ZnO)传感器在 190℃下气体响应与湿度的关系。两种传感器的气体响应都随湿度的增加而下降，特别是 $x = 0.15$ 的 ZnFe$_2$O$_4$/(Fe-ZnO)传感器下降的幅度较大，这可能是因为水分子占据了氧吸附位点，使材料表面无法与丙酮气体发生反应。

3. 机理分析

通过与丙酮的化学反应调节吸附氧浓度被认为是电阻式气体传感器电导率变化的主要控制因素。首先，Fe 进入到 ZnO 晶格中而导致不匹配晶格，ZnO 与 ZnFe$_2$O$_4$ 的界面以及 ZnFe$_2$O$_4$ 纳米颗粒之间的晶界都是高能位点，氧的吸附位点增加。其次，ZnFe$_2$O$_4$ 是一种 n 型半导体，费米能级高于 ZnO，因此电子会通过 ZnFe$_2$O$_4$/ZnO 异质结构的界面从 ZnFe$_2$O$_4$ 流向 ZnO。这种电荷再分配导致了 ZnO 中的电子积累和 Fe$_3$O$_4$ 中的电子消耗。ZnO 表面的电子越多则越有利于对氧气的吸附，导致耗尽层越宽。由于 ZnFe$_2$O$_4$ 纳米颗粒的粒径很小，仅剩的电子可能会被吸附的氧气完全耗尽[20]。当吸附氧与丙酮相互作用时，ZnO 表面更宽的耗尽层、完全耗尽的 ZnFe$_2$O$_4$ 以及界面上更高更宽的势垒会导致更大的电阻变化量。

4. 小结

采用溶剂热法制备 MOF-5，再分别以不同比例与硝酸铁和硝酸锌以水溶液的形式混合，然后经煅烧处理得到 ZnFe$_2$O$_4$/(Fe-ZnO)。通过对样品的气敏性能测试，得知 $x = 0.15$ 的 ZnFe$_2$O$_4$/(Fe-ZnO)在 190℃下对浓度为 100ppm 的丙酮气体响应值高达 30.82，其平均响应时间和恢复时间分别为 4.7s 和 10.3s，其表现出良好的响应特征、高选择性和高稳定性。

4.2 一维纳米结构 ZnO 基气体敏感材料

4.2.1 花状氧化锌微米棒

1. 花状氧化锌微米棒的合成与表征

一维 ZnO 微纳米结构由于其较大的比表面积，从而可以吸收更多的被测气体分子。ZnO 微纳米棒的众多合成方法中，存在各自的利弊，如实验设备昂贵、实验制备条件严格、产量低等，而水热反应合成法由于制备过程简单、对实验设备要求低、成本低，因此在制备一维 ZnO 微纳米结构时备受关注。

许燕[21]设计了一种在低温（90℃）下利用水热法合成花状 ZnO 微米棒结构的方法，采用硝酸锌与氢氧化钠作为原料，乙醇和水作为溶剂，聚乙二醇（PEG）作为模板，最终合成了形貌规则的花状氧化锌微米棒结构。

图 4.9 为水热反应 20h 得到的花状 ZnO 微米棒结构 SEM 图。由图 4.9（a）可以看出单个花状 ZnO 微米棒结构由许多紧密排列在一起的 ZnO 微米棒结构组成，所有的微米棒结构并不是均匀地发散状排列，而是部分 ZnO 棒状结构沿特定的方向聚集在一起，从图 4.9（b）可以看出 ZnO 直径为 200～300nm，长度为几微米，末端全部呈整齐的六角锥形，棒状结构生长完成，而且每个微米棒都呈层状生长。

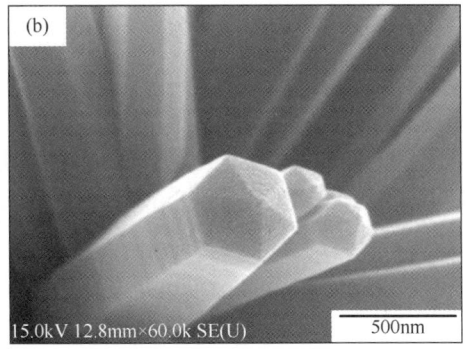

图 4.9　90℃水热反应 20h 得到的花状 ZnO 微米棒结构 SEM 图
（a）低分辨率 SEM 图；（b）高分辨率 SEM 图

PEG 对花状氧化锌微米棒的形貌会产生影响。通过低温水热法在添加和没有添加 PEG 制备的样品 SEM 图如图 4.10 所示。从图 4.10（a）可以看出棒状结构长度为 3～5μm，聚集在一起形成形状规则的花状结构且花状结构均匀，没有单独分布的棒状结构。由图 4.10（b）可以看出 ZnO 棒状结构长度为 3～5μm，而且分布散乱没有规律性，只有极少数棒状结构聚集在一起但并未形成花状结构，说明 PEG 在花状结构的形成中起到将微米棒聚集在一起的作用。

图 4.10　有无添加 PEG 的 SEM 图

（a）添加 PEG；（b）没有添加 PEG

2. 氧化锌微米棒对丙酮的气敏性能

对样品 1（添加 PEG）和样品 2（没有添加 PEG），即花状与散乱分布的微米棒进行气敏性测试。首先对 50ppm 丙酮分别在 100℃、150℃、200℃、250℃、300℃、350℃、400℃和 450℃下进行响应测试确定样品的最佳工作温度，然后在最佳工作温度下对不同浓度的丙酮进行气敏性测试，分析其响应值，最后将样品分别放置 30 天、60 天、90 天、120 天后进行稳定性测试。

图 4.11 为样品 1 与样品 2 暴露在 50ppm 被测气体丙酮中在不同温度下的响应值，从图中可以看出，样品 1 与样品 2 在 50ppm 丙酮中的最佳工作温度为 200℃。在最佳工作温度 200℃下，样品 1 与样品 2 在不同浓度（0.1ppm、1ppm、10ppm、20ppm、50ppm、100ppm）丙酮气体中的响应值如图 4.12（a）所示，从图中可以看出随着丙酮气体浓度的增加，样品 1 与样品 2 的响应值急剧升高，之后升高速率逐渐减慢，在 100ppm 时响应值达到最大，分别为 24.35 和 18.03，为了探讨 ZnO 气体传感器随时间的稳定性，将样品 1

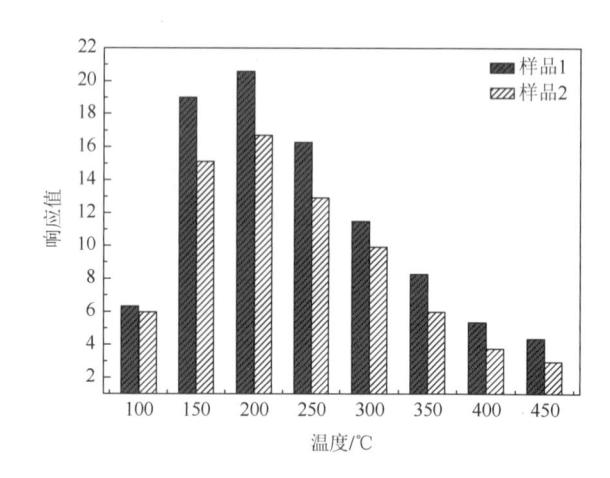

图 4.11　样品 1 与样品 2 在不同温度下 50ppm 浓度丙酮中的响应值

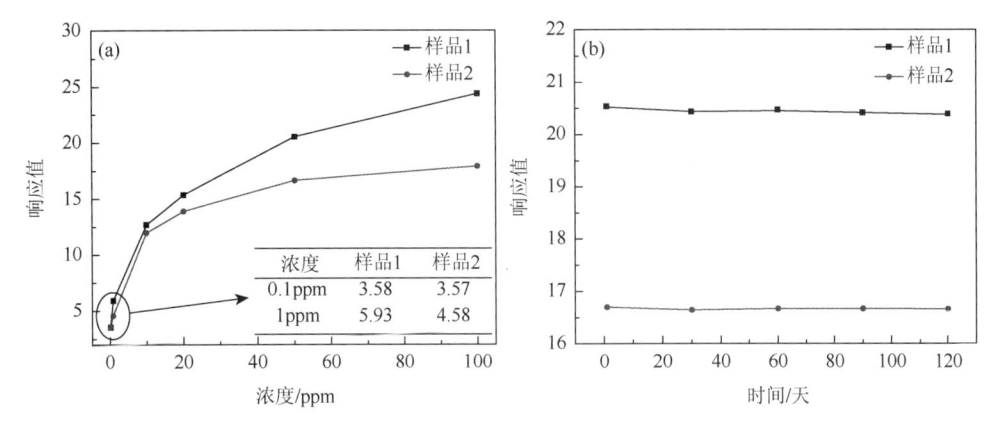

图 4.12 工作温度为 200℃时，(a) 样品 1 与样品 2 在不同浓度丙酮中的响应值；(b) 样品 1 与样品 2 放置不同时间后在 50ppm 丙酮中的响应值

与样品 2 分别放置 30 天、60 天、90 天、120 天后在 50ppm 丙酮中进行响应测试，结果如图 4.12（b）所示，从图中可以看出两个传感器在放置长达 120 天的过程中响应值基本保持一致，说明制备的 ZnO 气体传感器稳定性良好。

图 4.13 为样品 1（花状 ZnO 微米棒）与样品 2（散乱分布的 ZnO 微米棒）在 10ppm 丙酮、乙醇、甲苯、氨气中各自最佳工作温度下的响应值，从图中可以看出样品 1 对 10ppm 四种气体的响应值高于样品 2，也就是说花状结构的气敏性优于散乱分布的微米棒结构，而且对丙酮的响应值高，分别为 12.74 和 12。

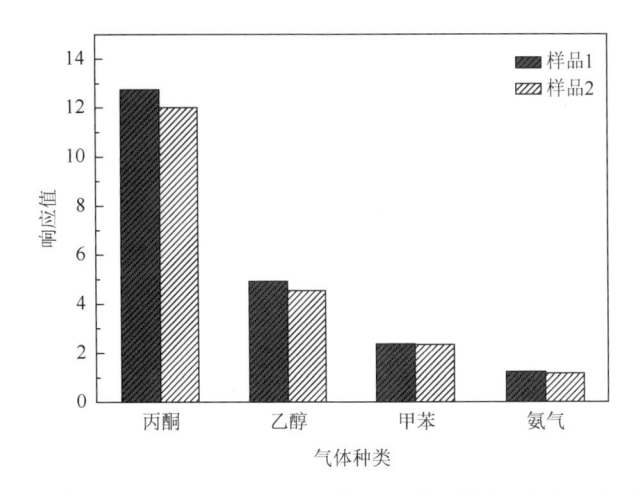

图 4.13 样品 1 与样品 2 在 10ppm 丙酮、乙醇、甲苯、氨气中的响应值

3. 气敏机理

气体敏感是气体分子与 ZnO 表面反应（电子或化学）引起电学性质的变化，而电学性质的变化又通过电流、电压或者电阻的变化表现出来，根据变化大小可以测出被测气体的浓度。当 ZnO 元件暴露在空气中时，吸附在其表面的氧气分子从 ZnO 导带接收电子变成 O_2^-、O^-、O^{2-}，ZnO 的电子减少从而引起电阻的增大，因此 ZnO 气敏元件在空气中的电阻

值很大。当其暴露在还原性气体中时，还原性气体与 O_2^-、O^-、O^{2-} 反应释放出电子，将其"归还"给 ZnO，从而使 ZnO 的电阻迅速减小。气体传感器随着工作温度的升高响应值逐渐上升，而当温度达到一定值时响应值达到最高值，之后随着工作温度的继续上升，响应值反而呈现降低趋势。这主要是由于在低温时响应值受化学反应速率的限制，温度太低，气体分子的热能太低，阻碍了它与 ZnO 表面吸收的氧分子反应，随着温度的升高，气体分子吸收足够的热能来克服活化能垒，从而使反应速率增大，电阻减小，响应值升高。而在高温下，气体分子与 ZnO 表面的氧分子之间的放热反应变得困难，而且气体分子从 ZnO 表面的脱附速率加快，这就导致它们的响应值又急剧下降，在一个中间温度时，化学反应速率和气体分子的脱附速率相对适中，此时气敏材料对气体的响应值达到最高值[22]。

4. 小结

通过水热法在不同条件下制备出花状氧化锌微米棒，将制备好的样品 1（花状氧化锌微米棒）与样品 2（散乱分布的氧化锌微米棒）进行气敏性测试，它们在丙酮中的最佳工作温度为 200℃，而且随着气体浓度的增加响应值也逐渐升高，在 100ppm 时达到最高，其中样品 1 在 100ppm 丙酮中的响应值可达 24.35，样品 2 为 18.03，可以看出样品 1 对丙酮的响应值高于样品 2。此外，样品 1 和样品 2 对 0.1ppm 的丙酮有很高的响应值，分别可达 3.58 和 3.57。

4.2.2 Au 修饰 ZnO 纳米棒阵列

贵金属修饰是提高半导体气敏性能的一种重要方法，通过对半导体表面引入具有催化活性的贵金属，能有效改善表面电导型半导体材料的气体吸附和响应，有利于提高材料对气体的气敏性能。陈伟良[23]制备了 Au 纳米颗粒修饰 ZnO 纳米棒阵列体系，并测试了其对乙醇气体的气敏性能。

1. Au 修饰 ZnO 纳米棒的制备与表征

Au 修饰 ZnO 纳米棒阵列采用两步化学溶液法与真空蒸镀结合的方法获得。采用两步化学溶液法[24]在氧化铝陶瓷管上原位生长 ZnO 纳米棒阵列。采用高纯金片（99.99%Au）通过真空蒸镀仪（JFC.1600 Auto Fine Coater，JEOL）在制备出的 ZnO 纳米棒阵列表面均匀地蒸镀一层均匀的 Au 膜，真空蒸镀仪的工作电流设定为 10mA，ZnO 纳米棒表面 Au 膜的厚度通过真空蒸镀时间来控制（实验中选择 40s、80s 和 100s）。然后将得到的样品放入马弗炉中 500℃热处理 1h，最后得到 ZnO:Au 纳米棒阵列复合体系。

图 4.14 为典型 ZnO:Au 纳米棒阵列的 FESEM 和 TEM 图。从图 4.14 中可以看出，ZnO 纳米棒表面粗糙度明显增加，表面形成了一些球状 Au 纳米颗粒，均匀分布在 ZnO 纳米棒表面，同时每根纳米棒的顶端均形成一个尺寸较大的 Au 纳米颗粒。Au 纳米颗粒的形成是由于 ZnO 纳米棒表面的 Au 膜在高温下处于不稳定的高能态，高能态下的 Au 原子为了降低其表面自由能而自发聚集形成球状，最终形成球状纳米颗粒。

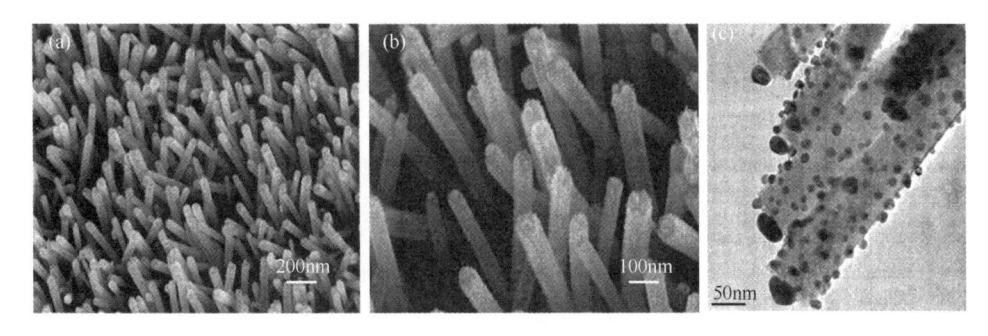

图 4.14 ZnO:Au 纳米棒阵列的 FESEM 图（a，b）和 TEM 图（c）

2. Au 修饰 ZnO 纳米棒阵列体系对乙醇的气敏性能

图 4.15 为 ZnO:Au 纳米棒阵列在不同工作温度下对 50ppm 乙醇的响应曲线，从图中可知，工作温度明显影响 ZnO:Au 纳米棒阵列气敏元件的响应值，随着温度的升高，ZnO:Au 纳米棒阵列对乙醇的响应值从 9.1（150℃）迅速升高到 41.5（300℃），随后出现小幅下降。对于 ZnO:Au 纳米棒阵列体系，Au 纳米颗粒的催化作用显著，体系的最佳工作温度在 300℃左右。

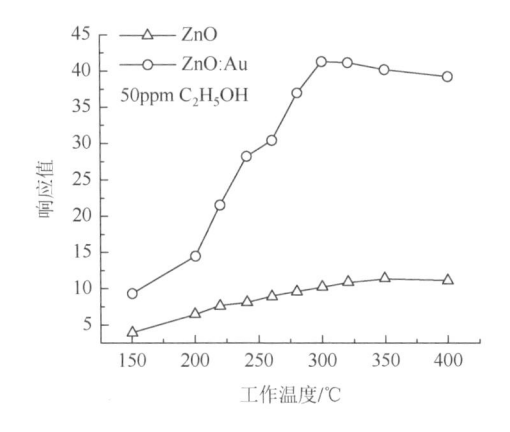

图 4.15 ZnO:Au 纳米棒阵列不同工作温度下的响应曲线

ZnO:Au 纳米棒阵列对乙醇响应值与浓度的关系如图 4.16（a）所示。从图中可看出，在 300℃下，在 5～100ppm 浓度范围内，随着乙醇气体浓度的增加，气敏元件的响应值随之增大。从 ZnO:Au 纳米棒阵列响应曲线上可以看出，对 100ppm 乙醇气敏元件的响应值为 63.5。图 4.16（b）为 ZnO:Au 纳米棒阵列对乙醇即时电压变化图，该电压曲线表示出元件对乙醇三方面的特性，即响应特性、恢复特性和工作稳定性，元件响应曲线和恢复曲线分别对应于电压曲线的上升线和下降线，中间部分为元件工作稳定性曲线。从图4.16（b）可知，在 300℃下，ZnO:Au 纳米棒阵列气敏元件对乙醇显示出优异的响应和恢复特性，元件在乙醇气体中迅速达到稳定值，并在该值下稳定工作。从气敏元件的响应曲线中可以看出，对 10ppm 乙醇气敏元件的响应时间约为 15s，说明 ZnO:Au 纳米棒表面的化学吸附氧与乙醇气体分子反应速率较快，使 ZnO 导带载流子浓度迅速加大，电导率迅速增加。从气敏元件的恢复曲线中可知,当乙醇气体消除后 ZnO:Au 纳米棒阵列的恢复时间小于 30s。

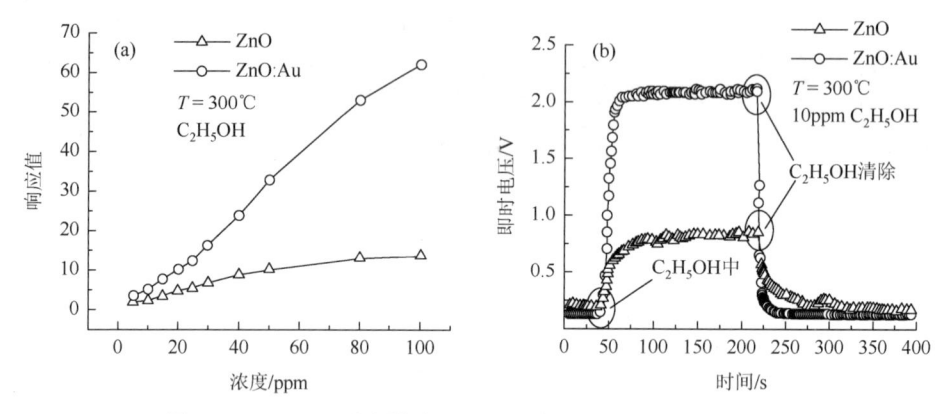

图 4.16 ZnO:Au 纳米棒阵列对乙醇响应曲线及响应恢复特性
(a) 响应值与浓度曲线;(b) 电压响应曲线

3. 小结

ZnO:Au 纳米棒阵列元件的响应值随气体浓度的增加而升高,在最佳工作温度下,元件对 100ppm 乙醇的响应值为 63.5;同时元件具有良好的响应和恢复特性。

4.3 二维纳米结构 ZnO 基气体敏感材料

随着一维氧化锌纳米结构的发展,科研人员也合成了许多二维纳米结构。二维纳米结构作为金属氧化物 ZnO 的一类形貌由于具有相当甚至优于一维纳米结构的气敏性能从而引起科研人员的极大兴趣,而片状作为二维纳米结构的主要结构更是受到大家的青睐。

4.3.1 ZnO 纳米片

天津理工大学李思萌[25]用一种简单的直接沉淀法在室温下合成了 ZnO 纳米片,对其进行形貌、结构等方面的表征,并对 ZnO 纳米片进行了气敏性能测试。

1. ZnO 纳米片的制备及表征

ZnO 纳米片的合成步骤如下:
(1) 将 3.3g 乙酸锌溶解在 75mL 去离子水中,搅拌至溶液变澄清,同时配制 0.8mol/L 的 NaOH 溶液 100mL。
(2) 将 100mL 新制备的 NaOH 溶液缓慢倒入乙酸锌溶液中,然后将所得乳白色胶状液体搅拌 30min,随后静置老化 1h。
(3) 用抽滤的方式收集沉淀,并用去离子水和乙醇交替洗涤 3 次,在 60℃下干燥,得到白色 ZnO 粉末。

（4）为了提高结晶度、热稳定性、调节样品本征缺陷，将所制备的 ZnO 纳米片分别在 200℃、400℃和 600℃下煅烧 30min（升温速率为 5℃/min），命名为 ZnO-200、ZnO-400 和 ZnO-600。

图 4.17 是样品的 SEM 图。图 4.17（a）是未经煅烧的 ZnO 纳米片状结构，我们可以看出纳米片形状不太规则、具有粗糙的边缘和表面，但是分散性良好。通过测量纳米片的长度为 0.4～0.8μm，厚度约为 20nm。这也就是说，我们可以通过一种不使用任何模板、表面活性剂、有机溶剂或特殊设备而且低成本、低能耗、简单快速的直接沉淀法在室温下大量合成 ZnO 纳米片。图 4.17（b）～（d）展示了 ZnO-200、ZnO-400 和 ZnO-600 的 SEM 图，发现随着煅烧温度的升高，ZnO 纳米片的表面和边缘变得平滑，但是在 400℃以下厚度和整体形状没有发生明显改变。与 ZnO 相比，ZnO-200 和 ZnO-400 为了降低表面能有团聚和堆叠在一起的趋势。然而，片状结构在 600℃高温煅烧下几乎完全被破坏，并且聚集在一起，如图 4.17（d）所示，这表明 ZnO 纳米片形貌不能承受高达 600℃的煅烧温度。

图 4.17　ZnO（a）、ZnO-200（b）、ZnO-400（c）和 ZnO-600（d）的 SEM 图

2. ZnO 纳米片对丙酮的气敏性能

图 4.18 显示的是三个样品在不同的工作温度下对 200ppm 丙酮的响应值，可以看出 ZnO-200 的响应最高。另外，随着工作温度的升高，三个样品的响应值都相应升高，在 300℃时达到最高值，然后随着温度的进一步升高而迅速降低，这是因化学吸附氧的竞争脱附所致[24]。因此，我们可以说此 ZnO 气体传感器的最佳工作温度为 300℃。

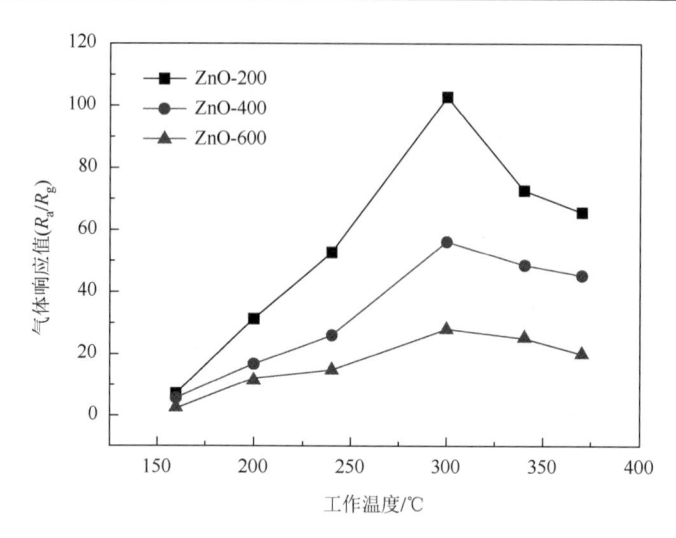

图 4.18　ZnO-200、ZnO-400 和 ZnO-600 对 200ppm 丙酮在不同工作温度下的气敏响应

图 4.19（a）是在 300℃下 ZnO-200、ZnO-400 和 ZnO-600 对不同浓度丙酮的动态响应-恢复曲线。显然，ZnO-200 传感器对丙酮表现出最佳的响应-恢复性能。值得注意的是，ZnO-200 对 5ppm 丙酮的响应达到 6.7，对低浓度丙酮检测有实际应用的潜力。图 4.19（b）是 ZnO-200 传感器在 300℃下对 5～1000ppm 丙酮的响应和恢复时间，总体趋势是随着丙酮浓度的增加，响应时间和恢复时间都逐渐减少。特别是在丙酮浓度高于 10ppm 之后，响应和恢复时间均小于 60s，这可以很好地满足商业金属氧化物半导体气体传感器的要求。据报道，在 300℃下 ZnO 表面上主要的氧种类是 O^{2-}，但 O^{2-} 非常不稳定，比 O_2、O_2^- 和 O^- 更具活力，这可以大大促进对丙酮的吸附和反应，另外随着丙酮浓度的增加，单位空间中丙酮分子的数量增加，传感器可以快速响应，因此响应时间越来越短。其实对于响应和恢复时间随着丙酮浓度的增加而减小的现象还可以用浓度差来解释。在材料一定、温度一定的情况下，注射气体的区域是丙酮浓度最大的地方，与其他没有丙酮的区域形成浓度差，浓度差作为气体扩散的动力促进气体的扩散，所以丙酮浓度越大，越有利于气体的扩散，响应时间会越来越短。而反应完成后生成的 CO_2 和 H_2O 等气体在材料表面的浓度是最高的，向其他地

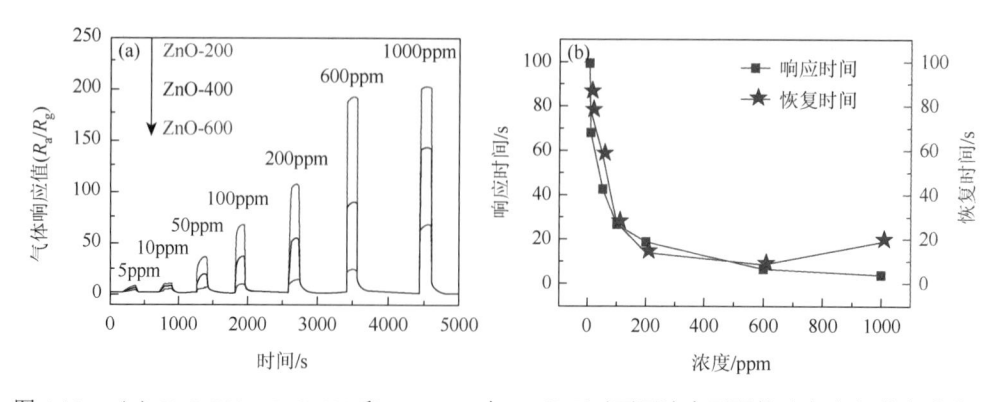

图 4.19　（a）ZnO-200、ZnO-400 和 ZnO-600 在 300℃下对不同浓度丙酮的动态响应-恢复曲线；（b）ZnO-200 对 5～1000ppm 丙酮在 300℃下的响应和恢复时间

方的扩散有利于气体的脱附,所以丙酮浓度越大,生成的气体就越多,浓度梯度就越大,扩散的驱动力就越大,越有利于气体的脱附。

3. 气敏机理

作为典型的 n 型半导体,ZnO 纳米片的气敏机理如图 4.20(a)所示。当 ZnO 纳米片在空气中暴露时,氧分子将吸附在表面上,捕获来自导带的自由电子形成氧负离子(如 O^{2-}、O^- 和 O_2^-),产生电子耗尽层(L_D)和更高的电阻,如图 4.20(a)的上半部分所示。当传感器遇到诸如丙酮等还原性气体时,气体将与 ZnO 表面上的氧物质反应,捕获的电子又重新释放回导带,导致电阻减小,如图 4.20(a)的下半部分所示。将对丙酮的气敏性能的增强主要归因于大的比表面积、小的厚度和大量的本征缺陷。

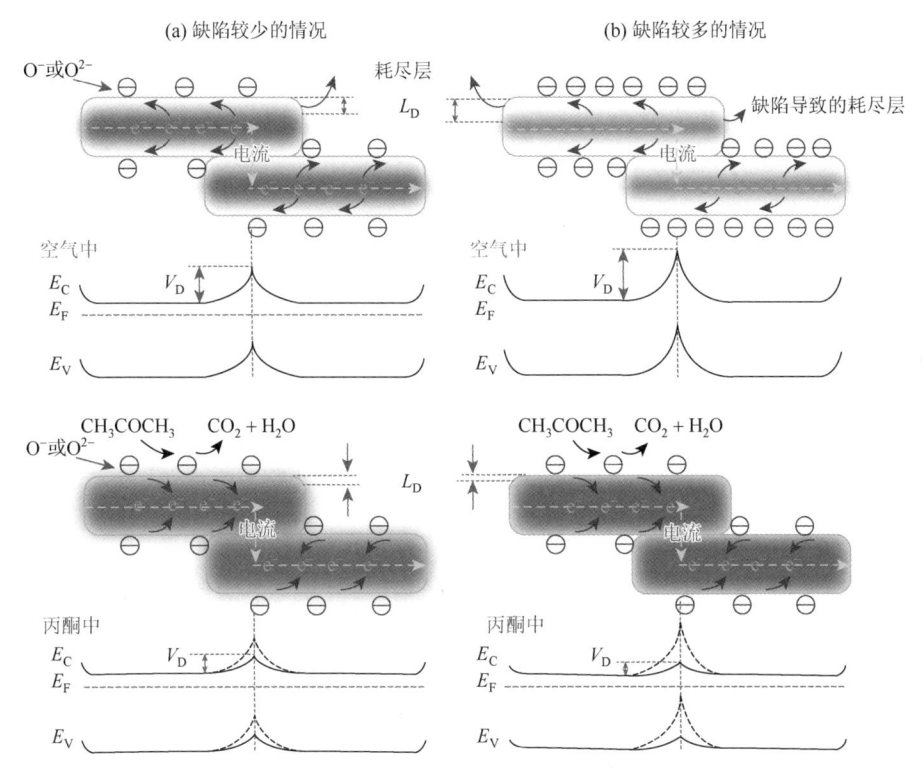

图 4.20 缺陷较少的情况(a)和缺陷较多的情况(b)下相邻两个 ZnO 纳米片之间电子转移下的接触势垒示意图

首先,大比表面积的 ZnO 纳米片可吸附更多的气体分子用于氧化还原反应[26]。较大的比表面积也为反应提供了更多的活性位点[27]。ZnO-200 样品具有较大的比表面积,因此具有较高的响应值[28]。

其次,基于颗粒控制模型,颗粒尺寸也是影响气敏性能的重要因素。ZnO 纳米片的厚度大约为 20nm,这与其对应的 $2L_D$(在 325℃下 ZnO 的电子耗尽层的厚度大约为 15nm[29])相当,意味着我们制备的 ZnO 纳米片几乎在最佳厚度,整个纳米片的电子几乎被完全消耗[27]。

最后，对丙酮的较高响应可归因于本征缺陷。根据气体传感器响应值的定义（$\beta = R_a/R_g$），通过荧光光谱和 XPS 分析可知，由于 ZnO 中大量固有缺陷的存在诱导表面上吸附了很多氧分子，ZnO 导带中很多的自由电子被捕获，产生厚度较大的电子耗尽层，从而导致传感器在空气中的电阻（R_a）升高[30]，如图 4.20（b）的上半部分所示。这同时也意味着更多的丙酮分子可以被氧化，更多的电子被释放回导带，导致更小的 L_D 和 R_g（传感器在被测气体中的电阻），最后导致传感器响应值升高，如图 4.20（b）的下半部分所示。

4. 小结

通过不用任何模板的直接沉淀法在室温下合成了大量的 ZnO 纳米片，简单快速、低成本。ZnO-200 在 300℃的最佳工作温度下对丙酮显示出最佳的气敏性能（高响应值和良好的选择性），即使对低至 5ppm 的丙酮也有很好的响应（$\beta = 6.7$），这使得 ZnO-200 纳米片在较低温度下检测低浓度丙酮方面有良好的应用前景。

4.3.2　Au 掺杂 ZnO 纳米片

为了使氧化物半导体气体传感器表现出更好的气敏性能，可以对氧化物半导体气敏材料进行掺杂和表面修饰。在掺杂改性方面主要涉及的是过渡金属离子的掺杂。通过在材料中掺杂过渡金属离子，使材料的晶格中引入杂质能级，进而使其产生大量氧空位、晶格位错和间隙原子等缺陷，从而使得材料表面拥有更多的活性位点，最终有效地促进测试气体在其表面进行更好的吸附和化学反应，提升材料的气敏特性。

1. Au 掺杂 ZnO 纳米片的制备与表征

林琳等[31]采用水热法结合后期热处理技术制备了 Au/ZnO 多孔纳米片，并对其气敏性能进行了详细研究。Au/ZnO 样品由厚度 10～20nm 的多孔纳米片组成；气敏性能测试发现，在紫外光照射下 Au/ZnO 多孔纳米片结构对 NO_2 气体具有室温响应。

图 4.21（a）和（b）分别是 ZnO 和 Au/ZnO 样品的 SEM 图。从图 4.21（a）可以看出，ZnO 由纳米片组成，纳米片的尺寸在几百纳米到数十纳米间。单个纳米片是多孔结构，厚度为 10～20nm，其由许多纳米颗粒组成。这可能是从碱式碳酸锌退火得到 ZnO 的过程中，H_2O 和 CO_2 逸出导致样品呈现多孔结构。用 Au 修饰 ZnO 后，Au/ZnO 仍然保持着多孔纳米片结构特征，如图 4.21（b）所示。

2. Au 掺杂 ZnO 纳米片的气敏性能

选择 NO_2 作为目标气体，研究 ZnO 和 Au/ZnO 多孔纳米片薄膜传感器的气敏特性。图 4.22 是 ZnO 和 Au/ZnO 多孔纳米片薄膜传感器在紫外光照射下对 NO_2 气体的气敏响应图，其中 NO_2 气体的浓度从 400ppb 到 50ppm。图 4.22（b）和（d）是 ZnO 和 Au/ZnO 多孔纳米片薄膜传感器的响应值与 NO_2 气体浓度的关系图。当传感器暴露在 50ppm NO_2 时，Au/ZnO 多孔纳米片薄膜传感器的响应值是 138.3，这是纯 ZnO 多孔纳米片薄膜传感器的 2.9 倍左右。结果表明，Au 掺杂 ZnO 有助于提升 ZnO 多孔纳米片薄膜传感器的气敏性能。

图 4.21　ZnO（a）和 Au/ZnO（b）的 SEM 图

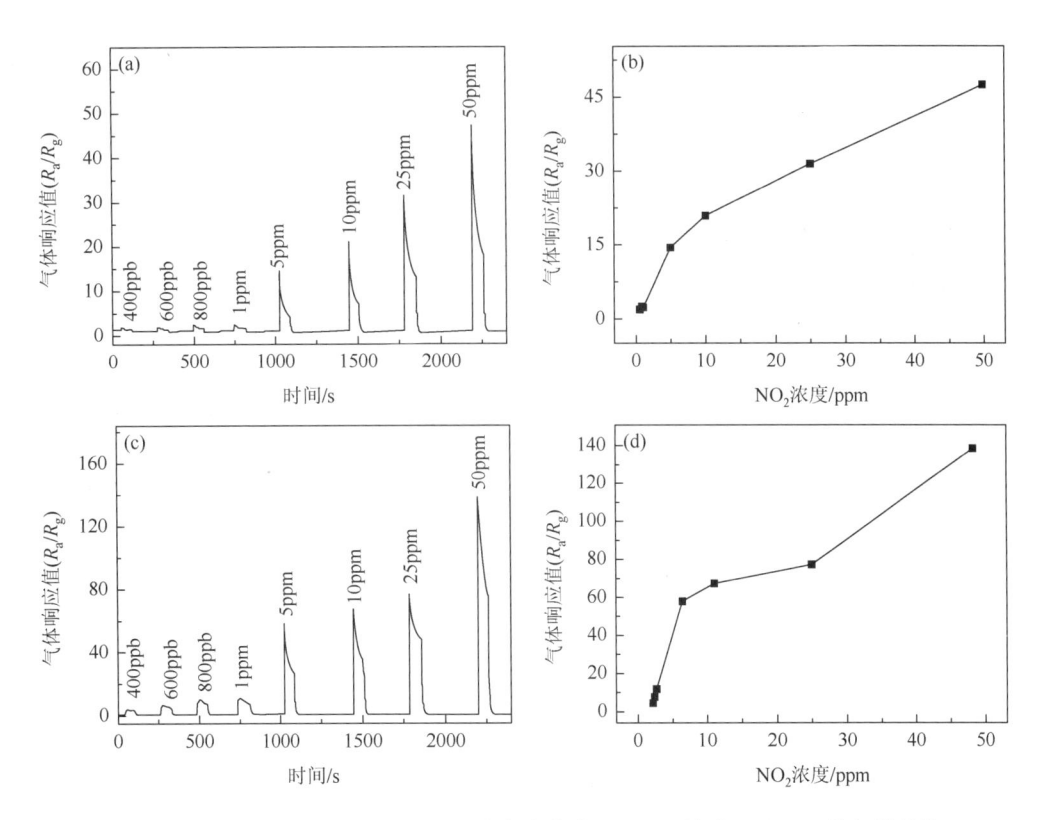

图 4.22　ZnO（a，b）和 Au/ZnO 多孔纳米片薄膜（c，d）传感器对 NO_2 的气敏特性及对应的响应值-浓度关系图

3. 气敏机理

ZnO 是一种典型的 n 型半导体，当敏感膜暴露在空气中时，由于其比表面积大、活

性高，它们会从空气中吸收大量 O_2。氧的电负性较大（3.44），吸附 O_2 与从 ZnO 导带转移到吸附 O_2 上的电子相互作用，主要形成 O_2^- 形式（图 4.23），从而导致 ZnO 表面载流子浓度减小，在 ZnO 表面形成耗尽层，电阻增加。O_2 分子在 ZnO 表面发生的反应如下[32-34]：

$$O_{2(gas)} \longrightarrow O_{2(ads)} \tag{4.1}$$

$$O_{2(ads)} + e^- \longrightarrow O_{2(ads)}^- \tag{4.2}$$

当紫外光照射器件时，ZnO 吸收紫外光产生光生电子-空穴对，光生空穴在耗尽层内建电场的作用下迁移到 ZnO 表面，与 O_2^- 结合生成 O_2，从而使得大量 O_2^- 从 ZnO 表面脱附，这个过程导致耗尽层宽度减小。这个过程发生的反应如下[35]：

$$O_{2(ads)}^- + h^+ \longrightarrow O_{2(gas)} \tag{4.3}$$

当注入 NO_2 气体后，由于 NO_2 是一种氧化性气体，它有一孤对电子，具有较高的电子亲和性。NO_2 分子吸附在 ZnO 表面后，从 ZnO 导带中捕获电子，形成 NO_2^-，导致 ZnO 表面的电子减少，耗尽层变宽，ZnO 的电阻增加。具体反应如下[36]：

$$NO_{2(gas)} \longrightarrow NO_{2(ads)} \tag{4.4}$$

$$NO_{2(ads)} + e^- \longrightarrow NO_{2(ads)}^- \tag{4.5}$$

$$NO_{2(ads)} + O_{2(ads)}^- \longrightarrow NO_{2(ads)}^- + O_{2(gas)} \tag{4.6}$$

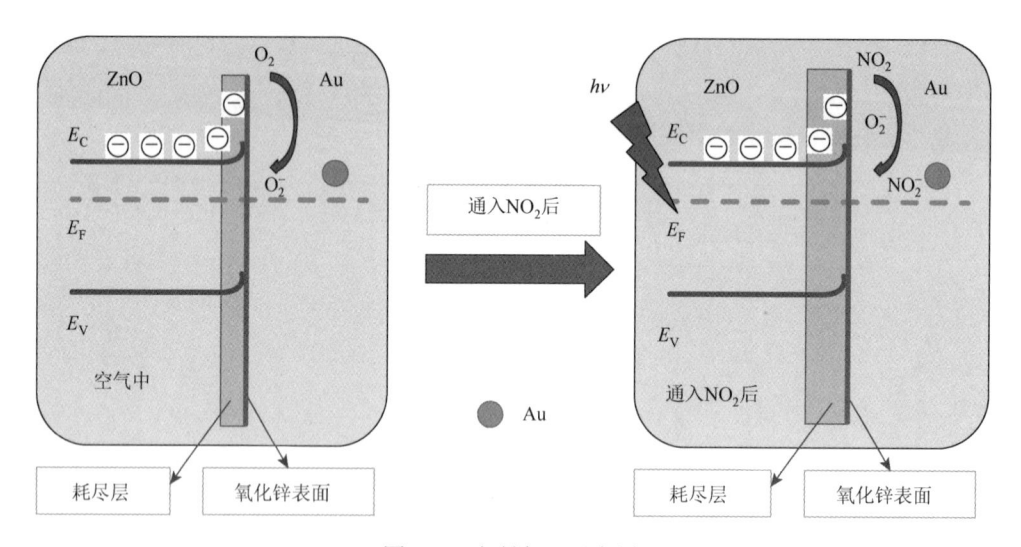

图 4.23 气敏机理示意图

用 Au 修饰的 ZnO 材料，在紫外光照射下，除了发生上述一系列反应导致 Au/ZnO 多孔纳米片薄膜传感器气敏性能增强外，Au 的修饰也进一步提高了敏感材料对 NO_2 气体的响应。当注入 NO_2 气体后，由于 Au 的高催化性和导电性，将增加更多的 O_2 和 NO_2 吸附到 ZnO 表面，加速 ZnO 表面吸附的 NO_2 与 O_2^- 发生反应，消耗掉更多的表面电子，降低载流子浓度，进而引起 ZnO 电子耗尽层变化、电阻值急剧变化，所有这些都增强了 Au/ZnO 多孔纳米片结构对 NO_2 气体的响应。

4. 小结

采用水热法结合后期热处理技术制备了 Au/ZnO 多孔纳米片材料,并对其紫外光照射下室温气敏性能进行了详细研究。Au/ZnO 样品由厚度 10~20nm 的多孔纳米片组成。气敏性能测试发现,在紫外光照射下,Au/ZnO 多孔纳米片结构对 NO_2 气体具有较好的室温响应,检测限为 100ppb。当 NO_2 气体浓度增加到 50ppm 时,Au/ZnO 多孔纳米片薄膜传感器的响应值升高到 138.3,是纯 ZnO 多孔纳米片薄膜传感器的响应值的 2.9 倍左右。初步分析认为,紫外光有助于材料内部产生光生电子-空穴,实现 Au/ZnO 多孔纳米片薄膜传感器对 NO_2 气体室温响应;Au 颗粒的修饰,将加快气体分子在 ZnO 表面的反应,增强材料的气敏性能。

4.4 三维纳米结构 ZnO 基气体敏感材料——空心球结构纳米 ZnO

三维空心球结构纳米 ZnO 基气体敏感材料为本课题组科研人员具体研究的内容,对其结构、性能以及机理有更深入的认识,以下进行较为详细的介绍。

4.4.1 三维空心球结构纳米 ZnO 基气体敏感材料的制备

1. 聚苯乙烯(PS)球的制备

(1)量取 120mL 去离子水于 250mL 烧杯中,通入氮气 15min 以除去水中的氧气。取 12mL 苯乙烯加入净化后的水中,在室温下搅拌均匀得到混合溶液。
(2)称取 0.35g 过硫酸钾(KPS)加入上述溶液中,搅拌溶解得到均匀溶液。
(3)将装有上述混合溶液的烧杯放入水浴锅中,加热到 75℃,搅拌条件下反应 8h,得到乳白色溶液。
(4)将烧杯从水浴锅中取出置于空气中冷却。将烧杯中的溶液离心后用无水乙醇和去离子水交替洗涤,置于 50℃ 干燥箱中干燥,最终得到白色粉末产物。

2. PS 球的磺化

(1)量取 25mL 浓硫酸(98%)于 50mL 烧杯中,加入 2.5g PS 球,超声、搅拌 30min。
(2)将装有上述混合物的烧杯放入水浴锅中,加热到 40℃,搅拌条件下反应 4h。
(3)将烧杯从水浴锅中取出置于空气中冷却。经离心后,将所得沉淀用无水乙醇洗涤至中性,保存备用。

3. ZnO 空心球的制备

(1)称取 0.395g 二水合乙酸锌 $[(CH_3COO)_2Zn\cdot 2H_2O]$,加入 50mL 乙醇,搅拌得到透明溶液 A。
(2)称取 0.395g 磺化 PS 球,加入 30mL 乙醇,超声 30min,得到均匀的乳白色溶液 B。

（3）将溶液 B 逐滴滴入溶液 A 中，形成均匀混合溶液，将装有混合溶液的烧杯放入水浴锅中，加热到 60℃，搅拌条件下反应 1h，得到溶液 C。

（4）称取 0.6g 氢氧化钠（NaOH），加入 50mL 乙醇，搅拌得到溶液 D。

（5）将溶液 D 倒入溶液 C 后，继续 60℃ 水浴，搅拌条件下反应 2h。

（6）将烧杯从水浴锅中取出置于空气中冷却。将烧杯底部的沉淀离心后用无水乙醇和去离子水交替洗涤，置于 50℃ 干燥箱中干燥，得到白色粉末产物。

（7）将上述粉末装入坩埚中，以 1℃/min 的速率升温至 500℃，保温 1h，得到浅黄色最终产物。

4. 工艺流程

采用模板法水浴制备 ZnO 空心球，具体工艺流程如图 4.24 所示。

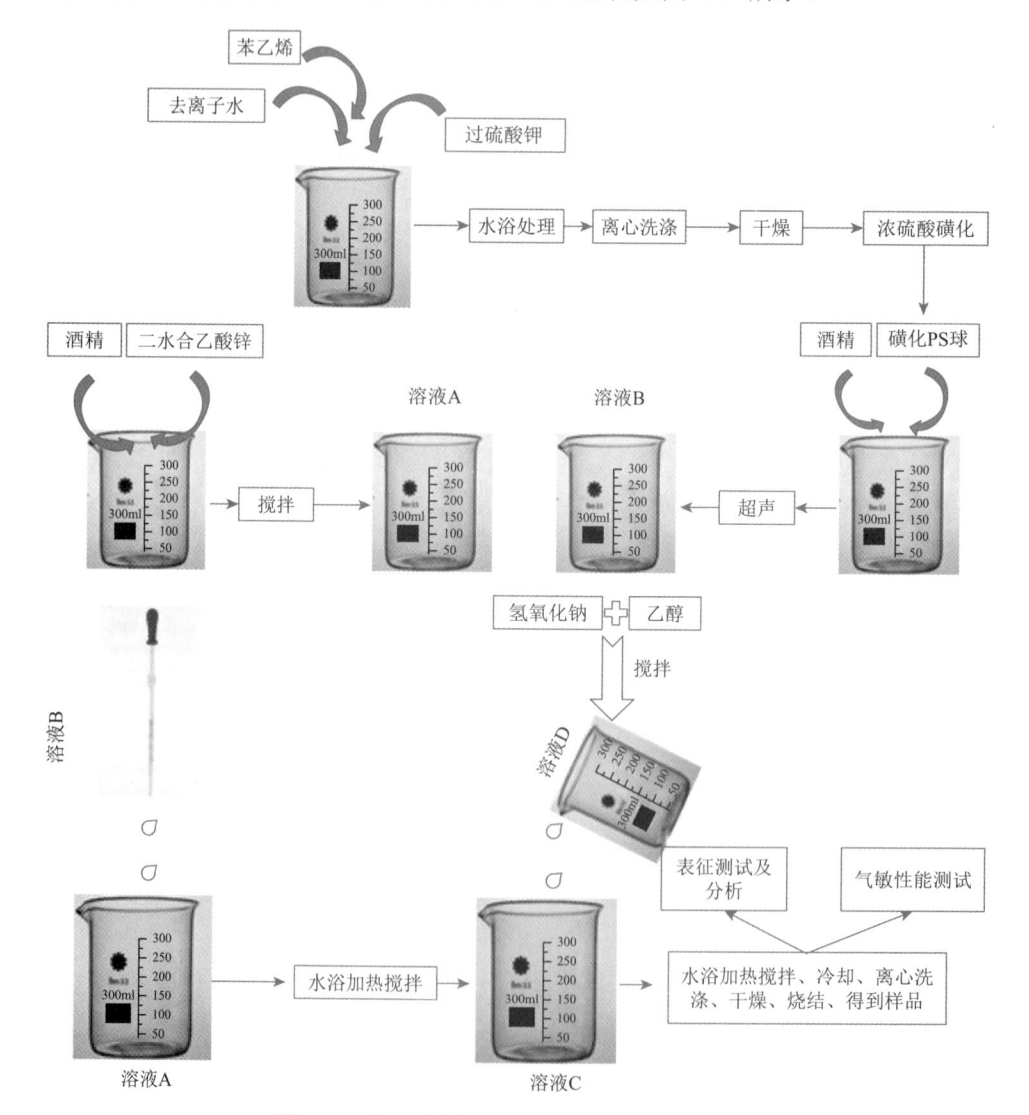

图 4.24 模板法制备 ZnO 空心球的工艺流程图

5. 空心球的形成机理

经过对上面实验步骤的分析，本节将 ZnO 空心球的形成过程归纳为如下五个步骤：①Zn^{2+}吸附在磺化 PS 球周围，与 OH^- 反应生成 $Zn(OH)_2$ 沉淀［式（4.7）］；②$Zn(OH)_2$ 继续与过量的 OH^- 反应生成可溶性前驱体$[Zn(OH)_4]^{2-}$［式（4.8）］；③$[Zn(OH)_4]^{2-}$发生脱水反应生成 ZnO 晶核［式（4.9）］；④晶核继续生长成 ZnO 晶体，得到磺化 PS@ZnO 核壳结构；⑤通过煅烧除去模板，得到纯净的 ZnO 空心球。

$$Zn(CH_3COO)_2 \cdot 2H_2O + 2NaOH \longrightarrow Zn(OH)_2\downarrow + 2CH_3COONa + 2H_2O \quad (4.7)$$

$$Zn(OH)_2 + 2OH^- \longrightarrow [Zn(OH)_4]^{2-} \quad (4.8)$$

$$[Zn(OH)_4]^{2-} \longrightarrow ZnO + H_2O + 2OH^- \quad (4.9)$$

模板法水浴制备 ZnO 空心球的可能机理如图 4.25 所示。

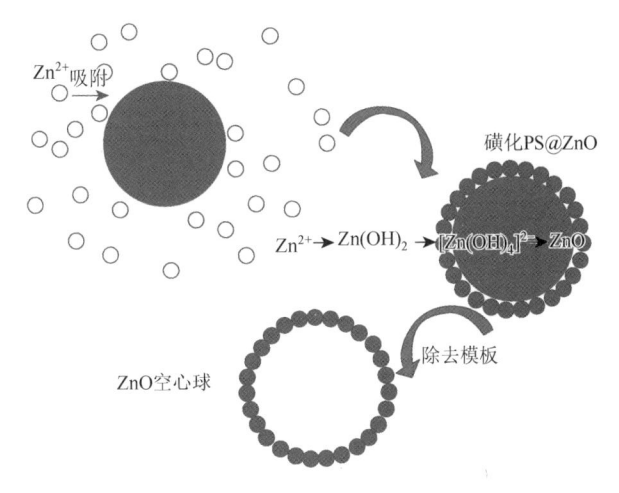

图 4.25 ZnO 空心球形成机理示意图

4.4.2 三维空心球结构纳米 ZnO 基气体敏感材料的表征与分析

1. 空心球状 ZnO 的 XRD 分析

利用 XRD 对通过模板法水浴制备得到的 ZnO 空心球进行了表征，且采用 Rietveld 法对衍射图样进行了精修。图 4.26 展示了 ZnO 空心球的 XRD 图、精修计算得到的谱图以及二者之间的差异分布。样品 XRD 图中可以看到有 11 个衍射峰，所有衍射峰的位置均与 ZnO 标准数据相吻合。晶格常数 $a = b = 3.253$Å，$c = 5.210$Å，比标准数据［JCPDS：36-1451，$a = b = 3.25$Å，$c = 5.207$Å，空间群 $P6_3mc$（186）］稍大，表明样品为结晶的六方纤锌矿 ZnO 晶体结构。很显然，衍射峰峰形也比较尖锐，表明样品具有好的结晶性。没有其他副产物如 $Zn(OH)_2$ 被检测出来，说明制备的样品为纯相 ZnO。其余由 Rietveld 精修得到的结构参数如表 4.1 所示。计算值与 XRD 实验测试值一致。

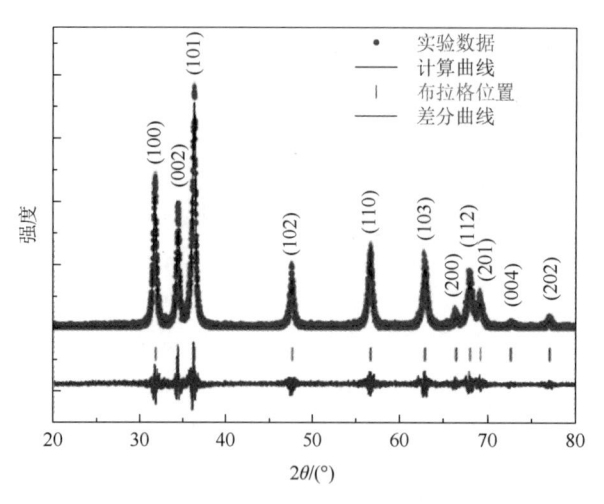

图 4.26 ZnO 空心球的 XRD 图

表 4.1 由 Rietveld 精修 XRD 图得到的结构参数

结构参数	数值
空间群	$P6_3mc$（186）
晶格常数/Å	$a = 3.2530$，$b = 3.2530$，$c = 5.2103$
原胞体积/Å^3	55.1354
元素坐标	Zn:$x = 0.33330$，$y = 0.66670$，$z = 0.00000$ O:$x = 0.33330$，$y = 0.66670$，$z = 0.38244$
平均表观晶粒尺寸/nm	23.519
平均最大微应变	14.2870×10^{-4}
R_p	0.16764687
R_{wp}	24.869287%

2. 空心球状 ZnO 的 TEM 分析

利用 TEM 表征合成的 PS 球及 ZnO 空心球烧结前后的微观形貌。图 4.27（a）为由无皂乳液聚合法制备得到的 PS 球的形貌特征。由图中可以看出，制备的 PS 球为单分散、表面光滑的球形，直径约为 610nm。以用浓硫酸磺化过的 PS 球为模板，生长 ZnO 层。核壳结构的磺化 PS 球@ZnO 颗粒仍然是球形且分散较好，但由于增加了 ZnO 层，其直径较 PS 球稍大，如图 4.27（b）所示。可以看出，核壳结构的表面是粗糙的，说明 PS 球核被 ZnO 纳米颗粒所包覆。图 4.27（c）是制备得到的 ZnO 空心球的 TEM 图。通过图像对比可知，PS 球核与 ZnO 颗粒具有不同的衬度，而图 4.27（c）中只有颗粒存在，说明 PS 球模板被有效地移除，样品呈现空心结构。另外，由图 4.27（c）可知，ZnO 颗粒间几乎没有连接，甚至颗粒间有较大的空隙，但球形结构是稳定的。这是因为即使颗粒间有间隙，但颗粒间也有连接，接触的部分可以保证这些颗粒以空心球的结构稳定存在。

3. 空心球状 ZnO 的 XPS 分析

为了进一步研究材料的化学成分，采用 XPS 图对制备的 ZnO 空心球进行表征。图 4.28 为样品的 XPS 图，包括 Zn 2p 能谱和 O 1s 能谱。图 4.28（a）中，Zn 2p 能谱分裂为两个分

图 4.27 (a) PS 球的 TEM 图；ZnO 空心球烧结前 (b)、后 (c) 的 TEM 图

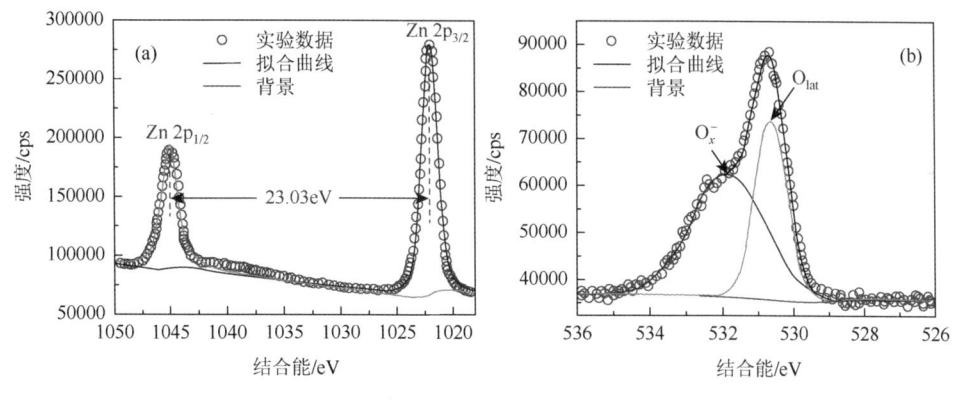

图 4.28 ZnO 空心球样品的高分辨 XPS 图
(a) Zn 2p XPS 图；(b) O 1s XPS 图

别位于 1022.03eV 的 Zn 2p$_{3/2}$ 和 1045.06eV 的 Zn 2p$_{1/2}$ 峰，它们都具有较好的对称性，说明样品中的 Zn 原子以单一的 Zn^{2+} 形式存在。两个峰之间的距离为 23.03eV，该值与 Zn^{2+} 的 2p 结合能相对应(检索自标准 ESCA 能谱的元素与线能量信息,美国有限公司)。图 4.28（b）展示了 O 1s 的能谱，由此可推断出 O 1s 中有两种形式的氧存在。位于 530.65eV 的主峰对应的是 ZnO 晶格中的氧离子（O$_{lat}$），而位于 531.83eV 的峰归因于 ZnO 晶格中存在氧空位（V$_O$）、氧填隙（O$_i$）和反位氧（O$_{Zn}$）所引起的氧不足区域吸附的氧离子（O$_x^-$）[37]。晶格氧 O$_{lat}$ 比较稳定，不影响材料中主要电荷载流子空穴的产生，而吸附氧离子 O$_x^-$ 可以与气体分子反应，增大空穴浓度，从而提高气敏性能。本实验中，O$_x^-$ 与 O$_{lat}$ 的峰面积比为 1.59，这意味着制备得到的 ZnO 空心球中具有高浓度的吸附氧离子。此外，位于 533eV 的峰通常归因于羟基氧[38]。图中显示没有羟基氧的峰被检测到，也说明在 ZnO 样品中不存在 Zn(OH)$_2$ 相。

4.4.3 三维空心球结构纳米 ZnO 基气体敏感材料的气敏性能与机理

1. 气敏性能介绍

为了评估传感器对正丁醇气体的潜在适用性,从工作温度、响应值、响应和恢复时间、重复性、稳定性及选择性等方面研究了所制备的 ZnO 空心球的基本气敏性能。

1)工作温度的影响

首先,考虑到气体传感器的响应不止依赖于气体氛围,同时也与传感材料的工作温度有关,我们研究了在不同温度下 ZnO 空心球对 500ppm 不同气体的响应来寻找元件的最佳工作温度。图 4.29 为气体传感器对于不同气体的工作温度与响应值之间的关系。从中可以看出,工作温度对响应值有很大的影响。随着工作温度的升高,响应值呈现一个钟形的变化。在 300~385℃区间,随着温度的升高,除氨气外元件对所有气体的响应值逐渐升高,在 385℃时达到最高值。随着温度继续升高到 400℃,响应值逐渐下降。这种现象可以解释为随着工作温度的升高,材料表面吸附的气体增加,并在一个合适的温度达到吸附平衡。当温度继续升高,吸附将会减少,导致响应值降低[39]。气体响应先升高后降低可以通过有关气体响应值的速率方程来解释[40]。他们提出的气体响应方程为

$$S(T, c_{gas}) = \frac{D_S - W_{SCR\_gas}}{D_S - W_{SCR\_air}} - 1 \tag{4.10}$$

$$W_{SCR} = \frac{N_O}{n_D} \tag{4.11}$$

$$N_O = \frac{Lk_0 \exp\left(-\frac{E_a}{k_B T}\right) + \sqrt{\left[Lk_0 \exp\left(-\frac{E_a}{k_B T}\right) + 4\right]^2 + 4k_{r0}k_{f0}P_{O_2}n_D^2}}{2k_{r0}} \tag{4.12}$$

$$L = \frac{P_{gas}}{P_{gas} + P_0} \tag{4.13}$$

$$P_0 = \frac{k_B T}{V_Q} \exp\left(-\frac{E_{ads}}{k_B T}\right) \tag{4.14}$$

$$V_Q = \left(\frac{2\pi \hbar}{M_{gas} M_0 k_B T_{gas}}\right)^{1.5} \tag{4.15}$$

式中,W_{SCR_air} 为空气中的空间电荷区宽度;W_{SCR_gas} 为还原性气体中的空间电荷区宽度;D_S 为金属氧化物层厚度;N_O 为吸附氧离子的表面密度;n_D 为载流子密度;E_a 为活化能;k_B 为玻尔兹曼常量;k_0 为表面燃烧反应的指前因子;P_{O_2} 为氧分压;k_{f0} 和 k_{r0} 分别为吸附与脱附作用的动力学参数;L 为 Langmuir 相对表面覆盖度;P_0 是由公式推导出来的;V_Q 为还原性气体的量子体积;P_{gas} 为还原性气体分压;T_{gas} 为气体温度;T 为器件工作温度;E_{ads} 为吸附物的结合能;M_0 为原子质量单位;M_{gas} 为还原性气体的相对原子质量;$\hbar$ 为约化普朗克常量。

结合以上 6 个方程式，Ahlers 等[40]模拟出的气敏响应图为钟形，与我们的实验结果也一致。从方程中可以看出，气体响应值由两个能量参数决定，一个是气体分子的吸附能 E_{ads}，另一个是诱发表面反应所需要克服的活化能 E_a。因此，气体响应值与温度之间的钟形关系可以由两个相反效应的共同作用来体现：首先，随着温度的升高，触发检测反应的概率增大。随后，随着温度的继续升高，吸附了的气体分子被释放的概率增大。由于在 385℃时气体响应达到最大值，我们选择 385℃作为测试不同浓度正丁醇气体的最佳工作温度。

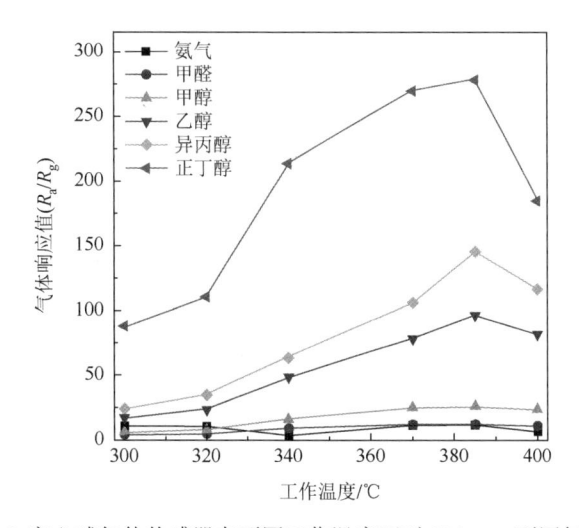

图 4.29　ZnO 空心球气体传感器在不同工作温度下对 500ppm 不同气体的响应值

2）响应值

通常，气体传感器的响应值很大程度上依赖于待测气体的浓度。在最佳工作温度进行响应测试，研究传感器对 10～1000ppm 不同浓度正丁醇气体的动态响应。如图 4.30（a）所示，ZnO 空心球气体传感器对正丁醇气体具有高的响应值。当元件暴露在正丁醇气体环境中时，响应值迅速升高并达到一个稳定值。元件离开目标气体环境后，响应值又很快地恢复到初始值。ZnO 空心球气体传感器的响应值随着气体浓度的增大急剧升高，且在整个测试范围内没有观察到饱和状态。这主要是由于在测试区间内，器件表面的氧离子足够多，足以支撑正丁醇气体与吸附氧离子之间的氧化反应。此外，由图中可以看出，ZnO 空心球气体传感器可以检测到 10ppm 的正丁醇气体，其响应值为 10.9，说明传感器的探测极限应该低于 10ppm。对于 50ppm、100ppm、300ppm、500ppm、700ppm 和 1000ppm 的正丁醇气体，响应值分别为 37.3、57.6、186、292、385 和 494。综上所述，ZnO 空心球气体传感器可以检测一个较宽范围的正丁醇气体浓度，展现了其优越的气敏性能。图 4.30（b）为在 385℃工作温度下气体传感器的响应值与不同浓度正丁醇气体之间的关系，结果表明二者之间具有较强的线性相关性。校准曲线与实验数据之间符合如下关系：

$$\beta = 0.50C + 18.4 \tag{4.16}$$

式中，C 是正丁醇气体的浓度。

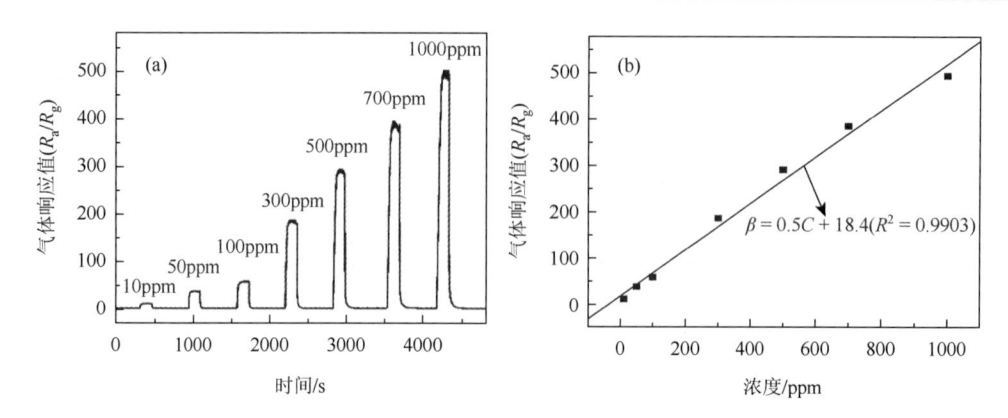

图 4.30　ZnO 空心球气体传感器在 385℃工作温度下干燥空气中对 10～1000ppm 不同浓度正丁醇气体的动态响应与时间关系的曲线（a），以及对不同浓度正丁醇气体的响应值（b）

3）响应和恢复时间

响应和恢复时间同样是表征气体传感器气敏性能的一个重要参数。在本实验中，响应时间被定义为接触目标气体后，元件电阻值达到稳定响应状态的 90% 时所需要的时间；恢复时间为脱离被测气体后，其电阻值恢复到原有电阻值的 90% 时所需要的时间。图 4.31 为 ZnO 空心球气体传感器在 385℃工作温度下对 500ppm 正丁醇气体的响应-恢复时间曲线。对于 500ppm 的正丁醇气体，气体传感器的响应时间为 36s，恢复时间为 9s。这表明 ZnO 空心球气体传感器对正丁醇气体具有快速的响应恢复性能。

4）重复性

为了研究 ZnO 空心球气体传感器的重复性，在相同条件下对 500ppm 正丁醇气体的气敏特性进行了 5 次重复测试。图 4.32 为 5 次测试的循环响应曲线，所有的响应值及响应和恢复时间除一些细微波动外几乎完全一致，意味着 ZnO 空心球气体传感器对正丁醇气体响应具有高度的可重复性。

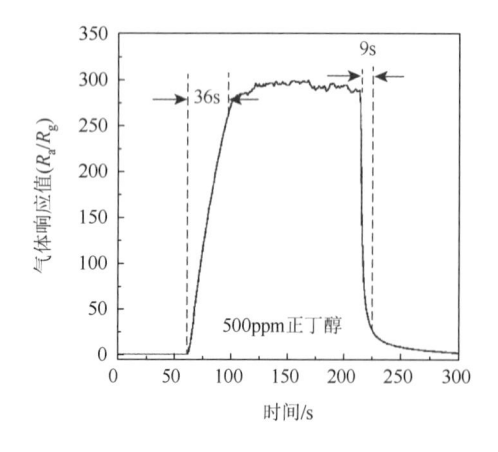

图 4.31　ZnO 空心球气体传感器在 385℃工作温度下干燥空气中对 500ppm 正丁醇气体的响应-恢复时间曲线

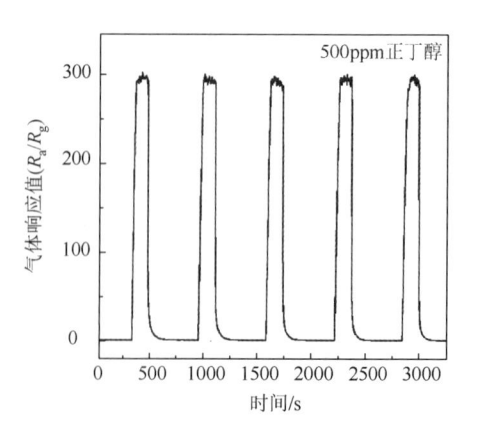

图 4.32　ZnO 空心球气体传感器在 385℃对 500ppm 正丁醇气体的重复性气敏测试曲线

5）稳定性

为了实际应用的需要，气体传感器的稳定性需要被研究，以验证器件的长期可靠性。在相同条件下，测试了其在 25 天内对 500ppm 正丁醇气敏性能的变化情况，如图 4.33 所示。很显然，在持续的 25 天内，传感器对 500ppm 正丁醇气体的响应只发生了轻微变化，与最初值相比响应值波动范围低于 6.75%。结果表明，ZnO 空心球气体传感器对正丁醇气体具有较好的稳定性，是探测正丁醇气体的潜在候选材料。相比之下，稳定性的机理更加复杂，需要进一步的研究以获得确切的答案。

6）选择性

在真实的空气环境中有许多可能存在的干扰气体，因此选择性是气体传感器需要被评估的又一个重要参数。图 4.34 为在 385℃对 500ppm 不同气体，包括氨气、甲醛、甲醇、乙醇、异丙醇和正丁醇气体的敏感特性对比。与对 500ppm 正丁醇气体响应相比，器件在相同条件下对其他目标气体的响应值低许多。ZnO 空心球气体传感器对正丁醇的响应最高，达到 292，而对其他气体的响应值最高为 145，也就是器件对正丁醇的响应程度分别是浓度同样为 500ppm 的异丙醇、乙醇、甲醇、甲醛和氨气的 2.0 倍、3.0 倍、11.5 倍、23.7 倍和 25.6 倍。由于反应机理的问题，未经进一步掺杂或复合的金属氧化物，如 ZnO 和 SnO_2，在选择性方面具有固有限制。这些结果可以清楚地表明样品对被检测气体中的正丁醇有好的选择性。

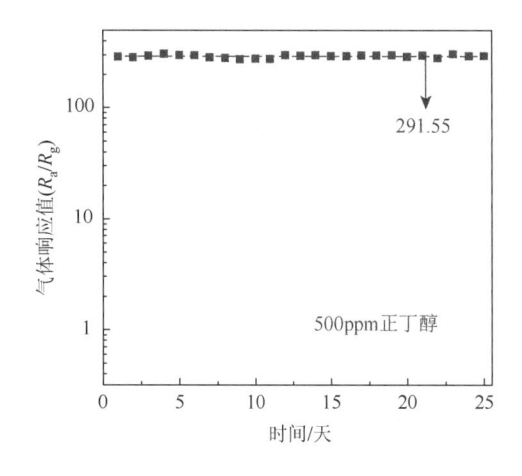

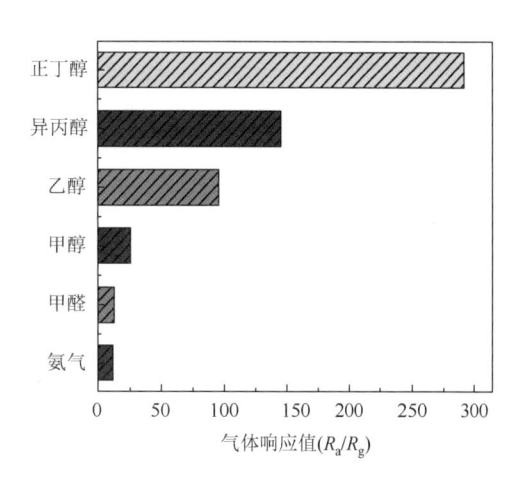

图 4.33　ZnO 空心球气体传感器在 385℃对 500ppm 正丁醇气体的响应值（每天测试 1 次，连续 25 天）

图 4.34　ZnO 空心球气体传感器在 385℃对 500ppm 不同目标气体的气敏响应

气敏性能测试结果表明，ZnO 空心球气体传感器具有优异的气敏性能，对 500ppm 易燃有毒害气体正丁醇的响应值为 292，其数值较其他已报道的 ZnO 纳米结构更高。

2. 气敏机理

对于 n 型金属氧化物半导体（如 ZnO）基气体传感器的气敏机理，通常根据氧吸附调制耗尽层模型来解释[41]。该机理主要包括气体吸附、电荷转移与解吸三个过程。如图 4.35（a）所示，当 ZnO 空心球气体传感器暴露于空气中时，空气中的氧被吸附在 ZnO 表面，氧基团从 ZnO 导带捕获自由电子后被电离，促进了 ZnO 表面耗尽层的形成。该过程导致载流子（电子）浓度降低，半导体电阻增大。这个过程可以用以下几个反应式表示：

$$O_{2(gas)} \longrightarrow O_{2(ads)} \quad (4.1)$$

$$O_{2(ads)} + e^- \longrightarrow O_{2(ads)}^- \quad (4.2)$$

$$O_{2(ads)}^- + e^- \longrightarrow 2O_{(ads)}^- \quad (4.17)$$

$$O_{(ads)}^- + e^- \longrightarrow O_{(ads)}^{2-} \quad (4.18)$$

当传感器暴露于还原性气体正丁醇中时，正丁醇气体与 ZnO 表面吸附的氧离子（O_{ads}^- 和 O_{ads}^{2-}）反应生成 CO_2 和 H_2O，同时俘获的电子被释放回材料导带，如图 4.35（b）所示。这个过程增加了电子浓度，导致传感器电阻减小。

$$(C_4H_9OH)_{(gas)} \longrightarrow (C_4H_9OH)_{(ads)} \quad (4.19)$$

$$(C_4H_9OH)_{(ads)} + 12O_{(ads)}^- \longrightarrow 4CO_2 + 5H_2O + 12e^- \quad (4.20)$$

$$(C_4H_9OH)_{(ads)} + 12O_{(ads)}^{2-} \longrightarrow 4CO_2 + 5H_2O + 24e^- \quad (4.21)$$

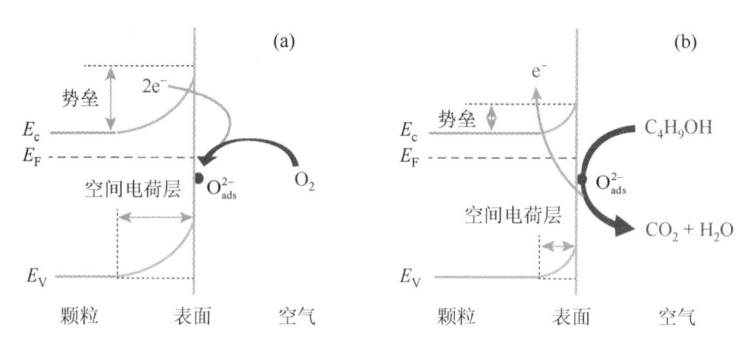

图 4.35　ZnO 空心球气体传感器对正丁醇气体的反应机理示意图
（a）在干燥空气中；（b）在正丁醇气体中

由此而论，ZnO 空心球优异的气敏性能可以被解释。基于以上讨论可知，传感器对正丁醇的气敏性能主要受 O_{ads}^- 和 O_{ads}^{2-} 影响，而在前面 XPS 分析吸附氧离子的检测中我们得到 ZnO 空心球中含有高浓度的 O_x^-（O_{ads}^- 和 O_{ads}^{2-}）。根据化学反应动力学，高的 O_x^- 浓度自然导致快的反应速率和高的反应程度。同时，ZnO 空心球具有一个相当大的比表面积（50.699 m^2/g）。通常，气体传感器的比表面积对其气敏性能有重要影响，且比表面积越大，表面吸附的气体分子（包括 O_2 和正丁醇）越多，气体扩散越快，响应值越高，响应和恢复时间越短。因此，ZnO 空心球气体传感器对正丁醇的高响应值、快速的响应和恢复归因于大的比表面积和高的 O_x^- 浓度。此外，根据计算模拟和实验结果，有研究表明当气敏材料的平均晶粒大小降低到约两倍电子耗尽层的厚度（约 20nm）时，传感器的响应会明显提高[42]。组成 ZnO 空心球的颗粒大小约为 23.5nm，接近这个数值，在一定程度上增强了其气敏性能。相比于相对分子质量小的氨气、甲醛、甲醇、乙醇和异丙醇气体，具有较大相对分子质量的正丁醇气体扩散性差，更容易被吸附在 ZnO 空心球表面。且 385℃作为工作温度更适合发生正丁醇与 O_x^- 之间的反应，反应所需要的活化能更低。以上两个因素共同决定了 ZnO 空心球对正丁醇气体好的选择性。

4.5 纳米多孔结构 ZnO 基气体敏感材料

4.5.1 纳米多孔结构 ZnO 基气体敏感材料的制备

本课题组使用溶液燃烧法构筑多孔 ZnO 粉体，其工艺流程如图 4.36 所示。具体过程如下：

（1）先后称取 1.250g Zn(CH₃COO)₂·2H₂O 和 1.250g Zn(NO₃)₂·6H₂O 加入容积为 100mL 的烧杯中，随后加入 15mL 水搅拌至完全溶解。

（2）称取 0.500g 甘氨酸（C₂H₅NO₂）加入烧杯中，搅拌至完全溶解。

（3）在剧烈搅拌下加入 5.640g 水合肼（N₂H₄·H₂O，质量分数 80wt%[*]），立即出现大量的白色沉淀，得到浑浊的金属配合物前驱体。

（4）搅拌 10min 后，将前驱体转移至坩埚中，并置于预热 400℃的箱式电阻炉中，反应时间为 50min。

（5）反应完成后，将坩埚从箱式电阻炉中取出，待坩埚冷却至室温后，无须进一步研磨或洗涤，即可以将样品收集到样品管中，最终得到外观为浅黄色的蓬松粉末状产物。

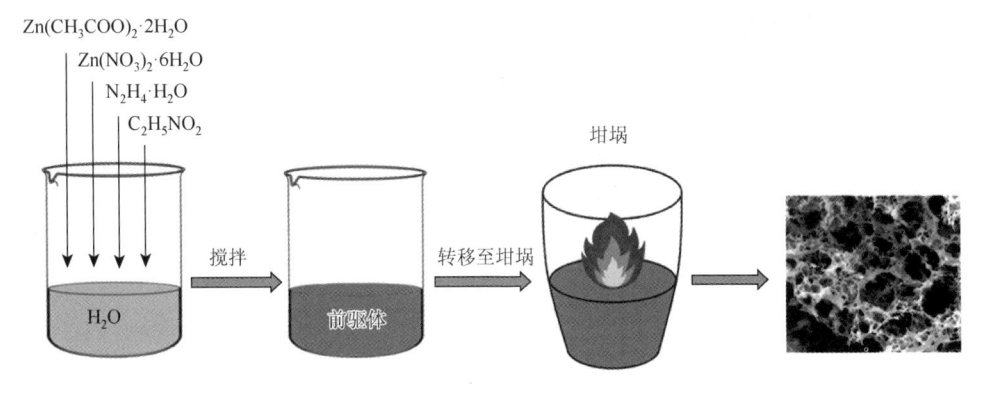

图 4.36 溶液燃烧法构筑多孔 ZnO 的工艺流程图

4.5.2 纳米多孔结构 ZnO 基气体敏感材料的表征与分析

对所得的粉末样品进行 XRD、SEM、TEM、XPS 和氮气吸附-脱附测试的表征和分析，以获得结构、形貌、比表面积和孔体积等数据和信息。

1. ZnO 的 XRD 谱图分析

图 4.37 为溶液燃烧法构筑的多孔 ZnO 粉体的 XRD 图。如图 4.37（a）所示，ZnO 的

---

[*] 本书中 wt%代表质量分数的百分比。

所有 XRD 峰与六方纤锌矿 ZnO 标准卡片 JCPDS：80-0074 相对应，空间群 $P6_3mc$（186），晶格常数为 $a = b = 3.2535$Å，$c = 5.2151$Å，$\alpha = \beta = 90°$，$\gamma = 120°$。在衍射谱图中没有属于其他副产物的衍射峰出现，表明溶液燃烧法构筑 ZnO 产物单一，没有杂质相存在。此外，ZnO 的衍射峰峰形尖锐，表明利用溶液燃烧法获得的 ZnO 具有高的结晶度。

同时通过 Rietveld 方法对 ZnO 的 XRD 结果进行精修，进一步得到了结构信息。精修结果如图 4.37（b）所示，可以看到精修谱图与实验所得的 XRD 图相吻合，布拉格衍射峰位置也与标准卡片对应。精修得到的晶体结构参数如表 4.2 所示，计算得到晶格常数为 $a = b = 3.2535$Å，$c = 5.2151$Å，与 ZnO 标准卡片 JCPDS：80-0074 晶格常数相同，晶粒大小为 73.88nm，$R_{wp} = 15.00\%$。

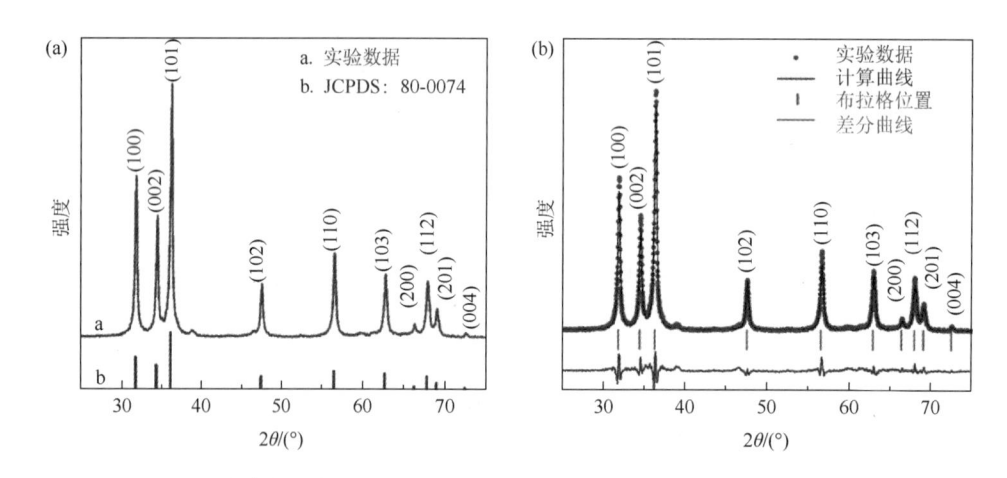

图 4.37 溶液燃烧法构筑的多孔 ZnO 粉体的 XRD 图（a）和精修谱图（b）

表 4.2 Rietveld 精修得到的 ZnO 晶体结构参数

结构参数	数值
空间群	$P6_3mc$（186）
晶格常数/Å	$a = b = 3.2535$，$c = 5.2151$
元素坐标	Zn：$x = 0.3333$，$y = 0.6667$，$z = -0.0042$ O：$x = 0.3333$，$y = 0.6667$，$z = 0.3405$
晶粒尺寸/nm	73.88
微应变	5.149×10^{-4}
R_{wp}/%	15.00

2. ZnO 的 SEM 分析

溶液燃烧法一步构筑的 ZnO 的表面形貌由 SEM 观察获得，其 SEM 形貌分析如图 4.38 所示。由图 4.38（a）和（b）可以看出样品具有多级孔结构，展现出类似于珊瑚的形貌特征，孔道壁由球状的 ZnO 纳米颗粒堆积而成，晶粒尺寸大小不均一。直径各异的孔道之间相互贯通，有利于在气体检测中待测气体在材料中的扩散。

图 4.38 多级孔 ZnO 不同区域的 SEM 图

3. ZnO 的 TEM 分析

TEM 被用来进一步观察 ZnO 的精细微观结构，其 TEM 和 HRTEM 图如图 4.39 所示。在图 4.39（a）中可以看出 ZnO 呈现出具有不同孔径的多级孔结构，在孔道壁上存在大量的介孔和由纳米颗粒堆积得到的微孔，孔道壁则围成大孔，这与 SEM 观察到的结果一致。图 4.39（b）显示孔道壁由 ZnO 纳米颗粒堆叠而成，纳米颗粒尺寸各异。从图 4.39（c）中可以看到清晰的、明暗相间的晶格条纹，说明 ZnO 纳米颗粒具有较高的结晶度，并且结晶取向随机，说明 ZnO 的多晶性质。图 4.39（d）为图 4.39（c）中虚线框出区域的局部放大图，通过进一步观察发现相邻的晶格条纹对应的晶面间距的大小为 0.2810nm，对应于纤锌矿 ZnO 的（100）晶面，这与 XRD 的结果一致。

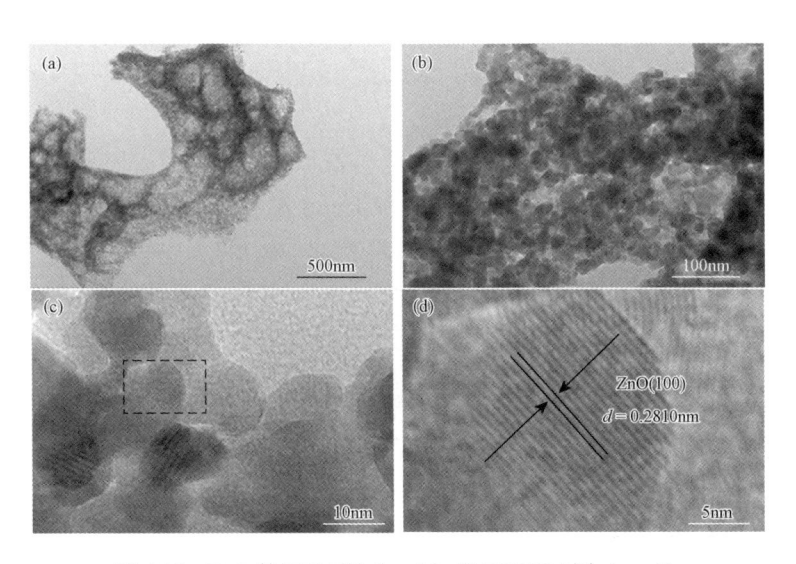

图 4.39 ZnO 的 TEM 图（a，b）和 HRTEM 图（c，d）

4. ZnO 的孔结构分析

为了进一步获得溶液燃烧法获得的 ZnO 的孔结构信息，利用气体吸附法（BET），将 ZnO 的粉末样品在 200℃下脱气 3h 后进行 BET 测试，从而得到相应的氮气吸附-脱附曲线。由图 4.40 中可以看出，氮气吸附-脱附等温线有一个明显的滞后环，具备典型的Ⅳ型等温曲线的特征。当相对压力较低时，吸附和脱附等温线完全重合，说明氮气吸附和脱附过程完全可逆；在相对压力为 0.6～0.85 时，吸附和脱附等温线不重合，这一现象被称为迟滞现象，说明 ZnO 材料中存在介孔（2～50nm）；当相对压力大于 0.85 时，氮气吸附曲线迅速上升，说明 ZnO 材料中存在大孔（＞50nm）。观察迟滞环形状为 H3 型，说明样品中存在纳米粒组成的狭缝孔[43]。

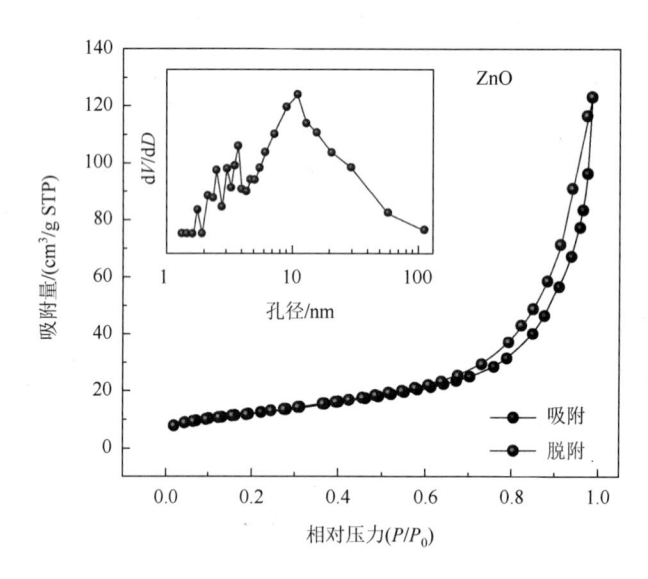

图 4.40 ZnO 的氮气吸附-脱附曲线

插图为 BJH 法计算得到的相应的孔径分布曲线

由插图的 BJH 孔径分布曲线可以看出，ZnO 中孔径的大小分布范围为 1.46～110.67nm，包括微孔、介孔和大孔，其中 11.16nm 左右的孔在各样品中占主要分布。由此说明，溶液燃烧法构筑的各 ZnO 材料具有多级孔结构，这与 SEM 和 TEM 的观察结果一致。此外，表 4.3 中列出了根据 BET 曲线计算得到的 ZnO 的比表面积。在气体检查中，大的比表面积可为气体反应提供充足的反应表面。

表 4.3 ZnO 的比表面积

样品	比表面积/(m^2/g)	样品	比表面积/(m^2/g)
ZnO	48.398	0.5%Pt@AZO	39.669

5. ZnO 的 XPS 分析

XPS 被用来获得 ZnO 的元素组成、元素种类、化学态和含量等信息。ZnO 的 XPS 图如图 4.41 所示。图 4.41（a）为对 ZnO 样品的全谱扫描，可以看到只有属于 Zn、O 和

C 三种元素的能谱峰,并没有检测出其他的元素,说明溶液燃烧法构筑的 ZnO 纯度较高,位于 285eV 处的 C 1s 峰可能是因为样品表面吸附 CO_2 气体所造成的。图 4.41(b)和(c)分别为对 Zn 2p 和 O 1s 的窄区域高分辨细扫描谱图,目的是获得关于元素的更加精确的信息,如获取精确的线型,得到结合能的准确位置、判断元素的化学态等。通过 XPSPEAK 分峰软件对 Zn 2p 和 O 1s 的谱线进行分峰后发现,Zn 2p 能谱[图 4.41(b)]在 1045.34eV 和 1022.32eV 处有两个对称性较好的强峰,分别对应于 Zn $2p_{1/2}$ 和 Zn $2p_{3/2}$,两个峰的结合能差为 23.02eV,与文献[44,45]报道的结果相一致,说明 Zn 的价态为 +2 价。在图 4.41(c)中可以看出 O 1s 的谱线不具有对称性,经过 XPSPEAK 软件进行分峰拟合后得到位于 532.20eV 和 530.84eV 的两个峰,分别对应于 O_x^- 和 O_{lat},两者分峰面积所占的比例分别为 53.36%和 46.64%。O_{lat} 为 ZnO 中的晶格氧,由于 Zn—O 键比较稳定,在气体检测中通常不参与反应[46-49]。O_x^- 为 ZnO 表面的吸附氧离子,是由于吸附在材料表面的 O_2 捕获了自由电子而形成的,包括 O_2^-、O^{2-} 和 O^-,在与还原性气体接触时两者之间会发生反应,因此在气体检测中起到重要的作用[50,51]。

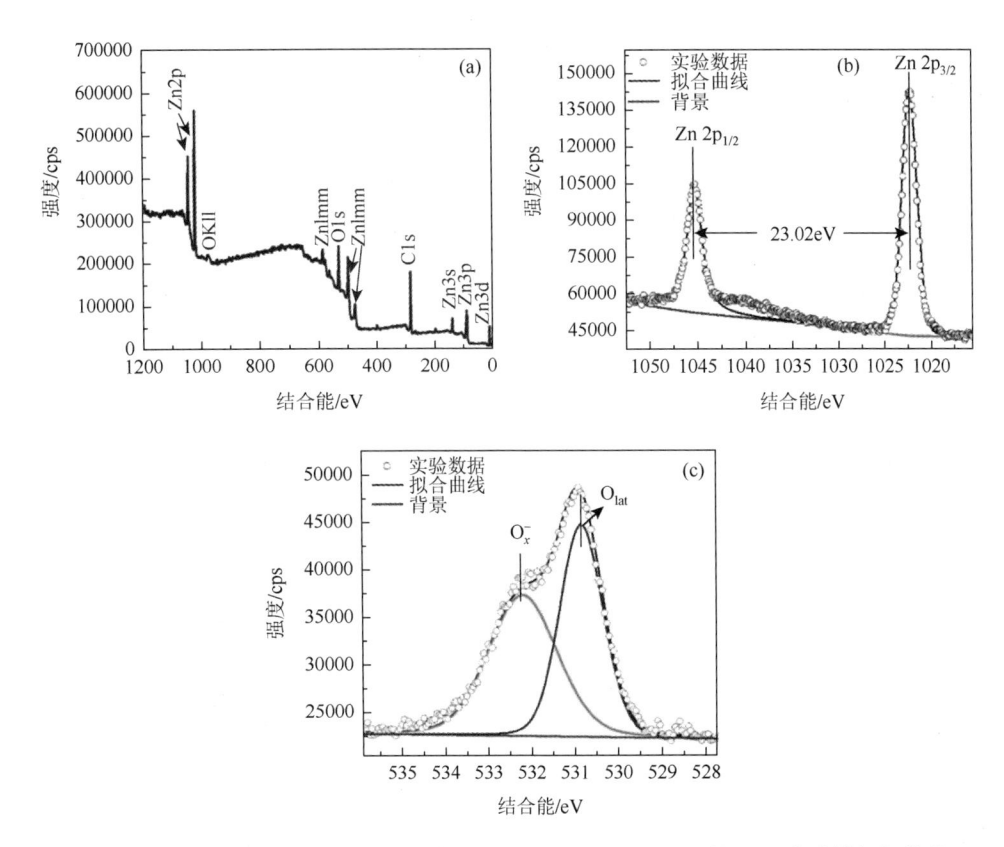

图 4.41 (a)ZnO 的 XPS 全扫描谱;(b)Zn 2p 和(c)O 1s 的 XPS 高分辨细扫描谱

由于材料的形貌特征和材料的物理化学性质之间有着密切的联系,在气体检测中,测试气体和材料之间的相互作用主要发生在材料的表面,如何快速地构筑有利于气体扩散的材料是气体传感领域所关心的问题。本节通过溶液燃烧法一步构筑具有多级孔结构的 ZnO

纳米材料,对构筑得到的样品进行了一系列结构、形貌和组成的分析。在 ZnO 表面存在大量的吸附氧离子,这在气体检测中起到很大的作用。

综上所述,溶液燃烧法具有较好的通用性,通过一步法就可以成功地完成对 ZnO 的掺杂和复合,构筑得到的产物纯度较高、颗粒尺寸小、形貌具有典型的多级孔结构、大的比表面积。在气体检测中,这种独特的相貌结构有助于待测气体在材料中的扩散,从而提高气敏性能。

4.5.3 纳米多孔结构 ZnO 基气体敏感材料的气敏性能与机理

1. 气敏性能

1)最佳工作温度

以溶液燃烧法构筑出的 ZnO 多孔纳米材料为气体敏感材料,利用 WS-30A 测试平台研究相应的传感器对正丁醇的气敏性能。图 4.42 记录了 ZnO 气体传感器在温度范围为 160～420℃内对浓度为 100ppm 正丁醇响应值的变化。

由图 4.42 所示,ZnO 气体传感器对正丁醇的响应值在 150～300℃时呈现上升趋势,在 300℃时达到最高值 234.93。随后,随着温度的升高,响应值又逐渐下降,因此将 300℃设定为 ZnO 气体传感器测试正丁醇的最佳工作温度,并在此温度下测试 ZnO 气体传感器的动态响应、响应和恢复时间、重复性、选择性和长期稳定性。

ZnO 气体传感器在最佳工作温度 300℃时响应值达到最高值,这和在材料表面发生的气体分子与 O_x^- 之间的氧化还原反应有关。通常来说,气体与 O_x^- 的反应需要一定的激活能,激活能通过工作温度获得。随着温度的升高,气体获得足够的激活能与 O_x^- 发生氧化还原反应,导致响应值增加。当温度达到最佳工作温度时,气体分子在材料表面的吸附和脱附速率达到平衡,响应值达到最大值。当温度超过最佳工作温度后,气体在材料表面的脱附速率大于吸附速率,从而使正丁醇在材料表面的吸附量减少,导致响应值减小[41,52,53]。

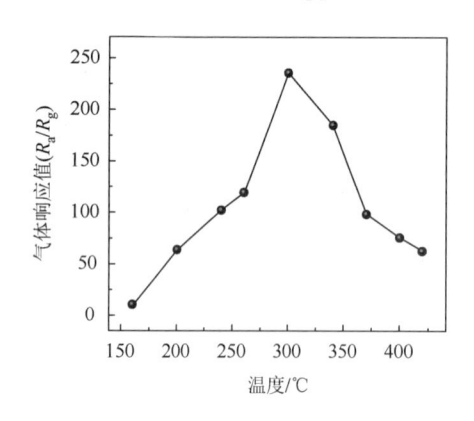

图 4.42 ZnO 气体传感器在不同工作温度下对 100ppm 正丁醇的响应值

2)动态响应和响应值

动态响应可以用来衡量气体传感器的可靠性。图 4.43(a)为 ZnO 气体传感器在最佳工作温度 300℃下对不同浓度正丁醇的动态响应曲线。正丁醇的浓度范围为 1～100ppm,随着正丁醇浓度的增加,响应值也随之升高,使得动态响应曲线呈现阶梯形变化。ZnO 气体传感器在 300℃下对 1ppm、5ppm、10ppm、20ppm、40ppm、50ppm 和 100ppm 正丁醇的响应值分别达到 7.46、16.71、26.96、47.78、104.85、139.69 和 234.93。这说明 ZnO 对正丁醇的可检测浓度范围较广。

图 4.43（b）为 ZnO 气体传感器检测正丁醇时，气体的浓度和相应的响应值之间拟合得到的曲线。由图 4.43（b）可见，浓度与响应值之间呈现线性关系，该直线的表达式为式（4.22）。式中，β 为响应值，C 为正丁醇的气体浓度，得到的响应值为 2.362（响应值与气体浓度拟合得到的直线的斜率）。相关系数 R^2 达到 0.9897，说明响应值和正丁醇浓度之间的线性相关程度高，该直线方程能够很好地代表两者之间的关系。动态响应测试结果表明，ZnO 气体传感器可以实现对正丁醇的定量检测。

$$\beta = 2.362C + 6.357 \tag{4.22}$$

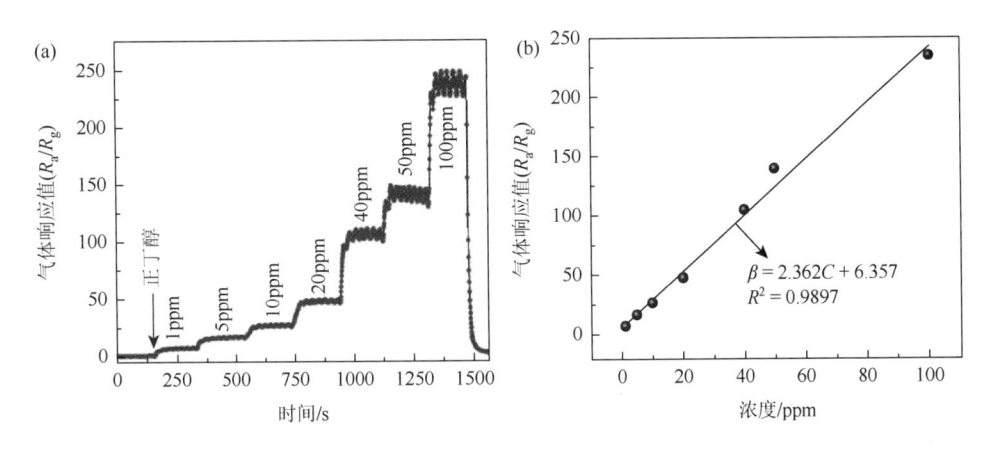

图 4.43 （a）ZnO 气体传感器在工作温度 300℃下检测 1~100ppm 正丁醇得到的动态响应曲线；（b）响应值和正丁醇浓度之间拟合得到的曲线

3）响应和恢复时间

响应时间（τ_{Rs}）和恢复时间（τ_{Rc}）是评价气体传感器气敏性能的重要指标。响应时间和恢复时间分别被定义为气体传感器响应值由基线值达到平台值的 90%时所需要的时间和气体传感器响应值恢复到平台值的 10%时所需要的时间。图 4.44 为 ZnO 气体传感器在最佳工作温度 300℃下检测 100ppm 正丁醇时的响应-恢复曲线。

正丁醇注入测试系统时，各气体传感器快速响应，响应值曲线迅速上升，在 43s 后达到平台值的 90%，之后响应值在 234.93 附近保持稳定。打开配气箱后，响应值快速下降，经过 13s 后达到平台值的 10%，之后便重新恢复到基线值。可以判断，ZnO 气体传感器对正丁醇能够快速地响应和恢复。

4）重复性

气体传感器的重复性既可以用来判断气体传感器在多次检测气体时特性曲线能否仍保持一致性，也可以用来表示气体传感器在与待测气体反应之后恢复到初始值的能力。图 4.45 为 ZnO 气体传感器在最佳工作温度 300℃下对 100ppm 正丁醇的 5 次连续性测试。由图 4.45 可以观察到，5 次连续测试的特征曲线形状稳定，形变小，响应平台值在 234.93 附近波动。另外，单次测试结束后特征曲线恢复到初始值，可以判断 ZnO 气体传感器具有良好的重复性和再现性。

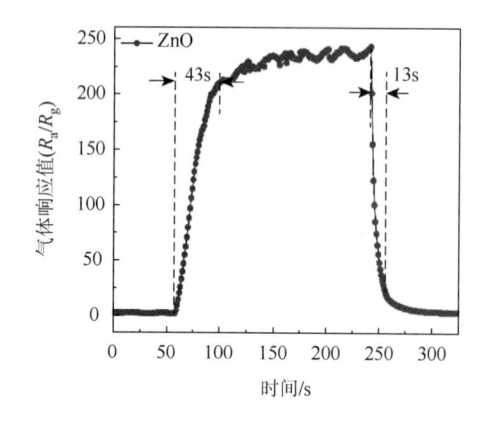

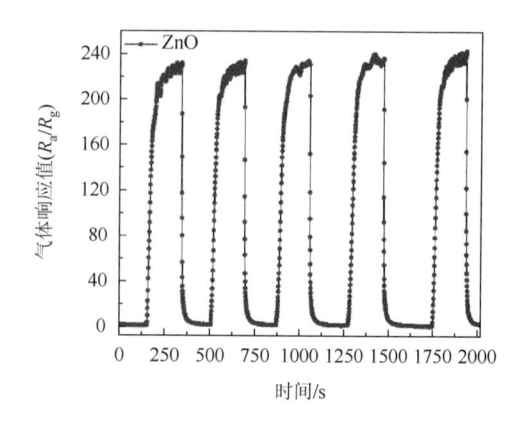

图 4.44　ZnO 气体传感器在工作温度 300℃下对 100ppm 正丁醇的响应-恢复曲线

图 4.45　ZnO 气体传感器在工作温度 300℃下对 100ppm 正丁醇的 5 次连续测试曲线

5）选择性

选择性是衡量气体传感器对待测气体之外的其他气体的抗干扰能力。图 4.46 为 ZnO 气体传感器在其最佳工作温度 300℃下对 100ppm 正丁醇、乙醇、异丙醇、丙酮、甲醇和甲醛的选择性测试。由图 4.46 可以看出，ZnO 气体传感器对正丁醇具有选择性，响应值达到 234.93，均大于对其他的挥发性有机化合物的响应值。在相同温度下，该响应值大小分别是 ZnO 气体传感器对乙醇、异丙醇、丙酮、甲醇和甲醛响应值的 9.52、10.33、12.32、32.40 和 58.44 倍，说明 ZnO 气体传感器在 300℃下对正丁醇气体具有较好的选择性。

由以上分析可知，ZnO 气体传感器在工作温度 300℃下对正丁醇具有选择性，这主要归因于以下三个方面。首先，相比于异丙醇、乙醇、甲醇、丙酮和甲醛，正丁醇具有最大的相对分子质量，其分子的振动或旋转要小于其他的气体分子，导致正丁醇气体的扩散系数较低。因此，在气体检测时，正丁醇分子更容易吸附在气体敏感材料表面，与 O_x^- 反应引发电子得失。其次，正丁醇的烃链最长，其极性最弱，因此 C 更加容易与 O_x^- 反应失去电子。最后，ZnO 气体传感器检测正丁醇的最佳工作温度为 300℃，在此工作温度下，正丁醇在气体敏感材料表面的吸附与脱附达到平衡，而此温度可能并非检测异丙醇、乙醇、甲醇、丙酮和甲醛的最佳工作温度。以上三个因素共同决定了 ZnO 气体传感器对正丁醇的良好选择性。

6）长期稳定性

在实际检测中，一个性能优异的气体传感器需要具有良好的长期稳定性。图 4.47 为 ZnO 气体传感器在最佳工作温度 300℃下对 100ppm 正丁醇的响应值的变化情况，测试时间均持续 30 天。如图 4.47 所示，ZnO 气体传感器对正丁醇的初始响应值为 234.93，在此之后，响应值便随着测试日期的推后而逐渐下降，最终响应值在 16 天之后趋于稳定，波动范围减小。通过计算得到，ZnO 气体传感器的响应值在第 1～16 天衰减了 69.35%，在第 16～30 天响应值围绕 55.67 波动，并且这 15 组数据的标准差为 9.20。由此可见，ZnO 气体传感器的长期稳定性在使用初期时不太理想，需要经过至少 15 天的使用，响应值才能趋于稳定。

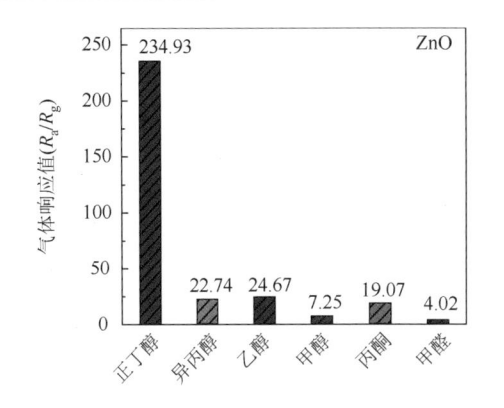

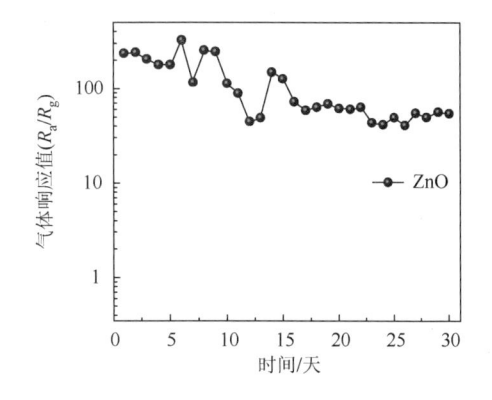

图 4.46 ZnO 气体传感器在工作温度 300℃下对 100ppm 正丁醇、乙醇、异丙醇、丙酮、甲醇和甲醛的选择性测试

图 4.47 ZnO 气体传感器在工作温度 300℃下对 100ppm 正丁醇的长期稳定性测试

2. 气敏机理分析

ZnO 是典型的 n 型半导体材料，当在测试系统中注入还原性气体时，ZnO 气体传感器的电阻值会有所降低，表现出典型的 n 型半导体气敏材料的性质。气敏机理主要与在材料表面发生的待测气体和化学吸附氧之间的氧化还原反应密切相关，该反应直接影响气体传感器的电阻值。除此之外，气体敏感材料的组成、晶粒大小和孔结构等也对气敏性能有所影响。从 4.5.2 节的 SEM 和 TEM 分析结果得知，气体敏感材料是由纳米颗粒堆积而成的具有空间网络结构的多孔材料。因此，气体传感器电阻的变化可以看作是每个纳米颗粒与待测气体反应后电阻变化的总和，相邻纳米颗粒之间自由电子的传输直接影响气体传感器的电阻[54]。对于 n 型半导体气体传感器来说，在低温下，O_2 在材料表面发生物理吸附，随着温度的升高（>200℃），O_2 由物理吸附转化为化学吸附，发生 $O_2 \rightarrow O_x^-$（O_2^-、O^{2-} 和 O^-）的转变，其过程可以描述为材料表面吸附的 O_2 捕获纳米颗粒中的自由电子，在颗粒表面形成电子耗尽层，增加表面电势，因此纳米颗粒之间的电子传输会被接触势垒阻碍，从而使气体传感器在空气中的电阻（R_a）增加。具体反应过程如式（4.1）、式（4.2）和式（4.17）所示[55]。

当气体传感器暴露于正丁醇中时，正丁醇会与气敏材料表面的吸附氧离子 O_x^-（O_2^-、O^{2-} 和 O^-）发生反应，此时吸附氧离子数量减少，被捕获的电子重新被释放回导带。这样纳米颗粒的表面电势减小，纳米颗粒之间的接触势垒降低，有助于电子在纳米颗粒之间传输，从而使气体传感器的电阻（R_g）降低，此过程如式（4.18）、式（4.23）~式（4.25）所示[41,56]。正是气体传感器的电阻在空气中和在还原性气体中的巨大变化，使得气体传感器对待测气体有所响应。

$$O_{2(gas)} \longrightarrow O_{2(ads)} \tag{4.1}$$

$$O_{2(ads)} + e^- \longrightarrow O_{2(ads)}^- \tag{4.2}$$

$$O_{2(ads)}^- + e^- \longrightarrow 2O_{(ads)}^- \tag{4.17}$$

$$O^-_{(ads)} + e^- \longrightarrow O^{2-}_{(ads)} \tag{4.18}$$

$$C_4H_9OH_{(gas)} \rightleftharpoons C_4H_9OH_{(ads)} \tag{4.23}$$

$$C_4H_9OH_{(ads)} + 12O^-_{(ads)} \longrightarrow 5H_2O + 4CO_2 + 12e^- \tag{4.24}$$

$$C_4H_9OH_{(ads)} + 12O^{2-} \longrightarrow 5H_2O_{(gas)} + 4CO_{2(gas)} + 24e^- \tag{4.25}$$

纳米颗粒表面电势和颗粒之间接触势垒的变化如图 4.48 所示[49]。气敏性能除了与在 ZnO 纳米颗粒表面发生的气体分子和吸附氧离子之间的氧化还原反应有关，还与材料的组成、晶粒大小和孔结构等密切相关。

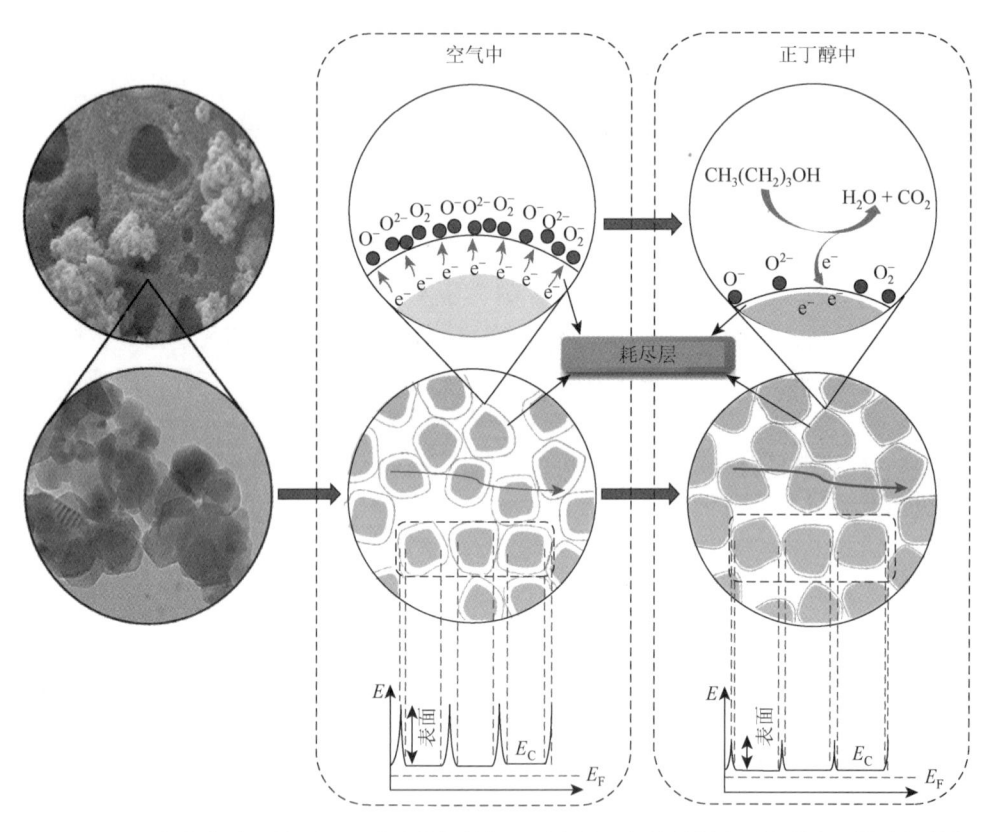

图 4.48 ZnO 气体传感器检测正丁醇时的气敏机理示意图：气敏材料表面电势和颗粒之间接触势垒的变化

参 考 文 献

[1] Geng B, Liu J, Wang C. Multi-layer ZnO architectures: Polymer induced synthesis and their application as gas sensors. Sens Actuators B: Chem, 2010, 150 (2): 742-748.

[2] He Y, Zhang W, Zhang S, et al. Study of the photoconductive ZnO UV detector based on the electrically floated nanowire array. Sensor Actuators A: Phys, 2012, 181: 6-12.

[3] Xu J Q, Chen Y P, Chen D Y, et al. Hydrothermal synthesis and gas sensing characters of ZnO nanorods. Sens Actuators B:

Chem, 2006, 113 (1): 526-531.

[4] Xi Y, Hu C G, Han X Y, et al. Hydrothermal synthesis of ZnO nanobelts and gas sensitivity property. Solid State Commun, 2007, 141 (9): 506-509.

[5] Huang J, Wu Y, Gu C, et al. Fabrication and gas-sensing properties of hierarchically porous ZnO architectures. Sens Actuators B: Chem, 2011, 155 (1): 126-133.

[6] Meng F, Ge S, Jia Y, et al. Interlaced nanoflake-assembled flower-like hierarchical ZnO microspheres prepared by bisolvents and their sensing properties to ethanol. J Alloy Compd, 2015, 632: 645-650.

[7] Liu X, Zhang J, Yang T, et al. Self-assembled hierarchical flowerlike ZnO architectures and their gas-sensing properties. Powder Technol, 2012, 217: 238-244.

[8] Guo W, Liu T, Zhang H, et al. Gas-sensing performance enhancement in ZnO nanostructures by hierarchical morphology. Sens Actuators B: Chem, 2012, 166-167: 492-499.

[9] Meng F, Hou N, Ge S, et al. Flower-like hierarchical structures consisting of porous single-crystalline ZnO nanosheets and their gas sensing properties to volatile organic compounds (VOCs). J Alloy Compd, 2015, 626: 124-130.

[10] Mun Y, Park S, An S, et al. NO_2 gas sensing properties of Au-functionalized porous ZnO nanosheets enhanced by UV irradiation. Ceram Int, 2013, 39 (8): 8615-8622.

[11] Jiang C Y, Sun X W, Lo G Q, et al. Improved dye-sensitized solar cells with a ZnO-nanoflower photoanode. Appl Phys Lett, 2007, 90 (26): 263501.

[12] Chen T, Liu S Y, Xie Q, et al. In situ and ex situ investigation on the annealing performance of the ZnO film grown by ion beam deposition. J Mater Sci-Mater M, 2009, 21 (1): 88-95.

[13] Liao L, Lu H B, Shuai M, et al. A novel gas sensor based on field ionization from ZnO nanowires: Moderate working voltage and high stability. Nanotechnology, 2008, 19 (17): 175501.

[14] Özgür Ü, Alivov Y I, Liu C, et al. A comprehensive review of ZnO materials and devices. J Appl Phys, 2005, 98 (4): 041301.

[15] Wang L, Lou Z, Fei T, et al. Enhanced acetone sensing performances of hierarchical hollow Au-loaded NiO hybrid structures. Sens Actuators B: Chem, 2012, 161 (1): 178-183.

[16] Bridges A, Felder F A, Mckelvey K, et al. Uncertainty in energy planning: Estimating the health impacts of air pollution from fossil fuel electricity generation. Energy Res Soc Sci, 2015, 6: 74-77.

[17] Li X, Zhou X, Guo H, et al. Design of Au@ZnO yolk-shell nanospheres with enhanced gas sensing properties. ACS Appl Mater Interfaces, 2014, 6 (21): 18661-18667.

[18] Franke M E, Koplin T J, Simon U. Metal and metal oxide nanoparticles in chemiresistors: Does the nanoscale matter? Small, 2006, 2 (1): 36-50.

[19] 郭照青. 提高 ZnO 纳米颗粒丙酮气敏性能的研究. 太原: 太原理工大学, 2020.

[20] Miller D R, Akbar S A, Morris P A. Nanoscale metal oxide-based heterojunctions for gas sensing: A review. Sens Actuators B: Chem, 2014, 204: 250-272.

[21] 许燕. ZnO 纳米材料的制备、表征与气敏性能研究. 哈尔滨: 哈尔滨工业大学, 2013.

[22] Chougule M A, Sen S, Patil V B. Fabrication of nanostructured ZnO thin film sensor for NO_2 monitoring. Ceram Int, 2012, 38 (4): 2685-2692.

[23] 陈伟良. ZnO 基纳米棒阵列气敏材料合成与性能. 天津: 天津理工大学, 2010.

[24] Bie L J, Yan X N, Yin J, et al. Nanopillar ZnO gas sensor for hydrogen and ethanol. Sens Actuators B: Chem, 2007, 126 (2): 604-608.

[25] 李思萌. 氧化锌纳米结构缺陷控制与气敏性能关系研究. 天津: 天津理工大学, 2017.

[26] Lupan O, Chow L, Pauporté T, et al. Highly sensitive and selective hydrogen single-nanowire nanosensor. Sens Actuators B: Chem, 2012, 173: 772-780.

[27] Lai X, Wang D, Han N, et al. Ordered arrays of bead-chain-like In_2O_3 nanorods and their enhanced sensing performance for

[28] Wu M J, Zhang G X, Chen N, et al. A self-supported electrode as a high-performance binder-and carbon-free cathode for rechargeable hybrid zinc batteries. Energy Storage Mater, 2020, 24: 272-280.

[29] Chen Y, Zhu C L, Xiao G. Reduced-temperature ethanol sensing characteristics of flower-like ZnO nanorods synthesized by a sonochemical method. Nanotechnology, 2006, 17 (18): 4537-4541.

[30] Zhang L, Zhao J, Zheng J, et al. Hydrothermal synthesis of hierarchical nanoparticle-decorated ZnO microdisks and the structure-enhanced acetylene sensing properties at high temperatures. Sens Actuators B: Chem, 2011, 158 (1): 144-150.

[31] 林琳, 罗媛媛. Au/ZnO 多孔纳米片及其紫外光照射下的 NO_2 气敏性能. 安徽师范大学学报（自然科学版）, 2020, 43 (1): 33-38.

[32] Guo R, Han Y, Su C, et al. Ultrasensitive room temperature NO_2 sensors based on liquid phase exfoliated WSe_2 nanosheets. Sens Actuators B: Chem, 2019, 300: 127013.

[33] Wang J, Shen Y, Li X, et al. Synergistic effects of UV activation and surface oxygen vacancies on the room-temperature NO_2 gas sensing performance of ZnO nanowires. Sens Actuators B: Chem, 2019, 298: 126858.

[34] Li G, Sun Z, Zhang D, et al. Mechanism of sensitivity enhancement of a ZnO nanofilm gas sensor by UV light illumination. ACS Sens, 2019, 4: 1577-1585.

[35] Casals O, Markiewicz N, Fabrega C, et al. A parts per billion (ppb) sensor for NO_2 with microwatt (μW) power requirements based on micro light plates. ACS Sens, 2019, 4 (4): 822-826.

[36] Hyodo T, Urata K, Kamada K, et al. Semiconductor-type SnO_2-based NO_2 sensors operated at room temperature under UV-light irradiation. Sens Actuators B: Chem, 2017, 253: 630-640.

[37] Wang J, Wang Z, Huang B, et al. Oxygen vacancy induced band-gap narrowing and enhanced visible light photocatalytic activity of ZnO. ACS Appl Mater Interfaces, 2012, 4 (8): 4024-4030.

[38] Kwan Y C G, Ng G M, Huan C H A. Identification of functional groups and determination of carboxyl formation temperature in graphene oxide using the XPS O 1s spectrum. Thin Solid Films, 2015, 590: 40-48.

[39] Hu D, Han B, Han R, et al. SnO_2 nanorods based sensing material as an isopropanol vapor sensor. New J Chem, 2014, 38 (6): 2443-2450.

[40] Ahlers S, Müller G, Doll T. A rate equation approach to the gas sensitivity of thin film metal oxide materials. Sens Actuators B: Chem, 2005, 107 (2): 587-599.

[41] Kaneti Y V, Yue J, Jiang X, et al. Controllable synthesis of ZnO nanoflakes with exposed ($10\bar{1}0$) for enhanced gas sensing performance. J Phy Chem C, 2013, 117 (25): 13153-13162.

[42] Zhu G, Xi C, Xu H, et al. Hierarchical NiO hollow microspheres assembled from nanosheet-stacked nanoparticles and their application in a gas sensor. RSC Adv, 2012, 2 (10): 4236-4241.

[43] Yu J, Yu Y, Zhou P, et al. Morphology-dependent photocatalytic H_2-production activity of CdS. Appl Catal B-Environ, 2014, 156-157: 184-191.

[44] Cai X, Hu D, Deng S, et al. Isopropanol sensing properties of coral-like ZnO-CdO composites by flash preparation via self-sustained decomposition of metal-organic complexes. Sens Actuators B: Chem, 2014, 198: 402-410.

[45] Li L, Fang L, Zhou X J, et al. X-ray photoelectron spectroscopy study and thermoelectric properties of Al-doped ZnO thin films. J Electron Spectrosc, 2009, 173 (1): 7-11.

[46] Han B, Liu X, Xing X, et al. A high response butanol gas sensor based on ZnO hollow spheres. Sens Actuators B: Chem, 2016, 237: 423-430.

[47] Dong C, Liu X, Han B, et al. Nonaqueous synthesis of Ag-functionalized In_2O_3/ZnO nanocomposites for highly sensitive formaldehyde sensor. Sens Actuators B: Chem, 2016, 224: 193-200.

[48] Gurlo A, Riedel R. *In situ* and operando spectroscopy for assessing mechanisms of gas sensing. Angew Chem Int Edit, 2007, 46 (21): 3826-3848.

[49] Kim I D, Rothschild A, Tuller H L. Advances and new directions in gas-sensing devices. Acta Mater, 2013, 61 (3): 974-1000.

[50] Aono H, Traversa E, Sakamoto M, et al. Crystallographic characterization and NO$_2$ gas sensing property of LnFeO$_3$ prepared by thermal decomposition of Ln-Fe hexacyanocomplexes, Ln[Fe(CN)$_6$]·nH$_2$O, Ln = La, Nd, Sm, Gd, and Dy. Sens Actuators B: Chem, 2003, 94 (2): 132-139.

[51] Chowdhuri A, Singh S K, Sreenivas K, et al. Contribution of adsorbed oxygen and interfacial space charge for enhanced response of SnO$_2$ sensors having CuO catalyst for H$_2$S gas. Sens Actuators B: Chem, 2010, 145 (1): 155-166.

[52] Meng D, Liu D, Wang G, et al. Low-temperature formaldehyde gas sensors based on NiO-SnO$_2$ heterojunction microflowers assembled by thin porous nanosheets. Sens Actuators B: Chem, 2018, 273: 418-428.

[53] Zeng W, Liu T, Wang Z, et al. Selective detection of formaldehyde gas using a Cd-doped TiO$_2$-SnO$_2$ sensor. Sensors (Basel), 2009, 9 (11): 9029-9038.

[54] Zhang J, Qin Z, Zeng D, et al. Metal-oxide-semiconductor based gas sensors: Screening, preparation, and integration. Phys Chem Chem Phys, 2017, 19 (9): 6313-6329.

[55] Chen T, Liu Q J, Zhou Z L, et al. A high sensitivity gas sensor for formaldehyde based on CdO and In$_2$O$_3$ doped nanocrystalline SnO$_2$. Nanotechnology, 2008, 19 (9): 095506.

[56] Zhang H J, Wu R F, Chen Z W, et al. Self-assembly fabrication of 3D flower-like ZnO hierarchical nanostructures and their gas sensing properties. CrystEngComm, 2012, 14 (5): 1775-1782.

第 5 章　TiO$_2$ 基气体敏感材料与气体传感器

二氧化钛（TiO$_2$）是一种带隙约为 3eV 的高电阻 n 型半导体材料，因其化学稳定性好、无毒害、来源丰富以及价格低廉等特点而受到广泛关注[1]。而纳米结构的二氧化钛由于具有优异的物理和化学性能，如量子尺寸效应、小尺寸效应、表面效应和宏观量子隧道效应[2]，在光催化、锂离子电池、太阳能电池、传感器等领域中被广泛研究和应用[3,4]。TiO$_2$ 具有三种结晶相[5]：金红石（四方晶系，空间群 $P4_2/mnm$，$a = b = 4.584$Å，$c = 2.953$Å）、锐钛矿（四方晶系，空间群 $I4_1/amd$，$a = b = 3.782$Å，$c = 9.502$Å）和板钛矿（斜方晶系，空间群 $Pbca$，$a = 5.436$Å，$b = 9.166$Å，$c = 5.135$Å）。其中，锐钛矿型 TiO$_2$ 因突出的气体反应能力和高氧空位而成为应用最广泛的气体传感器。在本章中，将从不同维度纳米结构介绍 TiO$_2$ 基气体传感器，并讨论它们的制备方法及对气体的响应机理。

5.1　零维结构 TiO$_2$ 基气体敏感材料与气体传感器

零维纳米结构 TiO$_2$ 主要包括量子点、纳米颗粒、纳米球等。零维纳米结构的金属氧化物是超灵敏和高度微型化化学反应的最佳候选材料，因为它们的大比表面积为气体的吸附提供了反应位点。

5.1.1　零维结构 TiO$_2$ 基气体敏感材料的制备

零维结构 TiO$_2$ 的制备方法主要有水热法、溶胶-凝胶法、金属有机分解法、液相激光烧蚀法等。其不同方法制备的零维结构 TiO$_2$ 的微观形貌如图 5.1 所示。

水热法[6]是使用不同的钛源如钛酸四丁酯（C$_{16}$H$_{36}$O$_4$Ti）、硫酸氧钛（TiOSO$_4$）等，在水热溶剂如乙二醇、丙酮、去离子水等中进行一定时间的反应，最后清洗离心处理得到零维结构的 TiO$_2$。

溶胶-凝胶法[7]是按照一定比例将异丙氧基钛（C$_{16}$H$_{28}$O$_6$Ti）溶于异丙醇和去离子水的混合溶液中，持续搅拌一定时间后，使用酸性溶剂调节 pH 至 1，并在低温下（60～80℃）烘干有机溶剂和水分，最后在高温下（450～700℃）再对其进行退火处理，得到零维结构的 TiO$_2$。

金属有机分解法[8]是将钛酸四异丙酯（C$_{12}$H$_{28}$O$_4$Ti）、冰醋酸、乙醇按照一定比例混合，并在室温下持续搅拌 24h。随后旋涂在石英玻璃基板上，并在 N$_2$ 气氛下等离子处理一定时间。最后进行高温退火处理得到零维结构的 TiO$_2$。

液相激光烧蚀法[9,10]则是将商用的 TiO$_2$ 粉末悬浮于去离子水或者丙酮溶液中超声处理。然后使用脉冲非聚焦光束 Nd:YAG 激光进行照射，照射的同时不停地磁力搅拌。最后离心并对其进行退火处理得到零维结构的 TiO$_2$。

图 5.1　不同方法制备出来的零维纳米结构 TiO$_2$ 的微观形貌

(a) 液相激光烧蚀法[9]; (b) 水热法[11]; (c) 液相激光烧蚀法＋退火[10]; (d) 金属有机分解法[8]

本节将详细介绍利用简单的水热法构筑 Pd/TiO$_2$、Pt/TiO$_2$、WO$_3$/TiO$_2$ 零维纳米颗粒以及可能的形成机理。

1. 零维 Pd/TiO$_2$ 纳米颗粒的制备

（1）称取 4.899g TiOSO$_4$ 加入 50mL 去离子水中，室温下持续搅拌至形成透明澄清溶液。

（2）按 Pd/Ti 物质的量比为 0.5%、2.5%、5.0%、7.5%和 10.0%的比例分别称取一定量的氯化钯（PdCl$_2$），并加入步骤（1）所得溶液中，继续搅拌 2h。

（3）将搅拌均匀的溶液转移至 80mL 高压反应釜中，在 180℃恒温干燥箱中保温 4h，随后取出高压反应釜，使其在自然状态下冷却至室温。

（4）将灰白色沉淀物从高压反应釜中取出，用去离子水洗涤至中性，在 60℃恒温干燥箱中干燥，经研磨得到目标产物。

2. 零维 Pt/TiO$_2$ 纳米颗粒的制备

（1）称取 4.899g TiOSO$_4$ 加入 50mL 去离子水中，室温下持续搅拌至形成透明澄清溶液。

（2）按 Pt/Ti 物质的量比为 0.1%、0.5%、1.0%、1.5%的比例分别称取一定量的六水合氯铂酸（H$_2$PtCl$_6$·6H$_2$O），并加入步骤（1）所得溶液中，继续搅拌 2h。

（3）接下来的步骤与"零维 Pd/TiO$_2$ 纳米颗粒的制备"中的步骤（3）、（4）一致。

3. 零维 WO$_3$/TiO$_2$ 纳米颗粒的制备及形成机理

1）制备流程

（1）称取 4.899g TiOSO$_4$ 加入 50mL 去离子水中，室温下持续搅拌至形成透明澄清溶液。

（2）按 W/Ti 物质的量比为 1.0%、2.5%、5.0%、7.5%、10.0%、20.0%和 30.0%的比例分别称取一定量的偏钨酸铵［(NH$_4$)$_6$H$_2$W$_{12}$O$_{40}$·xH$_2$O］，并加入步骤（1）所得溶液中，继续搅拌 2h。

（3）接下来的步骤与"零维 Pd/TiO$_2$ 纳米颗粒的制备"中的步骤（3）、（4）一致。

2）形成机理

在水热条件下，TiOSO$_4$ 在酸性溶液中水解并形成 TiO(OH)$_2$ 晶胚并长大。在高温高压下，TiO(OH)$_2$ 分解生成 TiO$_2$ 纳米颗粒。同时，(NH$_4$)$_6$H$_2$W$_{12}$O$_{40}$·xH$_2$O 在水热法高温高压条件下分解生成 WO$_3$ 纳米颗粒。

（1）TiOSO$_4$ 在高温高压下水解形成 TiO(OH)$_2$ 沉淀［式（5.1）］。

（2）TiO(OH)$_2$ 沉淀分解生成 TiO$_2$ 纳米颗粒[12]［式（5.2）］。

（3）(NH$_4$)$_6$H$_2$W$_{12}$O$_{40}$·xH$_2$O 水解生成 WO$_3$ 纳米颗粒和氨气[13]［式（5.3）］。

$$TiOSO_4 + 2H_2O \longrightarrow TiO(OH)_2 + H_2SO_4 \tag{5.1}$$

$$TiO(OH)_2 \longrightarrow TiO_2 + H_2O \tag{5.2}$$

$$(NH_4)_6H_2W_{12}O_{40} \cdot xH_2O \longrightarrow 12WO_3 + 6NH_3 + (4+x)H_2O \tag{5.3}$$

其形成机理示意图如图 5.2 所示。

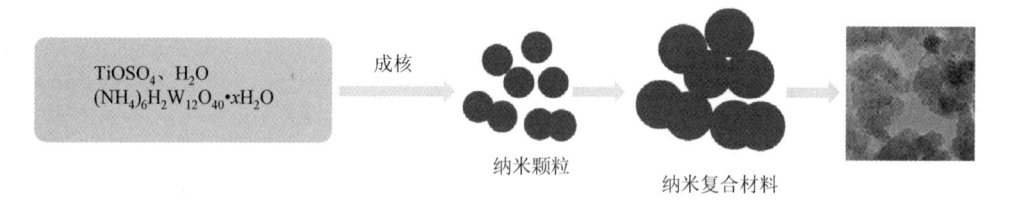

图 5.2　WO$_3$/TiO$_2$ 纳米颗粒的形成机理示意图

5.1.2　零维结构 TiO$_2$ 基气体敏感材料的表征与分析

将 5.1.1 节所获得的 Pd/TiO$_2$、Pt/TiO$_2$、WO$_3$/TiO$_2$ 零维纳米颗粒进行 XRD、TEM、XPS、BET 等表征与分析。

1. 物相分析

1）Pd/TiO$_2$ 的 XRD 图分析

图 5.3 为不同比例的 Pd 功能化 TiO$_2$ 纳米颗粒的 XRD 图。从图中可看出，纯相 TiO$_2$

纳米颗粒的衍射峰均与锐钛矿型 TiO$_2$ [JCPDS：21-1272，空间群：$I4_1/amd$（NO.141）]的标准谱图相吻合；在 Pd 功能化 TiO$_2$ 纳米颗粒中，Pd 是单质，空间群为 $Fm\bar{3}m$（NO.225），与标准卡片 JCPDS：46-1043 的标准谱图相吻合。样品中除锐钛矿型 TiO$_2$ 和单质 Pd 的衍射峰外，无其他衍射峰出现，说明制备得到的样品纯度高，无其他杂质。另外，衍射峰的半高宽较大，说明样品的尺寸较小，利用 Jade 软件，计算得到纯相 TiO$_2$ 以及 Pd 功能化 TiO$_2$ 纳米颗粒的平均晶粒尺寸分别为 12.3nm、14.0nm、12.5nm、10.8nm、10.9nm 和 13.0nm。

2）Pt/TiO$_2$ 的 XRD 图分析

图 5.4 为不同比例的 Pt 功能化 TiO$_2$ 纳米颗粒的 XRD 图。从图中可看出，在 Pt 功能化 TiO$_2$ 纳米颗粒中，（103）、（004）和（112）衍射峰发生重叠，表明样品的晶粒尺寸减小。利用 Rietveld 精修计算得到纯相 TiO$_2$ 和 0.1%、0.5%、1.0%、1.5% Pt/TiO$_2$ 纳米颗粒的平均晶粒尺寸分别为 12.3nm、10.9nm、11.3nm、10.9nm、11.4nm。相对应的可靠因子 R_{wp} 分别是 12.77%、12.54%、12.10%、11.53%、11.19%。

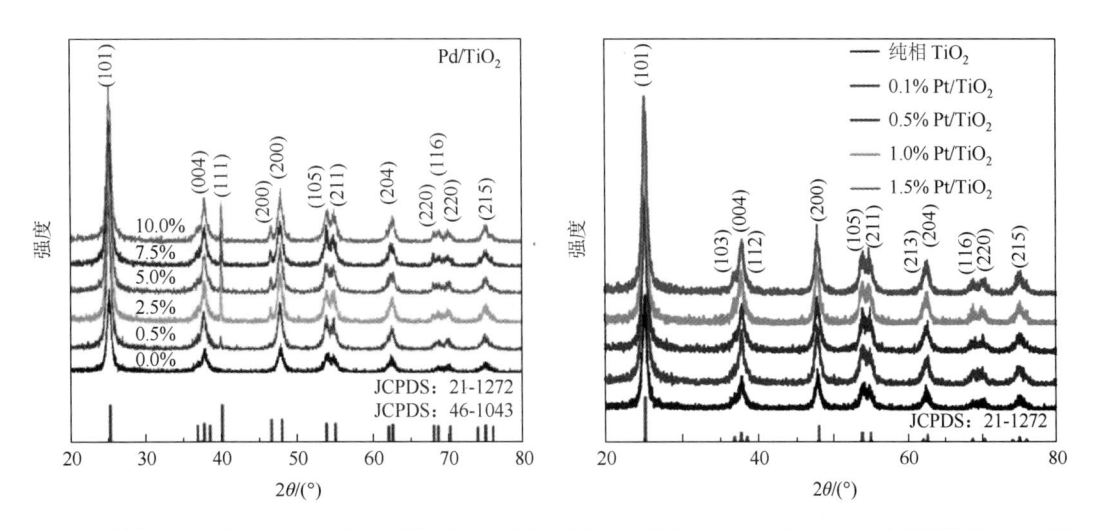

图 5.3　纯相 TiO$_2$ 以及 Pd/TiO$_2$ 纳米颗粒的 XRD 图　　图 5.4　纯相 TiO$_2$ 以及 Pt/TiO$_2$ 纳米颗粒的 XRD 图

3）WO$_3$/TiO$_2$ 的 XRD 图分析

图 5.5 为纯相 TiO$_2$ 以及 WO$_3$/TiO$_2$ 纳米颗粒的 XRD 图。从图中可看出，纯相 TiO$_2$ 和不同比例 WO$_3$/TiO$_2$ 纳米复合材料的衍射峰尖锐且半高宽较宽，说明材料的结晶度高且晶粒尺寸较小。WO$_3$ 复合比例为 1.0%、2.5%、5.0%的复合材料衍射图中除与锐钛矿 TiO$_2$(JCPDS：21-1272)相对应的衍射峰外未出现其他衍射峰，说明 WO$_3$ 复合比例在 5.0%以下的复合材料中除 TiO$_2$ 外没有第二相的存在。当复合比例大于 10.0%时，出现除锐钛矿 TiO$_2$ 衍射峰外的其他衍射峰，这些衍射峰与六方相 WO$_3$ [JCPDS：33-1387，空间群：$P6/mmm$（191NO.）]的衍射峰吻合。此外，六方相 WO$_3$ 衍射峰的出现表明 W 是以氧化物的形式复合在 TiO$_2$ 表面而不是掺杂进入 TiO$_2$ 晶格内部。

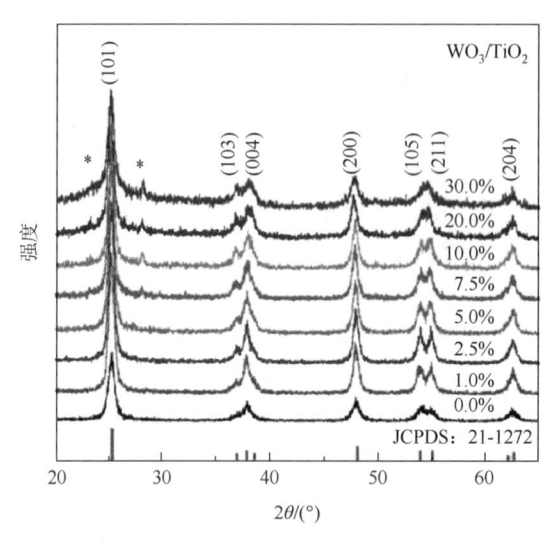

图 5.5　纯相 TiO$_2$ 以及 WO$_3$/TiO$_2$ 纳米颗粒的 XRD 图

*代表 WO$_3$ 相

2. 形貌分析

1）Pd/TiO$_2$ 的 TEM 分析

利用 TEM、HRTEM 和 EDX 对气敏性能最好的 7.5% Pd/TiO$_2$ 纳米颗粒进行微观形貌和组成分析，结果如图 5.6 所示。从图中可以看到，采用水热法制备的 7.5% Pd/TiO$_2$ 纳米颗粒的形貌和颗粒大小基本一致；图 5.6（b）是图 5.6（a）中虚线区域的放大部分。从图 5.6（b）中可以看出，7.5% Pd/TiO$_2$ 纳米颗粒的大小为 10~15nm，与 XRD 计算结果相对应，且 7.5% Pd/TiO$_2$ 纳米颗粒存在孔结构；从图 5.6（c）的 HRTEM 图中可以清晰地看出晶格条纹，相邻条纹间的间距为 0.35nm，对应于锐钛矿型 TiO$_2$ 的（101）晶面；插图为样品的选区电子衍射，其由同心圆环组成，表明制备得到的 7.5% Pd/TiO$_2$ 纳米颗粒为多晶。此外，在 HRTEM 图中并未发现 Pd 的晶格条纹存在，原因是 Pd 团聚造成的。对 7.5% Pd/TiO$_2$ 纳米颗粒进行元素组成分析，结果如图 5.6（d）所示，结果表明 7.5% Pd/TiO$_2$ 纳米颗粒中仅有 O、Ti、Pd、Cu（来源于铜网）元素存在，表明样品的纯度高。

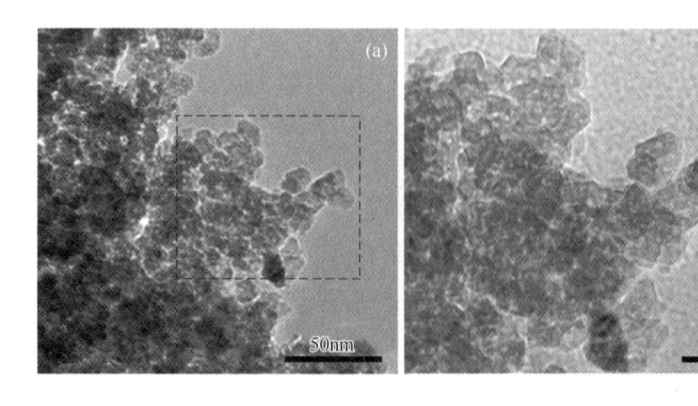

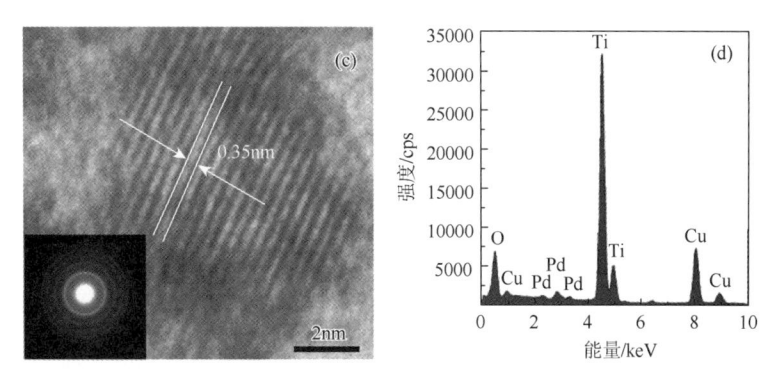

图5.6 7.5% Pd/TiO₂ 纳米颗粒的 TEM 图（a，b）、HRTEM 图（插图为 SAED 图）（c）、EDX 图（d）

2）Pt/TiO₂ 的 TEM 分析

利用 TEM 对 TiO₂ [图5.7（a）] 及气敏性能最好的 0.5% Pt/TiO₂ [图5.7（b）] 纳米颗粒进行微观形貌和组成分析。从图中可以看到，小尺寸纳米颗粒之间具有较多孔隙，有利于气体与材料的接触和扩散。从 0.5% Pt/TiO₂ 的 HRTEM [图5.7（c）] 图中可以看到清晰的晶格条纹。其晶面间距分别为 0.3517nm 和 0.2333nm，分别对应于锐钛矿型 TiO₂ 的（101）晶面和（112）晶面。图5.7（d）为样品的选区电子衍射，其由同心圆环组成，表明制备得到的 0.5% Pt/TiO₂ 纳米颗粒为多晶。

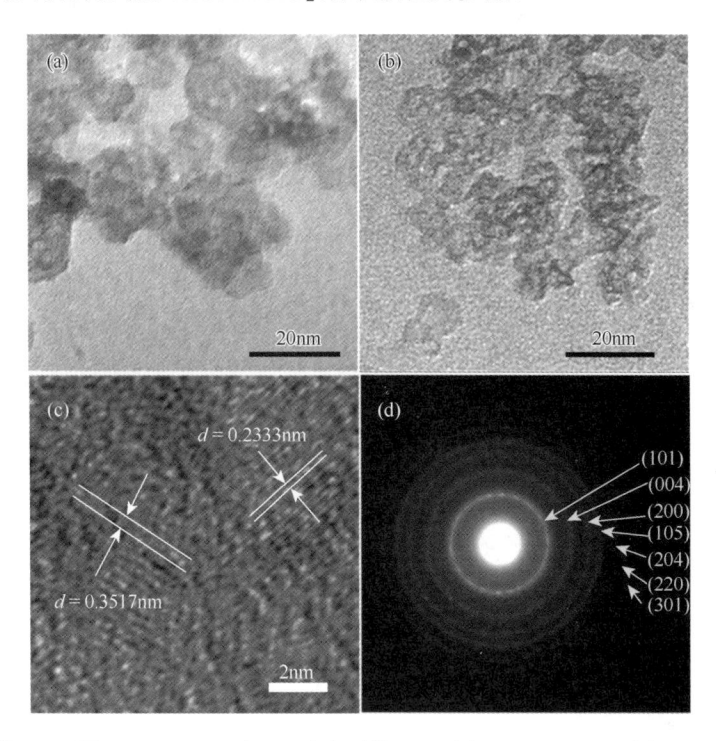

图5.7 TiO₂ 的 TEM 图（a）；0.5% Pt/TiO₂ 纳米颗粒 TEM 图（b）、HRTEM 图（c）、EDX 图（d）

3）WO₃/TiO₂ 的 TEM 分析

从图5.8（a）中可以看出，10.0% WO₃/TiO₂ 纳米颗粒的边缘是不规则的，粒径大小为 20～30nm。在图 5.8（b）中可以清晰地看出有些区域颜色较深，与 TiO$_2$ 颗粒的形貌明显不同，且呈点状分散，可认为是 WO$_3$ 颗粒附着在 TiO$_2$ 颗粒表面所形成的。图 5.8（c）为 10.0% WO$_3$/TiO$_2$ 纳米颗粒的 SAED 图。其中，复合材料的晶格条纹清晰，晶面间距为 0.352nm，与锐钛矿 TiO$_2$ 的（101）晶面相对应。插图是样品的 SAED 图，从图中可看出明显的同心圆结构，其由内至外分别对应锐钛矿 TiO$_2$ 的（101）、（004）、（200）和（105）晶面。其中并未发现与六方相 WO$_3$ 相对应的晶面。为证明样品中 W 元素的存在，对 10.0% WO$_3$/TiO$_2$ 纳米颗粒进行成分分析，如图 5.8（d）所示。从能谱图中可以看出，只有 O、W、Ti 和 Cu（来源于铜网）元素出现，说明样品中是有 WO$_3$ 存在的。

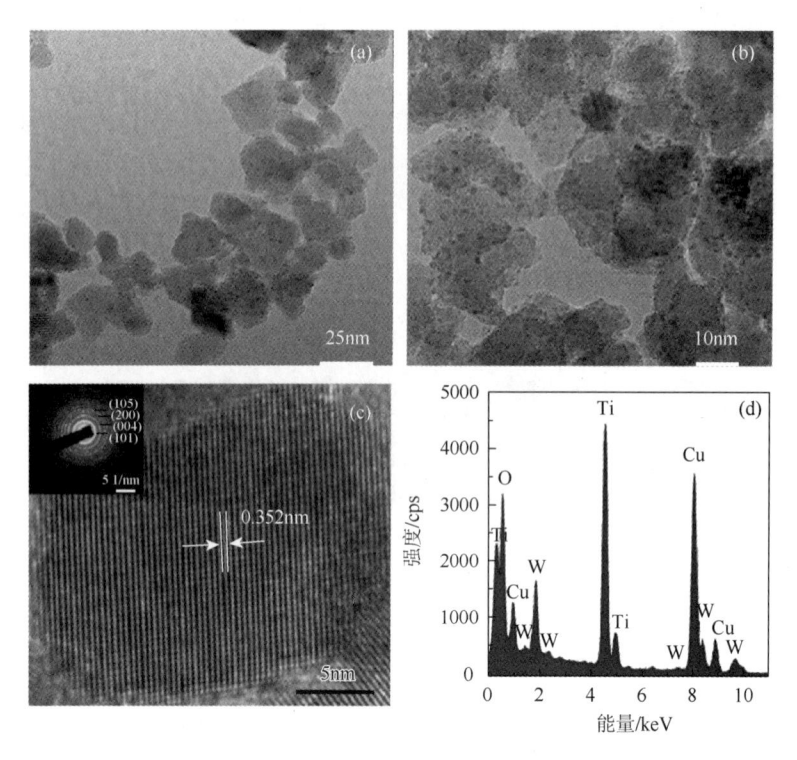

图 5.8 10.0% WO$_3$/TiO$_2$ 纳米颗粒的 TEM 图（a）、HRTEM 图（b）、SAED 图（c）、EDX 图（d）

3. 孔结构分析

1）Pd/TiO$_2$ 的 BET 分析

图 5.9 为 7.5% Pd/TiO$_2$ 纳米颗粒的氮气吸附-脱附等温曲线，为郎格缪尔Ⅳ型吸附等温线。根据 BET 法计算出其比表面积 155.51m^2/g。相对压力在 0.4～0.95 出现不重合现象，即迟滞效应，表明 7.5% Pd/TiO$_2$ 纳米颗粒中存在非均匀孔道，与 TEM 图中得到的信息相一致。利用 BJH 模型计算得到产物的孔径分布曲线（插图），其平均孔径为 3.59nm。由于 7.5% Pd/TiO$_2$ 纳米颗粒有较大的比表面积和孔道结构，为其作为气体传感器奠定了基础。

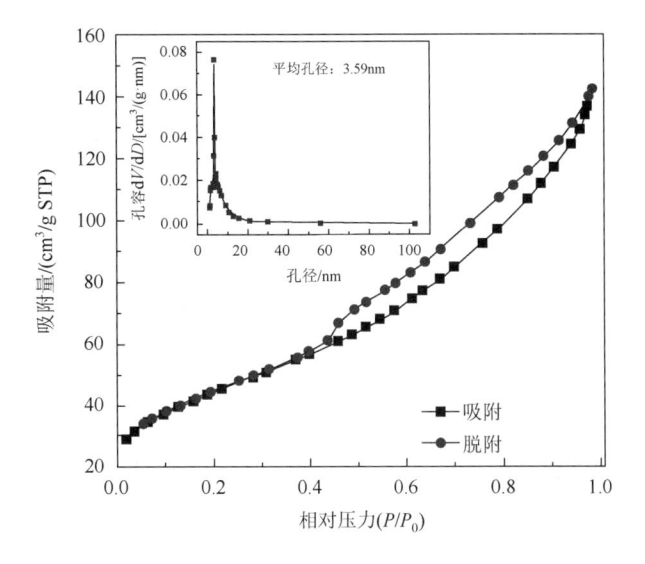

图 5.9　7.5% Pd/TiO$_2$ 纳米颗粒的氮气吸附-脱附曲线及其相应的孔径分布图

2）Pt/TiO$_2$ 的 BET 分析

图 5.10（a）、（b）分别为 TiO$_2$、0.5% Pt/TiO$_2$ 纳米颗粒的氮气吸附-脱附等温曲线，在相对压力 0.3~0.8 和 0.8~1.0 范围内的滞后环表明分别存在直径 2~50nm 的中孔和直径＞50nm 的大孔。0.5% Pt/TiO$_2$ 的比表面积比 TiO$_2$ 大，分别为 168.10m^2/g 和 147.17m^2/g。这也是 0.5% Pt/TiO$_2$ 的气敏性能比 TiO$_2$ 好的原因之一。同时，插图中 TiO$_2$、0.5% Pt/TiO$_2$ 的平均孔径分别为 3.35nm 和 3.59nm。

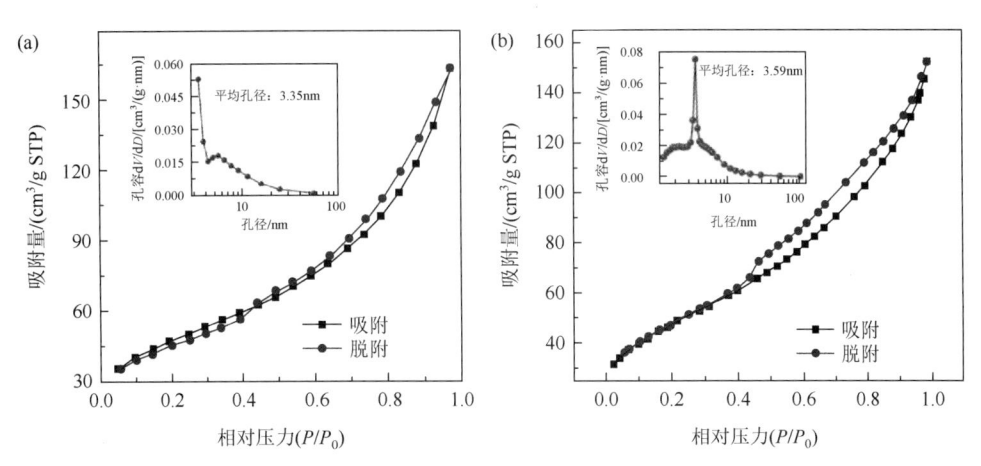

图 5.10　氮气吸附-脱附曲线及其相应的孔径分布图
（a）TiO$_2$；（b）0.5% Pt/TiO$_2$ 纳米颗粒

3）WO$_3$/TiO$_2$ 的 BET 分析

不同比例 WO$_3$/TiO$_2$ 纳米颗粒的氮气吸附-脱附曲线如图 5.11 所示。从图中不同比例 WO$_3$/TiO$_2$ 纳米颗粒的氮气吸附-脱附曲线的特征可分析其均为典型的朗格缪尔Ⅳ型等温曲线。根据 BET 法和 BJH 模型计算出制备得到的不同比例（7.5%~20.0%）复合材料的比表面积分别为 98.77m²/g、108.9m²/g 和 131.26m²/g；不同比例（7.5%～20.0%）复合材料的平均孔径分别为 3.581nm、3.562nm 和 3.555nm。由 BET 结果可知，随着 WO₃ 复合比例的增加，复合材料的比表面积增大，原因是 WO₃ 颗粒自身所具有的比表面积为复合材料总的比表面积的增大做出了贡献。另外，根据 TEM 表征结果可知，复合材料样品本身不存在孔洞结构，说明 BJH 模型计算得到的孔径是由复合材料样品自身堆积所形成的。

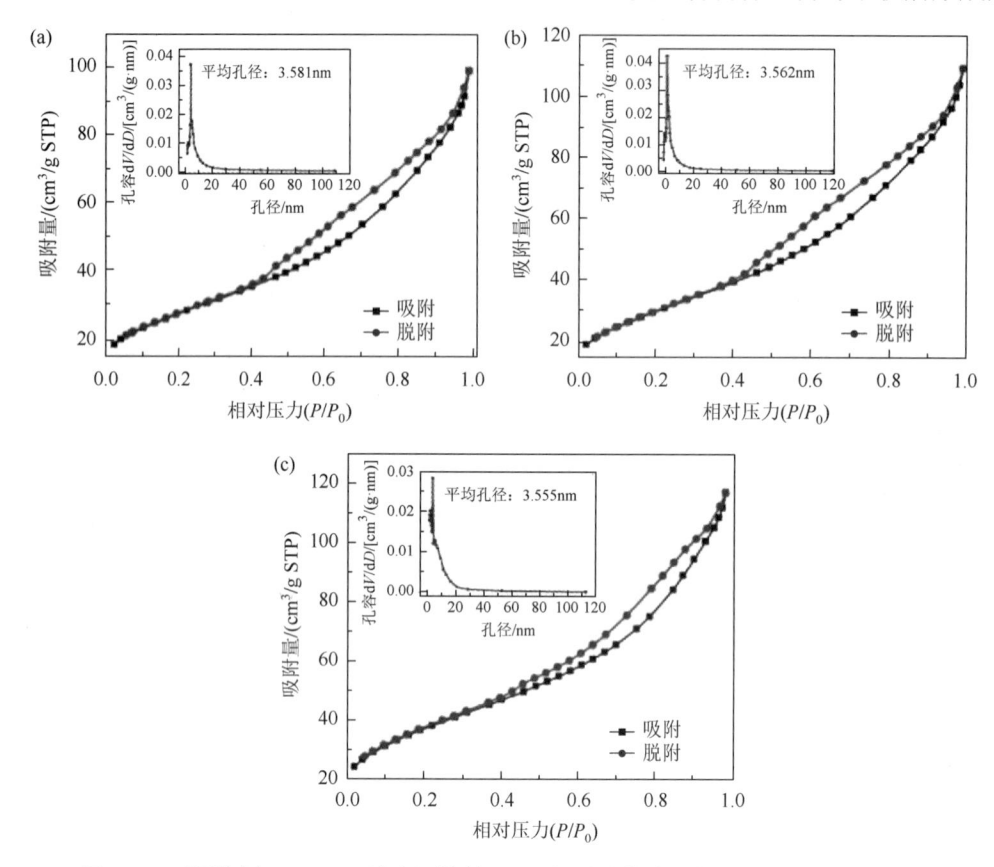

图 5.11　不同比例 WO₃/TiO₂ 纳米颗粒的 N₂ 吸附-脱附曲线及其相对应的孔径分布图
(a) 7.5%；(b) 10.0%；(c) 20.0%

4. XPS 分析

1）Pd/TiO₂ 的 XPS 分析

利用 XPS 表征分析样品表面的化学组成结构。7.5% Pd 功能化 TiO₂ 纳米颗粒的 XPS 表征结果如图 5.12 所示。图 5.12（a）为其 O1s 的高分辨 XPS 图，从图中可以看出有两种形式的氧存在于 O1s 中：峰中心位于 530.3eV 的晶格氧（O_{lat}）和位于 531.6eV 的吸附氧（O_x^-）[14]。图 5.12（b）为进行过分峰处理的 Ti 2p 的能谱图，从图中可以看出 Ti 2p 被分为两个峰，结合能位于 464.7eV 和 459.1eV 的峰分别对应于 Ti $2p_{1/2}$ 和 Ti $2p_{3/2}$，两峰间距为 5.6eV，说明 Ti 元素是以 Ti^{4+} 形式存在的[3]。图 5.12（c）为 Pd 3d 的高分辨 XPS 图，图中显示了分别位于 340.7eV 的 Pd $3d_{3/2}$ 峰和位于 335.4eV 的 Pd $3d_{5/2}$ 峰。其中，两峰间能隙差为 5.3eV，证明 Pd 元素是以 PdO 形式存在的[15]，与 XRD 结果相一致。

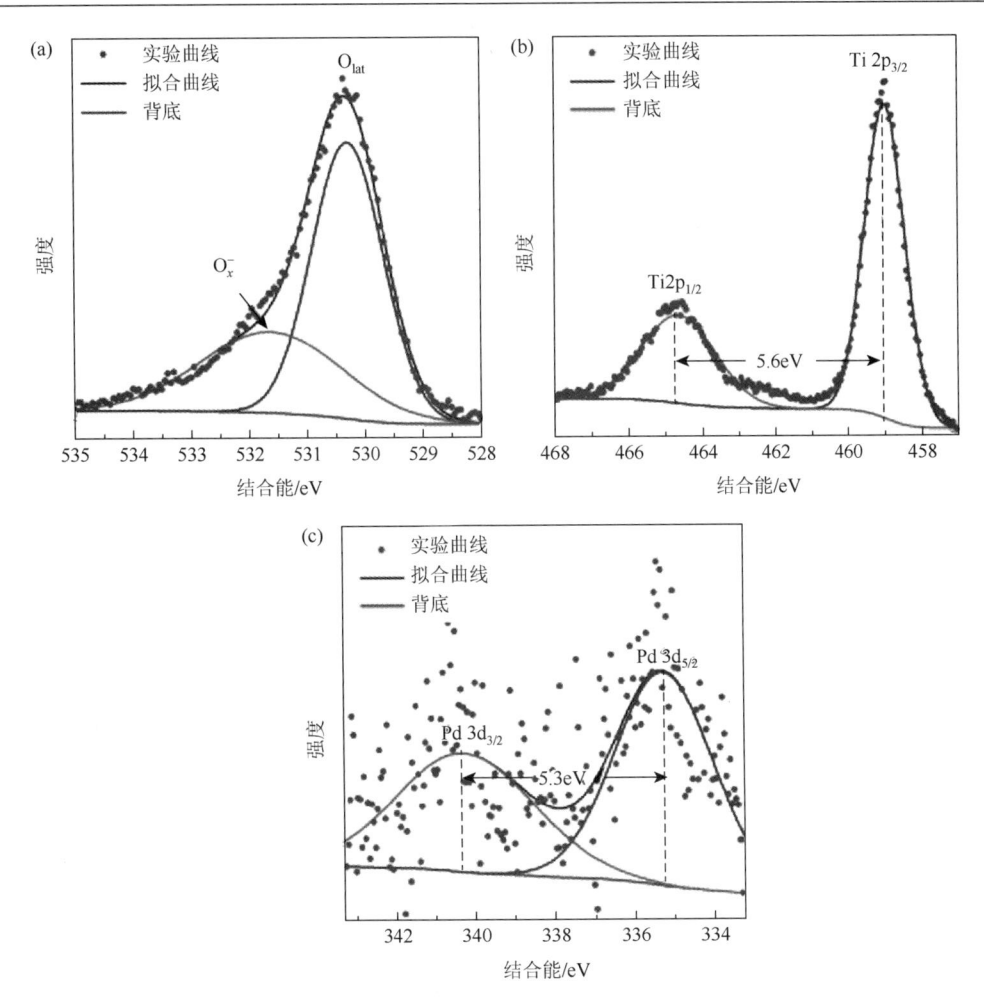

图 5.12　7.5% Pd/TiO$_2$ 纳米颗粒的高分辨 XPS 图
(a) O 1s；(b) Ti 2p；(c) Pd 3d

2）Pt/TiO$_2$ 的 XPS 分析

图 5.13（a）~（c）分别是 0.5% Pt/TiO$_2$ 的 Pt 4f、Ti 2p、O 1s 的高分辨 XPS 图。图 5.13（d）~（f）分别是 1.5% Pt/TiO$_2$ 的 Pt 4f、Ti 2p、O 1s 的高分辨 XPS 图。从图中可以看到，Pt 4f 的高分辨谱峰不是很清晰，这可能与 Pt 元素的低浓度有关。但是从原始数据的趋势来看，我们仍然可以观察到峰值在 75~78eV 范围内，Pt 的价态可以推断为 +4，因为 Pt^0 和 Pt^{2+} 的结合能值都在 75eV 以下。但我们无法从这些不明确的信号中判断铂化合物的准确类型。0.5% Pt/TiO$_2$ 的 Ti 2p 光谱显示位于 464.5eV（Ti 2p$_{1/2}$）和 458.9eV（Ti 2p$_{3/2}$）的两个峰，结合能差为 5.6eV，表明 Ti 以 Ti^{4+} 的形式存在。1.5% Pt/TiO$_2$ 的 Ti 2p 谱也可拟合为位于 464.6eV 和 459.0eV 的两个峰，结合能差为 5.6eV，所以 Ti 元素价态在 1.5% Pt/TiO$_2$ 中无变化。O1s 光谱可以拟合成两个峰：晶格氧（O$_{lat}$）和吸附氧（O$_x^-$）。从表 5.1 中可以看出，O$_x^-$ 在 0.5%、1.0% 和 1.5% Pt 掺杂后含量有所降低。也就是说，O$_x^-$ 有利于气敏性能的提高，而 Pt 掺杂对提高气敏性能起着关键作用。

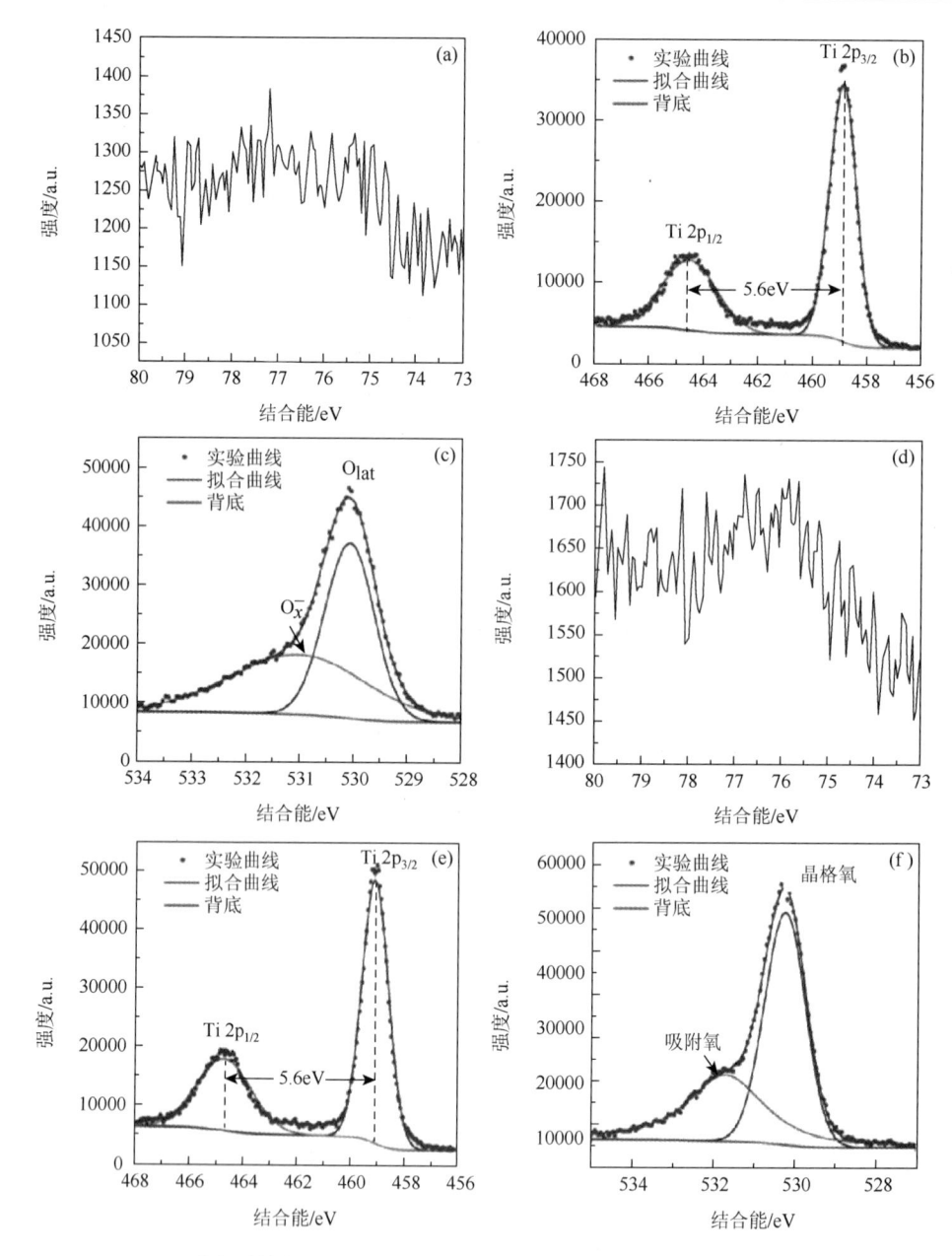

图 5.13 0.5% Pt/TiO₂ 纳米颗粒的高分辨 XPS 图 [(a) Pt 4f, (b) Ti 2p, (c) O 1s]; 1.5% Pt/TiO₂ 纳米颗粒的高分辨 XPS 图 [(d) Pt 4f, (e) Ti 2p, (f) O 1s]

表 5.1 0.5%、1.0% 和 1.5% Pt/TiO₂ 中 O_x^- 和 O_{lat} 分峰面积所占比例

样品	峰面积所占比例/%	
	吸附氧	晶格氧
TiO₂	62.25	37.75
0.5% Pt/TiO₂	48.44	51.56
1.0% Pt/TiO₂	48.99	51.01
1.5% Pt/TiO₂	49.21	50.09

3）WO₃/TiO₂ 的 XPS 分析

敏感材料表面的吸附氧（O_x^-）可以提升材料的气敏性能[16]。7.5%、10.0%和20.0% WO₃/TiO₂ 纳米颗粒的 O 1s 高分辨 XPS 图分别如图 5.14（a）、（d）和（g）所示，可以拟合成晶格氧（O_{lat}）和吸附氧（O_x^-）两个峰，从图中可以看出，10.0% WO₃/TiO₂ 的 O_x^- 相对峰面积比最大，因此，10.0% WO₃/TiO₂ 可能具备较好的气敏性能。7.5%、10.0%和

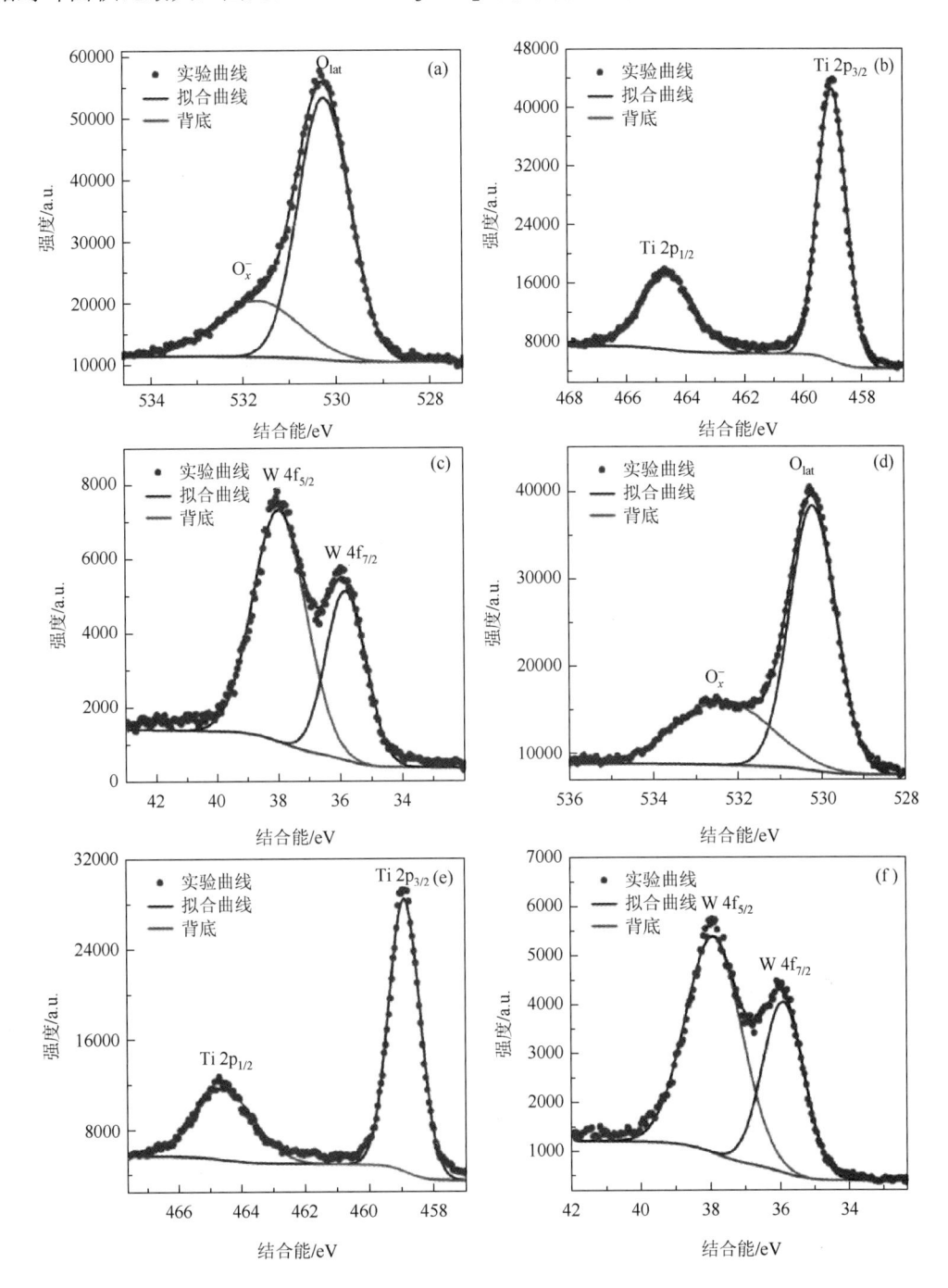

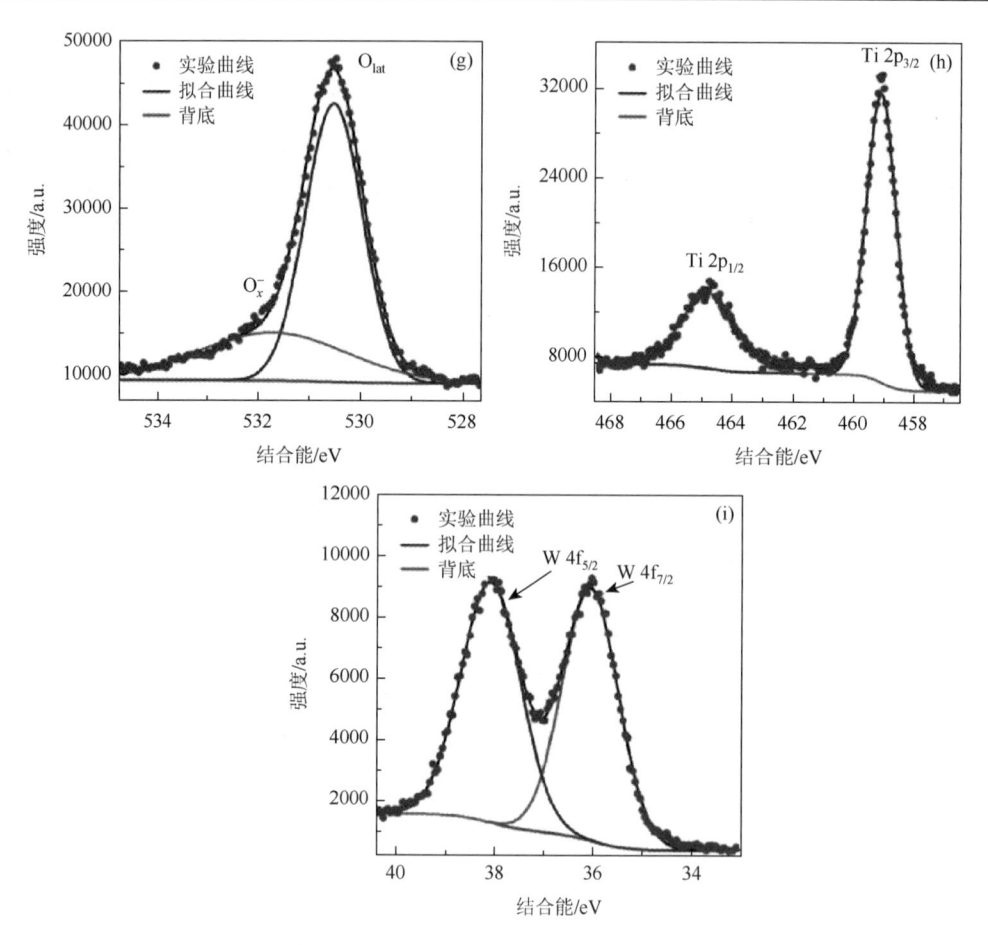

图 5.14 WO$_3$/TiO$_2$ 纳米颗粒的 XPS 图

（a~c）7.5%WO$_3$/TiO$_2$ 的 O 1s、Ti 2p、W 4f 的高分辨 XPS 图；（d~f）10.0% WO$_3$/TiO$_2$ 的 O 1s、Ti 2p、W 4f 的高分辨 XPS 图；（g~i）20.0% WO$_3$/TiO$_2$ 的 O 1s、Ti 2p、W 4f 的高分辨 XPS 图

20.0% WO$_3$/TiO$_2$ 纳米颗粒的 Ti 2p 高分辨 XPS 谱图分别如图 5.14（b）、（e）和（h）所示。它们分别显示了位于 464.7eV 和 459.1eV 的对称性良好的 Ti 2p$_{1/2}$ 和 Ti 2p$_{3/2}$ 峰，两峰之间的间隔为 5.6eV，与已报道的 TiO$_2$ 的轨道能量分裂值一致，说明样品中的钛元素是以 Ti^{4+} 形式存在的。W 4f 高分辨 XPS 图如图 5.14（c）、（f）和（i）所示，分别对应于 7.5%、10.0%和 20.0%的 WO$_3$/TiO$_2$ 纳米颗粒。W 4f 能谱显示了位于 38.1eV 的 W 4f$_{5/2}$ 峰和位于 36.0eV 的 W 4f$_{7/2}$ 峰，两个峰的对称性良好，两峰之间的劈裂值为 2.1eV，表明 WO$_3$/TiO$_2$ 纳米复合材料中的 W 元素是以单一形式的 W^{6+} 存在的，其对应的光谱结合能位置与三氧化钨标准数据匹配[17]。

5.1.3 零维结构 TiO$_2$ 基气体传感器

1. Pd/TiO$_2$ 纳米颗粒对丁烷的气敏性能研究

为评估 Pd/TiO$_2$ 纳米颗粒作为丁烷气体传感器的适用性，从最佳工作温度、选择性、响应-恢复特性以及稳定性等方面研究 Pd 功能化 TiO$_2$ 纳米颗粒气体传感器的丁烷气体敏感特性。

1）最佳工作温度测定

在 260～485℃温度范围内分析 TiO$_2$ 和不同比例 Pd/TiO$_2$ 纳米颗粒气体传感器对 3000ppm 丁烷的气敏特性，其结果如图 5.15 所示。从图中可以看出，在不同温度下，Pd/TiO$_2$ 纳米颗粒对 3000ppm 丁烷的响应值均高于纯 TiO$_2$，且随着工作温度的升高，其对丁烷的响应值增加并达到最高值，随后又逐渐降低。在 340℃时，7.5% Pd/TiO$_2$ 纳米颗粒对 3000ppm 丁烷的响应值最高，为 39.32。因此，340℃被选为最佳工作温度，并检测在此工作温度下 7.5% Pd/TiO$_2$ 纳米颗粒气体传感器的选择性以及动态响应等特性。

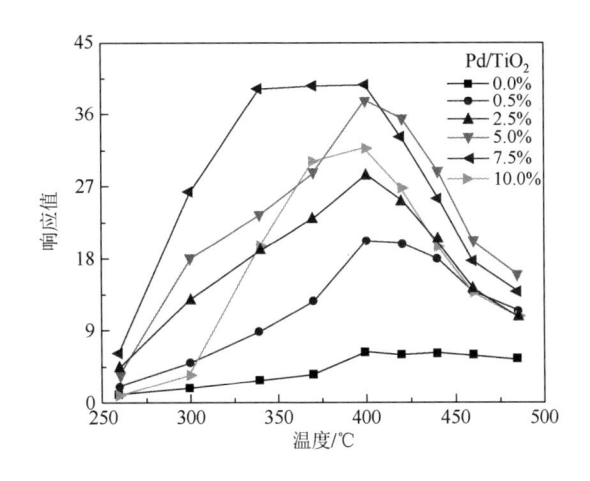

图 5.15　不同比例 Pd/TiO$_2$ 纳米颗粒气体传感器在不同工作温度下对 3000ppm 丁烷的响应值

2）动态响应和响应-恢复特性

图 5.16（a）为 7.5% Pd/TiO$_2$ 纳米颗粒气体传感器在最佳工作温度 340℃下对不同浓度丁烷（100～5000ppm）的动态响应-恢复曲线。从图中可以看到，当响应值达到动态平衡时，7.5% Pd/TiO$_2$ 纳米颗粒气体传感器在空气和丁烷气氛中的响应值基本保持恒定；在 340℃下，随着丁烷浓度增加，7.5% Pd/TiO$_2$ 纳米颗粒气体传感器的响应值也随之升高，并且具有较快的响应和恢复时间。在丁烷浓度 3000ppm 时，7.5% Pd/TiO$_2$ 纳米颗粒气体传感器的响应和恢复时间（插图）分别为 13s 和 8s。在最佳工作温度下，7.5% Pd/TiO$_2$ 纳米颗粒气体传感器对不同浓度（100～5000ppm）丁烷的响应值与浓度之间的关系如图 5.16（b）所示。将不同浓度下的响应值通过拟合可得

$$\beta = 4.84769+0.01326C_{\text{gas}} - 1.10426\times10^{-6}C_{\text{gas}}^2 \tag{5.4}$$

式中，β 为响应值；C_{gas} 为丁烷浓度。

式（5.4）的线性相关系数 R^2 为 0.9959，表明实验数据与拟合曲线有良好的相关性。根据式（5.4）计算可知，7.5% Pd/TiO$_2$ 纳米颗粒气体传感器对 4000ppm 丁烷的响应值为 40.22，与其对 5000ppm 丁烷的响应值（43.76）接近，说明 7.5% Pd/TiO$_2$ 纳米颗粒气体传感器在丁烷浓度高于 4000ppm 后响应趋于饱和。

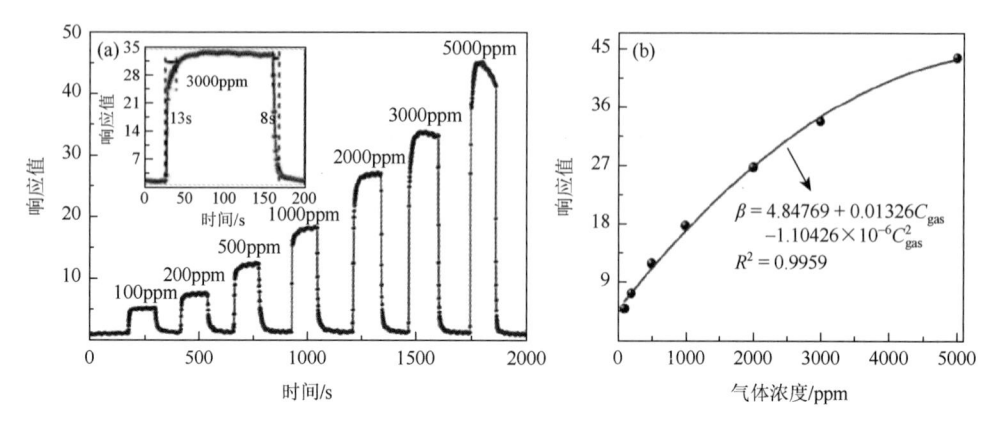

图 5.16 在最佳工作温度 340℃下 7.5% Pd/TiO₂ 纳米颗粒气体传感器对丁烷的气敏特性:(a)传感器对 100~5000ppm 丁烷的动态响应图(插图为气体传感器的响应-恢复特性);(b)不同丁烷浓度下(100~5000ppm)传感器的响应值与气体浓度之间的关系

3)选择性

7.5% Pd/TiO₂ 纳米颗粒气体传感器在最佳工作温度下对不同浓度(100~5000ppm)常见可燃性气体(丁烷、甲烷、一氧化碳和氢气)的响应值如图 5.17(a)所示。从图中可以看出,在 340℃工作温度下,7.5% Pd/TiO₂ 纳米颗粒气体传感器对丁烷的响应值均高于同浓度条件下的其他可燃性气体。图 5.17(b)为 7.5% Pd/TiO₂ 纳米颗粒气体传感器在 340℃下对 3000ppm 可燃性气体(丁烷、甲烷、一氧化碳和氢气)的响应值,其中传感器对 3000ppm 丁烷的响应值最高,分别约为甲烷、一氧化碳和氢气响应值的 11 倍、3 倍和 4 倍。这意味着 7.5% Pd/TiO₂ 纳米颗粒气体传感器对丁烷有良好的选择性。

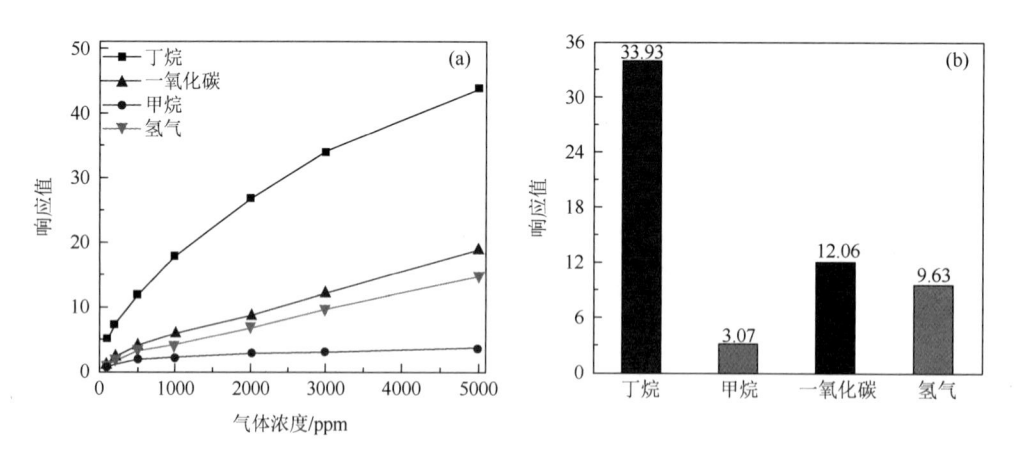

图 5.17 7.5% Pd/TiO₂ 纳米颗粒气体传感器在最佳工作温度 340℃下,(a)对不同浓度(100~5000ppm)可燃性气体的响应值,(b)对 3000ppm 不同可燃性气体的响应值

4)连续重复性和长期稳定性

连续重复性是评估传感器可靠性的一个重要参数。为研究 7.5% Pd/TiO₂ 纳米颗粒气体传感器的重复性,在 340℃下连续 7 次测试其对 3000ppm 丁烷的动态响应,结果

如图 5.18（a）所示。连续 7 次测试下，传感器对 3000ppm 丁烷的平均响应值为 32.59，相对误差小于±2.27%。传感器响应值未发生明显变化，说明 7.5% Pd/TiO$_2$ 纳米颗粒作为传感器有良好的重复性。

为研究 7.5% Pd/TiO$_2$ 纳米颗粒气体传感器的稳定性，测试其在 340℃下对 3000ppm 丁烷的响应值，如图 5.18（b）所示。结果表明在连续 30 天的测试下，传感器对丁烷的响应值变化很小，相对误差低于±5.4%，说明 7.5% Pd/TiO$_2$ 纳米颗粒气体传感器对丁烷有较好的稳定性。根据测试结果，7.5% Pd/TiO$_2$ 纳米颗粒气体传感器对丁烷有良好的气敏性能。

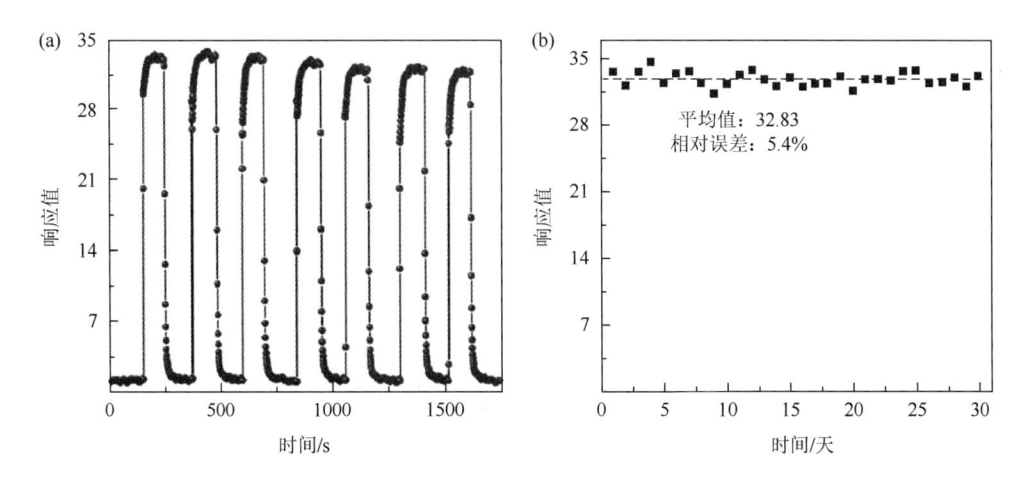

图 5.18　（a）7.5% Pd/TiO$_2$ 纳米颗粒气体传感器在 340℃下对 3000ppm 丁烷的连续重复性测试；（b）在 340℃下 7.5% Pd/TiO$_2$ 纳米颗粒气体传感器对 3000ppm 丁烷的长期稳定性测试

5）气敏机理

首先，当传感器暴露在空气中时，其表面会吸附空气中的氧气分子，氧气分子与材料表面电子反应形成氧负离子（O_{2ads}^-、O_{ads}^-、O_{ads}^{2-}），从而使 Pd/TiO$_2$ 纳米颗粒的电子浓度减小，导致传感器电阻增大[18]。发生反应如下：

$$O_{2gas} \rightleftharpoons O_{2ads} \tag{5.5}$$

$$O_{2ads} + e^- \rightleftharpoons O_{2ads}^- \tag{5.6}$$

$$O_{2ads}^- + e^- \rightleftharpoons 2O_{ads}^- \tag{5.7}$$

$$O_{ads}^- + e^- \rightleftharpoons O_{ads}^{2-} \tag{5.8}$$

当传感器处于丁烷气氛中时，丁烷气体分子与材料表面的氧负离子发生氧化还原反应，电子被重新释放回材料，导致传感器电阻减小[19]：

$$(C_4H_{10})_{gas} \rightleftharpoons (C_4H_{10})_{ads} \tag{5.9}$$

$$(C_4H_{10})_{ads} + 2O_{ads}^- \longrightarrow C_4H_8O^- + H_2O + e^- \tag{5.10}$$

$$(C_4H_{10})_{ads} + 13O_{ads}^- \longrightarrow 4CO_2 + 5H_2O + 13e^- \tag{5.11}$$

$$(C_4H_{10})_{ads} + 13O^{2-}_{ads} \longrightarrow 4CO_2 + 5H_2O + 26e^- \qquad (5.12)$$

其中，$C_4H_8O^-$ 为 Pd/TiO$_2$ 纳米颗粒表面部分被氧化形成的中间体。

Pd/TiO$_2$ 异质结结构对丁烷气敏性能的增强机理研究如下：

根据气敏性能测试结果可知，不同比例 Pd/TiO$_2$ 纳米颗粒气体传感器对丁烷的响应值均大于纯的 TiO$_2$ 纳米颗粒。其增强机理可根据 Pd 和 TiO$_2$ 之间形成的金属-半导体接触来解释[20]，如图 5.19 所示。

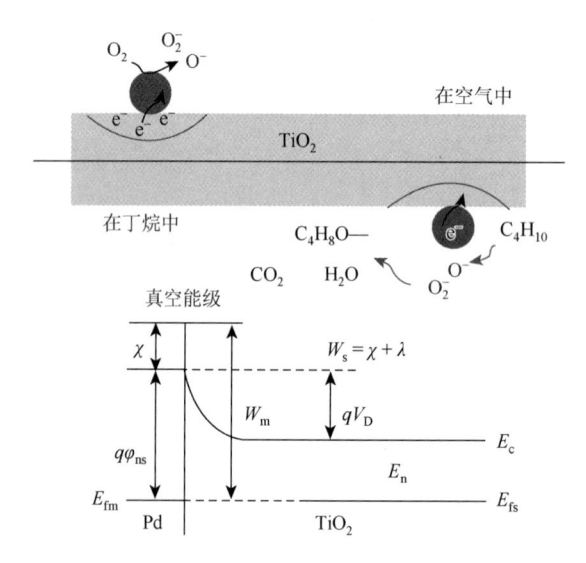

图 5.19 Pd/TiO$_2$ 纳米颗粒气体传感器对丁烷气敏性能的增强机理示意图

浅灰色代表 TiO$_2$；深色球代表 Pd

Pd 和 TiO$_2$ 的功函数分别为 5.12eV 和 4.2eV[21]。图中，W_m 和 W_s 分别代表 Pd 和 TiO$_2$ 的功函数，E_{fm} 和 E_{fs} 分别是 Pd 和 TiO$_2$ 的费米能级。E_c 是 TiO$_2$ 导带能级，E_n 是 TiO$_2$ 的带隙，$q\varphi_{ns}$（$q\varphi_{ns} = W_m - \chi$）是 Pd 的势垒高度，$qV_D$（$qV_D = W_m - W_s$）是 TiO$_2$ 的势垒高度，λ 是 TiO$_2$ 的费米能级到导带能级之间的距离，χ 是 TiO$_2$ 的亲和能，q 是电子电量。当 TiO$_2$ 与 Pd 接触前，TiO$_2$ 的费米能级高于 Pd 的（相对于真空能级而言），所以 TiO$_2$ 中的电子有流向 Pd 的可能；当 TiO$_2$ 与 Pd 发生接触后，TiO$_2$ 与 Pd 的费米能级应该处在同一水平，TiO$_2$ 中的电子流向 Pd，直至达到同一的费米能级。此时电子在 Pd 表面富集，在半导体表面形成正的空间电荷区，使传感器电阻增大。根据传感器对丁烷的气敏机理可以发现，氧负离子数量的增加有利于提高传感器的性能，Pd 纳米颗粒表面电子的富集可以为材料表面提供更多的电子使其与氧气结合。另外，当丁烷与氧负离子在材料表面发生氧化还原反应时电子被释放回材料，传感器电阻减小，其与传感器在空气中的高电阻形成鲜明对比，也大大提高了传感器的气敏性能。

2. Pt/TiO$_2$ 纳米颗粒对丙酮的气敏性能研究

为评估 Pt/TiO$_2$ 纳米颗粒作为丁烷气体传感器的适用性，从最佳工作温度、选择性、响应-恢复特性以及稳定性等方面研究 Pt 功能化 TiO$_2$ 纳米颗粒气体传感器的丙酮气体敏感特性。

1）最佳工作温度测定

在 240～500℃温度范围内分析纯的 TiO$_2$ 和不同比例 Pt/TiO$_2$ 纳米颗粒气体传感器对 200ppm 丙酮的气敏特性，其结果如图 5.20（a）所示。从图中可以看出，0.5% Pt/TiO$_2$ 纳米颗粒气体传感器在 300℃的响应值达到最高值，而 TiO$_2$ 和 0.1%、1.0%、1.5% Pt/TiO$_2$ 纳米颗粒气体传感器对 200ppm 丙酮的响应值较高，这在图 5.20（b）中更为明显。因此，300℃被选为最佳工作温度，并检测在此工作温度下 0.5%Pt/TiO$_2$ 纳米颗粒气体传感器的选择性以及动态响应等特性。

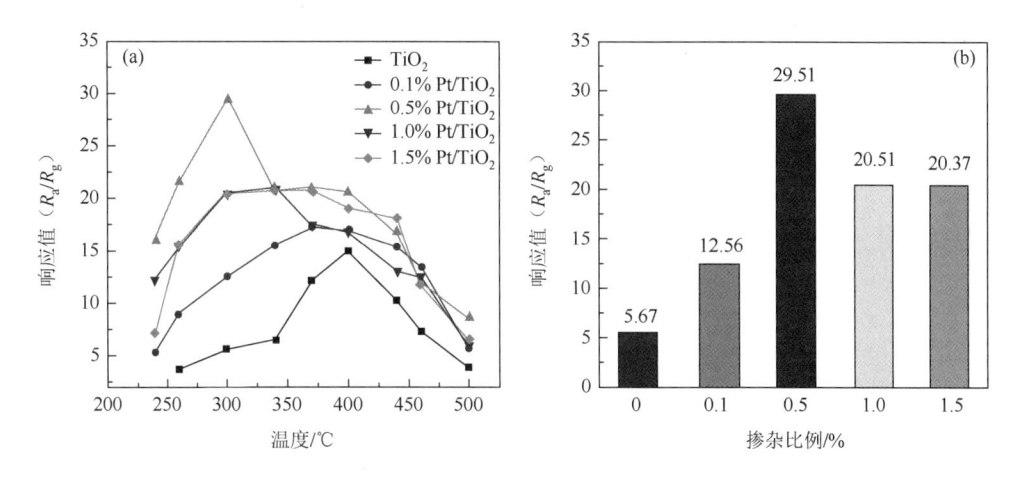

图 5.20 （a）不同比例 Pt/TiO$_2$ 纳米颗粒气体传感器在不同工作温度下对 200ppm 丙酮的响应值；（b）不同比例 Pt/TiO$_2$ 纳米颗粒气体传感器在 300℃下对 200ppm 丙酮的响应值

2）动态响应和响应-恢复特性

图 5.21（a）为 0.5% Pt/TiO$_2$ 纳米颗粒气体传感器在最佳工作温度 300℃下对不同浓度丙酮（10～1000ppm）的动态响应-恢复曲线。从图中可看出，当响应值达到动态平衡

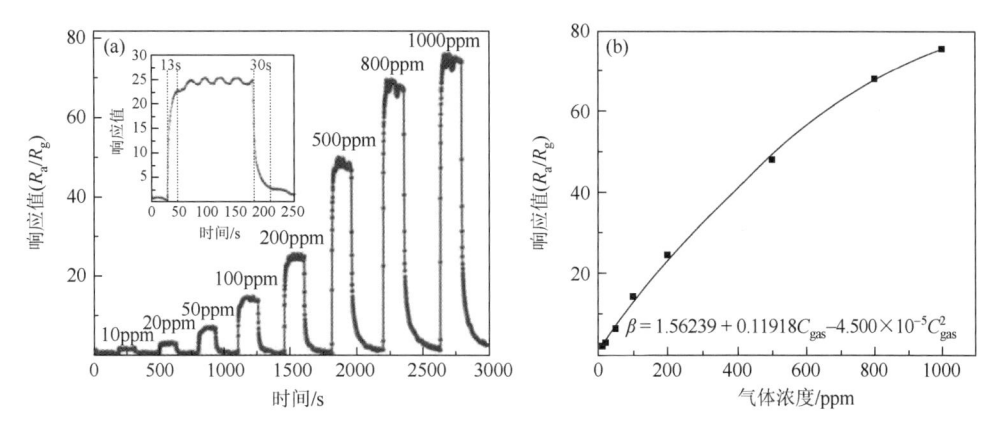

图 5.21 （a）0.5% Pt/TiO$_2$ 纳米颗粒气体传感器在 300℃下对 10～1000ppm 丙酮的动态响应图（插图为气体传感器的响应-恢复特性）；（b）传感器的响应值与不同浓度丙酮之间的拟合曲线

时，0.5% Pt/TiO₂ 纳米颗粒气体传感器在空气和丙酮气氛中的响应值基本保持恒定；在 300℃，随着丙酮浓度增加，0.5% Pt/TiO₂ 纳米颗粒气体传感器的响应值也随之升高，并且具有较快的响应和恢复时间。在丙酮浓度 200ppm 时，0.5% Pt/TiO₂ 纳米颗粒气体传感器的响应和恢复时间（插图）分别为 13s 和 30s。在最佳工作温度下，0.5% Pt/TiO₂ 纳米颗粒气体传感器对不同浓度（10~1000ppm）丙酮的响应值与浓度之间的关系如图 5.21（b）所示。将不同浓度下的响应值通过拟合可得

$$\beta = 1.56239 + 0.11918 C_{\text{gas}} - 4.500 \times 10^{-5} C_{\text{gas}}^2 \tag{5.13}$$

式中，β 为响应值；C_{gas} 为丙酮浓度。

式（5.13）的线性相关系数 R^2 为 0.99848，表明实验数据与拟合曲线有良好的相关性。

3）选择性

TiO₂ 和 0.5% Pt/TiO₂ 纳米颗粒气体传感器在最佳工作温度下对 200ppm 的甲苯、正丁醇、丙酮、异丙醇、乙醇和甲醇的响应值如图 5.22 所示。从图中可以看出，在 300℃ 工作温度下，0.5% Pt/TiO₂ 纳米颗粒气体传感器对丙酮的气体响应值最高（29.51），也高于纯 TiO₂ 气体传感器的响应值（5.67）。这意味着 0.5% Pt/TiO₂ 纳米颗粒气体传感器对丙酮有良好的选择性。

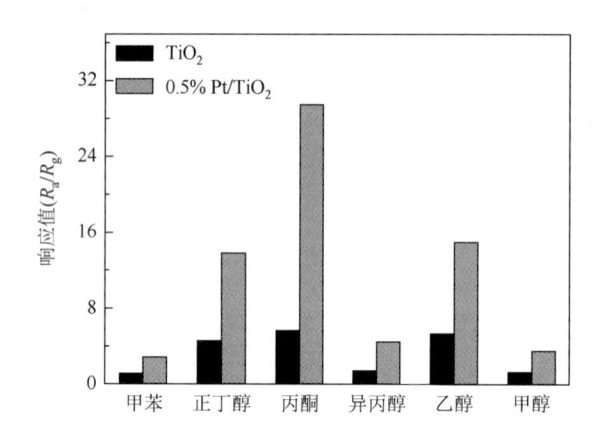

图 5.22 TiO₂ 和 0.5%Pt/TiO₂ 纳米颗粒气体传感器在最佳工作温度 300℃下对 200ppm 不同气体的响应值

4）连续重复性和长期稳定性

为研究 0.5% Pt/TiO₂ 纳米颗粒气体传感器的重复性，在 300℃下连续 7 次测试其对 200ppm 丙酮的动态响应，结果如图 5.23（a）所示，当丙酮被注入腔内时，气体响应值上升，然后曲线到达吸附平台。一旦丙酮被释放，曲线很快返回到初始值，说明 0.5% Pt/TiO₂ 纳米颗粒作为传感器有良好的重复性。

为研究 0.5% Pt/TiO₂ 纳米颗粒气体传感器的稳定性，测试其在 300℃下对 200ppm 丙酮的响应值，如图 5.23（b）所示。结果表明在连续 30 天的测试下，传感器对丙酮的响应值在 27.73 上下波动，较初始值低 3.49%。说明 0.5% Pt/TiO₂ 纳米颗粒气体传感器对丙酮有较好的稳定性。

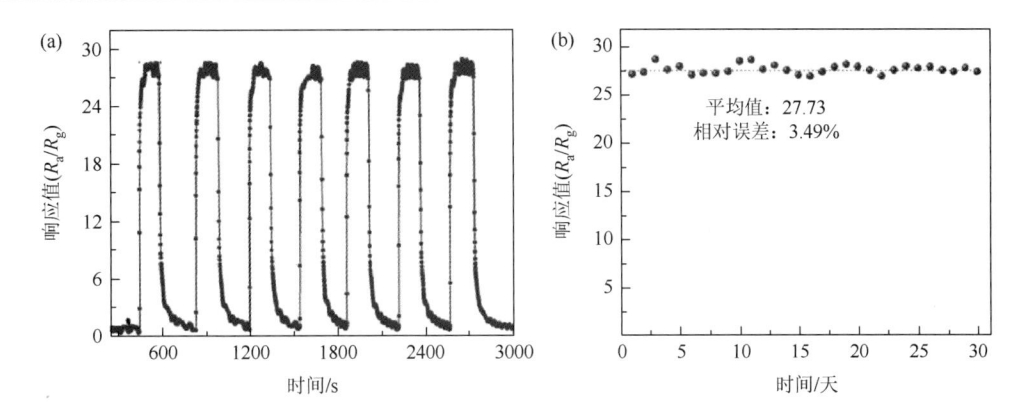

图 5.23 （a）0.5% Pt/TiO$_2$ 纳米颗粒气体传感器在 300℃下对 200ppm 丙酮的连续重复性测试；
（b）0.5% Pt/TiO$_2$ 纳米颗粒气体传感器在 300℃下对 200ppm 丙酮的长期稳定性测试

5）气敏机理

首先，当传感器暴露在空气中时，其表面会吸附空气中的氧气分子，氧气分子与材料表面电子反应形成氧负离子（O_{2ads}^-、O_{ads}^-、O_{ads}^{2-}），从而使 Pt/TiO$_2$ 纳米颗粒的电子浓度减小，导致传感器电阻增大。这与前面 Pd/TiO$_2$ 纳米颗粒气体传感器在空气中的反应是一样的，具体反应过程将不作叙述。

当传感器处于丙酮气氛中时，丙酮气体分子与材料表面的氧负离子发生氧化还原反应，电子被重新释放回材料，导致传感器电阻减小：

$$(C_3H_6O)_{gas} \longrightarrow (C_3H_6O)_{ads} \tag{5.14}$$

$$(C_3H_6O)_{ads} + 8O_{ads}^- \longrightarrow 3CO_2 + 3H_2O + 8e^- \tag{5.15}$$

Pt/TiO$_2$ 异质结结构对丙酮气敏性能的增强机理研究如图 5.24 所示。首先，水热法合成的纳米多孔二氧化钛纳米颗粒具有多孔结构，有利于目标气体分子的扩散和气体分子与材料的接触。其次，贵金属 Pt 作为一种有效的催化剂，可以有效地增加吸附氧分子的能力，加速吸附氧离子和丙酮气体分子的反应。此外，Pt 原子可以在带隙中引入中间能级，使激发态电子更容易从价带或掺杂能级迁移到导带，然后形成促进反应的吸附氧离子，铂原子的存在促进了整个电荷转移和迁移过程。

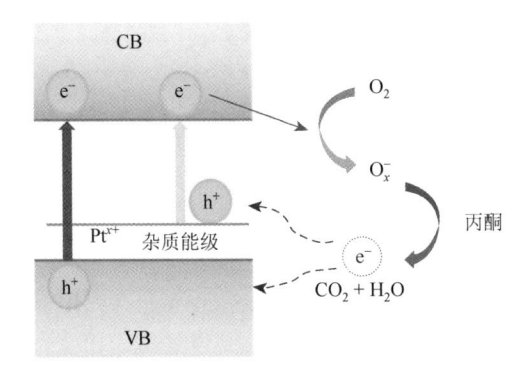

图 5.24 Pt/TiO$_2$ 纳米颗粒气体传感器对丙酮气敏性能的增强机理示意图

3. WO₃/TiO₂ 纳米颗粒对二甲苯的气敏性能研究

为评估 WO₃/TiO₂ 纳米颗粒气体传感器对二甲苯气体的适用性,以下实验将从最佳工作温度、响应性、选择性和长期稳定性等方面,研究不同比例 WO₃/TiO₂ 纳米颗粒气体传感器对二甲苯气体的敏感性能。

1)最佳工作温度测定

工作温度是气体传感器的重要特性之一。通常情况下,第一步就是确定气体传感器的最佳工作温度。在 100~340℃工作温度范围内测试不同比例 WO₃/TiO₂ 纳米颗粒气体传感器对 200ppm 二甲苯的气敏特性,如图 5.25(a)所示。从图中可以看出,不同比例 WO₃/TiO₂ 纳米颗粒气体传感器对二甲苯的响应值随着工作温度的升高先升高后降低。在 160℃时,大部分的传感器响应值达到最高。因此,160℃被选为最佳工作温度。图 5.25(b)是最佳工作温度 160℃下不同比例 WO₃/TiO₂ 纳米颗粒气体传感器对 200ppm 二甲苯的响应值。从图中可以看出,随着比例的增加,WO₃/TiO₂ 纳米颗粒气体传感器对二甲苯的响应值也在升高,当比例较大时(如 20.0%),WO₃/TiO₂ 纳米颗粒气体传感器对二甲苯的响应值逐渐降低。这是因为 WO₃ 纳米颗粒的过量复合造成了敏感材料表面反应活性的降低[22]。因此,选择 10.0% WO₃/TiO₂ 纳米颗粒气体传感器进行进一步的气敏性能研究。

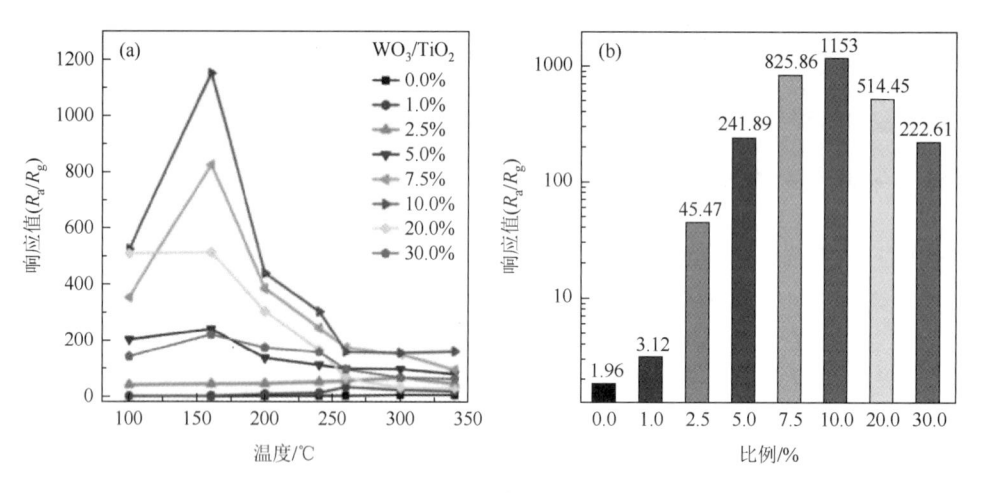

图 5.25 不同比例 WO₃/TiO₂ 纳米颗粒气体传感器在不同工作温度下对 200ppm 二甲苯的响应值(a),在 160℃下对 200ppm 二甲苯的响应值(b)

2)气体选择性

在实际应用中,气体传感器的选择性是确保传感器能准确识别目标气体的重要参数。在最佳工作温度 160℃下,测试 10.0% WO₃/TiO₂ 纳米颗粒气体传感器对 200ppm 不同气体(二甲苯、丙酮、氨气、乙醇、异丙醇、甲苯和正丁醇)的敏感特性,如图 5.26 所示。从图中可以看出,10.0% WO₃/TiO₂ 气体传感器对二甲苯、丙酮、氨气、乙醇、异丙醇、甲苯和正丁醇的响应值分别为 1200、116.86、11.91、26.87、40.72、202.51 和 168.43。其中,对二甲苯的响应值最高,分别约为甲苯和丙酮响应值的 6 倍和 10 倍,说明 10.0% WO₃/TiO₂ 纳米颗粒气体传感器对二甲苯有良好的选择性。

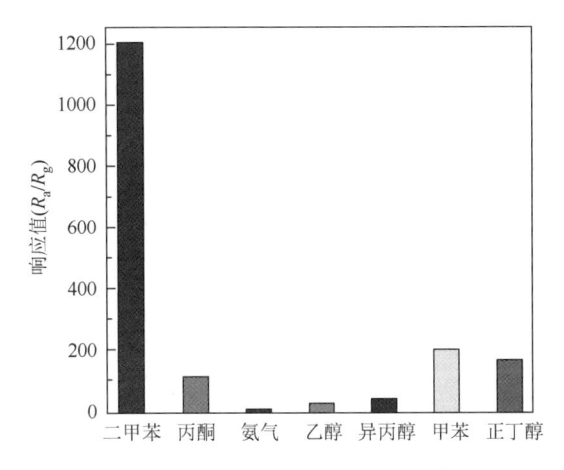

图 5.26 最佳工作温度 160℃下 10.0% WO$_3$/TiO$_2$ 纳米颗粒气体传感器对 200ppm 不同气体的气敏特性

3）二甲苯浓度影响

在最佳工作温度和选择性测试过程中使用的二甲苯浓度为 200ppm。在 160℃最佳工作温度下测试 10.0% WO$_3$/TiO$_2$ 纳米颗粒气体传感器对低浓度（1～10ppm）二甲苯的响应值，以研究 10.0% WO$_3$/TiO$_2$ 纳米颗粒气体传感器响应值与二甲苯浓度之间的关系，结果如图 5.27（a）所示。由图可知，随着二甲苯浓度的增加，与其相对应的响应值也在升高。通过拟合实验数据可知传感器响应值与二甲苯浓度之间的关系：

$$\beta = 9.67758 C_{gas} + 0.48933 \tag{5.16}$$

式中，β 为响应值；C_{gas} 为二甲苯气体浓度。

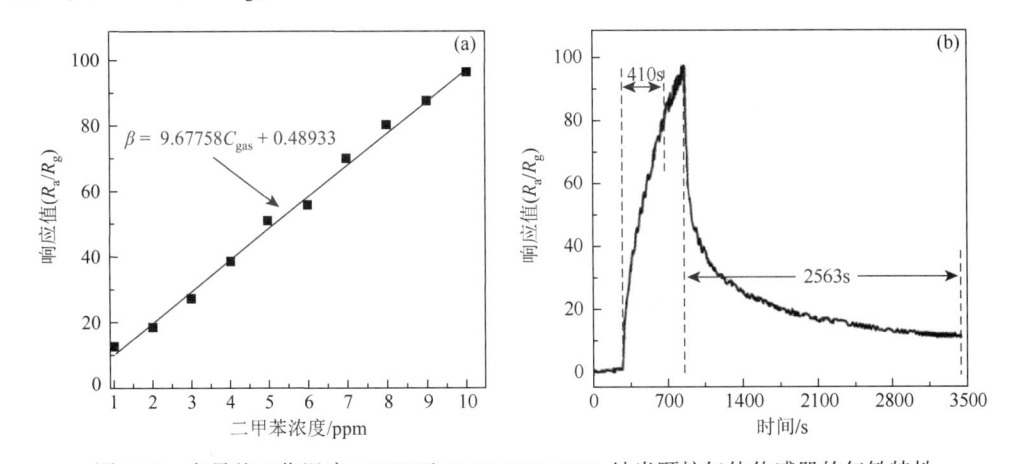

图 5.27 在最佳工作温度 160℃下 10.0% WO$_3$/TiO$_2$ 纳米颗粒气体传感器的气敏特性

（a）低浓度二甲苯（1～10ppm）下气体传感器的响应值与气体浓度之间的拟合曲线；（b）传感器对 10ppm 二甲苯的响应-恢复特性

截距和斜率的标准误差分别为 1.36241 和 0.21957。相关系数 R^2 为 0.99539，表明该传感器在二甲苯浓度 1～10ppm 范围内有良好的线性关系。根据式（5.16）可推断 10.0% WO$_3$/TiO$_2$ 纳米颗粒气体传感器对二甲苯的检测限为 53ppb。图 5.27（b）是 160℃下 10.0% WO$_3$/TiO$_2$ 纳米颗粒气体传感器对 10ppm 二甲苯的动态响应图。由图可知其对二甲苯具有良好的响应,响应值为 92.53。不足之处在于 10.0% WO$_3$/TiO$_2$ 纳米颗粒气体传感器的响应和恢复时间过长,分别为 410s 和 2563s。过长的响应和恢复时间会影响其实际应用,也是研究中需要改进的方面。

4)连续重复性和长期稳定性

为研究 10.0% WO$_3$/TiO$_2$ 纳米颗粒气体传感器的重复性,在 160℃下测试其对 10ppm 二甲苯的响应值,如图 5.28(a)所示。从图中可以看出,经过连续 8 次测试,10.0% WO$_3$/TiO$_2$ 纳米颗粒气体传感器对 10ppm 二甲苯的响应值基本一致,未发生明显降低或升高,说明 10.0% WO$_3$/TiO$_2$ 纳米颗粒气体传感器重复性能良好。

为验证 10.0% WO$_3$/TiO$_2$ 纳米颗粒气体传感器的长期稳定性,每隔一天,连续 28 天测试其在 160℃下对 10ppm 二甲苯的响应值,如图 5.28(b)所示。由图可知,传感器对二甲苯的响应值只产生了细微波动,波动范围为±4.55%,说明 10.0% WO$_3$/TiO$_2$ 纳米颗粒气体传感器是一个稳定性好的传感器。

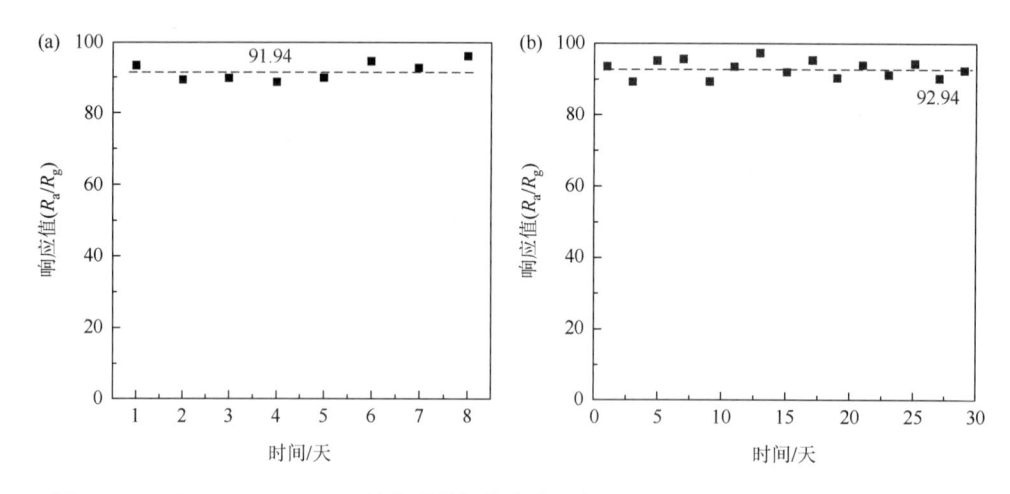

图 5.28 (a)10.0% WO$_3$/TiO$_2$ 纳米颗粒气体传感器在 160℃下对 10ppm 二甲苯的重复性;
(b)10.0% WO$_3$/TiO$_2$ 纳米颗粒气体传感器在 160℃下对 10ppm 二甲苯的长期稳定性

5)气敏机理

WO$_3$/TiO$_2$ 纳米颗粒的气敏机理是以气体传感器在不同气氛中敏感材料的电阻变化为基础,如图 5.29 所示。

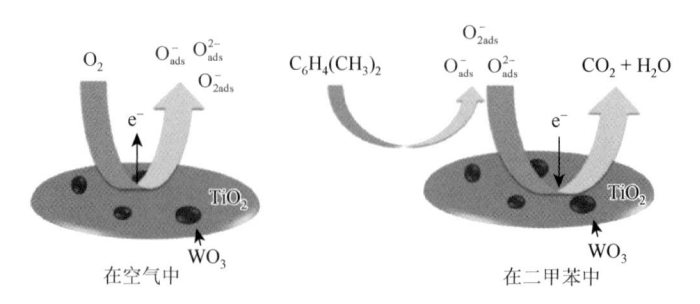

图 5.29 10.0% WO$_3$/TiO$_2$ 纳米颗粒气体传感器的气敏机理图

在空气中，WO$_3$/TiO$_2$ 纳米颗粒表面会吸附游离在空气中的氧气分子，由于 TiO$_2$ 和 WO$_3$ 为 n 型半导体，载流子为电子，电子与敏感材料表面的氧气分子结合形成不同价态的氧负离子（O_{2ads}^-、O_{ads}^-、O_{ads}^{2-}），从而使 WO$_3$/TiO$_2$ 材料表面电子浓度减小，在材料表面形成耗尽层，导致传感器电阻增大。这与前面 Pd/TiO$_2$ 纳米颗粒气体传感器在空气中的反应是一样的，具体反应过程将不做叙述。

当传感器暴露在二甲苯气氛中，二甲苯气体分子与传感器表面各种不同价态的氧离子发生氧化还原反应，使所结合的电子被释放回敏感材料[14]，导致传感器电阻减小。反应过程如下：

$$C_6H_4(CH_3)_{2(gas)} \longrightarrow C_6H_4(CH_3)_{2(ads)} \tag{5.17}$$

$$C_6H_4(CH_3)_{2(gas)} + 21O^- \longrightarrow 8CO_{2(gas)} + 5H_2O_{(gas)} + 21e^- \tag{5.18}$$

$$C_6H_4(CH_3)_{2(ads)} + 21O^{2-} \longrightarrow 8CO_{2(gas)} + 5H_2O_{(gas)} + 42e^- \tag{5.19}$$

WO$_3$/TiO$_2$ 异质结结构对二甲苯气敏性能的增强机理如图 5.30 所示。

二甲苯气敏性能的增强是由基体 TiO$_2$ 和增强剂 WO$_3$ 协同作用产生的。WO$_3$ 和 TiO$_2$ 均为 n 型半导体，其禁带宽度（E_g）和功函数（W）分别为 2.7eV 和 4.41eV（WO$_3$）[23]、3.2eV 和 5.1eV（TiO$_2$）[24]。当 WO$_3$ 与 TiO$_2$ 基体接触时，WO$_3$ 与 TiO$_2$ 之间形成 n-n 同型异质结，如图 5.30（a）所示。在异质结形成时，电子会从功函数低的半导体（WO$_3$）流向功函数高的半导体（TiO$_2$）；且 TiO$_2$ 的费米能级（E_F）与 WO$_3$ 费米能级不同，在 WO$_3$ 与 TiO$_2$ 接触时，电子会从能量高的一面流向能量较低的一面，即电子从 WO$_3$ 迁移至 TiO$_2$，直至费米能级达到平衡[25]，如图 5.30（b）和（c）所示。适当数量的异质结可以促进敏感材料表面与吸附氧形成更多的氧离子，提供更多的活性反应位点。异质结的形成使传感器在空气中有更高的电阻，当传感器与二甲苯气体接触时，大幅度的电阻变化导致传感器有更高的响应值[26]。

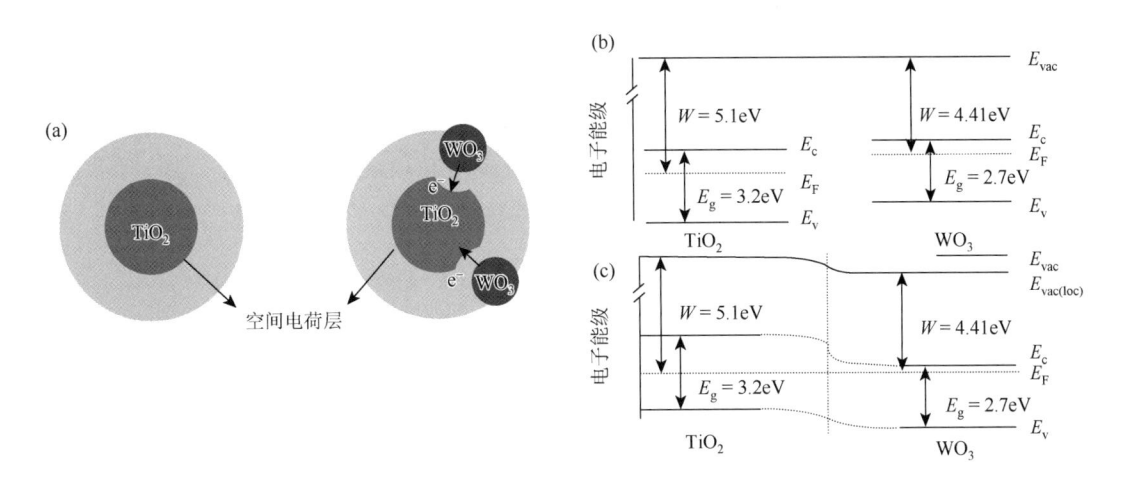

图 5.30 气敏性能增强原理图

（a）金属半导体增强的机理；（b）TiO$_2$ 和 WO$_3$ 之间形成 n-n 同型异质结之前；（c）形成 n-n 同型异质结之后

5.2 一维纳米结构 TiO_2 基气体敏感材料与气体传感器

一维纳米结构 TiO_2 主要包括纳米棒、纳米带、纳米管、纳米纤维等。该结构的 TiO_2 具有比表面积大、吸附能力强、电子输运率高等特点,可以有效地检测气体。

5.2.1 一维纳米结构 TiO_2 基气体敏感材料的制备

目前,对于一维纳米结构 TiO_2 的制备方法主要包括电化学阳极氧化生长法、水热法、模板法、静电纺丝法等。其不同方法制备的一维纳米结构 TiO_2 的微观形貌如图 5.31 所示。

图 5.31 不同方法制备的一维纳米结构 TiO_2 的 SEM 图
(a) 电化学阳极氧化生长法[27];(b) 水热法[28];(c) 模板法[29];(d) 静电纺丝法[30]

电化学阳极氧化生长法[31]主要用来制备 TiO_2 纳米管,它是在双电极系统中使用直流电源在恒定电压或电流下进行反应,其中钛(Ti)金属作为工作电极,通常 Pt 作为对电极,含有一定量的 NH_4F 和 $(NH_4)_2SO_4$ 混合水溶液作为电解质溶液。

水热法[32]不仅可以制备一维 TiO_2 纳米管,还可制备一维 TiO_2 纳米棒。相比电化学阳极氧化生长法,水热法制备的 TiO_2 纳米管,其管壁和管径都更小[33]。通常是使用商业 TiO_2 粉末与 NaOH 碱性水溶液混合,在 100~150℃下进行水热反应获得 TiO_2 纳米管。另外,将盐酸与钛酸四丁酯混合,使用 FTO 导电玻璃(掺杂氟的 SnO_2 透明导电玻璃)作为基底,进行水热反应可以得到一维 TiO_2 纳米棒或纳米管。

在目前的文献报道中，使用模板法[29]制备一维 TiO$_2$ 通常是用 ZnO 纳米丝作为模板，将其浸入含有钛源的溶液中，再进行退火处理。其中钛源包括 TiO$_2$ 溶胶、TiCl$_4$ 溶液、(NH$_4$)$_2$TiF$_6$ 溶液、Ti[OCH(CH$_3$)$_2$]$_4$、C$_{16}$H$_{36}$O$_4$Ti 溶液等。

静电纺丝法[34]是使用钛源 Ti(SO$_4$)$_2$·9H$_2$O 与高聚物混合溶于有机溶剂中，再借助高压静电场力将该溶液抽拉成丝，最后退火处理得到一维 TiO$_2$ 纳米纤维。

5.2.2 一维纳米结构 TiO$_2$ 基气体传感器

目前，一维纳米结构 TiO$_2$ 已成功用于检测丙酮[35]、一氧化碳[36]、异丙醇[37]、甲醛[38]、乙醇[39]、三甲胺[40]、氢气[41]等气体。

Bindra 等[42]使用电化学阳极氧化生长法制备了 TiO$_2$ 纳米管阵列，如图 5.32（a）所示。并使用 Au/TiO$_2$ 纳米管/Ti 三明治结构在室温下对甲醇、乙醇、丙酮、异丙醇四种气体进行了检测。结果表明，该纳米管对甲醇显示出较好的选择性，如图 5.32（b）所示。与此同时，该研究者还通过对电压的调节制备了单层、双层、三层 TiO$_2$ 纳米管阵列[43]，如图 5.32（c）所示。该阵列在室温下对乙醇显示出较好的选择性，且随着阵列层数的增加，对气体的响应值也逐渐增大，如图 5.32（d）所示。可能的原因是：首先，单层 TiO$_2$ 纳米管阵列上方被 Au 所覆盖，因此只有外管壁参与了敏感反应。其次，当增加 TiO$_2$ 纳米管阵列的层数时，由于层与层之间的多孔连接，管内壁的通路增加，有效地提高了材料的比表面积，增加了与气体之间的反应活性位点。另外，由于层间结处的肖特基势垒效应，多层纳米管的传感器响应将会有所提高。

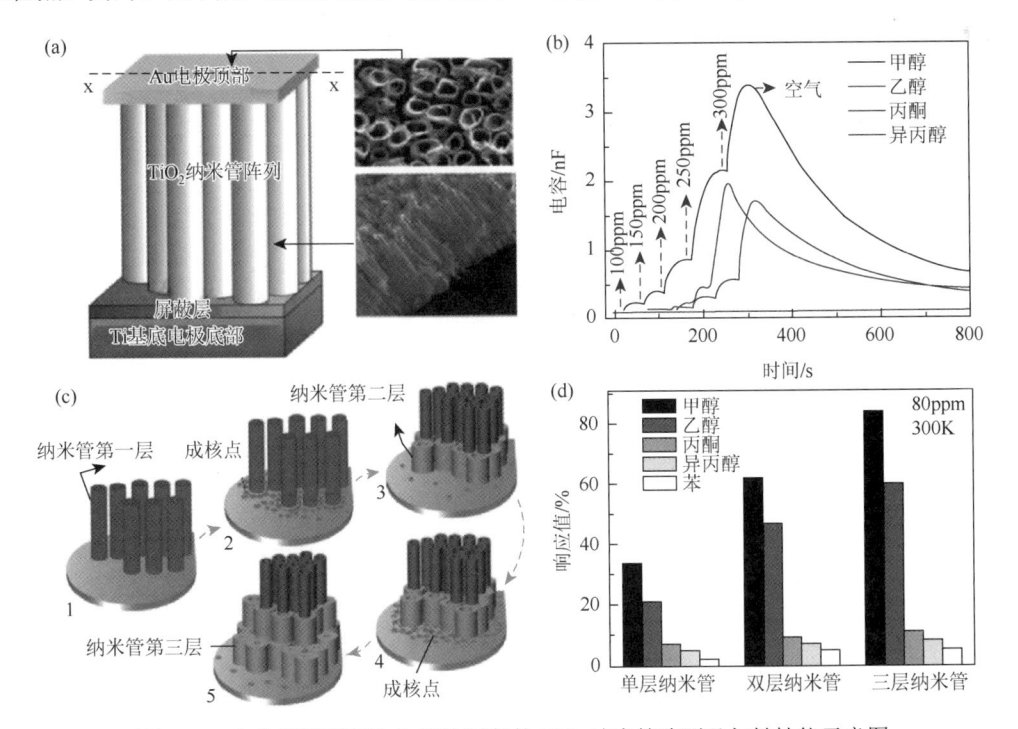

图 5.32 电化学阳极氧化生长法制备的 TiO$_2$ 纳米管阵列及气敏性能示意图

（a）Au/TiO$_2$ 纳米管/Ti 三明治结构传感器[42]；（b）传感器对不同气体的敏感响应曲线[42]；（c）多层 TiO$_2$ 纳米管阵列[43]；（d）单层、双层、三层 TiO$_2$ 纳米管阵列传感器在室温下对 80ppm 不同气体的响应值[43]

Zhou 等[44]以钛酸四丁酯（$C_{16}H_{36}O_4Ti$）为钛源，在 FTO（掺杂氟的 SnO_2 透明导电玻璃）基底上采用水热法制备了不同金红石相 TiO_2{002}、{101}、{110}晶面纳米棒，通过控制水热溶剂中乙醇的含量可以获得{002}、{101}晶面。结果表明，不同晶面 TiO_2 纳米棒均能够有效地检测氢气，其中{101}、{110}相比于{002}对氢气的检测响应更为快速，具有更好的重复性和长期工作稳定性。另外，{110}和{002}晶面的双暴露中比单一{002}晶面检测氢气的速率会更快。

除此以外，许多研究还使用贵金属、金属离子以及其他金属氧化物与一维纳米结构 TiO_2 进行修饰与复合，能够获得对气体检测更为敏捷、响应值更高的传感器。

Moon 等[45]采用静电纺丝法制备了纯 TiO_2 以及贵金属 Pd 修饰的 TiO_2 一维纳米纤维，如图 5.33（a）、(b) 所示。结果表明，修饰 Pd 后，可以显著提高器件对二氧化氮气体的响应值，并降低了工作温度，如图 5.33（c）所示。在 180℃工作温度下，Pd/TiO_2 纳米纤维气体传感器对二氧化氮的最低检测限可以低于 0.16ppm，这种性能的改善主要归因于纳米纤维这种独特的形貌结构，贵金属 Pd 的催化作用以及 Pd 与 TiO_2 之间的电子敏化作用。

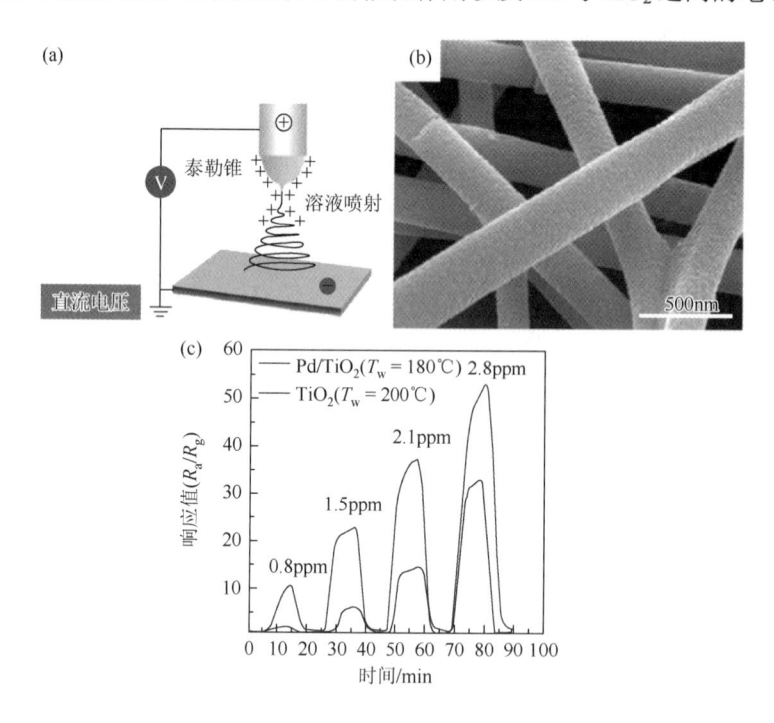

图 5.33 静电纺丝法制备的 TiO_2 纳米纤维及气敏性能示意图

(a) 静电纺丝法制备 TiO_2 纳米纤维示意图[45]；(b) TiO_2 纳米纤维的 SEM 图[45]；(c) TiO_2、Pd/TiO_2 纳米纤维气体传感器对二氧化氮的动态响应曲线[45]

Tong 等[46]使用阳极氧化生长法以及后续的退火处理制备了不同含量 Fe 掺杂的 TiO_2 纳米管阵列。结果表明，当 Fe 的含量为 0.10mol/L 时，对硫化氢具有更低的工作温度（100℃），更快的响应及恢复时间，其响应值是纯 TiO_2 纳米管传感器的 3.03 倍。对 50ppm 硫化氢的响应和恢复时间分别是 22s 和 8s。通过第一性原理计算得出掺杂 Fe 后，TiO_2 的禁带宽度减小以及氧缺陷的浓度增加，改善了传感器对目标气体的敏感性能。

Chen 等[47]使用静电纺丝法将 SnO₂ 纳米颗粒负载在 TiO₂ 纳米纤维上制备了具有 n-n 异质结的 SnO₂@TiO₂ 气体传感器。结果显示该传感器当 SnO₂ 与 TiO₂ 的质量比为 1.5：1，工作温度为 240℃时，对乙醇表现出较好的敏感特性。相比于纯 TiO₂ 纳米纤维和纯 SnO₂ 纳米颗粒，对 100ppm 乙醇的响应值分别高 1.89 和 1.88 倍，同时还缩短了对乙醇检测的响应和恢复时间，提高了长期工作稳定性。SnO₂ 和 TiO₂ 异质结的形成和协同作用，以及其独特的纳米颗粒附着纤维结构，增强了其传感性能。

Seif 等[48]采用静电纺丝法以及原位聚合法制备了具有核壳结构的 p-n 异质结聚苯胺（PANI）/金红石相 TiO₂（S1）以及 PANI/金红石-锐钛矿混合相 TiO₂（S2）纳米纤维。结果显示 S1 和 S2 传感器在室温下均对氨气表现出选择敏感特性，其中 S2 的响应更高，如图 5.34（a）所示。另外该研究人员还将两种传感器置于 365nm 的紫外光下，对其气体的响应做了检测。结果发现紫外光的照射改善了 S1 和 S2 的气敏性能，如图 5.34（b）所示，包括减少响应和恢复时间。光强太高或太低都会减弱传感器的敏感特性，而中等光强（2.3mW/cm²）可以提高传感器对氨气的响应。这种紫外光增强机理主要归因于以下几个方面：

（1）与纯金红石相 TiO₂ 相比，金红石-锐钛矿混合相 TiO₂ 的光催化活性更高。

（2）紫外光的照射增加了 TiO₂ 表面吸附氧离子的浓度（$O_2^- + e^- + UV \longrightarrow 2O^-$）。

（3）在 PANI 的紫外光活化作用下，作为吸收位点的空穴浓度增加。

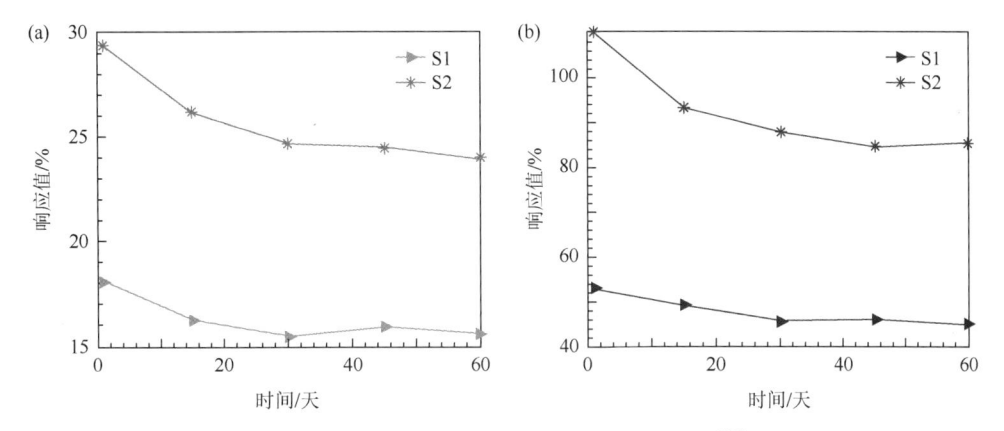

图 5.34 （a）无光照下 S1 和 S2 传感器对 1ppm 氨气的长期工作稳定性[48]；（b）365nm 紫外灯照射下 S1 和 S2 传感器对 1ppm 氨气的长期工作稳定性[48]

5.3 二维纳米结构 TiO₂ 基气体敏感材料与气体传感器

二维纳米结构 TiO₂ 主要包括纳米片、薄膜等。它们具有许多优异的特性，如大比表面积、量子霍尔效应、柔韧性以及高的机械强度。而且，二维子单元可以通过晶面工程有效地提高敏感材料的表面活性和选择性[49]。

5.3.1 二维纳米结构 TiO₂ 基气体敏感材料的制备

目前，制备二维纳米结构 TiO₂ 的方法主要有一步退火法、水热法、磁控溅射法等。

其中水热法是最为普遍的一种方法。其不同方法制备的二维纳米结构 TiO$_2$ 的微观形貌如图 5.35 所示。

图 5.35 不同方法制备的二维纳米结构 TiO$_2$ 的 SEM 图
(a) 一步退火法[50]；(b) 水热法[51]

一步退火法[50]是将 TiSe$_2$ 前驱纳米片置于管式炉的石英管中，在氩气和氧气的混合气体氛围下，将其加热到 500℃。在这个过程中，Se 与空气中 O 结合生成 SeO$_2$ 逃逸出去，剩下的产物即为 TiO$_2$ 纳米片。

水热法[51]是使用不同的钛源如 Ti(OH)$_4$、Ti(OC$_4$H$_9$)$_4$、泡沫 Ti、TiF$_4$ 等，在酸性溶剂如 HCl 或者 HF 条件下进行水热反应，再进行退火处理得到二维纳米结构的 TiO$_2$。

磁控溅射法[52]主要用来制备 TiO$_2$ 纳米薄膜，是将含有 Ti$_5$N 的金属靶源，在氧气氛围中沉积到基底上，最终获得一定厚度的 TiO$_2$ 纳米薄膜。

5.3.2 二维纳米结构 TiO$_2$ 基气体传感器

目前，二维纳米结构 TiO$_2$ 已成功用于检测丙酮[53]、甲醇[54]、一氧化碳[1]、氢气[55]、硫化氢[56]等气体。

Ge 等[50]采用一步退火法将 TiSe$_2$ 作为模板，制备出具有六方多孔的 TiO$_2$ 纳米片。该传感器在 400℃工作温度下对丙酮具有较好的选择性，且对 200ppm 丙酮具有超短的响应和恢复时间，分别是 0.75s 和 0.5s。电子传输在丙酮气体分子与具有独特多孔层次化结构的 TiO$_2$ 之间的强界面耦合和晶面工程的协同驱动下，使其响应速度更快、响应值更高。

Wang 等[57]通过调节水热溶剂中氢氟酸和盐酸的浓度配比，制备出具有缺陷和完整{001}晶面的 TiO$_2$ 纳米片。该研究者讨论了具有缺陷（D-TiO$_2$）和完整{001}晶面的 TiO$_2$ 纳米片（C-TiO$_2$）传感器对丙酮传感性能的影响。结果显示，具有完整{001}晶面的 TiO$_2$ 纳米片传感器对 100ppm 丙酮的敏感响应比缺陷 TiO$_2$ 纳米片传感器高 70%，如图 5.36（a）、（b）所示。缺陷 TiO$_2$ 纳米片传感器气体响应差的原因是吸附位点少，晶格缺陷多，阻碍了电子的转移，如图 5.36（c）所示。进一步证实完整{001}晶面的 TiO$_2$ 纳米片对提高气体传感性能具有重要作用。

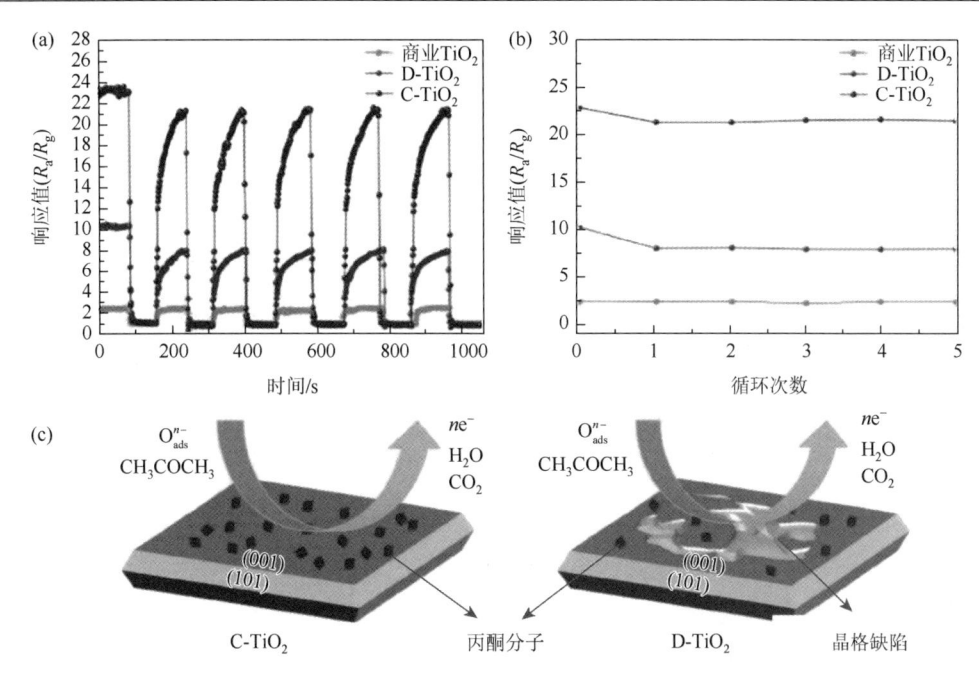

图 5.36　(a，b) D-TiO$_2$ 和 C-TiO$_2$ 传感器对 100ppm 丙酮的重复性[57]；(c) 响应机理示意图[57]

Haidry 等[58]采用直流反应磁控溅射技术在超声清洗的 10mm×10mm C 面[0001]蓝宝石基底上沉积了多层 TiO$_2$ 薄膜。随后在 TiO$_2$ 薄膜的顶部通过磁控溅射制备了相邻电极间距为 10μm 的叉指 Pt 电极。结果发现该 Pt/TiO$_2$ 传感器在室温下对 10000ppm 氢气的电阻变化超过 7 个数量级(~10^7)。研究者认为，这种性能增强机理可能归因于小尺寸晶粒(约 15nm)导致部分晶粒的亏损，激活了晶间屏障。

Feng 等[51]使用水热法在泡沫 Ti 上生长 TiO$_2$ 纳米片，随后将制备的 TiO$_2$ 纳米片浸入 10mmol/L NaF 溶液中一定时间，最后经过清洗及真空干燥获得氟掺杂的 TiO$_2$ 纳米片。结果表明，TiO$_2$/Ti 泡沫由于其高的比表面积、丰富的氧空位和高的电子迁移率，在室温下表现出明显的丙酮气敏性能。此外，在 TiO$_2$ 晶格中掺杂氟可以在 TiO$_2$ 表面生成活性官能团和更多的氧空位，从而有效提高其敏感性能。TiO$_2$/Ti 和 F/TiO$_2$/Ti 的动态响应曲线如图 5.37(a)和(b)所示，拟合曲线如图 5.37(c)所示。

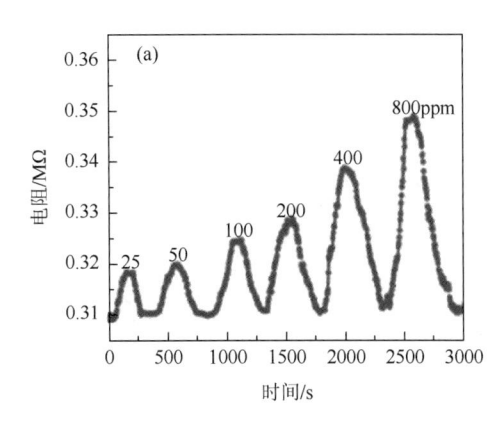

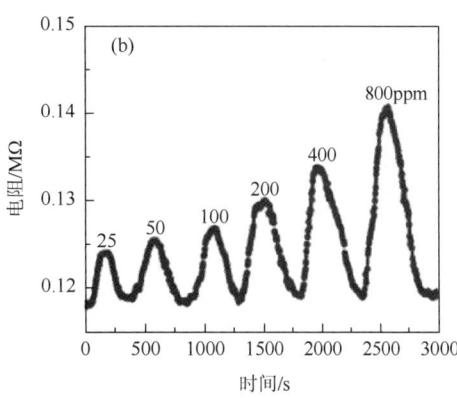

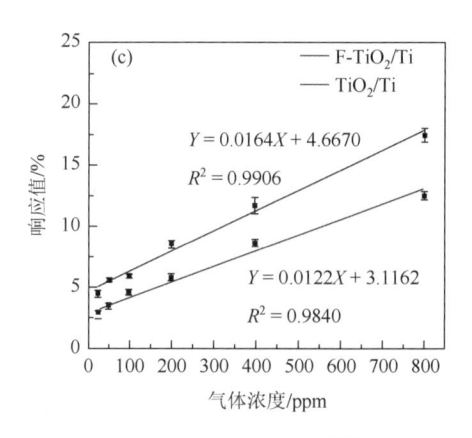

图 5.37 （a）TiO$_2$/Ti 对 25～800ppm 丙酮气体的动态响应曲线[51]；（b）F/TiO$_2$/Ti 对 25～800ppm 丙酮气体的动态响应曲线[51]和（c）拟合曲线[51]

Maziarz[52]采用磁控溅射的方法在含有叉指电极的氧化铝基底上分别沉积了 SnO$_2$ 和 TiO$_2$ 的双层薄膜。该传感器在最佳工作温度为 150℃条件下，对二氧化氮显示出较好的选择敏感特性。这种具有较大比表面积的薄膜以及在层间形成的 n-n 异质结会提高电子的堆积。在此条件下，吸附位点数量增加，对气敏性能有积极的影响。

5.4 三维纳米结构 TiO$_2$ 基气体敏感材料与气体传感器

三维纳米结构 TiO$_2$ 主要是由零维、一维、二维 TiO$_2$ 基本子单元自组装而成的高维复杂结构，包括 TiO$_2$ 纳米花、TiO$_2$ 分级结构等。其中纳米花是由同一子单元组装而成，而分级结构是由两种以上不同子单元组装而成。目前，基于三维纳米结构 TiO$_2$ 传感器已经成功吸引了众多研究者的关注，这是由于它们独特的形貌结构、大的比表面积、耦合效应、优异的渗透性和良好的内部空隙有助于促进目标气体分子的吸附和扩散特性。此外，一些研究报道，三维纳米结构比纳米颗粒、纳米片或其他相应的纳米结构能表现出更优越的电子性能，这是由于这种独特的结构可以有效地防止基本单元的聚集，发挥材料和气体之间的活性反应位点作用。

5.4.1 三维纳米结构 TiO$_2$ 基气体敏感材料的制备

三维纳米结构 TiO$_2$ 的制备方法包括水热法、静电纺丝法结合水热法、脉冲直流化学气相沉积等。其中水热法依然是制备纳米结构 TiO$_2$ 最为普遍的一种方法。其不同方法制备的三维纳米结构 TiO$_2$ 的微观形貌如图 5.38 所示。

水热法通常是以 TiCl$_3$[59]、TiOSO$_4$[60]、C$_{12}$H$_{28}$O$_4$Ti[61]、粉末 Ti[62]、泡沫 Ti[63]为钛源，通过对原料的使用量、反应时间、反应温度、反应溶液、溶液酸度以及添加剂的控制可以获得由不同子单元构成的三维纳米结构 TiO$_2$。

静电纺丝法结合水热法[64]是首先将钛源与高聚物混合溶于有机溶剂中制备成溶液，再借助高压静电场力将该溶液抽拉成丝成膜。随后将获得的膜浸入上述剩余溶液中，并转移至不锈钢聚四氟乙烯内衬中，在一定温度下反应一定时间获得具有分级结构的三维纳米结构 TiO_2。

脉冲直流化学气相沉积法[65]则可以先使用其他制备方法获得 TiO_2 骨架，随后将 $TiCl_4$ 和 H_2O（g）分别脉冲进入沉积室，在 600℃ 的高温下脉冲一定时间，并使用氮气吹扫分离，自然冷却后获得分级结构的三维纳米结构 TiO_2。

图 5.38 不同方法制备的三维纳米结构 TiO_2 的 SEM 图
（a）水热法[66]；（b）水热法[67]；（c）静电纺丝法结合水热法[64]；（d）脉冲直流化学气相沉积法[65]

5.4.2 三维纳米结构 TiO_2 基气体传感器

Bhowmik 等[68]利用低温水热法合成了由二维纳米片组成的三维 TiO_2 纳米花，如图 5.39（a）所示。在 60℃ 的低工作温度下，该传感器对丙酮具有高选择敏感特性，如图 5.39（b）所示，还具有较短的响应和恢复时间，分别是 10s 和 45s。同时该研究者利用各挥发性有机化合物气体的键解离活化能来解释其工作温度。结果得出，键解离活化能较低的气体可与氧离子积极反应，从而降低工作温度；当气体的蒸气压比较高时会加速气体在纳米花表面的吸附/附着过程；丙酮的相对分子质量相较于丁酮、异丙醇以及甲苯要低。正是丙酮键解离活化能低、相对分子质量低以及蒸气压高等多重效应使得 TiO_2 纳米花对丙酮具有高的响应和低的工作温度。

Wang 等[60]同样使用水热法制备了三维 TiO_2 纳米花，并将其涂覆于含有金叉指电极的铝基底表面并做成传感器件。图 5.40 为器件在不同气体氛围中的电阻情况，发现该气体传感器在室温下可用于乙醇的检测，具有较高的选择性、良好的稳定性以及较短的响应和恢复时间。研究者认为其优异的气体传感性能的原因之一可能是独特的花状形貌结构以及它们之间的空间间距为氧和目标气体提供了更多的吸附位点，促进了敏感材料表面和气体分子之间的相互作用。

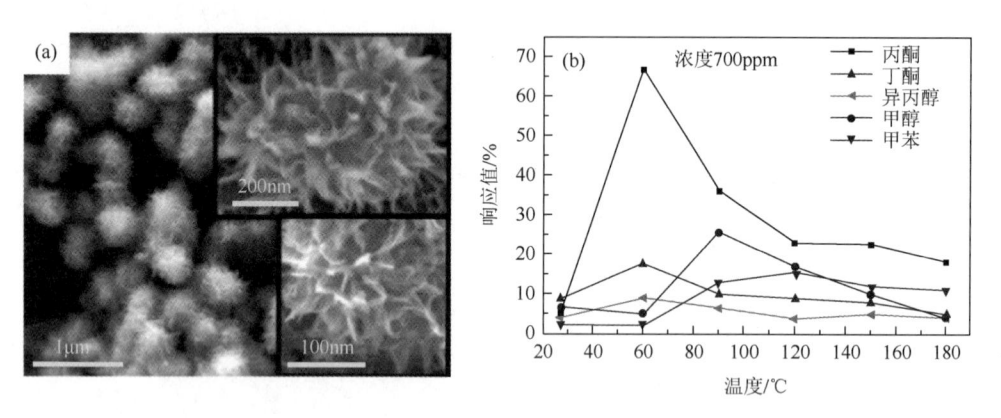

图 5.39　（a）水热法制备的 TiO_2 纳米花[68]；（b）TiO_2 纳米花传感器在不同温度下对不同气体的响应值[68]

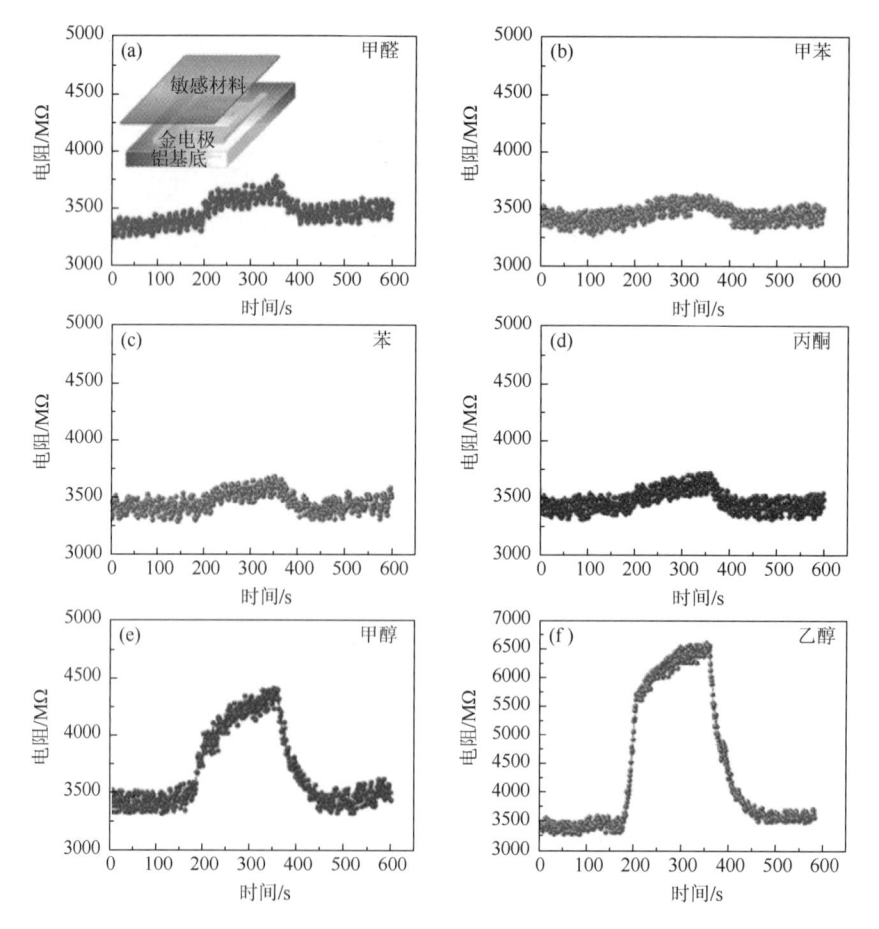

图 5.40　TiO_2 纳米花传感器在室温下对 100ppm 不同气体的电阻曲线[60]
（a）甲醛；（b）甲苯；（c）苯；（d）丙酮；（e）甲醇；（f）乙醇

Mei 等[64]采用静电纺丝法以及后续的水热法制备了由松枝状组装而成的三维分级结构 TiO$_2$ 和 TiO$_2$/Fe$_2$O$_3$ 气体敏感材料，其制备流程示意图如图 5.41 所示。两者均在 325℃ 工作温度下对乙醇表现出较好的敏感特性。松枝状的形态由大量的三维孔洞组成。它们可以为分子在内部和表面的扩散与吸附提供大量的通道。此外，分散的主干纤维沿着边界在其他松枝之间进行电荷传导，这将对敏感材料整体的电阻产生影响，有利于气敏响应的提高。

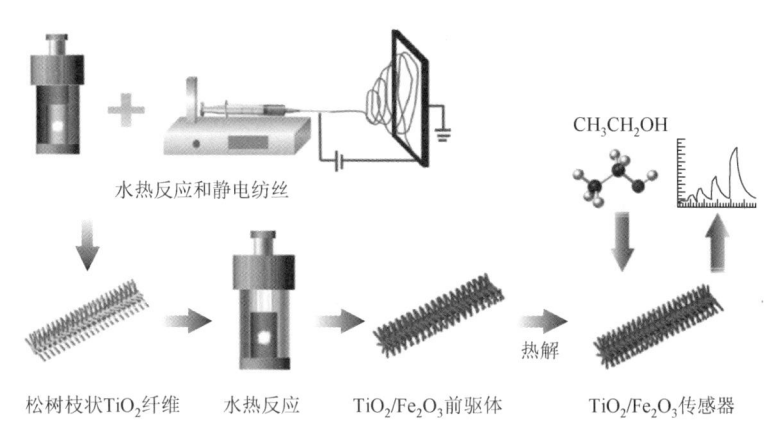

图 5.41 分级结构 TiO$_2$ 和 TiO$_2$/Fe$_2$O$_3$ 气体敏感材料的制备流程示意图[64]

5.5 纳米多孔结构 TiO$_2$ 基气体敏感材料与气体传感器

纳米多孔结构 TiO$_2$ 主要是在纳米颗粒上或者在薄膜上形成的孔洞结构。多孔结构的 TiO$_2$ 具有可调节和相互连接的孔隙、大的比表面积，有利于气体的吸附和扩散，从而提高对气体的敏感响应。

5.5.1 纳米多孔结构 TiO$_2$ 基气体敏感材料的制备

目前，纳米多孔结构 TiO$_2$ 的制备方法主要有水热法、喷雾热解沉积法、溶剂诱导聚合法等。其不同方法制备的纳米多孔结构 TiO$_2$ 的微观形貌如图 5.42 所示。

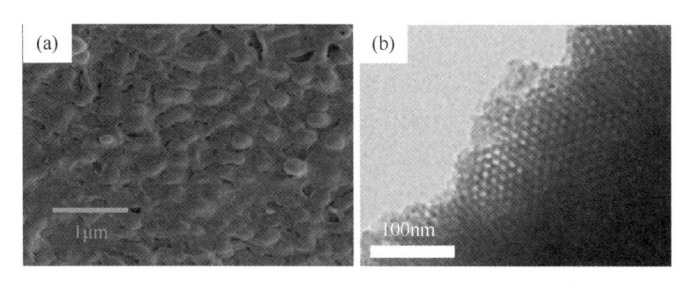

图 5.42 不同方法制备的纳米多孔结构 TiO$_2$ 的 SEM 图
（a）喷雾热解沉积法[70]；（b）溶剂诱导聚合法[71]

水热法[69]是使用硫酸氧钛（TiOSO₄）作为钛源，去离子水作为水热溶剂，在一定温度的水热釜中反应一定时间，获得在纳米颗粒上形成的纳米多孔结构 TiO₂。

喷雾热解沉积法[70]是在导电氧化铟锡（ITO）基底上制备 TiO₂ 薄膜，制备 TiO₂ 薄膜使用的钛源是 TiCl₄。将 TiCl₄、乙醇、去离子水混合成溶液，使用双喷射枪将该溶液喷射到 ITO 基底上，随后在 300℃的空气氛围中将其烧结 2h 获得薄膜型纳米多孔结构 TiO₂。

溶剂诱导聚合法[71]则是使用两亲性二嵌段共聚物聚苯乙烯-b-聚（4-乙烯基吡啶）（PS-b-P4VP）作为结构导向剂，钛酸正丁酯（TBOT）作为钛源。首先将一定量的 PS-b-P4VP、冰醋酸、盐酸（36wt%）溶于四氢呋喃溶液中，充分搅拌均匀后再加入一定量的 TBOT，继续搅拌得到淡黄色澄清溶液。随后分别在 40℃、80℃烘箱中处理 12h 和 24h，使溶剂完全蒸发。最后在氮气保护下，分别在 350℃、450℃烧结 2h、1h 获得纳米多孔结构 TiO₂。

本节将详细介绍利用简单的水热法构筑纳米多孔结构 TiO₂ 及形成机理。

1. 纳米多孔结构 TiO₂ 的制备

称取 4.899g TiOSO₄ 加入 50mL 去离子水中，室温下持续搅拌至形成透明澄清溶液。

将搅拌均匀的溶液转移至 80mL 高压反应釜中，在 180℃恒温干燥箱中保温 4h，随后取出高压反应釜，使其在自然状态下冷却至室温。

将灰白色沉淀物从高压反应釜中取出，用去离子水洗涤至中性，在 60℃恒温干燥箱中干燥，经研磨得到目标产物。

2. 纳米多孔结构 TiO₂ 的形成机理

纳米多孔结构 TiO₂ 形成的可能机理如图 5.43 所示。首先在 180℃时，TiOSO₄ 溶液水解并形成 TiO(OH)₂ 晶胚，随后 TiO(OH)₂ 晶胚长大。与此同时，由于水热条件下特殊的压力和温度，TiO(OH)₂ 晶体脱水的同时伴随着不规则的收缩，导致形成纳米多孔结构 TiO₂。

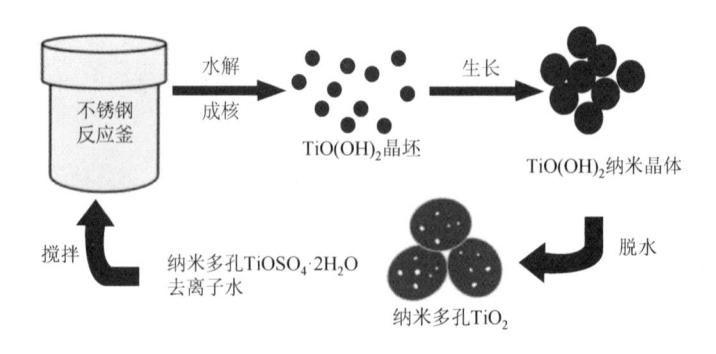

图 5.43 纳米多孔结构 TiO₂ 形成机理图

（1）TiOSO₄ 在高温高压下水解形成 TiO(OH)₂ 沉淀［式（5.20）］。
（2）TiO(OH)₂ 沉淀分解生成 TiO₂ 纳米颗粒［式（5.21）］。

$$TiOSO_4 + 2H_2O \longrightarrow TiO(OH)_2 + H_2SO_4 \quad (5.20)$$
$$TiO(OH)_2 \longrightarrow TiO_2 + H_2O \quad (5.21)$$

5.5.2 纳米多孔结构 TiO₂ 敏感材料的表征与分析

将 5.5.1 节所获得的纳米多孔结构 TiO₂ 进行 XRD、TEM、XPS、BET 等表征与分析。

1. 纳米多孔结构 TiO₂ 的 XRD 图分析

图 5.44 为纳米多孔结构 TiO₂ 的 XRD 图。从图中可看出，制备得到的纳米多孔结构 TiO₂ 衍射峰尖锐，说明制备的 TiO₂ 结晶度高，并且所有的衍射峰指标化为锐钛矿 TiO₂ [JCPDS：21-1272，空间群：$I4_1/amd$（NO.141）]，表明制备得到的 TiO₂ 有一个比较高的纯度。另外，衍射峰有明显的宽化，如（103）、（004）和（112）晶面，其中（103）和（112）晶面所对应的衍射峰大部分被（004）晶面对应的衍射峰覆盖，证明所制备的样品颗粒尺寸较小。通过 Jade 软件计算得到的平均晶粒尺寸为 12.27nm。

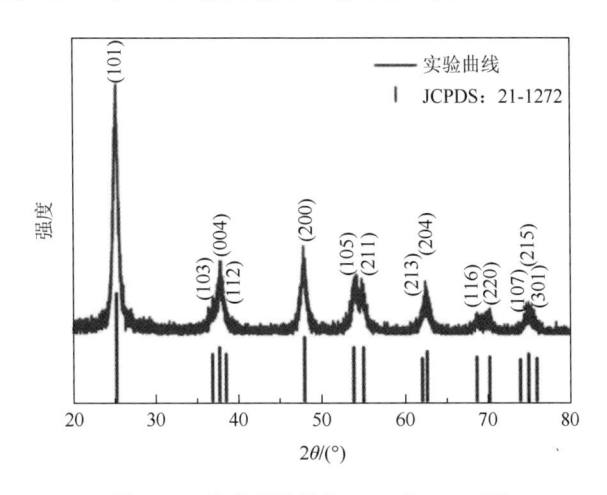

图 5.44 纳米多孔结构 TiO₂ 的 XRD 图

2. 纳米多孔结构 TiO₂ 的 TEM 分析

采用 TEM 对制备得到的纳米多孔结构 TiO₂ 进行微观形貌表征与分析，如图 5.45（a）所示。从图 5.45（a）中可以看出制备的 TiO₂ 呈现多孔结构，颗粒尺寸大小均匀统一，约为 12nm，与 XRD 计算结果相符合。纳米多孔结构 TiO₂ 的 HRTEM 图如图 5.45（b）所示，从图中可以看出制备得到的纳米多孔结构 TiO₂ 晶格条纹清晰，晶格间距为 0.352nm，对应于锐钛矿 TiO₂ 的（101）晶面。其与 XRD 测试结果相对应，进一步证明制备得到的样品为纳米多孔结构 TiO₂。

3. 纳米多孔结构 TiO₂ 的 BET 分析

图 5.46 是制备得到的纳米多孔结构 TiO₂ 的 N₂ 吸附-脱附等温曲线和 BJH 孔径分布图。从图中可看出，等温线的吸附-脱附曲线不一致，有滞后环的存在，可判断为朗格缪尔Ⅳ

型等温曲线。从 BJH 孔径分布图可知，纳米多孔结构 TiO$_2$ 的孔径分布比较集中，在 4nm 左右。根据 BET 法和 BJH 模型计算出制备得到的纳米多孔结构 TiO$_2$ 的比表面积为 147.17m^2/g，平均孔径为 3.581nm。其比表面积是商用 TiO$_2$ 纳米颗粒（P25，德固赛，德国）比表面积（50±15m^2/g）的 3 倍左右。较大的比表面积和孔道结构为纳米 TiO$_2$ 样品与气体接触时提供了更多的活性位点，也为其作为气体传感器具有良好的气敏性能奠定了良好的基础。

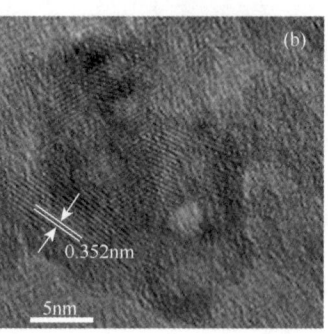

图 5.45 （a）纳米多孔结构 TiO$_2$ 的 TEM 图；（b）纳米多孔结构 TiO$_2$ 的 HRTEM 图

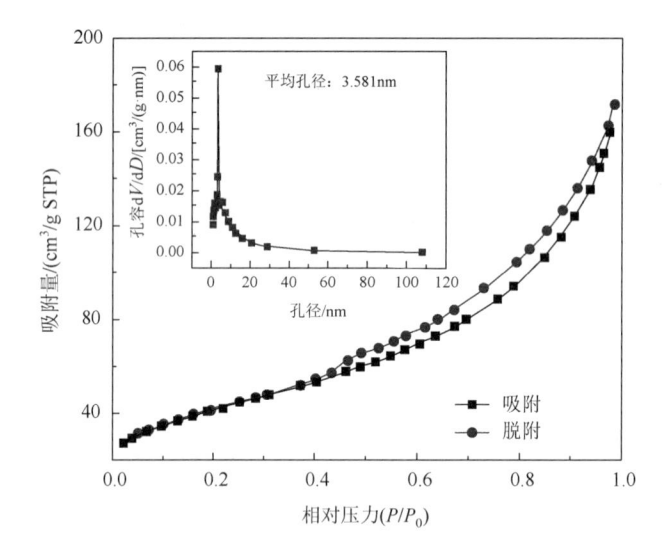

图 5.46 纳米多孔结构 TiO$_2$ 的氮气吸附-脱附曲线

插图为其孔径分布图

4. 纳米多孔结构 TiO$_2$ 的 XPS 分析

利用 XPS 表征分析样品表面的化学组成结构。纳米多孔结构 TiO$_2$ 的 XPS 测试结果如图 5.47 所示。图 5.47（a）为 O 1s 的 XPS 图，从图中可以看出纳米多孔结构 TiO$_2$ 表面存在两种形式的氧：中心位于 530.26eV 的晶格氧（O$_{lat}$）和中心位于 532.21eV 的化学吸附氧（O$_{ads}$）。晶格氧对应晶格内部的氧离子，并且十分稳定，与气体接触时不发生相互作用，对气敏性能没有贡献；同时，在材料表面的吸附氧对气敏性能有着重要作用。Ti 2p

能谱如图 5.47（b）所示，显示了分别位于 464.7eV 的 Ti 2p$_{1/2}$ 峰和位于 459.1eV 的 Ti 2p$_{3/2}$ 峰。这两个峰对称性良好，两峰之间的间隔为 5.6eV，与已报道的 TiO$_2$ 的轨道能量分裂值相一致，表明样品中的 Ti 是以单一的 Ti^{4+} 形式存在的[3]。

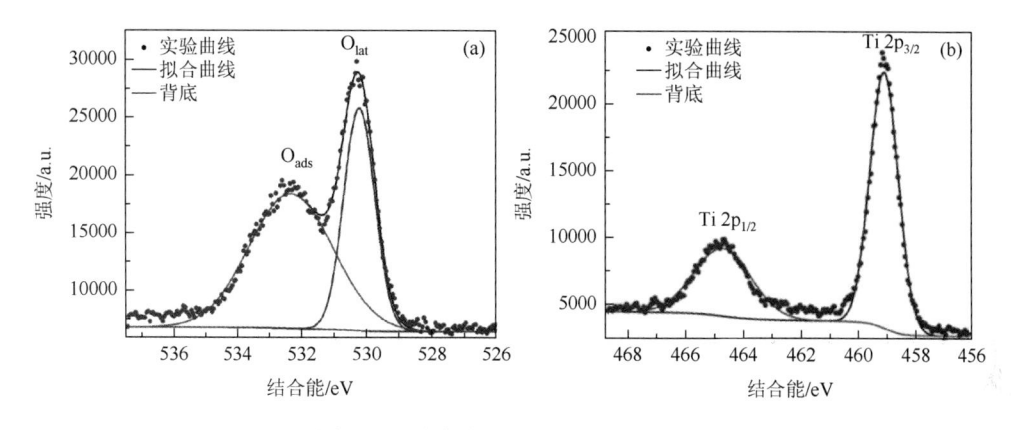

图 5.47 纳米多孔结构 TiO$_2$ 的 XPS 图
(a) O 1s 高分辨 XPS 图；(b) Ti 2p 高分辨 XPS 图

5.5.3 纳米多孔结构 TiO$_2$ 气体传感器

为评估纳米多孔结构 TiO$_2$ 作为丙酮气体传感器的适用性，从工作温度、选择性、响应-恢复特性以及稳定性等方面研究纳米多孔结构 TiO$_2$ 气体传感器的丙酮气体敏感特性。

1. 最佳工作温度测定

在 260～400℃的工作温度下，分析了纳米多孔结构 TiO$_2$ 和德固赛 P25 分别对 500ppm 和 1000ppm 丙酮气体的气敏特性，如图 5.48 所示。从图中可以看出，纳米多孔结构 TiO$_2$ 气体传感器的响应值随着温度的升高逐渐升高，并在 370℃时达到最高值，随后随着温度升高又逐渐降低。这种现象可解释为在较低工作温度下，丙酮气体没有足够的热能与纳米多孔结构 TiO$_2$ 表面的电子发生反应，因此响应值较低。当工作温度升高，丙酮气体获得的热能足以去克服表面反应的活化能[72]。当响应值达到最高后，工作温度继续升高会引起丙酮气体与传感器材料表面低的吸附能力和利用率，从而传感器的响应值降低[73]。另外，从图中可得知，P25 的响应值明显低于纳米多孔结构 TiO$_2$ 的响应值。在 400℃，其对 1000ppm 丙酮的响应值仅有 3.87，而纳米多孔结构 TiO$_2$ 对 500ppm 丙酮的响应值在 370℃时达到最高，为 25.97。因此，370℃被选取作为纳米多孔结构 TiO$_2$ 的最佳工作温度。

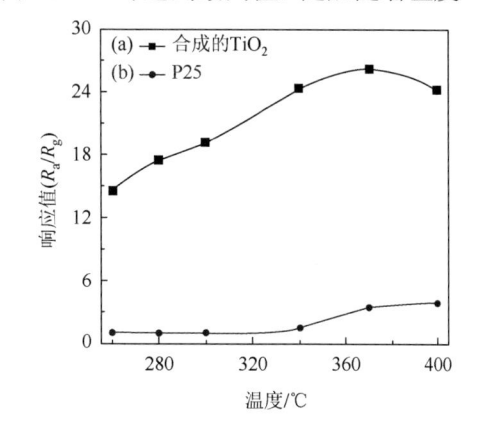

图 5.48 传感器在不同工作温度下，(a) 纳米多孔结构 TiO$_2$ 对 500ppm 丙酮的响应值，(b) P25 对 1000ppm 丙酮的响应值

2. 气体浓度影响

最佳工作温度 370℃下，测试纳米多孔结构 TiO_2 气体传感器对不同浓度（20～1500ppm）不同气体（丙酮、甲醇、甲醛、乙醇、异丙醇和正丁醇）的响应值，如图 5.49 所示。

从图 5.49（a）中可以看出，随着气体浓度的增加，纳米多孔结构 TiO_2 气体传感器对气体的响应值也在升高。实验数据通过拟合可表示为

$$\beta = mC_{gas} + k \tag{5.22}$$

式中，m 为响应值系数；C_{gas} 为被测气体浓度；k 为常数。

各直线的线性相关系数 R^2 都大于 0.95，表明它们均有良好的线性关系。图 5.49（b）是纳米多孔结构 TiO_2 气体传感器在工作温度 370℃下，对 500ppm 不同气体的响应值。在气体浓度为 500ppm 时，纳米多孔结构 TiO_2 气体传感器对丙酮、甲醇、甲醛、乙醇、异丙醇和正丁醇的响应值分别为 25.97、9.86、3.53、11.19、5.35 和 7.56。其中，传感器对丙酮的响应值最高，分别约是甲醇、甲醛、乙醇、异丙醇和正丁醇的 2.6 倍、7.4 倍、2.3 倍、4.9 倍和 3.4 倍，表明纳米多孔结构 TiO_2 气体传感器对丙酮气体有良好的选择性。

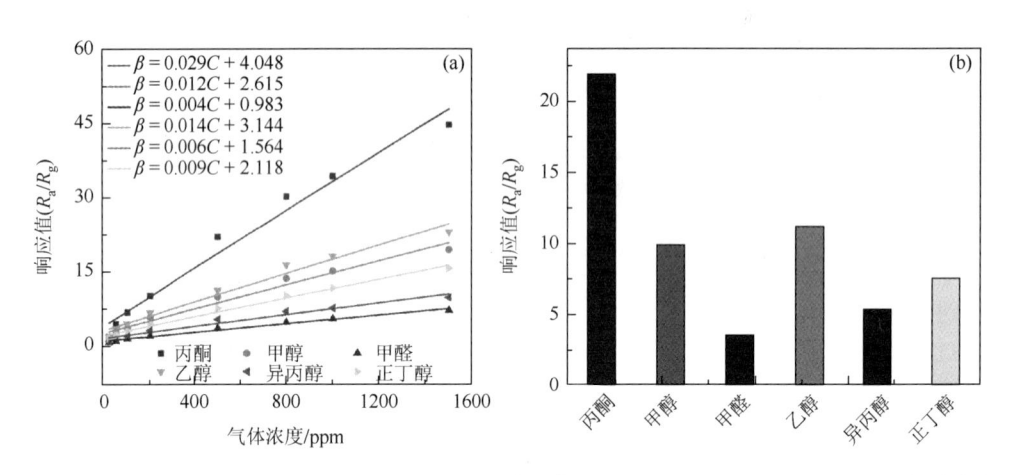

图 5.49　纳米多孔结构 TiO_2 气体传感器在 370℃工作温度下，(a) 对 20～1500ppm 不同气体响应的拟合曲线，(b) 对 500ppm 不同气体的响应值

3. 动态响应和响应-恢复时间

在最佳工作温度 370℃下，纳米多孔结构 TiO_2 气体传感器对不同浓度丙酮（20～1500ppm）的动态响应曲线如图 5.50 所示。从图中可以看出，当达到动态平衡时，不论是在空气还是丙酮气氛中，气体响应值仅有一些小的波动，基本保持恒定；同时，进入或脱离丙酮气体的情况下，纳米多孔结构 TiO_2 的响应值也能快速升高和降低。在丙酮浓度为 500ppm 时，纳米多孔结构 TiO_2 气体传感器的响应和恢复时间分别为 13s 和 8s。根据 BET 和 BJH 的分析结果，主要是较大的比表面积为较短的响应和恢复时间做出了贡献，使纳米多孔结构 TiO_2 表现出优秀的吸附和解吸性能。

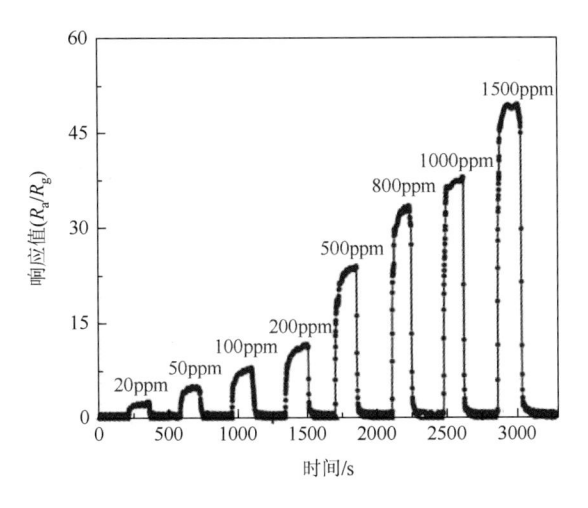

图 5.50　纳米多孔结构 TiO$_2$ 气体传感器在工作温度 370℃下对不同浓度丙酮的动态响应曲线

4. 连续重复性和长期稳定性

为研究纳米多孔结构 TiO$_2$ 气体传感器是否能在较短时间内可以连续重复使用，测试了传感器的重复性，如图 5.51（a）所示。在工作温度 370℃、气体浓度 500ppm 的相同条件下测试传感器对丙酮气体的敏感特性。从图中可以看出，经连续 7 次重复测试，气体传感器对于 500ppm 丙酮保持在初始的响应值，未发生明显变化，说明传感器在工作条件下表现出良好的重复性。

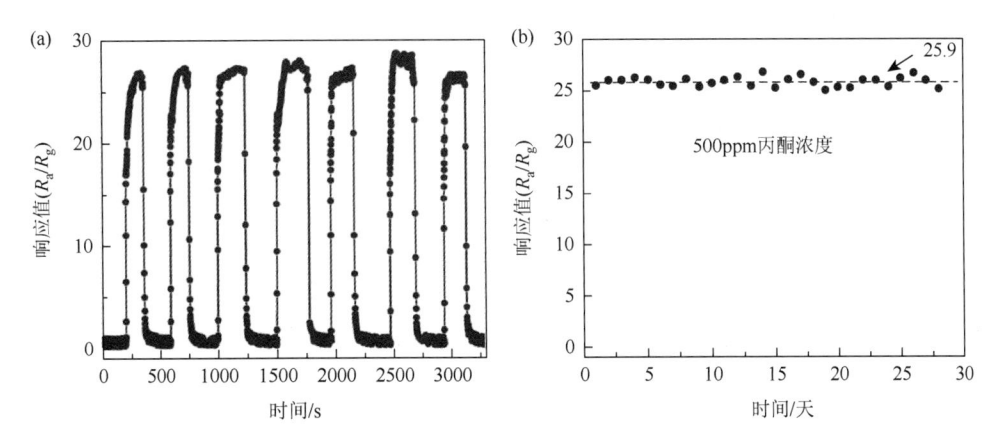

图 5.51　纳米多孔结构 TiO$_2$ 气体传感器在工作温度 370℃下对 500ppm 丙酮的重复性（a），对 500ppm 丙酮的长期稳定性（b）

在实际应用中，气体传感器的长期稳定性决定了其可靠性和服务周期，是测试重点之一。为验证纳米多孔结构 TiO$_2$ 气体传感器的稳定性，在最佳工作温度 370℃，丙酮浓度 500ppm 条件下对其进行连续 28 天的测试，测试结果如图 5.51（b）所示。由图可知，在连续 28 天的测试下，传感器对丙酮的响应值仅发生微小波动，波动范围为±3.71%，说明纳米多孔结构 TiO$_2$ 气体传感器对丙酮有良好的稳定性。

5. 气敏机理

TiO₂ 的气敏性能取决于在不同气氛中材料表面电阻的变化，可根据 Wolkenstein 模型和已报道实例做出解释[74]，如图 5.52 所示。在空气气氛中，氧气分子吸附在纳米多孔结构 TiO₂ 的表面，由于二氧化钛是 n 型半导体，载流子为电子，氧气分子捕获导带中电子并与之结合，在敏感材料表面形成各种不同价态的氧负离子（O_{2ads}^-、O_{ads}^-、O_{ads}^{2-}），形成电子耗尽层，从而导致传感器电阻增大。

当传感器暴露在丙酮气体中，吸附在传感器表面的氧负离子与丙酮气体分子发生氧化还原反应。随后电子被释放回半导体中导致电子浓度增大，空间耗尽层变薄，势垒降低，传感器电阻减小。其反应过程如下：

$$CH_3COCH_{3(gas)} \longleftrightarrow CH_3COCH_{3(ads)} \tag{5.23}$$

$$CH_3COCH_{3(gas)} + 8O_{ads}^- \longrightarrow 3CO_{2(gas)} + 3H_2O_{(gas)} + 8e^- \tag{5.24}$$

$$CH_3COCH_{3(ads)} + 4O_{2ads}^- \longrightarrow 3CO_{2(gas)} + 3H_2O_{(gas)} + 4e^- \tag{5.25}$$

XPS 分析结果显示纳米多孔结构 TiO₂ 表面有大量的吸附氧离子，吸附氧对气敏性能有着重要作用[75]。大的比表面积（147.17m²/g）加大了丙酮气体与材料之间的接触面积，大大提高了其气敏性能；材料的孔道结构有效缩短了气体扩散距离，加速了吸附和脱附作用，从而减少了响应和恢复时间。

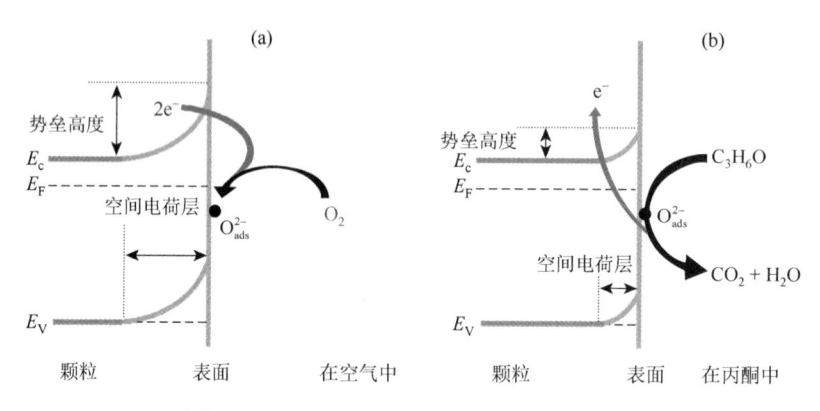

图 5.52　纳米多孔结构 TiO₂ 气敏机理示意图
（a）在空气中；（b）在丙酮中

参 考 文 献

[1] Pozos H G, Krishna K T V, Amador M, et al. TiO₂ thin film based gas sensors for CO-detection. J Mater Sci-Mater El, 2018, 29: 15829-15837.

[2] 张立德. 准一维纳米材料家族的新成员——同轴纳米电缆. 中国科学院院刊, 1999, (5): 351-352.

[3] Wang Y, Chen T, Mu Q, et al. Electrochemical performance of W-doped anatase TiO₂ nanoparticles as an electrode material for lithium-ion batteries. J Mater Chem, 2011, 21: 6006-6013.

[4] Lim J Y, Lee C S, Lee J M, et al. Amphiphilic block-graft copolymer templates for organized mesoporous TiO₂ films in

dye-sensitized solar cells. J Power Sources, 2016, 301: 18-28.

[5] Diebold U. The surface science of titanium dioxide. Surf Sci Rep, 2003, 48: 53-229.

[6] Navale S T, Yang Z B, Liu C, et al. Enhanced acetone sensing properties of titanium dioxide nanoparticles with a sub-ppm detection limit. Sens Actuators B: Chem, 2018, 255: 1701-1710.

[7] Dubey R S. Temperature-dependent phase transformation of TiO_2 nanoparticles synthesized by sol-gel method. Mater Lett, 2018, 215: 312-317.

[8] Sugahara T, Alipour L, Hirose Y, et al. Formation of metal-organic decomposition derived nanocrystalline structure titanium dioxide by heat sintering and photosintering methods for advanced coating process, and its volatile organic compounds' gas-sensing properties. ACS Appl Electron Mater, 2020, 2: 1670-1678.

[9] Mintcheva N, Srinivasan P, Rayappan J B B, et al. Room-temperature gas sensing of laser-modified anatase TiO_2 decorated with Au nanoparticles. Appl Surf Sci, 2020, 507: 145169.

[10] Lim C J, Park J W, et al. Luminescent oxygen-sensing films with improved sensitivity based on light scattering by TiO_2 particles. Sens Actuators B: Chem, 2017, 253: 934-941.

[11] Zhang Y, Li D, Qin L, et al. Preparation of Au-loaded TiO_2 pecan-kernel-like and its enhanced toluene sensing performance. Sens Actuators B: Chem, 2018, 255: 2240-2247.

[12] Wang W, Liu Y, Xue T, et al. Mechanism and kinetics of titanium hydrolysis in concentrated titanyl sulfate solution based on infrared and Raman spectra. Chem Eng Sci, 2015, 134: 196-204.

[13] Soultanidis N, Zhou W, Kiely C J, et al. Solvothermal synthesis of ultrasmall tungsten oxide nanoparticles. Langmuir, 2012, 28: 17771-17777.

[14] Hu D, Han B, Han R, et al. SnO_2 nanorods based sensing material as an isopropanol vapor sensor. New J Chem, 2014, 38: 2443-2450.

[15] Masahaahi N, Mizukoahi Y, Inoue H, et al. Photo-induced properties of anodic oxide on Ti-Pd alloy prepared in acetic acid electrolyte. J Alloy Compd, 2016, 669: 91-100.

[16] Phanichphant S, Liewhiarn C, Wetchakun N, et al. Flame-made Nb-doped TiO_2 ethanol and acetone sensors. Sensors, 2011, 11: 472-484.

[17] Sanchez M D, Martinze C A, Lopze C E. Synthesis of WO_3 nanoparticles by citric acid-assisted precipitation and evaluation of their photocatalytic properties. Mater Res Bull, 2013, 48: 691-697.

[18] Liu X, Chen N, Xing X, et al. A high-performance n-butanol gas sensor based on ZnO nanoparticles synthesized by a low-temperature solvothermal route. RSC Adv, 2015, 5: 54372-54378.

[19] Liu X, Pan K, Wang L, et al. Butane detection: W-doped TiO_2 nanoparticles for a butane gas sensor with high sensitivity and fast response/recovery. RSC Adv, 2015, 5: 96539-96546.

[20] Kolmakov A, Klenov D O, Lilach Y, et al. Enhanced gas sensing by individual SnO_2 nanowires and nanobelts functionalized with Pd catalyst particles. Nano Lett, 2005, 5: 667-673.

[21] Wang D, Zhou W, Hu P, et al. High ethanol sensitivity of palladium/TiO_2 nanobelt surface heterostructures dominated by enlarged surface area and nano-Schottky junctions. J Colloid Interf Sci, 2012, 388: 144-150.

[22] Wang C, Liu J, Yang Q, et al. Ultrasensitive and low detection limit of acetone gas sensor based on W-doped NiO hierarchical nanostructure. Sens Actuators B: Chem, 2015, 220: 59-67.

[23] Feng C, Li X, Ma J, et al. Facile synthesis and gas sensing properties of In_2O_3-WO_3 heterojunction nanofibers. Sens Actuators B: Chem, 2015, 209: 622-629.

[24] Xiong G, Shao R, Droubay T C, et al. Photoemission electron microscopy of TiO_2 anatase films embedded with rutile nanocrystals. Adv Funct Mater, 2007, 17: 2133-2138.

[25] Deng J, Yu B, Lou Z, et al. Facile synthesis and enhanced ethanol sensing properties of the brush-like ZnO-TiO_2 heterojunctions nanofibers. Sens Actuators B: Chem, 2013, 184: 21-26.

[26] Wang C, Li X, Wang B, et al. One-pot synthesis of cuboid WO_3 crystal and its gas sensing properties. RSC Adv, 2014, 4:

18365-18369.

[27] Zhao P X, Tang Y, Mao J, et al. One-dimensional MoS$_2$-decorated TiO$_2$ nanotube gas sensors for efficient alcohol sensing. J Alloy Compd, 2016, 674: 252-258.

[28] Liu Y Y, Ye X Y, Chen H, et al. Self-templated synthesis of large-scale hierarchical anatase titania nanotube arrays on transparent conductive substrate for dye-sensitized solar cells. Adv Powder Technol, 2019, 30: 572-580.

[29] Xu C, Gao D. Two-stage hydrothermal growth of long ZnO nanowires for efficient TiO$_2$ nanotube-based dye-sensitized solar cells. J Phys Chem C, 2012, 116: 7236-7241.

[30] Bian H, Ma S, Sun A, et al. Characterization and acetone gas sensing properties of electrospun TiO$_2$ nanorods. Micro Nanostruct, 2015, 81: 107-113.

[31] Rho W Y, Jeon H, Kim H S, et al. Recent Progress in dye-sensitized solar cells for improving efficiency: TiO$_2$ nanotube arrays in active layer. J Nanomater, 2015: 1-17.

[32] Viet P V, Phan B T, Hieu LE V, et al. The effect of acid treatment and reactive temperature on the formation of TiO$_2$ nanotubes. J Nanosci Nanotechnol, 2015, 15: 5202-5206.

[33] Razali M H, Mohd A F, Mohamed A R, et al. Morphological and structural studies of titanate and titania nanostructured materials obtained after heat treatments of hydrothermally produced layered titanate. J Nanomater, 2012: 1-10.

[34] Landau O, Rothschild A. Fibrous TiO$_2$ gas sensors produced by electrospinning. J Electroceram, 2015, 35: 148-159.

[35] Kumar K G, Avinash B S, Rahimi G M, et al. Photocatalytic activity and smartness of TiO$_2$ nanotube arrays for room temperature acetone sensing. J Mol Liq, 2020, 300: 112418.

[36] Kim W T, Kim I H, Choi W Y. Fabrication of TiO$_2$ nanotube arrays and their application to a gas sensor. J Nanosci Nanotechno, 2015, 15: 8161-8165.

[37] Sennik E, Kilinc N, Ozturk Z Z. Electrical and VOC sensing properties of anatase and rutile TiO$_2$ nanotubes. J Alloy Compd, 2014, 616: 89-96.

[38] Lin S, Li D, Wu J, et al. A selective room temperature formaldehyde gas sensor using TiO$_2$ nanotube arrays. Sens Actuators B: Chem, 2011, 156: 505-509.

[39] Gakhar T, Hazra A. Oxygen vacancy modulation of titania nanotubes by cathodic polarization and chemical reduction routes for efficient detection of volatile organic compounds. Nanoscale, 2020, 12: 9082-9093.

[40] Perillo P M, Rodriguez D F. Low temperature trimethylamine flexible gas sensor based on TiO$_2$ membrane nanotubes. J Alloy Compd, 2016, 657: 765-769.

[41] Alev O, Sennik E, Kilinc N, et al. Gas sensor application of hydrothermally growth TiO$_2$ nanorods. Eurosensors, 2015, 120: 1162-1165.

[42] Bindra P, Hazra A. Selective detection of organic vapors using TiO$_2$ nanotubes based single sensor at room temperature. Sens Actuators B: Chem, 2019, 290: 684-690.

[43] Bindra P, Hazra A. Multi-layered TiO$_2$ nanotubes array-based highly sensitive room-temperature vapor sensors. IEEE T Nanotechnol, 2019, 18: 13-20.

[44] Zhou X, Wang Z, Xia X, et al. Synergistic cooperation of rutile TiO$_2$ {002}, {101}, and {110} facets for hydrogen sensing. ACS Appl Mater Interfaces, 2018, 10: 28199-28209.

[45] Moon J, Park J A, Lee S J, et al. Pd-doped TiO$_2$ nanofiber networks for gas sensor applications. Sens Actuators B: Chem, 2010, 149: 301-305.

[46] Tong X, Shen W, Zhang X, et al. Synthesis and density functional theory study of free-standing Fe-doped TiO$_2$ nanotube array film for H$_2$S gas sensing properties at low temperature. J Alloy Compd, 2020, 832: 155015.

[47] Chen H, Zhao Q, Gao L, et al. Water-plasma assisted synthesis of oxygen-enriched Ni-Fe layered double hydroxide nanosheets for efficient oxygen evolution reaction. ACS Sustainable Chem Eng, 2019, 7: 4247-4254.

[48] Seif A M, Nikfarjam A, Hajghassem H, et al. UV enhanced ammonia gas sensing properties of PANI/TiO$_2$ core-shell nanofibers. Sens Actuators B: Chem, 2019, 298: 126906.

[49] Dral A P, Ten J E. 2D metal oxide nanoflakes for sensing applications: Review and perspective. Sens Actuators B: Chem, 2018, 272: 369-392.

[50] Ge W, Jiao S, Chang Z, et al. Ultrafast response and high selectivity toward acetone vapor using hierarchical structured TiO$_2$ nanosheets. ACS Appl Mater Interfaces, 2020, 12: 13200-13207.

[51] Feng Z, Zhang L, Chen W, et al. A strategy for supportless sensors: Fluorine doped TiO$_2$ nanosheets directly grown onto Ti foam enabling highly sensitive detection toward acetone. Sens Actuators B: Chem, 2020, 322: 128633.

[52] Maziarz W. TiO$_2$/SnO$_2$ and TiO$_2$/CuO thin film nano-heterostructures as gas sensors. Appl Surf Sci, 2019, 480: 361-370.

[53] Wang B, Deng L, Sun L, et al. Growth of TiO$_2$ nanostructures exposed {001} and {110} facets on SiC ultrafine fibers for enhanced gas sensing performance. Sens Actuators B: Chem, 2018, 276: 57-64.

[54] Bhowmik B, Bhattacharyya P. Efficient gas sensordevices based on surface engineered oxygen vacancy controlled TiO$_2$ nanosheets. IEEE T Electron Dev, 2017, 64: 2357-2363.

[55] Zhang H, Tao T, Li X, et al. Extending the detection range and response of TiO$_2$ based hydrogen sensors by surface defect engineering. Int J Hydrogen Energ, 2020, 45: 18057-18065.

[56] Chinh N D, Kim C, Kim D. UV-light-activated H$_2$S gas sensing by a TiO$_2$ nanoparticulate thin film at room temperature. J Alloy Compd, 2019, 778: 247-255.

[57] Wang W, Liu F, Wang B, et al. Effect of defects in TiO$_2$ nanoplates with exposed {001} facets on the gas sensing properties. Chinese Chem Lett, 2019, 30: 1261-1265.

[58] Haidry A A, Xie L J, Wang Z, et al. Remarkable improvement in hydrogen sensing characteristics with Pt/TiO$_2$ interface control. ACS Sens, 2019, 4: 2997-3006.

[59] Gao X, Li Y, Zeng W, et al. Hydrothermal synthesis of agglomerating TiO$_2$ nanoflowers and its gas sensing. J Mater Sci-Mater El, 2017, 28: 18781-18786.

[60] Wang M, Zhu Y, Meng D, et al. A novel room temperature ethanol gas sensor based on 3D hierarchical flower-like TiO$_2$ microstructures. Mater Lett, 2020, 277: 128372.

[61] Liu M, Lu W M, Zhao L, et al. Fabrication and photocatalytical properties of flower-like TiO$_2$ nanostructures. T Nonferr Metal Soc, 2010, 20: 2299-2302.

[62] Wategaonkar S B, Pawar R P, Parale V G, et al. Synthesis and characterizations of 3D TiO$_2$ nanoflowers thin film: Hydrothermal method. Macromol Symp, 2020, 393: 2000040.

[63] Siva P M, Chen R, Ni H, et al. Directly grown of 3D-nickel oxide nano flowers on TiO$_2$ nanowire arrays by hydrothermal route for electrochemical determination of naringenin flavonoid in vegetable samples. Arab J Chem, 2020, 13: 1520-1531.

[64] Mei H, Zhou S, Lu M, et al. Construction of pine-branch-like α-Fe$_2$O$_3$/TiO$_2$ hierarchical heterostructure for gas sensing. Ceram Int, 2020, 46: 18675-18682.

[65] Yu Y, Yin X, Kvit A, et al. Evolution of hollow TiO$_2$ nanostructures via the Kirkendall effect driven by cation exchange with enhanced photoelectrochemical performance. Nano Lett, 2014, 14: 2528-2535.

[66] Zong L, Zhang G, Zhao J, et al. Morphology-controlled synthesis of 3D flower-like TiO$_2$ and the superior performance for selective catalytic reduction of NO$_x$ with NH$_3$. Chem Eng J, 2018, 343: 500-511.

[67] Sheng S F. One-step growth of hierarchical nanotreelike TiO$_2$ on ITO without template and its application in gas sensor. Chin J Struct Chem, 2019, 38: 1743-1751.

[68] Bhowmik B, Manjuladevi V, Gupta R K, et al. Highly selective low-temperature acetone sensor based on hierarchical 3D TiO$_2$ nanoflowers. IEEE Sens J, 2016, 16: 3488-3495.

[69] Chen N, Li Y, Deng D, et al. Acetone sensing performances based on nanoporous TiO$_2$ synthesized by a facile hydrothermal method. Sens Actuators B: Chem, 2017, 238: 491-500.

[70] Monamary A, Vijayalakshmi K, Jereil S D. Hybrid Cr/TiO$_2$/ITO nanoporous film prepared by novel two step deposition for room temperature hydrogen sensing. Physica B, 2019, 553: 182-189.

[71] Zhang Y, Yang Q, Yang X, et al. One-step synthesis of *in-situ* N-doped ordered mesoporous titania for enhanced gas sensing

performance. Micropor Mesopor Mat,2018,270: 75-81.

[72] Mondal B, Basumatari B, Das J, et al. ZnO-SnO$_2$ based composite type gas sensor for selective hydrogen sensing Sens Actua. B: Chem,2014,194: 389-396.

[73] Liang Y Q, Cui Z D, Zhu S L, et al. Design of a highly sensitive ethanol sensor using a nano-coaxial p-Co$_3$O$_4$/n-TiO$_2$ heterojunction synthesized at low temperature. Nanoscale,2013,5: 10916-10926.

[74] Cao M H, Wang Y D, Chen T, et al. A high sensitive and fast-responding ethanol sensor based on CdIn$_2$O$_4$ nanocrystals synthesized by a nonaqueous sol-gel route. Chem Mater,2008,20: 5781-5786.

[75] Aono H, Traversa E, Sakamoto M, et al. Crystallographic characterization and NO$_2$ gas sensing property of LnFeO$_3$ prepared by thermal decomposition of Ln-Fe hexacyanocomplexes, Ln[Fe(CN)$_6$]·nH$_2$O, Ln = La, Nd, Sm, Gd, and Dy. Sens Actuators B: Chem,2003,94: 132-139.

第6章　WO$_3$基环境毒害气体敏感材料与气体传感器

6.1　概念和发展简史

随着工业化进程的加速，人类生产带来的有毒、易燃、易爆气体排放加剧，导致空气污染严重，并引发环境和人体健康问题。针对这些问题，科研工作者提出了采用气体传感器监测有害气体的解决方法。作为智能检测系统的重要组成部分，气体传感器已广泛应用于环境监测、爆炸性气体监测、汽车尾气检测等领域。基于不同的工作机理，气体传感器可以分为半导体气体传感器、聚合物气体传感器和电化学气体传感器等。相比之下，半导体气体传感器由于具有成本低、响应性高、选择性好等优点，成为世界上产量最大、应用最为广泛的传感器种类之一。半导体气体传感器又可分为电阻式和非电阻式，而电阻式气体传感器具有响应性高、制备过程简单的优点。同时，与碳等有机气体传感器相比，电阻式气体传感器的响应性和选择性更好，因此成为当前科学研究的热点。

WO$_3$带隙为 2.4～2.8eV[1]，是一种 n 型半导体材料，在环境监测、污染治理及航空航天等领域具有广阔的应用前景。例如，WO$_3$拥有独特的紫外-可见（UV-Vis）光谱吸收性能，是一种优异的太阳能电池候选材料；同时，WO$_3$也是一种酸性催化反应环境常用的光催化材料；WO$_3$具有持续可逆的变色能力，可以作为显色设备、电致变色智能窗户和癌症治疗光热计等潜在的应用材料；更为重要的是，WO$_3$具有无毒、带隙小、光活性显著等特点，也可以作为一种高响应性的金属氧化物气体敏感材料用于检测多种有毒、有害、易燃、易爆气体（如 NH$_3$、H$_2$S、NO$_2$、CH$_3$OH 等）。目前，通过水热法[2]、热分解法[3]、静电纺丝法[4]等可以制备出多种 WO$_3$纳米结构（如纳米线、纳米棒、纳米片等），同时采用晶面调控、离子掺杂、贵金属修饰、光辐射等方式可以进一步提高其对气体的响应和选择性。本章从 WO$_3$材料的气敏机理和形貌调控入手，对目前提高其气敏性能的方式进行梳理总结，最后对其发展趋势进行展望归纳。

6.2　结构与气敏机理

钨的氧化物有 WO、WO$_3$、W$_2$O$_3$、WO$_4$等不同形式，其中 WO$_3$是一种典型的 n 型半导体材料，WO$_3$晶体结构如图 6.1 所示[5]，在 WO$_3$的结构单元中，一个 W 原子位于六个 O 原子构成的正八面体中心。按照严格化学计量比，WO$_3$禁带宽度应为2.9eV。但由于制备条件的影响，样品中通常包含一定量 W^{5+}和氧空位，实际禁带宽度为 2.4～2.8eV[1]，同时晶体结构会产生一定程度的扭曲，因此该材料具有多种晶型结构，即单斜结构（m-WO$_3$）、三斜结构（tr-WO$_3$）、正交结构（o-WO$_3$）、四方结构（te-WO$_3$）和六方结构（h-WO$_3$），通常室温下 m-WO$_3$、tr-WO$_3$、o-WO$_3$和 h-WO$_3$可稳定存在。正是由于具有非化学计量比特性和多种相变行为，WO₃ 呈现出一些特殊的物理化学性能，广泛应用于光催化、有害气体检测、电致变色材料和光致变色器件等领域。尤其是在气体检测方面，WO₃ 由于具有较多的氧空位，对各种有毒有害和易燃气体可以实行高效检测，如 NO_2、NO、H_2S 和 H_2 等，呈现出响应性高、气体响应和恢复时间短、机械性能好和耐腐蚀性强等优点。

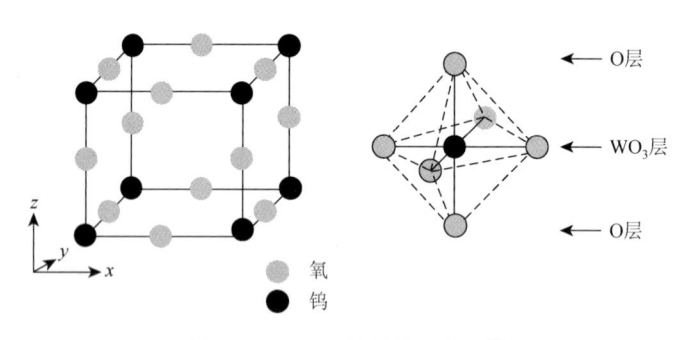

图 6.1　WO₃ 晶体结构示意图[5]

半导体气体传感器的响应值通常通过测量接触待测气体前后其电阻的变化获得，而电阻的变化则是由于材料表面的接触物引起，如图 6.2 所示[3]。当 WO₃ 暴露在空气中时，在适宜的工作温度下，空气中的 O_2 会吸附在其表面并夺取导带中的电子转变为吸附态的氧离子（O^- 和 O^{2-}），而 WO₃ 材料表面则出现空间电荷层（即耗尽层），材料呈高电阻状态。当材料接触待测气体后，还原性的气体分子会通过不同途径与吸附氧发生电子交换，使其释放出电子转移到导带成为载流子，从而减少耗尽层，引起电阻的减小，通过测量电阻值信号的变化即可判别相关气体的信息。

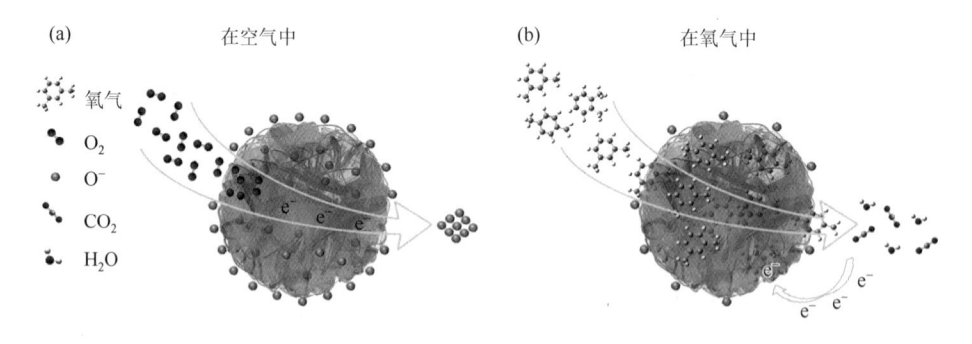

图 6.2　WO₃ 的气敏机理示意图[3]

6.3　WO₃ 基气体敏感材料的制备与表征

由 6.2 节的 WO₃ 气敏机理可知，气体敏感材料的响应值与其比表面积和显微结构紧密相关。通过调控 WO₃ 表面形貌，即零维、一维、二维和三维，可以获得具有优异气敏性能的 WO₃ 气体传感器。WO₃ 的形貌和气敏性能与所用钨源密切相关，同时也受到制备方法的影响。常用钨源包括氯化钨（WCl_6、WCl_5、WCl_4 和 WCl_2）、钨酸、钨酸铵、钨酸钠、硅钨酸、金属钨酸盐等[6]。根据不同制备方法选择恰当的钨源非常重要，如氯化钨极易水解，通常用于有机相合成；而金属钨酸盐与过氧化氢反应可以制备出非晶钨酸。通过合成方法和原料的选择可以制备出不同形貌的 WO_3 气体敏感材料。

6.3.1 零维纳米结构 WO_3 基气体敏感材料

零维纳米结构 WO_3 气体敏感材料通常指的是单原子 WO_3 纳米颗粒或 WO_3 量子点。虽然单原子和量子点材料在光电和催化领域应用广泛，但在气敏领域的应用报道较少，这是因为该类材料细小的粒径极易引起粉体团聚，不利于表面气体的吸附和扩散，从而导致其气敏性能较差。目前报道的零维纳米结构 WO_3 气体敏感材料通常是通过溶剂热分解方法获得。例如，以 WCl_6 和油酸为原料，250℃热分解得到粒径为 4nm 的 m-WO_3 纳米颗粒，该材料具有较多的表面氧空位，因此气敏性能优异[7]；将 WCl_6 溶于乙醇中并添加一定量的油胺和油酸为配体，采用热分解法可以获得 WO_3 量子点[8]，该量子点可以在极低的温度下（80℃）实现对 H_2S 气体的检测，当气体浓度为 50ppm 时响应值可达 57，响应时间为 47s。此外，采用水热法也可以实现对零维纳米结构 WO_3 的制备，如在乙醇溶剂中加入 WCl_6 和水合肼，水热反应后可以获得单斜结构 WO_{3-x} 量子点[9]，通过控制水热温度可以使量子点的粒径在 1.3～4.5nm 之间调节，该量子点可以用于室温下检测甲醛气体。将零维纳米结构 WO_3 与其他气体敏感材料相结合，如石墨烯[10]、碳纳米管[11]或 TiO_2[12]等，可以利用两种材料的协同作用增强其气敏性能。

6.3.2 一维纳米结构 WO_3 基气体敏感材料

目前一维纳米结构 WO_3 主要包括纳米纤维、纳米管、纳米棒和纳米线。相比于其他合成方法，水热法制备的一维纳米结构 WO_3 具有产率高、过程易于控制和操作简单等优势，是最常用的制备手段之一。通过调节水热合成条件（如原料、反应温度和时间等）、模板剂的种类和用量、外部辅助条件（如微波和磁场等）均可以有效调节产物的形貌和气敏性能[13]。例如，通过水热法可以制备出 WO_3 纳米纤维[14]，直径约为 100nm、长度约为 10μm，该纳米纤维对乙醇具有良好的气敏性能；通过钨酸钠与草酸、盐酸及其杂化物的水热反应可以制备出 WO_3 纳米棒、WO_3 纳米簇和 WO_3 纳米阵列，分别用于丁醇[15]、NH_3[16] 和 NO_2[17] 气体检测；在水热过程中通过改变表面活性剂聚环氧乙烷-聚环氧丙烷-聚环氧乙烷三嵌段共聚物（P123）的添加量可以调控纳米多孔 WO_3 纳米簇的形貌和直径[18]，气敏测试结果表明，在工作温度为 250℃时该纳米簇对 5ppm NO_2 的响应值达到 111；使用 Na_2SO_4 为结构导向剂通过水热法也可以制备出 WO_3 纳米簇[19]，对 100ppm 甲酸的响应达到 51.3。通过水热法还可以制备出 WO_3 纳米管和纳米线，Li 等[20]通过调节乙二醇（EG）与 H_2O 的体积比和反应时间制备了用于检测乙醇气敏性能的 WO_3 纳米管；Cai 等[21]通过水热法在 FTO 导电玻璃上制备出直径为 15～20nm 的 WO_3 纳米线，在 300℃工作温度下，该纳米线对 500ppm NO 的响应值为 37，响应和恢复时间分别为 63s 和 88s。

静电纺丝法也是制备一维纳米结构 WO_3 的常用方法。经静电纺丝后再经过热处理可以制备出 WO_3 纳米纤维，可以用于 NH_3[22]和丙酮[23]气体检测。制备多孔纳米纤维是目前提高 WO_3 气敏性能的有效方法。例如，以聚乙烯吡咯烷酮（PVP）作为模板剂可将 WO_3 纳米颗粒烧结成为 WO_3 多孔纳米纤维，该纤维可以有效检测低浓度丙酮（12.5ppm）[23]。通过静电纺丝法也可以制备出贵金属（Pt、Pd 和 Rh）、聚苯乙烯（PS）微珠和多壁碳纳米管（MWCNT）修饰的 WO_3 纳米纤维[24, 25]，如图 6.3 所示。该类复合材料的特殊分级结构有利于气体的快速扩散和吸附-脱附反应，因此制备的气敏元件具有优异的性能，即使在高湿度条件下（90%RH），Pt 纳米颗粒在整个 WO_3 纳米纤维复合材料中的质量占比为 0.05%时，也可以检测低浓度丙酮（1ppm），响应值高达 10.8[25]。在静电纺丝法的基础上，采用双生物模板（纤维素纳米晶和脱铁蛋白）可以制备出 $Pt-Na_2W_4O_{13}$ 负载 WO_3 纳米管[26]，在 95%相对湿度下对 1ppm H_2S 的响应值高达 203.5，同时还具有较短的响应时间（<10s）和恢复时间（<30s）。以聚合物纳米纤维为模板，采用层层自组装法可以制备出 WO_3 纳米管[27]，修饰后的 $Pt-WO_3$ 和 $Pd-WO_3$ 纳米管对 5ppm 甲苯的响应值分别为 2.2 和 2.4。此外，通过热蒸发、化学气相沉积和溅射沉积等方法也可以制备出 WO_3 纳米管和纳米线，用于 NO_2[28]、NH_3[29]和 NO[30]气体检测。

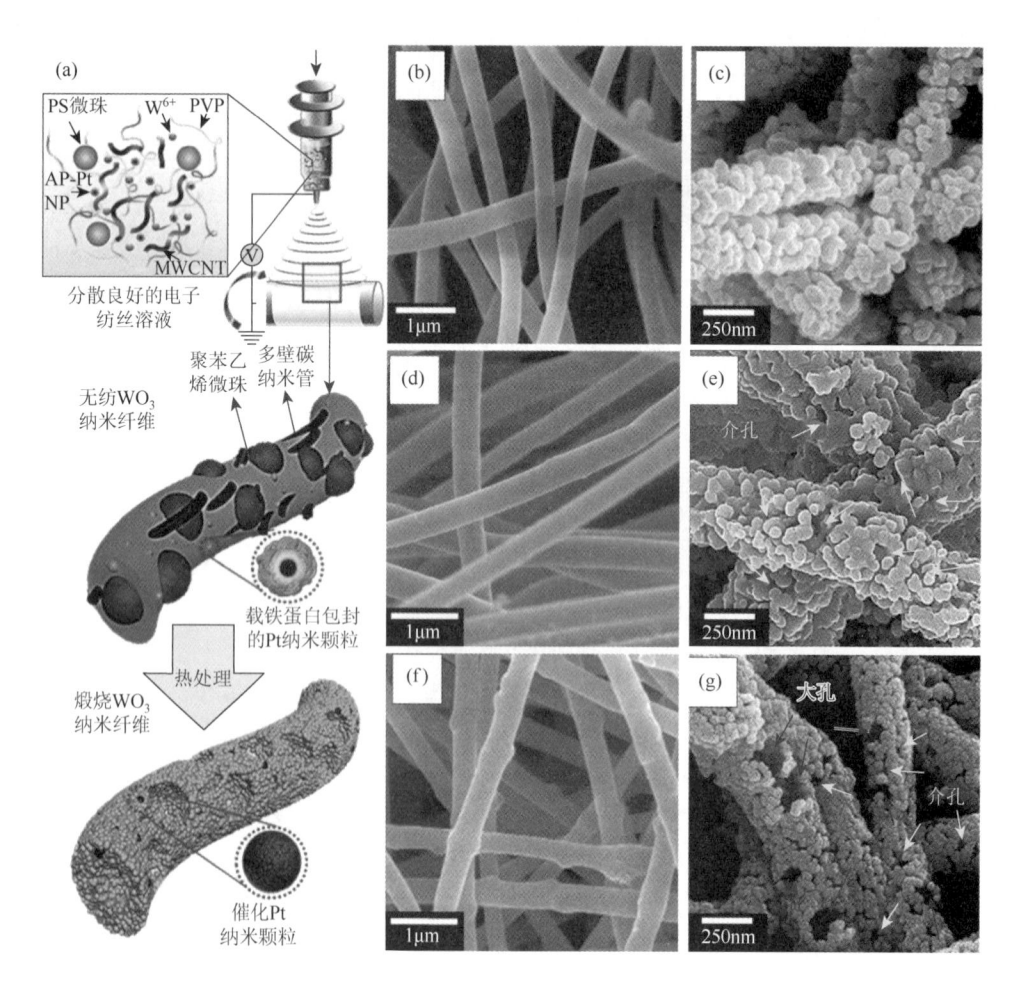

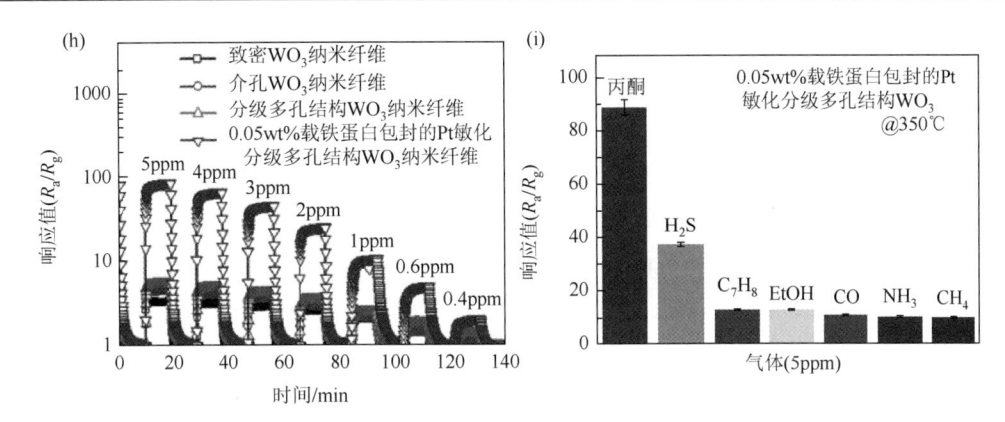

图 6.3 （a）静电纺丝法制备 Apo-Pt 修饰的 WO₃ 纳米纤维的工艺流程图；（b, c）WO₃ 纳米纤维的 SEM 图；（d, e）以 MWCNT 为模板制备的纳米纤维的 SEM 图；（f, g）以 MWCNT、PS 和 Apo-Pt 为模板制备的纳米纤维的 SEM 图；（h）对丙酮的动态响应曲线；（i）对丙酮的选择性[25]

6.3.3　二维纳米结构 WO₃ 基气体敏感材料

二维纳米结构 WO₃ 如薄膜、纳米层或纳米片，因其比表面积大、表面活性可调和氧空位多而在气敏领域引起了极大关注。目前，制备二维 WO₃ 薄膜的方法主要有物理气相沉积法（PVD）、原子层沉积法（ALD）、脉冲激光沉积法（PLD）、化学气相沉积法（CVD）、溅射法[31, 32]、喷雾热解法[33, 34]、水热法和溶胶-凝胶法等[35-37]。气体反应过程是一种表面现象，薄膜结构是非常理想的气体传感器结构，特别是亚微孔结构的薄膜有利于气体的传输，可以进一步提高其气敏性能。薄膜的制备过程较为简单，同时厚度也容易控制。薄膜沉积后通常需要进行热处理使其析晶，物理沉积可以保证薄膜的纯度，而化学沉积可以使薄膜获得丰富的显微结构。Moon 等[31]利用射频溅射在 SiO₂/Si 基底上沉积了 WO₃ 薄膜，WO₃ 晶粒为一维指状结构，该传感器对 NO 的理论检测限低至 ppt（ppt 表示 10^{-12}）级别。Prajapati 等[32]通过离子磁控溅射制备了 WO₃ 薄膜，研究表明薄膜的 NO₂ 气敏性能与厚度紧密相关。当薄膜厚度为 85nm、工作温度为 150℃时，检测极限为 16ppb，检测精度为 39ppb。采用电场辅助化学气相沉积法也可以制备出 WO₃ 薄膜（电场 $1.8×10^4$V/m），WO₃ 晶粒为海葵状，直径为 170nm、长度为 1mm[38]，250℃时该材料对 800ppb NO₂ 的响应值为 110，与无电场条件下生长的传感器相比增强了 2.5 倍。此外，采用电化学方法（包括电化学沉积和阳极氧化法）也可以制备 WO₃ 薄膜。例如，采用三电极电化学系统在室温下制备 WO₃ 纳米薄片阵列薄膜，可以用于 H₂S 气体检测[39]；通过阳极氧化钨箔或薄膜可以制备纳米多孔 WO₃ 薄膜[40]。

除了 WO₃ 薄膜，其他诸如纳米板、纳米片和纳米层等二维纳米结构 WO₃ 也可以应用于气敏传感器领域。Zou 等[41]以 WCl₆ 作为钨源、苯甲醇作为溶剂，通过非水解溶胶-凝胶法制备了 WO₃ 单晶纳米板，200℃下该材料对 500ppm 丙酮的响应值为 38；Ma 等[42]通过控制 H₂WO₄ 前驱体和添加物 HBF₄ 来调控 WO₃ 纳米板的尺寸和形状，从而提高乙醇气敏性能；通过水热法也可以在钠钙玻璃基板上制备出 WO₃ 纳米板，在 100℃下，该纳米板对 5ppm NO₂ 的响应值达到 10[43]。

纳米层与其他二维纳米材料相比，具有较大的表面积和较小的厚度（1～10nm），因此具有优异的气敏性能。例如，在反应过程中添加表面活性剂 P123 可以制备出厚度约为 10nm 的 WO_3 纳米层[44]，140℃时该纳米层对 50ppb NO_2 的响应值约为 6。通过湿化学合成法也可以制备二维 WO_3 纳米层（厚度 1.4nm），即首先在酸性环境中对钨颗粒进行超声处理，随后热处理可以获得纳米片[45]，该纳米片在 150℃的工作温度下对 40ppb NO_2 的响应值为 30。与其他合成方法相比，该方法操作简单、耗时短、成本低、可控性好。二维 WO_3 纳米片的厚度介于纳米层和纳米板之间。Kida 等[46]采用酸化随后煅烧的方法制备了厚度为 15～25nm 的 WO_3 纳米薄片。将纳米颗粒插入片层间可以有效改善其孔隙率，从而提高其响应值，该材料对 1000ppb NO_2 的响应值为 20。以钨酸钠（Na_2WO_4）和草酸钠（$Na_2C_2O_4$）为原料，可以制备出厚度为 15nm 的多孔 WO_3 纳米薄片[47]，生长机理为 Na_2WO_4 在酸性环境中溶解形成 WO_3 纳米颗粒，随后自组装生成二维多孔 WO_3 纳米薄片。

6.3.4 三维纳米结构 WO_3 基气体敏感材料

三维纳米结构 WO_3 是由纳米颗粒、纳米板、纳米棒和纳米片自组装而成的分层结构，通常表现为微球[48,49]、微花[50]、海胆状结构[51]和介孔结构[52-54]。由于其较大的比表面积、丰富的孔隙率和独特的形貌，三维纳米结构 WO_3 在气体检测方面有着广泛的应用前景。

三维纳米结构 WO_3 的制备通常需要模板剂，模板剂去除后可以获得中孔或多孔的纳米 WO_3。碳球是最常用的模板剂之一，同时生物模板剂也开始进入人们的视野。例如，科研工作者以莲花花粉为模板剂制备多孔双壳层的 WO_3 微球[48]，该微球在 200℃下对 100ppm NO 的响应值达到 46，响应时间和恢复时间分别为 62s 和 223s。通过硬模板或软模板法制备的介孔 WO_3 具有较大的孔径和表面积。例如，利用 SBA-15 六边形硅[52]或 KIT-6 立方型硅为硬模板剂[53]可以制备出有序介孔 WO_3，再使用含有 HF 或氢氧化钠的溶液去除模板，如图 6.4 所示，可以获得孔径为 7nm、比表面积为 209m^2/g 的介孔 WO_3[51]，该介孔 WO_3 可以检测 ppb 级的 NO_2。然而，硬模板法合成过程较为复杂、成本较高，不利于大规模生产。因此，科研工作者提出了采用软模板法制备三维纳米结构 WO_3，如可以采用聚环氧乙烷-b-聚苯乙烯（PEO-b-PS）为软模板剂制备出介孔 WO_3，该材料具有优异的 H_2S 气敏性能（图 6.5）[54]。进一步在介孔 WO_3 表面修饰贵金属纳米颗粒可以提高其气敏性能，如 WO_3/Pt 纳米复合材料既具有大孔径（13nm）和大比表面积（128m^2/g），同时又结合了 Pt 的高催化活性，如图 6.5 所示，二者协同作用使其在 CO 检测领域极具应用前景[55]。

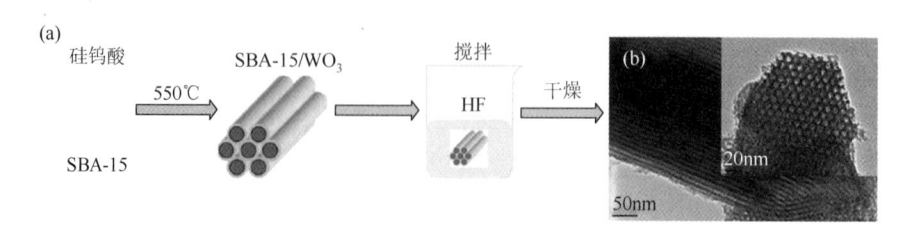

图 6.4 硬模板法制备介孔 WO_3 的合成过程流程图（a）和 TEM 图（b）[52]

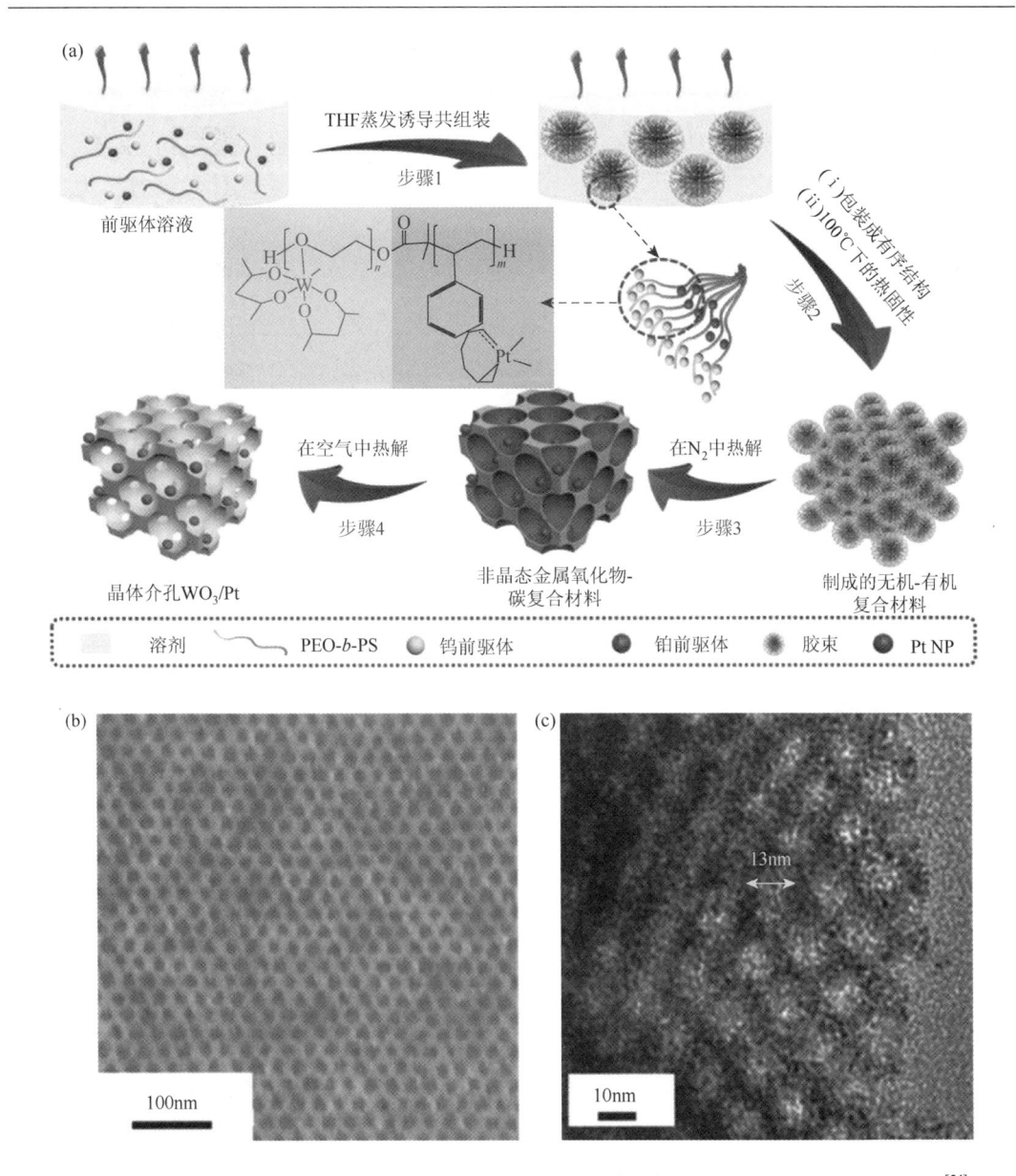

图 6.5 用 PEO-b-PS 软模板制备有序介孔 WO₃/Pt 的合成过程流程图（a）和 TEM 图（b，c）[54]

目前制备三维纳米结构 WO₃ 的方法主要有水热法、微波辅助水热法和超声法[49]。反应条件不同，如钨源种类、表面活性剂用量、溶剂、反应温度和时间等参数使得产物具有丰富而多样的结构和性能。例如，将原料超声后再热处理可以获得由纳米片组装而成的 WO₃ 微球[49]。生长过程是首先生成零维纳米颗粒，随后颗粒经过奥氏熟化获得二维纳米片，最后经过自组装获得三维纳米微球。该微球特殊的结构为气体传输提供了有效的途径，因此具有良好的 NO₂ 气敏性能。表 6.1 总结了不同维度的 WO₃ 气体传感器的制备及性能。

表 6.1　不同维度的 WO_3 气体传感器的制备及性能

维度	微观结构	合成方法	目标气体	浓度/ppm	温度/℃	响应值	响应/恢复时间	检测限	参考文献
零维	纳米颗粒	水热法	二氧化氮	5	100	251.7[a]	约 11s/124s	50ppb	[56]
		气体蒸发法	二氧化氮	1	50	4700[b]	—	—	[57]
		溶剂热法	甲苯	100	225	132[a]	2s/6s	2ppm	[58]
	量子点	溶剂热法	硫化氢	50	80	57[a]	47s/126s	56ppb	[8]
		溶剂热法	乙醇	500	200	7.5[c]	1～2min/5～10min	—	[7]
一维	纳米纤维	水热法	乙醇	100	350	62[a]	—	—	[14]
		静电纺丝法	氨气	100	300	1.7[a]	—	10ppm	[59]
		静电纺丝法	丙酮	50	270	55.6[a]	6～13s/4～9s	0.1ppm	[60]
		静电纺丝法	氨气	100	200	5.5[a]	1s/5s	—	[22]
	纳米管	静电纺丝法	硫化氢	1	450	203.5[a]	10.5s/26.7s	—	[26]
		静电纺丝法	一氧化氮	5	350	100.3[a]	—	>20ppb	[27]
		TeO_2 纳米线模板法	二氧化氮	5	300	676.57[a]	30s/75s	1ppm	[28]
		溶剂热法	乙醇	300	340	16.9[a]	1s/13s	—	[61]
		静电纺丝法	丙酮	40	250	19.7[a]	5s/22s	0.5ppm	[62]
	纳米棒	水热法	蚁酸	100	370	51.3[a]	—	—	[39]
		水热法	1-丁醇	1000	200	232[a]	1～2s/2～4s	—	[15]
		热氧化法	二氧化氮	10	225	2.0[a]	—	2ppm	[63]
	纳米线	化学气相沉积法	氯气	5	250	2.9[a]	—	—	[64]
		水热法	一氧化氮	500	300	37[a]	63s/88s	50ppm	[21]
		热氧化法	氨气	1500	250	9.7[a]	7s/8s	—	[65]
二维	薄膜	阳极氧化法	二氧化氮	2	150	～34[a]	>150s/>150s	500ppb	[35]
		溅镀法	二氧化氮	16ppb	150	26[b]	200s/—	16ppb	[32]
	纳米板	非水法	丙酮	500	200	38.7[a]	<3s/<6s	5ppm	[41]
		水热法	二氧化氮	100	100	131.8[a]	—	1ppm	[43]
		水热法	丙酮	400	300	15.8[a]	7s/23s	10ppm	[36]
	纳米片	沉淀法	三乙醇胺	1000	25	14[a]	—	5ppm	[37]
		溶剂热法	二氧化氮	1	100	62.1[a]	—	100ppb	[33]

续表

维度	微观结构	合成方法	目标气体	浓度/ppm	温度/℃	响应值	响应/恢复时间	检测限	参考文献
二维	纳诺拉米拉	沉淀法	二甲苯	100	280	47^a	2s/24s	1ppm	[34]
		水热法	乙醇	10	200	11.3^a	8.5s/6.5s	5ppm	[47]
		模板法	二氧化氮	500ppb	125	397.9^a	11~93s/—	5ppb	[66]
		模板法	氢气	5000ppm	RT	11.9^a	80s/10s	—	[53]
	微球	生物模板法	一氧化氮	100	200	46^a	62s/223s	—	[48]
		溶剂热法	三乙胺	50	220	16^a	1.5s/22s	5ppm	[67]
		沉淀法	甲苯	100	320	16.7^a	2s/21s	1ppm	[68]
		溶剂热法	硫化氢	20	160	10.9^a	0.9s/19s	1ppm	[69]
		水热法	乙炔	200	275	32.3^a	12s/17s	1ppm	[70]
		水热法	乙醇	100	250	16.2^a	34.2s/35.6s	—	[71]
	尿囊状	水热法	乙醇	100	350	68.6^a	28s/12s	—	[72]
	花状	水热法	一氧化碳	300	270	41.9^a	9~15s/5~9s	—	[73]
	混合结构	水热法	乙醇	35	350	31^a	54s/32s	—	[74]
	蛛网状	溶剂热法	乙醇	100	300	72^a	—	—	[75]
	八面体	热等离子体技术法	苯	44.1	400	约5^b	2.19min/3.16min	0.15ppm	[76]

注：RT 表示室温。
a.气体响应 $S = R_a/R_g$；b.气体响应 $S = (R_g-R_a)/R_a$；c.气体响应 $S = (G_g-G_a)/G_a$。

6.4 WO$_3$基气体敏感材料的气敏性能提升方法

除了构筑不同维度的纳米结构 WO$_3$ 以外，对其晶面调控和组分调节也是提高其气敏性能的有效途径。这是因为对于电阻式气体传感器，暴露高能晶面、元素掺杂、贵金属修饰或与其他传感材料耦合形成异质结（n-n 结或 p-n 结）等策略均会影响气体敏感材料表面的吸附氧与气体分子之间的电子转移，影响电导率变化，进而影响其气敏性能。

6.4.1 形貌调控

调节晶体形貌使其暴露更多的高能晶面是提高 WO$_3$ 气敏性能的有效手段。Han 等[77]使用酒石酸来调节 tr-WO$_3$ 纳米片的（100）和（010）晶面所占比例，进而调节其气敏性能。根据透射电子显微镜（TEM）和选区电子衍射（SAED）分析结果可知，WO$_3$ 纳米片顶部和底部为（001）晶面，侧面为（010）和（100）晶面。而（001）和（100）晶面是氧原子面，（010）晶面则是由钨原子组成，制备的晶体的（010）晶面越多，其气敏性能越好。同样地,在对 WO₃ 纳米棒的研究中也得出了相似的结论,WO₃ 纳米棒暴露的(002)晶面越多,其气敏性能也越佳,230℃时对 1ppm 丙酮的响应值为 3.5,响应和恢复时间分别为 9s 和 14s,优于暴露(100)晶面的 WO₃ 纳米棒[78]。

气体敏感材料表面的吸附氧和待测气体分子之间的反应过程可以通过理论计算说明。Tian 等[78]以六方 WO₃ 的(001)晶面为基准面探讨了以氧密度为主导的气体传感机理,计算结果表明,高氧密度有利于 n 型材料对 CO 和 H_2 等还原性气体的传感性能;Wang 等[79]则研究了非化学计量比的 $WO_{2.9}$(010)晶面对甲醛气体的响应,结果表明表面的单配位 O 原子(O_{1c})、双配位 O 原子(O_{2c})和五配位 W 原子(W_{5c})是吸附甲醛从而导致电导率变化的活性位点;Gui 等[80]通过实验证明调整水与乙二醇(EG)的体积比,花状 WO₃ 存在 $\{\bar{1}12\}$ 晶面族,因此在室温下对三乙醇胺(TEA)气体具有良好的气敏性能。根据密度泛函理论(DFT)计算结果表明,($\bar{1}12$)晶面对 TEA 气体的吸附性能强于对苯胺、氨、苯、二甲苯、甲苯、甲醇、乙醇等其他挥发性有机物,因此对 TEA 气体选择性较高。上述理论计算为设计新材料和探索气敏机理提供了新的思路。

6.4.2 元素掺杂

掺杂已被广泛用于调整氧化物的性质,如晶格结构、电子结构和晶格缺陷。基于缺陷化学原理,对 WO₃ 晶体进行金属元素(Cr[81]、Sb[82]、Fe[83]、Cu[84]、Co[85]、Sn[86]、Gd[87]、碱金属[88])或非金属元素(C[89]、Si[90]、N[91])掺杂,可以使其产生晶格缺陷,改变带隙宽度,从而显著提高其气敏性能。例如,三维多级结构的 Sb 掺杂 WO₃ 对 2ppm NO_2 的响应值高达 122,如图 6.6 所示[82]。根据 DFT 计算结果表明 Sb 原子在 WO₃ 晶界中产生施主能级,促进电荷从界面传输,从而提高了气敏性能。此外,Fe 也是一种常见的掺杂元素,这是因为 Fe(0.0645nm)和 W(0.0620nm)的半径相近,Fe 很容易在 WO₃ 晶格中形成有限固溶体,掺杂 Fe 后的 WO₃ 结构非常稳定。在此基础上还可以使用 Fe-C 共掺杂提高氧空位数量,从而提高气敏性能[83]。

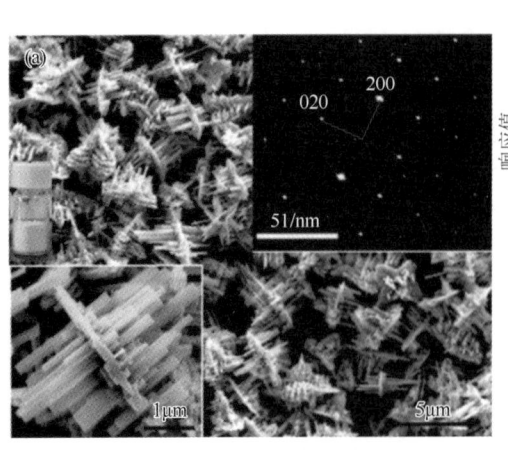

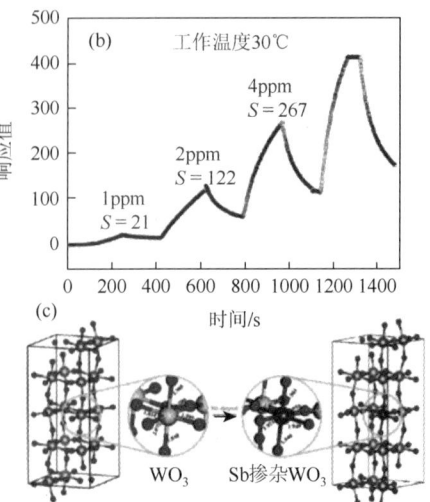

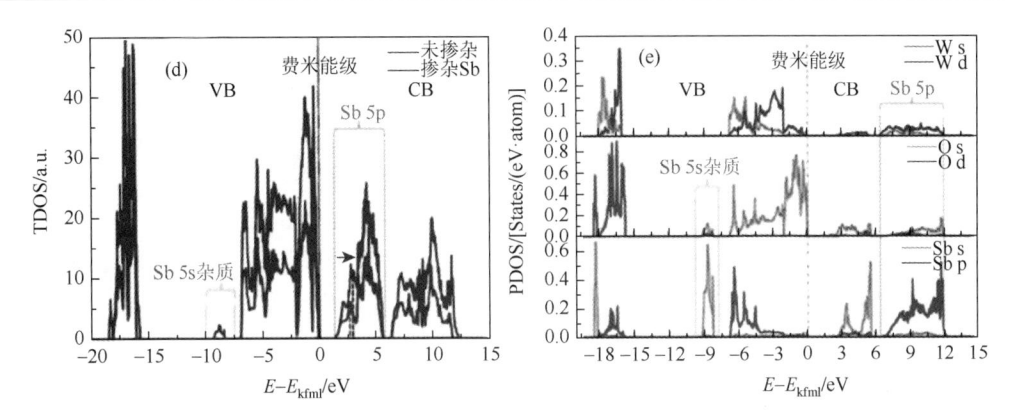

图 6.6 Sb 掺杂 WO$_3$ 的 SEM 图（a）、对 NO$_2$ 气体的动态响应曲线（b）、晶体结构（c）、态密度（d，e）[82]

6.4.3 贵金属修饰

在催化氧化反应过程中，贵金属（如 Pt、Pd、Au 和 Ag）可以催化解离 WO$_3$ 表面氧分子并促使其转变成吸附氧离子[92]，从而捕获更多的电子。此外，贵金属会发生电子敏化作用，导致 WO$_3$ 费米能级变化，因此将 WO$_3$ 气体敏感材料与贵金属复合可以显著提高其响应值和选择性，同时降低器件的工作温度、提高气敏性能。

在制备 WO$_3$ 的过程中直接在前驱体中加入贵金属可以获得复合物，但该方法通常会带来贵金属的团聚问题。同时，贵金属也会影响 WO$_3$ 的晶体生长，进而影响其形貌。因此，迫切需要探索新的合成方法将两者充分结合。将贵金属和 WO$_3$ 制备成核壳结构复合材料可以有效解决上述问题。例如，将 Ag 纳米颗粒加入 Na$_2$WO$_4$ 溶液[93]中，水热后形成的 Ag@H$_2$WO$_4$ 沉淀再经热处理获得 Ag@WO$_3$ 核壳结构复合材料，该材料对 500ppm 乙醇的响应值高达 154，而 WO$_3$ 和 Ag-WO$_3$ 混合物响应值仅有 44 和 52；以 Au@C 为模板剂也可以制备出 Au@WO$_3$ 核壳纳米球[94]，如图 6.7 所示。Au 纳米颗粒直径为 25～50nm，WO$_3$ 壳层厚度为 30～50nm，在 100℃的工作温度下，Au@WO$_3$ 对 5ppm NO$_2$ 的响应值为 136，是相同条件下制备的 WO$_3$ 纳米球的 4 倍。生物蛋白纳米笼也是一种常见的模板剂，Kim 等[24,95]以脱铁蛋白（Apo-Pt）为模板使用静电纺丝法制备出多孔一维纳米结构 WO$_3$（纳米纤维和纳米带），该纳米带内外都均匀修饰着 Pt 纳米颗粒，从而具有优异的气敏性能。Zhang 等[96]以聚苯乙烯为模板，采用溅射法制备了 Au 纳米颗粒修饰的 WO$_3$ 薄膜，

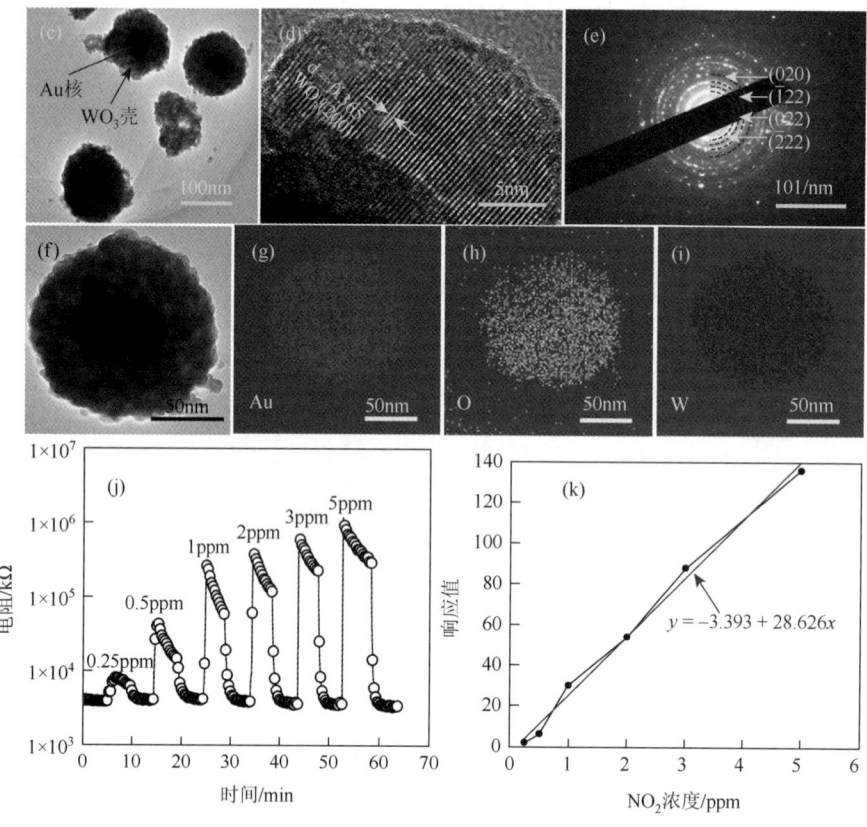

图 6.7 Au@WO$_3$ 的 SEM 图（a, b）、TEM（c）、HRTEM（d）、SAED（e）、TEM 和 EDX（f~i）、对 NO$_2$ 的动态响应（j）、浓度与响应值关系（k）[94]

该膜对 1ppm NO$_2$ 的响应值为 96，响应时间和恢复时间分别为 9s 和 16s。此外，其他如贵金属修饰的介孔 WO$_3$[24, 53] 和一维纳米结构 WO$_3$[97] 均可以显著提高 WO$_3$ 的气敏性能，如表 6.2 所示。

表 6.2 贵金属修饰 WO$_3$ 气体敏感材料及其性能

贵金属	微观结构	合成方法	目标气体	浓度/ppm	温度/℃	响应值	响应/恢复时间	检测限	参考文献
金	交联纳米结构	软模板法	二氧化氮	5	250	361^b	56s/378s	74ppt	[98]
	介孔	纳米铸造法	正丁醇	100	300	5.67^a	10s/35s	—	[99]
银	纳米弦	水热法	氢气	50	290	6.6^a	8s/10s	—	[100]
	纳米纤维	静电纺丝法	二乙醚	100	250	229.7^a	—	—	[97]
	纳米管	水热法	二甲苯	5	255	26.4^a	1s/1s	200ppb	[101]
	纳米棒	浸入法	丙酮	200	300	131.26^a	98s/91s	—	[102]
	空心纳米球	声化学法	乙醇	500	230	73.4^a	7s/—	0.09ppb	[103]
	纳米片	沉淀法	甲醛	100	300	20.8^a	5s/5s	10ppm	[104]
	纳米纤维	静电纺丝法	二氧化氮	5	225	90^a	11.9min/8.7min	0.5ppm	[105]

续表

贵金属	微观结构	合成方法	目标气体	浓度/ppm	温度/°C	响应值	响应/恢复时间	检测限	参考文献
铂	核壳纳米结构	水热法	乙醇	500	340	154[a]	2s/4s	—	[106]
	纳米片	湿化学法	丙酮	100	340	~12[a]	28s/38s	10ppm	[107]
	纳米棒	热蒸发法	一氧化碳	30	300	4.82[a]	230s/100s	—	[108]
	纳米片	气相沉积法	硫化氢	30	250	33[a]	200s/480s	—	[109]
	介孔	纳米铸造法	氢气	200	125	13.61[a]	43s/272s	—	[110]
	微球	水热法	黄酸盐（Xanthate）	100	100	102.7[a]	>90s/>50s	10ppm	[111]
	纳米棒	溅射法沉积法	氢气	3000	200	2.2×10^5	5.5min/15min	—	[112]
钯	纳米纤维	静电纺丝法	甲苯	1	350	5.5[a]	10.9s/16.1s	20ppb	[113]
	介孔	硬模板法	氢气	5000	RT	11.78[a]	80s/10s	—	[53]
	纳米管	同轴静电纺丝法	氢气	500	450	17.6[a]	25s/—	10ppm	[114]
	三维有序大孔	模板法	氢气	50	130	382[a]	10s/50s	5ppm	[115]

a.气体响应 $S = R_a/R_g$；b.气体响应 $S = (R_a - R_g)/R_g$。

6.4.4 形成异质结

将 WO_3 与其他材料形成异质结结构，两种材料之间的界面被定义为异质结，在该界面上两者的费米能级将发生改变以达到相同的能量[116]，因此会发生电荷转移，扩大电荷耗尽区。可以利用两者的协同作用和界面效应提高 WO_3 的气敏性能。目前，已报道了金属氧化物、碳纳米材料、聚合物与 WO_3 形成异质结结构。

1） WO_3/氧化物

WO_3 与 SnO_2[117]、ZnO[118]、In_2O_3[119]、Fe_2O_3[120]、TiO_2[121]等 n 型金属氧化物结合可以形成 n-n 异质结。以 WO_3/SnO_2 为例，WO_3 和 SnO_2 在室温下的带隙分别为 2.6eV 和 3.6eV，功函数分别为 4.41eV 和 4.18eV。WO_3 与 SnO_2 异质结的能带结构如图 6.8（a）和（b）[117]所示，WO_3 的费米能级高于 SnO_2，电子从 WO_3 转移到 SnO_2 并在异质结处形成势垒，阻碍电子在气体敏感材料界面上移动，因此更多的电子可以被吸附在气体敏感材料表面形成氧分子，电导率增加使得 WO_3/SnO_2 异质结材料比单一 WO_3 和 SnO_2 材料具有更高的响应性和选择性［图 6.8（c）和（d）］。

WO_3 与 p 型金属氧化物，如 Cr_2O_3[122]、NiO[123]、Co_3O_4[124]、Rh_2O_3[125]、$NiCo_2O_4$[126]、MoO_3[127]等结合可以形成 p-n 异质结，通过对氧和气体分子的吸附或解吸可以调节耗尽层的宽度，从而调节传感器的总电阻，增强其气敏性能。以 CuO/WO_3 为例，CuO 是一种典型的 p 型金属氧化物，可以与 WO_3 纳米线、纳米板、薄膜等[128]形成 p-n 异质结用于检测 H_2S 气体，这是因为 CuO 修饰后增加了电阻，同时 CuO 与 H_2S 气体反应产生 CuS 并释放出大量电子，使得 CuO/WO_3 具有较高的响应值，如图 6.9 所示。

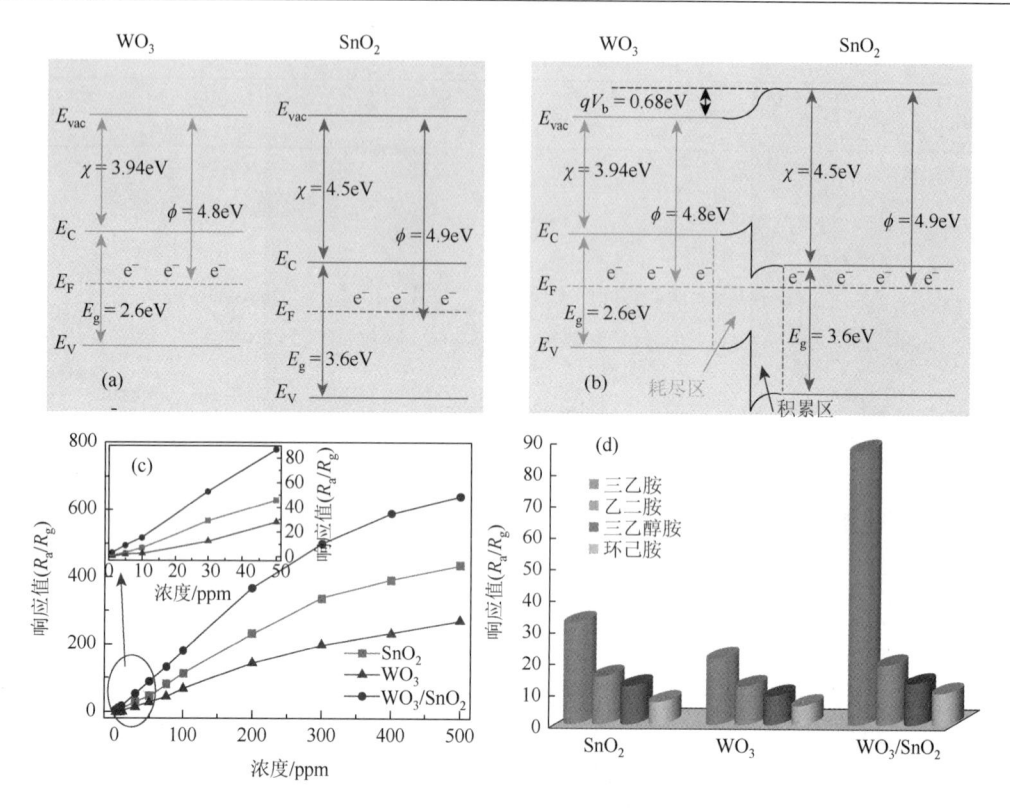

图 6.8 WO₃/SnO₂ 在空气（a）和 TEA 气体（b）中的能带弯曲；220℃时，SnO₂、WO₃ 和 WO₃/SnO₂ 异质结对 TEA 气体的响应性（c）和选择性（d）[122]

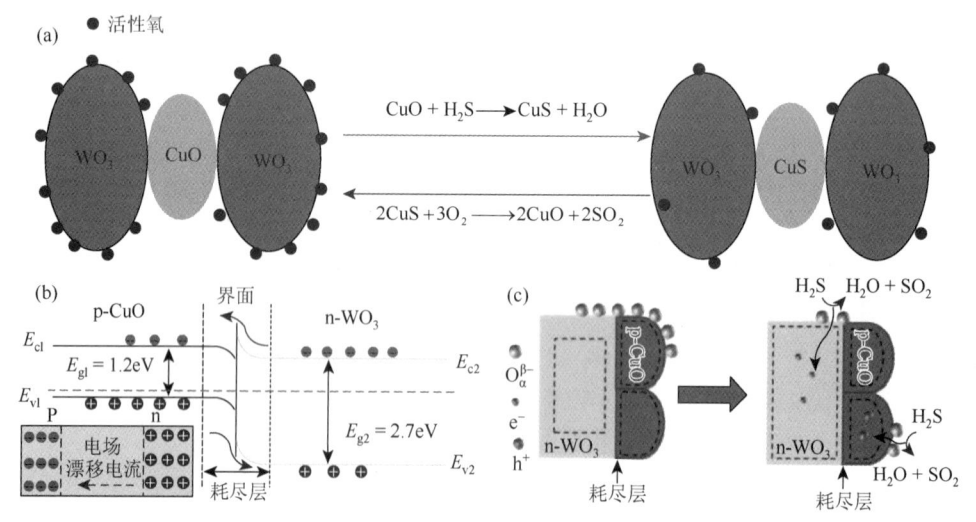

图 6.9 WO₃/CuO 异质结的 H₂S 气敏机理物理示意图（a）、能带结构（b）和气敏机理能带结构示意图（c）[128]

2）WO₃/碳纳米材料

碳纳米材料包括多壁碳纳米管（MWCNT）、石墨烯、氧化石墨烯（GO）、还原氧化石墨烯（rGO）、石墨烯量子点（GQDs）、碳纳米纤维，由于其独特的电学、光学、热学、机械和化学性能，在电子、电催化、储能转换和存储[129]等领域具有广泛的应用前景。将碳纳米材料与 WO$_3$ 复合，如 MWCNT/WO$_3$、GO/WO$_3$ 或 rGO/WO$_3$，可以利用碳纳米材料较大的比表面积（石墨烯理论值为 2630m^2/g）为气体吸附和反应提供活性位点，同时由于协同效应增强了气体敏感材料的响应性和选择性。例如，采用 3.5wt% 石墨烯修饰一维 WO$_3$ 纳米棒，300℃时对 25ppb、100ppb、500ppb 和 1ppb NO$_2$ 的响应值分别为 13、25、40 和 61[130]；利用简单的超声法也可以制备出 rGO/WO$_3$ 纳米复合材料，由于形成了异质结界面和协同作用，该复合材料在室温下可以检测低至 1.14ppm NH$_3$，同时还具有优异的选择性、较短的响应和恢复时间（18s/24s）[131]。通过静电纺丝法可以形成 GO/WO$_3$ 复合纳米纤维，375℃时对 100ppm 丙酮的响应值为 36，是 WO$_3$ 纳米纤维的 4.3 倍（图 6.10）[132]，这主要归因于 GO 具有较大的比表面积和气体吸附能力，以及 GO 与 WO$_3$ 的协同效应。此外，采用元素掺杂和贵金属功能化还可以进一步改善 GO/WO$_3$ 的气敏性能[133]。

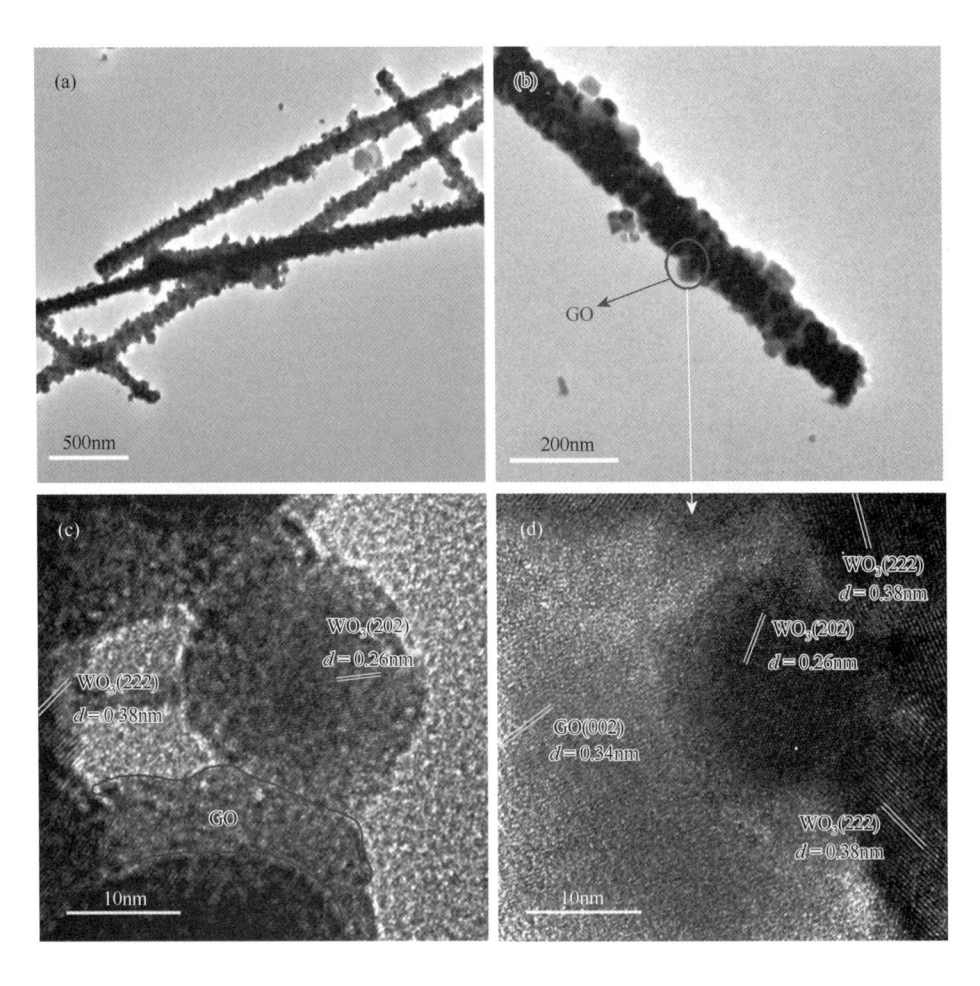

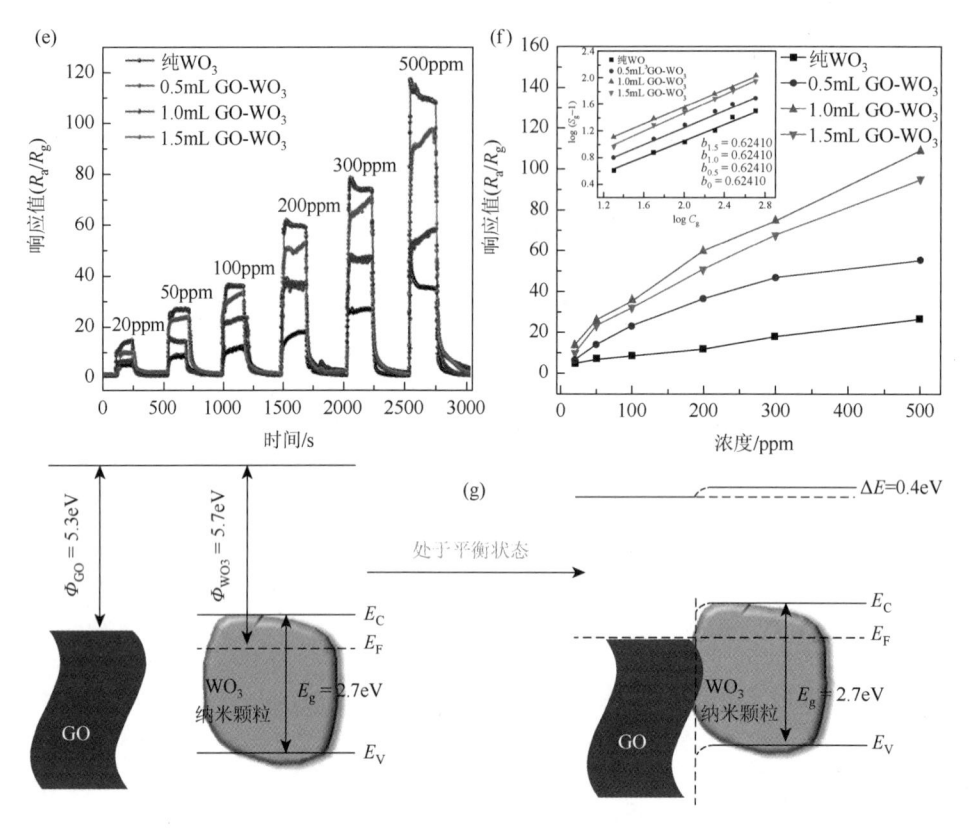

图6.10 GO/WO$_3$复合材料的TEM（a，b）和HRTEM图（c，d）、动态响应曲线（e）、气体浓度对响应值的影响（f）、气敏机理示意图（g）[132]

3）WO$_3$/聚合物

近年来，聚吡咯（PPy）、聚苯胺（PANI）、聚噻吩（PTh）等导电聚合物因其优异的电学性能而备受关注，科研工作者将其与WO$_3$偶联形成有机/无机纳米复合材料以提高WO$_3$气敏性能。在导电聚合物中，PPy因良好的稳定性、易于合成和改性而受到广泛关注，Sun等[134]在柔性PET基底上制备了用于检测TEA气体的PPy@WO$_3$复合材料，如图6.11所示。WO$_3$和PPy的界面上形成p-n异质结，因此室温下复合材料具有高响应性和选择性。此外，PANI也是一种常见的导电聚合物，可与WO$_3$杂化后用于室温检测NH$_3$[135]和TEA[136]。WO$_3$/聚合物在制备柔性器件和室温检测方面极具优势[137]。

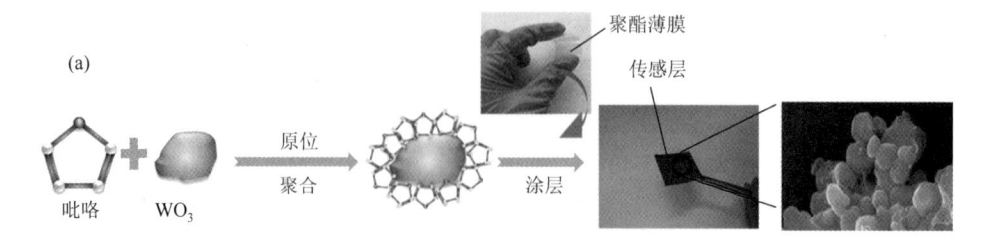

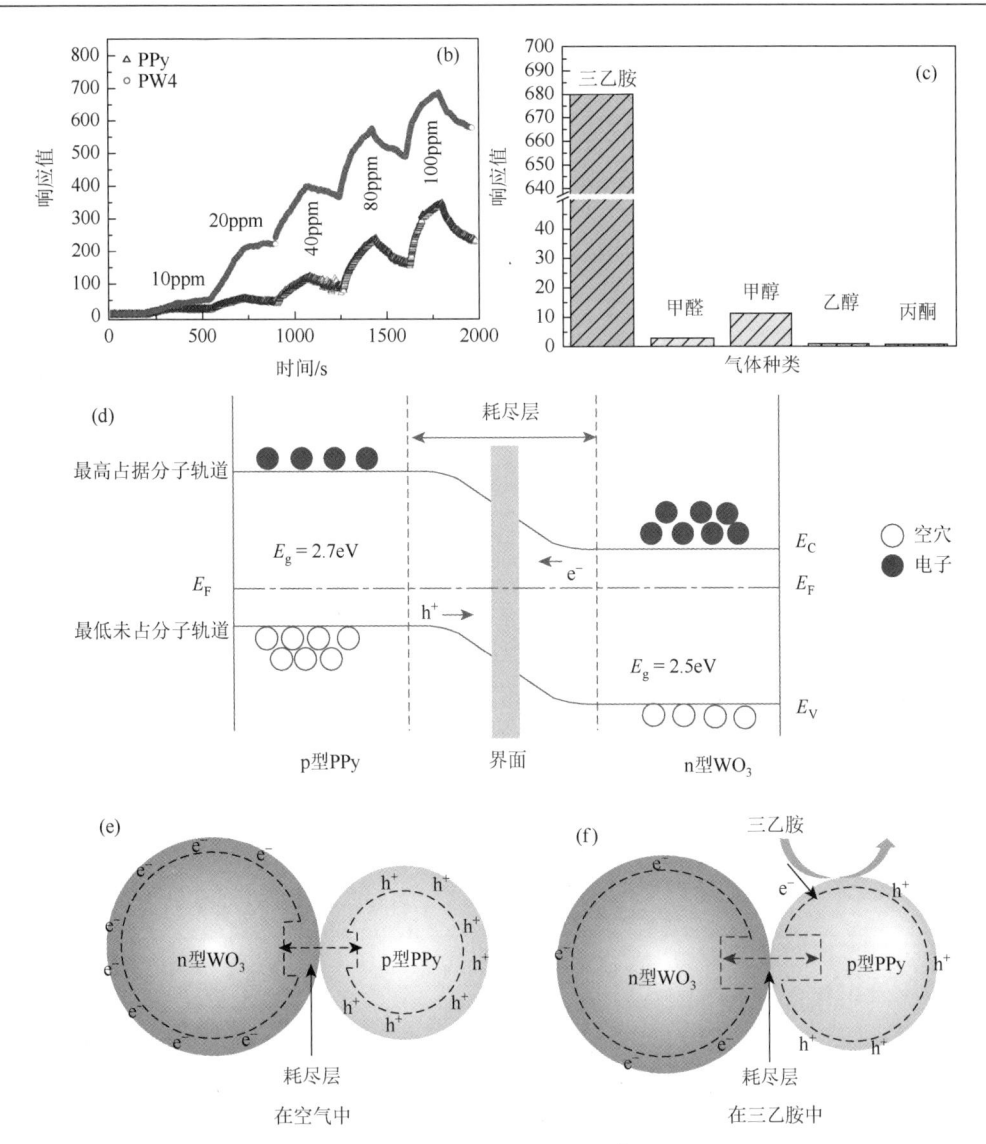

图 6.11 PPy@WO$_3$ 的制备流程图（a）、动态响应曲线（b）、选择性（c）、能带结构（d）、空气（e）和 TEA（f）中的气敏机理示意图[134]

4）其他复合材料

除上述材料以外，Si[138]、WS$_2$[139]、石墨相氮化碳（g-C$_3$N$_4$[140]或 g-CN[141]）等均可以与 WO$_3$ 形成异质结以增强气敏性能，如表 6.3 所示。

表 6.3　WO$_3$ 基气体传感器及其性能

异质结	复合材料	微观结构	合成方法	目标气体	浓度/ppm	温度/℃	响应值	响应/恢复时间	检测限	参考文献
氧化钨/氧化物	二氧化锡	仙人掌状	水热法	丙酮	600	360	26^a	—	—	[142]
		纳米微球	水热法	丙酮	1000	240	16.9^a	15s/11s	—	[143]

续表

异质结	复合材料	微观结构	合成方法	目标气体	浓度/ppm	温度/℃	响应值	响应/恢复时间	检测限	参考文献
氧化钨/氧化物	二氧化锡	介孔	纳米铸造法	三乙胺	50	220	87[a]	6s/7s	1ppm	[117]
		纳米片	水热法	丙酮	50	260	31.1[a]	2s/38s	—	[144]
	氧化锌	纳米线	水热法	氢气	2000	200	12.6[a]	—	—	[145]
		有序介孔	水热法	二氧化氮	200	200	186[a]	—	250ppb	[146]
	氧化铟	纳米纤维	静电纺丝法	丙酮	50	275	12.9[a]	6s/64s	0.4ppm	[119]
		分层复合材料	微波辅助法	硫化氢	10	150	143[a]	5.5min/16min（100℃）	0.5ppm	[147]
	氧化铁	复合材料	固态法	丙酮	1	300	3.93[a]	1s/3s	1ppm	[148]
		纳米片	溶液法	丙酮	100	260	105.8[a]	—	1ppm	[120]
	氧化钛	纳米棒	水热法	丙酮	200	—	7.6[a]	25s/11s	10ppm	[149]
	氧化铜	复合材料	水热法	硫化氢	5	100	223[a]	70s/450s	—	[150]
		花状	水热法	硫化氢	5	80	105.14[a]	42s/>3500s	0.3ppm	[151]
	氧化镍	纳米纤维	静电纺丝法	丙酮	100	375	22.5[a]	6s/11s	20ppm	[152]
		纳米花	水热法	二甲苯	50	300	354.7[a]	51s/57s	0.05ppm	[123]
		纳米线	气溶胶辅助化学气相沉积法	硫化氢	50	250	13[a]	88s/—	5ppm	[153]
	氧化铬	纳米棒	水热法	二丁酮	100	205	5.6[a]	10s/80s（5ppm）	—	[154]
		薄膜	溶胶法	丙酮	20	320	8.9[a]	<20s/<40s	0.5ppm	[155]
	氧化钴	仙人掌状	化学浴沉积法	三乙胺	1	240	6.19[a]	13s/152s	0.1ppm	[124]
	氧化铑	纳米纤维	静电纺丝法	丙酮	5	350	41.2[a]	7.09/225.29s	100ppb	[156]
		纳米线	芯片生长法	二氧化氮	5	250	186.1[a]	—	1ppm	[125]
	三氧化钼	纳米花	水热法	硫化氢	10	250	28.5[a]	2s/5s	50ppb	[127]
	钴酸镍	纳米纤维	水热法	二甲苯	100	300	15.69[a]	—	5ppm	[126]
氧化钨/碳	石墨烯/氧化钨	纳米纤维	静电纺丝法	丙酮	100	375	35.9[a]	4s/10s	—	[132]
		多孔复合材料	超声波法	氨气	100	RT	14.53[a]	18s/24s	1.14ppm	[131]
	碳纳米管/氧化钨	纳米颗粒	基底生长法	二氧化氮	5	RT	17%[b]	7min/15min	1ppm	[157]
	碳纳米纤维/氧化钨	纳米微粒/纳米纤维	静电纺丝法	二氧化氮	—	RT	—	—/7min	1ppm	[158]

续表

异质结	复合材料	微观结构	合成方法	目标气体	浓度/ppm	温度/℃	响应值	响应/恢复时间	检测限	参考文献
氧化钨/碳	石墨烯量子点/氧化钨	薄膜	化学法	氢气	3600	120	500[a]	12s/40s	—	[159]
氧化钨/聚合物	聚吡咯/氧化钨	纳米复合材料薄膜	原位光聚合法	硫化氢	1	RT	81%[b]	6min/210min	100ppb	[160]
	聚吡咯/氧化钨	混合	滴注法	二氧化氮	100	RT	72%[b]	—	5ppm	[161]
	聚吡咯/氧化钨	纳米颗粒	原位化学氧化聚合法	三乙胺	100	RT	680[b]	49s/—	5.4ppm	[134]
	聚苯胺/氧化钨	纳米复合材料	原位化学氧化聚合法	三乙胺	100	RT	81[a]	—	2ppm	[136]
	聚乙烯亚胺/氧化钨	纳米颗粒	水热法	二氧化氮	5	100	251.7[a]	>10s/>120s	50ppb	[56]
	聚噻吩/氧化钨	分层	水热法	硫化氢	100	70	~13.5[a]	13s/—	2ppm	[162]
其他	硅/氧化钨	纳米棒	水热法	二氧化氮	1	RT	3.38[a]	—	0.1ppm	[138]
	硅/氧化钨	纳米线	金属辅助化学蚀刻法	二氧化氮	2	RT	2.88[a]	—	0.25ppm	[163]
	二硫化物/氧化钨	复合材料薄膜	落铸法	氨气	—	150	—	—	1ppm	[60]
	石墨相氮化碳/氧化钨	纳米板	超声检测法	丙酮	100	340	35[a]	9s/3.8s	0.5ppm	[140]
	石墨相氮化碳/氧化钨	介孔	纳米铸造法	甲醛	25	120	24.2[a]	6.8s/4.5s	1ppm	[141]

注：RT 表示室温。
a. 气体响应 $S = R_a/R_g$；b. 气体响应 $S = (R_a - R_g)/R_g$。

6.4.5 光辐射

通常大多数氧化物基气体传感器在进行气体检测时均需要提供一定的温度，这不仅导致功耗增加、实用性降低，同时还限制了对可燃性气体的检测。近年来，光辐射取代传统加热已成为研究的热点。例如，采用紫外光照射 WO_3[164]、ZnO/WO_3[165] 或 $Fe_2O_3/MWCNTs/WO_3$[166] 复合物均可以提高其气敏性能。此外，由于 WO_3（2.8eV）的带隙较窄，可以通过可见光激发用于有毒危险气体检测。例如，在白光和蓝光激发下介孔 WO_3 对甲醛的响应分别是商业 WO_3 的 4 倍和 9 倍，这是由光电子、光诱导氧离子增加所致[167]。贵金属/WO_3 复合材料的气敏性能增强涉及的机理则更为复杂，光照下产生局域表面等离子体共振（LSPR）[168]，复合材料界面产生电荷分离，因此显著提高了气敏性能。例如，Ag@WO_3 核壳纳米球在 150W 氙气照明条件下响应值由 62 提高至 160（图 6.12），同时还降低了工作温度和检测限。

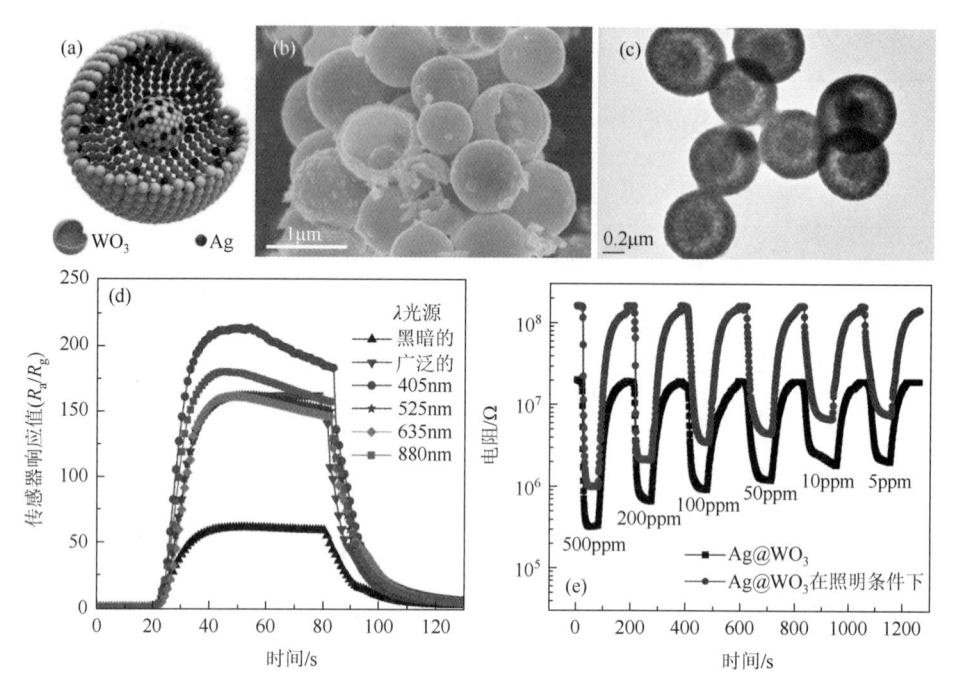

图 6.12 Ag@WO₃ 核壳纳米球的示意图（a）、FESEM 图（b）、TEM 图（c）、不同波长光照射下的气敏性能（d）、动态响应曲线（e）[134]

WO₃ 基气体敏感材料通过结构和形态控制可以获得零维、一维、二维、三维纳米结构，如纳米颗粒、纳米纤维、纳米片、微球、微花等。由于具有较大的比表面积，同时能为吸附氧和目标气体分子之间的反应提供更多的活性位点，零维、一维、二维、三维纳米结构 WO₃ 具有良好的气敏性能。在此基础上，采用形貌调控、元素掺杂、贵金属修饰、形成异质结和光辐射等手段可以进一步提高其气敏性能。虽然开发 WO₃ 气体传感器已经取得了重大进展，但未来仍面临许多问题和挑战：①有效控制贵金属纳米颗粒在 WO₃ 中的分布，以充分利用其催化活性并保持 WO₃ 的显微结构；②通过优化工艺参数，降低 WO₃ 制备成本，高效地制备出具有较高气敏性能的新型 WO₃ 基材料；③开发相关可穿戴柔性器件，以满足实际应用的需求；④微观结构与气敏性能之间的关系仍需在理论上不断探索。

参 考 文 献

[1] Mohamed S H. Thermal stability of tungsten nitride films deposited by reactive magnetron sputtering. Surf Coat Technol，2008，202：2169-2175.

[2] Wang Q，Wu H C，Wang Y R，et al. Ex-situ XPS analysis of yolk-shell Sb₂O₃/WO₃ for ultra-fast acetone resistive sensor. J Hazard Mater，2021，412：125175.

[3] Guo M，Luo N，Chen Y，et al. Fast-response MEMS xylene gas sensor based on CuO/WO₃ hierarchical structure. J Hazard Mater，2022，429：127471.

[4] Xing X X，Zhu Z Y，Feng D L，et al. The "screening behavior" of lithium：Boosting H₂S selectivity of WO₃ nanofibers. J Hazard Mater，2021，416：125964.

[5] Ramana C V, Utsunomiya S, Ewing R C, et al. Structural stability and phase transitions in WO₃ thin films. J Phys Chem B, 2006, 110 (21): 10430-10435.

[6] Sayama K, Hayashi H, Arai T, et al. Highly active WO₃ semiconductor photocatalyst prepared from amorphous peroxo-tungstic acid for the degradation of various organic compounds. Appl Catal B Environ, 2010, 94 (1-2): 150-157.

[7] Epifani M, Comini E, Díaz R, et al. Solvothermal, chloroalkoxide-based synthesis of monoclinic WO₃ quantum dots and gas-sensing enhancement by surface oxygen vacancies. ACS Appl Mater Interfaces, 2014, 6 (19): 16808-16816.

[8] Yu H, Song Z, Liu Q, et al. Colloidal synthesis of tungsten oxide quantum dots for sensitive and selective H₂S gas detection. Sens Actuators B: Chem, 2017, 248: 1029-1036.

[9] Li Y, Zhang Q, Li X, et al. Ligand-free and size-controlled synthesis of oxygen vacancy-rich WO_{3-x} quantum dots for efficient room-temperature formaldehyde gas sensing. RSC Adv, 2016, 6 (98): 95747-95752.

[10] Adhyapak P V, Bang A D, More P, et al. Nanostructured WO₃/graphene composites for sensing NO_x at room temperature. RSC Adv, 2018, 8 (59): 34035-34040.

[11] Yaqoob U, Phan D T, Uddin A S M I, et al. Highly flexible room temperature NO₂ sensor based on MWCNTs-WO₃ nanoparticles hybrid on a PET substrate. Sens Actuators B: Chem, 2015, 221: 760-768.

[12] Chen N, Deng D, Li Y, et al. The xylene sensing performance of WO₃ decorated anatase TiO₂ nanoparticles as a sensing material for a gas sensor at a low operating temperature. RSC Adv, 2016, 6 (55): 49692-49701.

[13] Shi W, Song S, Zhang H. Hydrothermal synthetic strategies of inorganic semiconducting nanostructures. Chem Soc Rev, 2013, 42 (13): 5714-5743.

[14] Cao S, Zhao C, Han T, et al. Hydrothermal synthesis, characterization and gas sensing properties of the WO₃ nanofibers. Mater Lett, 2016, 169: 17-20.

[15] Shen X, Wang G, Wexler D. Large-scale synthesis and gas sensing application of vertically aligned and double-sided tungsten oxide nanorod arrays. Sens Actuators B: Chem, 2009, 143 (1): 325-332.

[16] Long H, Li Y, Zeng W. Substrate-free synthesis of WO₃ nanorod arrays and their superb NH₃-sensing performance. Mater Lett, 2017, 209: 342-344.

[17] Bai S, Zhang K, Luo R, et al. Low-temperature hydrothermal synthesis of WO₃ nanorods and their sensing properties for NO₂. J Mater Chem, 2012, 22 (25): 12643-12650.

[18] van Tong P, Hoa N D, van Quang V, et al. Diameter controlled synthesis of tungsten oxide nanorod bundles for highly sensitive NO₂ gas sensors. Sens Actuators B: Chem, 2013, 183: 372-380.

[19] Lu N, Gao X, Yang C, et al. Enhanced formic acid gas-sensing property of WO₃ nanorod bundles via hydrothermal method. Sens Actuators B: Chem, 2016, 223: 743-749.

[20] Li J, Zhu J, Liu X. Synthesis, characterization and enhanced gas sensing performance of WO₃ nanotube bundles. New J Chem, 2013, 37 (12): 4241-4249.

[21] Cai Z X, Li H Y, Yang X N, et al. NO sensing by single crystalline WO₃ nanowires. Sens Actuators B: Chem, 2015, 219: 346-353.

[22] Leng J, Xu X, Lv N, et al. Synthesis and gas-sensing characteristics of WO₃ nanofibers via electrospinning. J Colloid Interf Sci, 2011, 356 (1): 54-57.

[23] Imran M, Rashid S S A A H, Sabri Y, et al. Template based sintering of WO₃ nanoparticles into porous tungsten oxide nanofibers for acetone sensing applications. J Mater Chem C, 2019, 7 (10): 2961-2970.

[24] Kim S J, Choi S J, Jang J S, et al. Mesoporous WO₃ nanofibers with protein-templated nanoscale catalysts for detection of trace biomarkers in exhaled breath. ACS Nano, 2016, 10 (6): 5891-5899.

[25] Kim D H, Jang J S, Koo W T, et al. Hierarchically interconnected porosity control of catalyst-loaded WO₃ nanofiber scaffold: Superior acetone sensing layers for exhaled breath analysis. Sens Actuators B: Chem, 2018, 259: 616-625.

[26] Kim D H, Jang J S, Koo W T, et al. Bioinspired cocatalysts decorated WO₃ nanotube toward unparalleled hydrogen sulfide chemiresistor. ACS Sens, 2018, 3 (6): 1164-1173.

[27] Koo W T, Choi S J, Kim N H, et al. Catalyst-decorated hollow WO_3 nanotubes using layer-by-layer self-assembly on polymeric nanofiber templates and their application in exhaled breath sensor. Sens Actuators B: Chem, 2016, 223: 301-310.

[28] An S, Park S, Ko H, et al. Fabrication of WO_3 nanotube sensors and their gas sensing properties. Ceram Int, 2014, 40 (1): 1423-1429.

[29] Vuong N M, Kim D, Kim H. Surface gas sensing kinetics of a WO_3 nanowire sensor. Part 2: Reducing gases. Sens Actuators B: Chem, 2016, 224: 425-433.

[30] Vuong N M, Kim D, Kim H. Surface gas sensing kinetics of a WO_3 nanowire sensor. Part 1: Oxidizing gases. Sens Actuators B: Chem, 2015, 220: 932-941.

[31] Moon H G, Choi Y R, Shim Y S, et al. Extremely sensitive and selective NO probe based on villi-like WO_3 nanostructures for application to exhaled breath analyzers. ACS Appl Mater Interfaces, 2013, 5: 10591-10596.

[32] Prajapati C S, Bhat N. ppb Level detection of NO_2 using a WO_3 thin filmbased sensor: Material optimization, device fabrication and packaging. RSC Adv, 2018, 8: 6950-6599.

[33] Wang Z, Hu M, Wei Y, et al. Low-temperature NO_2-sensing properties and morphology-controllable solvothermal synthesis of tungsten oxide nanosheets/nanorods. Appl Surf Sci, 2016, 362: 525-531.

[34] Jing F, Zhou J, Chen Y, et al. Low-temperature synthesis of WO_3 nanolamella and their sensing properties for xylene. RSC Adv, 2015, 5 (104): 85598-85605.

[35] Hu M, Zeng J, Wang W D, et al. Porous WO_3 from anodized sputtered tungsten thin films for NO_2 detection. Appl Surf Sci, 2011, 258: 1062-1068.

[36] Zhang H, Liu Z, Yang J, et al. Temperature and acidity effects on WO_3 nanostructures and gas-sensing properties of WO_3 nanoplates. Mater Res Bull, 2014, 57: 260-267.

[37] Chen G, Chu X, Qiao H, et al. Thickness controllable single-crystal WO_3 nanosheets: Highly selective sensor for triethylamine detection at room temperature. Mater Lett, 2018, 226: 59-62.

[38] Naik A J T, Warwick M E A, Moniz S J A, et al. Nanostructured tungsten oxide gas sensors prepared by electric field assisted aerosol assisted chemical vapour deposition. J Mater Chem, 2013, 1: 1827-1833.

[39] Poongodi S, Kumar P S, Mangalaraj D, et al. Electrodeposition of WO_3 nanostructured thin films for relectrochromic and H_2S gas sensor applications. J Alloys Compd, 2017, 719: 71-81.

[40] Rahmani M B, Yaacob M H, Sabri M. Hydrogen sensors based on 2D WO_3 nanosheets prepared by anodization. Sens Actuators B: Chem, 2017, 251: 57-64.

[41] Zou X X, Li G D, Wang P P, et al. A precursor route to single-crystalline WO_3 nanoplates with an uneven surface and enhanced sensing properties. Daltion T, 2012, 41: 9773-9780.

[42] Ma J M, Zhang J, Wang S R, et al. Topochemical preparation of WO_3 nanoplates through precursor H_2WO_4 and their gas-sensing performance. J Phys Chem C, 2011, 115: 18157-18163.

[43] Shendage S S, Patil V L, Vanalakar S A, et al. Sensitive and selective NO_2 gas sensor based on WO_3 nanoplates. Sens Actuators B: Chem, 2017, 240: 426-433.

[44] Wang Z B, Wang D, Sun J B. Controlled synthesis of defect-rich ultrathin two-dimensional WO_3 nanosheets for NO_2 gas detection. Sens Actuators B: Chem, 2017, 245: 828-834.

[45] Khan H, Zavabeti A, Wang Y C, et al. Quasi physisorptive two dimensional tungsten oxide nanosheets with extraordinary sensitivity and selectivity to NO_2. Nanoscale, 2017, 9: 19162-19175.

[46] Kida T, Nishiyama A, Hua Z Q, et al. WO_3 nanolamella gas sensor: Porosity control using SnO_2 nanoparticles for enhanced NO_2 sensing. Langmuir, 2014, 30: 2571-2579.

[47] Liu T, Liu J Y, Hao Q, et al. Poroustungsten trioxide nanolamellae with uniform structures for highperformance ethanol sensing. CrystEngComm, 2016, 18: 8411-8418.

[48] Wang X X, Tian K, Li H Y, et al. Bio-templated fabrication of hierarchically porous WO_3 microspheres from lotus pollens for NO gas sensing at low temperatures. RSC Adv, 2015, 5: 29428-29432.

[49] Bai S, Zhang K, Wang L, et al. Synthesis mechanism and gas-sensing application of nanosheet-assembled tungsten oxide microspheres. J Mater Chem A, 2014, 2 (21): 7927-7934.

[50] Cai Z X, Li H Y, Ding J C, et al. Hierarchical flowerlike WO_3 nanostructures assembled by porous nanoflakes for enhanced NO gas sensing. Sens Actuators B: Chem, 2017, 246: 225-234.

[51] Zhang Y, Zeng W, Li Y. NO_2 and H_2 sensing properties for urchin-like hexagonal WO_3 based on experimental and first-principle investigations. Ceram Int, 2019, 45 (5): 6043-6050.

[52] Zheng X H, Zhang C, Xia J F. Mesoporous tungsten oxide electrodes for YSZ-based mixed potential sensors to detect NO_2 in the sub-ppb-range. Sens Actuators B: Chem, 2019, 284: 575-581.

[53] Wu C H, Zhu Z, Huang S Y, et al. Preparation of palladium-doped mesoporous WO_3 for hydrogen gas sensors. J Alloys Compd, 2019, 776: 965-973.

[54] Li Y H, Zhou X R, Luo W, et al. Pore engineering of mesoporous tungsten oxides for ultrasensitive gas sensing. Adv Mater Interf, 2019, 6: 1801269.

[55] Ma J H, Ren Y, Zhou X R, et al. Pt nanoparticles sensitized ordered mesoporous WO_3 semiconductor: Gas sensing performance and mechanism study. Adv Funct Mater, 2018, 28, 1705268.

[56] Li T, Shen Y, Zhao S, et al. Sub-ppm level NO_2 sensing properties of polyethyleneimine-mediated WO_3 nanoparticles synthesized by a one-pot hydrothermal method. J Alloys Compd, 2019, 783: 103-112.

[57] Meng D, Yamazaki T, Shen Y, et al. Preparation of WO_3 nanoparticles and application to NO_2 sensor. Appl Surf Sci, 2009, 256 (4): 1050-1053.

[58] Wang X, Chen F, Yang M, et al. Dispersed WO_3 nanoparticles with porous nanostructure for ultrafast toluene sensing. Sens Actuators B: Chem, 2019, 289: 195-206.

[59] Nguyen T A, Park S, Kim J B, et al. Polycrystalline tungsten oxide nanofibers for gas-sensing applications. Sens Actuators B: Chem, 2011, 160 (1): 549-554.

[60] Wei S, Zhao G, Du W, et al. Synthesis and excellent acetone sensing properties of porous WO_3 nanofibers. Vacuum, 2016, 124: 32-39.

[61] Song C, Li C, Yin Y, et al. Preparation and gas sensing properties of partially broken WO_3 nanotubes. Vacuum, 2015, 114: 13-16.

[62] Chi X, Liu C, Liu L, et al. Tungsten trioxide nanotubes with high sensitive and selective properties to acetone. Sens Actuators B: Chem, 2014, 194: 33-37.

[63] Behera B, Chandra S. Synthesis of WO_3 nanorods by thermal oxidation technique for NO_2 gas sensing application. Mat Sci Semicon Proc, 2018, 86: 79-84.

[64] Van D T, Duc H N, Van Duy N, et al. Chlorine gas sensing performance of on-chip grown ZnO, WO_3, and SnO_2 nanowire sensors. ACS Appl Mater Interfaces, 2016, 8 (7): 4828-4837.

[65] Hieu N V, Quang V V, Hoa N D, et al. Preparing large-scale WO_3 nanowire-like structure for high sensitivity NH_3 gas sensor through a simple route. Curr Appl Phys, 2011, 11: 657-661.

[66] Qin Y X, Wang F, Shen W J, et al. Mesoporous three-dimensional network of crystalline WO_3 nanowires for gas sensing application. J Alloys Compd, 2012, 540: 21-26.

[67] Zhai C, Zhu M, Jiang L, et al. Fast triethylamine gas sensing response properties of nanosheets assembled WO_3 hollow microspheres. Appl Surf Sci, 2019, 463: 1078-1084.

[68] Huang J, Xu X, Gu C, et al. Large-scale synthesis of hydrated tungsten oxide 3D architectures by a simple chemical solution route and their gas-sensing properties. J Mater Chem, 2011, 21 (35): 13283-13289.

[69] Xia B X, Zhao Q, Xiao C H, et al. Low-temperature solvothermal synthesis of hierarchical flowerlike WO_3 nanostructures and their sensing properties for H_2S. CrystEngComm, 2015, 17: 5710-5716.

[70] Wei Z, Zhou Q, Lu Z, et al. Morphology controllable synthesis of hierarchical WO_3 nanostructures and C_2H_2 sensing properties. Physica E, 2019, 109: 253-260.

[71] Meng D, Wang G, San X, et al. Synthesis of WO₃ flower-like hierarchical architectures and their sensing properties. J Alloys Compd, 2015, 649: 731-738.

[72] Cao S, Chen H. Nanorods assembled hierarchical urchin-like WO₃ nanostructures: Hydrothermal synthesis, characterization, and their gas sensing properties. J Alloys Compd, 2017, 702: 644-648.

[73] Wei S, Han L, Wang M, et al. Hollow cauliflower-like WO₃ nanostructures: Hydrothermal synthesis and their CO sensing properties. Mater Lett, 2017, 186: 259-262.

[74] Jin Z, Hu P, Xu W, et al. Hydrothermal synthesis and gas sensing properties of hybrid WO₃ nano-materials using octadecylamine. J Alloys Compd, 2019, 785: 1047-1055.

[75] Long H, Zeng W, Zhang H. The solvothermal synthesis of the cobweb-like WO₃ and its enhanced gas-sensing property. Mater Lett, 2017, 188: 334-337.

[76] Zhang H, Yao M, Bai L, et al. Synthesis of uniform octahedral tungsten trioxide by RF induction thermal plasma and its application in gas sensing. CrystEngComm, 2013, 15 (7): 1432-1438.

[77] Han X, Han X, Li L, et al. Controlling the morphologies of WO₃ particles and tuning the gas sensing properties. New J Chem, 2012, 36 (11): 2205-2208.

[78] Tian F H, Gong C, Wu R, et al. Oxygen density dominated gas sensing mechanism originated from CO adsorption on the hexagonal WO₃ (001) surface. Mater Today Chem, 2018, 9: 28-33.

[79] Wang D, Han D X, Liu L, et al. Sub-stoichiometric WO$_{2.9}$ for formaldehyde sensing and treatment: A first-principles study. J Mater Chem A, 2016, 4 (37): 14416-14422.

[80] Gui Y, Tian K, Liu J, et al. Superior triethylamine detection at room temperature by {-112} faceted WO₃ gas sensor. J Hazard Mater, 2019, 380: 120876.

[81] Zhu Z, Zheng L, Zheng S, et al. Cr doped WO₃ nanofibers enriched with surface oxygen vacancies for highly sensitive detection of the 3-hydroxy-2-butanone biomarker. J Mater Chem A, 2018, 6 (43): 21419-21427.

[82] Qi J, Chen K, Xing Y, et al. Application of 3D hierarchical monoclinic-type structural Sb-doped WO₃ towards NO₂ gas detection at low temperature. Nanoscale, 2018, 10 (16): 7440-7450.

[83] Shen J Y, Wang M D, Wang Y F, et al. Iron and carbon codoped WO₃ with hierarchical walnut-like microstructure for highly sensitive and selective acetone sensor. Sens Actuators B: Chem, 2018, 256: 27-37.

[84] Bai X, Ji H, Gao P, et al. Morphology, phase structure and acetone sensitive properties of copper-doped tungsten oxide sensors. Sens Actuators B: Chem, 2014, 193: 100-106.

[85] Liu Z, Liu B, Xie W, et al. Enhanced selective acetone sensing characteristics based on Co-doped WO₃ hierarchical flower-like nanostructures assembled with nanoplates. Sens Actuators B: Chem, 2016, 235: 614-621.

[86] Wang C, Guo L, Xie N, et al. Enhanced nitrogen oxide sensing performance based on tin-doped tungsten oxide nanoplates by a hydrothermal method. J Colloid Interf Sci, 2018, 512: 740-749.

[87] Kaur J, Anand K, Kaur A, et al. Sensitive and selective acetone sensor based on Gd doped WO₃/reduced graphene oxide nanocomposite. Sens Actuators B: Chem, 2018, 258: 1022-1035.

[88] Wang Z, Fan X, Han D, et al. Structural and electronic engineering of 3D WO₃ by alkali metal doping for improved NO₂ sensing performance. Nanoscale, 2016, 8 (20): 10622-10631.

[89] Shen J Y, Zhang L, Ren J, et al. Highly enhanced acetone sensing performance of porous C-doped WO₃ hollow spheres by carbon spheres as templates. Sens Actuators B: Chem, 2017, 239: 597-607.

[90] Righettoni M, Tricoli A, Pratsinis S E. Thermally stable, silica-doped WO₃ for sensing of acetone in the human breath. Chem Mater, 2010, 22 (10): 3152-3157.

[91] Kumar A, Keshri S. Effect of N_5^+ ion implantation on optical and gas sensing properties of WO₃ films. Surf Interface Anal, 2015, 47 (11): 1020-1028.

[92] Rai P, Majhi S M, Yu Y T, et al. Noble metal@metal oxide semiconductor core@shell nano-architectures as a new platform for gas sensor applications. RSC Adv, 2015, 5 (93): 76229-76248.

[93] Xu L, Yin M L, Liu S F. Superior sensor performance from Ag@WO$_3$ core-shell nanostructure. J Alloys Compd, 2015, 623: 127-131.

[94] Zhao S, Shen Y, Zhou P, et al. Design of Au@WO$_3$ core-shell structured nanospheres for ppb-level NO$_2$ sensing. Sens Actuators B: Chem, 2019, 282: 917-926.

[95] Kim M H, Jang J S, Koo W T, et al. Bimodally porous WO$_3$ microbelts functionalized with Pt catalysts for selective H$_2$S sensors. ACS Appl Mater Interfaces, 2018, 10 (24): 20643-20651.

[96] Zhang H, Wang Y, Zhu X, et al. Bilayer Au nanoparticle-decorated WO$_3$ porous thin films: On-chip fabrication and enhanced NO$_2$ gas sensing performances with high selectivity. Sens Actuators B: Chem, 2019, 280: 192-200.

[97] Yang X, Salles V, Kaneti Y V, et al. Fabrication of highly sensitive gas sensor based on Au functionalized WO$_3$ composite nanofibers by electrospinning. Sens Actuators B: Chem, 2015, 220: 1112-1119.

[98] Shim Y S, Moon H G, Zhang L, et al. Au-decorated WO$_3$ cross-linked nanodomes for ultrahigh sensitive and selective sensing of NO$_2$ and C$_2$H$_5$OH. RSC Adv, 2013, 3 (26): 10452-10459.

[99] Wang Y L, Zhang B, Liu J, et al. Au-loaded mesoporous WO$_3$: Preparation and n-butanol sensing performances. Sens Actuators B: Chem, 2016, 236: 67-76.

[100] Xiang Q, Meng G F, Zhao H B, et al. Au nanoparticle modified WO$_3$ nanorods with their enhanced properties for photocatalysis and gas sensing. J Phys Chem C, 2010, 114 (5): 2049-2055.

[101] Li F, Guo S, Shen J, et al. Xylene gas sensor based on Au-loaded WO$_3$·H$_2$O nanocubes with enhanced sensing performance. Sens Actuators B: Chem, 2017, 238: 364-373.

[102] Kim S, Park S, Park S, et al. Acetone sensing of Au and Pd-decorated WO$_3$ nanorod sensors. Sens Actuators B: Chem, 2015, 209: 180-185.

[103] Yao Y, Ji F, Yin M, et al. Ag nanoparticle-sensitized WO$_3$ hollow nanosphere for localized surface plasmon enhanced gas sensors. ACS Appl Mater Interfaces, 2016, 8 (28): 18165-18172.

[104] Yu H, Li J, Li Z, et al. Enhanced formaldehyde sensing performance based on Ag@WO$_3$ 2D nanocomposite. PTG, 2019, 343: 1-10.

[105] Jaroenapibal P, Boonma P, Saksilaporn N, et al. Improved NO$_2$ sensing performance of electrospun WO$_3$ nanofibers with silver doping. Sens Actuators B: Chem, 2018, 255: 1831-1840.

[106] Righettoni M, Tricoli A, Pratsinis S E. Si: WO$_3$ sensors for highly selective detection of acetone for easy diagnosis of diabetes by breath analysis. Anal Chem, 2010, 82 (9): 3581-3587.

[107] Yin M, Yu L, Liu S. Synthesis of Ag quantum dots sensitized WO$_3$ nanosheets and their enhanced acetone sensing properties. Mater Lett, 2017, 186: 66-69.

[108] Park S, Kim H, Jin C, et al. Enhanced CO gas sensing properties of Pt-functionalized WO$_3$ nanorods. Thermochimica Acta, 2012, 542: 69-73.

[109] Vallejos S, Stoycheva T, Annanouch F E, et al. Microsensors based on Pt-nanoparticle functionalised tungsten oxide nanoneedles for monitoring hydrogen sulfide. RSC Adv, 2014, 4 (3): 1489-1495.

[110] Wang Y L, Liu J, Cui X B, et al. NH$_3$ gas sensing performance enhanced by Pt-loaded on mesoporous WO$_3$. Sens Actuators B: Chem, 2017, 238: 473-481.

[111] Li T, Shen Y, Zhao S, et al. Xanthate sensing properties of Pt-functionalized WO$_3$ microspheres synthesized by one-pot hydrothermal method. Ceram Int, 2018, 44 (5): 4814-4823.

[112] Horprathum M, Srichaiyaperk T, Samransuksamer B, et al. Ultrasensitive hydrogen sensor based on Pt-decorated WO$_3$ nanorods prepared by glancing-angle dc magnetron sputtering. ACS Appl Mater Interfaces, 2014, 6 (24): 22051-22060.

[113] Kim N H, Choi S J, Yang D J, et al. Highly sensitive and selective hydrogen sulfide and toluene sensors using Pd functionalized WO$_3$ nanofibers for potential diagnosis of halitosis and lung cancer. Sens Actuators B: Chem, 2014, 193: 574-581.

[114] Choi S J, Chattopadhyay S, Kim J J, et al. Coaxial electrospinning of WO$_3$ nanotubes functionalized with bio-inspired Pd

catalysts and their superior hydrogen sensing performance. Nanoscale, 2016, 8 (17): 9159-9166.

[115] Wang Z, Huang S, Men G, et al. Sensitization of Pd loading for remarkably enhanced hydrogen sensing performance of 3DOM WO$_3$. Sens Actuators B: Chem, 2018, 262: 577-587.

[116] Li T, Zeng W, Wang Z. Quasi-one-dimensional metal-oxide-based heterostructural gas-sensing materials: A review. Sens Actuators B: Chem, 2015, 221: 1570-1585.

[117] Tomer V K, Devi S, Malik R, et al. Highly sensitive and selective volatile organic amine (VOA) sensors using mesoporous WO$_3$-SnO$_2$ nanohybrids. Sens Actuators B: Chem, 2016, 229: 321-330.

[118] Han J, Wang T, Li T, et al. Enhanced NO$_x$ gas sensing properties of ordered mesoporous WO$_3$/ZnO prepared by electroless plating. Adv Mater Interfaces, 2018, 5 (9): 1701167.

[119] Haiduk Y S, Khort A A, Lapchuk N M, et al. Study of WO$_3$-In$_2$O$_3$ nanocomposites for highly sensitive CO and NO$_2$ gas sensors. J Solid State Chem, 2019, 273: 25-31.

[120] Xue D, Zong F, Zhang J, et al. Synthesis of Fe$_2$O$_3$/WO$_3$ nanocomposites with enhanced sensing performance to acetone. Chem Phys Lett, 2019, 716: 61-68.

[121] Malik R, Tomer V K, Chaudhary V, et al. Ordered mesoporous In-(TiO$_2$/WO$_3$)nanohybrid: An ultrasensitive *n*-butanol sensor. Sens Actuators B: Chem, 2017, 239: 364-373.

[122] Choi S, Bonyani M, Sun G J, et al. Cr$_2$O$_3$ nanoparticle-functionalized WO$_3$ nanorods for ethanol gas sensors. Appl Surf Sci, 2018, 432: 241-249.

[123] Gao H, Yu Q, Chen K, et al. Ultrasensitive gas sensor based on hollow tungsten trioxide-nickel oxide(WO$_3$-NiO)nanoflowers for fast and selective xylene detection. J Colloid Interf Sci, 2019, 535: 458-468.

[124] Gui Y, Yang L, Tian K, et al. P-type Co$_3$O$_4$ nanoarrays decorated on the surface of n-type flower-like WO$_3$ nanosheets for high-performance gas sensing. Sens Actuators B: Chem, 2019, 288: 104-112.

[125] Staerz A, Kim T H, Lee J H, et al. Nanolevel control of gas sensing characteristics via p-n heterojunction between Rh$_2$O$_3$ clusters and WO$_3$ crystallites. J Phys Chem C, 2017, 121 (44): 24701-24706.

[126] Xu K, Yang Y, Yu T, et al. WO$_3$ nanofibers anchored by porous NiCo$_2$O$_4$ nanosheets for xylene detection. Ceram Int, 2018, 44 (17): 21717-21724.

[127] Hu J, Sun Y, Wang X, et al. Synthesis and gas sensing properties of molybdenum oxide modified tungsten oxide microstructures for ppb-level hydrogen sulphide detection. RSC Adv, 2017, 7 (45): 28542-28547.

[128] Ramgir N S, Goyal C P, Sharma P K, et al. Selective H$_2$S sensing characteristics of CuO modified WO$_3$ thin films. Sens Actuators B: Chem, 2013, 188: 525-532.

[129] Ni J, Li Y. Carbon nanomaterials in different dimensions for electrochemical energy storage. Adv Energy Mater, 2016, 6(17): 1600278.

[130] An X, Jimmy C Y, Wang Y, et al. WO$_3$ nanorods/graphene nanocomposites for high-efficiency visible-light-driven photocatalysis and NO$_2$ gas sensing. J Mater Chem, 2012, 22 (17): 8525-8531.

[131] Jeevitha G, Abhinayaa R, Mangalaraj D, et al. Porous reduced graphene oxide (rGO)/WO$_3$ nanocomposites for the enhanced detection of NH$_3$ at room temperature. Nanoscale Adv, 2019, 1 (5): 1799-1811.

[132] Zhang J, Lu H, Yan C, et al. Fabrication of conductive graphene oxide-WO$_3$ composite nanofibers by electrospinning and their enhanced acetone gas sensing properties. Sens Actuators B: Chem, 2018, 264: 128-138.

[133] Piloto C, Shafiei M, Khan H, et al. Sensing performance of reduced graphene oxide-Fe doped WO$_3$ hybrids to NO$_2$ and humidity at room temperature. Appl Surf Sci, 2018, 434: 126-133.

[134] Sun J, Shu X, Tian Y, et al. Preparation of polypyrrole@WO$_3$ hybrids with p-n heterojunction and sensing performance to triethylamine at room temperature. Sens Actuators B: Chem, 2017, 238: 510-517.

[135] Kulkarni S B, Navale Y H, Navale S T, et al. Hybrid polyaniline-WO$_3$ flexible sensor: A room temperature competence towards NH$_3$ gas. Sens Actuators B: Chem, 2019, 288: 279-288.

[136] Bai S, Ma Y, Luo R, et al. Room temperature triethylamine sensing properties of polyaniline-WO$_3$ nanocomposites with p-n

[137] Kaushik A, Kumar R, Arya S K, et al. Organic-inorganic hybrid nanocomposite-based gas sensors for environmental monitoring. Chem Rev, 2015, 115 (11): 4571-4606.

[138] Wei Y, Hu M, Wang D, et al. Room temperature NO$_2$-sensing properties of porous silicon/tungsten oxide nanorods composite. J Alloys Compd, 2015, 640: 517-524.

[139] Perrozzi F, Emamjomeh S M, Paolucci V, et al. Thermal stability of WS$_2$ flakes and gas sensing properties of WS$_2$/WO$_3$ composite to H$_2$, NH$_3$ and NO$_2$. Sens Actuators B: Chem, 2017, 243: 812-822.

[140] Wang D, Huang S, Li H, et al. Ultrathin WO$_3$ nanosheets modified by g-C$_3$N$_4$ for highly efficient acetone vapor detection. Sens Actuators B: Chem, 2019, 282: 961-971.

[141] Malik R, Tomer V K, Dankwort T, et al. Cubic mesoporous Pd-WO$_3$ loaded graphitic carbon nitride (g-CN) nanohybrids: Highly sensitive and temperature dependent VOC sensors. J Mater Chem A, 2018, 6 (23): 10718-10730.

[142] Zhu L, Zeng W, Li Y. A novel cactus-like WO$_3$-SnO$_2$ nanocomposite and its acetone gas sensing properties. Mater Lett, 2018, 231: 5-7.

[143] Zhu Y, Wang H, Liu J, et al. High-performance gas sensors based on the WO$_3$-SnO$_2$ nanosphere composites. J Alloys Compd, 2019, 782: 789-795.

[144] Yin M, Yao Y, Fan H, et al. WO$_3$-SnO$_2$ nanosheet composites: Hydrothermal synthesis and gas sensing mechanism. J Alloys Compd, 2018, 736: 322-331.

[145] Park S. Enhancement of hydrogen sensing response of ZnO nanowires for the decoration of WO$_3$ nanoparticles. Mater Lett, 2019, 234: 315-318.

[146] Sun J H, Sun L X, Han N, et al. Ordered mesoporous WO$_3$/ZnO nanocomposites with isotypeheterojunctions for sensitive detection of NO$_2$. Sens Actuators B: Chem, 2019, 285: 68-75.

[147] Yin L, Chen D, Hu M, et al. Microwave-assisted growth of In$_2$O$_3$ nanoparticles on WO$_3$ nanoplates to improve H$_2$S-sensing performance. J Mater Chem A, 2014, 2 (44): 18867-18874.

[148] Kundu S, Subramanian I, Narjinary M, et al. Enhanced performance of γ-Fe$_2$O$_3$: WO$_3$ nanocomposite towards selective acetone vapor detection. Ceram Int, 2016, 42 (6): 7309-7314.

[149] Zhang H, Wang S, Wang Y, et al. TiO$_2$ (B) nanoparticle-functionalized WO$_3$ nanorods with enhanced gas sensing properties. Phys Chem Chem Phys, 2014, 16 (22): 10830-10836.

[150] Yin L, Qu G, Guo P, et al. Construction and enhanced low-temperature H$_2$S-sensing performance of novel hierarchical CuO@WO$_3$ nanocomposites. J Alloys Compd, 2019, 785: 367-373.

[151] He M, Xie L, Zhao X, et al. Highly sensitive and selective H$_2$S gas sensors based on flower-like WO$_3$/CuO composites operating at low/room temperature. J Alloys Compd, 2019, 788: 36-43.

[152] Zhang J, Lu H, Liu C, et al. Porous NiO-WO$_3$ heterojunction nanofibers fabricated by electrospinning with enhanced gas sensing properties. RSC Adv, 2017, 7 (64): 40499-40509.

[153] Navarrete E, Bittencourt C, Umek P, et al. AACVD and gas sensing properties of nickel oxide nanoparticle decorated tungsten oxide nanowires. J Mater Chem C, 2018, 6 (19): 5181-5192.

[154] Zhang Q, Zhang H, Xu M, et al. A WO$_3$ nanorod-Cr$_2$O$_3$ nanoparticle composite for selective gas sensing of 2-butanone. Chinese Chem Lett, 2018, 29 (3): 538-542.

[155] Gao P, Ji H, Zhou Y, et al. Selective acetone gas sensors using porous WO$_3$-Cr$_2$O$_3$ thin films prepared by sol-gel method. Thin Solid Films, 2012, 520 (7): 3100-3106.

[156] Kim N H, Choi S J, Kim S J, et al. Highly sensitive and selective acetone sensing performance of WO$_3$ nanofibers functionalized by Rh$_2$O$_3$ nanoparticles. Sens Actuators B: Chem, 2016, 224: 185-192.

[157] Yaqoob U, Uddin A S M I, Chung G S. A high-performance flexible NO$_2$ sensor based on WO$_3$ NPs decorated on MWCNTs and RGO hybrids on PI/PET substrates. Sens Actuators B: Chem, 2016, 224: 738-746.

[158] Lee J S, Kwon O S, Shin D H, et al. WO$_3$ nanonodule-decorated hybrid carbon nanofibers for NO$_2$ gas sensor application. J

Mater Chem A, 2013, 1 (32): 9099-9106.

[159] Fardindoost S, Hosseini Z S, Hatamie S. Detecting hydrogen using graphene quantum dots/WO$_3$ thin films. Mater Res Express, 2016, 3 (11): 116407.

[160] Su P G, Peng Y T. Fabrication of a room-temperature H$_2$S gas sensor based on PPy/WO$_3$ nanocomposite films by *in-situ* photopolymerization. Sens Actuators B: Chem, 2014, 193: 637-643.

[161] Mane A T, Navale S T, Patil V B. Room temperature NO$_2$ gas sensing properties of DBSA doped PPy-WO$_3$ hybrid nanocomposite sensor. Org Electron, 2015, 19: 15-25.

[162] Bai S, Zhang K, Sun J, et al. Polythiophene-WO$_3$ hybrid architectures for low-temperature H$_2$S detection. Sens Actuators B: Chem, 2014, 197: 142-148.

[163] Zhang W, Hu M, Liu X, et al. Synthesis of the cactus-like silicon nanowires/tungsten oxide nanowires composite for room-temperature NO$_2$ gas sensor. J Alloys Compd, 2016, 679: 391-399.

[164] Saidi T, Palmowski D, Babicz-Kiewlicz S, et al. Exhaled breath gas sensing using pristine and functionalized WO$_3$ nanowire sensors enhanced by UV-light irradiation. Sens Actuators B: Chem, 2018, 273: 1719-1729.

[165] Park S, Hong T, Jung J, et al. Room temperature hydrogen sensing of multiple networked ZnO/WO$_3$ core-shell nanowire sensors under UV illumination. Curr Appl Phys, 2014, 14 (9): 1171-1175.

[166] Su P G, Yu J H, Chen I C, et al. Detection of ppb-level NO$_2$ gas using a portable gas-sensing system with a Fe$_2$O$_3$/MWCNTs/WO$_3$ sensor using a pulsed-UV-LED. Anal Methods, 2019, 11 (7): 973-979.

[167] Deng L, Ding X, Zeng D, et al. Visible-light activate mesoporous WO$_3$ sensors with enhanced formaldehyde-sensing property at room temperature. Sens Actuators B: Chem, 2012, 163 (1): 260-266.

[168] Yao Y, Yin M, Yan J, et al. Controllable synthesis of Ag-WO$_3$ core-shell nanospheres for light-enhanced gas sensors. Sens Actuators B: Chem, 2017, 251: 583-589.

第 7 章　MSnO$_3$ 和 LnFeO$_3$ 基环境毒害气体敏感材料与气体传感器

7.1　概念和发展简史

以金属氧化物敏感材料制作的半导体气敏元件对气体的吸附化学反应会产生电导率的变化，具有响应性高、响应快、结构简单、体积小、成本低、寿命长和使用方便等明显优势，因此在对室内有害气体、易燃易爆气体、大气污染物的检测领域具有广阔的应用前景[1]。半导体气敏元件还可以应用于医学领域某些重大疾病的检测，如糖尿病、胃病、癌症等疾病的诊断，同时兼具设备体积小、功耗低、诊断方法迅速便捷、给患者造成的痛苦小等特点；还可以应用于食品和生活用品加工领域，如海鲜的新鲜度检测、香水的鉴别等，以及国防安全领域，如毒品海洛因检测。常用的气体敏感材料有 ZnO、SnO$_2$、Fe$_2$O$_3$ 等，其他新型氧化物如 In$_2$O$_3$、WO$_3$、TiO$_2$ 和 CeO$_2$ 等也不断被开发，已被应用于家居生活、医药卫生、食品安全、环境监测、煤矿勘探、工业生产和航天军事工程等各个领域[2-4]。为了提高气敏元件的响应性、选择性和寿命，半导体气敏元件的研究主要朝以下两个方向进行：一是通过掺杂和改性对常规气体敏感材料的结构和微观形貌进行调控，如开发出中空、花状、海胆状的纳米 ZnO 和 SnO$_2$ 以提高与被测气体之间的接触面积[2, 5]，制备出贵金属或过渡金属掺杂的 ZnO 和 SnO$_2$，进一步提高其选择性和响应性[6, 7]；二是不断开发新型的气体敏感材料，尤其是多元复合氧化物，如具有 ABO$_3$ 钙钛矿结构（SrFeO$_3$[8]、LaFeO$_3$[9]、SmFeO$_3$[9]、ZnSnO$_3$[10]、InGaO$_3$[11]等）和 AB$_2$O$_4$ 尖晶石结构的复合氧化物（CdIn$_2$O$_4$[12]、NiCo$_2$O$_4$[13]、ZnFe$_2$O$_4$[14]、ZnCo$_2$O$_4$[15]、ZnSn$_2$O$_4$[16]等），其中 ABO$_3$ 钙钛矿结构氧化物由于性能优异而成为半导体气敏材料领域备受瞩目的材料。

钙钛矿的发现最早可追溯到 1893 年，德国矿物学家 Rose 在乌拉尔山发现了矿物 CaTiO$_3$，随后苏联科学家 Peroski 测定了 CaTiO$_3$ 的晶体结构，并以其名字命名而来[17]。之后，科研工作者将与 CaTiO$_3$ 具有相似晶体结构的物质统称为钙钛矿，通式为 ABX$_3$。由于其特殊的物理化学性能，钙钛矿结构的氧化物如 CaTiO$_3$、BaTiO$_3$、SrZrO$_3$、LaFeO$_3$ 等，在压电、磁学、铁电、超导和光电领域得到了广泛的应用[18, 19]。近年来，钙钛矿结构的半导体气敏材料因具有优异的响应性、选择性和稳定性引起了科研工作者的广泛关注。事实上，早在 20 世纪 90 年代科研工作者已经对钙钛矿结构的氧化物开展了相关研究。例如，1993 年 Matuura 等[20]报道通过热分解 {La[Fe(CN)$_6$]·5H$_2$O}$_x$ 可以获得纯相的 LaFeO$_3$ 粉体，该材料制备的气敏元件对 NO$_2$ 气体具有一定的响应。随后，科研工作者对比了 LnFeO$_3$（Ln = La、Sm、Er、Eu）系列材料的气敏性能[9, 21, 22]，研究了不同稀土元素对其性能的影响，同时通过 A 位或 B 位掺杂的方式增大其电导率和响应值[23-30]；相比之下，钙钛矿结构材料 MSnO$_3$（M = Zn、Cd、Ni）的合成温度较低，可以调制获得形貌各异的 MSnO$_3$ 纳米材料[31]，通过增大其比表面积和活性位点提高其响应性，因此该类材料也受到科研工作者的广泛关注。本章详细综述 LnFeO$_3$ 和 MSnO$_3$ 基气体敏感材料的结构、制备方法和气敏性能，从相关的气敏机理出发，总结提高其气敏性能的举措。

7.2 结构与性质

钙钛矿晶体属立方晶系，为典型 ABX$_3$ 型离子晶体，标准钙钛矿晶体结构如图 7.1 所示，该结构由三维空间共角顶连接的 TiO$_6$ 八面体组成，Ca^{2+} 位于 TiO$_6$ 八面体围成的空隙中心，与 O^{2-} 的配位数为 12[32]；Ti^{4+} 与 O^{2-} 的配位数为 6；O^{2-} 的配位数为 6（分别与 4 个 Ca^{2+} 和 2 个 Ti^{4+} 相键合）。其中 $8 \times \frac{1}{8}$ 个 Ca^{2+} 位于立方体的 8 个顶角，1 个 Ti^{4+} 占据立方体的体心位置，$6 \times \frac{1}{2}$ 个 O^{2-} 占据立方体 6 个面的中心。也可看作 Ti^{4+} 处于 6 个 O^{2-} 组成的八面体中心，[TiO$_6$]$^{8-}$ 八面体通过顶角共用 O 连接成为三维网络，而 8 个 [TiO$_6$]$^{8-}$ 八面体构成的间隙中填充 1 个 Ca^{2+}[32]。

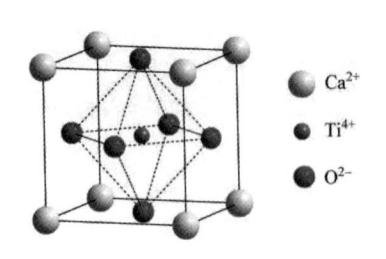

图 7.1 CaTiO$_3$ 晶胞结构图

在无机非金属材料体系中，许多物质与钙钛矿材料具有相似的结构，符合 ABX$_3$ 的组成通式。其中，A 为大半径阳离子（如 Na$^+$、K$^+$、Ca^{2+}、Sr^{2+}、Pb^{2+}、Ba^{2+}、Ln^{3+} 等），B 为小半径阳离子（如 Ti^{4+}、Nb^{5+}、Mn^{4+}、Fe^{3+}、Ni^{3+}、Ta^{5+}、Th^{4+}、Zr^{4+} 等），X 为阴离子（O^{2-}、F$^-$、Br$^-$ 等）[32]。理想的钙钛矿型结构属于等轴晶系，空间群为 $Pm3m$（No. 221），实际的 ABO$_3$ 晶体都畸变成四方或斜方晶系。1926 年 Goldschmidt 首次提出了容忍因子 t 的概念，用来描述结构稳定性和离子半径大小之间的几何关系。t 与离子半径之间的关系可表达为[33]

$$t = (R_A + R_O)/\sqrt{2}(R_B + R_O) \tag{7.1}$$

当 t 介于 0.78～1.05 时，钙钛矿型化合物具有稳定的结构。此外，与单一金属氧化物相比，钙钛矿型复合氧化物部分 A 位或 B 位的金属离子很容易被其他金属离子置换，形成 A$_{1-x}$A'$_x$B$_{1-y}$B'$_y$O$_{3-\delta}$ 复合氧化物，诱生出阴离子缺陷、阳离子缺陷或不同价态的 B 离子，使其粒径、导电性能或稳定性得到改善，进而获得具有较高的响应性、选择性以及较短的响应和恢复时间的半导体气敏材料；同时，由于其结构稳定性强，掺杂也不会改变原有结构，该类材料的研究具有极其重要的应用价值和理论研究价值。

作为近年来备受关注的钙钛矿型复合氧化物，LaFeO$_3$ 材料具有正交晶系钙钛矿结构，空间群为 $pnma$。研究表明，虽然 LaFeO$_3$ 材料对还原性气体（如乙醇、丙酮、甲醇、异丙醇和正丁醇等）具有较高的响应性，但也存在电阻较高、响应和恢复时间较长的劣势，影响其进一步实际应用。在高温条件下，LaFeO$_3$ 材料呈 p 型半导体导电特性。随着加热温度升高，LaFeO₃失去位于晶胞顶点上的阳离子，形成La³⁺空位[V_{La}^{x}]，随后电离产生空穴 h·：

$$V_{La}^{x} \longrightarrow V_{La}''' + 3h^{·} \tag{7.2}$$

在低温阶段，LaFeO₃的体系能量小于局域能级时，电导率较低；随着加热温度的升高，体系获得的能量可以克服其局域能级，空穴h·浓度增大，电导率随之升高。进一步在 A 位掺杂 K⁺、Ca²⁺、Ba²⁺、Sr²⁺等金属离子可以提高其载流子浓度，进而提高电导率[23-30]。相比之下，钙钛矿结构材料 MSnO₃ 属于典型的 n 型半导体，载流子为电子 e⁻。

7.3 LnFeO₃基气体敏感材料

近年来，研究发现 LnFeO₃复合氧化物具有良好的气敏性能，与单一金属氧化物相比，LnFeO₃具有更高的响应性、选择性、热稳定性和化学稳定性，同时使用寿命更长。其中，以 LaFeO₃基材料最为典型，可以通过掺杂 K⁺、Ca²⁺、Ba²⁺、Sr²⁺[23-30]等金属离子进一步提高其电导率、响应性、响应和恢复时间，在 CO、NO$_x$、H₂等有毒及易燃气体的检测领域备受瞩目。

7.3.1 LnFeO₃基气体敏感材料的制备

1. 溶胶-凝胶法

采用无机盐为原料、柠檬酸为络合剂的溶胶-凝胶法是制备 LnFeO₃复合氧化物最常用的液相合成方法之一。柠檬酸作为一种普遍使用的络合剂，是一种羟基三元羧酸，如图 7.2 所示[34]，含有四个配位基团，即一个羟基（—OH）和三个羧基（—COOH）。当溶液中存在两种不同金属离子时，羟基与羧基可以通过络合作用形成异核络合物。络合原理是在金属盐溶液中加入一定量的柠檬酸作为络合剂，通过有机络合剂与无机盐中的金属离子络合形成溶胶，通过加热使水分蒸干，促使络合物聚合生成黏稠状凝胶，

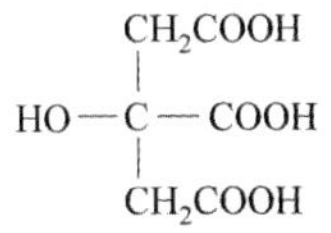

图 7.2 柠檬酸的分子式[34]

从而将金属离子均匀分散在其中，最后经热处理可以获得纯相的复合金属氧化物。溶胶-凝胶法可以将各金属离子组分均匀地分散在凝胶中，实现多组分的分子级、原子级混合。传统溶胶-凝胶工艺中的溶胶体系有大量的胶粒，胶粒之间以范德华力相互连接成网络。与传统溶胶-凝胶工艺相比，以柠檬酸为络合剂的溶胶体系中没有胶粒网络的形成过程，凝胶的形成过程是通过蒸发溶剂使络合物分子相互靠近，通过氢键相连而形成，因此具有以下明显的优越性：①以金属无机盐和络合剂为主要原料，原料成本低且容易得到；②通过络合剂与金属离子络合，实现多种离子在分子水平的均匀混合。

胡瑞生等[35]研究了不同络合剂对 LaFeO₃合成的影响，发现络合剂柠檬酸、乙酸、乙二胺四乙酸对 LaFeO₃的合成均有促进作用，添加柠檬酸作为络合剂对样品合成的促进作用更为明显。此外，在溶液中添加多元醇（如乙二醇、聚乙二醇等），柠檬酸还可以与其

发生酯化反应形成聚酯网，进一步提高组分的分散性，使得金属离子均匀分散其中，热处理后获得复合金属氧化物。Wang 等[36]以柠檬酸作为络合剂通过溶胶-凝胶法制备了 LaFeO₃气体敏感材料，粉体的粒径为 25～70nm，如图 7.3 所示。通过第一性原理计算表明 LaFeO₃（010）晶面吸附足够多氧气分子后，CO₂分子可以吸附在该面晶格上并转移电子，这与实验中材料电阻升高的现象相吻合，300℃时 LaFeO₃对 1000ppm、2000ppm 和 4000ppm CO₂气体的气敏响应分别为 1.74、2.19 和 2.74。Zhang 等[37]为了将微量 Ag⁺分散至 LaFeO₃中（物质的量比为 1∶99），采用溶胶-凝胶法制备 Ag-LaFeO₃气体敏感材料，首先将化学计量比的 La(NO₃)₃·6H₂O、Fe(NO₃)₃·9H₂O、AgNO₃和柠檬酸溶解于去离子水中（金属离子与柠檬酸的物质的量比为 2∶1），为进一步提高分散性再加入适量聚乙二醇，经老化获得溶胶，随后通过分子印迹技术获得气敏传感器，工作温度为 40℃时对 0.5ppm 甲醛的响应值达到 24.5（其他测试气体仅为 3.0），响应和恢复时间分别为 67s 和 104s。

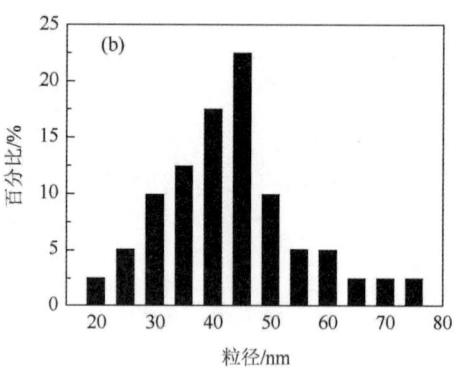

图 7.3 溶胶-凝胶法制备的 LaFeO₃粉体的 SEM 图（a）、粒径分布图（b）[36]

2. 共沉淀法

化学沉淀法是一种常用的制备超细亚微米材料的液相合成法，通常是在金属盐溶液中引入一定量的沉淀剂，使其与溶液中的阳离子发生反应形成沉淀，随后将沉淀过滤、洗涤，最后经干燥和热处理获得超细亚微米材料[24]。沉淀颗粒的大小和形状，可以依靠改变反应参数来控制，如阳离子浓度、表面活性剂的添加量、干燥或热处理温度等。孔令兵等[24]以 La(NO₃)₃、Fe(NO₃)₃和 Ca(NO₃)₂为原料，加入物质的量比 1∶1 的 NH₄OH 和 (NH₄)CO₃为沉淀剂获得 Fe(OH)₃、La₂(CO₃)₃和 CaCO₃混合沉淀，经 600～1000℃煅烧后可以制备出对乙醇具有良好响应的 LaFeO₃和 CaₓLa₁₋ₓFeO₃气体敏感材料。笔者所在团队[9]在共沉淀法制备 LnFeO₃（Ln = La、Sm、Eu）钙钛矿材料的过程中引入十六烷基三甲基溴化铵(CTAB)作为表面活性剂，有效提高了粉体的均匀度，LnFeO₃粒径约为 300nm，可以实现对丙酮、汽油、甲醛气体的有效检测。Huang 等[38]以金属有机骨架作为模板，通过共沉淀法制备了 SmFeO₃空心微球（图 7.4），直径约为 2μm，壁厚为 50～100nm。由于该特殊结构增大了敏感材料与气体的接触面积，该空心微球具有优异的气敏性能，200℃时对 200ppb NO₂气体的响应值可达 10.2。

图 7.4 热处理前（a）和热处理后（b）的 SmFeO$_3$ 空心微球的 SEM 图[38]

3. 热分解法

热分解法是目前一种常用的固相制备亚微米粉末的方法。起初，该法用于不活泼金属的冶炼，即将金属氧化物、碘化物或羰基化合物在高温下加热，发生一系列物理过程（如脱水、熔化、晶型转变、气体逸出等）和化学过程（如固相反应、化合物分解等），最后获得纯金属。现今，随着科技的进步，研究者发现热分解法可以通过控制分解温度影响晶粒的形核率和生长速度，高温下气体的挥发有利于获得粒径细小、比表面积大的超细粉体，因此将该法拓展至金属、金属氧化物、碳化物和氮化物等纳米颗粒或纳米复合物的制备。同时，还可以改变反应条件，如升温速率、分解温度、分解时间、降温速率和气氛等实验条件实现对纳米颗粒结构和形貌的有效调控，进而提高纳米材料的气敏性能。

例如，Matsushima 等[21]通过热分解异核配合物 Ln[Fe(CN)$_6$]·nH$_2$O（Ln = La、Sm、Dy），获得了 LnFeO$_3$ 气体敏感材料，通过 BET 测试证明其比表面积大于相同实验条件下采用固相法合成的样品（分别为 5m^2/g 和 2.5m^2/g）。相比于其他 LnFeO$_3$ 气体敏感材料，SmFeO$_3$ 对丙烯气体具有较好的选择性，同时添加少量 Pd 纳米粉体（5nm）作为催化剂可以提高其气敏性能（1.8 提升至 4.3）。Aono 等[22]通过 1000℃热分解 Ln[Fe(CN)$_6$]O$_3$·nH$_2$O（Ln = La、Nd、Sm、Gd、Dy）获得粒径约为 0.3μm 的 LnFeO$_3$ 钙钛矿材料，研究发现该类材料表面吸附氧与 Ln 离子所占比例有关，即不同的金属离子导致形成的缺陷浓度不同，所以呈现不同的气敏性能。而 $\frac{Sm}{Sm+Fe}$ 的物质的量比例最大，约为 0.65（其余 $\frac{Ln}{Ln+Fe}=0.6$），因此 SmFeO$_3$ 的气敏性能最佳。

4. 固相法

固相法是工业生产过程中常用的一种方法，主要利用化学计量比的氧化物、碳酸盐、乙酸盐或硝酸盐研磨混合均匀后，经高温煅烧获得产物。固相法具有原料简单易得、生产过程简单、有利于批量生产等明显优势，但也存在着合成温度高、保温时间长、能耗大、粉体粒径和均匀性较差等不足。Chu 等[39]以 La(CO$_3$)$_3$·6H$_2$O 和 K$_3$[Fe(CN)$_6$]为原料、PEG400 为添加剂，经研磨和高温热处理获得 LaFeO$_3$ 纳米粉体，热处理温度为 400℃时 La(CO$_3$)$_3$·6H$_2$O 和 K$_3$[Fe(CN)$_6$]分解获得 La$_2$O$_3$ 和 α-Fe$_2$O$_3$，500℃开始反应生成 LaFeO$_3$ 新相。700℃、800℃

和 900℃热处理后样品的粒径分别约为 50nm、80nm 和 100nm。该方法制备的 LaFeO$_3$ 气体敏感材料对三甲胺气体具有优异的响应性，208℃时对 1000ppm 三甲胺的响应值为 2553。

7.3.2 LnFeO$_3$基气体敏感材料的表征与分析

1. X 射线衍射分析

X 射线衍射（XRD）分析是目前分析材料物相组成的重要表征手段之一。其基本工作原理是利用特定波长的 X 射线进入晶体物质内部，具有周期性规则排列的离子或原子会导致 X 射线发生散射，使其在特定方向上得到加强，进而能够表征出与晶体结构一一对应的特有的衍射现象。晶体的 X 射线衍射满足布拉格方程：

$$2d\sin\theta = n\lambda \tag{7.3}$$

式中，λ 为 X 射线的波长；θ 为衍射角；d 为晶面间距；n 为整数。根据上述信息可获得所测样品的晶格常数，并能确定其晶体结构，X 射线衍射还可以对晶体进行定量分析。

2. 扫描电子显微镜分析

扫描电子显微镜（SEM）是利用电子束与样品物质相互作用产生二次电子，得到反映样品表面状况的二次电子像。扫描电子显微镜具有成像直观、分辨率高、立体感强、放大倍数范围宽和对样品无损伤等优点。

3. 透射电子显微镜

透射电子显微镜（TEM）是利用电子枪产生的电子束经聚光镜汇集后照射在样品的某一微小区域，利用入射电子穿透样品，形成具有高分辨率以及高放大倍数的显微镜，通过其强度分布反映样品的内部结构特征。

4. X 射线光电子能谱

X 射线光电子能谱（XPS）是一种有效的表面分析手段，对于气体敏感材料而言，主要用于测试元素组成以及化学或电子态，尤其是表面吸附氧的化学态。XPS 主要利用射线与样品的表面发生作用，通过检测逃逸电子的能量分布，从而获得材料中所含元素以及相应价态等信息。在气体敏感材料中，XPS 通常用于计算晶格氧和氧空位的含量。

5. 热失重分析

热失重分析（TGA）是在程序控制温度下，测定物质的质量随温度（或时间）变化关系的分析方法。在升温的过程中，被测物质的物理或化学特性发生变化引起质量的变化，从而研究物质的热特性。在气体敏感材料的研究中主要用于准确测定材料的起始合成温度和分解速率。

6. 样品气敏性能测试

以旁热式气敏元件为例，其制备工艺如下：将制备好的气体敏感材料与适量的去离子水混合，研磨成糊状后均匀涂覆在两头镀有 Au 电极和 Pt 引线的 Al_2O_3 陶瓷管上。自然干燥后于空气中热处理一定时间，随炉自然冷却。随后将绕制好的 Ni-Cr 丝穿过陶瓷管内部，与 Pt 引线分别焊接在元件基座上，最后在元件外部罩上铁丝网，封装老化后获得气敏元件，如图 7.5 所示。

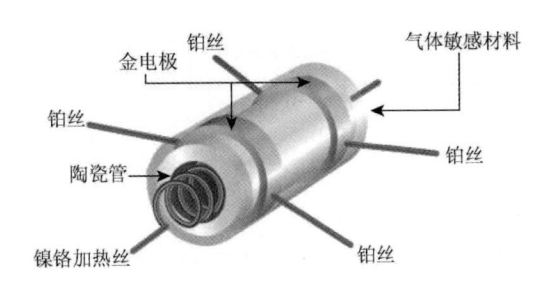

图 7.5 气敏元件的示意图[40]

半导体金属氧化物气敏元件的特性参数主要有电阻值、输出电压值、响应值、响应和恢复时间、工作温度、稳定性等。

1）电阻值

电阻型气敏元件在洁净空气中和被测气体中的电阻值分别称为固有电阻值和工作电阻值，分别用 R_a 和 R_g 来表示。

2）输出电压值

在实际测量中，通常测量得到的是负载电阻上的输出电压。V_a 表示元件置于洁净空气中时负载电阻上的输出电压；V_g 表示元件置于被测气体中时负载电阻上的输出电压。

3）响应值

气敏元件的灵敏度是指元件对被测气体的敏感程度。通常采用电阻比（或电压比）表示响应值 β（对于 p 型半导体）：

$$\beta = \frac{R_g}{R_a} \text{ 或 } \beta = \frac{V_a}{V_g} \qquad (7.4)$$

4）响应和恢复时间

通常把从元件接触一定浓度的被测气体开始到元件的电阻变化值达到 $|R_a - R_g|$ 的 90%所需的时间定义为响应时间。恢复时间则定义为气敏元件从脱离被测气体开始，直到其电阻变化值达到 $|R_a - R_g|$ 的 90%所需的时间。

5）工作温度

气敏元件工作时加热电阻提供其所需的工作温度，此时加热电阻上的电压称为加热电压。

6）稳定性

通常元件在长期使用后，电阻和响应值都会发生一定的变化。稳定性指的是气敏元件对一定浓度气体的响应值的变化幅度。

7.3.3 LnFeO₃基气体敏感材料的气敏性能与机理

1. LnFeO₃基气体敏感材料的气敏机理

LnFeO₃材料的响应性主要通过气敏元件电导率的变化呈现。LnFeO₃属于p型半导体，高温下呈金属导电行为，其导电机理主要是通过-Fe-O-Fe-之间的小极化子跳跃实现，LnFeO₃复合氧化物电导率随温度的变化如图7.6所示。接触待测气体前后，LnFeO₃对气体敏感的过程主要分为以下步骤：

（1）高温下LnFeO₃失去Ln^{3+}形成空位$[V_{Ln}^{x}]$，随后电离产生空穴$h^·$。

$$V_{Ln}^{x} \longrightarrow V_{Ln}''' + 3h^· \tag{7.5}$$

同时，随着加热温度的升高，大量的氧原子被吸附在LnFeO₃材料的表面和晶界上，获得电子转变为化学吸附状态。氧气分子经历的化学反应如下[9]：

$$O_{2gas} \longrightarrow O_{2ads} \tag{7.6}$$

$$O_{2ads} + e^- \longrightarrow O_{2ads}^- \tag{7.7}$$

$$O_{2ads}^- + e^- \longrightarrow 2O_{ads}^- \tag{7.8}$$

$$O_{2ads}^- + e^- \longrightarrow O_{ads}^{2-} \tag{7.9}$$

因而导致$h^·$浓度增加，LnFeO₃电导率增大。

（2）元件暴露在还原性气体（如甲醛）中时，气体吸附在半导体表面，与吸附在半导体表面的高活性氧发生反应，被氧原子捕获的电子被释放出来，气体发生以下反应[9]：

$$(HCHO)_{gas} \longrightarrow (HCHO)_{ads} \tag{7.10}$$

$$(HCHO)_{ads} + 2O_{ads}^{2-} \longrightarrow CO_2 + (H_2O)_{gas} + 4e^- \tag{7.11}$$

此时释放出来的电子与空穴发生湮灭：

$$h^· + e^- \longrightarrow 0 \tag{7.12}$$

导致气敏元件的电导率减小，从而实现对还原性气体的检测。

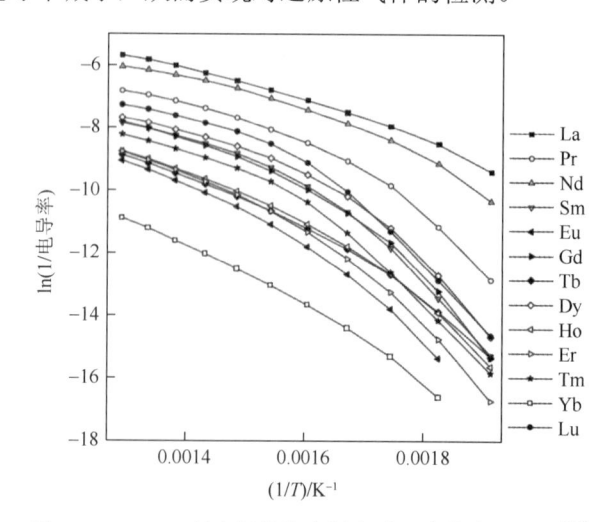

图7.6 LnFeO₃复合氧化物电导率随温度的变化关系[41]

（3）产物从半导体表面脱附。

纵观整个气敏过程，气敏元件的工作温度对气体的吸附、脱附和得失电子过程有着重要影响。图 7.7 为 SmFeO$_3$ 材料在不同测试温度下对 VOC 气体的响应值[42]，当温度过低时不利于产物在元件表面的脱附，阻止了待测气体与吸附氧的化学反应，导致其电阻上升程度不高，因而器件响应值下降；当温度过高时，表面吸附氧解吸速率过快，同时待测气体来不及扩散到元件表面就被氧化，导致响应值下降。因此选择合适的工作温度对于气敏元件的测试尤为重要。同时，Ln 元素直接影响着元件的气敏性能，Siemons 等[41]制备了 LnMO$_3$（Ln = La、Pr、Nd、Sm、Eu、Gd、Tb、Dy、Ho、Er、Tm、Yb、Lu；M = Fe、Cr）系列气体敏感材料，得出以下结论：Ln—O 键强的大小直接决定了表面吸附氧与测试气体反应的程度，Ln—O 键越强，响应值越低。此外，Cr—O 键强于 Fe—O 键，因此 LnFeO$_3$ 系列气体敏感材料响应值更高。

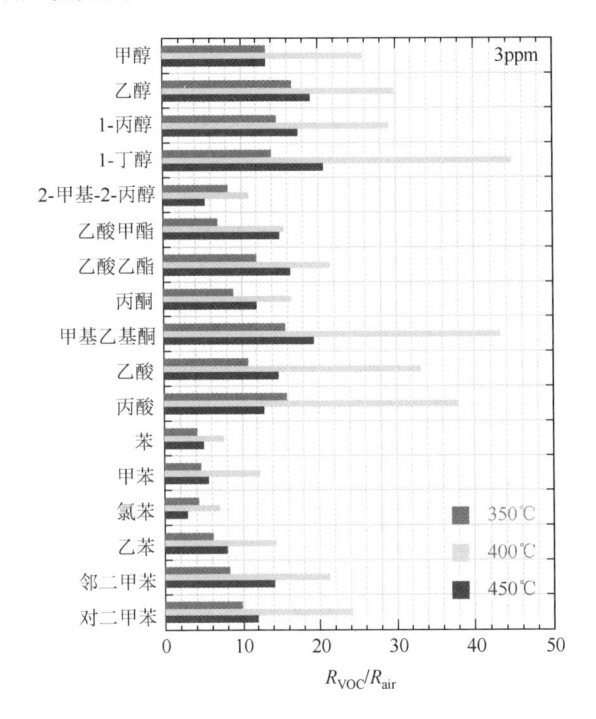

图 7.7　SmFeO$_3$ 对 VOC 气体的响应值[42]

2. 提高 LnFeO$_3$ 基气体敏感材料响应值的方法

在 A 位或 B 位进行金属离子掺杂可以提高 LnFeO$_3$ 的电导率，其中 A 位通常为 Ca^{2+}、Sr^{2+}、Ba^{2+}、Pb^{2+}、Mg^{2+} 等二价离子，B 位通常为 Cu^{2+}、Mn^{2+}、Ni^{2+} 等过渡金属离子，掺杂后不仅能保持稳定的钙钛矿结构，还有效提高了其气敏、导电或催化性能[24-30]。例如，孙令兵等[24]通过共沉淀法获得 La$_{1-x}$M$_x$FeO$_3$（M = Ca、Sr、Ba，x = 0.0～0.6）钙钛矿复合氧化物，系统研究了碱土金属 A 位掺杂对 LaFeO$_3$ 材料电导率的影响。当 M^{2+} 取代 La^{3+} 以后形成缺陷 M$'_{La}$，为了保持电荷平衡，可能出现以下两个机理：①电价补偿机理，Fe^{3+} 转化

成 Fe^{4+}，形成 $(La^{3+}_{1-x}M^{2+}_x)(Fe^{3+}_{1-x}Fe^{4+}_x)O_3$，电导率随掺杂量增加而升高；②氧空位补偿机理，通过形成氧空位 $V_o^{\cdot\cdot}$ 保持电荷平衡 $(La^{3+}_{1-x}M^{2+}_x)FeO_{3-\delta}$，电导率随之降低。实际晶体中则是以上两种混合补偿来实现电荷平衡，在该体系中 $x<0.2$ 时电价补偿占主导，电导率随着掺杂量 x 的增加而上升；当 $x>0.2$ 时氧空位补偿逐渐取得优势，电导率随掺杂量的增加而下降。由于碱土金属的正电性顺序为 Ca<Sr<Ba，$Ca_xLa_{1-x}FeO_3$ 中的 Fe^{4+} 稳定性最高，氧空位补偿优势比较弱，因此 $x>0.2$ 时电导率下降较为缓慢。Zhang 等[25, 26]在 Ca^{2+} 掺杂的 $YbFeO_3$ 电导率测试中也得出了两种混合补偿来实现电荷平衡的结论，掺杂 20%的 Ca^{2+} 不仅提高了 $YbFeO_3$ 的电导率，同时还抑制了晶粒长大（从 40nm 降低至 36nm），提高了材料的比表面积，进而有效提高其响应值（从 1.08 增加至 2.32，0.5ppm 丙酮）。此外，Liu 等[27, 28]对比了 Mg^{2+} 在不同 A 位和 B 位掺杂对 Ln(Fe, Co)O_3 电导率和气敏性能的影响，发现 Mg^{2+} 更倾向于 B 位取代，同时无论 A 位或 B 位掺杂都可以在保持钙钛矿结构的前提下提高材料的电导率和气敏性能，优化后的 $La_{0.92}Mg_{0.08}FeO_3$ 和 $LaFe_{0.9}Mg_{0.1}O_3$ 分别对醇类和甲烷气体具有良好的选择性；同时，在 Mg^{2+} 掺杂量相同的情况下，A 位元素种类 (Ln = La、Nd、Sm、Gd、Dy) 也会对气敏性能有着极大影响，$SmFe_{0.9}Mg_{0.1}O_3$ 对丙酮气体的响应值最高。

A 位和 B 位的共同掺杂也可以进一步提高 $LaFeO_3$ 材料的气敏性能。Song 等[29, 30]通过溶胶-凝胶法首先制备了 $La_{1-x}Pb_xFeO_3$ 气体敏感材料，A 位的 La^{3+} 被 Pb^{2+} 取代后形成点缺陷 Pb_{La}^x，其发生电离产生空穴 $h^{\cdot}$，引起电导率升高，但 $x>0.2$ 时，样品中的大量氧空位会与空穴发生湮灭，电导率逐步降低；进一步在 $La_{0.8}Pb_{0.2}FeO_3$ 的 B 位采用 Co^{2+} 或 Ni^{2+} 取代 Fe^{3+} 获得 $La_{0.8}Pb_{0.2}Fe_{0.8}Co_{0.2}O_3$ 或 $La_{0.8}Pb_{0.2}Fe_{0.8}Ni_{0.2}O_3$ 材料，会在其内部形成点缺陷 CO_{Fe}^x，同时电离产生空穴 $h^{\cdot}$，引起电导率的逐步升高，材料对 CO 气体的响应值也逐渐升高。

除金属掺杂外，材料的超微粒化也可以使气体敏感材料的响应性和选择性得到有效提升。这主要是由于纳米材料的两个效应起了决定性作用[32]：①表面效应，随着材料的粒径降低至纳米级别，材料的比表面积和表面能随之增大，表面原子配位严重失配，悬空键极易与气体分子结合，引起电导率的变化；②量子尺寸效应，随着气体敏感材料尺寸降低至纳米级别，其费米能级附近的电子能级由准连续变为离散能级，微粒存在不连续的最高占据分子轨道和最低未占分子轨道能级、能隙变宽的现象，从而使其电性能与宏观特性有显著的不同。例如，Tong 等[43]通过静电纺丝法制备出 $LnFeO_3$ (Ln = La、Nd、Sm) 纳米纤维。由于纤维具有较大的比表面积，对丙酮气体具有较高的响应值（9.98，100ppm），同时 Sm—O 的结合能最低，因此 $SmFeO_3$ 纳米纤维的响应值最佳。Fan 等[44]也通过静电纺丝法制备出 $LaFeO_3$ 纳米带，工作温度为 170℃时对 500ppm 乙醇气体的响应值为 8.9。Huang 等[38]和 Zhang 等[45]分别以金属有机骨架和碳球作为模板制备了 $SmFeO_3$ 和 $LaFeO_3$ 空心微球，微球的介孔结构增大了材料与气体的接触面积，使其具有比体材料更优异的响应性。Qin 等[46]也以单分散的聚甲基丙烯酸甲酯（PMMA）为模板剂制备了具有三维有序大孔结构的 $LaFeO_3$ 气体敏感材料，如图 7.8 所示，由于其特殊的结构带来了较大比表面积、较多的活性位点和氧空位数量，它的气敏性能是体材料的 2 倍，190℃时对 100ppm 甲醇气体的响应值可达 96。

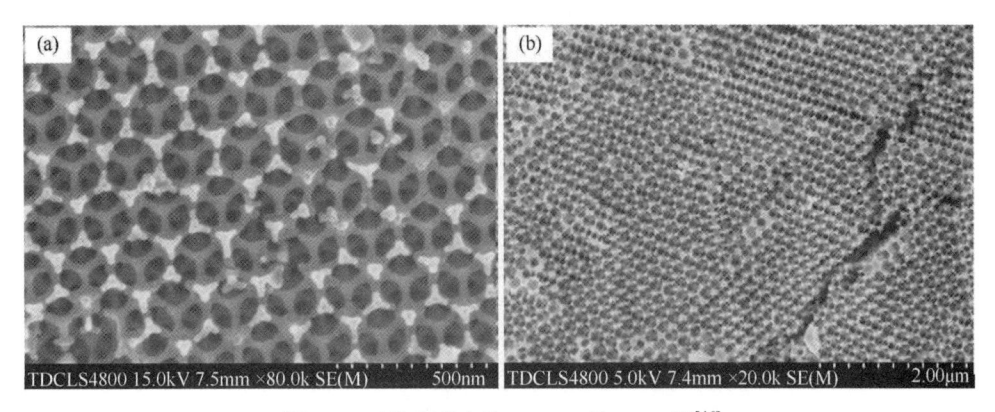

图7.8 三维有序大孔 LaFeO$_3$ 的 SEM 图[46]

此外，贵金属修饰也可以进一步提高 LnFeO$_3$ 材料的气敏性能。贵金属不仅可以为吸附氧分子和待测气体提供更为活跃的位点，还能借助其高催化活性的特点促进气体从材料表面脱离。例如，Wei 等[47]通过静电纺丝法制备出 Ag-LaFeO$_3$ 纳米纤维，直径为 80~120nm，如图7.9所示。当 Ag 的负载量为 2%时所制备的纳米纤维的响应值最佳，可以检测低至 5ppm 的甲醛气体，并且具有较短的响应和恢复时间（2s 和 4s）。

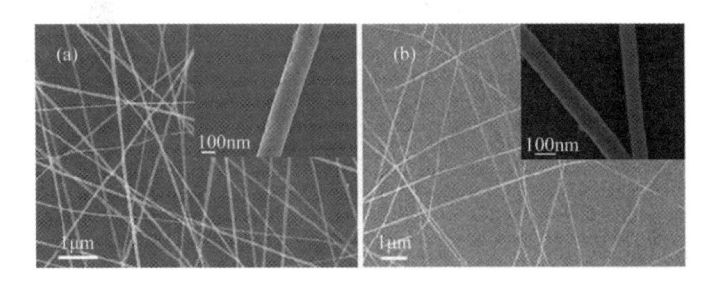

图7.9 LaFeO$_3$（a）、Ag-LaFeO$_3$（b）纳米纤维的 SEM 图[47]

7.4 MSnO$_3$ 基气体敏感材料

钙钛矿型复合氧化物 MSnO$_3$（M = Zn、Cd、Ni）是一种新型的气体敏感材料，可以用于还原性气体和易燃气体的检测，如汽油、乙醇、一氧化碳、甲醛和硫化氢等[31]。由于其稳定温度低于 600℃，很多低温合成方法均可以应用于制备 MSnO$_3$，如低温阳离子交换法、共沉淀法、水热法等。从晶体结构上看，以 ZnSnO$_3$ 为例，ZnSnO$_3$ 属于面心立方结构，各晶面族的表面能大小依次为 $\gamma\{111\}<\gamma\{100\}<\gamma\{110\}$，通过调节实验参数会出现 $\gamma\{111\}$ 晶面族依然存在，而 $\{100\}$ 和 $\{110\}$ 消失的现象，因此可以获得形貌各异的纳米材料[31]。

7.4.1 MSnO$_3$ 基气体敏感材料的制备

1. 水热法

MSnO$_3$ 纳米材料的合成温度较低，因此水热法成为调控其形貌常用方法之一。该方法是将前驱体置于水热反应釜中，通过外部加热，经高温高压形成稳定的新相，避免了高温热处理带来的晶粒快速生长和团聚等问题，粉体具有结晶度较高、晶粒细小、颗粒形貌规整、分散性较好等明显优势。同时通过引入表面活性剂还可以获得具有特殊形貌的 $MSnO_3$ 纳米材料。

Bing 等[40]通过 160℃水热制备出 $ZnSnO_3$ 空心微球，该球由纳米棒自组装而成，直径为 600～900nm。图 7.10 的 TEM 图说明样品首先是通过自组装形成实心微球，随后通过奥氏熟化得到空心微球。由于多级结构有利于测试气体的吸附和脱附，$ZnSnO_3$ 空心微球对乙醇气体具有较好的响应性（27.8，50ppm）、较短的响应和恢复时间（0.9s 和 2.2s）。Zeng 等[48]也采用水热法合成了 $ZnSnO_3/SnO_2$ 复合纳米花，水热过程中首先合成了 $ZnSnO_3$ 多面体，随后生长出 SnO_2 纳米片，最后组装成纳米花，其中纳米片厚度约为 25nm，纳米花横向约为 1.9μm，径向约为 1.2μm。此外，该小组还通过水热法制备出 $ZnSnO_3$ 纳米笼（图 7.11）和空心骨架状 $ZnSnO_3$[49, 50]，即将原料 $Zn(CH_3COO)_2 \cdot 2H_2O$、$SnCl_4 \cdot 5H_2O$、NaOH 和 $(CH_2)_6N_4$（HMT）溶于去离子水中，随后于 160℃水热 12h 获得产物。其合成过程主要是 Zn^{4+} 和 Sn^{4+} 首先合成 $ZnSn(OH)_6$ 纳米颗粒，随后通过分子自组

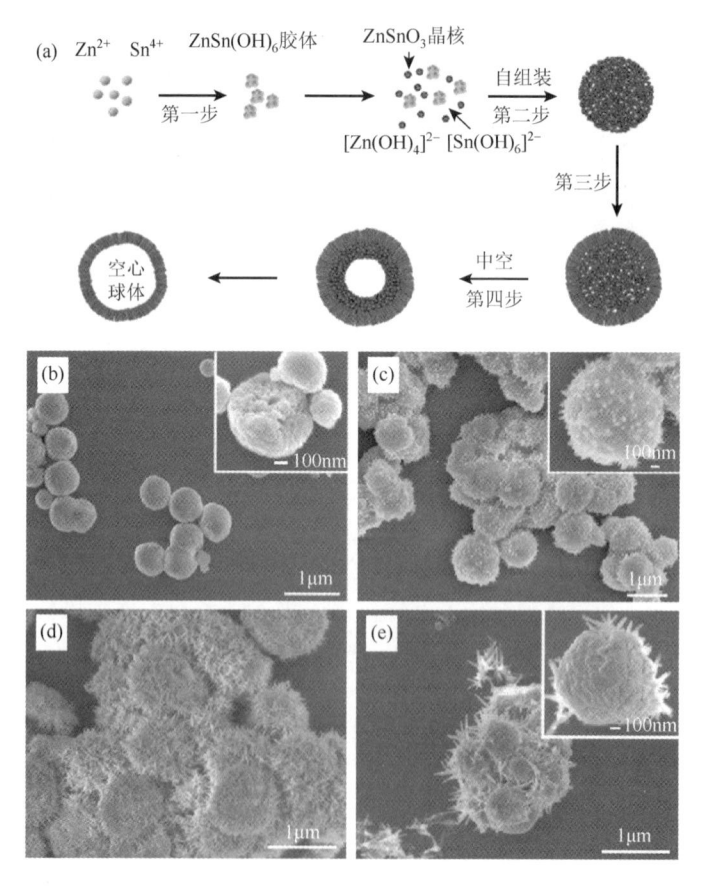

图 7.10 $ZnSnO_3$ 微球的合成过程示意图（a）；不同反应时间的 SEM 图 [0.5h（b），1h（c），1.5h（d），4h（e）][40]

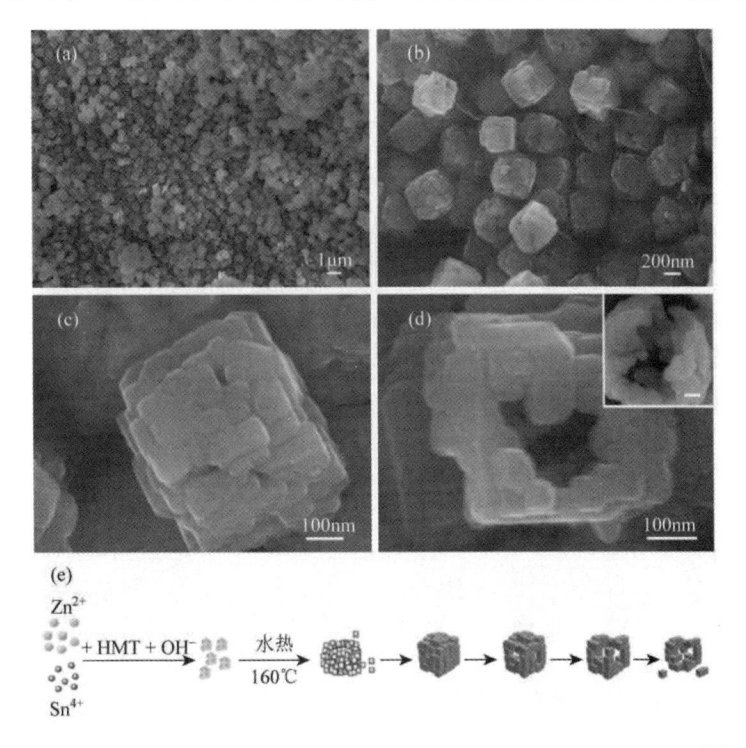

图 7.11 ZnSnO$_3$ 纳米笼的 SEM 图（a～d）、合成过程示意图（e）[48]

装获得 ZnSnO$_3$ 纳米笼，尺寸为 200～400nm，并对乙醇和甲醛气体具有良好的气敏性能。随后，Guo 等[51]采用 Zn(CH$_3$COO)$_2$、SnCl$_4$·5H$_2$O、NaOH 和 C$_2$H$_7$NO（MEA）为原料，通过水热法制备出空心立方型 ZnSnO$_3$，该材料可以用于检测室内有毒气体甲醛。此外，通过调节表面活性剂种类（PVP 和 CTAB），采用水热法还可以分别制备出 ZnSnO$_3$ 中空多面体[52]和 ZnSnO$_3$ 中空微球，中空结构为纳米 ZnSnO$_3$ 材料的表面气体传输提供有效的路径，因此对丙酮气体具有较好的响应性。

Feng 等[53]进一步将水热反应产物热处理获得 ZnSnO$_3$ 中空微球：首先通过 80℃水热 3h 获得细小的 ZnSn(OH)$_6$ 粉体，随后通过奥氏熟化制备出 ZnSn(OH)$_6$ 空心球，再经过 450℃热处理 3h 获得 ZnSnO$_3$ 中空微球，直径为 0.9～1.2μm，比表面积达到 53.91m^2/g，可以用于检测低浓度的丙酮气体。Zhao 等[54]则首先通过简单的水热法于 170℃反应 16h 合成了 CdSnO$_3$·3H$_2$O 前驱体，随后在空气中 550℃煅烧获得 CdSnO$_3$ 立方体，边长约为 100nm。该立方体对氯气具有较高的灵敏度，当氯气浓度为 5ppm 时，制备的气敏元件的响应值可达 1338.9。

2. 一步法

一步法是合成纳米材料较为简单有效的方法。在合成过程中，将所有反应物和表面活性剂等原料充分混合反应，随后加热至特定温度得到最终产物，通过调控表面活性剂种类和添加量可以批量获得高质量的纳米材料。与其他方法相比，一步法反应机理相对简单且过程易于控制，同时还可以精确调控 MSnO$_3$ 纳米材料的形貌、结晶度和尺寸分布。

Geng 等[31]在低温下通过一步法制备了 ZnSnO$_3$ 纳米材料，85℃时发生以下化学反应：
$$ZnAc_2 + SnCl_4 + 6NaOH = ZnSnO_3 + 4NaCl + 2NaAc + 3H_2O \quad (7.13)$$
随后经洗涤和抽滤获得 ZnSnO$_3$ 多面体。通过调控表面活性剂种类（阳离子表面活性剂 CTAB、阴离子表面活性剂 SDBS 和非离子表面活性剂 PVP）及其用量，可以获得八面体、十四面体和去顶八面体形状的 ZnSnO$_3$，其形成机理如图 7.12（d）所示，同时得出结论：一步法制备的 ZnSnO$_3$ 的形貌主要与〈100〉和〈111〉晶向的比值 R 有关。

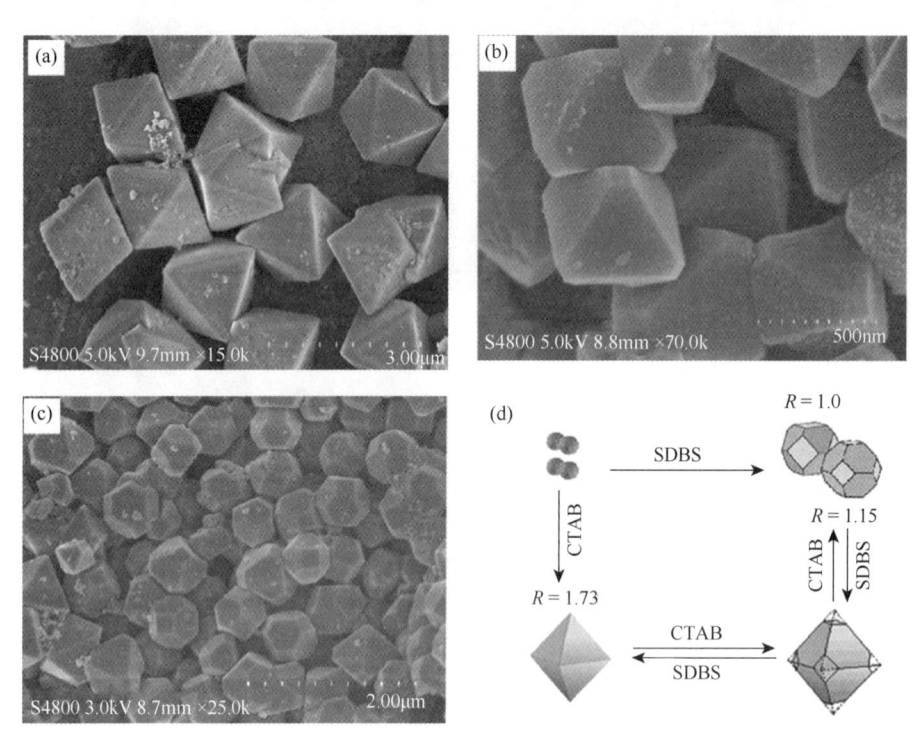

图 7.12 不同 CTAB 浓度制备的 ZnSnO$_3$ 的 SEM 图（a～c）和机理图（d）[31]
(a) 0.15mol/L；(b) 0.4mol/L；(c) 0.75mol/L

3. 固相法

固相法是指按化合物组成计量比例配制相应的氧化物、碳酸盐、乙酸盐或硝酸盐，所得混合物经研磨和高温煅烧获得相关化合物。其优点是操作简单、对设备要求低、易于批量生产，不足之处在于研磨过程中容易引入杂质，同时煅烧温度较高不利于获得纯相纳米材料。早在 2002 年，笔者所在课题组[55]报道了采用 ZnO 和 SnO$_2$ 为原料，通过固相法制备 ZnSnO$_3$ 气体敏感材料，并将其应用于可燃气体的检测；Cao 等[56]以 SnCl$_4$·5H$_2$O、Zn(CH$_3$COO)$_2$·2H$_2$O 和 NaOH 为原料，加入一定量的聚乙二醇（PEG400）作为添加剂，混合均匀后于 500℃氮气气氛下热处理 3h 获得 ZnSnO$_3$ 立方体，发生的固相反应如下：

$$SnCl_4 \cdot 5H_2O + Zn(CH_3COO)_2 \cdot 2H_2O + 6NaOH \longrightarrow ZnSn(OH)_6 \\ + 4NaCl + 2CH_3COONa + 7H_2O \quad (7.14)$$

$$ZnSn(OH)_6 \longrightarrow ZnSnO_3 + 3H_2O \tag{7.15}$$

所获得的 ZnSnO₃ 立方体的晶粒尺寸为 60～110nm，如图 7.13 所示，与商用 ZnSnO₃ 粉体相比具有更高的响应值，分别为 8.9 和 2.3。

图 7.13 ZnSnO₃ 立方体热处理前后的 SEM 图（a，b）、TEM 图（c，d）、SARD 图（e）、HRTEM 图（f）[55]

4. 共沉淀法

共沉淀法通常是在金属盐溶液中引入沉淀剂形成均匀沉淀，随后经过热处理获得所需粉体材料。1993 年，Sheng 等[57]采用氨水和草酸两种沉淀剂共同制备了纯相的 ZnSnO₃ 纳米材料，避免了传统固相法和采用单一沉淀剂 NH₃·H₂O 带来的 Zn₂SnO₄ 杂质形成的问题。这是由于草酸与 Zn²⁺ 形成草酸锌（ZnC₂O₄·2H₂O）沉淀，随后发生分解反应：

$$2ZnC_2O_4 \cdot 2H_2O + O_2 \longrightarrow 2ZnCO_3 + 2CO_2 \uparrow + 4H_2O \tag{7.16}$$

$$ZnCO_3 \longrightarrow ZnO + CO_2 \uparrow \tag{7.17}$$

草酸锌的分解阻止了 Zn²⁺ 提前扩散进入 SnO₂ 晶格形成反尖晶石型 Zn₂SnO₄，因此所获的纯相气体敏感材料具有更好的响应性和选择性。笔者所在课题组[58]以 CdSO₄·8H₂O、CdCl₂ 和 SnCl₄·5H₂O 为原料，NH₃·H₂O 为沉淀剂经 25℃反应 1h 获得白色沉淀，再经过 400～600℃热处理 6h 制备出黄色 CdSnO₃ 钙钛矿气体敏感材料，粒径为 1～3μm，比表面积为 60～65m²/g，对 100ppm 乙醇气体的响应值约为 51。此外，课题组还通过类似的方法制备了 NiSnO₃ 钙钛矿气体敏感材料并对乙醇气体具有良好的响应[59]。随后，Chu 等[60]、Jia 等[61]和 Meena 等[62]分别报道了以 Cd(NO₃)₂·4H₂O［或 Cd(CH₃COO)₂·2H₂O］、SnCl₂ 为原料，NaOH、NH₃·H₂O 或(NH₄)₂CO₃ 为沉淀剂均可合成出 CdSnO₃ 气体敏感材料，合成过程如图 7.14 所示，采用该材料制备的气敏元件具有优异的气敏性能。Yin 等[63]以 ZnSO₄·7H₂O、SnCl₄·5H₂O 和柠檬酸钠为原料，NaOH 为沉淀剂获得白色沉淀，再经 400℃热处理 4h 获得 ZnSnO₃ 纳米球。该纳米球由 ZnSnO₃ 纳米三角片组成，直径约为 500nm，组装成的气体敏感材料可以检测低至 500ppb 的丙酮气体（表 7.1）。Zhou 等[64]通过共沉淀法形成了 ZnSn(OH)$_6$ 立方体，随后经过碱刻蚀和热处理获得多层 ZnSnO$_3$ 立方体（图 7.15）。发生的化学反应如下：

$$Zn^{2+} + Sn^{4+} + 6OH^- \longrightarrow ZnSn(OH)_6 \qquad (7.18)$$

$$ZnSn(OH)_6 + 4OH^- \longrightarrow [Zn(OH)_4]^{2-} + [Sn(OH)_6]^{2-} \qquad (7.19)$$

$$ZnSn(OH)_6 \longrightarrow ZnSnO_3 + 3H_2O \qquad (7.20)$$

多层结构增加了该气体敏感材料的比表面积和活性位点，因此组装的甲醛气体传感器具有较高的响应值（37.2，100ppm）、较短的响应时间（1s）和优异的长期稳定性（30 天）。

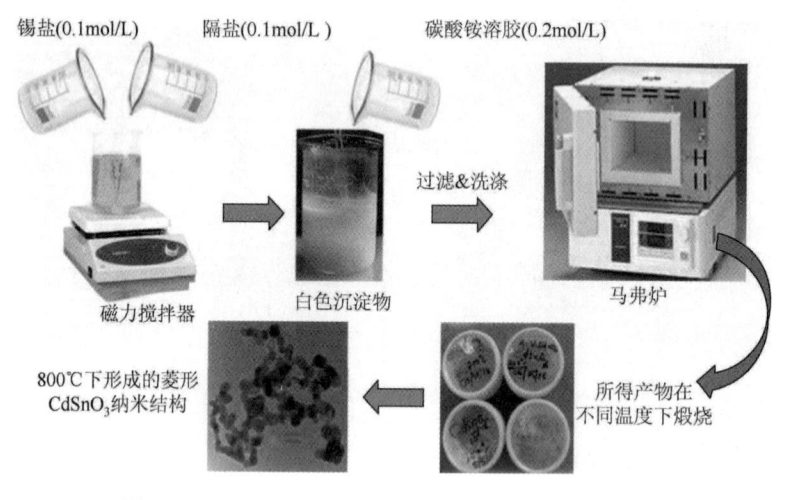

图 7.14 共沉淀法制备 CdSnO$_3$ 纳米材料的流程图[62]

表 7.1 ZnSnO$_3$ 纳米材料及其气敏性能

材料	尺寸/nm	温度/℃	气体	响应值	响应时间/s	恢复时间/s	参考文献
ZnSnO$_3$ 超薄纳米棒空心球体	600~900	270	乙醇	27.8（50ppm）	0.9	2.2	[40]
ZnSnO$_3$ 纳米微球	500	200	丙酮	10.3（10ppm）	—	—	[63]
ZnSnO$_3$ 空心微球	400~600	380	丙酮	5.79（500ppm）	0.3	0.65	[65]
ZnSnO$_3$ 空心微球	900~1200	200	丙酮	7.1（50ppm）	2	40	[53]
ZnSnO$_3$ 十四面体	200~300	—	硫化氢	—（70ppm）	15~20	20	[31]
ZnSnO$_3$ 非立方体	60~110	300	乙醇	34.2（100ppm）	4	11	[56]
ZnSnO$_3$ 多壳立方体	900~1100	220	甲醛	37.2（100ppm）	1	59	[64]
分层 ZnSnO$_3$ 纳米基	200~400	270	乙醇	8（50ppm）	2	30	[49]
立方 ZnSnO$_3$ 纳米笼和纳米骨架	200~400	270	乙醇	22.5（200ppm）	2	30	[50]
空心 ZnSnO$_3$ 纳米袋	500~600	350	甲醛	57.6（50ppm）	3	5	[51]
空心 ZnSnO$_3$ 多面体	700~1600	240	丙酮	12.48（50ppm）	17	10	[52]
NiO/ZnSnO$_3$ 微球修饰纤维	长 15000，厚 600	160	乙醇	23.95（20ppm）	56	48	[66]

续表

材料	尺寸/nm	温度/℃	气体	响应值	响应时间/s	恢复时间/s	参考文献
ZnSnO$_3$/SnO$_2$纳米薄片	1900	270	乙醇	27.8（50ppm）	1.0	1.8	[48]
CNT/ZnSnO$_3$空心盒	150	240	乙醇	166（100ppm）	6	—	[67]
rGO/ZnSnO$_3$	—	103	甲醛	12.8（10ppm）	31	—	[68]
ZnWO$_4$/ZnSnO$_3$非立方体	—	180	甲醛	73（30ppm）	142	14	[69]
Zn$_{1-x}$Mg$_x$SnO$_3$/TiO$_2$	—	80	乙醇	149.81（500ppm）	4	80	[70]

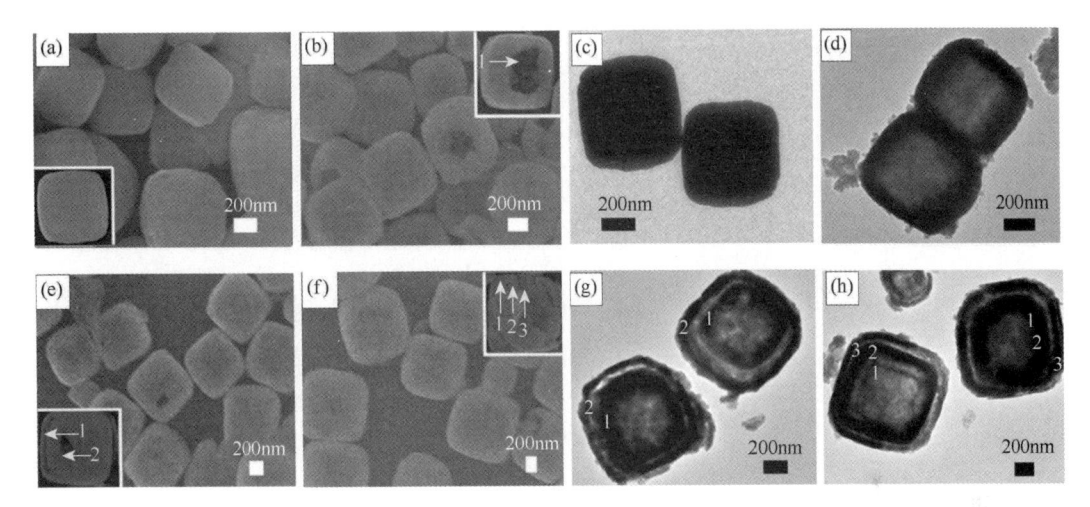

图 7.15 ZnSnO$_3$ 的 SEM 和 TEM 图：实心立方体（a，c）；单层立方体（b，d）；双层立方体（e，g）；多层立方体（f，h）[64]

5. 喷雾热解法

喷雾热解法是指将金属盐溶液以雾状喷入高温气氛中，随着溶剂的蒸发和金属盐的热分解获得粉体材料。该方法有利于获得粒径小、分散性好的纳米粉体，而喷雾工艺参数直接影响纳米材料的粒径[71]。

Dabbabi 等[65]采用这一方法制备了 ZnSnO$_3$ 薄膜型气体传感器，即将前驱体溶液混合，随后以 20mL/min 的速度喷射至 450℃的基底上，控制基底和喷嘴的距离为 25cm，可以获得晶粒尺寸为 250~400nm 的 ZnSnO$_3$ 薄膜。该薄膜气体传感器可以在低至室温的温度下检测 NO$_2$ 气体，气体浓度为 80ppm 时响应值可达 12.05。Dridi 等[72]以 NiCl$_2$ 和 SnCl$_4$ 为原料通过喷雾热解法于 460℃在玻璃基底上制备了 NiSnO$_3$ 薄膜，通过原子力显微镜（AFM）观察到晶体粒径约为 50nm，在 175~250℃范围内该薄膜对乙醇气体具有良好的气敏性能。

6. 化学气相沉积法

化学气相沉积（CVD）的反应过程是将反应剂蒸气引入反应室，借助气相作用于基底表面，固体产物会在基底表面不断沉积，利用化学反应，通过合理选择气相组成、温度、压强及浓度等参数可得到所需材料。Cheng 等[73]以 Zn(NO$_3$)$_2$·6H$_2$O 和 SnCl$_4$·5H$_2$O 为原料、蔗糖为模板剂采用 CVD 法制备了 SnO$_2$/ZnSnO$_3$ 中空球。通过控制蔗糖浓度，可以获得实心固体球、核壳结构球、单壳球和双壳球（图 7.16），其中双层球的比表面积高达 188.60m^2/g，对 100ppm 丙酮气体具有较高的响应值（30，290℃）。

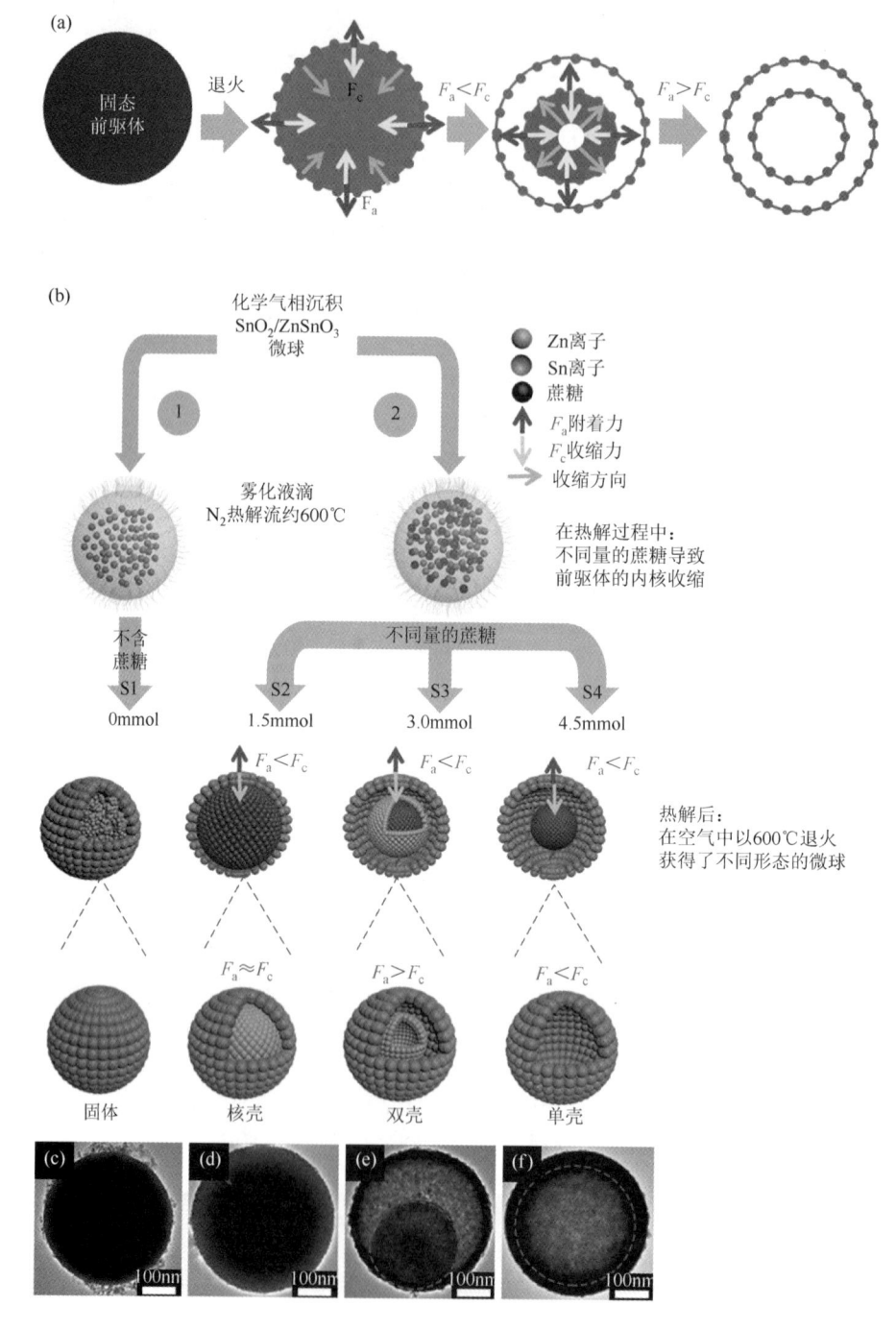

图 7.16 （a）ZnSnO$_3$ 双层球的形成过程；（b~f）Zn-Sn 复合球的形成过程（b）及相应的 TEM 图（c~f）[73]

7.4.2 MSnO₃基气体敏感材料的表征与分析

ZnSnO₃基气体敏感材料的表征与分析与 7.3.2 节 LnFeO₃（Ln = La、Sm、Er、Eu）基气体敏感材料的表征与分析相似，仅气敏元件的响应值 β 定义不同，对于 n 型半导体的响应值 β：

$$\beta = \frac{R_a}{R_g} \tag{7.21}$$

其中，R_a 和 R_g 分别表示气敏元件在洁净空气中和被测气体中的电阻值。

7.4.3 MSnO₃基气体敏感材料的气敏性能与机理

1. MSnO₃基气体敏感材料的气敏机理

钙钛矿结构材料 ZnSnO₃ 属于典型的 n 型半导体，响应值主要通过气敏元件接触气体前后电导率的变化呈现。接触待测气体前后，ZnSnO₃ 对气体敏感的过程主要分为以下步骤：

（1）高温下大量的氧原子被吸附在 ZnSnO₃ 材料的表面和晶界上，获得电子转变为化学吸附状态。氧气分子经历的化学反应如下[63]：

$$O_{2gas} \longrightarrow O_{2ads} \tag{7.22}$$

$$O_{2ads} + e^- \longrightarrow O_{2ads}^- \tag{7.23}$$

$$O_{2ads}^- + e^- \longrightarrow 2O_{ads}^- \tag{7.24}$$

$$O_{ads}^- + e^- \longrightarrow O_{ads}^{2-} \tag{7.25}$$

化学吸附氧使得 ZnSnO₃ 的晶界处势垒升高，势垒能够束缚电子在电场作用下的漂移运动，引起材料电导率降低[63]。研究表明，MSnO₃（M = Zn、Cd、Ni）的电导率大小的顺序为 NiSnO₃＞ZnSnO₃＞CdSnO₃[74]。

（2）元件暴露在还原性气体（如甲醛）中时，气体吸附在半导体表面，与吸附在半导体表面的高活性氧发生反应，被氧原子捕获的电子被释放出来，气体发生以下反应：

$$(HCHO)_{gas} \longrightarrow (HCHO)_{ads} \tag{7.26}$$

$$(HCHO)_{ads} + 2(O_{ads})^{2-} \longrightarrow CO_2 + (H_2O)_{gas} + 4e^- \tag{7.27}$$

材料表面势垒降低，从而引起敏感材料的电导率增加[63]。

（3）产物从半导体表面脱附，从而实现对甲醛气体的检测。

2. 提高 MSnO₃基气体敏感材料响应值的方法

增大气体敏感材料的比表面积和活性位点数量是提高气敏性能的有效手段之一。利用模板法或无模板法（奥氏熟化）可以制备一维纳米棒、二维纳米片或三维纳米颗粒构建的空心纳米结构,极大提高气体敏感材料的响应值、响应和恢复时间。例如,三层 ZnSnO₃ 立方体由于增大了比表面积和活性位点数量,制备出来的甲醛气体传感器的响应值分别是立方实心、单层和双层气体传感器的 3.5 倍、2.4 倍和 1.5 倍[64];工作温度为 380℃时,空心和实心 ZnSnO₃ 微球对 500ppm 丙酮气体的响应值分别为 5.79 和 3.92[75];实心固体球、核壳结构球、单壳球和双壳球的比表面积分别为 59.11m²/g、79.87m²/g、82.01m²/g 和 188.60m²/g,在相同实验条件下对 100ppm 丙酮的响应值分别为 15、17.5、18.7 和 30[65]。

MSnO₃ 属于典型的 n 型半导体,将其与 p 型半导体结合制备出异质结或异质结结构也是提升其气敏性能的重要手段。Haq 等[66]首先通过静电纺丝法制备出 ZnSnO₃ 纤维,随后采用水热法制备出 NiO/ZnSnO₃ 微球/纤维的异质结结构。由于 NiO/ZnSnO₃ 异质界面的形成(图 7.17),同时 NiO 具有较高的催化活性,NiO/ZnSnO₃ 异质结纤维表现出良好的气敏性能,工作温度为 160℃时对 20ppm 乙醇气体的响应值约为 23.95,是纯 ZnSnO₃ 纤维的 2.5 倍。Guo 等[67]以金属有机骨架 ZIF-8 为 Zn 源,通过水热法制备出 CNT@ZnSnO₃ 空心纳米盒。由于碳纳米管(CNT)是典型的 p 型半导体,同时还有很好的导电能力,有利于电子从乙醇气体迁移至 ZnSnO₃,极大降低了 CNT@ZnSnO₃ 复合材料的电阻。得益于该材料的中空结构带来的极大的比表面积,该气体敏感材料对 100ppm 乙醇气体的响应值达到 166,是 ZnSnO₃ 立方体的 8 倍。Jia 等[76]采用多壁碳纳米管修饰了立方块状的 CdSnO₃ 气体敏感材料,有效提高了对乙醇气体的响应值(由 20 提升至 29,50ppm 乙醇气体)。Sun 等[68]制备了 3wt%还原氧化石墨烯(rGO)/ZnSnO₃ 复合物,由于具有较大的比表面积,同时还形成了 p-n 结有利于电子传输,可以在较低的温度(103℃)下检测低至 0.1ppm 的甲醛气体。Guo 等[69]则通过一步法制备出 ZnWO₄/ZnSnO₃ 复合材料,p-n 结的形成极大地提高了其气敏性能,复合前后对 30ppm 甲醛气体的响应值分别为 26.5 和 77.5。

在气体敏感材料中添加贵金属(如 Pd、Pt 或 Au 等)或金属氧化物也是提高其气敏性能的有效途径。这是因为添加剂可以增加活性位点、缩短气体敏感材料能级宽度,有效提高氧气或被测气体与气体敏感材料的化学反应速率[77],进而提高材料的响应值并缩短响应和恢复时间。Zeng 等[77]制备了 Ti^{4+} 掺杂的 ZnSnO₃ 纳米粉体,并通过第一性原理计算了掺杂前后能带的变化,发现 Ti^{4+} 掺杂引入了活性位点,同时在费米能级附近引入新的能级,因此影响了 ZnSnO₃ 的电导率,二者协同作用使得掺杂后的响应值由 19 提高至 25(500ppm 乙醇气体),同时响应和恢复时间分别由 12s 和 18s 缩短至 10s 和 15s。Xu 等[78]制备了 Ag 掺杂的 ZnSnO₃ 纳米粉体,Ag 的带隙(4.26eV)比 ZnSnO₃(5.17eV)要窄、费米能级更高,电子可以从 Ag 流入 ZnSnO₃,因此改变了 ZnSnO₃ 的电导率,当 Ag 掺杂量为 5%时制备的气敏元件对 500ppm 乙醇的响应值达到 258,是未掺杂样品的 2.83 倍。CdSnO₃ 的电导率相比于 ZnSnO₃ 和 NiSnO₃ 更低[58],因此加入贵金属可以提高其电导率,Zhang 等[79]在 CdSnO₃ 中掺入 1%的 Pt,有效提高了其对 NH_3 的响应值。

通过紫外光照使其表面产生光生载流子、降低耗尽层厚度也是提高气体敏感材料响应值的手段之一。Wang 等[70]采用构建多级形貌、Mg^{2+} 掺杂、纳米氧 TiO₂ 修饰以及光照增敏等联合手段使得 $Zn_{1-x}Mg_xSnO_3$/TiO₂ 复合物能够实现低温(80℃)对乙醇气体的检测。

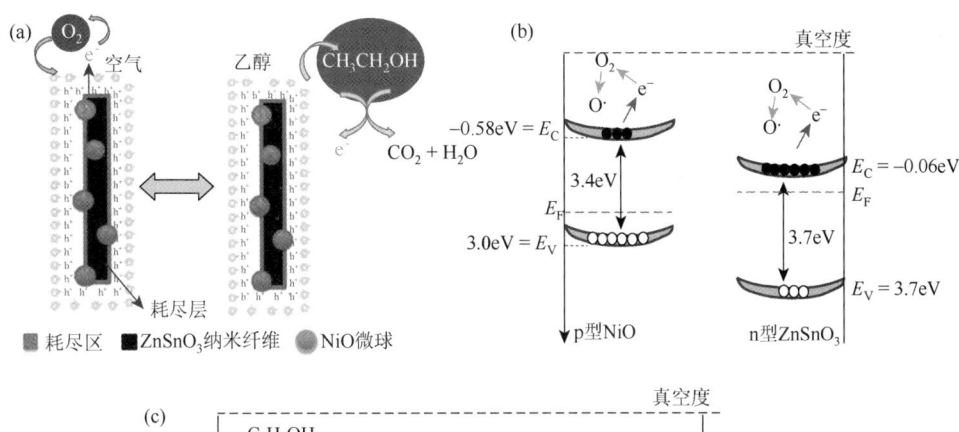

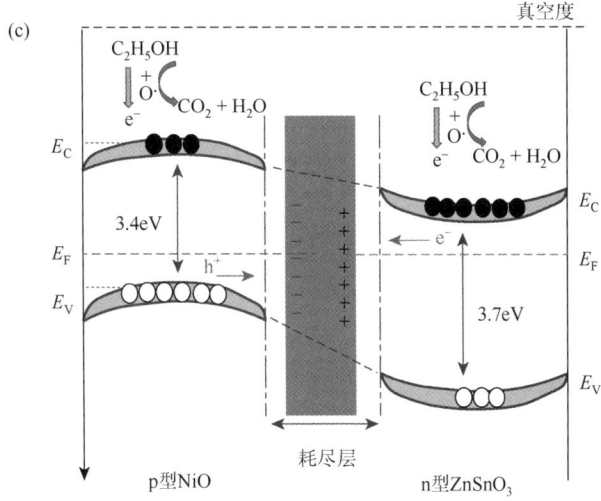

图 7.17 （a）NiO/ZnSnO$_3$ 微球/纤维的气敏机理；（b）NiO 和 ZnSnO$_3$ 复合前的能级结构图；（c）NiO/ZnSnO$_3$ 的异质结的能级结构图[66]

钙钛矿结构气体敏感材料 LnFeO$_3$ 和 MSnO$_3$ 由于具有优异的响应性、选择性、稳定性和较长的使用寿命引发了研究热潮。但该系列材料仍存在电阻较高、响应和恢复时间较长的劣势，影响其进一步实际应用。通过金属离子掺杂、形貌控制、构建多级结构、贵金属修饰、制备异质结和光照增敏等手段可以进一步提高其气敏性能，因此在室内有害气体、易燃易爆气体、大气污染物和医疗卫生的检测领域具有广泛的应用前景。

参 考 文 献

[1] Thangamani G J, Deshmukh K, Kovářík T, et al. Graphene oxide nanocomposites based room temperature gas sensors: A review. Chemosphere, 2021, 280: 130641.

[2] Kong Y, Li Y, Cui X, et al. SnO$_2$ nanostructured materials used as gas sensors for the detection of hazardous and flammable gases: A review. Nano Mater Sci, 2022, 4 (4): 339-350.

[3] Dong C, Liu X, Guan H, et al. Combustion synthesized hierarchically porous WO$_3$ for selective acetone sensing. Mater Chem Phys, 2016, 184 (1): 155-161.

[4] Liu T, Liu J, Liu Q, et al. Three-dimensional hierarchical Co$_3$O$_4$ nano/micro-architecture: Synthesis and ethanol sensing

properties. CrystEngComm, 2016, 18 (30): 5728-5735.

[5] Li Y X, Guo Z, Su Y, et al. Hierarchical morphology-dependent gas-sensing performances of three-dimensional SnO_2 nanostructures. ACS Sens, 2017, 2 (1): 102-110.

[6] Yao L, Li Y, Ran Y, et al. Construction of novel Pd-SnO_2 composite nanoporous structure as a high-response sensor for methane gas. J Alloys Compd, 2020, 826 (15): 154063.

[7] Kaviyarasu K, Mola G T, Oseni S O, et al. ZnO doped single wall carbon nanotube as an active medium for gas sensor and solar absorber. J Mater Sci-Mater El, 2019, 30 (1): 147-158.

[8] Post M L, Tunney J J, Yang D, et al. Material chemistry of perovskite compounds as chemical sensors. Sens Actuators B: Chem, 1999, 59 (2): 190-194.

[9] Chen T, Zhou Z, Wang Y. Surfactant CATB-assisted generation and gas-sensing characteristics of $LnFeO_3$ (Ln = La, Sm, Eu) materials. Sens Actuators B: Chem, 2009, 143 (1): 124-131.

[10] Patil L A, Pathan I G, Suryawanshi D N, et al. Spray pyrolyzed $ZnSnO_3$ nanostructured thin films for hydrogen sensing. Procedia Mater Sci, 2014, 6: 1557-1565.

[11] Guo Y, Song Y, Locquet J P, et al. Tuneable structural and optical properties of crystalline $InGaO_3(ZnO)_n$ nanoparticles synthesized via the solid-phase diffusion process using a solution-based precursor. Mater Today: Proc, 2016, 3 (2): 313-318.

[12] Cao M, Wang Y, Chen T, et al. A highly sensitive and fast-responding ethanol sensor based on $CdIn_2O_4$ nanocrystals synthesized by a nonaqueous sol-gel route. Chem Mater, 2008, 20 (18): 5781-5786.

[13] Joshi N, da Silva L F, Jadhav H, et al. One-step approach for preparing ozone gas sensors based on hierarchical $NiCo_2O_4$ structures. RSC Adv, 2016, 6 (95): 92655-92662.

[14] Zhou X, Li X, Sun H, et al. Nanosheet-assembled $ZnFe_2O_4$ hollow microspheres for high-sensitive acetone sensor. ACS Appl Mater Interfaces, 2015, 7 (28): 15414-15421.

[15] Joshi N, da Silva L F, Jadhav H S, et al. Yolk-shelled $ZnCo_2O_4$ microspheres: Surface properties and gas sensing application. Sens Actuators B: Chem, 2018, 257: 906-915.

[16] Shi L, Ding J. Controlled synthesis and photocatalytic activity of Zn_2SnO_4 nanotubes and nanowires. Ceram Int, 2018, 44 (12): 14693-14697.

[17] Hempel W. Über die Anwendung des natriumsuperoxyds zur analyse. Z Anorg Chem, 1893, 3 (1): 193-194.

[18] Jancar B, Suvorov D, Valant M, et al. Characterization of $CaTiO_3$-$NdAlO_3$ dielectric ceramics. J Eur Ceram Soc, 2003, 23 (9): 1391-1400.

[19] Park K I, Xu S, Liu Y, et al. Piezoelectric $BaTiO_3$ thin film nanogenerator on plastic substrates. Nano Lett, 2010, 10 (12): 4939-4943.

[20] Matuura Y, Matsushima S, Sakamoto M, et al. NO_2-sensitive $LaFeO_3$ film prepared by thermal decomposition of the heteronuclear complex, {La[Fe(CN)$_6$]·5H_2O}. J Mater Chem, 1993, 3 (7): 767-769.

[21] Matsushima S, Sano N, Sadaoka Y. C_3H_6 sensitive $SmFeO_3$ prepared from thermal decomposition of heteronuclear complexes, {Ln[Fe(CN)$_6$]·nH_2O}$_x$ (Ln = La, Sm, Dy). J Ceram Soc Jpn, 2000, 108 (1259): 681-682.

[22] Aono H, Traversa E, Sakamoto M, et al. Crystallographic characterization and NO_2 gas sensing property of $LnFeO_3$ prepared by thermal decomposition of Ln Fe hexacyanocomplexes, Ln[Fe(CN)$_6$]·nH_2O, Ln = La, Nd, Sm, Gd, and Dy. Sens Actuators B: Chem, 2003, 94 (2): 132-139.

[23] Kong L B, Shen Y S. Gas-sensing property and mechanism of $Ca_xLa_{1-x}FeO_3$ ceramics. Sens Actuators B: Chem, 1996, 30 (3): 217-221.

[24] 孔令兵, 沈瑜生, 姚熹. $M_xLa_{(1-x)}FeO_3$气敏材料的制备及表征. 功能材料, 1997, 4: 67-70.

[25] Zhang P, Qin H, Lv W, et al. Gas sensors based on ytterbium ferrites nanocrystalline powders for detecting acetone with low concentrations. Sens Actuators B: Chem, 2017, 246: 9-19.

[26] Zhang P, Qin H, Zhang H, et al. CO_2 gas sensors based on $Yb_{1-x}Ca_xFeO_3$ nanocrystalline powders. J Rare Earths, 2017, 35 (6): 602-609.

[27] Liu X, Cheng B, Hu J, et al. Preparation, structure, resistance and methane-gas sensing properties of nominal La$_{1-x}$Mg$_x$FeO$_3$. Sens Actuators B: Chem, 2008, 133 (1): 340-344.

[28] Liu X, Cheng B, Hu J, et al. Semiconducting gas sensor for ethanol based on LaMg$_x$Fe$_{1-x}$O$_3$ nanocrystals. Sens Actuators B: Chem, 2008, 129 (1): 53-58.

[29] Song P, Qin H, Liu X, et al. Structure, electrical and CO-sensing properties of the La$_{0.8}$Pb$_{0.2}$Fe$_{1-x}$Co$_x$O$_3$ system. Sens Actuators B: Chem, 2006, 119 (2): 415-418.

[30] Song P, Qin H, Huang S, et al. Characteristics and sensing properties of La$_{0.8}$Pb$_{0.2}$Fe$_{1-x}$Ni$_x$O$_3$ system for CO gas sensors. Mater Sci Eng B, 2007, 138 (2): 193-197.

[31] Geng B, Fang C, Zhan F, et al. Synthesis of polyhedral ZnSnO$_3$ microcrystals with controlled exposed facets and their selective gas-sensing properties. Small, 2008, 4 (9): 1337-1343.

[32] 赵长生, 顾宜. 材料科学与工程基础. 北京: 化学工业出版社, 2019.

[33] Goldschmidt V M. Die gesetze der krystallochemie. Naturwissenschaften, 1926, 14 (21): 477-485.

[34] Barbooti M M, Al-Sammerrai D A. Thermal decomposition of citric acid. Thermochim Acta, 1986, 98: 119-126.

[35] 胡瑞生, 段毅文, 沈岳年. 三种络合剂对 LaFeO$_3$ 晶体形成的影响. 物理化学学报, 1999, 15 (6): 541-544.

[36] Wang X, Qin H, Sun L, et al. CO$_2$ sensing properties and mechanism of nanocrystalline LaFeO$_3$ sensor. Sens Actuators B: Chem, 2013, 188: 965-971.

[37] Zhang Y, Liu Q, Zhang J, et al. A highly sensitive and selective formaldehyde gas sensor using a molecular imprinting technique based on Ag-LaFeO$_3$. J Mater Chem C, 2014, 2 (47): 10067-10072.

[38] Huang H T, Zhang W L, Zhang X D, et al. NO$_2$ sensing properties of SmFeO$_3$ porous hollow microspheres. Sens Actuators B: Chem, 2018, 265: 443-451.

[39] Chu X, Zhou S, Zhang W, et al. Trimethylamine sensing properties of nano-LaFeO$_3$ prepared using solid-state reaction in the presence of PEG400. Mater Sci Eng B, 2009, 164 (1): 65-69.

[40] Bing Y, Zeng Y, Liu C, et al. Assembly of hierarchical ZnSnO$_3$ hollow microspheres from ultra-thin nanorods and the enhanced ethanol-sensing performances. Sens Actuators B: Chem, 2014, 190: 370-377.

[41] Siemons M, Leifert A, Simon U. Preparation and gas sensing characteristics of nanoparticulate p-type semiconducting LnFeO$_3$ and LnCrO$_3$ materials. Adv Funct Mater, 2007, 17 (13): 2189-2197.

[42] Mori M, Itagaki Y, Iseda J, et al. Influence of VOC structures on sensing property of SmFeO$_3$ semiconductive gas sensor. Sens Actuators B: Chem, 2014, 202 (31): 873-877.

[43] Tong Y, Zhang Y, Jiang B, et al. Effect of lanthanides on acetone sensing properties of LnFeO$_3$ nanofibers (Ln = La, Nd, and Sm). IEEE Sens J, 2017, 17 (8): 2404-2410.

[44] Fan H, Zhang T, Xu X, et al. Fabrication of N-type Fe$_2$O$_3$ and P-type LaFeO$_3$ nanobelts by electrospinning and determination of gas-sensing properties. Sens Actuators B: Chem, 2011, 153 (1): 83-88.

[45] Zhang H, Song P, Han D, et al. Synthesis and formaldehyde sensing performance of LaFeO$_3$ hollow nanospheres. Physica E Low Dimens Syst Nanostruct, 2014, 63: 21-26.

[46] Qin J, Cui Z, Yang X, et al. Synthesis of three-dimensionally ordered macroporous LaFeO$_3$ with enhanced methanol gas sensing properties. Sens Actuators B: Chem, 2015, 209 (31): 706-713.

[47] Wei W, Guo S, Chen C, et al. High sensitive and fast formaldehyde gas sensor based on Ag-doped LaFeO$_3$ nanofibers. J Alloys Compd, 2017, 695 (25): 1122-1127.

[48] Zeng Y, Bing Y F, Liu C, et al. Self-assembly of hierarchical ZnSnO$_3$-SnO$_2$ nanoflakes and their gas sensing properties. Trans Nonferrous Met Soc China, 2012, 22 (10): 2451-2458.

[49] Zeng Y, Zhang T, Fan H, et al. One-pot synthesis and gas-sensing properties of hierarchical ZnSnO$_3$ nanocages. J Phys Chem C, 2009, 113 (44): 19000-19004.

[50] Zeng Y, Zhang T, Fan H, et al. Synthesis and gas-sensing properties of ZnSnO$_3$ cubic nanocages and nanoskeletons. Sens Actuators B: Chem, 2009, 143 (1): 449-453.

[51] Guo W, Liu T, Yu W, et al. Rapid selective detection of formaldehyde by hollow ZnSnO₃ nanocages. Physica E Low Dimens Syst Nanostruct, 2013, 48: 46-52.

[52] Chen Q, Ma S Y, Jiao H Y, et al. Synthesis of novel ZnSnO₃ hollow polyhedrons with open nanoholes: Enhanced acetone-sensing performance. Ceram Int, 2017, 43 (1): 1617-1621.

[53] Feng G, Che Y, Song C, et al. Morphology-controlled synthesis of ZnSnO₃ hollow spheres and their *n*-butanol gas-sensing performance. Ceram Int, 2021, 47 (2): 2471-2482.

[54] Zhao X, Li Z, Lou X, et al. Room-temperature chlorine gas sensor based on CdSnO₃ synthesized by hydrothermal process. J Adv Ceram, 2013, 2 (1): 31-36.

[55] Wu X, Wang Y, Tian Z, et al. Study on ZnSnO₃ sensitive material based on combustible gases. Solid-State Electron, 2002, 46 (5): 715-719.

[56] Cao Y, Jia D, Zhou J, et al. Simple solid-state chemical synthesis of ZnSnO₃ nanocubes and their application as gas sensors. Eur J Inorg Chem, 2009, 2009 (27): 4105-4109.

[57] Sheng Y S, Shu T Z. Preparation, structure and gas-sensing properties of ultramicro ZnSnO₃ powder. Sens Actuators B: Chem, 1993, 12 (1): 5-9.

[58] Wu X H, Wang Y D, Li Y F, et al. Electrical and gas-sensing properties of perovskite-type CdSnO₃ semiconductor material. Mater Chem Phys, 2002, 77: 588-593.

[59] Wang Y D, Sun X D, Li Y F, et al. Perovskite-type NiSnO₃ used as the ethanol sensitive material. Solid-State Electron, 2000, 44: 2009-2014.

[60] Chu X, Cheng Z. High sensitivity chlorine gas sensors using CdSnO₃ thick film prepared by co-precipitation method. Sens Actuators B: Chem, 2004, 98: 215-217.

[61] Jia X, Fan H, Lou X, et al. Synthesis and gas sensing properties of perovskite CdSnO₃ nanoparticles. Appl Phys A, 2009, 94: 837-841.

[62] Meena D, Bhatnagar M C, Singh B. Synthesis, characterization and gas sensing properties of the rhombohedral ilmenite CdSnO₃ nanoparticles. Physica B Condens Matter, 2020, 578: 411848.

[63] Yin Y, Shen Y, Zhou P, et al. Fabrication, characterization and *n*-propanol sensing properties of perovskite-type ZnSnO₃ nanospheres based gas sensor. Appl Surf Sci, 2020, 509: 145335.

[64] Zhou T, Zhang T, Zhang R, et al. Hollow ZnSnO₃ cubes with controllable shells enabling highly efficient chemical sensing detection of formaldehyde vapors. ACS Appl Mater Interfaces, 2017, 9 (16): 14525-14533.

[65] Dabbabi S, Nasr T B, Madouri A, et al. Fabrication and characterization of sensitive room temperature NO₂ gas sensor based on ZnSnO₃ thin film. Phys Status Solidi A, 2019, 216 (16): 1900205.

[66] Haq M, Zhang Z, Chen X, et al. A two-step synthesis of microsphere-decorated fibers based on NiO/ZnSnO₃ composites towards superior ethanol sensitivity performance. J Alloys Compd, 2019, 777: 73-83.

[67] Guo R, Wang H, Tian R, et al. The enhanced ethanol sensing properties of CNT@ZnSnO₃ hollow boxes derived from Zn-MOF (ZIF-8). Ceram Int, 2020, 46 (6): 7065-7073.

[68] Sun J, Bai S, Tian Y, et al. Hybridization of ZnSnO₃ and rGO for improvement of formaldehyde sensing properties. Sens Actuators B: Chem, 2018, 257: 29-36.

[69] Guo W, Zhao B, Huang L, et al. One-step synthesis of ZnWO₄/ZnSnO₃ composite and the enhanced gas sensing performance to formaldehyde. Mater Lett, 2020, 277: 128327.

[70] Wang X, Li H, Zhu X, et al. Improving ethanol sensitivity of ZnSnO₃ sensor at low temperature with multi-measures: Mg doping, nano-TiO₂ decoration and UV radiation. Sens Actuators B: Chem, 2019, 297: 126745.

[71] 王高潮. 材料科学与工程导论. 北京: 机械工业出版社, 2006.

[72] Dridi R, Mhamdi A, Labidi A, et al. Electrical conductivity and ethanol sensing of a new perovskite NiSnO₃ sprayed thin film. Mater Chem Phys, 2016, 182: 498-502.

[73] Cheng P, Lv L, Wang Y, et al. SnO₂/ZnSnO₃ double-shelled hollow microspheres based high-performance acetone gas sensor.

Sens Actuators B: Chem, 2021, 332: 129212.

[74] Wu X H, Wang Y D, Liu H L, et al. Preparation and gas-sensing properties of perovskite-type MSnO$_3$ (M = Zn, Cd, Ni). Mater Lett, 2002, 56: 732-736.

[75] Fan H, Zeng Y, Xu X, et al. Hydrothermal synthesis of hollow ZnSnO$_3$ microspheres and sensing properties toward butane. Sens Actuators B: Chem, 2011, 153 (1): 170-175.

[76] Jia X, Fan H. The perovskite CdSnO$_3$ micro-particles modified by multi-walled carbon nanotubes enhance the ethanol gas sensing property. J Nanosci Nanotechnol, 2010, 10, 7045-7049.

[77] Zeng W, Liu T M, Lin L Y. Ethanol gas sensing property and mechanism of ZnSnO$_3$ doped with Ti ions. Mater Sci Semicond Process, 2012, 15 (3): 319-325.

[78] Xu W, Wang X, Leng B, et al. Enhanced gas sensing properties for ethanol of Ag@ZnSnO$_3$ nano-composites. J Mater Sci-Mater El, 2020, 31 (21): 18649-18663.

[79] Zhang T, Shen Y, Zhang R, et al. Ammonia-sensing characteristics of Pt-doped CdSnO$_3$ semiconducting ceramic sensor. Mater Lett, 1996, 27: 161-164.

第8章 其他金属氧化物基气体敏感材料与气体传感器

8.1 In$_2$O$_3$基气体敏感材料与气体传感器

In$_2$O$_3$是一种典型的n型金属氧化物半导体,由于其优异的光学、物理化学性能,低电阻,高电导率和迁移率(160cm^2·V/s),以及高催化活性,被认为是一种很有前途的传感材料。除了气体传感应用外,In$_2$O$_3$(带隙为3.5eV,透明性良好)在许多其他应用领域,如储能[1]、催化[2]、微电子[3]、太阳能电池[4]等,都是一种广受欢迎的材料。遗憾的是,与大多数传感材料一样,In$_2$O$_3$在实际应用中仍然存在响应低,难以达到低检测限,温度和功耗高,选择性和稳定性差等不足,这些都严重阻碍了In$_2$O$_3$气体传感器的发展。

半导体气体传感器是一种表面控制型传感器,不同结构或形态的气体传感器性能不同,这可能与比表面积和吸附位点的不同有关。此外,异质结结构较单一结构具有更强的气敏性能[5],钯、金、铂、银等贵金属颗粒的加入大大提高了金属氧化物的性能[6]。因此,设计和制备独特的结构是改善传感器性能的有效途径。首先,本节介绍一维In$_2$O$_3$纳米棒气体敏感材料。其次,介绍进一步提高其传感性能的In$_2$O$_3$复合材料系列研究,包括In$_2$O$_3$/金属氧化物(p型和n型)、贵金属负载/In$_2$O$_3$/金属氧化物。最后,对In$_2$O$_3$基气体传感器的研究进展进行展望。

8.1.1 In$_2$O$_3$基气体敏感材料的制备

1. 一维In$_2$O$_3$纳米棒的制备

采用水热法及后热处理成功制备了In$_2$O$_3$纳米棒(图8.1)。

(1)将In(NO$_3$)$_3$·xH$_2$O溶于50mL混合溶液中($V_{去离子水}$:$V_{乙醇}$=1:1),搅拌成均匀溶液,然后加入10mmol尿素,搅拌至混合均匀。

(2)将溶液转移到Teflon内衬不锈钢高压釜中,并在160℃下保持12h。待反应完全结束,冷却至室温后,用去离子水和无水乙醇交替洗涤几次,然后在60℃下干燥过夜。

(3)以2/min的升温速率将制备的产物加热到500℃,保温2h,得到In$_2$O$_3$样品。

2. In$_2$O$_3$/n型氧化物基纳米颗粒制备

采用简单的固相合成法,在650℃下煅烧制备了n-n型In$_2$O$_3$/CdO(n_{CdO}:$n_{In_2O_3}$=1:1)纳米复合材料。

(1)将CdO和In$_2$O$_3$粉末以物质的量比1:1在乙醇中进行研磨1h。

(2)在650℃下煅烧2h,得到了In$_2$O$_3$/CdO纳米复合材料。

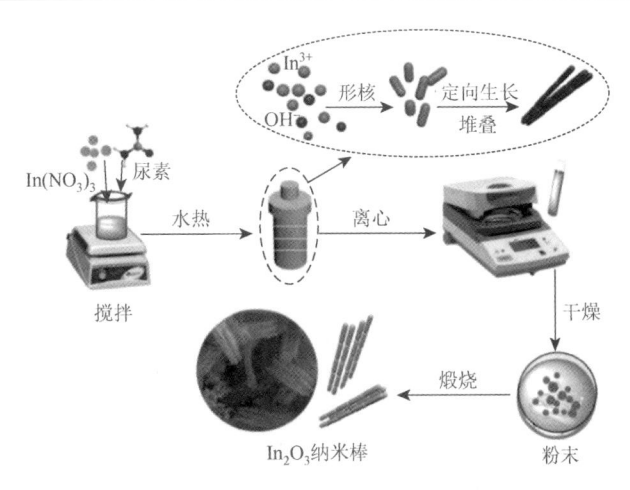

图 8.1 In$_2$O$_3$ 纳米棒的制备和形成过程示意图

In$_2$O$_3$ 基复合材料较单一材料,气体传感性能提高,再加上贵金属(Ag、Au、Pd、Pt)修饰,可进一步提高气体传感性能。采用溶剂热法合成了 Ag(0、3wt%和 5wt%)修饰的 n-n 型 In$_2$O$_3$/ZnO 纳米复合材料。

(1)将 2mmol In(NO$_3$)$_3$ 和 2mmol Zn(CH$_3$COO)$_2$ 溶解到 10mL 二甲苯和 20mL 苯甲醇的混合溶液中,加入一定量的 AgNO$_3$(0、3wt%和 5wt%),剧烈搅拌 30min。

(2)将略浑浊的前驱体溶液转移到总容积为 50mL 的 Teflon 高压反应釜中,在 200℃下加热 24h。自然冷却后,离心,用去离子水和乙醇洗涤后,在 60℃空气中干燥。

(3)将复合材料以 5/min 的升温速率从室温升至 400℃,并在 400℃下保温 30min,然后冷却以备后续使用。

同样地,采用溶剂热法制备了小颗粒、大比表面积的 n-n 型 SnO$_2$/In$_2$O$_3$ 纳米复合材料,并对其进行贵金属 Pd 修饰,得到 Pd/SnO$_2$/In$_2$O$_3$ 纳米复合材料。

(1)将 1mmol SnCl$_2$ 和 1mmol In(NO$_3$)$_3$ 加入 30mL 苯甲醇中,加入不同原子百分比的 PdCl$_2$(0、1at%[*]、3at%、5at%、7at%、9at%),剧烈搅拌 1h。

(2)将溶液转移到 50mL 容量的反应釜中,加热到 180℃,保持 12h。自然冷却至室温后,用去离子水和乙醇离心洗涤,收集沉淀,在 60℃空气中干燥。

(3)将干燥样品放入马弗炉中,500℃煅烧 1h,最终获得不同 Pd 含量(0、1at%、3at%、5at%、7at%、9at%)修饰的 SnO$_2$/In$_2$O$_3$ 样品。

综上所述,通过溶剂热法,采用贵金属 Pd、Ag 修饰金属氧化物复合材料,对贵金属的掺杂量进行了讨论,后续对其对应的气敏性能进行探究。

8.1.2 In$_2$O$_3$ 基气体敏感材料的表征与分析

1. 一维 In$_2$O$_3$ 纳米棒的表征与分析

XRD 结果表明(图 8.2),水热及后热处理制备的单一的氧化铟产物为高纯度、高结

---

[*] 本书中 at%代表原子百分比。

晶度的立方 In$_2$O$_3$（JCPDS：71-2194），无其他杂相。另外，该立方相 In$_2$O$_3$ 沿着（222）晶面具有较好的生长取向。

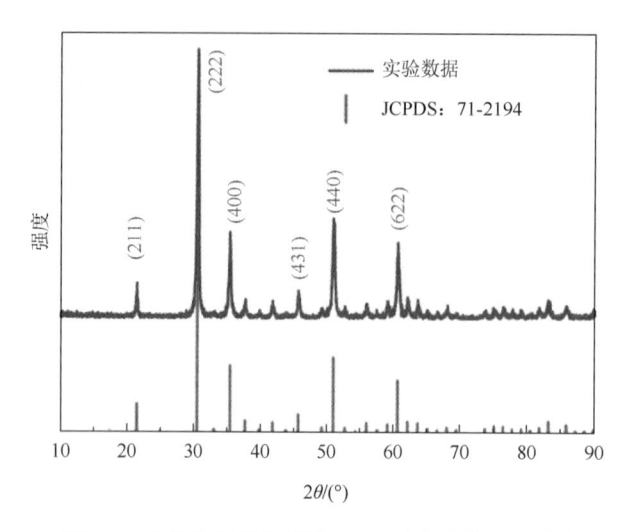

图 8.2　水热法制备得到的 In$_2$O$_3$ 纳米棒的 XRD 图

图 8.3、图 8.4 中的 SEM、TEM 图表明大尺寸的纳米棒是由小尺寸纳米棒定向堆叠组装而成的。另外 HRTEM 图 [图 8.4（c）和（d）] 显示了分辨率良好的间距为 0.292nm 的晶格条纹，与立方 In$_2$O$_3$ 的（222）晶面相匹配。（222）晶面是主要的暴露晶面，说明 In$_2$O$_3$ 晶体沿（222）晶面具有较好的生长取向，这与 XRD 分析结果一致。

图 8.3　水热法制备的 In$_2$O$_3$ 纳米棒的场发射扫描电子显微镜（FESEM）图

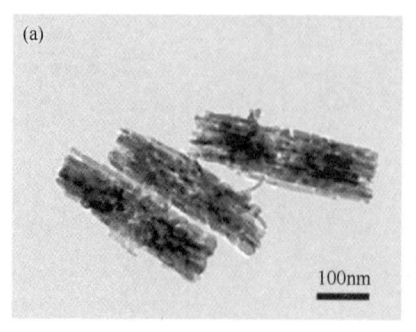

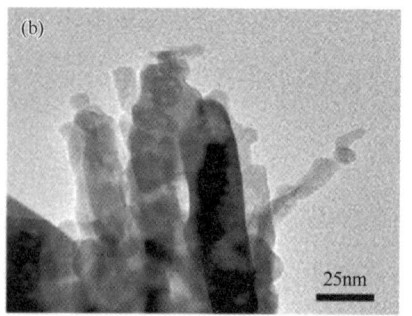

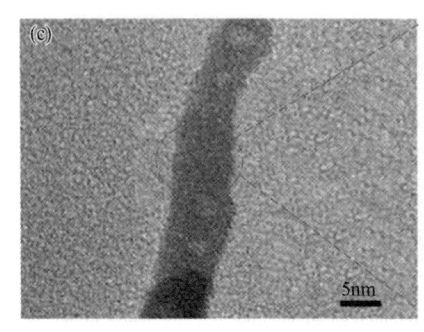

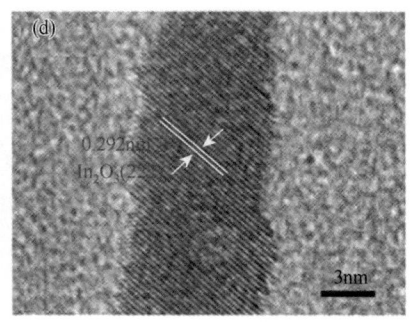

图 8.4 (a, b) In$_2$O$_3$ 的 TEM 图; (c, d) In$_2$O$_3$ 的 HRTEM 图

基于上述结果，提出可能的 In$_2$O$_3$ 纳米棒的形成机理。首先，在室温磁力搅拌下，In(NO$_3$)$_3$ 完全溶解在溶液中，生成 In^{3+}。尿素作为添加剂，当温度超过 90℃时，尿素容易分解，产生 OH$^-$ 和 CO$_2$[7, 8]。在反应温度为 160℃的水热过程中，尿素添加剂完全分解，为整个反应提供了适宜的碱性环境，从而导致溶液中产生大量的 OH$^-$，并与 In^{3+} 反应生成 In(OH)$_3$。随着反应的进行，In(OH)$_3$ 逐渐形核并长大，In(OH)$_3$ 晶体呈现短棒状结构。当反应时间进一步延长时，短棒状结构沿一个方向依次组装，定向生长形成长纳米棒。这些单一的长纳米棒沿着一维方向有序聚集和堆积。最后，在 500℃的空气气氛下进行 2h 的煅烧处理，In(OH)$_3$ 转变为 In$_2$O$_3$ 纳米棒，图 8.3 和图 8.4 证实了 In$_2$O$_3$ 的微观结构和形貌。

比表面积（BET）是影响材料气敏性能的关键因素。采用氮气吸附-脱附等温线来研究 In$_2$O$_3$ 纳米棒的比表面积，结果如图 8.5 所示。用 BET 法计算所得 In$_2$O$_3$ 的 BET 比表面积为 18.982m^2/g。此外，基于 BJH 方法，从等温线的解吸支路检测孔径分布图，计算出平均孔径为 3.386nm，如图 8.5 的插图所示。结果表明，所制备的 In$_2$O$_3$ 纳米棒具有多孔性，传感材料的多孔性更有利于气体分子的扩散、渗透和电子转移。

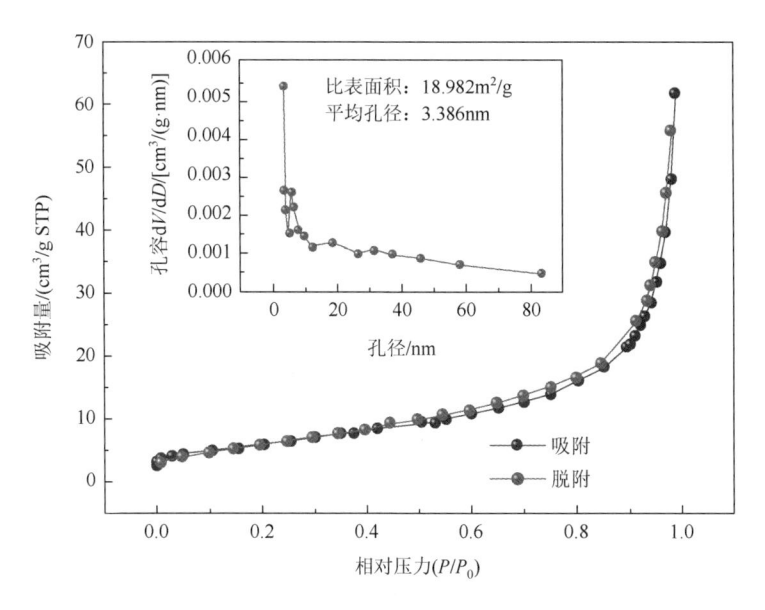

图 8.5 In$_2$O$_3$ 纳米棒的氮气吸附-脱附等温线和孔径分布图

2. n-n 型 In$_2$O$_3$/CdO 纳米复合材料的表征与分析

图 8.6 为固相法制备得到的 n-n 型 In$_2$O$_3$/CdO 纳米复合材料的 XRD 图，图中分别为 500℃、600℃、650℃、700℃、750℃、800℃和 850℃下 In$_2$O$_3$ 和 CdO 混合煅烧 2h 后的 XRD 图。表 8.1 列出了不同煅烧温度下的相结构和晶格常数数据。结合图 8.6 及表 8.1 可得，煅烧温度对样品晶体结构的影响表现为相变。从无煅烧到 650℃，样品保持 CdO 和 In$_2$O$_3$ 物相，与 CdO（JCPDS：05-0640）和 In$_2$O$_3$（JCPDS：06-0416）一致，且对应结晶度高。当煅烧温度高于 700℃时，出现新的相 CdIn$_2$O$_4$（JCPDS：29-0258）。

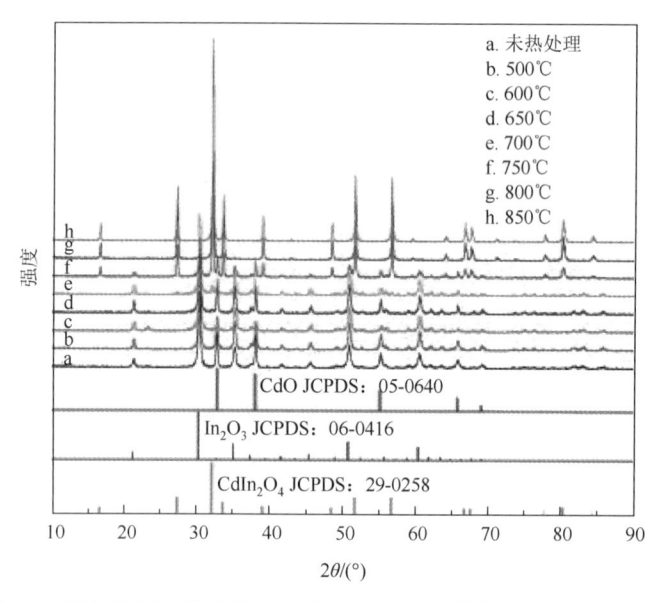

图 8.6　固相法制备得到的 n-n 型 In$_2$O$_3$/CdO 纳米复合材料的 XRD 图

表 8.1　不同煅烧温度下的相结构和晶格常数数据

温度/℃	组成相	a/Å CdO	a/Å In$_2$O$_3$	a/Å CdIn$_2$O$_4$
未热处理	CdO + In$_2$O$_3$	4.6940	10.1131	—
500	CdO + In$_2$O$_3$	4.6916	10.1152	—
600	CdO + In$_2$O$_3$	4.6885	10.0860	—
650	CdO + In$_2$O$_3$	4.6942	10.1163	—
700	CdO + In$_2$O$_3$ + CdIn$_2$O$_4$	4.6949	10.1191	9.1667
750	CdO + In$_2$O$_3$ + CdIn$_2$O$_4$	4.6936	10.1181	9.1697
800	In$_2$O$_3$ + CdIn$_2$O$_4$	—	10.1024	9.1683
850	CdIn$_2$O$_4$	—	—	9.1662

在 650℃、700℃ 和 850℃ 下混合和煅烧的材料的 SEM 图如图 8.7 所示。形貌特征表明，随着煅烧温度的升高，晶粒尺寸增大，晶粒尺寸在 100～500nm 范围内。在 700℃ 的临界温度下，颗粒普遍不规则和团聚。在 850℃ 下煅烧的样品表面［图 8.7（d）］有许多球形颗粒，颗粒大小均匀，分散良好。

图 8.7 不同煅烧温度下 In$_2$O$_3$/CdO 纳米复合材料的 SEM 图
（a）未热处理；（b）650℃；（c）700℃；（d）850℃

3. Ag 修饰 n-n 型 In$_2$O$_3$/ZnO 纳米复合材料的表征与分析

图 8.8 为溶剂热法制备得到的不同 Ag 含量（0、3wt% 和 5wt%）修饰的 n-n 型 In$_2$O$_3$/ZnO 的 XRD 图。复合材料的物相对应于立方体 In$_2$O$_3$（JCPDS：73-1809）和纤锌矿 ZnO（JCPDS：75-0576）。在非水合成的生长过程中，苯甲醇作为供氧剂以形成最终的 In$_2$O$_3$ 和 ZnO[9, 10]。这一结果很好地证明了在相同的反应条件下，In$_2$O$_3$ 和 ZnO 可以独立生长。在 Ag 修饰的 In$_2$O$_3$/ZnO 中，3wt% Ag/In$_2$O$_3$/ZnO 和 5wt% Ag/In$_2$O$_3$/ZnO 能明显区分立方 Ag（JCPDS：89-0719，用实心圆标记）的（111）、（200）和（220）晶面，进一步表明 Ag 修饰 In$_2$O$_3$/ZnO 纳米复合材料的形成。In$_2$O$_3$、ZnO 和 Ag 的相对含量是根据 Rietveld 分析估算的，如图 8.8（c）中的饼状图所示。无论 Ag 含量如何，In$_2$O$_3$ 均保持在 65% 左右。In$_2$O$_3$/ZnO 中 ZnO 含量为 35.4%，Ag 功能化后 ZnO 含量下降至 33% 左右。3wt% 和 5wt% Ag/In$_2$O$_3$/ZnO 的 Ag 含量分别为 1.8wt% 和 2.7wt%，均小于标称值。

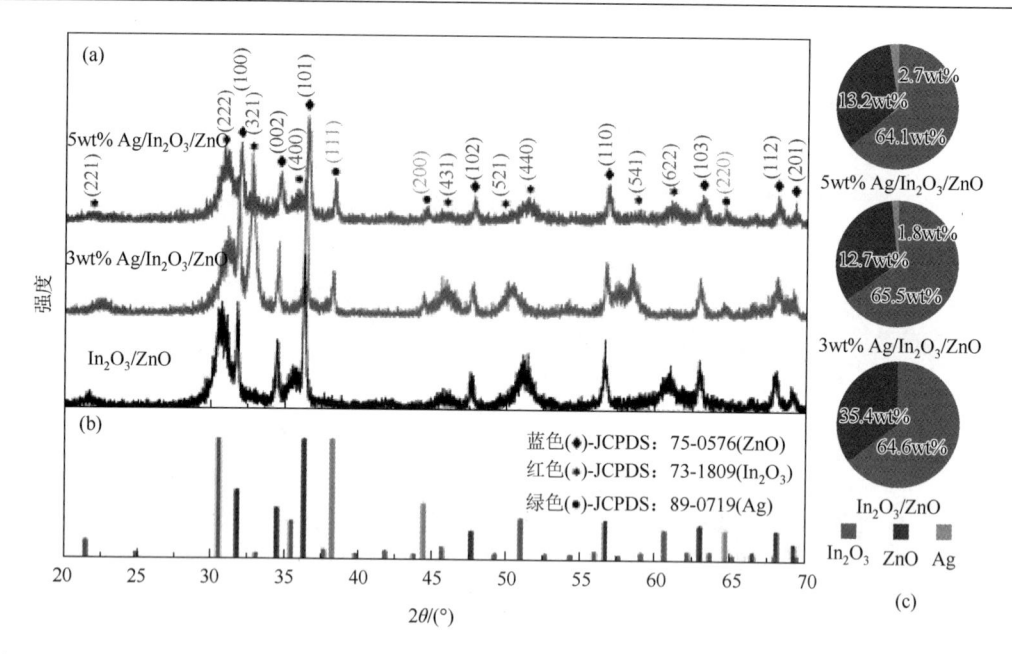

图 8.8 （a）溶剂热法制备得到的不同 Ag（0、3wt%、5 wt%）含量的 In$_2$O$_3$/ZnO 的 XRD 图；（b）In$_2$O$_3$、ZnO 和 Ag 的 JCPDS 分别为 73-1809、75-0576 和 89-0719，（c）基于 Rietveld 分析计算的样品成分的相对含量

图 8.9 清楚地证实了两种不同的纳米颗粒以不同的尺寸出现在一起。小的纳米颗粒（In$_2$O$_3$，大约 10nm）比大的纳米颗粒（ZnO，几十纳米）的数量多得多。在 In$_2$O$_3$/ZnO 纳米复合材料的 HRTEM 图 [图 8.9（b）] 中，可以清楚地观察到复合纳米颗粒的晶格条纹。此外，d = 0.293nm 和 0.281nm 的晶格条纹分别与立方 In$_2$O$_3$（222）和纤锌矿 ZnO（100）的晶面吻合良好。结果表明，在 200℃的二甲苯-甲醇混合溶液中，ZnO 的生长速度远快于 In$_2$O$_3$。另外，从图 8.9（a）和（c）可以看出，Ag 含量添加前后，样品的微观结构相似，从 SEM 图来看，Ag 纳米颗粒无法辨别。从 3wt% Ag/In$_2$O$_3$/ZnO 的 HRTEM 图 [图 8.9（d）] 中，在 In$_2$O$_3$（222）和纤锌矿 ZnO（100）中，还可以看到一个立方银纳米颗粒（几纳米大小），面间距离 d = 0.238nm [对应于（111）晶面]，说明在 In$_2$O$_3$/ZnO 纳米复合材料中成功形成了 Ag 纳米颗粒。

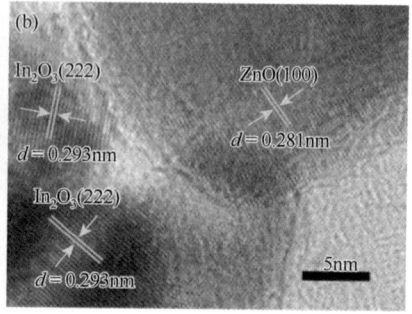

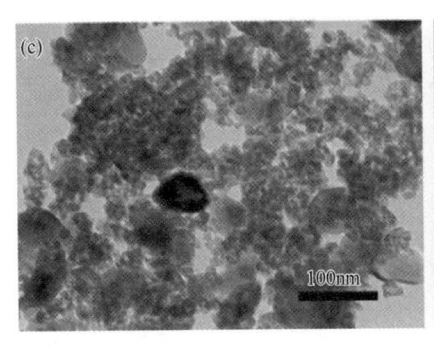

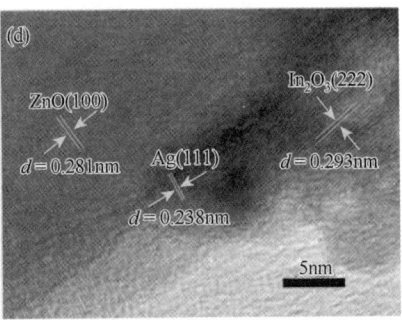

图 8.9 （a，b）In$_2$O$_3$/ZnO 纳米复合材料、（c，d）3wt% Ag/In$_2$O$_3$/ZnO 纳米复合材料的 TEM 和 HRTEM 图

4. Pd 修饰 n-n 型 SnO$_2$/In$_2$O$_3$ 纳米复合材料的表征与分析

图 8.10 为溶剂热法制备得到的不同原子百分比 Pd（0、1at%、3at%、5at%、7at%、9at%）修饰的 SnO$_2$/In$_2$O$_3$ 纳米复合材料的 XRD 图，除了 Pd 的峰外，所有样品都有三个主要峰，它们主要反映了四方 SnO$_2$（JCPDS：770451）的特征反射。相反，立方 In$_2$O$_3$（JCPDS：73-1809）似乎没有单独的衍射峰。较宽且不对称的峰，表明纳米复合材料中存在 In$_2$O$_3$，且由小的纳米颗粒组成，这在 TEM 图中得到了证实。随着 Pd 含量的增加，Pd（JCPDS：87-0639）的（111）、（200）和（220）晶面越来越明显，表明形成了 Pd/SnO$_2$/In$_2$O$_3$ 纳米复合材料。

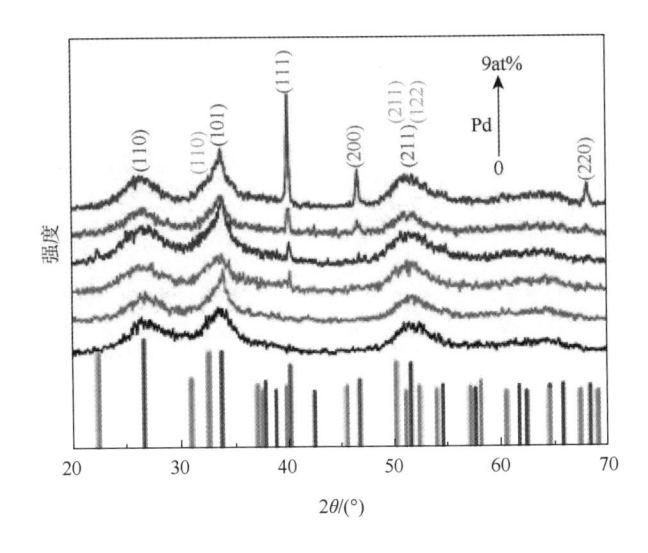

图 8.10 溶剂热法制备得到的 Pd/SnO$_2$/In$_2$O$_3$ 的 XRD 图

图 8.11 用 TEM 和 HRTEM 观察了 7at% Pd 修饰的 SnO$_2$/In$_2$O$_3$ 的微观结构和形貌。从图 8.11（a）～（c）可以看出，SnO$_2$ 和 In$_2$O$_3$ 纳米颗粒均匀混合在一起，粒径为 3～5nm，分布均匀。一般来说，小尺寸的纳米颗粒对气体传感性能很重要[11, 12]。同时，可以发现一个较大的 Pd 纳米颗粒（25nm）[图 8.11（c）]，它随机嵌入较小的 SnO$_2$ 和 In$_2$O$_3$

纳米颗粒中。此外，晶格条纹发育良好，结晶性良好。d = 0.360nm、0.398nm 和 0.2230nm 的晶格条纹分别与 SnO$_2$（110）[图 8.11（d）]、In$_2$O$_3$（012）[图 8.11（e）] 和 Pd（111）[图 8.11（f）] 的晶体平面完美匹配。

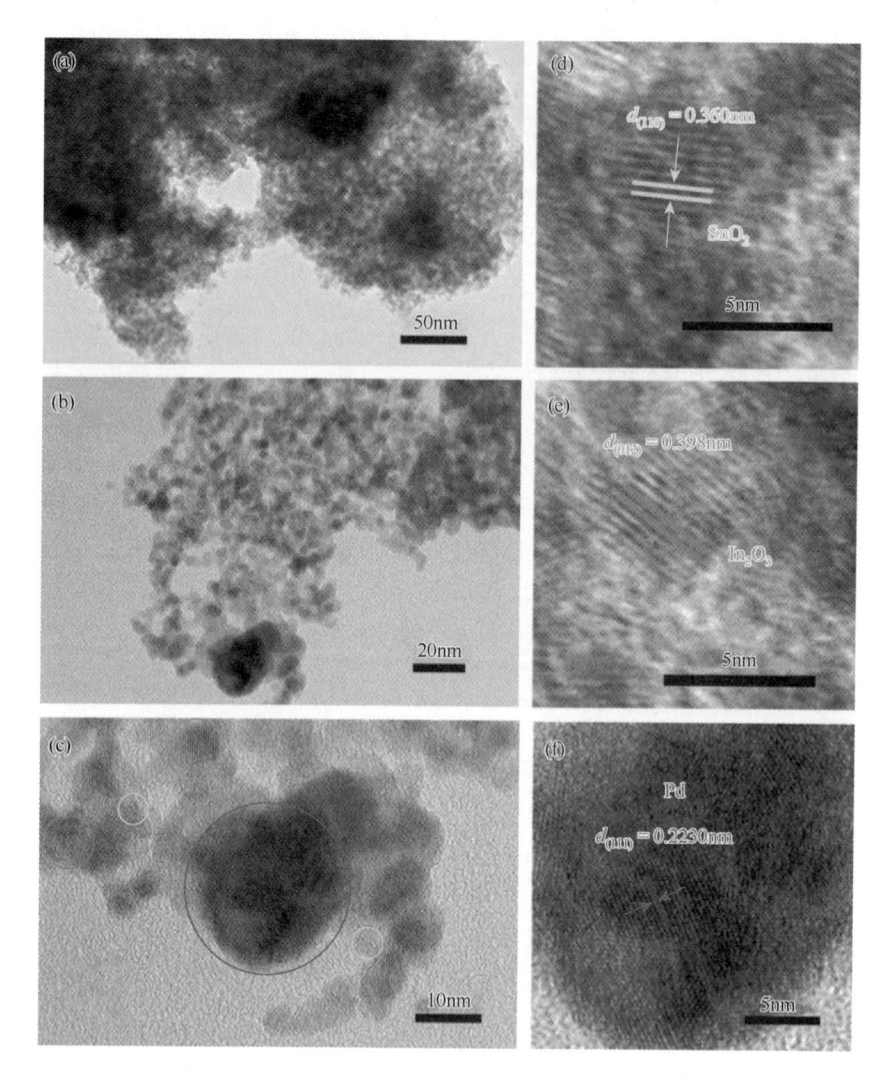

图8.11　（a～c）7at% Pd/SnO$_2$/In$_2$O$_3$ 不同放大倍数的 TEM 图；（d～f）SnO$_2$、In$_2$O$_3$ 和 Pd 颗粒的 HRTEM 图

如图 8.12 所示，用 EDS 测定了 7at% Pd/SnO$_2$/In$_2$O$_3$ 纳米复合材料的组成。EDS 图显示材料的组成为 Sn、In、O、Cl 和 Pd。其中，In 的含量比预期的少，Pd 的含量约为 6.72at%，与设计实验相符。Cl 来源于 SnCl$_2$ 前驱体，不易被完全洗掉。

图 8.13 为 7at% Pd/SnO$_2$/In$_2$O$_3$ 纳米复合材料的氮气吸附-脱附等温线。用 BET 法计算得到 BET 比表面积为 123.47m^2/g。这一数据远高于文献报道的 In$_2$O$_3$ 纳米花/SnO$_2$ 纳米颗粒复合材料的 34.4m^2/g[13]，SnO$_2$ 纳米颗粒包覆的 In$_2$O$_3$ 纳米纤维的 102m^2/g 等[14]，通过提供大量的活性位点，极大地提高其气敏性能。

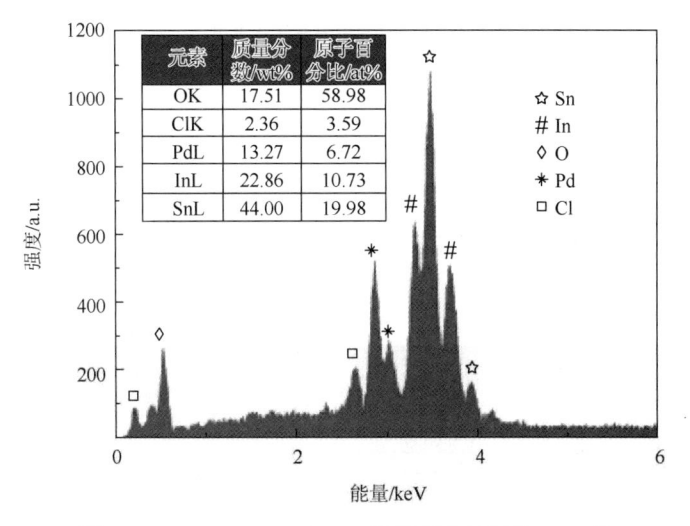

图 8.12　7at% Pd/SnO$_2$/In$_2$O$_3$ 纳米复合材料的 EDS 图

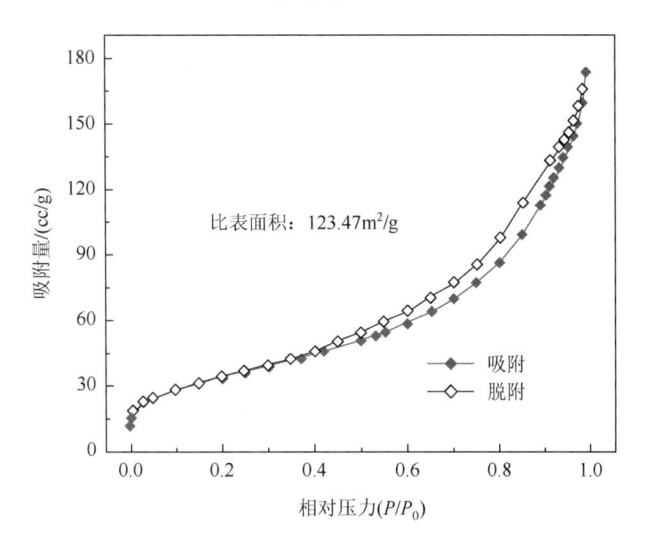

图 8.13　7at% Pd/SnO$_2$/In$_2$O$_3$ 纳米复合材料的氮气吸附-脱附等温线

8.1.3　In$_2$O$_3$ 基气体传感器

以金属氧化物半导体为敏感材料制备了电阻式气体传感器。值得注意的是，需将该器件在 350℃的空气中老化 5 天，以提高其长期稳定性。器件结构图和制作好的传感器如图 8.14 所示。

在 WS-30A 系统（中国郑州威盛仪器有限公司）上对传感器的气敏性能进行了测试。

1. 一维 In$_2$O$_3$ 纳米棒气体传感性能

一维 In$_2$O$_3$ 纳米棒气体传感器对正丁醇气体具有良好的传感性能。在 240℃的最佳工作温度下，由一维 In$_2$O$_3$ 纳米棒制成的传感器对正丁醇具有良好的选择性，对 100ppm 正丁醇气体的响应值为 342.20［图 8.15（b）］且具有较好的抗湿性［图 8.15（c）］。

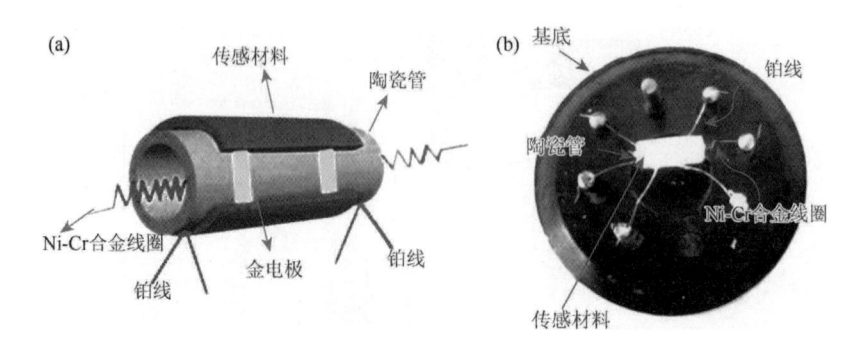

图 8.14 （a）气体传感器结构示意图；（b）实际传感器图片

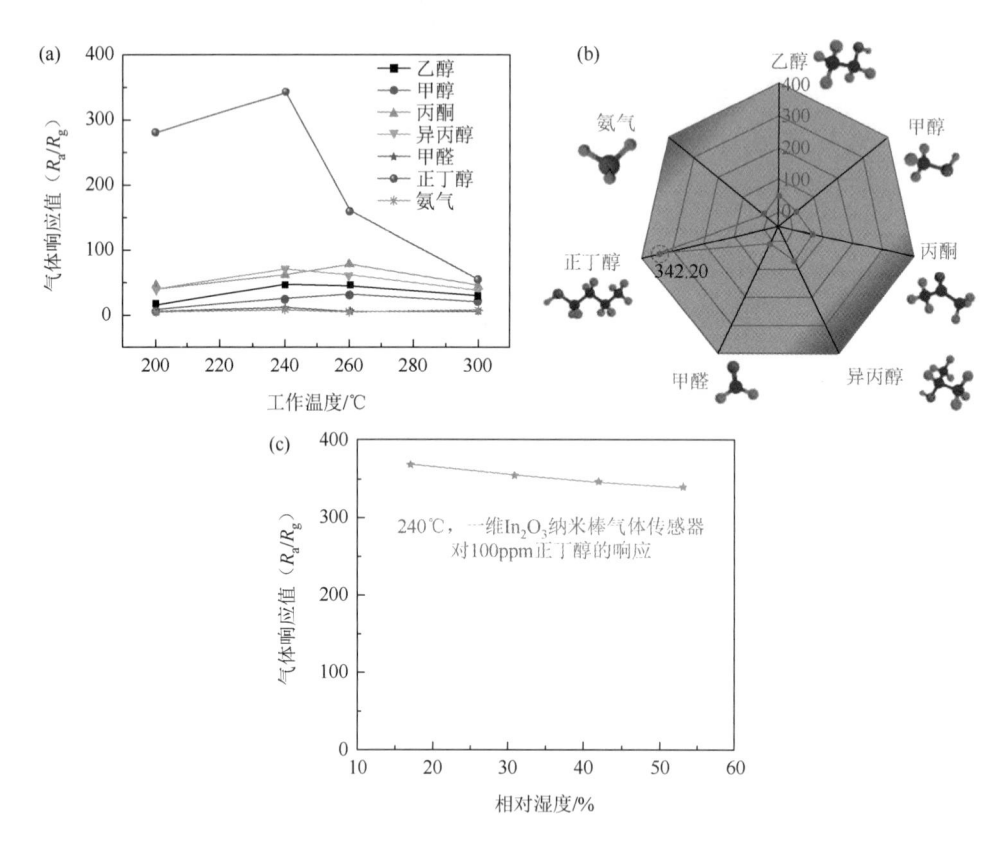

图 8.15 （a，b）一维 In$_2$O$_3$ 纳米棒气体传感器在不同工作温度下对不同气体的响应；（c）最佳工作温度下，不同相对湿度对一维 In$_2$O$_3$ 纳米棒气体传感性能的影响

如图 8.16 所示，在 240℃ 的最佳工作温度下，该传感器对 100ppm 正丁醇的响应和恢复时间短（77.50s/34.20s）。另外，该传感器对正丁醇气体的检测限为 500ppb，远低于其他政府机关在工作场所或实验室允许的最高水平。因此，一维 In$_2$O$_3$ 纳米棒制成的传感器具有良好的重复性和长期稳定性。

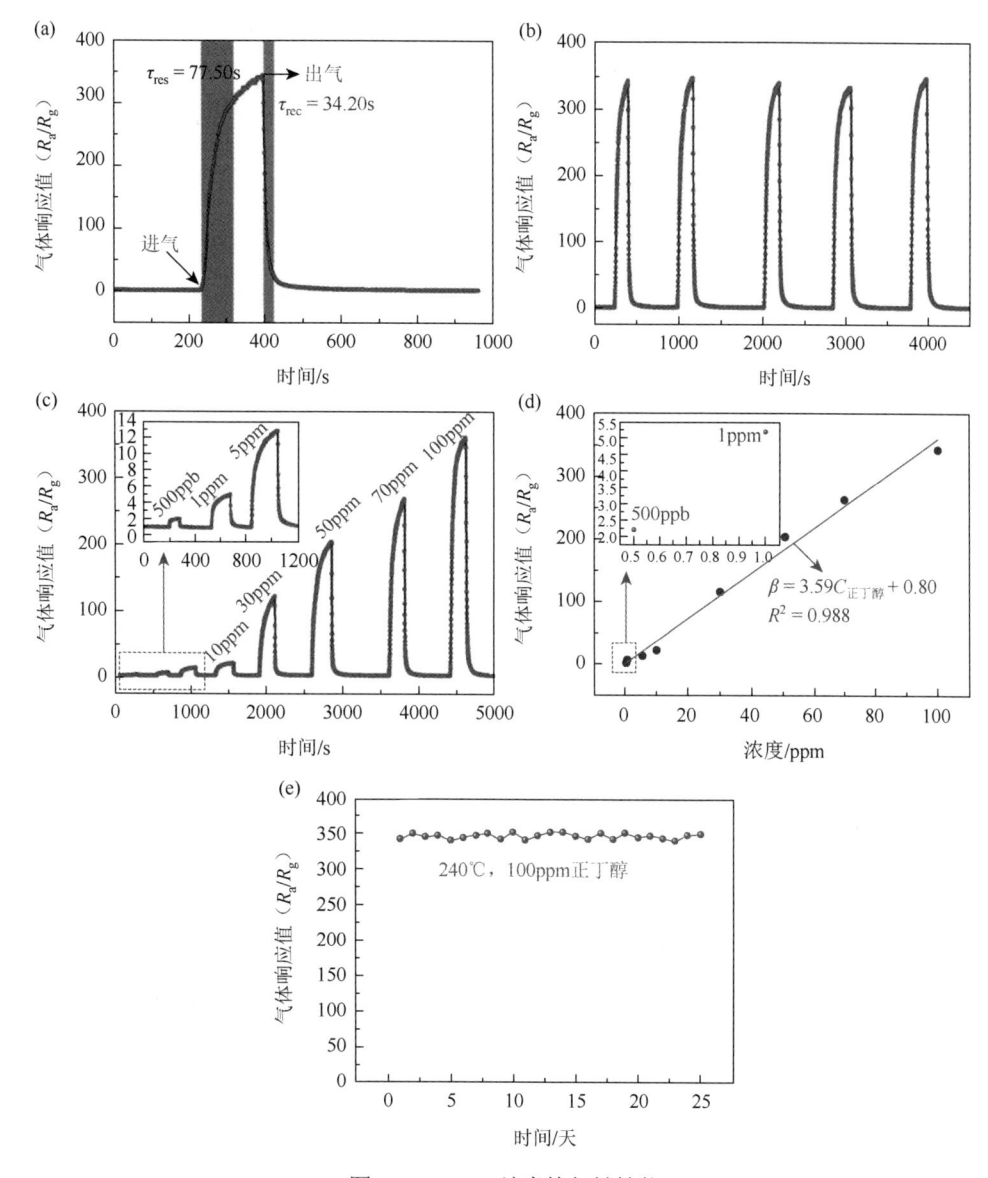

图 8.16 In₂O₃ 纳米棒气敏性能

(a) 对 100ppm 正丁醇的气体响应-恢复时间；(b) 响应重复性；(c) 对不同浓度正丁醇的动态响应；(d) 浓度-响应拟合曲线；(e) 对 100ppm 正丁醇的 25 天长期稳定性响应

In₂O₃ 是一种典型的 n 型金属氧化物半导体（MOS）材料，当 In₂O₃ 气体传感器暴露在还原性气体中时，In₂O₃ 传感材料的电阻会随气体浓度的增大而减小[15, 16]。这可以用空间电荷层模型来解释[17, 18]。图 8.17 显示了可能的气体传感过程和能带能级变化。当传感器暴露在空气中，氧分子会吸附在 In₂O₃ 纳米棒表面，并从 In₂O₃ 导带中提取自由电子，形成带负电的氧离子物种（如 O^{2-}、O^- 或 O_2^-）。在这种情况下，In₂O₃ 传感层表面附近形成一层较厚的空间电荷耗尽层，由于导带中电子浓度的降低，In₂O₃ 纳米棒传感器电阻增大。此外，随着电子浓度的降低，还会产生更高的势垒。具体的反应过程描述为

$$O_{2gas} \longrightarrow O_{2ads} \tag{8.1}$$

$$O_{2ads} + e^- \longrightarrow O_{2ads}^- \tag{8.2}$$

$$O_{2ads}^- + e^- \longrightarrow 2O_{ads}^- \tag{8.3}$$

$$O_{ads}^- + e^- \longrightarrow O_{ads}^{2-} \tag{8.4}$$

而当传感器一旦暴露在还原性气体正丁醇（$C_4H_{10}O$）中，正丁醇分子与 In_2O_3 表面吸附的氧离子发生氧化还原反应，生成 CO_2 和 H_2O。整个反应导致之前捕获的自由电子释放回纳米棒 In_2O_3 的导带。由于导带电荷载流子浓度的增加，传感器的电阻急剧下降，传感材料表面附近的空间电荷耗尽层比放置在空气中的传感器更薄，相应的势垒也降低了。对应的反应可以用以下过程解释[19, 20]：

$$(C_4H_{10}O)_{gas} \longrightarrow (C_4H_{10}O)_{ads} \tag{8.5}$$

$$(C_4H_{10}O)_{ads} + 12O_{ads}^- \longrightarrow 4CO_2 + 5H_2O + 12e^- \tag{8.6}$$

$$(C_4H_{10}O)_{ads} + 12O_{ads}^{2-} \longrightarrow 4CO_2 + 5H_2O + 24e^- \tag{8.7}$$

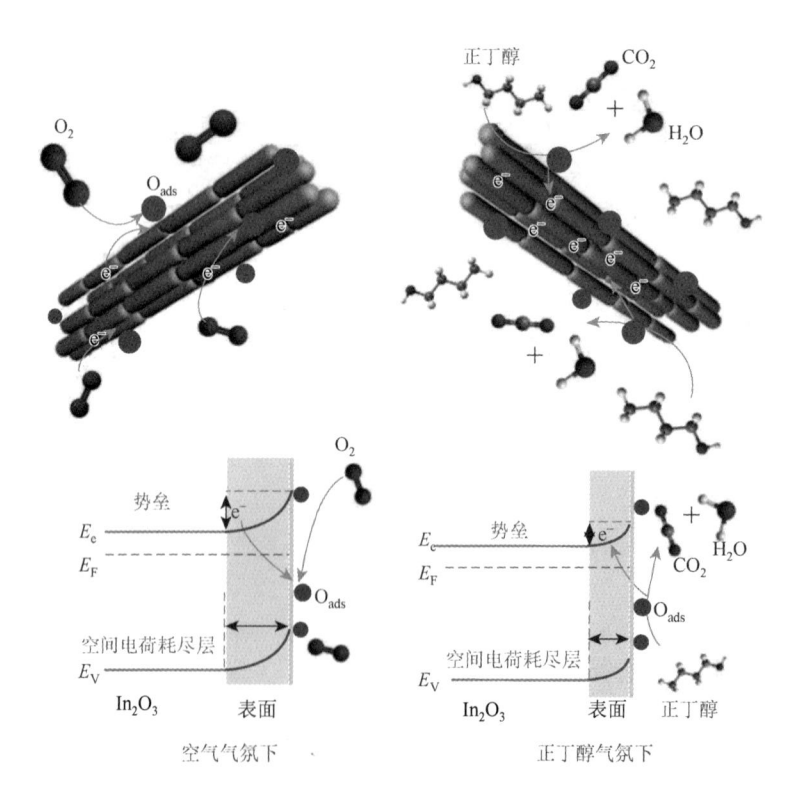

图 8.17 一维 In_2O_3 纳米棒对正丁醇的气敏机理示意图

根据气敏测量结果和讨论，一维 In_2O_3 纳米棒气体传感器优越的气敏性能可以归结为以下几个方面。首先，In_2O_3 产物独特的一维结构可能有利于自由电子的转移，从而直接提高气体响应。其次,一维 In$_2$O$_3$ 纳米棒的大比表面积为气体分子与传感材料之间的氧化还原反应提供更多的吸附活性位点。综上所述,一维 In$_2$O$_3$ 纳米棒对正丁醇的气敏性能增强。

另外,传感材料表面吸附的氧物种的数量对传感器响应也有重要影响,相反,吸附的氧为 In$_2$O$_3$ 纳米棒表面的化学吸附氧离子,它们非常活跃,可以与正丁醇分子反应,从而导致气体传感器响应。因此,吸附的氧在整个气体响应过程中起着非常重要的作用。XPS 分析表明 [图 8.18(b)],一维 In$_2$O$_3$ 纳米棒表面存在大量的吸附氧物种,因此在最佳工作温度下,由一维 In$_2$O$_3$ 纳米棒制成的传感器对正丁醇具有较好的气体响应。

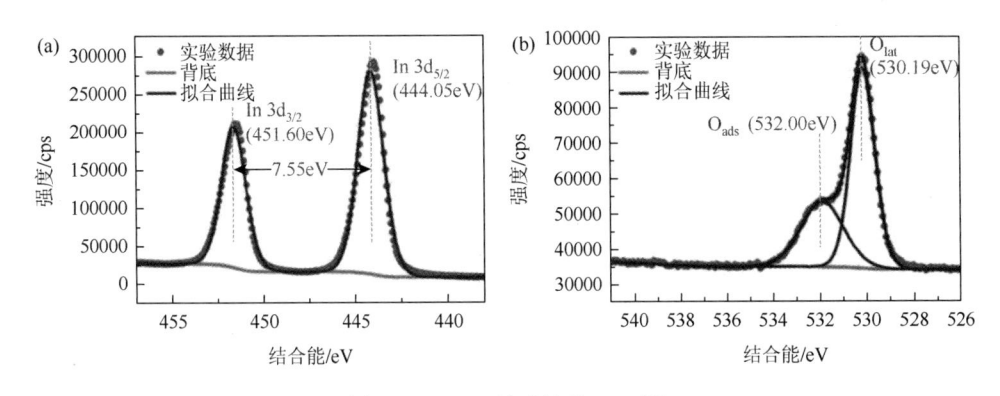

图 8.18　In$_2$O$_3$ 纳米棒的 XPS 图
(a) In 3d;(b) O 1s

当目标气体到达传感材料表面时,气体分子吸收能量并被激活。随后,目标气体分子与吸附的氧离子发生反应,反应速率可由阿伦尼乌斯方程描述[21, 22]:

$$K = A\exp(-E_a / kT) \tag{8.8}$$

式中,K 为反应速率;A 为阿伦尼乌斯常数;E_a 为活化能;k 为玻尔兹曼常量;T 为温度。很明显,反应速率(K)随活化能的降低而增大。也就是说,在相同的操作条件下,通过降低活化能,可以提高反应速率。在目前的工作中,在 240℃的最佳工作温度下,正丁醇气体可能具有合适的活化能,其活化能远低于其他气体。因此,正丁醇气体分子与吸附的氧离子之间的反应速率更快,在相同的间隔内有更多的正丁醇分子可以吸附在表面,从而使气体对正丁醇的响应较高。而对于其他醇,它们的活化能可能高于正丁醇,导致反应速率低,气体响应较低。因此,一维 In$_2$O$_3$ 纳米棒气体传感器在 240℃对正丁醇具有较高的响应性和优异的选择性。

2. n-n 型 In$_2$O$_3$/CdO 纳米复合材料气体传感性能

在 500~750℃范围内确定传感器的煅烧温度与气体响应之间的关系(图 8.19),获得优异传感性能的最佳煅烧温度是 650℃,在 100℃的低工作温度下,In$_2$O$_3$/CdO 气体传感器对甲醛表现出更高的响应,气体浓度-响应关系呈线性相关,并且 In$_2$O$_3$/CdO 气体传感器的电阻随气体浓度的增大而减小。

对其气敏性能进行简单探讨，当 In$_2$O$_3$/CdO 气体传感器暴露在甲醛气体中，还原性气体和化学吸附的氧会发生以下反应：

$$(HCHO)_{gas} \longrightarrow (HCHO)_{ads} \tag{8.9}$$

$$(HCHO)_{ads} + 2O_{ads}^{2-} \longrightarrow CO_2 + (H_2O)_{gas} + 4e^- \tag{8.10}$$

上述反应会释放电子，使材料的电阻降低，从而实现甲醛气体的检测。

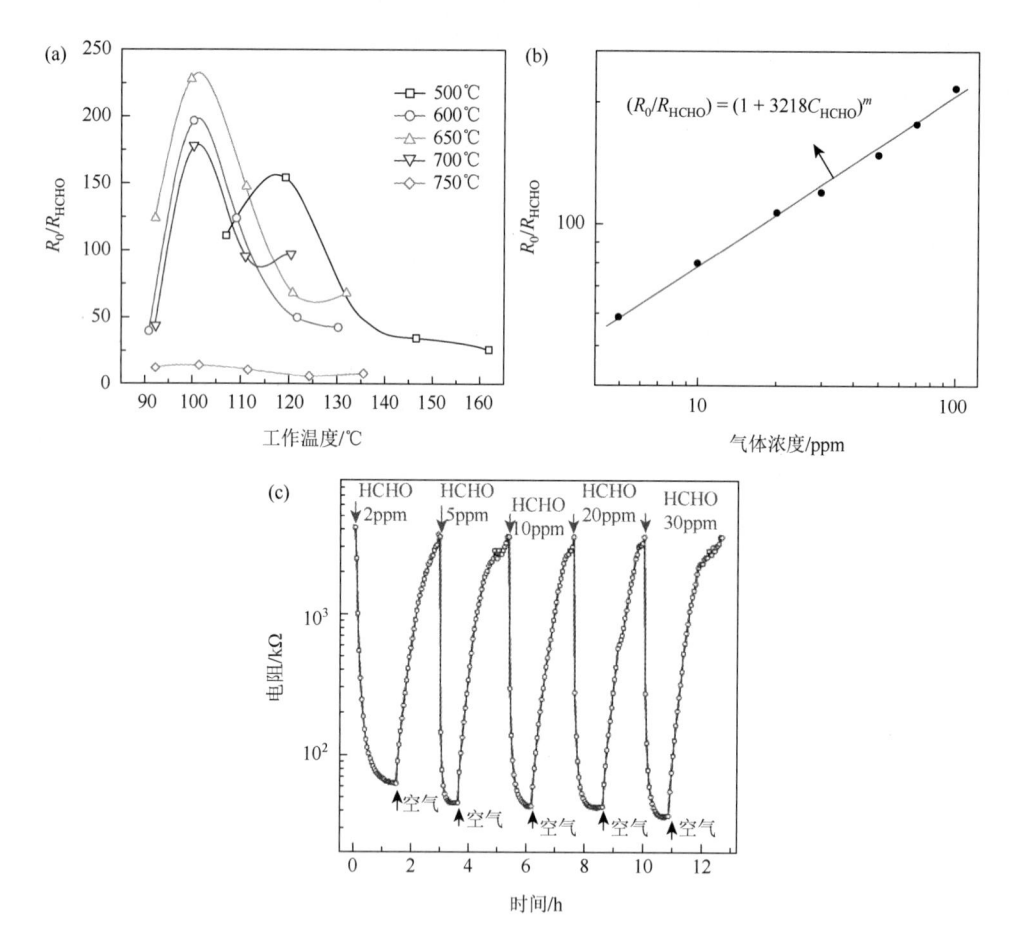

图 8.19　(a) 不同煅烧温度下 In$_2$O$_3$/CdO 气体传感器的甲醛响应情况；(b) 100℃工作温度下，650℃煅烧得到 In$_2$O$_3$/CdO 气体传感器的线性拟合曲线；(c) 动态响应

3. Ag 修饰 n-n 型 In$_2$O$_3$/ZnO 纳米复合材料气体传感性能

传感器的选择性对于其在实际应用中准确识别特定的目标分子至关重要。为了研究 In$_2$O$_3$/ZnO 气体传感器的传感性能，在 300℃下对 500ppm 甲醛（HCHO）、甲烷（CH$_4$）、甲苯、氨（NH$_3$）、异丙醇（IPA）、丙酮和甲醇进行了选择性测试。如图 8.20 所示，基于 3wt% Ag/In$_2$O$_3$/ZnO 的气体传感器对 HCHO 的响应值远高于对其他测试气体的响应值。HCHO 的优异选择性可能是由于 HCHO 分子与表面氧分子之间的强相互作用。

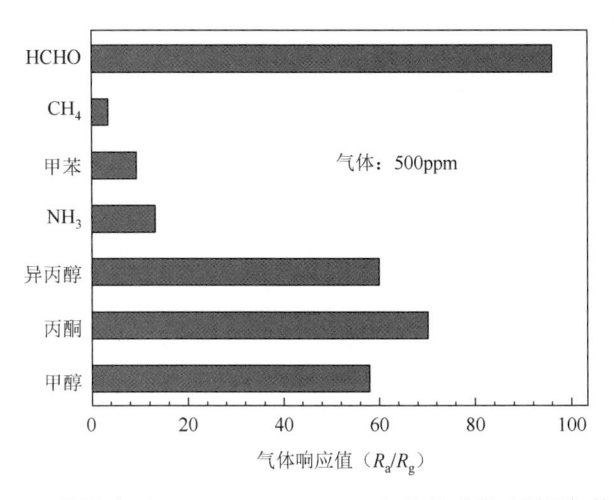

图 8.20 300℃工作温度下,3wt% Ag/In₂O₃/ZnO 气体传感器对不同气体的响应情况

对 Ag/In₂O₃/ZnO 气体传感器的甲醛性能进行研究,如图 8.21 所示,3wt% Ag/In₂O₃/ZnO 气体传感器在 300℃下对 1000ppm 甲醛的响应值为 283.1,远优于 In₂O₃/ZnO 气体传感器 (20.6) 和 5wt% Ag/In₂O₃/ZnO 气体传感器 (41.3)。Ag/In₂O₃/ZnO 气体传感器的气体浓度-响应关系呈线性相关。3wt% Ag/In₂O₃/ZnO 气体传感器的低浓度 (1~100ppm) 气体响应良好。

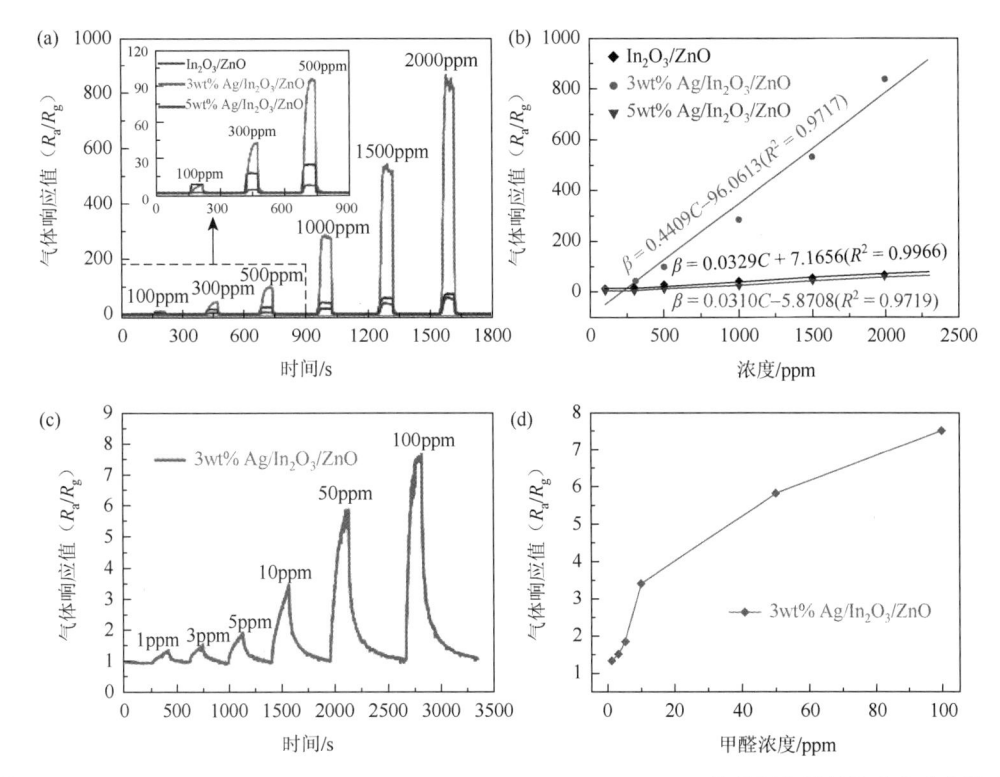

图 8.21 (a,b) In₂O₃/ZnO、3wt% Ag/In₂O₃/ZnO、5wt% Ag/In₂O₃/ZnO 纳米复合材料的动态响应随时间的变化(插图为对应 100ppm、300ppm 和 500ppm 浓度的响应放大图)及对应的浓度-响应拟合曲线;(c,d) 3wt% Ag/In₂O₃/ZnO 纳米复合材料在浓度 1~100ppm 甲醛的动态响应曲线及对应浓度-响应折线图

In$_2$O$_3$/ZnO 纳米复合材料独特的结构，In$_2$O$_3$ 和 ZnO 之间形成的异质结结构，Ag 纳米颗粒以及 In$_2$O$_3$ 和 ZnO 生长过程的相互掺杂效应是影响气体响应的重要因素。当气体传感器处于空气气氛时，空气中的氧会吸附在材料表面，表面吸附氧将捕获 In$_2$O$_3$ 和 ZnO 导电带中的电子，形成 O$^-$、O^{2-} 和 O$_2^-$ 离子。以 3wt% Ag/In$_2$O$_3$/ZnO 为例，用 XPS 分析了其组成和化学构型，如图 8.22 所示。它证实了样品的高化学纯度，仅由 In、Zn、O 和 Ag 组成。其中，图 8.22（c）的 O 1s 光谱中位于 529.97eV 处的主峰属于晶格氧，而位于 531.68eV 处的另一个峰属于吸附氧（O$^-$、O^{2-} 和 O$_2^-$），这些吸附氧离子可与气体反应，因此对提高传感性能起着关键作用。当暴露于还原气体（如 HCHO）时，HCHO 分子将与表面吸附的氧发生反应，使被捕获的电子释放回 In$_2$O$_3$ 和 ZnO 的导带，传感器的电导率受到异质结和吸附氧的强烈影响，在接触气氛发生转变时，传感材料的电阻会发生显著变化。因此，可以实现高响应的气体传感器。

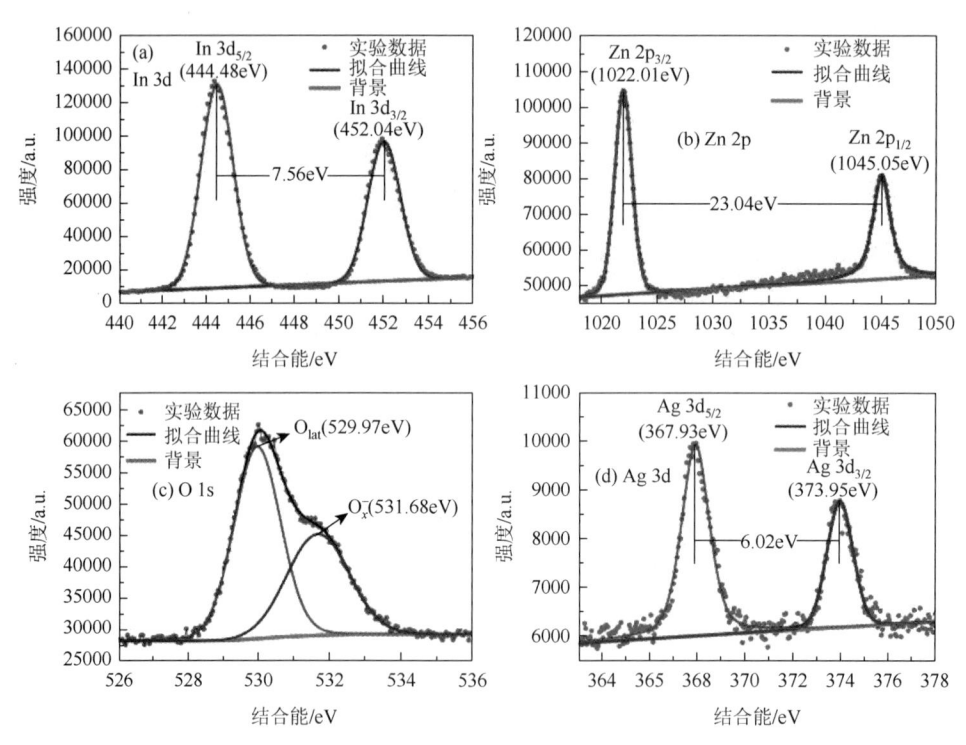

图 8.22　3wt% Ag/In$_2$O$_3$/ZnO 纳米复合材料 XPS 图
（a）In 3d；（b）Zn 2p；（c）O 1s；（d）Ag 3d

　　Ag 纳米颗粒在增强气体传感性能方面也起着关键作用。如图 8.22（d）所示，Ag 3d 的状态分别由 Ag 3d$_{5/2}$（367.93eV）和 Ag 3d$_{3/2}$（373.95eV）的自旋轨道组成，证明 3wt% Ag/In$_2$O$_3$/ZnO 中存在 Ag 纳米颗粒。Ag 纳米颗粒功能化的作用有利于气敏性能、电子敏化、催化氧化（溢出效应），并大大丰富了氧化铟和氧化锌表面活性氧物种的数量[23-25]。在 Ag 的帮助下，氧分子更容易在表面吸附和扩散，从 In$_2$O$_3$ 和 ZnO 的导带捕获电子成为氧离子。这一过程既使吸附的氧分子数量增加，又使分子-离子转化率提高，使界面势垒高度变化更大、更快。此外，由于 Ag 的催化能力，它可以促进烃类裂解成更活跃的自由基，从而增强表面吸附的氧离子与还原性气体之间的反应。Ag 倾向于在空气中形成稳定的氧化物（Ag_2O），通过从 In_2O_3 和 ZnO 中提取电子，形成更深的耗尽电子的空间电荷层。当暴露在还原性气体（如 HCHO）中时，捕获的电子很容易通过 Ag_2O 和 Ag 之间的氧化还原反应释放回 In_2O_3 和 ZnO[24, 26]。因此，这些邻近 Ag 和 In_2O_3/ZnO 界面的区域使传感器在气体检测中更加活跃。此外，有研究表明，适量的 ZnO 复合 In_2O_3 或者 Zn 掺杂 In_2O_3[27-33]，可以改善气体传感性能。因此，复合材料中 In_2O_3 和 ZnO 的相互作用效应也是导致传感性能增强的原因之一。

4. Pd 修饰 n-n 型 SnO_2/In_2O_3 纳米复合材料气体传感性能

首先，探讨气体传感器的选择性及最佳工作温度，选择性是气体传感器实际应用的主要参数。如图 8.23（a）所示，在四种可燃性气体中，7at% Pd/SnO_2/In_2O_3 气体传感器对丁烷的响应最为显著。另外，工作温度是决定气体传感性能的一个重要因素。如图 8.23（b）所示，气体响应随工作温度的升高有先升高后逐渐降低的趋势。温度的升高首先促进化学反应，然后促进气体响应。然而，温度的进一步升高，由于传感层表面气体分子的消耗，目标气体的穿透深度降低，导致响应降低[31]。

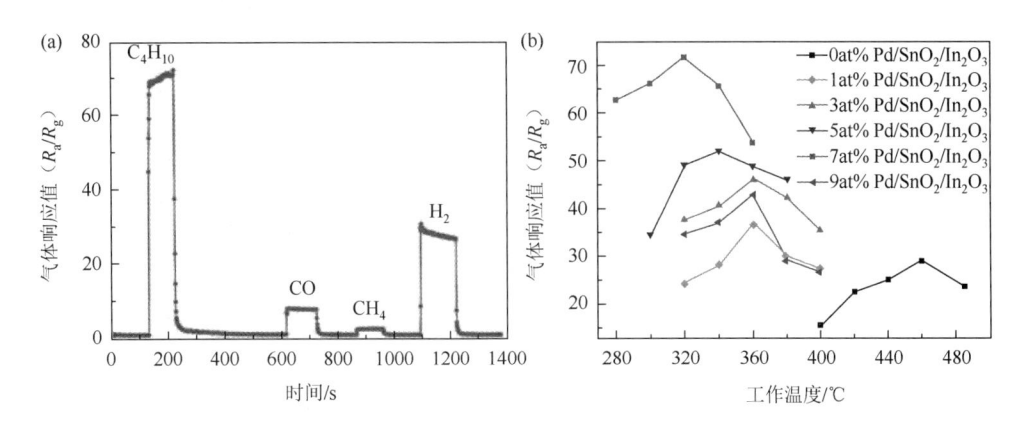

图 8.23 （a）7at% Pd/SnO_2/In_2O_3 气体传感器对丁烷（C_4H_{10}）、一氧化碳（CO）、甲烷（CH_4）、氢气（H_2）的动态响应情况；（b）不同 Pd 含量 SnO_2/In_2O_3 气体传感器在不同温度下对丁烷的响应值

另外，从图 8.24 可以看出 Pd 含量对传感器检测丁烷的响应有很大的影响。7at% Pd/SnO_2/In_2O_3 气体传感器在 320℃ 工作温度下，对 3000ppm 丁烷表现出高选择响应（71.28）、较短的响应（3.51s）和恢复（7.86s）时间。7at% Pd/SnO_2/In_2O_3 气体传感器具有低检测限，对 1ppm 丁烷的响应值为 1.69。Pd 纳米颗粒的影响、异质结的形成以及 SnO_2 和 In_2O_3 之间相互掺杂效应是其对丁烷表现出优异的传感性能的可能原因。

基于上述结果，其优异的气敏性能可以归结为以下原因。首先，SnO_2 和 In_2O_3 的天然性质都有利于气体传感器。其次，以苯甲醇为供氧剂的无水合成法获得了大的比表面积，其表面原子暴露量大，为气体分子的吸附提供了更多的活性位点，从而有利于表面反应[34]。最后是由于 SnO_2/In_2O_3 异质结的形成。

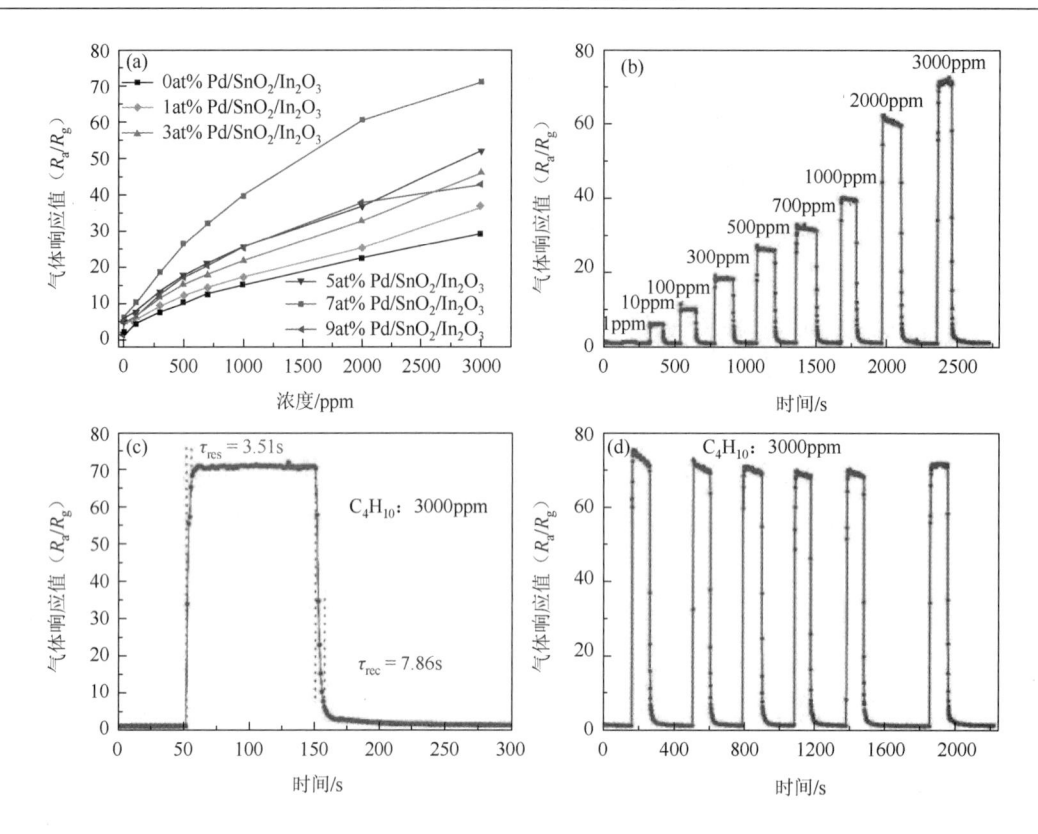

图 8.24 （a）不同 Pd 含量 SnO$_2$/In$_2$O$_3$ 气体传感器在 320℃对丁烷在不同浓度下的响应值对比；（b）7at% Pd/SnO$_2$/In$_2$O$_3$ 气体传感器在 320℃对不同浓度丁烷的动态响应；（c）7at% Pd/SnO$_2$/In$_2$O$_3$ 气体传感器对 3000ppm 丁烷的响应-恢复时间；（d）7at% Pd/SnO$_2$/In$_2$O$_3$ 气体传感器的六次重复响应

根据半导体异质结理论[35, 36]，利用 SnO$_2$（3.5eV）和 In$_2$O$_3$（2.8eV）[37]的带隙，图 8.25 示意图描述了 SnO$_2$/In$_2$O$_3$ 界面的能带结构，其中 Φ_{eff} 为有效势垒高度。对于 SnO$_2$/In$_2$O$_3$ 复合材料，电子输运受到异质结势垒的强烈调控。XPS 的 O 1s 谱图证明，当复合材料暴露于空气中时，SnO$_2$ 和 In$_2$O$_3$ 导带中的电子被氧捕获，可形成表面吸附的氧离子，如 O$^-$、O^{2-}[29]，这导致图中势垒高度的增加，从而降低了材料电导率。当复合材料暴露于被测试的还原性气体（如丁烷）后，吸附的氧负离子中的电子被释放回 SnO$_2$ 和 In$_2$O$_3$ 的导带中，势垒高度将由于电子浓度的增加而降低。因此，随着传感器所处气体氛围的转变，异质结构材料的电阻会发生很大的变化，从而复合材料表现为对检测气体的高传感性能。另外，根据 XPS 表征结果（图 8.26），7% Pd/SnO$_2$/In$_2$O$_3$ 复合纳米材料仅由 Sn、In、O 和 Pd 元素组成。Pd 纳米颗粒修饰 SnO$_2$/In$_2$O$_3$ 复合材料后，Pd 与 SnO$_2$ 和 In$_2$O$_3$ 表面发生相互作用[38]，导致 SnO$_2$ 和 In$_2$O$_3$ 的费米能级或功函数发生变化，促进了气敏性能。此外，有研究表明，Pd 纳米颗粒的活化可能通过溢出效应催化和增强 SnO$_2$ 和 In$_2$O$_3$ 表面上丁烷分子的氧化，从而使得传感性能显著提高[39-41]。需要指出的是，过量的 Pd 修饰会导致响应降低，是因为过度修饰会导致传感材料活性面积减少[42]。

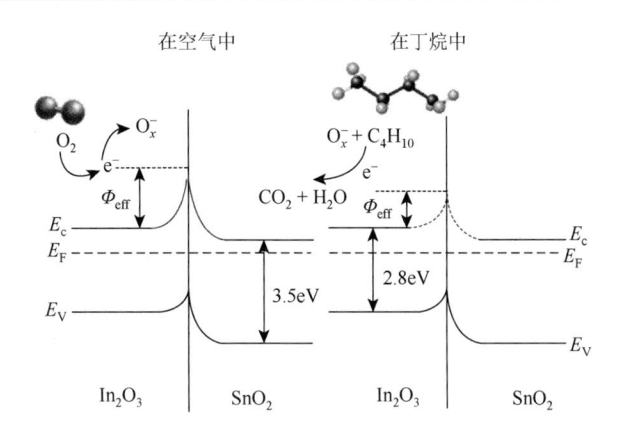

图 8.25 SnO$_2$/In$_2$O$_3$ 在空气和丁烷中的能带结构示意图

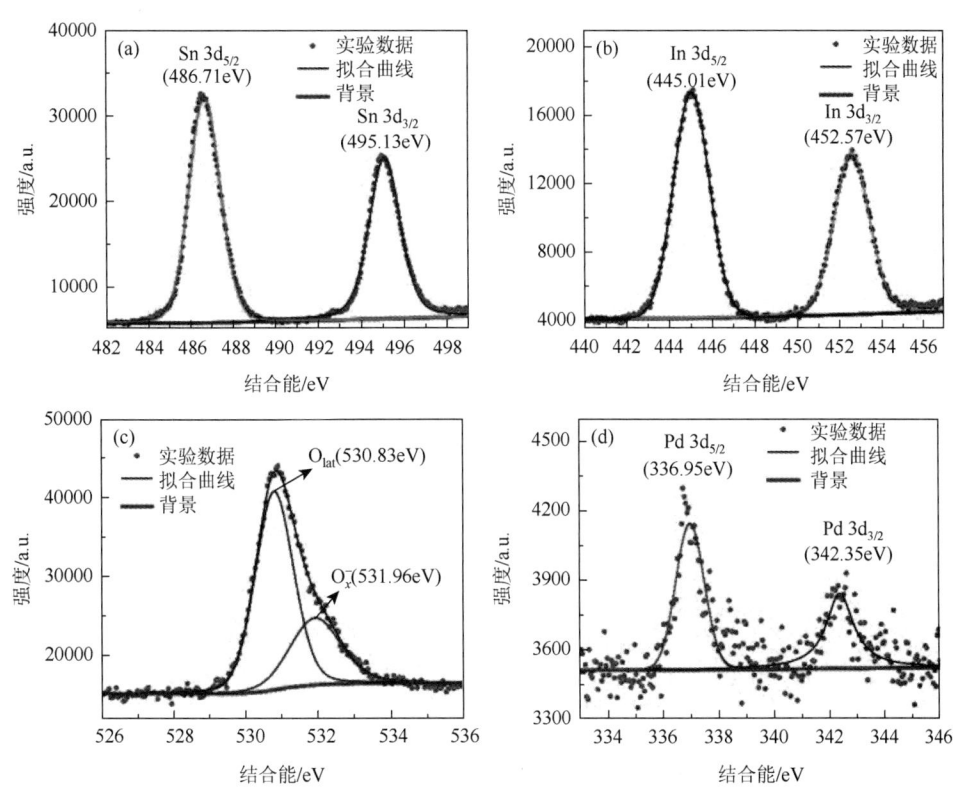

图 8.26 7at% Pd/SnO$_2$/In$_2$O$_3$ 纳米复合材料的 XPS 图
(a) Sn 3d; (b) In 3d; (c) O 1s; (d) Pd 3d

8.2 NiO 基气体敏感材料与气体传感器

NiO 是一种重要的 p 型半导体，其独特的性质，如带隙宽（3.6～4.0eV）、材料表面可测量的电导率随化学反应而变化等，使其在气体传感器方面具有潜在的应用前景[43]。

然而，近年来，NiO（纳米颗粒、纳米薄片、纳米管、纤维、空心球、纳米线等）[44-48]、适当掺杂的 NiO（Pt、Au、Fe 和 Zn）[38, 49-51]以及 NiO 与其他氧化物半导体（ZnO、SnO$_2$ 和 PdO）的复合结构[52-54]已被开发为乙醇、丙酮、甲醇、甲醛、CO 和 NH$_3$ 的敏感材料。基于金属氧化物的气体传感器需要在相对较高的温度下工作。NiO 多年来应用于传感领域，工作温度在 300～350℃之间，过高的工作温度会引起聚结和结构变化，从而导致传感器的不稳定性和响应变化。为了克服 NiO 基气体传感元件的缺点，我们开展了其他金属氧化物的制备、掺杂和复合等方面的研究。然而，从材料的合成和性能的角度来看，存在着许多挑战和问题。

Pt[38]、Au[50]、Fe[49]和 Zn[51]的掺杂，以及与 ZnO[54]、SnO$_2$[52]和 PdO[53]等氧化物半导体的耦合，极大地提高了 NiO 基气体传感器的气敏性能。特别是催化贵金属被广泛用于提高氧化物半导体气体检测的传感性能，这在化学传感器研究中已得到证实。例如，电纺制备的 Pt 修饰 NiO 纳米管对目标气体，特别是 C$_2$H$_5$OH 的响应显著增强[38]。此外，报道的基于 Pt 修饰的 NiO 气体传感器只讨论了 Pt 掺杂含量为 0.3%和 0.7%[38]。因此，应该尝试更广泛的 Pt 负载数量。最后，提出了一种简单、成本低、省时、易于气体扩散的多孔结构 Pt-NiO 合成新方法。

8.2.1　NiO 基气体敏感材料的制备

1. 三维多孔结构 NiO 及 Pt-NiO 材料的制备

采用燃烧法成功制备了纯 NiO 材料以及 Pt-NiO 材料。

（1）将 10mmol 的 Ni(NO$_3$)$_2$·6H$_2$O 溶解在 15mL 去离子水中，得到绿色溶液。

（2）在上述溶液中加入 10mmol 乙二醇（EG），搅拌 60min 后溶液颜色保持不变。

（3）将燃烧前驱体溶液转移到坩埚中，放入预热炉中，在 400℃的温度下加热 30min。取出蓬松产物并在空气中自然冷却。

当 Pt 掺杂时，除了加入相应量的 H$_2$PtCl$_6$·6H$_2$O 外，溶液的制备过程类似。最后，收集多孔 NiO 粉末用于气体传感器的制备。

2. NiO/MWCNTs 纳米复合材料的制备

采用共沉淀法制备了 NiO/MWCNTs 纳米复合材料。

（1）将经 68wt% HNO$_3$ 溶液回流处理 24h 的 MWCNTs 置于 25mL 去离子水中超声悬浮 2h。

（2）10mL NH$_3$·H$_2$O（25wt%溶液）与蒸馏水混合。

（3）将（2）所得溶液滴入 MWCNTs 悬浮液中，搅拌 4h。

（4）将混合物加入 0.2mol/L 25mL Ni^{2+} 的水溶液中，产生悬浮液。

（5）搅拌 2h 后，进一步离心分离氢氧化镍和 MWCNTs 的纳米复合材料。样品在空气中干燥后，在空气中退火 2h，温度为 400℃。其中，Ni^{2+} 与 MWCNTs 的物质的量比为 1.0∶1.0。

8.2.2 NiO 基气体敏感材料的表征与分析

1. 三维多孔结构 NiO 及 Pt-NiO 材料的表征与分析

采用 Ni(NO$_3$)$_2$·6H$_2$O 和 EG 分别作为氧化剂和燃料进行反应,通过溶液燃烧法合成了纯 NiO 和 Pt 含量不同的 Pt-NiO,如图 8.27 所示(含 0、0.5%、1%和 2% Pt)。

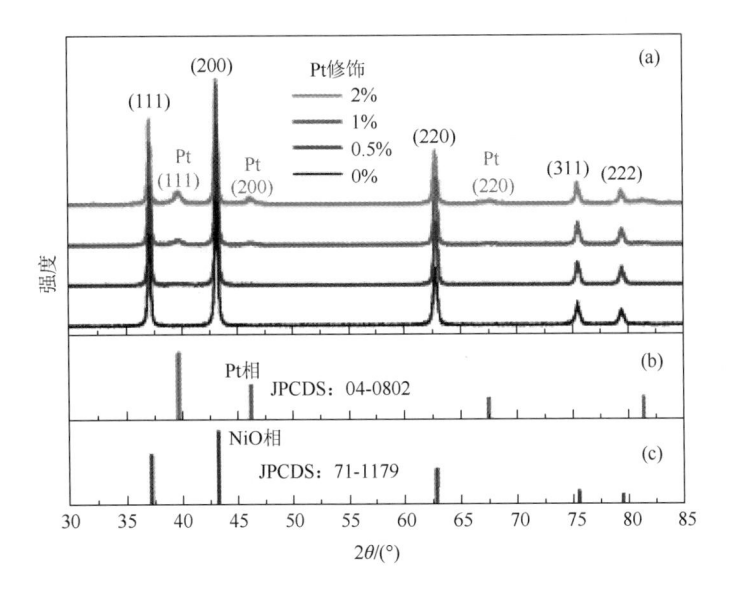

图 8.27 不同 Pt 含量(0、0.5%、1%、2%)NiO 的 XRD 图

SEM 表征结果表明(图 8.28),无论 Pt 的负载量如何,所得产物均呈现出三维多孔结构,这主要是由于气体的释放和 NiO 颗粒的填充所致。

另外,从 TEM 图(图 8.29)可得,Pt 纳米颗粒的大小在几纳米量级,影响了周围 NiO 纳米颗粒的生长。

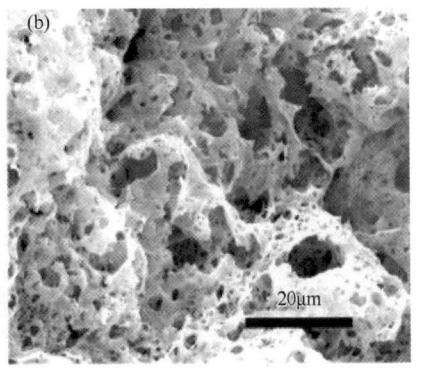

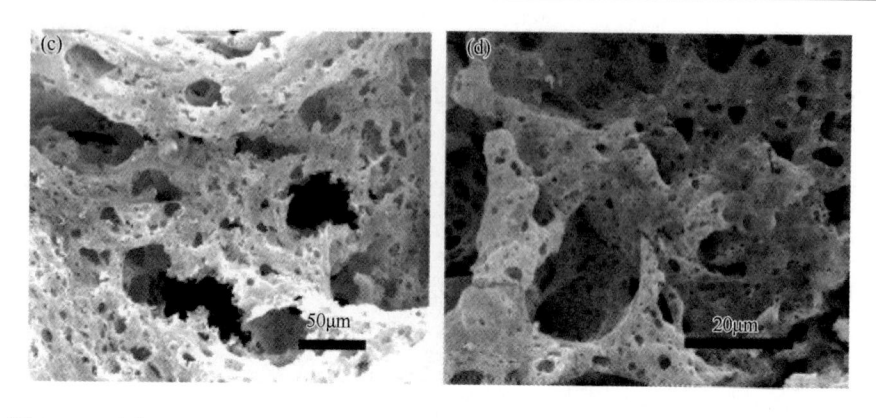

图 8.28 (a) NiO、(b) 0.5% Pt-NiO、(c) 1% Pt-NiO 和 (d) 2% Pt-NiO 的 SEM 图

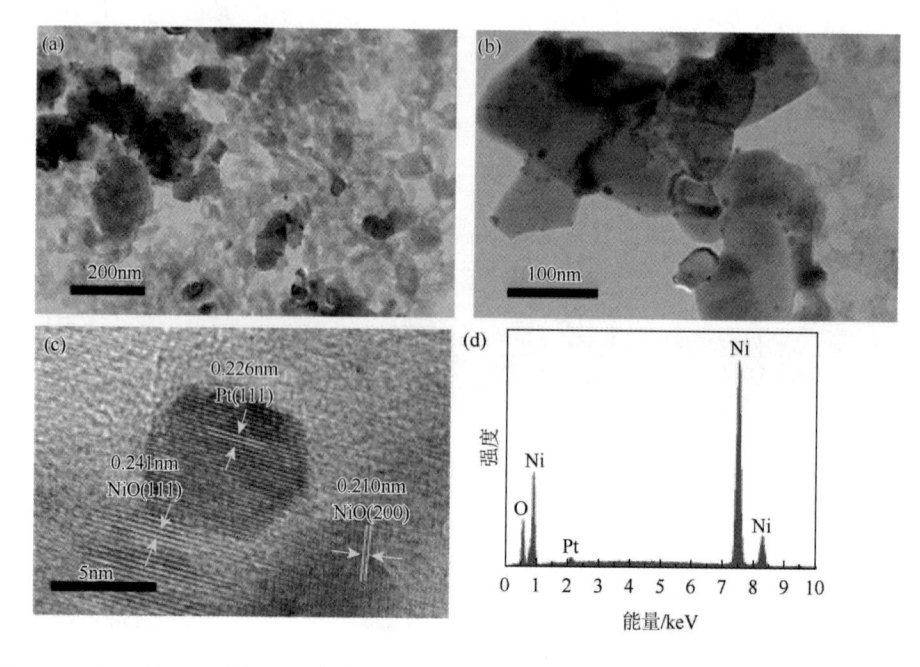

图 8.29 1%Pt-NiO 的 TEM 图:(a) 低倍镜图,(b) 高倍镜放大图;(c) 1%Pt-NiO 样品的晶格条纹;(d) 相应的 EDX 图

2. NiO/MWCNTs 纳米复合材料的表征与分析

采用化学沉淀法成功制备了 NiO/MWCNTs 复合材料 [图 8.30 (a)]。图 8.30 (b) 拉曼光谱进一步证明在 400℃的空气中退火 2h,Ni(OH)$_2$/MWCNTs 成功转化为 NiO/MWCNTs。

复合材料的 SEM 图显示(图 8.31)Ni(OH)$_2$ 或 NiO 呈片状聚集形貌,MWCNTs 很好地分散在 Ni(OH)$_2$ 或 NiO 中,并在 Ni(OH)$_2$ 或 NiO 粉末之间形成网状结构。MWCNTs 的直径在 20~40nm 范围内,比原始样品的直径要小,在纳米复合材料中 MWCNTs 的弯曲更严重。

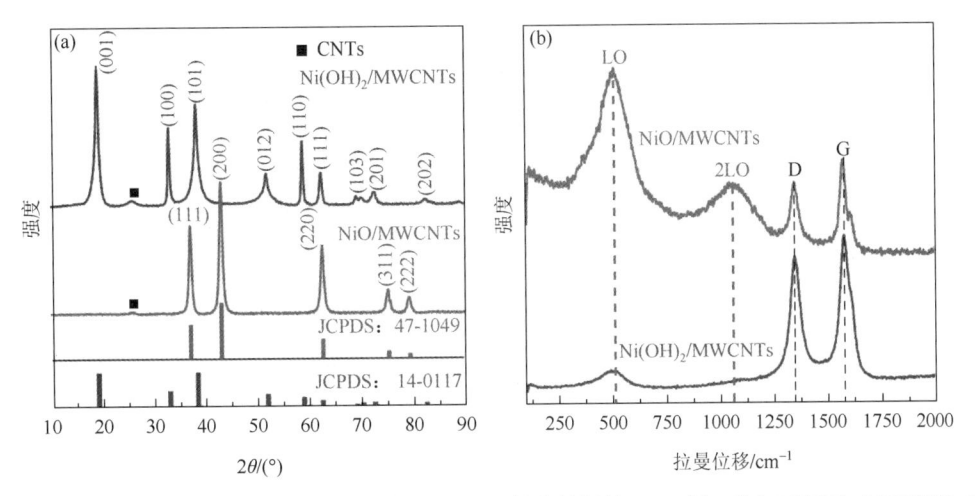

图 8.30 （a）Ni(OH)$_2$/MWCNTs 和 NiO/MWCNTs 复合材料的 XRD 图；（b）Ni(OH)$_2$/MWCNTs 和 NiO/MWCNTs 复合材料的拉曼光谱图

图 8.31 不同放大倍数下的 SEM 图
（a，b）Ni(OH)$_2$/MWCNTs；（c，d）NiO/MWCNTs 复合材料

从图 8.32 可以看出，片状 Ni(OH)$_2$ 结构均匀，层间距约为 0.236nm，对应于六方 Ni(OH)$_2$ 的（101）晶面。而晶面间距为 0.357nm 的晶格条纹可归因于 MWCNTs 的（002）晶面。如图 8.32（d）所示，NiO/MWCNTs 复合材料的晶面间距约为 0.210nm，对应于立方 NiO 的（200）晶面，进一步证明 MWCNTs 上形成了晶体 NiO 纳米颗粒。

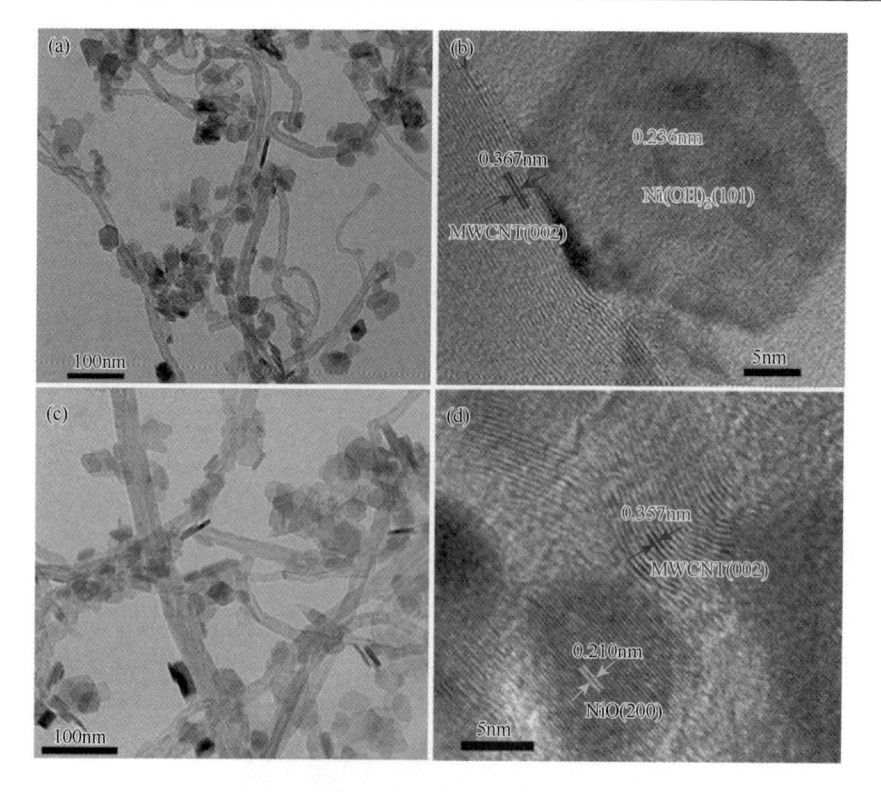

图 8.32　不同放大倍数下的 TEM、HRTEM 图

(a, b) Ni(OH)$_2$/MWCNTs；(c, d) NiO/MWCNTs 复合材料

8.2.3　NiO 基气体传感器

1. 三维多孔结构 NiO 及 Pt-NiO 气体传感性能

从图 8.33 可以看出，Pt 修饰的 NiO 气体传感器的气敏性能得到很大提升，尤其是 1% Pt-NiO 气体传感器的性能比较突出。1% Pt-NiO 气体传感器工作温度低（200℃），对甲醛具有高选择性及高响应。

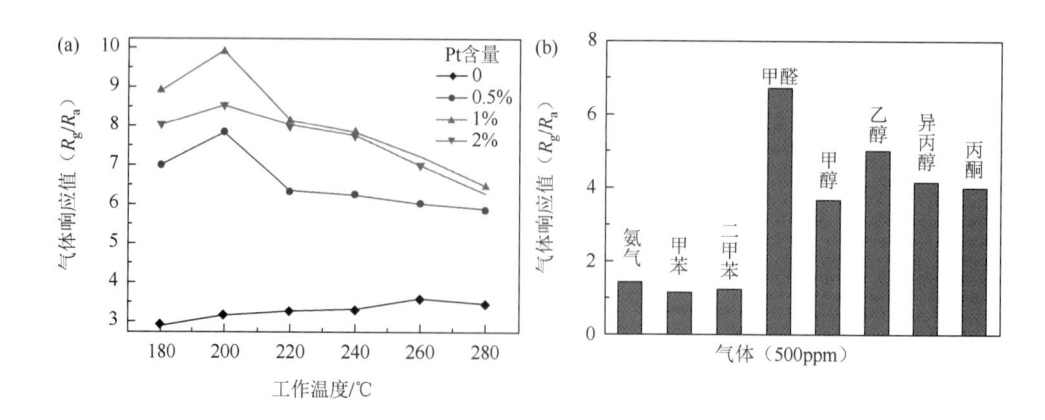

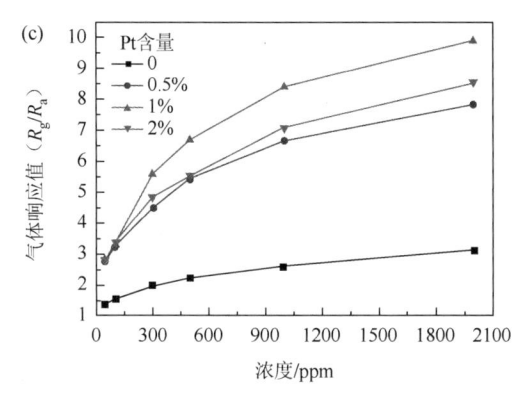

图8.33 （a）在不同的工作温度下，0、0.5%、1%、2% Pt-NiO气体传感器对2000ppm甲醛的气体响应；（b）1% Pt-NiO气体传感器在200℃对500ppm各气体的响应比较；（c）在200℃的最佳工作温度下，0、0.5%、1%、2% Pt-NiO气体传感器对不同浓度甲醛的气体响应

气体性能增强的主要原因是表面氧负离子的增加及甲醛被Pt纳米颗粒氧化（图8.34）。这些发现可能为制备基于p型NiO材料的甲醛气体传感器提供了新的机会。

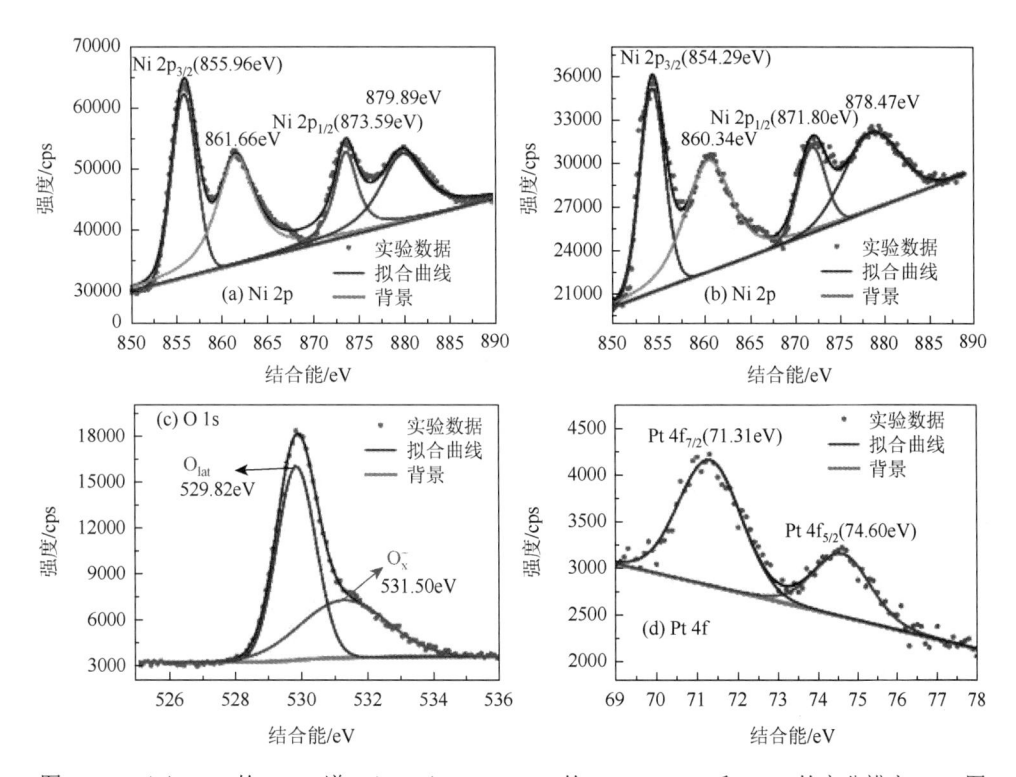

图8.34 （a）NiO的Ni 2p谱；（b~d）1% Pt-NiO的Ni 2p、O 1s和Pt 4f的高分辨率XPS图

2. NiO/MWCNTs纳米复合材料气体传感性能

如图8.35所示，NiO/MWCNTs纳米复合材料气体传感器对乙醇的选择性响应比纯NiO纳米颗粒高很多，并且其气体浓度-响应关系呈线性相关。NiO/MWCNTs纳米复合

材料具有更大的比表面积和更强的相互连接，为气体分子的吸附提供了更多的活性位点，容易克服障碍，降低工作温度，提升气体响应性能。

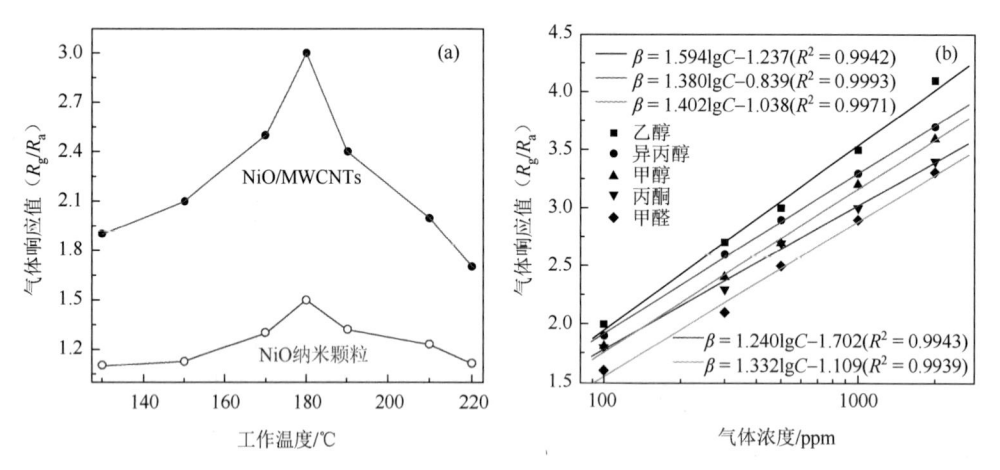

图 8.35 （a）不同工作温度下 NiO/MWCNTs 纳米复合材料和 NiO 纳米颗粒气体传感器对 500ppm 乙醇的气体响应；（b）在 180℃工作温度下，NiO/MWCNTs 传感器对不同气体的浓度-响应拟合曲线

8.3 CuO 基气体敏感材料与气体传感器

CuO 是一种窄带隙（1.2eV）p 型半导体，由于其在超导体、锂离子电池、超级电容器、传感器（气体传感器和生物传感器）、太阳能电池、催化[55]等领域的广泛应用而受到广泛研究。

8.3.1 CuO 基气体敏感材料的制备

1. CuO 微薄片的制备

我们采用了一种简单的方法从铜箔开始合成 CuO，具体过程如下（图 8.36）：

（1）制备 100mL 浓度为 0.5mol/L 的草酸溶液。

（2）将规格为 5cm×3cm、厚 0.1mm 的铜箔（99%）打磨，并用丙酮和去离子水清洗干净。

（3）将（2）得到的铜箔浸泡在（1）的草酸溶液中，紧贴烧杯壁。

（4）大约 20 天后，收集 $CuC_2O_4 \cdot xH_2O$ 前驱体，用去离子水和乙醇反复洗涤。

（5）在 350℃空气中退火 1h，升温速率 1℃/min，得到黑色粉末。

2. 中空 CuO 纤维的制备

采用硝酸铜[$Cu(NO_3)_2 \cdot 3H_2O$]和甘氨酸分别作为氧化剂和燃料，通过燃烧法制备中空 CuO 纤维纳米材料（图 8.37）。具体实验步骤如下：

（1）将 9mmol $Cu(NO_3)_2 \cdot 3H_2O$ 和 10mmol 甘氨酸溶于 50mL 去离子水中搅拌形成均匀溶液。

（2）然后将 1g 干燥松散的棉纤维浸入上述溶液中，24h 后取出棉纤维，80℃烘干。

（3）将干燥的棉纤维放入坩埚中，然后转移到温度为 400℃ 的预热炉中 10min。燃烧反应在几秒钟内完成，棉纤维被烧掉。最后，温度进一步提高到 600℃（升温速率 1℃/min），保温 2h。当它自然冷却到室温，收集黑色蓬松 CuO 粉末以待后用。

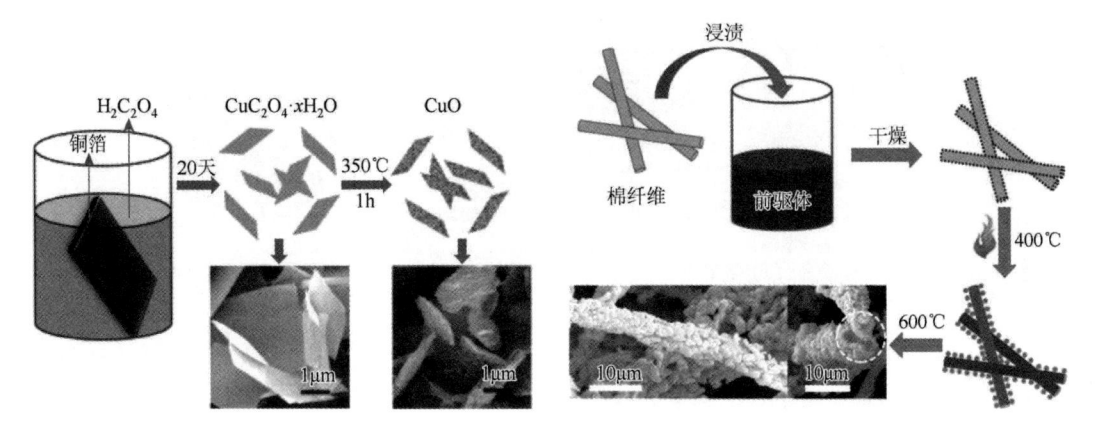

图 8.36 铜箔上制备 CuO 微薄片的示意图

图 8.37 中空 CuO 纤维的制备示意图

8.3.2 CuO 基气体敏感材料的表征与分析

1. CuO 微薄片的表征与分析

经 350℃ 热处理 1h 后，$CuC_2O_4 \cdot xH_2O$ 转化为 CuO。如图 8.38 所示，所得 XRD 谱图与单斜 CuO 结构对应的 JCPDS: 48-1548 相一致。在 Rietveld 细化的基础上进一步获得了结构信息，将晶格参数细化为 $a = 4.6836$Å，$b = 3.4424$Å，$c = 5.1298$Å，证明制备得到了 CuO 纯相。

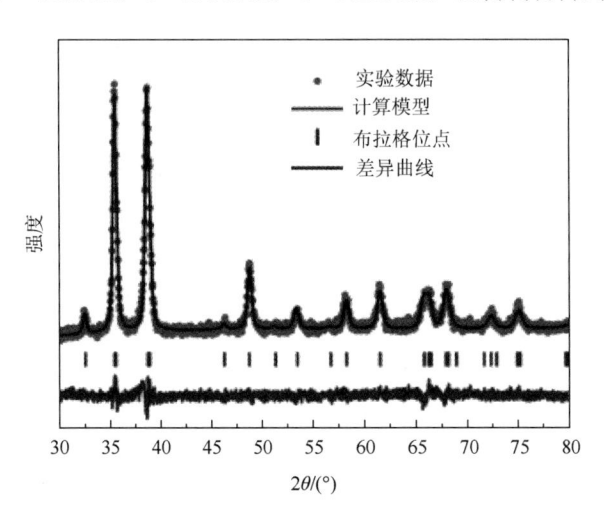

图 8.38 CuO 微薄片的 XRD 图和 Rietveld 细化数据图

SEM 表征分析如图 8.39 所示，前驱体的形态呈现光滑片状，而 CuO 微薄片表面粗糙，呈鳞片状。

图 8.39 （a）CuC$_2$O$_4$·xH$_2$O 微薄片；（b）CuO 微薄片（插图为相对高倍率下单张薄片的表面）

通过 TEM 和 HRTEM（图 8.40）进一步观察得到的 CuO 微薄片的微观结构。CuO 微薄片的厚度约为 200nm [图 8.40（a）的插图]。CuO 微薄片由大量的间隙型 CuO 纳米颗粒组成，使得 CuO 具有很高的多孔性 [图 8.40（a）]。初级 CuO 纳米颗粒的亚基估计为几十纳米大小，这与 Rietveld 的细化数据一致。图 8.40（c）显示出（110）晶面间距为 0.28nm 的晶格条纹。从图 8.40（d）可以看出，所有衍射环都可以精确地划分为 CuO 的反射（110）、（111）（11$\bar{2}$）和（021）。这些结果和 XRD 分析有力地证实了 CuO 微薄片的高结晶度。

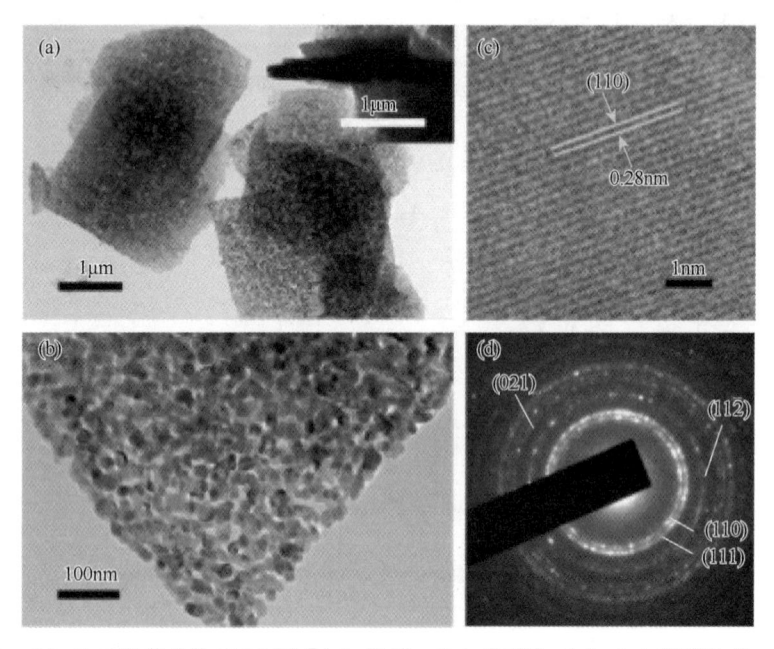

图 8.40 （a，b）CuO 微薄片的 TEM 图 [（a）低倍，（b）高倍]；（c）CuO 微薄片的 HRTEM 图；（d）CuO 微薄片的选区衍射图

2. 中空 CuO 纤维的表征与分析

采用溶液燃烧法与棉纤维生物模板相结合的方法，成功制备了中空 CuO 纤维。通

过 XRD 分析（图 8.41），合成的 CuO 纤维为单斜相，结晶度高，纯度高。

从 SEM 表征图（图 8.42）中可以看出，CuO 纤维呈空心、长纤维状。剧烈的燃烧反应导致大量聚结颗粒在 CuO 纤维中形成多孔壁。

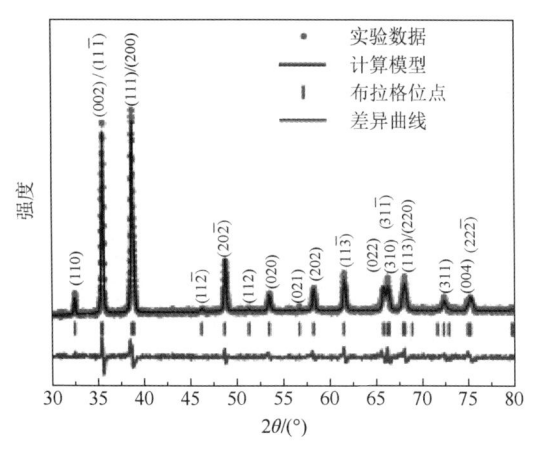

图 8.41　中空 CuO 纤维的 XRD 图和 Rietveld 细化数据图

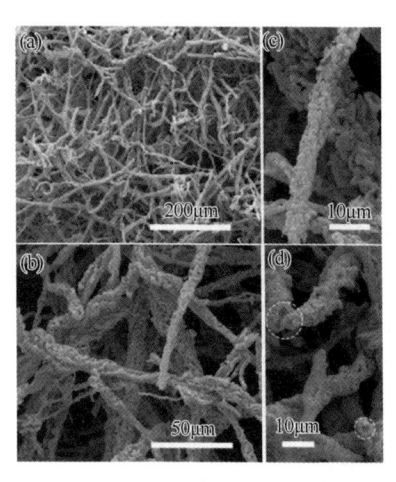

图 8.42　中空 CuO 纤维的 SEM 图
（a）低倍；（b）高倍；（c）典型的 CuO 纤维；（d）中空端点

8.3.3　CuO 基气体传感器

1. CuO 微薄片气体传感器

为探索 CuO 微薄片的潜在应用前景，将制备的 CuO 微薄片作为传感材料进行了气敏性能研究。如图 8.43 所示，CuO 微薄片气体传感器在 160℃下对 500ppm 正丁醇的选择性响应达到最高值 58.52。

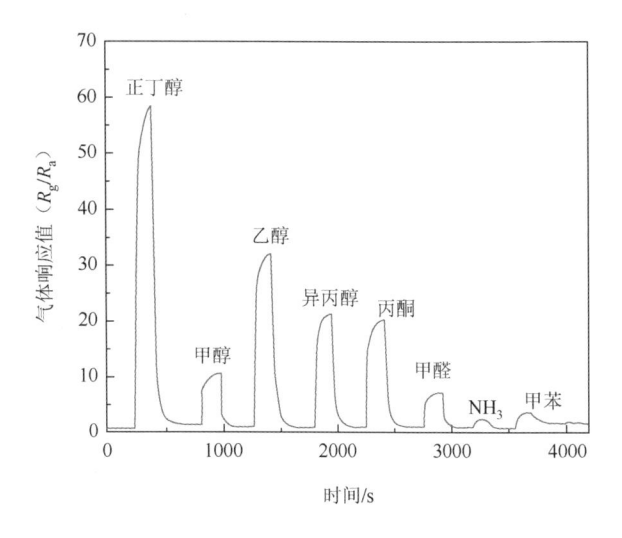

图 8.43　基于 CuO 微薄片的气体传感器工作温度为 160℃时，对浓度为 500ppm 各种气体的响应

另外，从图 8.44 中可以看出，CuO 微薄片对正丁醇响应的最佳工作温度为 160℃，160℃下对正丁醇保持高响应的同时，并具有良好的重复性和长期稳定性（图 8.45）。

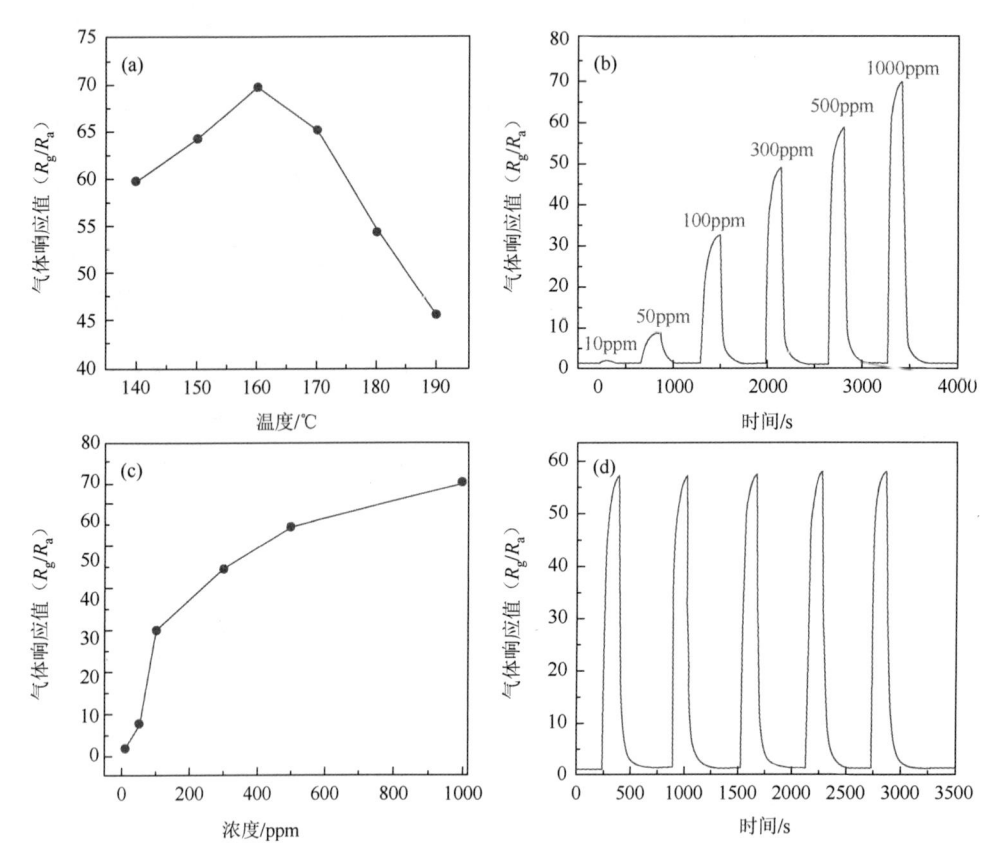

图 8.44 （a）CuO 微薄片气体传感器在不同工作温度下对 1000ppm 正丁醇的响应；（b）在最佳工作温度 160℃下 CuO 微薄片气体传感器对不同浓度正丁醇的动态响应；（c）在最佳工作温度 160℃下气体响应和正丁醇浓度之间的关系；（d）传感器连续五次暴露在 500ppm 正丁醇的响应

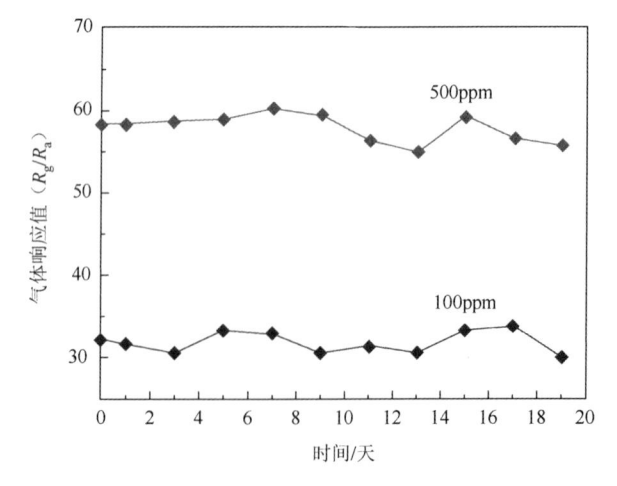

图 8.45 在 160℃下，基于 CuO 微薄片的气体传感器在 20 天内对 100ppm 和 500ppm 正丁醇的气敏响应

对于典型的 p 型氧化物半导体，空穴是导电的主要载流子。图 8.46 给出了气体的传感机理。在空气中，氧分子（O_2）会吸附在 CuO 微薄片的表面，从 CuO 体中捕获自由电子，导致 CuO 价带中空穴的数量增加。在 CuO 表面形成空穴堆积层，其电导率随之提高。在正丁醇等还原性气体存在下，形成的吸附氧与气体分子发生反应，捕获的电子被释放回 CuO 体中，导致空穴堆积层增厚，传感器电阻增大。

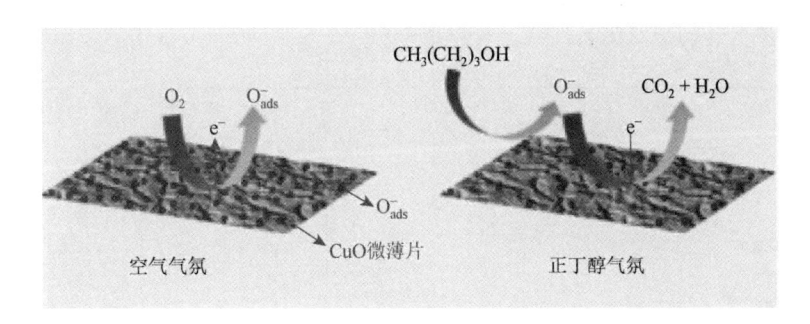

图 8.46 金属-半导体结和 p-n 结增强机理示意图

这些发现不仅为铜箔合成 CuO 提供了新的途径，而且为正丁醇检测提供了一种有前景的 CuO 微薄片。

2. 中空 CuO 纤维气体传感器

基于中空 CuO 纤维的气体传感器对正丙醇进行了测试。结果表明，气体传感器对正丙醇表现出优越的选择性气体响应。如图 8.47 所示，中空 CuO 纤维对正丙醇检测的最佳工作温度为 200℃。

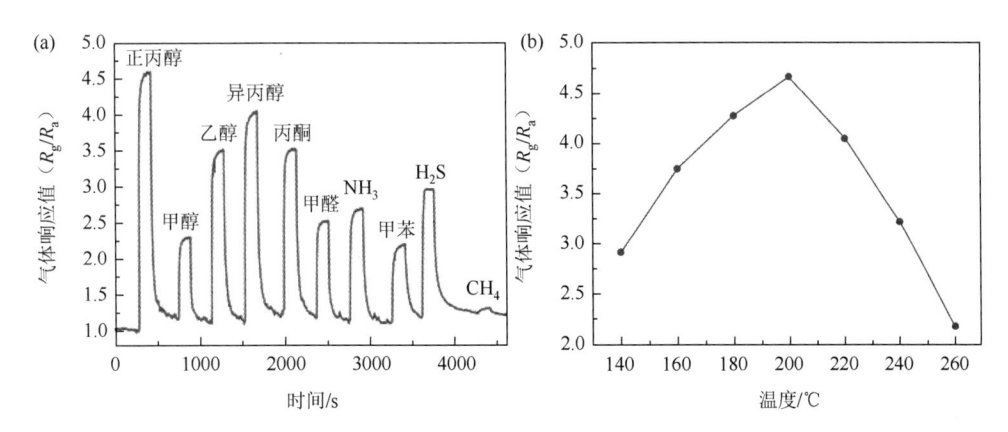

图 8.47 （a）中空 CuO 纤维气体传感器在最佳工作温度 200℃对 100ppm 各气体的响应；（b）不同工作温度下，中空 CuO 纤维气体传感器对 100ppm 正丙醇的气体响应

图 8.48 为中空 CuO 纤维气体传感器对不同浓度正丙醇的动态响应，响应值随浓度升高而增加，并且具有较低的检测限。此外，该气体传感器还显示出良好的重复性。

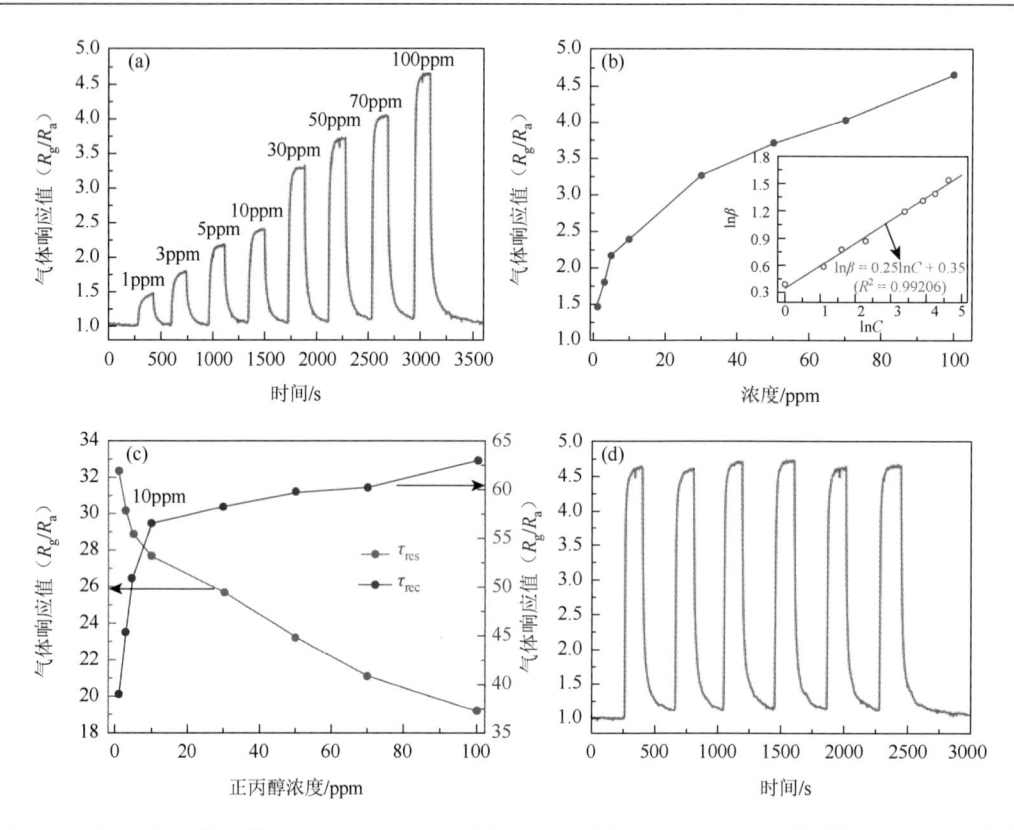

图8.48 在200℃工作温度下：(a) 中空 CuO 纤维气体传感器在 1～100ppm 浓度范围内对正丙醇气体的动态实时响应曲线；(b) 气体响应与正丙醇浓度的关系（插图为拟合曲线）；(c) 中空 CuO 纤维气体传感器对 1～100ppm 正丙醇气体的响应和恢复时间；(d) 中空 CuO 纤维气体传感器连续暴露于 100ppm 正丙醇气体 6 次循环的重复性

以上研究，不仅为利用溶液燃烧法制备中空 CuO 纤维提供了一种新方法，而且为正丙醇气体传感器的制备提供了新的思路。

8.4 Co_3O_4 基气体敏感材料与气体传感器

立方尖晶石型四氧化三钴（Co_3O_4）作为一种重要的 p 型半导体和有前途的功能材料，在锂离子电池[56-58]、超级电容器[59,60]、多相催化[61,62]、磁性材料[63]、传感器[64]等方面得到了广泛应用。Co_3O_4 由于具有良好的气体响应性和选择性，被认为是一种很好的气体传感器候选者，引起了人们广泛的兴趣[65,66]。Co_3O_4 材料的形貌和微观结构，包括颗粒尺寸、缺陷、表面和界面性能、势垒高度/宽度、化学计量等，对材料的传感性能起着至关重要的作用。不同形貌的 Co_3O_4 对 VOC 表现出高的响应性，这是因为氧化物半导体材料表面与被检测气体的相互作用，导致其电阻发生变化[67]。例如，Yin 等[68]报道了利用简易的超声喷雾热解法制备多孔 Co_3O_4 微球。Ma 等[69]通过修饰模板法制备多孔 Co_3O_4 纳米线。Tüysüz 等[70]以介孔二氧化硅（KIT-6）为硬模板，制备了立方有序介孔 Co_3O_4。虽然 Co_3O_4 已经取得了很大的进展，但由于设计的多孔结构和新的形貌改善 Co_3O_4 的性能仍然不理想，要合成形貌和孔径可控的多孔 Co_3O_4 仍然是一个挑战。另外，无模板法制备的产物孔隙率相对较低，制备过程复杂。因此，开发新的合成路线以获得多孔 Co_3O_4 材料具有重要意义。

8.4.1 Co_3O_4 基气体敏感材料的制备

1. 介孔和大孔珊瑚状 Co_3O_4 的制备

在 400℃下快速加热含有相应金属硝酸盐和乙酸酯、一水合肼（$N_2H_4·H_2O$）和甘氨酸（$C_2H_5NO_2$）的水溶液，合成了介孔和大孔珊瑚状 Co_3O_4，具体过程如图 8.49 所示。

（1）将 $Co(NO_3)_2·6H_2O$、$Co(CH_3COO)_2·4H_2O$、$N_2H_4·H_2O$ 和甘氨酸（Co^{2+}、$C_2H_5NO_2$、$N_2H_4·H_2O$ 物质的量比为 2∶1∶2.3）溶于 18mL 去离子水中，形成浑浊的金属-有机复合物前驱体。

（2）磁搅拌 10min 后，将混合物倒入坩埚，转移到 400℃的预热炉中。反应 30min 后，将坩埚从炉中取出，使其自行冷却至室温。将所得粉末收集起来，并直接对其进行各种表征。

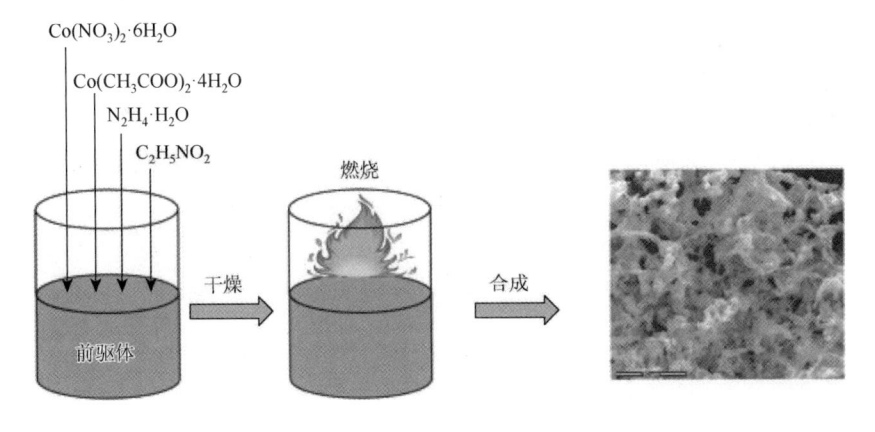

图 8.49 介孔、大孔珊瑚状 Co_3O_4 的合成方法

2. 介孔 Co_3O_4 纳米片的制备

采用简便的化学沉淀法制备了介孔 Co_3O_4 纳米片。

（1）将 0.5466g $CoCl_2·6H_2O$ 溶于 50mL 蒸馏水中搅拌得到粉色透明溶液，并在搅拌下滴加 6mL NaOH 溶液（2mol/L）。剧烈搅拌 2h 后，在室温下陈化 24h。

（2）沉淀物用蒸馏水洗涤和离心，并在 50℃烘干。干燥后，沉淀物分别以 1℃/min 升温速率在 250℃加热 2h 和以 5℃/min 升温速率在 450℃加热 2h。沉淀物在炉内冷却到室温，将产物研磨，收集起来以备后用。

8.4.2 Co$_3$O$_4$基气体敏感材料的表征与分析

1. 介孔和大孔珊瑚状 Co$_3$O$_4$的表征与分析

采用一种金属-有机配合物自支撑分解的快速燃烧成功合成具有介孔和大孔结构的珊瑚状 Co$_3$O$_4$。从图 8.50（a）可以得到，在 400℃下燃烧合成后，钴源完全转化为 Co$_3$O$_4$。拉曼光谱与 XRD 结果吻合较好，如图 8.50（b）所示，获得的光谱显示了 Co$_3$O$_4$［空间群 $Fd\bar{3}m$（No.227）］群论预测的模态，有 5 个带，峰强且展宽。其峰值 191cm^{-1}、515cm^{-1} 和 612cm^{-1} 可以归为 F$_{2g}$ 模态，472cm^{-1} 是 E$_g$ 模态，677cm^{-1} 是 A$_{1g}$ 模态。除了部分峰发生微小的位移，实验峰的位置与报道的晶体 Co$_3$O$_4$ 的一致[71,72]。677cm^{-1}（A$_{1g}$）处为八面体位点，191cm^{-1}（F$_{2g}$）处为四面体位点[73]。拉曼光谱进一步证实了多孔 Co$_3$O$_4$ 中立方结构的形成。

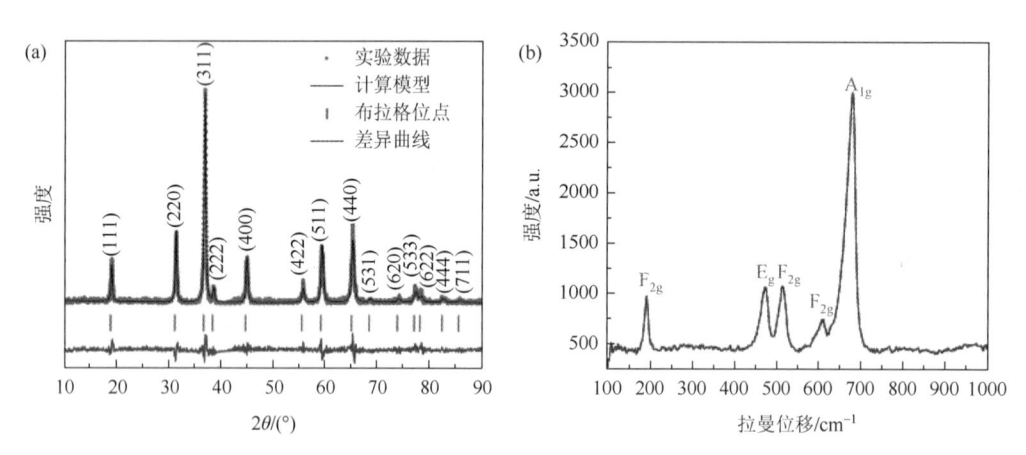

图 8.50 介孔和大孔珊瑚状 Co$_3$O$_4$ 的（a）XRD 图和（b）拉曼光谱图

合成的粉末在低倍和高倍镜下呈现珊瑚状结构（图 8.51）。珊瑚状结构由相互连接的球形颗粒组成，具有典型的双峰孔形态，大孔壁包含较小的中孔。Co$_3$O$_4$ 纳米颗粒为不规则颗粒，粒径分布均匀。

图 8.51 三维介孔和大孔珊瑚状 Co$_3$O$_4$ 的 SEM 图
（a）低倍；（b）高倍

TEM 研究可以进一步了解合成材料的形貌和结构特征。TEM 图［图 8.52（a）］清楚地显示了介孔和大孔结构由纳米颗粒组成。介孔是纳米颗粒聚集形成的，大孔是纳米颗粒自组装形成的，这证实了 SEM 的推断。大孔的壁厚约为 300nm，壁由许多细小的纳米颗粒组成［图 8.52（b）］。从图 8.52（c）可以看出，相邻平面之间的晶格间距为 0.470nm，对应于立方尖晶石 Co_3O_4 相（111）晶面。由图 8.52（c）可知，组成介孔和大孔结构的小颗粒粒径在 15~25nm 范围内，与 XRD 结果的平均粒径吻合较好。SAED 图［图 8.52（d）］显示产物为 Co_3O_4 且结晶良好，与 XRD 结果一致。

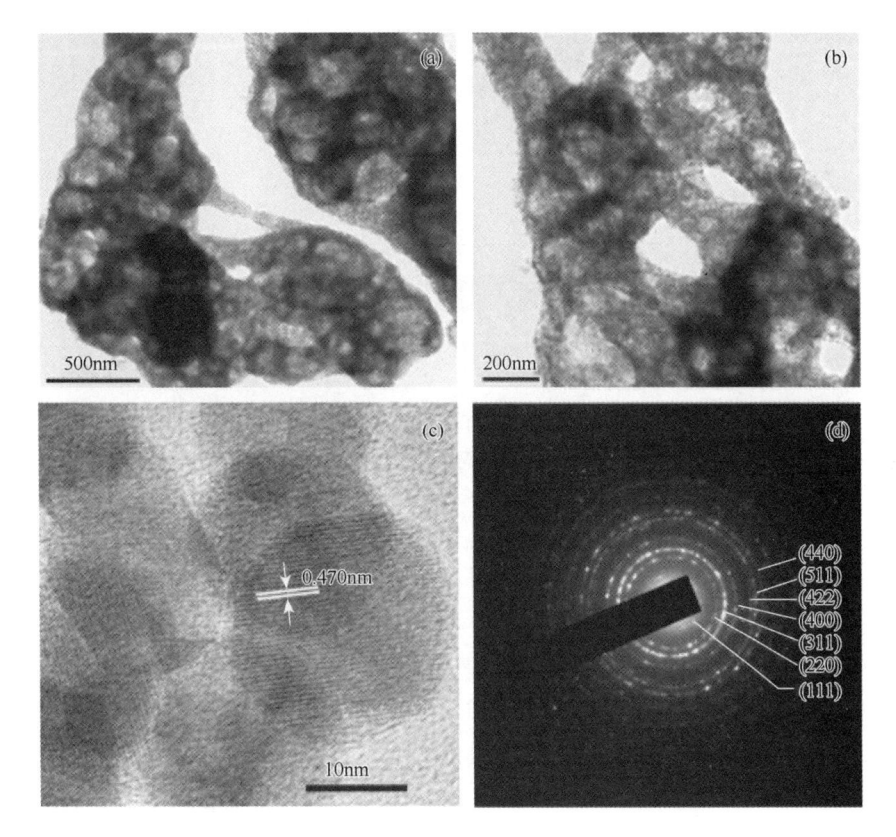

图 8.52　三维介孔和大孔珊瑚状 Co_3O_4 的 TEM 图
（a）低倍；（b）高倍；（c）高分辨率晶格图像，显示清晰的纳米晶区；（d）SAED 图

综上说明这种快速可行的无模板/表面活性剂的方法是制备介孔和大孔氧化物的有效方法。

为进一步研究生成的氧化钴的多孔性质，如图 8.53 所示，测量了 77K 下氮气的吸附-脱附等温线。氮气吸附表明，氮气的吸收逐渐发生在整个吸附支线上，表明了广泛的介孔分布。吸附曲线和脱附曲线之间存在明显的滞后现象。这意味着，介孔和大孔结构中的纳米颗粒并没有真正黏合在一起，与 TEM 结果相一致。合成样品的 BET 比表面积约为 $23.4m^2/g$。在孔径分布曲线（插图）中可以看到从 3nm 到 150nm 的宽峰，最大峰在 10.5nm 处，同时在 2.4nm 处有一个尖锐的峰，表明珊瑚状多孔 Co_3O_4 具有介孔和大孔结构。

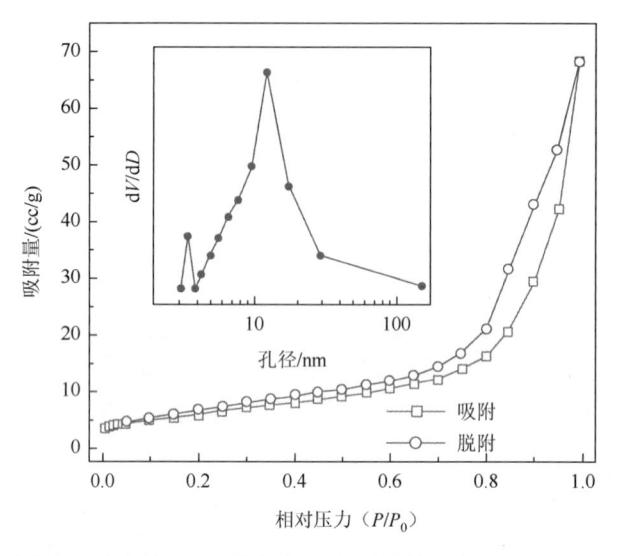

图 8.53 三维介孔和大孔珊瑚状 Co_3O_4 的氮气吸附-脱附等温线图及相应的孔径分布（插图）

用 X 射线光电子能谱（XPS）表征了介孔和大孔珊瑚状 Co_3O_4 的表面组成和化学状态。在 XPS 图中只能观察到 Co 和 O，证实了 Co_3O_4 的高化学纯度。从图 8.54（a）可以看出，它是高度非化学计量比的。可以看出，$Co^{3+}2p_{3/2}$ 和 $Co^{3+}2p_{1/2}$ 的主峰分别出现在 779.6eV 和 797.3eV 处，两峰的能量差约为 15eV。$Co^{2+}2p_{3/2}$ 和 $Co^{2+}2p_{1/2}$ 的主峰分别出现在 781.1eV 和 795.7eV 处。这些光谱与以前报道的光谱完全一致[75]。图 8.54（b）显示了介孔和大孔珊瑚状 Co_3O_4 的 O 1s XPS 谱。在 529.7eV 处的主峰对应于晶格中的氧离子（O_{lat}），而位于 530.9eV 处的主峰为吸附在 Co_3O_4 表面的氧离子[76]。晶格氧不能与气体相互作用，也不能影响材料中主要载流子空穴的形成。然而，吸附氧离子可以与气体反应，形成空穴[77]。因此，增加吸附的氧离子对气体的响应也有贡献。

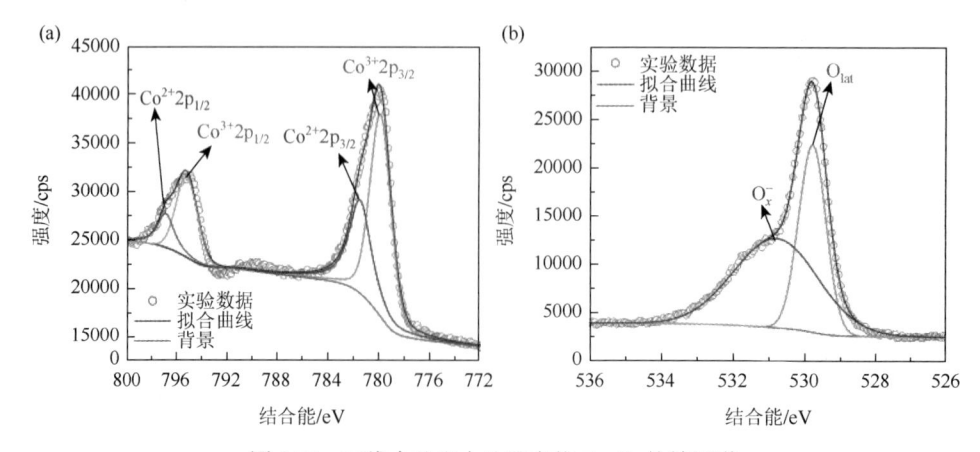

图 8.54 三维介孔和大孔珊瑚状 Co_3O_4 的精细谱
(a) Co 2p；(b) O 1s

2. 介孔 Co₃O₄ 纳米片的表征与分析

采用化学沉淀法成功合成了介孔 Co₃O₄ 纳米片。制得的黑色粉末的 XRD 图如图 8.55 所示，显示出典型的立方多晶性质的布拉格衍射峰，这与 JCPDS：65-3103 的结果一致。

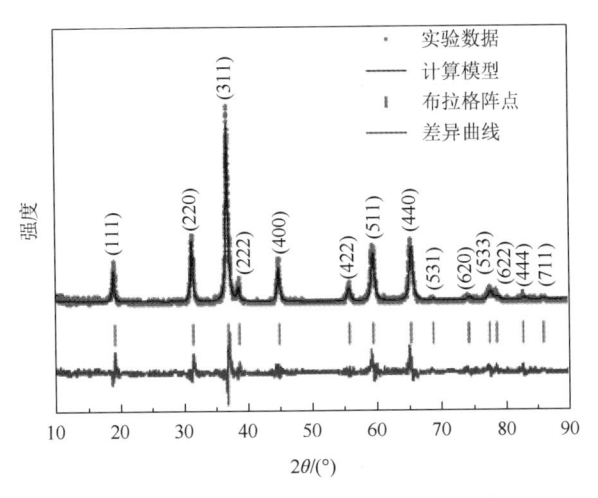

图 8.55　介孔 Co₃O₄ 纳米片的 XRD 图

经 SEM 表征分析，从图 8.56 可知，由纳米颗粒组成的 Co₃O₄ 介孔结构具有纳米片的形状特征。

图 8.56　不同倍率下 Co₃O₄ 的 SEM 图

TEM 表征（图 8.57）对 Co₃O₄ 纳米片进行进一步研究，Co₃O₄ 纳米片上有大量的孔洞，空穴尺寸小于 50nm。从图 8.57（c）可以看出，小颗粒尺寸在 10~30nm 范围内，这与 XRD 得到的平均颗粒尺寸是一致的。从图 8.57（d）可以看出，测量到点阵条纹相邻晶面之间的晶格间距为 0.458nm，对应立方尖晶石 Co₃O₄ 相（111）晶面。根据气敏元件的传感机理，吸附/脱附过程主要发生在传感层表面。多孔结构有利于增大比表面积，为目标气体提供更多的反应位点和吸附氧。此外，多孔结构有利于气体的扩散、吸附和解吸。

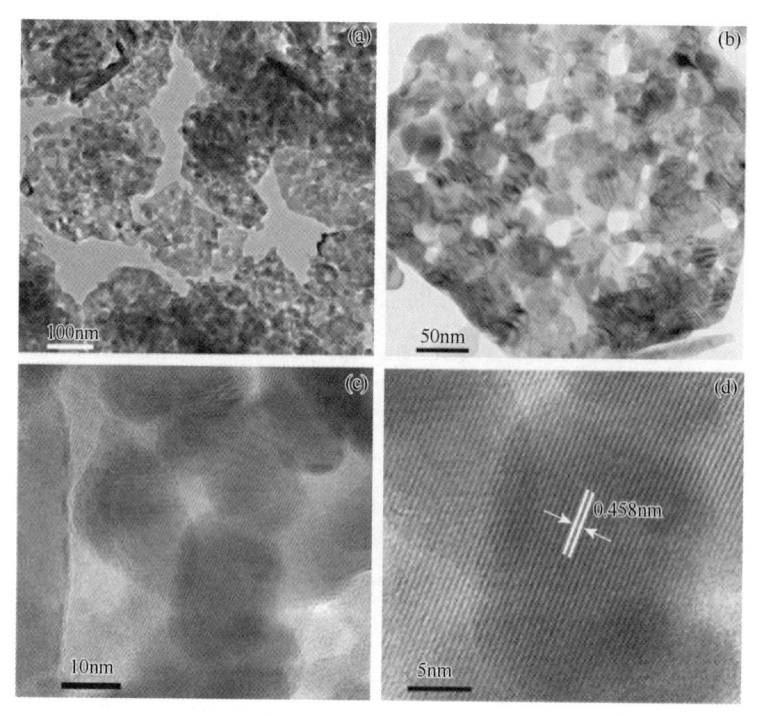

图 8.57　介孔 Co_3O_4 纳米片 TEM 图 [（a）低倍，（b）高倍]；不同放大倍数的 HRTEM 图 [（c）低倍，（d）高倍]

8.4.3　Co_3O_4 基气体传感器

1. 介孔和大孔珊瑚状 Co_3O_4 气体传感器

对介孔和大孔珊瑚状 Co_3O_4 的气敏特性进行研究，如图 8.58 所示，发现介孔和大孔珊瑚状 Co_3O_4 气体传感器对 1000ppm 正丁醇的响应在 120℃ 工作温度下达到了最高值 27.7，比其他气体大，说明基于介孔和大孔珊瑚状 Co_3O_4 的气体传感器还表现出一定的选择性。

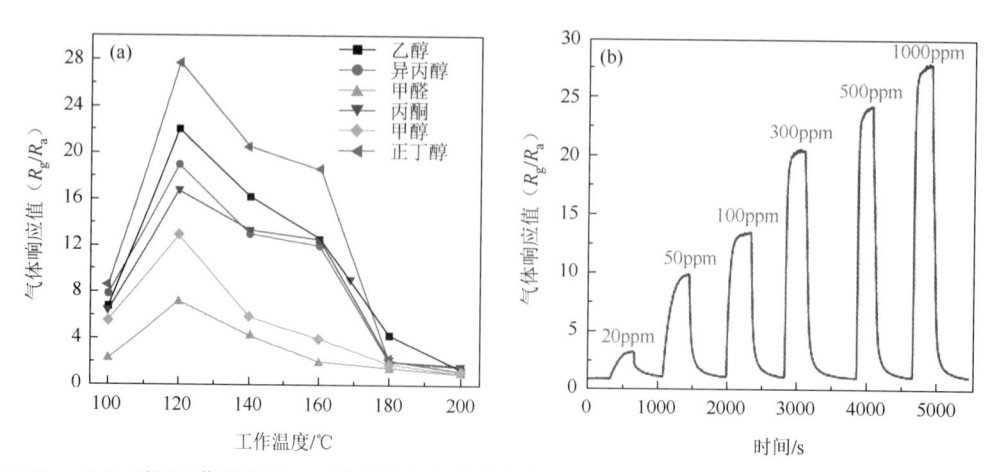

图 8.58　（a）不同工作温度下，三维介孔和大孔珊瑚状 Co_3O_4 气体传感器对 1000ppm 不同测试气体的气体响应变化；（b）在 120℃ 工作温度下，对不同正丁醇浓度（20～1000ppm）的动态响应

2. 介孔 Co₃O₄ 纳米片气体传感器

为了确定最佳工作温度，如图 8.59 所示，在 90~180℃的不同工作温度范围内，测量了介孔 Co₃O₄ 纳米片气体传感器对 1000ppm 不同挥发性有机化合物气体的响应。介孔 Co₃O₄ 纳米片气体传感器在温度达到 100℃时对 1000ppm 乙醇、甲醇、甲醛、异丙醇和正丁醇的响应最高，当温度大于 100℃后，传感器的响应降低。当温度达到 120℃时，传感器响应值在 1000ppm 丙酮时达到最大值，当温度大于 120℃后，传感器响应值减小。在 100℃下，介孔 Co₃O₄ 纳米片气体传感器对 1000ppm 正丁醇的响应值高于对其他气体的响应值；在 100℃时，介孔 Co₃O₄ 纳米片气体传感器对 1000ppm 正丁醇气体的气体响应值达到最高值 900。选择最佳工作温度为 100℃。

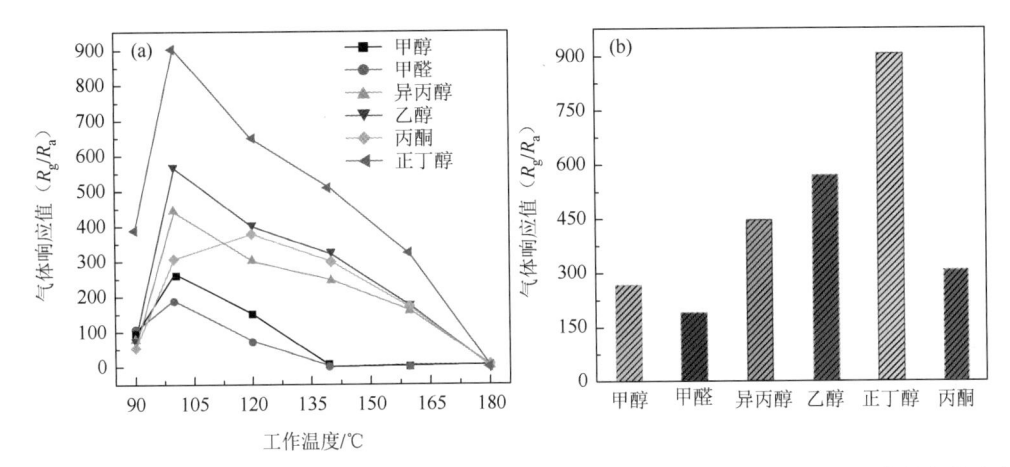

图 8.59 （a）介孔 Co₃O₄ 纳米片气体传感器在不同工作温度下对 1000ppm 不同测试气体的气体响应；（b）在 100℃工作温度下对 1000ppm 不同气体响应的柱状图

从图 8.60 可以看出，响应值取决于不同的待测气体浓度。由于介孔 Co₃O₄ 纳米片气体传感器对低浓度（100ppm 以下）的甲醛和甲醇不敏感，所以除甲醛和甲醇的谱线外，

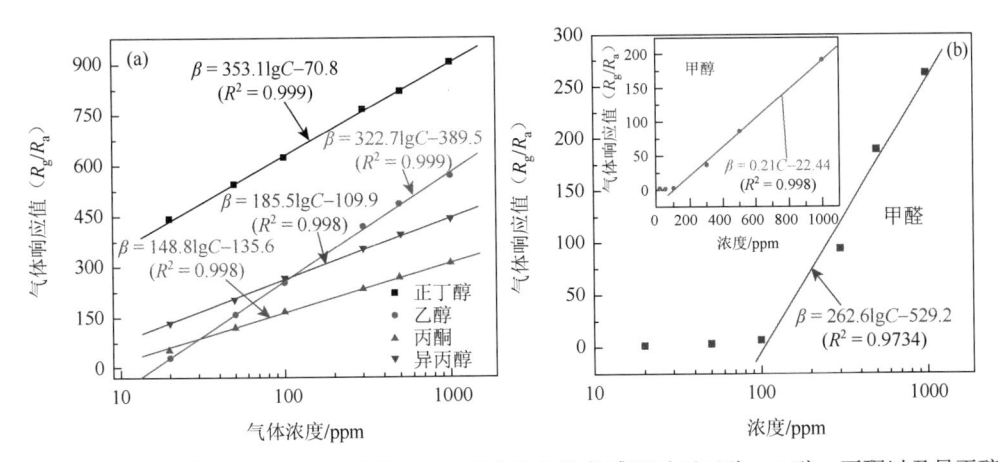

图 8.60 在 100℃工作温度下，（a）介孔 Co₃O₄ 纳米片气体传感器对正丁醇、乙醇、丙酮以及异丙醇的浓度-响应值拟合曲线，以及（b）对甲醇和甲醛的浓度-响应值拟合曲线

其余的谱线都拟合得很好。此外，与对正丁醇的反应相比，对乙醇、甲醇、丙酮和甲醛等气体的反应较弱。

此外，从图 8.61 可知，该传感器具有一定的良好的重复性及长期稳定性。总之，基于介孔 Co_3O_4 纳米片的气体传感器在检测 VOC 方面具有潜力，表明介孔 Co_3O_4 纳米片是一种很有前景的气体传感器材料。

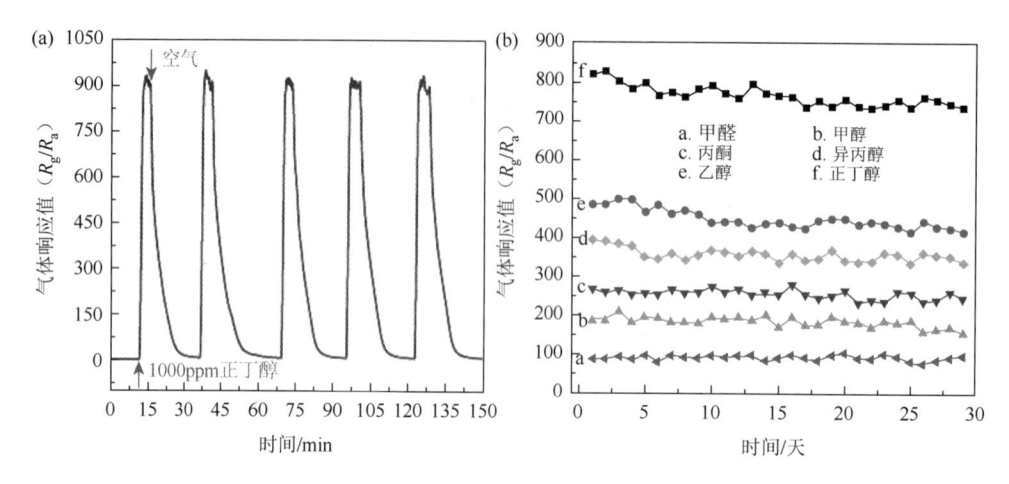

图 8.61 在 100℃的工作温度下（a）气体传感器对 1000ppm 正丁醇气体五次循环测试，以及（b）介孔 Co_3O_4 纳米片气体传感器对 500ppm 不同气体的 29 天响应曲线

8.5 $CdIn_2O_4$ 基气体敏感材料与气体传感器

$CdIn_2O_4$ 是众所周知的 n 型半导体，其特点是自由载流子浓度高。$CdIn_2O_4$ 作为一种透明导电氧化物（TCO）材料，载流子浓度约为 $1×10^{20}cm^{-3}$，不掺杂即可以实现高的电导率[77]。它的电导率主要由化学计量缺陷的浓度决定。有文献研究了 $CdIn_2O_4$ 薄膜和纳米颗粒的气敏性能[78,79]。本节采用非水溶胶-凝胶法制备了分散性较好的 $CdIn_2O_4$ 纳米晶及聚集在一起的 $CdIn_2O_4$ 纳米颗粒，发现其分别对乙醇和甲醛具有较好的选择性响应。另外，通过薄膜沉积法制备了 $CdIn_2O_4$ 纳米多孔薄膜，发现其对甲醛具有良好的气敏性能。

8.5.1 $CdIn_2O_4$ 基气体敏感材料的制备

1. $CdIn_2O_4$ 纳米颗粒的制备

所有制备过程均在手套箱（O_2 和 H_2O＜0.1ppm）中进行。

（1）将 0.5mmol 乙酸镉（98.0%）和 0.5mmol 异丙醇铟（99.9%）加入 20mL 无水苯甲醇（99.8%）中。搅拌均匀，将反应混合物转移到 45mL 高压反应釜中。

（2）将高压反应釜从手套箱中取出，在 200℃加热约 2 天。产生的浑浊悬浮液被离心，沉淀用乙醇彻底洗涤，并在室温下干燥。

有趣的是，采用上述相同的制备方法，得到了形貌与 $CdIn_2O_4$ 纳米颗粒不同的 $CdIn_2O_4$ 纳米晶，并且 $CdIn_2O_4$ 纳米颗粒与纳米晶的气敏性能也有所不同，具体分析见 8.5.2 节。

2. $CdIn_2O_4$ 纳米多孔薄膜的制备

（1）将 0.5mmol 乙酸镉（98.0%）和 0.5mmol 异丙醇铟（99.9%）加入 20mL 乙醇溶液中。

（2）将溶液搅拌均匀，加入溶解在 EtOH：THF（1：1，体积比）混合溶液中的二嵌段共聚物（二嵌段共聚物的量是 $CdIn_2O_4$ 生成量的 30%）中，搅拌形成均匀溶液，将其再搅拌 24h，并在室温下陈化 24h。

（3）用乙醇和丙酮清洗 10×10mm Si 基材，随后用去离子水冲洗，然后在 450℃空气中干燥 10min。将一滴前述均匀溶液滴在 Si 基材中心，使其在基底上自行缓慢扩散 1h 后，将基材置于 100℃空气中预热 20min，如此重复 3 次。然后将沉积有薄膜的 Si 基材在 200℃下老化 12h，在 550℃煅烧 2h。

8.5.2 $CdIn_2O_4$ 基气体敏感材料的表征与分析

1. $CdIn_2O_4$ 纳米晶和纳米颗粒的表征与分析

$CdIn_2O_4$ 纳米晶和纳米颗粒的制备方法相同。

首先，进行 XRD 表征（图 8.62），两者的所有衍射峰均为立方 $CdIn_2O_4$ 相（JCPDS：31-174），没有任何晶体副产物。这一结果证明用非水溶胶-凝胶法获得纯净的三元金属氧化物是可能的。德拜-谢乐公式计算表明，所合成的 $CdIn_2O_4$ 的晶粒尺寸约为 9.8nm。

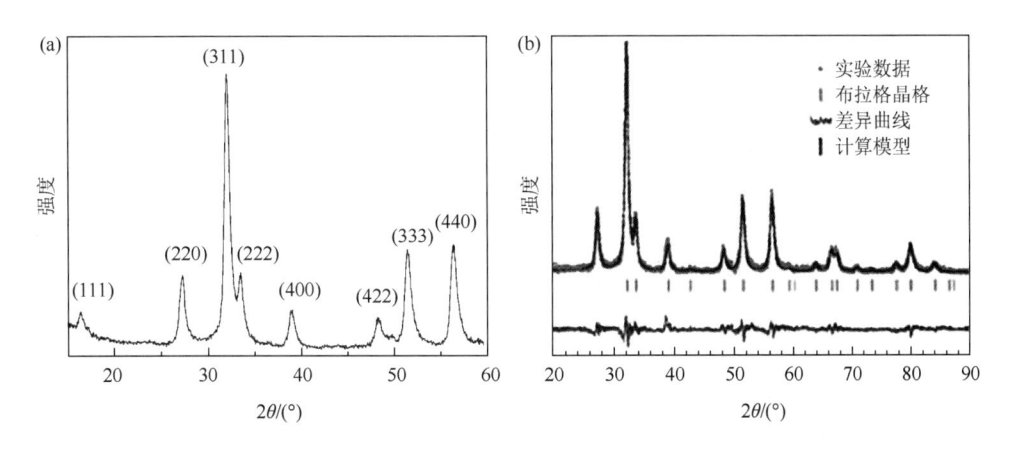

图 8.62 非水溶胶-凝胶法制备样品的 XRD 图

（a）$CdIn_2O_4$ 纳米晶；（b）$CdIn_2O_4$ 纳米颗粒

由 TEM 表征分析（图 8.63）可知，样品完全由尺寸约为 10nm 的单个 $CdIn_2O_4$ 颗粒组成，没有较大的颗粒或团聚。SAED 图显示的衍射环是晶体纳米颗粒的特征，并且与

立方 $CdIn_2O_4$ 结构相匹配 [图 8.63（b）]。HRTEM 图显示了球状结构，还显示了 $CdIn_2O_4$ 的高结晶度 [图 8.63（c）]。

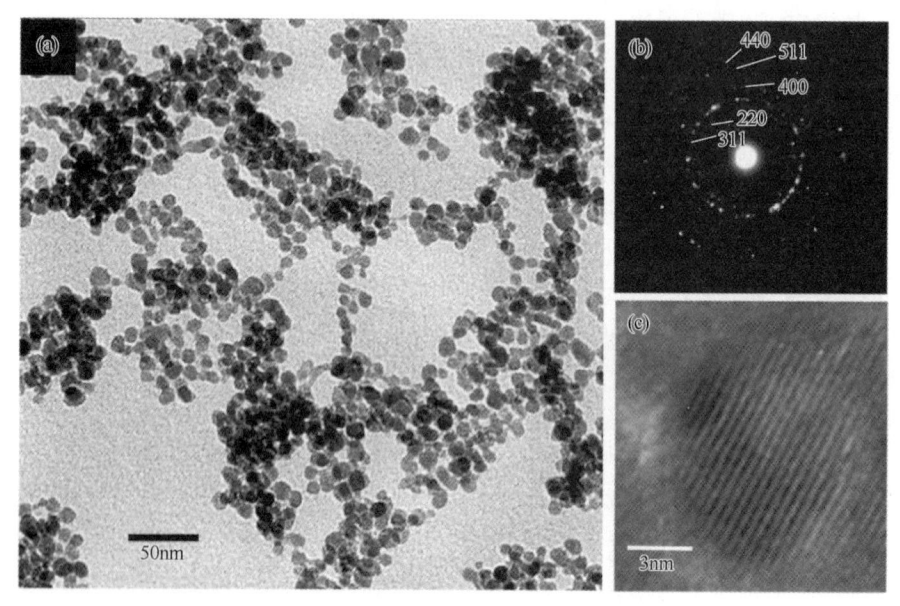

图 8.63　(a) $CdIn_2O_4$ 纳米晶的 TEM 图；(b) $CdIn_2O_4$ 纳米晶的 SAED 图；(c) 单个纳米晶体的 HRTEM 图

从图 8.64（a）$CdIn_2O_4$ 纳米颗粒的 TEM 图可以看出，颗粒发生聚集，但在大小和形状上相当均匀。$CdIn_2O_4$ 纳米颗粒的 SAED 图[图 8.64(b)]显示了面心结构的反射面(220)、(311)、(400)、(422)、(333)和(440)相对应的特征衍射环。德拜-谢乐衍射环表明了粉末的多晶性。

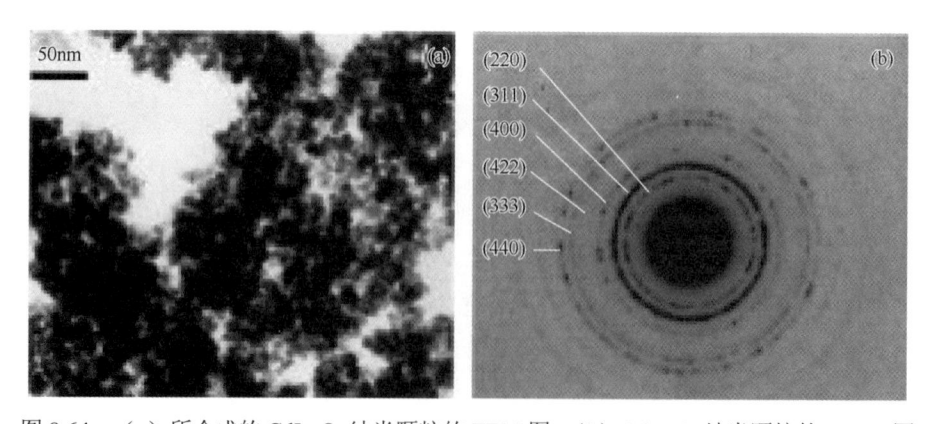

图 8.64　(a) 所合成的 $CdIn_2O_4$ 纳米颗粒的 TEM 图；(b) $CdIn_2O_4$ 纳米颗粒的 SAED 图

2. $CdIn_2O_4$ 纳米多孔薄膜的表征与分析

从 XRD 图可得（图 8.65），制备的 $CdIn_2O_4$ 纳米多孔薄膜材料为纯相结构，并且具有较高的结晶性。

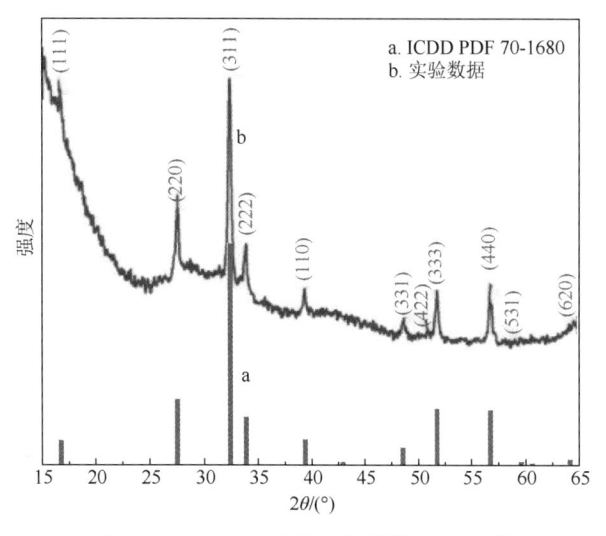

图 8.65　CdIn$_2$O$_4$ 纳米多孔薄膜的 XRD 图

从 SEM、AFM 图可看出（图 8.66），Si 基底表面覆盖着均匀分布的颗粒。从图 8.66（b）可以看出，CdIn$_2$O$_4$ 薄膜在本质上是多孔的，并且可以清楚地观察到具有大量纳米孔的表面形貌。气孔呈随机分布，几乎呈不规则形状。

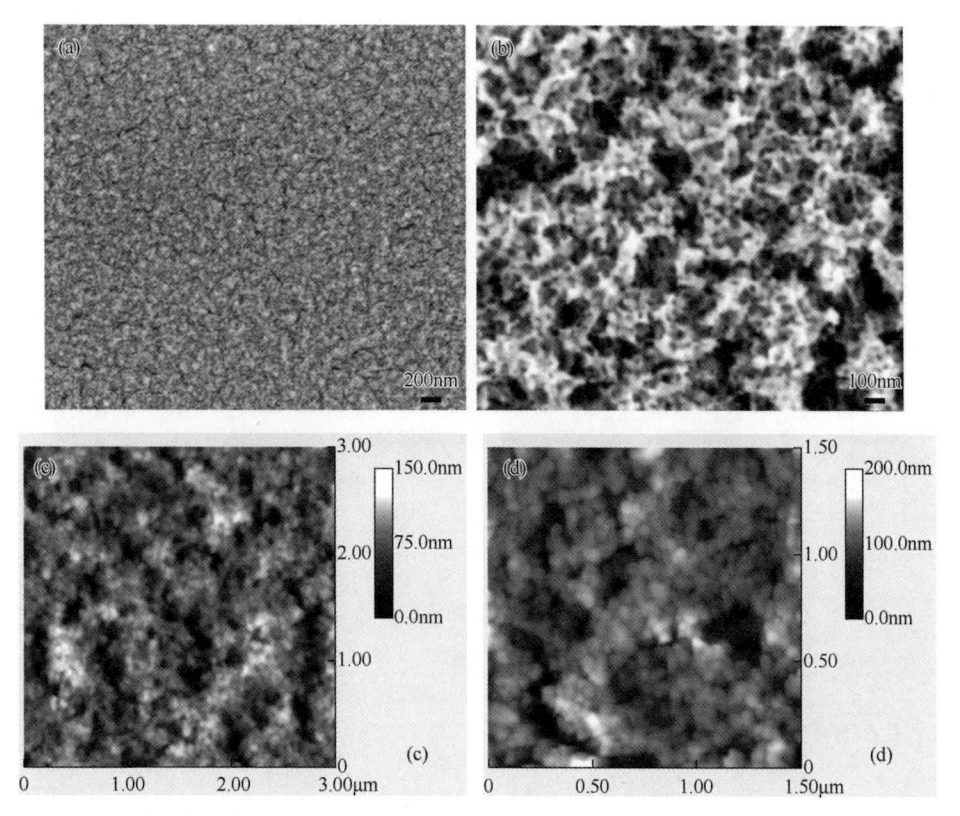

图 8.66　CdIn$_2$O$_4$ 纳米多孔薄膜的 SEM 图 [（a）低倍，（b）高倍]，以及 CdIn$_2$O$_4$ 纳米多孔薄膜的 AFM 图（c，d）

从 XPS 分析（图 8.67）结果可得，所制备的 CdIn$_2$O$_4$ 纳米多孔薄膜由 Cd、In、O 元素组成，CdIn$_2$O$_4$ 纳米多孔薄膜具有很高的化学纯度，图 8.67（b）显示了所制备的薄膜的 Cd 3d XPS 图。在结合能为 411.56eV 和 404.76eV 时，分别观察到 Cd 的 3d$_{3/2}$ 和 3d$_{5/2}$ 峰，这两个峰之间 6.8eV 的峰间距与报道的 CdIn$_2$O$_4$[80, 81]的能量一致。另外，在图 8.67（c）中，在 443.71eV 和 451.29eV 有两个对称性较好的 3d$_{5/2}$ 和 3d$_{3/2}$ 峰，对应 CdIn$_2$O$_4$ 中的晶格铟。这两个峰之间的峰间距为 7.58eV，与报道的 CdIn$_2$O$_4$[82, 83]的能量一致。

CdIn$_2$O$_4$ 纳米多孔薄膜中的氧以吸附氧、晶格氧和氧空位的形式存在。如图 8.67（d）所示，529.35eV 处对应的峰为晶格氧的峰，531.12eV 和 532.07eV 处对应为表面吸附氧的峰。CdIn$_2$O$_4$ 薄膜表面的晶格氧被认为对气体响应没有贡献，表面吸附的氧离子对气敏性能有重要影响。吸附的氧离子可以与气体反应，从而提高空穴浓度[84]。因此，增加吸附的氧离子有助于提高气体响应。

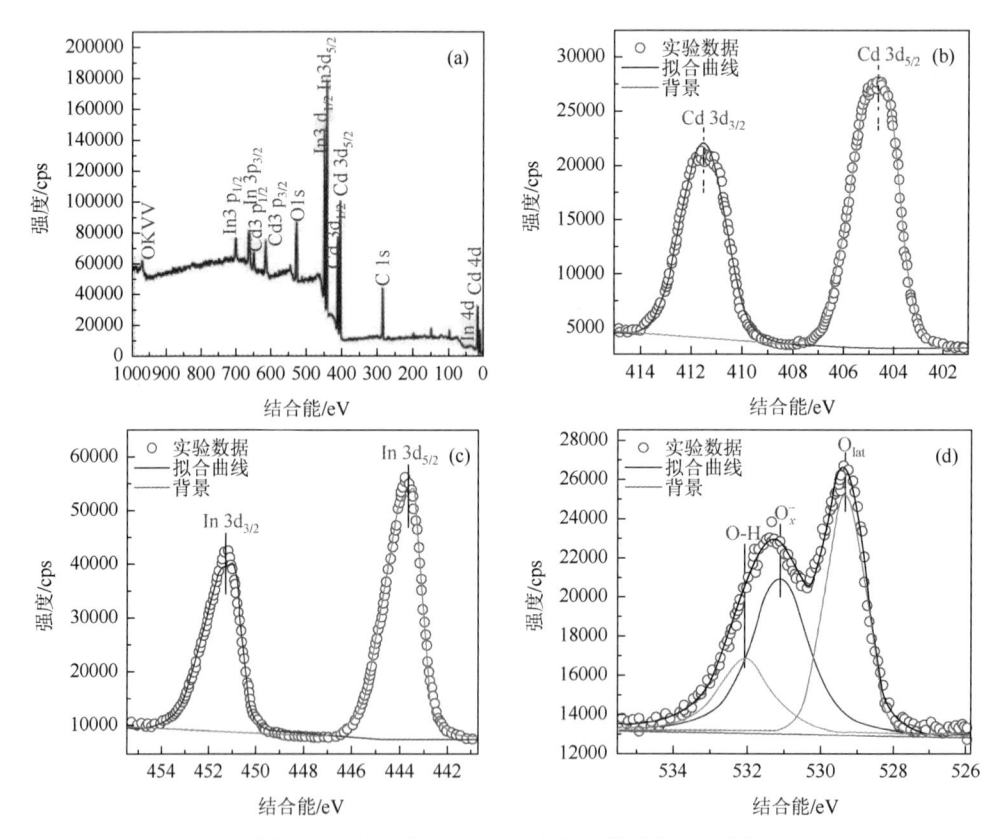

图 8.67 制备的 CdIn$_2$O$_4$ 纳米多孔薄膜的 XPS 图
(a) 全谱；(b) Cd 3d；(c) In 3d；(d) O1s

8.5.3 CdIn$_2$O$_4$ 基气体传感器

1. CdIn$_2$O$_4$ 纳米颗粒气体传感器

根据图 8.68（a），CdIn$_2$O$_4$ 纳米晶气体传感器的最佳工作温度为 255～275℃。随着工作温度的升高，传感器响应先逐渐升高，然后降低。此外，图8.68（a）和（b）显示CdIn$_2$O$_4$纳米晶气体传感器对乙醇高选择响应，且响应随浓度增加而上升，对1000ppm乙醇的响应值超过140。图8.68（c）表明，CdIn$_2$O$_4$纳米晶气体传感器气体浓度-响应关系呈指数相关。

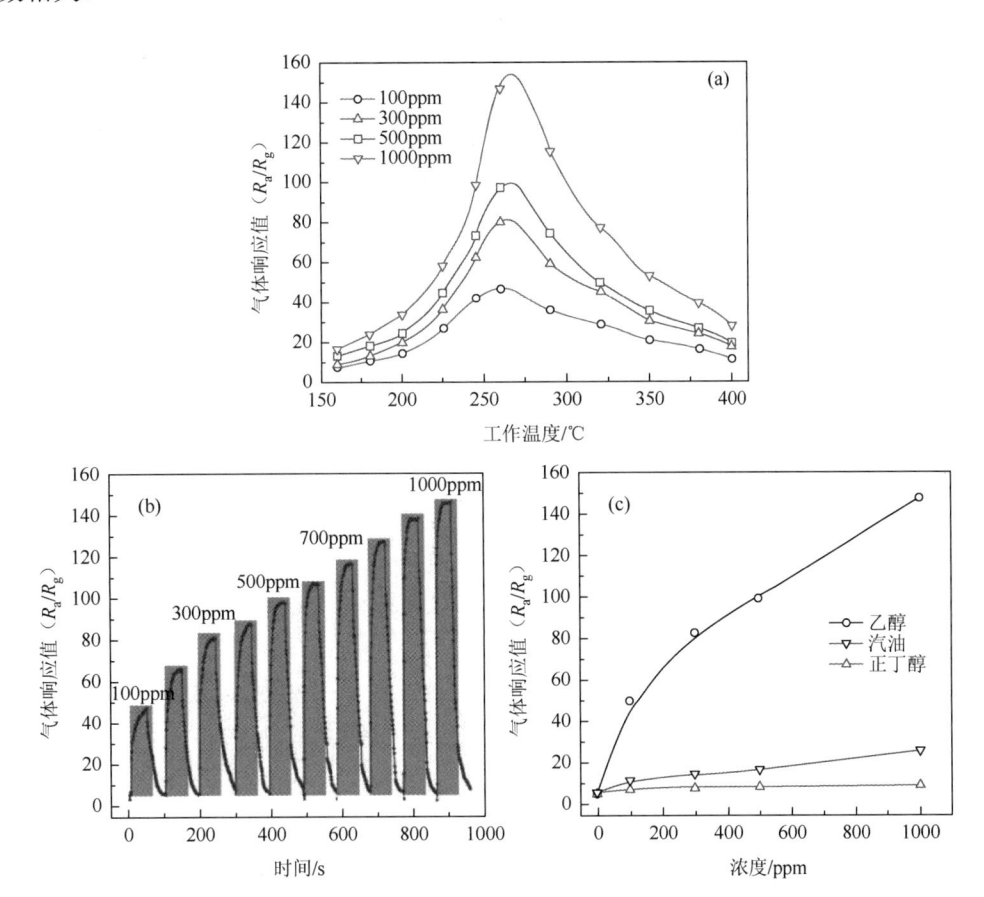

图8.68 （a）不同工作温度下，CdIn$_2$O$_4$纳米晶气体传感器对不同浓度乙醇的响应；（b）在260℃下，CdIn$_2$O$_4$纳米晶气体传感器对乙醇的动态响应曲线；（c）在260℃时，CdIn$_2$O$_4$纳米晶气体传感器对乙醇、汽油和正丁醇的响应变化

从图8.69可得，CdIn$_2$O$_4$纳米颗粒气体传感器对甲醛具有较好的响应，且响应与甲醛气体浓度呈线性相关，最佳工作温度为225℃。

2. CdIn$_2$O$_4$纳米多孔薄膜气体传感器

由图8.70可得，CdIn$_2$O$_4$纳米多孔薄膜气体传感器在100℃的低工作温度下，对甲醛气体具有良好的响应、选择性和长时间的稳定性。实验结果表明，CdIn$_2$O$_4$纳米多孔薄膜具有在较低温度下探测甲醛气体的潜力。

综上所述，这些结果不仅为溶胶-凝胶法制备CdIn$_2$O$_4$纳米多孔薄膜提供了新的途径，而且为甲醛气体的传感提供了一种具有优良传感性能的薄膜材料。

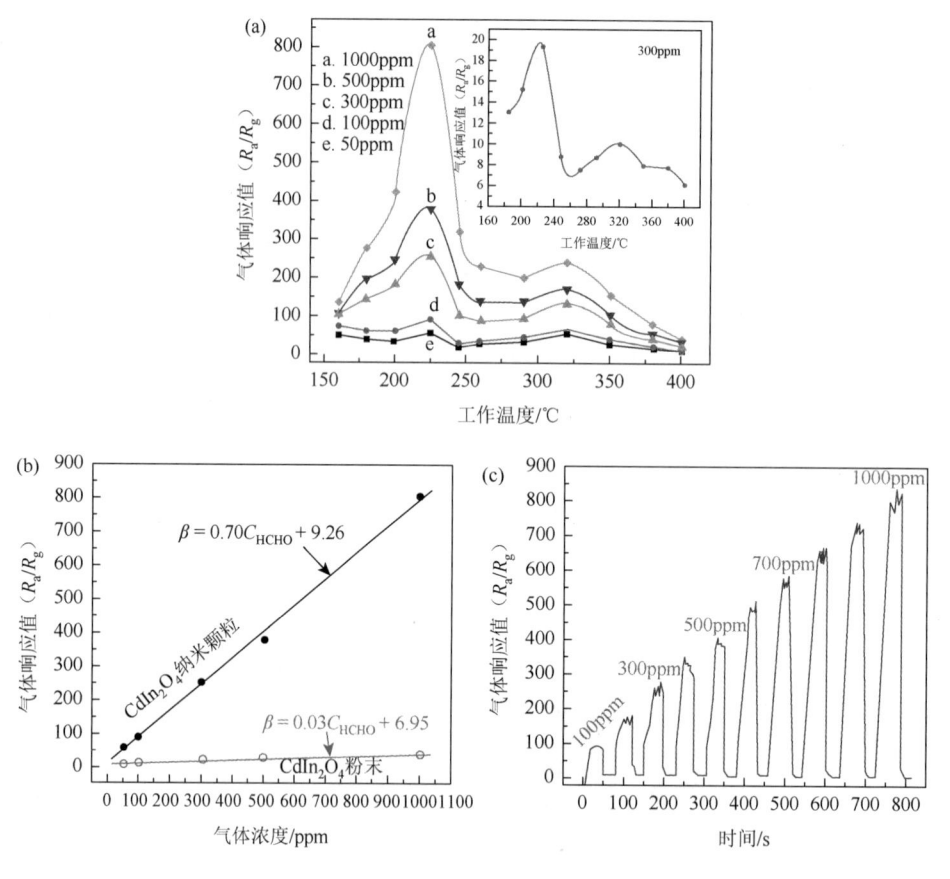

图 8.69 （a）不同工作温度下，CdIn$_2$O$_4$ 纳米颗粒气体传感器对不同浓度甲醛的响应；（b）在 225℃ 的工作温度下，CdIn$_2$O$_4$ 纳米颗粒气体传感器对甲醛的线性响应；（c）CdIn$_2$O$_4$ 纳米颗粒气体传感器在 225℃ 下甲醛的动态响应曲线

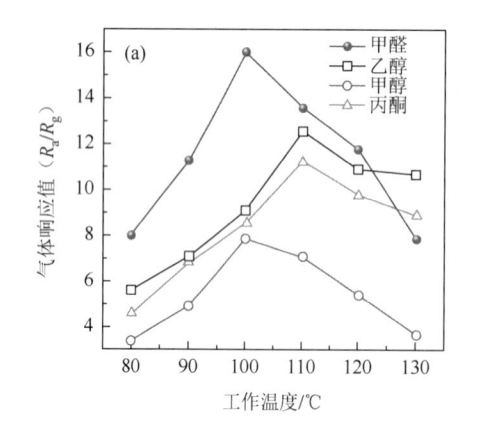

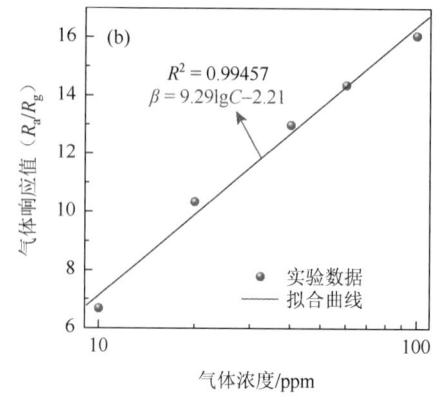

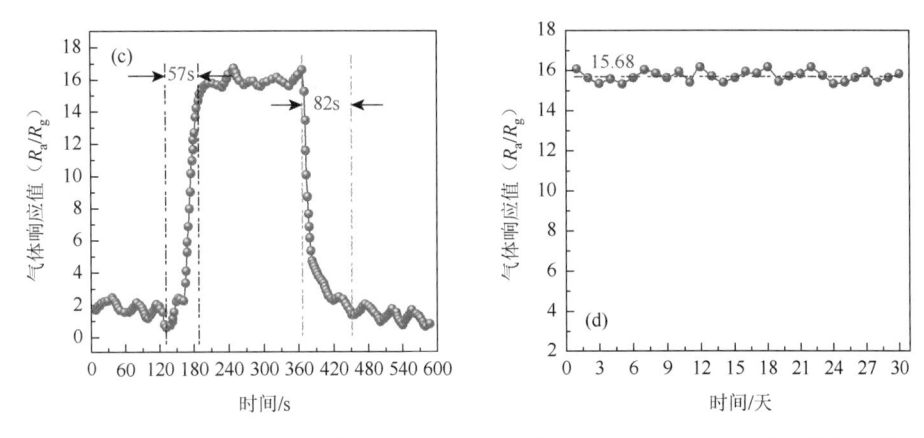

图 8.70 （a）$CdIn_2O_4$ 纳米多孔薄膜气敏元件在不同工作温度下对 100ppm 几种气体的气体响应；（b）在 100℃下，$CdIn_2O_4$ 纳米多孔薄膜气敏元件对不同浓度甲醛气体的响应；（c）在 100℃下，$CdIn_2O_4$ 纳米多孔薄膜气敏元件在 100ppm 甲醛浓度下的响应和恢复特性；（d）在 100℃下，$CdIn_2O_4$ 纳米多孔薄膜气敏元件对 100ppm 甲醛的 30 天长期稳定性

参 考 文 献

[1] Zhao H，Yin H，Yu X X，et al. In$_2$O$_3$ nanoparticles/carbon fiber hybrid mat as free-standing anode for lithium-ion batteries with enhanced electrochemical performance. J Alloys Compd，2018，735：319-326.

[2] Tsokalou A，Abaala P M，Stoian D，et al. Structural evolution and dynamics of an In$_2$O$_3$ catalyst for CO$_2$ hydrogenation to methanol：An operando XAS-XRD and in situ TEM study. J Am Chem Soc，2019，141（34）：13497-13505.

[3] Zhu B，Wu X，Liu W J，et al. High-performance on-chip supercapacitors based on mesoporous silicon coated with ultrathin atomic layer-deposited In$_2$O$_3$ Films. ACS Appl Mater Interfaces，2019，11（1）：747-752.

[4] Chen P，Yin X，Que M，et al. Bilayer photoanode approach for efficient In$_2$O$_3$ based planar heterojunction perovskite solar cells. J Alloys Compd，2018，735：938-944.

[5] Miller D R，Akbar S A，Morris P A. Nanoscale metal oxide-based heterojunctions for gas sensing：A review. Sens Actuators B：Chem，2014，204：250-272.

[6] Rai P，Majhi S M，Yu Y T，et al. Noble metal@metal oxide semiconductor core@shell nano-architectures as a new platform for gas sensor applications. RSC Adv，2015，5（93）：76229-76248.

[7] Tangirala V K K，Gomez-pozos O H，Rodriguez-lugo V，et al. A study of the CO sensing responses of Cu-，Pt- and Pd-activated SnO$_2$ sensors：Effect of precipitation agents，dopants and doping methods. Sensors（Basel），2017，17（5）：1-24.

[8] Jinlong L，Meng Y，Miua H. The effect of urea on microstructures of tin dioxide grown on Ti plate and its supercapacitor performance. Chem Phys Lett，2017，669：161-165.

[9] Niederberger M，Garnweitner G. Organic reaction pathways in the nonaqueous synthesis of metal oxide nanoparticles. Chem，2006，12（28）：7282-7302.

[10] Pinna N，Niederberger M. Surfactant-free nonaqueous synthesis of metal oxide nanostructures. Angew Chem Int Ed，2008，47（29）：5292-5304.

[11] Meng F，Hou N，Jin Z，et al. Ag-decorated ultra-thin porous single-crystalline ZnO nanosheets prepared by sunlight induced solvent reduction and their highly sensitive detection of ethanol. Sens Actuators B：Chem，2015，209：975-982.

[12] Meng F，Hou N，Jin Z，et al. Sub-ppb detection of acetone using Au-modified flower-like hierarchical ZnO structures. Sens Actuators B：Chem，2015，219：209-217.

[13] Liu Y, Yao S, Yang Q, et al. Highly sensitive and humidity-independent ethanol sensors based on In$_2$O$_3$ nanoflower/SnO$_2$ nanoparticle composites. RSC Adv, 2015, 5(64): 52252-52258.

[14] Wang Q, Wang Y, Guo P, et al. Formic acid-assisted synthesis of palladium nanocrystals and their electrocatalytic properties. Langmuir, 2014, 30(1): 440-446.

[15] Meng D, Liu D, Wang G, et al. *In-situ* growth of ordered Pd-doped ZnO nanorod arrays on ceramic tube with enhanced trimethylamine sensing performance. Appl Surf Sci, 2019, 463: 348-356.

[16] Wang Y, Meng X N, Cao J L. Rapid detection of low concentration CO using Pt-loaded ZnO nanosheets. J Hazard Mater, 2020, 381: 120944.

[17] Comini E, Baratto C, Faglia G, et al. Quasi-one dimensional metal oxide semiconductors: Preparation, characterization and application as chemical sensors. Prog Mater Sci, 2009, 54(1): 1-67.

[18] Sun P, Zhou X, Wang C, et al. One-step synthesis and gas sensing properties of hierarchical Cd-doped SnO$_2$ nanostructures. Sens Actuators B: Chem, 2014, 190: 32-39.

[19] WangJ, Zheng Z, An D, et al. Highly selective *n*-butanol gas sensor based on porous In$_2$O$_3$ nanoparticles prepared by solvothermal treatment. Mat Sci Semicon Proc, 2018, 83: 139-143.

[20] Zhang H, Wu R, Chen Z, et al. Self-assembly fabrication of 3D flower-like ZnO hierarchical nanostructures and their gas sensing properties. CrystEngComm, 2012, 14(5): 1775-1782.

[21] Ding P, Huang K L, Li G Y, et al. Kinetics of adsorption of Zn(II) ion on chitosan derivatives. Int J Biol Macromol, 2006, 39(4-5): 222-227.

[22] Zhao R, Wang Z, Yang Y, et al. Raspberry-like SnO$_2$ hollow nanostructure as a high response sensing material of gas sensor toward *n*-butanol gas. J Phys Chem Solids, 2018, 120: 173-182.

[23] Kolmakov A, Klenov D O, Lilach Y, et al. Enhanced gas sensing by individual SnO$_2$ Nanowires and nanobelts functionalized with Pd catalyst particles. Nanoletters, 2005, 5(4): 667-673.

[24] Hwang I S, Choi J K, Woo H S, et al. Facile control of C$_2$H$_5$OH sensing characteristics by decorating discrete Ag nanoclusters on SnO$_2$ nanowire networks. ACS Appl Mater Interfaces, 2011, 3(8): 3140-3145.

[25] Xu L, Xing R, Song J, et al. ZnO-SnO$_2$ nanotubes surface engineered by Ag nanoparticles: Synthesis, characterization, and highly enhanced HCHO gas sensing properties. J Mater Chem C, 2013, 1(11): 2174-2182.

[26] Xiang Q, Meng G, Zhang Y, et al. Ag nanoparticle embedded-ZnO nanorods synthesized via a photochemical method and its gas-sensing properties. Sens Actuators B: Chem, 2010, 143(2): 635-640.

[27] Singh P, Singh V N, Jain K, et al. Pulse-like highly selective gas sensors based on ZnO nanostructures synthesized by a chemical route: Effect of in doping and Pd loading. Sens Actuators B: Chem, 2012, 166-167: 678-684.

[28] Li L M, Li C C, Zhang J, et al. Bandgap narrowing and ethanol sensing properties of In-doped ZnO nanowires. Nanotechnology, 2007, 18(22): 225504.

[29] Franke M E, Koplin T J, Simon U. Metal and metal oxide nanoparticles in chemiresistors: Does the nanoscale matter? Small, 2006, 2(3): 295-301.

[30] Singh N, Yan C, Lee P S. Room temperature CO gas sensing using Zn-doped In$_2$O$_3$ single nanowire field effect transistors. Sens Actuators B: Chem, 2010, 150(1): 19-24.

[31] Sun P, Zhou X, Wang C, et al. Hollow SnO$_2$/α-Fe$_2$O$_3$ spheres with a double-shell structure for gas sensors. J Mater Chem A, 2014, 2(5): 1302-1308.

[32] Yang H, Wang S, Yang Y. Zn-doped In$_2$O$_3$ nanostructures: Preparation, structure and gas-sensing properties. CrystEngComm, 2012, 14(3): 1135-1142.

[33] Pei L, Huiqing F, Yu C, et al. Zn-doped In$_2$O$_3$ hollow spheres: Mild solution reaction synthesis and enhanced Cl$_2$ sensing performance. CrystEngComm, 2014, 16: 2715-2722.

[34] Wagner T, Haffer S, Weinberger C, et al. Mesoporous materials as gas sensors. Chem Soc Rev, 2013, 42(9): 4036-4053.

[35] Weis T, Lipperheide R, Wille U, et al. Barrier-controlled carrier transport in microcrystalline semicondcuting materials—

[36] Zhou W, Liu Y, Yang Y, et al. Band gap engineering of SnO$_2$ by epitaxial strain: Experimental and theoretical investigations. J Phys Chem C, 2014, 118 (12): 6448-6453.

[37] Erhart P, Klein A, Egdell R G, et al. Band structure of indium oxide: Indirect versus direct band gap. Phys Rev B, 2007, 75 (15): 153205.

[38] Fu J, Zhao C, Zhang J, et al. Enhanced gas sensing performance of electrospun Pt-functionalized NiO nanotubes with chemical and electronic sensitization. ACS Appl Mater Interfaces, 2013, 5 (15): 7410-7416.

[39] Chen N, Deng D, Li Y, et al. TiO$_2$ nanoparticles functionalized by Pd nanoparticles for gas-sensing application with enhanced butane response performances. Sci Rep, 2017, 7 (1): 7692.

[40] Wang Z, Li Z, Jiang T, et al. Ultrasensitive hydrogen sensor based on Pd (0) -loaded SnO$_2$ electrospun nanofibers at room temperature. ACS Appl Mater Interfaces, 2013, 5 (6): 2013-2021.

[41] Rai P, Yoon J W, Kwak C H, et al. Role of Pd nanoparticles in gas sensing behaviour of Pd@In$_2$O$_3$ yolk-shell nanoreactors. J Mater Chem A, 2016, 4 (1): 264-269.

[42] Dong C, Li Q, Chen G, et al. Enhanced formaldehyde sensing performance of 3D hierarchical porous structure Pt-functionalized NiO via a facile solution combustion synthesis. Sens Actuators B: Chem, 2015, 220: 171-179.

[43] Dong C, Xiao X, Chen G, et al. Porous NiO nanosheets self-grown on alumina tube using a novel flash synthesis and their gas sensing properties. RSC Adv, 2015, 5 (7): 4880-4885.

[44] Cho N G, Hwang I S, Kim H G, et al. Gas sensing properties of p-type hollow NiO hemispheres prepared by polymeric colloidal templating method. Sens Actuators B: Chem, 2011, 155 (1): 366-371.

[45] Cho N G, Woo H S, Lee J H, et al. Thin-walled NiO tubes functionalized with catalytic Pt for highly selective C$_2$H$_5$OH sensors using electrospun fibers as a sacrificial template. Chem Comm (Camb), 2011, 47 (40): 11300-11302.

[46] Liu B, Yang H, Zhao H, et al. Synthesis and enhanced gas-sensing properties of ultralong NiO nanowires assembled with NiO nanocrystals. Sens Actuators B: Chem, 2011, 156 (1): 251-262.

[47] Nguyen D H, El-aafty S A. Synthesis of mesoporous NiO nanosheets for the detection of toxic NO$_2$ gas. Chem, 2011, 17 (46): 12896-12901.

[48] Zhu G, Xi C, Xu H, et al. Hierarchical NiO hollow microspheres assembled from nanosheet-stacked nanoparticles and their application in a gas sensor. RSC Adv, 2012, 2 (10): 4236-4241.

[49] Kim H J, Choi K I, Kim K M, et al. Highly sensitive C$_2$H$_5$OH sensors using Fe-doped NiO hollow spheres. Sens Actuators B: Chem, 2012, 171-172: 1029-1037.

[50] Mattei G, Mazzoldi P, Post M L, et al. Cookie-like Au/NiO nanoparticles with optical gas-sensing properties. Adv Mater, 2007, 19 (4): 561-564.

[51] Wang J, Wei L, Zhang L, et al. Zinc-doped nickel oxide dendritic crystals with fast response and self-recovery for ammonia detection at room temperature. J Mater Chem, 2012, 22 (37): 20038-20047.

[52] Wang L, Deng J, Fei T, et al. Template-free synthesized hollow NiO-SnO$_2$ nanospheres with high gas-sensing performance. Sens Actuators B: Chem, 2012, 164 (1): 90-95.

[53] Wang L, Lou Z, Wang R, et al. Ring-like PdO-NiO with lamellar structure for gas sensor application. J Mater Chem, 2012, 22 (25): 12453-12456.

[54] Xu L, Zheng R, Liu S, et al. NiO@ZnO heterostructured nanotubes: Coelectrospinning fabrication, characterization, and highly enhanced gas sensing properties. Inorg Chem, 2012, 51 (14): 7733-7740.

[55] Zhang Q, Zhang K, Xu D, et al. CuO nanostructures: Synthesis, characterization, growth mechanisms, fundamental properties, and applications. Prog Mater Sci, 2014, 60: 208-337.

[56] Wen W, Wu J M, Cao M H. Facile synthesis of a mesoporous Co$_3$O$_4$ network for Li-storage via thermal decomposition of an amorphous metal complex. Nanoscale, 2014, 6: 12476-12481.

[57] Xiong L, Teng Y, Wu Y, et al. Large-scale synthesis of aligned Co$_3$O$_4$ nanowalls on nickel foam and their electrochemical

performance for Li-ion batteries. Ceram Int, 2014, 40 (10): 15561-15568.

[58] Zhou X, Shi J, Liu Y, et al. Microwave irradiation synthesis of Co_3O_4 quantum dots/graphene composite as anode materials for Li-ion battery. Electrochim Acta, 2014, 143: 175-179.

[59] Li M, Xu S, Zhu Y, et al. Three-dimensional nanoscale Co_3O_4 electrode on ordered Ni/Si microchannel plates for electrochemical supercapacitors. Mater Lett, 2014, 132: 405-408.

[60] Vijayakumar S, Ponnalagi A K, Nagamuthu S, et al. Microwave assisted synthesis of Co_3O_4 nanoparticles for high-performance supercapacitors. Electrochim Acta, 2013, 106: 500-505.

[61] Mate V R, Shirai M, Rode C V. Heterogeneous Co_3O_4 catalyst for selective oxidation of aqueous veratryl alcohol using molecular oxygen. Catal Commun, 2013, 33: 66-69.

[62] Zarnegar Z, Safari J, Mansouri-kafroudi Z. Environmentally benign synthesis of polyhydroquinolines by Co_3O_4-CNT as an efficient heterogeneous catalyst. Catal Commun, 2015, 59: 216-221.

[63] Bisht V, Rajeev K P. Non-equilibrium effects in the magnetic behavior of Co_3O_4 nanoparticles. Solid State Commun, 2011, 151: 1275-1279.

[64] Park J, Shen X, Wang G. Solvothermal synthesis and gas-sensing performance of Co_3O_4 hollow nanospheres. Sens Actuators B: Chem, 2009, 136 (2): 494-498.

[65] Liu S, Wang Z, Zhao H, et al. Ordered mesoporous Co_3O_4 for high-performance toluene sensing. Sens Actuators B: Chem, 2014, 197: 342-349.

[66] Wen Z, Zhu L, Mei W, et al. A facile fluorine-mediated hydrothermal route to controlled synthesis of rhombus-shaped Co_3O_4 nanorod arrays and their application in gas sensing. J Mater Chem A, 2013, 1 (25): 7511-7518.

[67] Kim H J, Lee J H. Highly sensitive and selective gas sensors using p-type oxide semiconductors: Overview. Sens Actuators B: Chem, 2014, 192: 607-627.

[68] Yin X, Wang Z, Wang J, et al. One-step facile synthesis of porous Co_3O_4 microspheres as anode materials for lithium-ion batteries. Mater Lett, 2014, 120: 73-75.

[69] Ma M, Pan Z, Guo L, et al. Porous cobalt oxide nanowires: Notable improved gas sensing performances. Chin Sci Bull, 2012, 57 (31): 4019-4023.

[70] Tüysüz H, Comotti M, Schuth F. Ordered mesoporous Co_3O_4 as highly active catalyst for low temperature CO-oxidation. Chem Commun (Camb), 2008, (34): 4022-4024.

[71] Che H, Liu A, Hou J, et al. Solvothermal synthesis of hierarchical Co_3O_4 flower-like microspheres for superior ethanol gas sensing properties. J Mater Sci-Mater El, 2014, 25 (7): 3209-3218.

[72] Qu F, Liu J, Wang Y, et al. Hierarchical Fe_3O_4@Co_3O_4 core-shell microspheres: Preparation and acetone sensing properties. Sens Actuators B: Chem, 2014, 199: 346-353.

[73] Patel N, Santian A, Bello V, et al. Cobalt/cobalt oxide nanoparticles-assembled coatings with various morphology and composition synthesized by pulsed laser deposition. Surf Coat Technol, 2013, 235: 784-791.

[74] Feng Y, Li L, Niu S, et al. Controlled synthesis of highly active mesoporous Co_3O_4 polycrystals for low temperature CO oxidation. Appl Catal B, 2012, 111-112: 461-466.

[75] Machocki A, Ioannides T, Stasinska B, et al. Manganese-lanthanum oxides modified with silver for the catalytic combustion of methane. J Catal, 2004, 227 (2): 282-296.

[76] Aono H, Traversa E, Sakamoto M, et al. Crystallographic characterization and NO_2 gas sensing property of $LnFeO_3$ prepared by thermal decomposition of Ln-Fe hexacyanocomplexes, $Ln[Fe(CN)_6]\cdot nH_2O$, Ln = La, Nd, Sm, Gd, and Dy. Sens Actuators B: Chem, 2003, 94 (2): 132-139.

[77] Li B, Zeng L, Zhang F. Structure and electrical properties of $CdIn_2O_4$ thin films sputtered at elevated substrate temperatures. Phys Status Solidi A, 2004, 201 (5): 960-966.

[78] Peng D L, Jiang S R, Xie L. Study on the gas-sensitive effect of $CdIn_2O_4$ thin films. Phys Status Solidi A, 1993, 136 (a): 441-446.

[79] Chen T, Zhou Z, Wang Y. Effects of calcining temperature on the phase structure and the formaldehyde gas sensing properties of CdO-mixed In_2O_3. Sens Actuators B: Chem, 2008, 135 (1): 219-223.

[80] Deokate R J. Temperature dependant physical properties of $CdIn_2O_4$ thin films grown by spray pyrolysis. Superlattice Microst, 2014, 76: 16-25.

[81] Deokate R J, Moholkar A V, Agawane G L, et al. Studies on the effect of nozzle-to-substrate distance on the structural, electrical and optical properties of spray deposited $CdIn_2O_4$ thin films. Appl Surf Sci, 2010, 256 (11): 3522-3530.

[82] Sun Y, Thornton J M, Morris N A, et al. Photoelectrochemical evaluation of undoped and C-doped $CdIn_2O_4$ thin film electrodes. Int J Hydrog Energy, 2011, 36 (4): 2785-2793.

[83] Yang F F, Fang L, Zhang S F, et al. Structure and electrical properties of $CdIn_2O_4$ thin films prepared by DC reactive magnetron sputtering. Appl Surf Sci, 2008, 254 (17): 5481-5486.

[84] Li Y, Chen N, Deng D, et al. Formaldehyde detection: SnO_2 microspheres for formaldehyde gas sensor with high sensitivity, fast response/recovery and good selectivity. Sens Actuators B: Chem, 2017, 238: 264-273.

第9章 导电高聚物基气体敏感材料与气体传感器

  导电高聚物是一类具有导电性能的高分子材料,是由具有共轭双键结构的小分子发生聚合反应所得到的导电高分子,其主链上交替的单键与双键形成共轭 π 键,使得离域的 π 电子能在聚合链上自由移动,从而使其具有导电性[1]。目前,常见的导电高聚物有聚乙烯(PE)、聚苯硫醚(PPS)、聚苯乙炔(PPA)、聚苯胺(PANI)、聚吡咯(PPy)、聚噻吩(PTh)、聚(苯乙烯磺酸)掺杂的聚(3,4-乙烯二氧噻吩)(PEDOT：PSS)等。它们的电导率可以在绝缘体、半导体和金属导体之间的宽广范围内变化($10^{-9} \sim 10^{5}$S/cm)[2]。自 20 世纪 60 年代以来,研究人员展开了对有机高分子气体敏感材料的探索和研究。而在 1983 年,Nylander 等[3]首次使用 PPy 构成气体敏感材料器件,实现了在室温下对 NH_3 的响应。随后,更多的导电高聚物如 PANI、PTh 以及 PEDOT：PSS 被报道应用于气体传感器。与无机气体敏感材料相比,导电高聚物基气体敏感材料具有合成简单、成本低廉、可低温或室温工作等优势,而且它们的导电性可根据自身的合成条件或与其他物质复合后进行调节,使得其在气敏性能上具有可调控性。同时,它们有良好的生物相容性及与传统高聚物相当的柔韧性,在开发柔性可穿戴气敏元件领域也具有巨大的应用潜力。此外,由于导电高聚物特殊的氢质子电荷导电机理,它们对于胺类等碱性气体如氨气(NH_3)等具有独特的响应能力和选择性。然而,单组分导电高聚物敏感材料却存在响应值低、响应时间和恢复时间长、化学稳定性差等问题,限制了其实际应用。鉴于此,国内外许多研究人员研究了基于导电高聚物的复合气体敏感材料,通过复合来改变导电高聚物的氧化性质、赋予丰富的活性表面或提供额外的质子源等来制备成低温或常温气敏元件,提高了元件的稳定性、响应值、响应恢复性能等。本章将详细介绍几种典型的导电高聚物基气体敏感材料的结构与性质以及导电高聚物基气体敏感器件的性能提升策略。

9.1 导电高聚物基气体敏感材料的结构与性质

  目前,应用于气体传感器的导电高聚物主要有 PANI、PPy、PTh、PEDOT：PSS。这类导电高聚物既有相同点又有不同点。相同点是易电化学或化学聚合、环境稳定性优异,作为共轭导电高分子,导电性能可以达到金属级别,也被称为合成金属。但由于其电导率与温度的关系具有金属特性,且导电载流子为阳离子即氢质子,因此被认定为 p 型半导体。同时,其完全可逆的掺杂/脱掺杂特性又使得它们成为重要的室温气体敏感材料,并可实现响应恢复特性。不同点是几种导电高聚物分子结构的规整性不同,导致各自的导电性有所差异,对气体的敏感性能也呈现不同特征。PANI、PPy、PTh 中存在 π 共轭结构的刚性分子,导致它们不溶不熔,加工困难,且 PANI 的导电性严重依赖其掺杂水平,而 PEDOT：PSS 作为 PTh 的衍生物，由于亲水性物质 PSS 的存在，它可以稳定分散在水溶液或有机溶剂中，PTh 在气敏领域的报道相对较少。尽管上述几种导电高聚物均能够在低温或室温下实现对某一类气体的敏感响应，但是又各有区别和特点。本节将对它们各自的结构与性质作详细的介绍。

9.1.1 聚苯胺

聚苯胺（PANI）作为典型的导电高聚物，其主链主要由苯胺分子首尾连接。在 1987 年，Macdiarmid 等提出了完善的 PANI 的结构模型，其分子由苯二胺单元（还原单元）和醌亚胺单元（氧化单元）组成[4]，如图 9.1 所示。本征态 PANI 不具备导电性，是一种绝缘材料，被称为祖母绿碱态 PANI，即完全还原状态（$y=1$）以及完全氧化状态（$y=0$）。而当 PANI 被掺杂改性处于半氧化半还原状态（$0<y<1$）时，PANI 具有导电性，被称为翠绿亚胺盐态 PANI[5]，其电导率最高可达 10^2S/cm[6]。其中 y 值的大小受单体浓度、氧化剂种类、氧化时间、掺杂酸种类、掺杂酸浓度等影响。因此，早期对 PANI 气体敏感材料的研究主要集中在合成条件、导电机理、气敏机理的探索等方面。

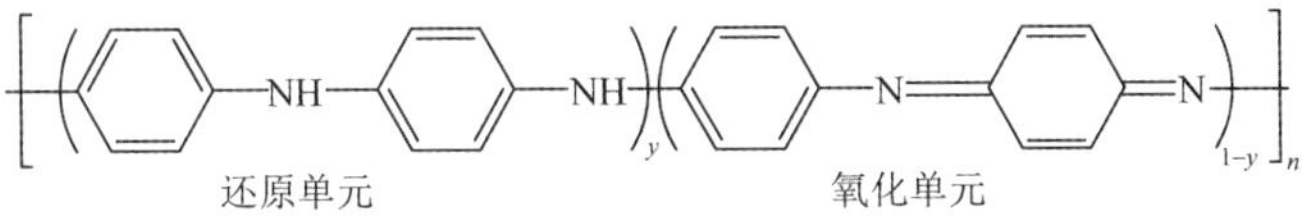

图 9.1 PANI 的分子结构式

目前，合成 PANI 的方法主要有化学聚合法、电化学聚合法、溶液聚合法、等离子聚合法等，其中化学聚合法和电化学聚合法由于制备简单、产量高、条件温和、性能稳定等特点被广泛使用。使用聚合法在制备 PANI 的过程中，采用质子酸掺杂醌亚胺单元，同时使用强氧化剂氧化苯胺单体使之聚合为导电性的 PANI，这种质子化使得 PANI 链上出现可移动的 H^+ 正电荷，在外电场的作用下，通过共轭 π 电子的共振，正电荷在整个分子链上移动。但是 PANI 在合成过程中，其导电性易受合成条件的影响，除了上述提及的氧化剂、掺杂酸会对其有影响外，合成温度与时间也会使 PANI 的导电性不同。因此，在不同合成条件下获得的 PANI 产物在气敏性能上存在诸多差异。目前，已有大量文献报道，合成 PANI 的氧化剂有过硫酸铵[$(NH_4)_2S_2O_8$]、重铬酸钾（$K_2Cr_2O_7$）、过氧化氢（H_2O_2）、三氯化铁（$FeCl_3$）、碘酸钾（KIO_3）等，其中最常用的是$(NH_4)_2S_2O_8$，不含重金属离子，后处理简便，且有着较强的氧化作用。质子酸的种类有盐酸（HCl）、硫酸（H_2SO_4）、高氯酸（$HClO_4$）、对甲苯磺酸（$C_7H_8O_3S$）、十二烷基苯磺酸（$C_{18}H_{30}O_3S$）、樟脑磺酸（$C_{10}H_{16}O_4S$）等。实验表明，当质子酸为盐酸，且盐酸的浓度为 1mol/L，氧化剂为过硫酸铵，且过硫酸铵与苯胺的物质的量比为 1，反应温度在 0~10℃，反应时间为 6h 时，所获得的 PANI 聚合物具有较高的产率、电导率和敏感性能。

PANI 的导电机理主要有两种，一种是定态间电子跃迁-质子交换电子导电模型[7]，另外一种是颗粒金属岛模型[8]。前者是基于 PANI 接触水分子后，电导率随水分含量的增加而增加，PANI 中的还原单元—NH—基团与吸附水发生碱性反应失去电子，进行电子的跃迁。后者是基于 PANI 被掺杂后，分子结构内部出现导电金属区，这部分区域被称为"金属岛"，随着掺杂水平的提高，金属岛区域也随之增加，主链中的醌环会变成苯环，电子云重新排布，因而呈现出导电性。这两种机理虽然都尚不明确，因为 PANI 的分子结构相对复杂，内容繁多，但同时也具有一定的正确性，一定程度上存在共通之处，都反映了 PANI 的导电性会随着环境湿度以及氢离子浓度的改变而改变，因此可以通过改变合成条件来调节 PANI 的导电性。

基于 PANI 的气敏机理，要视 PANI 接触到的气体种类而定，主要还是围绕质子的转移机理，即氧化还原反应。PANI 作为 p 型半导体，载流子为空穴（氢质子）是确定的。第一类气体：当 PANI 遇到氧化性气体时，气体将夺取主链中的电子，引起空穴的增加，从而使其电阻减小[9]。第二类气体：当 PANI 遇到还原性气体时，气体将向主链赠予电子，引起空穴的减少，从而导致电阻增加[10]。第三类气体：当 PANI 遇到非极性气体时，虽然不会与其发生氧化还原反应，但是主链骨架会发生溶胀[11]，导致载流子迁移的距离增大，引起电阻增加。

9.1.2 聚吡咯

聚吡咯（PPy）是一种由 C、N 元素组成的杂化环以 2,5-偶联构成的半结晶型导电高聚物，产物呈黑色，其分子结构示意图如图 9.2 所示，两个吡咯环为一个结构单元。PPy 长链主要是 α-α 连接，因此分子结构具有一定的平面性和规整性，这种连接方式可以使它的共轭程度增加，有利于载流子的传导。PPy 的共轭双键中存在两个离域型的 π 电子，π 电子云的重叠产生能带，在外加电场的作用下，可作为自由电子在碳碳键上移动从而具备导电性质[12]，其电导率最高可达 $10^2 \sim 10^3 \text{S/cm}$[13]。目前，PPy 由于优异的导电性、环境稳定性、制备简单、价格低廉等优点被广泛应用于传感器、电池、超级电容器、金属防腐蚀、吸波等领域。同时，由于吡咯单体氧化电位较低以及掺杂特性，它很容易发生聚合反应形成 PPy，当周围的环境发生变化时，PPy 的导电性也会受到影响，可以利用这一特性对微量或痕量的物质进行感知[14]，特别是在气体传感领域中，开发基于 PPy 的低检测限气体传感器将具有极大优势。

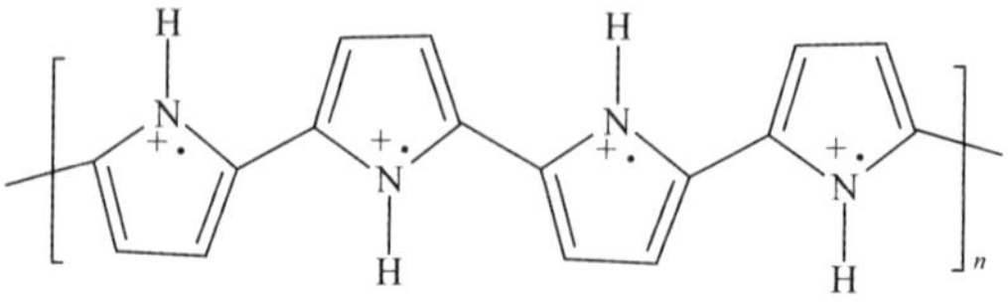

图 9.2 PPy 的分子结构式

合成 PPy 的方法主要以化学聚合法和电化学聚合法为主，其中电化学聚合法主要以制备 PPy 薄膜为主，膜厚易于调控，其产物具有较好的介电性能，但是设备昂贵，产率较低，产物性能差异较大。化学聚合法制备成本低廉、产率较高，但导电性能易受合成条件的影响，如氧化剂、介质性质、掺杂剂、反应时间、反应温度等，这些因素的改变也会导致 PPy 气敏特性的改变。常用的氧化剂有 $FeCl_3$、$(NH_4)_2S_2O_8$、$HClO_4$、BF_3、I_2、Br_2 等，介质有水、醇、醚、氯仿等，它们不与氧化剂发生反应。其中掺杂可以使 PPy 获得电子或空穴来降低价带（成键 π 轨道）与导带（反键轨道）之间的能级差，从而改变 PPy 的导电性能。与 PANI 不同的是，PPy 的掺杂具有两种形式，一种是质子酸掺杂[15]，另一种是氧化掺杂[16]。其中质子酸掺杂 PPy 和上述提到的掺杂 PANI 的原理一致，即质子酸中的 H^+ 与吡咯环中的 β-碳原子结合，使整个长链带正电荷，从而呈现出导电性[17]，质子酸中的阴离子则保持整个链条的电中性，不参与成键。氧化掺杂则是氧化剂在 PPy 聚合过程中，离域型 π 电子容易脱离吡咯环，使吡咯环带正电而具有导电性，此时掺杂剂由于被还原而形成阴离子来维持整个链条的电中性[18]。但目前这两种掺杂方式由于受多种因素的影响，其机理都相对比较复杂且没有融合在一起，仍需要更加深入的研究。

PPy 对气体的敏感机理整体和 PANI 的相同，都存在一个质子转移和骨链溶胀机理。还需要补充的是，气体分子与 PPy 之间的氢键作用或导电聚合物分子有序结构被破坏都会制约载流子的迁移，导致电阻增加[19]。

9.1.3 聚（3,4-乙烯二氧噻吩）：聚（苯乙烯磺酸）

聚（3,4-乙烯二氧噻吩）：聚（苯乙烯磺酸）（PEDOT：PSS）是聚噻吩（PTh）的衍生物之一，其分子结构示意图如图 9.3 所示。其中 PEDOT 是德国 Bayer 公司研发的一种新型聚噻吩及其衍生物，即在噻吩环的 3,4-位上引入乙烯二氧基取代氢原子，由单体 EDOT 通过氧化聚合而成，乙烯二氧基中的氧原子具有强给电子特性，一方面可以降低单体的氧化电位，使其更容易发生聚合反应，另一方面可以稳定分子链的正电荷，因此 PEDOT 具有高的环境稳定性，尤其是热稳定性。在已报道的导电高聚物中，PEDOT 具有很高的电导率，可以达到 10^3S/cm[20]，这主要是由于相邻单体的 α-α 偶联使得高分子主链具有高度的规整性和平面性，提高了分子链的线性共轭程度[21]。但是 PEDOT 又表现出较强的疏水性，存在无法进行溶液加工的缺陷，限制了其进一步应用。为了使 PEDOT 能够在大部分溶剂中稳定分散，使用具有亲水性的聚阴离子电介质 PSS 对其进行改性，两组分之间通过库仑力作用在一起[22]，最终实现可以在水溶剂中均匀分散的 PEDOT：PSS 导电高聚物。PSS 中的磺酸根阴离子还可以稳定 PEDOT 中的阳离子，使其维持整个导电高聚物的电中性，同时又继续保持较高的环境稳定性。基于此，PEDOT：PSS 除了具备 PEDOT 自身优异的性能外，还拥有良好的生物相容性、可加工性、氧化还原可逆性，因此它在抗静电涂层、有机电致发光、热电材料、光伏电池、太阳能电池、传感器、超级电容器等领域得到了广泛的应用，尤其是在制备低成本、柔性可穿戴器件上具有巨大的潜力。

目前，PEDOT：PSS 主要以一种稳定分散的水溶液形式存在，呈现深蓝色[23]。Bayer 公司为了扩大 PEDOT：PSS 的商业用途，已经开发具有不同电导率的 PEDOT：PSS 水溶液，因此 PEDOT：PSS 成为最具有商业价值的导电高聚物之一。基于 PEDOT 的制备方法主要是化学聚合法以及电化学聚合法，这与 PANI 和 PPy 的合成原理相同，反应介质通常是水，使用氧化剂掺杂获得导电性 PEDOT⁺。而 PEDOT∶PSS 的制备方法则是在 EDOT 聚合前加入 PSS 水溶液，在室温条件下加入氧化剂，经过一定时间的聚合反应而获得，PSS 作为掺杂阴离子与 PEDOT 通过静电结合形成电中性的复合物[24]。

PEDOT∶PSS 对氧化性和还原性气体的敏感机理整体和 PANI、PPy 的相同，主要是空穴的得失可逆过程。在针对 NH_3 的检测中，还存在 PSS 中的—SO_3H 基团对 NH_3 的强捕捉能力[25]，使得 PEDOT∶PSS 对 NH_3 具有高的灵敏检测。

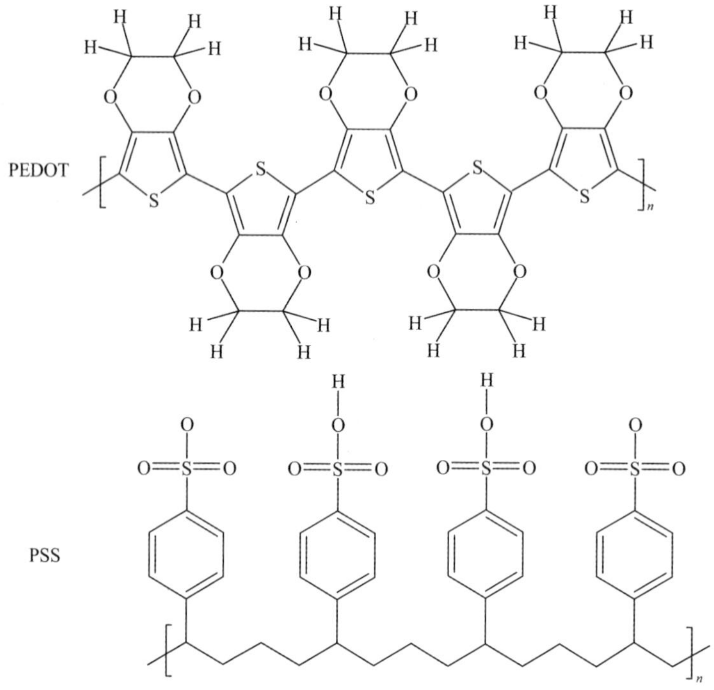

图 9.3　PEDOT∶PSS 的分子结构式

9.2　导电高聚物基气体敏感器件的性能提升策略

在气体传感器领域中，近些年已报道基于导电高聚物基气体传感器可对 NO_2、CO、CO_2、甲醇、SO_2、H_2、液化石油气、NH_3、丙酮、苯类、H_2S 等气体进行检测。与金属氧化物半导体气体传感器不同的是，导电高聚物基气体传感器可以在室温下对气体产生敏感响应。然而，如前面所提到的，单一组分的导电高聚物基气体传感器存在响应值低、响应和恢复时间长、可加工性差、稳定性差等缺陷，限制了其实际应用。于是，众多国内外研究人员在近些年开发了基于导电高聚物的新型复合材料气体传感器件，以此来弥补以上的不足，提高器件的响应值、稳定性和可加工性、缩短响应和恢复时间等。因此，本节将介绍几种导电高聚物基气体敏感器件的性能提升策略。

9.2.1 负载贵金属颗粒

贵金属修饰气体敏感材料主要包括 Ag、Au、Pd、Pt、Rh 等。利用贵金属的催化活性以及电子敏化效应（与气体敏感材料复合形成肖特基势垒）来提高导电高聚物基气体敏感器件对气体的响应值和响应恢复特性是有效的策略之一。

Nasresfahani 等[26]先利用原位聚合法制备了 PANI，再使用超声混合获得 Au 纳米颗粒修饰的 Au/PANI 室温 CO 气体传感器。当 Au 纳米颗粒的含量为 2.5%时，对 CO 呈现出最佳的响应值，如图 9.4（a）所示。相比于不能完全恢复的 PANI，该复合器件对 6000ppm CO 的响应时间和恢复时间分别为 180s 和 200s。他们提出其敏感机理为 CO 中 C 原子上的正电荷会转移到 PANI 骨架上导致载流子数量增加，从而提高 PANI 的导电性。而增敏机理为 Au 纳米颗粒引入 PANI 时，充当 CO 气体分子吸附的活性位点。此外，Au 纳米颗粒可以与 CO 分子相互作用并将正电荷转移到 PANI 上，从而大大提高传感器在低温下的响应值。

Adhav 等[27]报道了 Ag 修饰 PANI 的室温 NH_3 传感器，相比于单组分的 PANI，Ag/PANI 器件对 NH_3 的响应值有明显的提高，如图 9.4（b）所示。对 100ppm NH_3 的响应值为 57.66%，响应时间和恢复时间分别为 30s 和 120s，同时还呈现出优异的可逆性和长期稳定性。其增敏机理同样是 Ag 的参与为 NH_3 敏感提供了更多的反应通道。

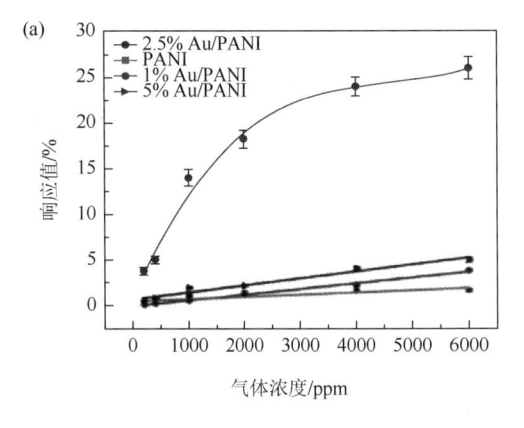

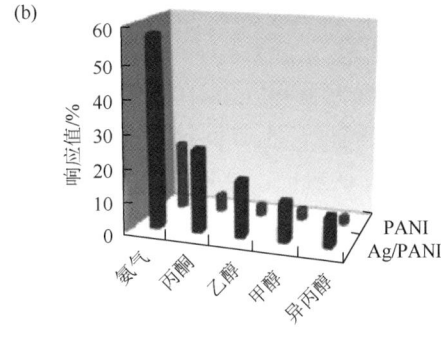

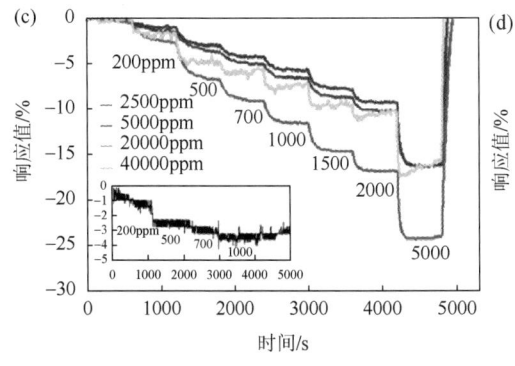

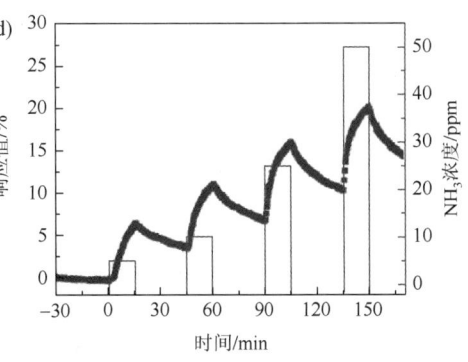

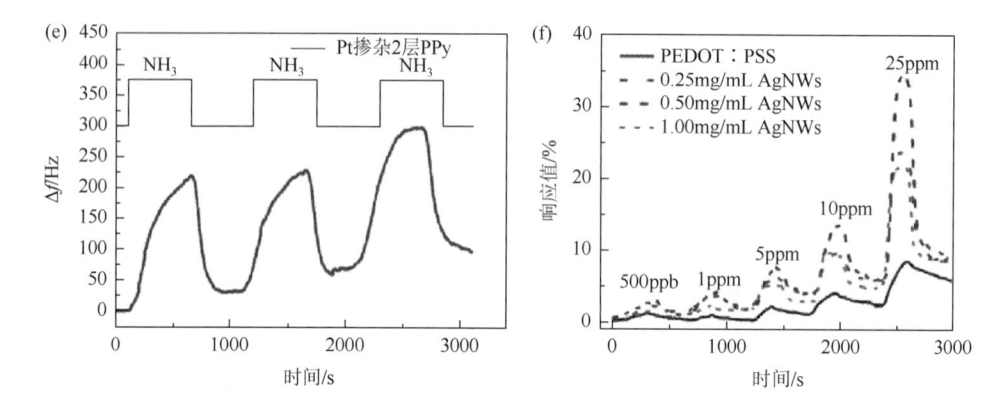

图 9.4 （a）室温下 Au/PANI 传感器对 CO 浓度的归一化响应曲线[26]；（b）Ag/PANI 传感器对不同气体的选择性[27]；（c）Pt/PPy 传感器对不同浓度 H_2 的动态响应[28]；（d）Au/PPy 传感器对不同浓度 NH_3 的动态响应[29]；（e）PPy 和 Pt/PPy 传感器对 NH_3 的重复性[30]；（f）AgNWs/PEDOT：PSS 传感器对不同浓度 NH_3 的动态响应[31]

Hien 等[32]报道了一种基于 Pd 纳米颗粒增强 PANI 室温 NH_3 敏感性能传感器，当 Pd 含量为 2% 时，对 NH_3 的响应值最高。他们认为不同功函数的 Pd（4.8eV）和 PANI（5.48eV）费米能级的接触会产生更多的活性位点。在表层 Pd 原子中存在着电子开壳构型 $4d^9 5s^1$ 的空轨道。与 PANI 链的 π 电子所处的能级相比，这些轨道具有较低的能量。因此，近界面区域的 π 电子被转移到电子开壳构型 $4d^9 5s^1$ 的空轨道上，从而留下空穴，这些空穴可以作为 NH_3 吸附活性位点，使得 PANI 的电阻发生更大的变化。

Su 等[28]使用 Pt 修饰 PPy，实现了在室温下对 H_2 的敏感响应。结果表明，负载 Pt 颗粒的 PANI 传感器提升了对 H_2 气体的响应，如图 9.4（c）所示。对 1000ppm H_2 的响应时间为 330s，同时还拥有优异的长期稳定性能。他们认为，H_2 在 Pt 的表面分解为 H 原子并吸附在 Pt 表面，记为 H-θ，与此同时，空气中的 O_2 也进一步吸附在 Pt 表面与 H-θ 反应生成 OH-θ，随后 OH-θ 与 H-θ 反应生成 H_2O，而生成的 H_2O 对 PPy 有进一步的掺杂作用，提高了 PPy 的电导率。

Yan 等[29]以病毒模板法制备了一维 Au/PPy 纳米豆荚状的室温 NH_3 传感器。结果表明复合器件在亲核 NH_3 分子对 PPy 的攻击下依然存在不可逆响应，如图 9.4（d）所示。但是纳米级的 Au 与 PPy 之间形成的肖特基异质结所促进的催化作用或局部自由载流子损耗，有助于传感性能的提高。

Chen 等[30]报道了一种基于 Pt 修饰的 PPy 表面声波（SAW）室温 NH_3 传感器。结果显示 Pt 掺杂 2 层 PPy 的传感器显示出对 NH_3 的最佳响应，这可能是由于 Pt 的催化作用。其重复性如图 9.4（e）所示。Pt 催化剂可以增强 NH_3 与 PPy 之间的反应，使 PPy 的电阻下降较大，从而产生较大的电负载效果，它在提高 PPy 薄膜 SAW 器件的稳定性方面发挥重要作用。

Aarabi 等[32]通过第一性原理计算和实验证明了掺杂 Pd 的 PEDOT：PSS 对 NH_3、CO_2 和 CH_4 的敏感性较为优异，该结构不能用于同时暴露于这些气体中。而掺杂 Ag 的 PEDOT：PSS 结构除了对 NH_3 表现出更好的选择性外，还具有较高的响应值。

Li 等[31]制备了基于 Ag 纳米线（AgNWs）的 PEDOT：PSS 复合室温 NH$_3$ 传感器，对 NH$_3$ 的动态响应如图 9.4（f）所示。AgNWs 的引入，可以减小 PEDOT：PSS 载流子的输运距离，使得 PEDOT：PSS 与 AgNWs 之间的界面对薄膜整体电导率的影响较大，从而导致在 NH$_3$ 中的电阻变化更大。

9.2.2　与非导电材料复合

非导电材料通常包括无机材料或非导电高分子材料等。将非导电材料与导电高聚物复合制成高性能气体传感器，其原理是通过改变导电高聚物的形貌或比表面积来增加活性位点或改变导电传输途径，从而实现对气体的有效吸附。甚至与非导电高分子复合后制成柔性气体传感器应用于可穿戴电子设备。

Duan 等[34]利用空心埃洛石纳米管（HNTs）作为模板，在表面原位沉积 PANI，获得一种多孔三维结构的 PANI/HNTs 室温 NH$_3$ 敏感材料，其形貌 SEM 图如图 9.5（a）所示。相比于单组分的 PANI，复合材料 PANI/HNTs 的比表面积提升了 1.63 倍，且对 10ppm NH$_3$ 的响应值升高 1.6 倍。同时复合器件对 10ppm NH$_3$ 的响应和恢复时间（158s/162s）也明显短于 PANI（169s/270s）。他们认为非导电性的 HNTs 虽没有对 PANI 起到掺杂作用来改变其导电性，但是 PANI/HNTs 特殊的多孔三维结构对 NH$_3$ 的吸附具有更多的活性位点。

Yang 等[35]将 PANI 原位化学氧化聚合在商业多孔聚偏氟乙烯（PVDF）薄膜上，获得了一种具有高响应、高选择性的室温柔性 NH$_3$ 传感器，其形貌 SEM 图如图 9.5（b）所示。该器件对 5ppm NH$_3$ 的响应值达到 110%，对 1ppm NH$_3$ 的响应时间和恢复时间分别为 174s 和 235s，其检测极限为 0.2ppm。该薄膜器件在不同弯曲角度下其响应值的波动较小，保持了较好的弯曲稳定性。他们认为多孔 PVDF 膜为 PANI 纳米颗粒提供了良好的层次化结构，有效地增加了与 NH$_3$ 的接触面积。

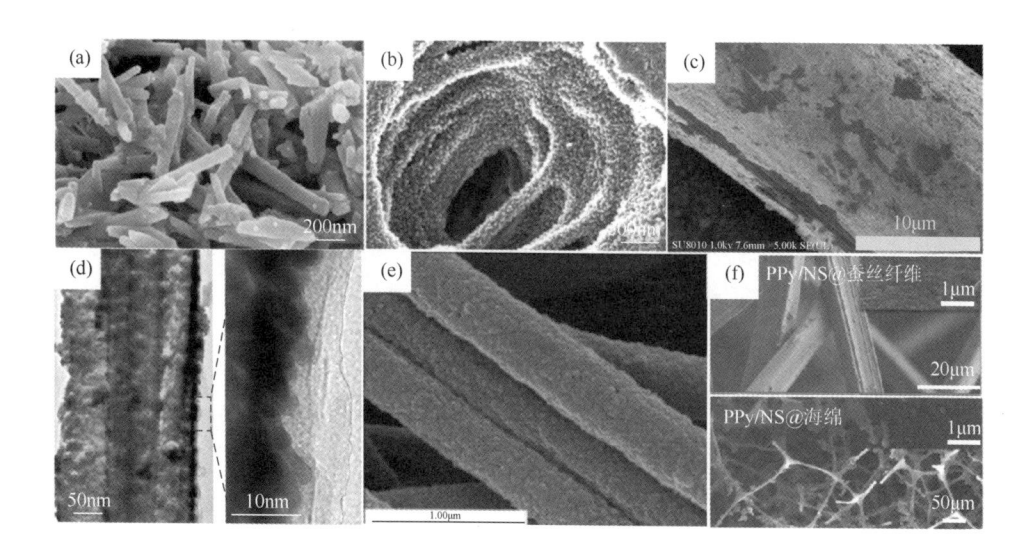

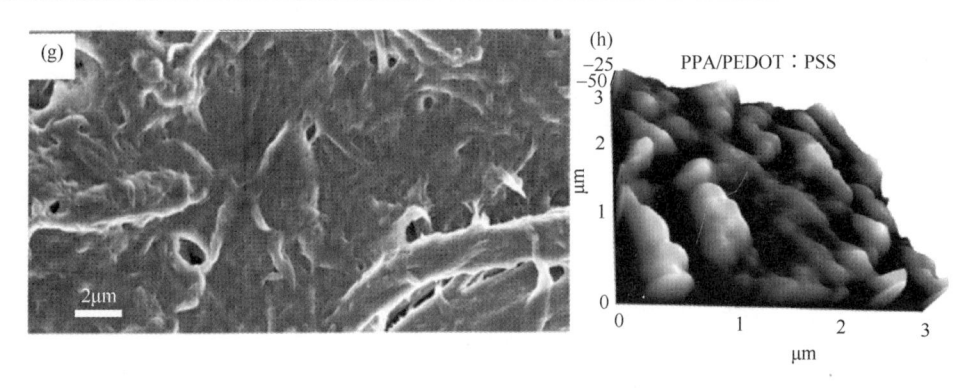

图 9.5　(a) PANI/HNTs 的 SEM 图[34]；(b) PANI/PVDF 的 SEM 图[35]；(c) PANI/PAN 的 SEM 图[36]；(d) PPy@SiNWs 的 TEM 图[37]；(e) PPy-PAN 的 TEM 图[38]；(f) PPy/NS@蚕丝纤维和 PPy/NS@海绵的 SEM 图[39]；(g) CNF/PEDOT：PSS 的 TEM 图[40]；(h) PEDOT：PSS/PPA 的 AFM 图[41]

Ke 等[36]将羧化的聚丙烯腈（PAN）织物以静电黏附的形式原位聚合 PANI，其形貌 SEM 图如图 9.5（c）所示，最终获得柔性的室温 NH_3 传感器。由于静电吸附的作用，该器件即使在多次水洗后，依然能够保持较高的 NH_3 响应值，在可穿戴器件应用上具有较好的应用前景。

Qin 等[37]将 PPy 修饰在有序硅纳米线（SiNWs）上，获得一种在室温下对异丙醇（IPA）敏感的核壳结构 PPy@SiNWs 传感器，其形貌 TEM 图如图 9.5（d）所示。与 PPy 相比，PPy@SiNWs 传感器的气敏性能显著提高，对 100ppm IPA 的响应提高了约 7 倍。此外，PPy@SiNWs 在 33 天内的容器稳定性为 91.1%。他们认为 PPy@SiNWs 松散纳米线独特的微观结构具有更大的比表面积，从而提高了吸附能力。此外，尖端聚集的硅纳米线建立了新的导电路径，为气体提供了更大的有效吸附面积。

Liu 等[38]先使用静电纺丝法制备 PAN 的纳米纤维，再在其表面原位聚合 PPy。获得了在室温下对 NH_3 产生敏感的 PPy-PAN 传感器，其形貌 TEM 图如图 9.5（e）所示。该器件表现出较好的敏感性能以及可重复性。研究人员提出：纳米尺度的同轴 PPy-PAN 纳米线具有较大的比表面积，为气体的吸附提供了更多的活性位点。一维的 PPy-PAN 可以促进电信号的传导，且有序的纤维组装有利于分析物气体在传感材料活化表面的扩散和吸附。

She 等[39]使用硅模板法（NS）分别在蚕丝纤维以及海绵的表面聚合了 PPy，获得了柔性 PPy/NS@蚕丝纤维和 PPy/NS@海绵室温 NH_3 传感器，其形貌 SEM 图如图 9.5（f）所示。其中 PPy/NS@蚕丝纤维对 100ppm NH_3 的响应值和恢复时间（73.25%，69s）优于 PPy/NS@海绵（14.51%，98s）。同时，PPy/NS@蚕丝纤维传感器在室温下对 NH_3 表现出优异的重复性、柔韧性、选择性和长期稳定性。其气敏性能的提高可归因于柔性 PPy/NS@蚕丝纤维具有相对粗糙的小山形状所导致的比表面积大，吸附点更多。

Zhang 等[40]将纤维素纳米纤维（CNF）浸入 PEDOT：PSS 水溶液中，通过物理混合的方式获得室温 NH_3 传感器。该研究指出，当 CNF 含量较低时，复合器件存在基线漂移和不完全恢复的情况，当 CNF 与 PEDOT：PSS 的质量比为 1∶1 时，复合器件的基线比较稳定，且响应时间和恢复时间分别可以达到 4.9s 和 5.2s。与纯 PEDOT：PSS 相比，CNF

的交错层叠多孔结构［图 9.5（g）］在复合膜内提供了额外的吸附位点，以实现更充分的气固相互作用。

Farea 等[41]将聚对氨基苯甲醚（PPA）与 PEDOT：PSS 超声混合后获得 PEDOT：PSS/PPA 室温 CO 气体传感器。与单组分 PEDOT：PSS 相比，复合器件对 CO 的响应值以及响应和恢复时间都有所改善，对 300ppm CO 的响应值达到 32%，对 100ppm CO 的响应时间和恢复时间分别为 58s 和 61s。研究者认为 PPA 的加入对复合器件的高粗糙度和大比表面积都具有很大的贡献，因此可以提升其敏感性能，其 AFM 图如图 9.5（h）所示。

9.2.3 与导电材料复合

导电材料包括二维材料如氧化石墨烯（GO）、还原氧化石墨烯（rGO），非二维材料如多壁碳纳米管（MWCNTs）、单壁碳纳米管（SWCNTs）、乙二醇（EG）等。这些导电材料具有快速的电子传递动力学以及大的比表面积，可以通过复合来提高导电高聚物载流子的数量和运输速率以及增加反应活性面积和 π-π 共轭的长度来提升气敏性能。

Tohidi 等[42]以电沉积的方法将 PANI 沉积在三维 rGO 上制成 PANI/3D-rGO 的 ITO 导电玻璃叉指电极室温 NH_3 气敏元件。相比于单组分 PANI 元件，复合元件对 NH_3 的敏感响应有了明显的提升，同时对 5ppm NH_3 的响应时间和恢复时间分别为 85s 和 187s，有较好的长期工作稳定性，如图 9.6（a）所示。对于敏感响应的增强，该作者认为，rGO 大的比表面积以及表面缺陷、高能结合位点为 NH_3 的吸附提供了条件，同时它自身高的电导率可以加快载流子的传输，再利用 PANI 中的 π-π 键对载流子进行传输，最终达到性能提升的效果。

Gao 等[43]利用软模板法合成了一种二维虫状介孔 PPy/rGO（w-mPPy@rGO）室温 NH_3 敏感材料。rGO 具有较好的导电性以及 PPy 与 rGO 还存在较高的亲和性，这有利于传感过程中电子的传输，增强了两者之间的协同作用。该器件在众多气体的检测中对 NH_3 具有优异的选择性，同时检测限为 41ppb，对 10ppm NH_3 的响应值约为 45%，但是器件存在一个在恢复过程中空气电阻回到基线较为缓慢的问题［图 9.6（b）］。

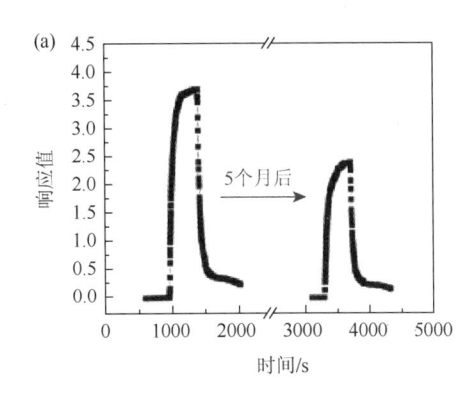

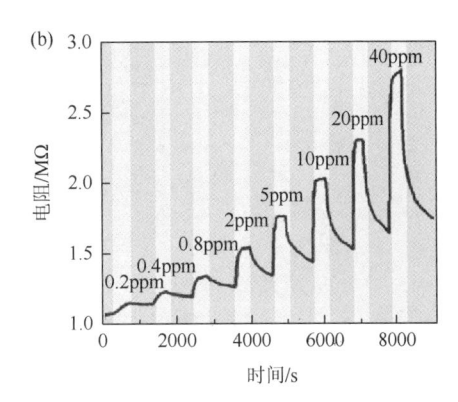

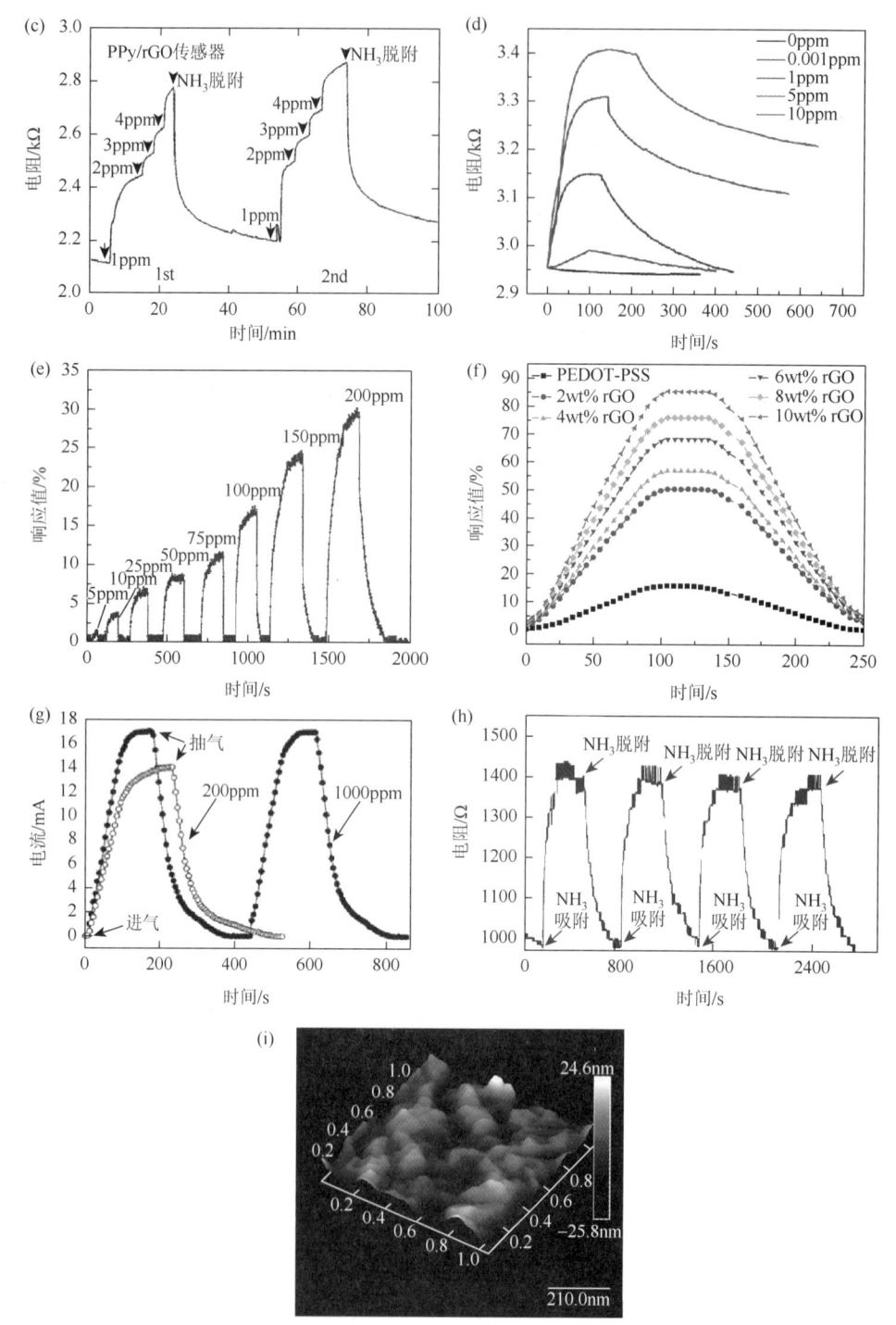

图9.6 （a）PANI/3D-rGO 对 50ppm NH_3 的长期工作稳定性[42]；（b）w-mPPy@rGO 在室温下对 NH_3 的动态响应电阻曲线[43]；（c）PPy/rGO 在室温下对 NH_3 的动态响应电阻曲线[44]；（d）PPy/SRGO 在室温下对 NH_3 的响应电阻曲线[45]；（e）PPy-MWCNTs 在室温下对 NH_3 的动态响应曲线[46]；（f）rGO-PEDOT：PSS 器件在室温下对 NH_3 的响应曲线[47]；（g）PEDOT：PSS：GO 在室温下对 NH_3 的响应曲线[48]；（h）MWCNTs-PEDOT：PSS 在室温下对 NH_3 的重复性[49]；（i）EG/PEDOT：PSS 的 AFM 图[50]

Tang 等[44]以及 Shahmoradi 等[45]分别报道了 PPy/rGO 和磺化石墨烯复合 PPy（PPy/SRGO）室温 NH$_3$ 敏感复合材料。磺化石墨烯中的磺胺酸和 NH$_3$ 之间可以发生氢键相互作用从而提高敏感性能。尽管复合后响应值有所提升，但仍然存在恢复时间长以及恢复不完全等问题，如图 9.6（c）和（d）所示。

Lawaniya 等[46]利用原位气相聚合法制备了 PPy-MWCNTs 室温 NH$_3$ 敏感材料。相比于单组分 PPy，复合器件对 NH$_3$ 的响应值有所提升。同时该复合器件可以实现完全恢复，如图 9.6（e）所示。对 100ppm NH$_3$ 的响应时间和恢复时间分别为 47s 和 111s，该作者认为 MWCNTs 具有较大的比表面积和良好的分散性，使得该复合材料可以促进 NH$_3$ 分子的自由流动和扩散，并提供更多的反应位点。但是其响应值仍然不是很高，对 200ppm NH$_3$ 的响应值为 29.74%。

Pasha 等[47]以及 Hasani 等[48]分别报道了 rGO-PEDOT：PSS 以及 PEDOT：PSS：GO 室温 NH$_3$ 敏感薄膜器件。从图 9.6（f）和（g）中可以看出，复合器件除了在对 NH$_3$ 的响应值上有提升之外，还实现了完全恢复的特征。这主要是因为 rGO 以及 GO 的掺入，π-π 共轭作用增强，大量载流子易于通过聚合物链运输，从而提高了薄膜对 NH$_3$ 的吸附和脱附能力。

Boonthum 等[49]则报道了 MWCNTs-PEDOT：PSS 网板印刷室温氨敏器件。该器件同样可以实现对 NH$_3$ 的完全脱附，如图 9.6（h）所示。该作者认为，虽然在 PEDOT：PSS 中加入低含量的 MWCNTs 可以提高比表面积和 π-π 相互作用，但对 NH$_3$ 仍然是一种物理性的吸附，因此可以恢复到基线水平。

Pasha 等[50]在 PEDOT：PSS 中加入高沸点极性溶剂乙二醇（EG），通过这种方式增强电子传递，从而提高电导率和敏感性能。该复合器件实现了在室温下对液化石油气（LPG）的响应。相比于单组分 PEDOT：PSS 器件，复合器件对 LPG 的响应值、恢复时间以及长期工作稳定性都有所提升。其增敏机理主要源于 EG 的加入导致聚合物基体体积增加［图 9.6（i）］，改变了 π-π 链路，且增加的链长也形成了更好的导电路径，从而提高了传感性能。

9.2.4　与金属氧化物复合

另外一种策略则是将导电高聚物与金属氧化物复合，充分发挥导电高聚物室温检测以及金属氧化物高响应、快速响应和恢复的优势。金属氧化物包括 ZnO、CeO$_2$、SnO$_2$、WO$_3$、NiO、TiO$_2$、Fe$_2$O$_3$、Zn$_2$SnO$_4$ 等，通过对其界面调控、构筑异质结、改变微观形貌、增加活性位点等方式以获得具有协同效应以及在性能上优缺互补的室温气体敏感材料。

Fan 等[51]在合成的 WO$_3$ 纳米片表面上原位生长 PANI，得到 WO$_3$@PANI 纳米复合材料。该复合器件在室温下对 NH$_3$ 的最低检测限为 0.25ppm，同时对 100ppm NH$_3$ 的响应值比单组分 PANI 高约 10 倍，如图 9.7（a）所示。其响应增强机理归因于其层次化的微观结构、p-n 异质结以及 WO$_3$ 纳米片与 PANI 之间的协同效应。

Wang 等[52]构筑了一种在室温下检测 NH$_3$ 的新型微波传导的 p-n 异质结

PANI-SnO$_2$ 气体传感器，其性能如图 9.7（b）所示。微波传感器是利用矢量网络分析仪，测量发射和反射微波在离散频率间隔内的变化。这类传感器存在性能不稳定、高湿下不敏感等问题，而该研究小组制备的 PANI-SnO$_2$ 微波 NH$_3$ 传感器在解决这些问题上具有新突破。然而微波传导的气敏机理目前仍然不够明确，对于这些新突破，该作者将其归因于 PANI-SnO$_2$ 复合材料的异质结效应。

Zheng 等[53]报道了基于 ZnO/PANI 纳米片阵列的室温 NO$_2$ 传感器。该器件对 NO$_2$ 气体的响应相比于 ZnO 和 PANI 有明显的提升［图9.7（c）］，对 10ppm 目标气体显示出较短的响应和恢复时间（32s/18s），同时还具有优异的长期工作稳定性和环境稳定性。该作者认为 PANI 与 ZnO 形成的非均相界面（p-n 结）具有较高的活性，为吸附 NO$_2$ 提供了活性位点。

Hien 等[54]在 NiO 的表面气相聚合生成 PPy，制成了 NiO/PPy 室温 NH$_3$ 敏感器件。在室温下，该复合器件相比于单组分 NiO 以及 PPy 传感器，对 NH$_3$ 的响应值都有明显的提升，对 350ppm NH$_3$ 响应值为 3.46%，响应和恢复时间分别为 11s 和 198s。但是在高湿度条件下，对 NH$_3$ 响应值影响较大，且性能比单组分 PPy 器件的低，如图 9.7（d）所示。

Li 等[55]分别构筑了纳米片及纳米颗粒 ZnO 与 PPy 的复合（PPy@ZnO-1，PPy@ZnO-2）室温 NH$_3$ 器件。如图 9.7（e）所示，可以发现，复合器件在对 NH$_3$ 的响应值上有明显的提升，这得益于复合材料特殊的纳米结构以及与器件之间良好的黏附性，但仍然难以恢复到基线水平。

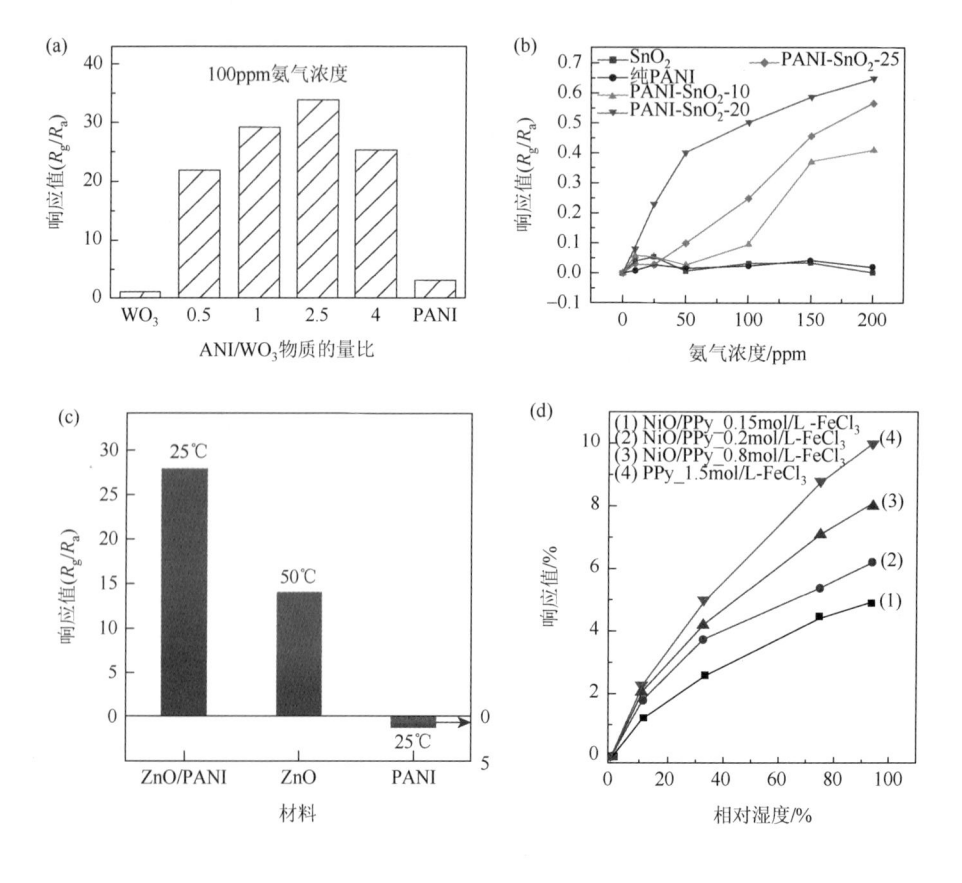

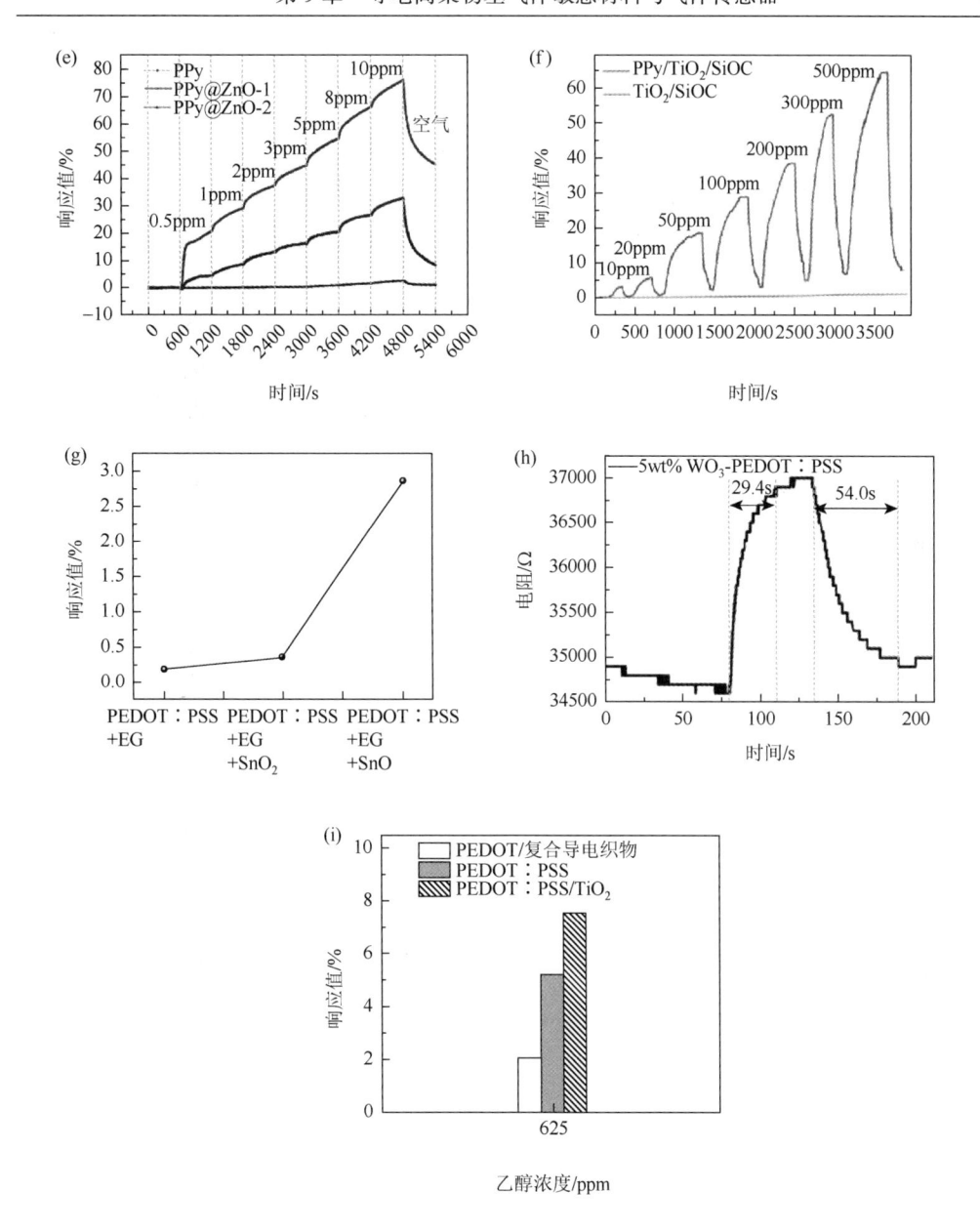

图 9.7 (a) WO$_3$@PANI 对 100ppm NH$_3$ 的响应值[51]; (b) PANI-SnO$_2$ 微波传感器对不同浓度 NH$_3$ 的响应值[52]; (c) ZnO/PANI 对 10ppm NO$_2$ 的响应值[53]; (d) NiO/PPy 在不同湿度下对 350ppm NH$_3$ 的响应值[54]; (e) PPy@ZnO 对不同浓度 NH$_3$ 的动态响应[55]; (f) PPy/TiO$_2$/SiOC 对不同浓度 NH$_3$ 的动态响应[56]; (g) PEDOT∶PSS + EG + SnO/SnO$_2$ 对 200ppm 乙醇的响应值[57]; (h) WO$_3$-PEDOT∶PSS 对 500ppm LPG 的响应和恢复时间[58]; (i) PEDOT∶PSS/TiO$_2$ 对 625ppm 乙醇气体的响应值[59]

Zhou 等[56]利用 3D 打印技术在硅烷蜂窝多孔基底（SiOC）上制备了 PPy/TiO$_2$ 室温 NH$_3$ 敏感材料。如图 9.7（f）所示，基于 TiO$_2$/SiOC 不具备室温 NH$_3$ 检测能力，而 PPy/TiO$_2$/SiOC 则对 NH$_3$ 表现出明显的响应性能，且具有较为快速的响应和恢复能力，检测限为 0.5ppm，性能的提升主要是由于 PPy 与 TiO$_2$ 之间的 p-n 异质结效应以及特殊的蜂窝多孔传感通道和表面纳米结构有利于对 NH_3 的吸附和脱附。但是整体从 PPy/TiO_2/SiOC 对 NH_3 的响应值来看，依然不是很高。

Vázquez-López 等[57]分别将 n 型的 SnO_2、p 型的 SnO 与乙二醇（EG）修饰的 PEDOT：PSS 混合获得 PEDOT：PSS + EG、PEDOT：PSS + EG + SnO、PEDOT：PSS + EG + SnO_2 室温乙醇气体传感器，其中 EG 的作用主要是提高 PEDOT：PSS 的导电性。如图 9.7（g）所示，PEDOT：PSS + EG + SnO 器件对 200ppm 乙醇气体显示出最优的响应值。与 SnO_2 相比，该工作中对含 SnO 复合器件的性能改善行为可能是由于其 p 型导电行为与 p 型的 PEDOT：PSS 表现出类似的传感机理，在乙醇存在下可以产生类似的电阻响应。

Ram 等[58]将 WO_3 纳米颗粒与 PEDOT：PSS 混合获得了室温 LPG 气体传感器。该器件对 500ppm LPG 气体表现出优异的响应和恢复时间，分别为 29.4s 和 54.0s［图 9.7（h）］。同时，在 WO_3 与 PEDOT：PSS 之间形成的界面耗尽层对气敏性能所产生的贡献使得 WO_3-PEDOT：PSS 成为检测爆炸性气体的理想材料。

Shiu 等[59]报道了一种 PEDOT：PSS/TiO_2 微纳纤维室温乙醇气体传感器。该器件相比于单组分 PEDOT：PSS，对乙醇的响应值有明显的提升，如图 9.7（i）所示。性能的提升主要归因于 PEDOT：PSS 与 TiO_2 之间的协同效应和补偿行为。

9.2.5　与新型二维材料复合

近些年，利用具有类金属性或大比表面积的新型二维材料与导电高聚物复合应用于气体传感器成为研究热点，其主要目的是提高 PANI 的质子化程度、形成异质结以及赋予活性吸附基团和氢键。但是目前针对这类复合的报道相对较少。

Wen 等[25]在过渡金属碳化物 $Ti_3C_2T_x$ 纳米片表面原位生长聚 4-苯乙烯磺酸（PSS）掺杂的 PANI，获得了 PANI：PSS/$Ti_3C_2T_x$ 室温 NH_3 敏感薄膜，其 SEM 形貌如图 9.8（a）所示。尽管 PANI：PSS/$Ti_3C_2T_x$ 器件对 NH_3 的响应值相比于 PANI：PSS 有了明显的提升，但是依然存在恢复不完全以及选择性相对于 NO_2 较差等问题，如图 9.8（d）所示。其响应值提升的原因一方面是 PSS 中的—SO_3H 基团可以很容易捕捉 NH_3 分子并传输载流子到 $Ti_3C_2T_x$ 界面，另一方面是具有类金属性的 $Ti_3C_2T_x$ 能够加快载流子的传输，引起较大的氨敏电信号反馈。

Wang 等[60]也利用新型的 Nb_2CT_x 纳米片与 PANI 复合，如图 9.8（b）所示，该复合器件在高湿条件下依然能够稳定对 NH_3 的敏感响应，且具有较好的长期工作稳定性和选择性，该作者认为 Nb_2CT_x 纳米片独特的结构以及与 PANI 之间形成的 p-n 异质结促进了性能的提升。但是该器件对 10ppm NH_3 的响应和恢复时间依然相对较长，分别为 218s 和 300s，如图 9.8（e）所示。

Li 等[61]将 n 型的类石墨氮化碳（g-C_3N_4）半导体纳米片与 p 型的 PANI 进行复合构筑 p-n 异质结 PANI/g-C_3N_4（PCN）敏感材料，如图 9.8（c）所示，并将其沉积在 PET 叉指电极上制成室温 NH_3 敏感薄膜。结果表明，PCN（30）（30 指 g-C_3N_4/苯胺单体的物质的量比）复合敏感器件对 200ppm NH_3 的响应值（19.53）比单组分 PANI 传感器（12.99）提高了 50%，同时对 10ppm NH_3 的响应和恢复时间也有一定的缩短，但是效果

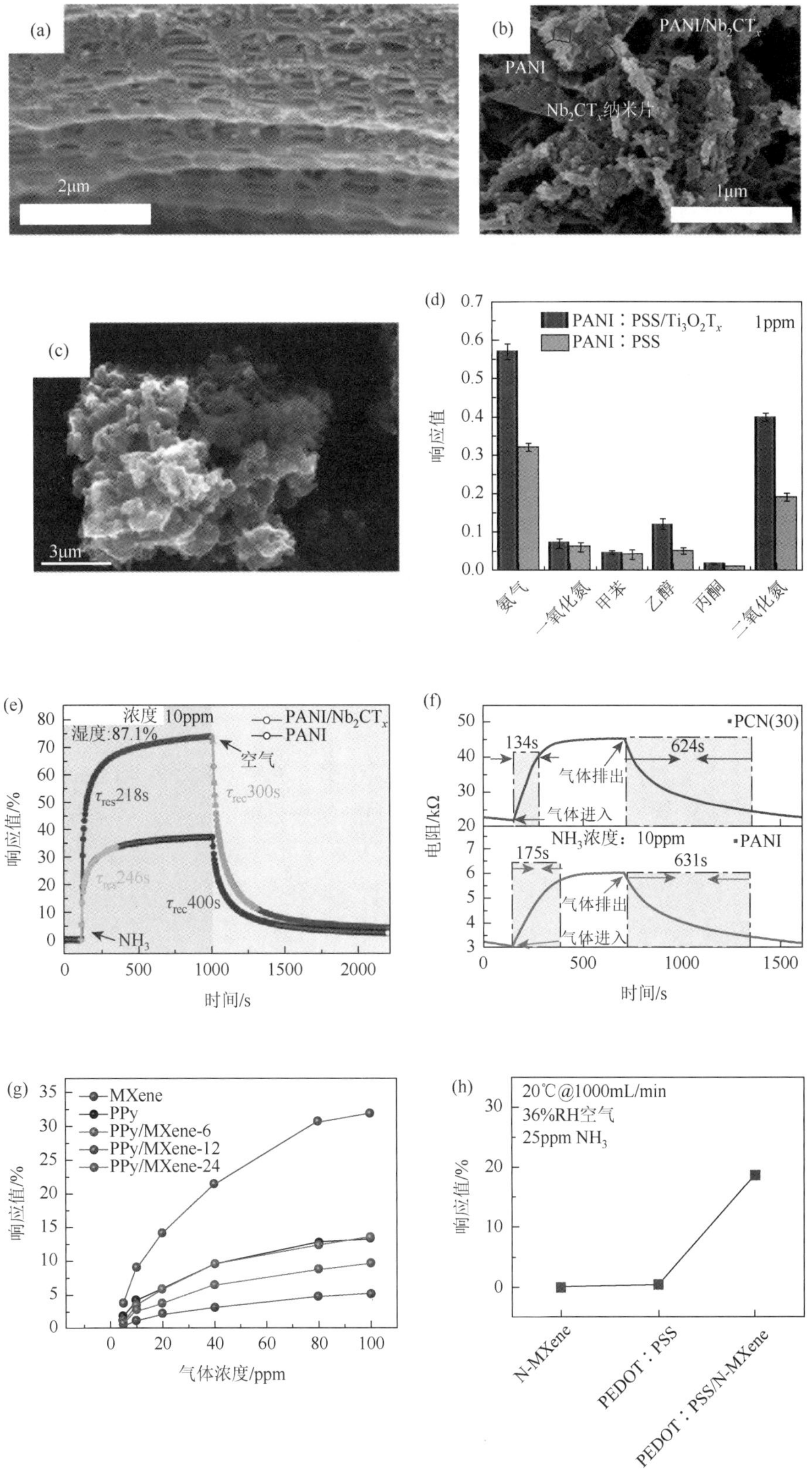
(a)
2μm
(b)
PANI/Nb$_2$CT$_x$
PANI
Nb$_2$CT$_x$纳米片
1μm
(c)
3μm
(d)
PANI：PSS/Ti$_3$O$_2$T$_x$
PANI：PSS
1ppm
响应值
氨气
一氧化氮
甲苯
乙醇
丙酮
二氧化氮
(e)
浓度 10ppm
湿度:87.1%
PANI/Nb$_2$CT$_x$
PANI
空气
τ_{res}218s
τ_{rec}300s
τ_{res}246s
τ_{rec}400s
NH$_3$
响应值/%
时间/s
(f)
PCN(30)
134s
624s
气体排出
气体进入
NH$_3$浓度：10ppm
PANI
175s
631s
电阻/kΩ
时间/s
(g)
MXene
PPy
PPy/MXene-6
PPy/MXene-12
PPy/MXene-24
响应值/%
气体浓度/ppm
(h)
20℃@1000mL/min
36%RH空气
25ppm NH$_3$
响应值/%
N-MXene
PEDOT：PSS
PEDOT：PSS/N-MXene

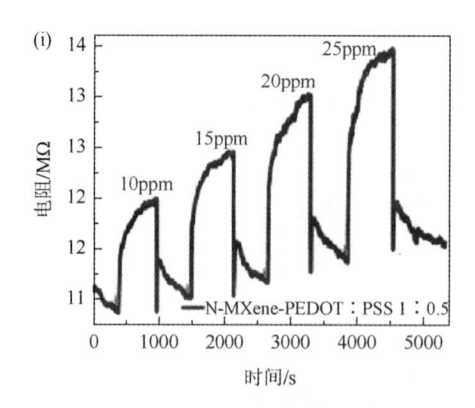

图 9.8 (a) PANI：PSS/Ti$_3$C$_2$T$_x$ 的 SEM 图[25]；(b) PANI/Nb$_2$CT$_x$ 的 SEM 图[60]；(c) PANI/g-C$_3$N$_4$ 的 SEM 图[61]；(d) PANI：PSS/Ti$_3$C$_2$T$_x$ 传感器对 1ppm 气体的选择性[25]；(e) PANI/Nb$_2$CT$_x$ 传感器对 10ppm NH$_3$ 的响应和恢复时间[60]；(f) PANI/g-C$_3$N$_4$ 传感器对 10ppm NH$_3$ 的响应和恢复时间[61]；(g) PPy/MXene 传感器对不同浓度 NH$_3$ 的响应值[62]；(h) PEDOT：PSS/N-MXene 在室温下对 25ppm NH$_3$ 的响应值[63]；(i) PEDOT：PSS/N-MXene 在室温下对 NH$_3$ 的动态电阻曲线[63]

不是很明显，且响应和恢复时间依然较长（134s/624s），如图 9.8（f）所示。该作者提出复合器件的增敏机理主要有：首先，g-C$_3$N$_4$ 和 PANI 都具有天然的 π-π 共轭结构，这种强 π-π 堆叠产生了相互协同作用。其次，g-C$_3$N$_4$ 对 PANI 的掺杂可以加速其电荷转移。最后，PANI/g-C$_3$N$_4$ 之间 p-n 异质结的形成改变了器件的基线电阻，从而提高了对 NH$_3$ 的敏感响应。

Chen 等[62]在刻蚀的 Ti$_3$C$_2$T$_x$ MXene 表面原位聚合 PPy 获得 PPy/MXene 室温 NH$_3$ 传感器。该作者讨论了不同 Ti$_3$C$_2$T$_x$ 含量对复合材料敏感性能的影响，结果发现当 Ti$_3$C$_2$T$_x$ 的含量为 12mg 时，对 NH$_3$ 的响应最高，如图 9.8（g）所示。同时该器件还表现出优异的选择性，但是对 100ppm NH$_3$ 的恢复时间较长（383s）。对于增敏机理，该作者提出类金属性的 MXene 的高电子迁移率有助于纳米复合材料的快速载流子传输，从而产生更好的敏感行为。二维材料 MXene 具有较大的表面积，有利于气体在其表面的吸附。PPy 中的 H 基团和 MXene 中的 OH 基团会使 NH$_3$ 与两组分之间分别形成氢键作用，进一步增加了电阻。

Qiu 等[63]报道了 PEDOT：PSS 复合氮掺杂的过渡金属碳化物（N-MXene Ti$_3$C$_2$T$_x$）的室温 NH$_3$ 敏感材料器件。通过两组分之间形成的 p-n 异质结提高了对 NH$_3$ 的响应值，如图 9.8（h）所示。但是同样存在基线电阻易漂移，且无法恢复的现象，如图 9.8（i）所示。研究人员推测由于复合器件对 NH$_3$ 响应值的提升，具有更多的有效吸附位点，导致 NH$_3$ 解吸困难。

9.2.6 构建三元材料

除了使用将导电高聚物与上述材料两两复合的策略，也有研究人员构筑基于导电高聚物的三元气体敏感材料。通过发挥各组分材料的优势来产生协同效应获得高性能的导电高聚物基气体传感器。

Lu 等[64]报道了一种还原氧化石墨烯@聚苯胺-硫酞菁钴室温氨敏材料（rGO@PANI-CoTsPc）。相比于单一 rGO、PANI、CoTsPc 器件，rGO@PANI-CoTsPc 复合材料器件在室温下对 NH_3 的响应性能有显著的提升。对 50ppm NH_3 的响应值为 139.3%，响应时间为 8s，最低检测限可以达到 14ppb。该研究人员认为 PANI 独特的微孔结构使 CoTsPc 的活性位点充分暴露，畅通 NH_3 扩散途径。此外，rGO 支架可以赋予复合物大的表面积和快速的电子转移，三个组分之间的协同作用促进了 NH_3 敏感响应的提升。但是，该复合器件在相对环境湿度超过 52% 的情况下，对 NH_3 的响应性能有明显的下降趋势。

Karmakar 等[65]采用原位氧化聚合技术将 Ag 修饰在 ZnO 纳米棒嵌入的 PANI 基体中。该器件相比于单一 PANI 以及二元 ZnO/PANI 器件，在室温下对 NH_3 的响应值有明显的提升，对 120ppm NH_3 的响应值为 70%，其恢复时间也短于 120s。该作者提出 ZnO 与 PANI 之间所形成的 p-n 异质结、Ag 的化学吸附作用以及复合材料所形成的多孔结构和大的比表面积等因素共同促进氨敏性能的提升。

Albaris 等[66]报道了基于 $PPy-GO-WO_3$ 三元杂化室温 NH_3 材料。该杂化器件相比于单组分器件，在响应和恢复时间上有了明显的改善，该作者认为 WO_3 的电子通过 GO 作为电子传递层，载流子浓度的变化对 PPy 的电导率有影响，而 PPy 电导率的变化与器件的响应成正比。另外，WO_3 对 NH_3 分子的解吸速度更快，从而使杂化纳米复合传感器的恢复速度较快。

Gai 等[67]使用酞菁优化的碳纳米管与聚吡咯非共价杂化（MCNT@PPy/ TfmpoPcCo）作为室温 NH_3 敏感材料，该器件的检测限可以达到 11ppb，且对 50ppm NH_3 的响应和恢复时间分别为 11.7s 和 91.8s，实现了快速敏感恢复特征，该复合材料较高的电导率有利于电子的扩散和传输，同时对 NH_3 表现出良好的选择性。该作者认为 TfmpoPcCo 具备优异的选择性、PPy 对 NH_3 有独特的还原特性以及 MCNT 具有快速的电子传输能力和稳定性，三个组分材料的协同作用提高了对 NH_3 的室温敏感性能，但是响应值依然不是很高，对 50ppm NH_3 的响应值仅为 26.2%。

Dehsari 等[68]报道了一种基于三维氮掺杂石墨烯骨架支撑四磺基酞菁铜复合 PEDOT：PSS 的高效室温 NH_3 传感器（CuTSPc@3D-(N)GF/PEDOT-PSS）。该器件相比于单组分 PEDOT：PSS 传感器，对 200ppm NH_3 的响应值提升了 5 倍，同时响应和恢复时间分别为 138s 和 63s。其中 3D-(N)GF 可以作为载流子传输的载体，Cu(Ⅱ)配合物作为感应活性位点以及 CuTSPc 磺酸基中的 H 质子可以与 NH_3 产生额外的反应，三种作用共同促进了氨敏性能的提升。

Hakimi 等[69]将氮掺杂的石墨烯量子点（N-GQDs）与 PEDOT：PSS 复合，该器件相比于 PEDOT：PSS，对 NH_3 在响应值上不仅有所提升，还呈现出较高的选择性以及响应恢复特性。GQDs 不仅具有 GO 优异的导电性能，还具有大的比表面积。且 N 掺杂的 GQDs 存在晶格缺陷，使其具有更多的反应活性位点。

综上所述，近些年，对于开发导电高聚物基高性能室温气体敏感材料，诸多研究小组做了很多努力。从贵金属修饰、形貌调控、质子化调控、暴露更多吸附位点、构筑 p-p 或 p-n 异质结、赋予活性基团等方面优化单一导电高聚物气体敏感器件在响应值、响应和恢复时间、稳定性能等方面的不足。尽管使用这些改性方式在性能提升方面取得了较好的效果，但是依然还存在响应值不够高、响应和恢复时间长、选择性不佳、稳定性较差以及敏感机理不够深入等问题。鉴于此，对于开发新型的高性能导电高聚物基室温气体敏感材料以及敏感机理的研究仍需要进一步探索。

参 考 文 献

[1] Zhang J, Liu X H, Neri G, et al. Nanostructured materials for room-temperature gas sensors. Adv Mater, 2016, 28: 795-831.

[2] 蒋丰兴，徐景坤. 高性能导电高分子 PEDOT/PSS 研究进展. 江西科技师范大学学报, 2013, 6: 36-52.

[3] Nylander C, Armgarth M, Lundstrom I, et al. An ammonia detector based on a conducting polymer. Anal Chem Symposium Series, 1983, 17: 203-207.

[4] Macdiarmid A G, Chiang J C, Richter A F, et al. Polyaniline: A new concept in conducting polymers. Synthetic Met, 1987, 18: 285-290.

[5] Heeger A J. Semiconducting and metallic polymers: The fourth generation of polymeric materials (Nobel lecture). Angew Chem Int Ed, 2001, 40: 2591-2611.

[6] 郭志. 基于多尺度分析的石墨烯/聚苯胺复合材料气敏特性研究. 温州: 温州大学, 2018.

[7] Nechtschein M, Genoud F, Menardo C, et al. On the nature of the conducting state of polyaniline. Synthetic Met, 1989, 29: 211-218.

[8] Józefowicz M E, Epstein A J, Tang X, et al. Protonic acid doping of two classes of the emeraldine form of polyaniline. Synthetic Met, 1992, 46: 337-340.

[9] Zhao J, Wu G, Hu Y, et al. A wearable and highly sensitive CO sensor with a macroscopic polyaniline nanofiber membrane. J Mater Chem A, 2015, 3: 24333-24337.

[10] Hirata M, Sun L Y. Characteristics of an organic semiconductor polyaniline film as a sensor for NH_3 gas. Sens Actuators A: Phys, 1994, 40: 159-163.

[11] Qi J, Xu X X, Liu X X, et al. Fabrication of textile based conductometric polyaniline gas sensor. Sens Actuators B: Chem, 2014, 202: 732-740.

[12] Balint R, Cassidy N J, Cartmell S H, et al. Conductive polymers: Towards a smart biomaterial for tissue engineering. Acta Biomater, 2014, 10: 2341-2353.

[13] 张伟伟. 聚吡咯及其复合材料的薄膜制备和氨敏性质研究. 秦皇岛: 燕山大学, 2012.

[14] Aertrei R M, Geta C, Bahrim G. Sensitivity enhancement for microbial biosensor S through cell self-coating with polypyrrole. Int J Polym Mater, 2019, 68: 1058-1067.

[15] 王博. 聚吡咯改性可拉伸织物的性能与应用研究. 无锡: 江南大学, 2022.

[16] 李永舫. 导电聚吡咯的研究. 高分子通报, 2005, 4: 51-57.

[17] Skaarup S, Bay L, Vidanapathirana K, et al. Simultaneous anion and cation mobility in polypyrrole. Solid State Ionics, 2003, 159: 143-147.

[18] 雀部博之. 导电高分子材料. 曹镛, 译. 北京: 科学出版社, 1989: 387-422.

[19] Ruangchuay L, Sirivat A, Schwank J, et al. Electrical conductivity response of polypyrrole to acetone vapor: Effect of dopant anions and interaction mechanisms. Synthetic Met, 2004, 140: 15-21.

[20] Xia Y, Ouyang J. PEDOT: PSS films with significantly enhanced conductivities induced by preferential solvation with cosolvents and their application in polymer photovoltaic cells. J Mater Chem, 2011, 21: 4927-4936.

[21] Carlberg C, Chen X, Inganas O, et al. Ionic transport and electronic structure in poly(3, 4-ethylenedioxythiophene). Solid State Ionics, 1996, 85: 73-78.

[22] Kim T Y, Kim J E, Kim Y S, et al. Preparation and characterization of poly(3, 4-ethylene-dioxythiophene)(PEDOT) using partially sulfonated poly(styrene-butadiene)triblock copolymer as a polyelectrolyte. Curr Appl Phys, 2009, 9: 120-125.

[23] Kirchmeyer S, Reuter K. Scientific importance, properties and growing applications of poly(3, 4-ethylenedioxythiophene). J Mater

[24] 张莎. 导电高聚物 PEDOT 分散体的制备及其在抗静电涂料中的应用研究. 广州：华南理工大学，2010.

[25] Wen X Y, Cai Y, Nie X L, et al. PSS-doped PANI nanoparticle/Ti$_3$C$_2$T$_x$ composites for conductometric flexible ammonia gas sensors operated at room temperature. Sens Actuators B: Chem, 2022, 374: 132788.

[26] Nasresfahani S, Zargarpour Z, Sheikh M H, et al. Improvement of the carbon monoxide gas sensing properties of polyaniline in the presence of gold nanoparticles at room temperature. Synthetic Met, 2020, 265: 116404.

[27] Adhav P, Pawar D, Diwate B, et al. Room temperature operable ultra-sensitive ammonia sensor based on polyaniline-silver (PANI-Ag) nanocomposites synthesized by ultra-sonication. Synthetic Met, 2023, 293: 117237.

[28] Su P G, Shiu C C. Flexible H$_2$ sensor fabricated by layer-by-layer self-assembly of thin films of polypyrrole and modified *in situ* with Pt nanoparticles. Sens Actuators B: Chem, 2011, 157: 275-281.

[29] Yan Y R, Zhang M L, Moon C H, et al. Viral-templated gold/polypyrrole nanopeapods for an ammonia gas sensor. Nanotechnology, 2016, 27: 325502.

[30] Chen X, Li D M, Liang S F, et al. Gas sensing properties of surface acoustic wave NH$_3$ gas sensor based on Pt doped polypyrrole sensitive film. Sens Actuators B: Chem, 2013, 177: 364-369.

[31] Li S Y, Chen S J, Zhuo B G, et al. Flexible ammonia sensor based on PEDOT：PSS/Silver nanowire composite film for meat freshness monitoring. IEEE Electr Device L, 2017, 38: 975-978.

[32] Hien H T, Giang T, Hieu N V, et al. Elaboration of Pd-nanoparticle decorated polyaniline films for room temperature NH$_3$ gas sensors. Sens Actuators B: Chem, 2017, 249: 348-356.

[33] Aarabi M, Salehi A, Kashaninia A. Simulation and fabrication of an ammonia gas sensor based on PEDOT：PSS. Sensor Rev, 2021, 41: 481-490.

[34] Duan X H, Duan Z H, Zhang Y J, et al. Enhanced NH$_3$ sensing performance of polyaniline via a facile morphology modification strategy. Sens Actuators B: Chem, 2022, 369: 132302.

[35] Yang P Y, Lv D W, Shen W F, et al. Porous flexible polyaniline/polyvinylidene fluoride composite film for trace-level NH$_3$ detection at room temperature. Mater Lett, 2020, 271: 127798.

[36] Ke F Y, Zhang Q K, Ji L Y, et al. Electrostatic adhesion of polyaniline on carboxylated polyacrylonitrile fabric for high-performance wearable ammonia sensor. Compos Commun, 2021, 27: 100817.

[37] Qin Y X, Wang X Y, Cui Z, et al. Polypyrrole-functionalized silicon nanowires for isopropanol sensing at room temperature. J Electron Mater, 2021, 50: 4540-4548.

[38] Liu P H, Wu S H, Zhang Y, et al. A fast response ammonia sensor based on coaxial PPy-PAN nanofiber yarn. Nanomaterials, 2016, 6: 121.

[39] She C K, Li G S, Zhang W Q, et al. A flexible polypyrrole/silk-fiber ammonia sensor assisted by silica nanosphere template. Sens Actuators A: Phys, 2021, 317: 112436.

[40] Zhang R J, Wang Y J, Li J, et al. Mesoporous cellulose nanofibers-interlaced PEDOT：PSS hybrids for chemiresistive ammonia detection. Microchim Acta, 2022, 189: 308.

[41] Farea M O, Alhadlaq H A, Alaizeri Z M, et al. High performance of carbon monoxide gas sensor based on a novel PEDOT：PSS/PPA nanocomposite. ACS Omega, 2022, 7: 22492-22499.

[42] Tohidi S, Parhizkar M, Bidadi H, et al. Electrodeposition of polyaniline/three-dimensional reduced graphene oxide hybrid films for detection of ammonia gas at room temperature. IEEE Sens J, 2020, 20: 9660-9667.

[43] Gao J M, Qin J Q, Chang J Y, et al. NH$_3$ sensor based on 2D wormlike polypyrrole/graphene heterostructures for a self-powered integrated system. ACS Appl Mater Interfaces, 2020, 12: 38674-38681.

[44] Tang X H, Raskin J P, Kryvutsa N, et al. An ammonia sensor composed of polypyrrole synthesized on reduced graphene oxide by electropolymerization. Sens Actuators B: Chem, 2020, 305: 127423.

[45] Shahmoradi A, Hosseini A, Akbarinejad A, et al. Noninvasive detection of ammonia in the breath of hemodialysis patients using a highly sensitive ammonia sensor based on a polypyrrole/sulfonated graphene nanocomposite. Anal Chem, 2021, 93:

[46] Lawaniya S D, Meena N, Kumar S, et al. Effect of MWCNTs incorporation into polypyrrole (PPy) on ammonia sensing at room temperature. IEEE Sens J, 2023, 23: 1837-1844.

[47] Pasha A, Khasim S, Khan F A, et al. Fabrication of gas sensor device using poly(3, 4-ethylenedioxythiophene)-poly(styrenesulfonate)-doped reduced graphene oxide organic thin films for detection of ammonia gas at room temperature. Iran Polym J, 2019, 28: 183-192.

[48] Hasani A, Dehsari H S, Lafmejani M A, et al. Ammonia-sensing using a composite of graphene oxide and conducting polymer. Phys Status Solidi-R, 2018, 12: 1800037.

[49] Boonthum D, Oopathump C, Fuengfung S, et al. Screen-printing of functionalized MWCNT-PEDOT: PSS based solutions on bendable substrate for ammonia gas sensing. Micromachines, 2022, 13: 462.

[50] Pasha A, Khasim S, Al-Hartomy O A, et al. Highly sensitive ethylene glycol-doped PEDOT-PSS organic thin films for LPG sensing. RSC Adv, 2018, 8: 18074-18083.

[51] Fan G, Chen D, Li T, et al. Enhanced room-temperature ammonia-sensing properties of polyaniline-modified WO_3 nanoplates derived via ultrasonic spray process. Sens Actuators B: Chem, 2020, 312: 127892.

[52] Wang N Y, Tao W, Zhang N, et al. Unlocking the potential of organic-inorganic hybrids in microwave gas sensors: Rapid and selective NH_3 sensing at room-temperature. Sens Actuators B: Chem, 2023, 378: 133112.

[53] Zheng Q Y, Yang M, Dong X, et al. ZnO/PANI nanoflake arrays sensor for ultra-low concentration and rapid detection of NO_2 at room temperature. Rare Metals, 2022, 42: 536-544.

[54] Hien H T, Thu D A, Ngan P Q, et al. High NH_3 sensing performance of NiO/PPy hybrid nanostructures. Sens Actuators B: Chem, 2021, 340: 129986.

[55] Li Y, Jiao M F, Yang M J, et al. *In-situ* grown nanostructured ZnO via a green approach and gas sensing properties of polypyrrole/ZnO nanohybrids. Sens Actuators B: Chem, 2017, 238: 596-604.

[56] Zhou S X, Yao L, Mei H, et al. Strengthening PPy/TiO_2 arrayed SiOC honeycombs for self-protective gas sensing. Compos Part B-Eng, 2022, 230: 109536.

[57] Vázquez-López A, Bartolome J, Maestre D, et al. Gas sensing and thermoelectric properties of hybrid composite films based on PEDOT: PSS and SnO or SnO_2 nanostructures. Phys Status Solidi A, 2022, 219: 2100794.

[58] Ram J, Singh R G, Singh F, et al. Development of WO_3-PEDOT: PSS hybrid nanocomposites based devices for liquefied petroleum gas (LPG) sensor. J Mater Sci-Mater El, 2019, 30: 13593-13603.

[59] Shiu B C, Liu Y L, Yuan Q Y, et al. Preparation and characterization of PEDOT: PSS/TiO_2 micro/nanofiber-based gas sensors. Polymers, 2022, 14: 1780.

[60] Wang S, Jiang Y D, Liu B H, et al. Ultrathin Nb_2CT_x nanosheets-supported polyaniline nanocomposite: Enabling ultrasensitive NH_3 detection. Sens Actuators B: Chem, 2021, 343: 130069.

[61] Li P D, Xu H Y, Shi J J, et al. Room-temperature NH_3 sensors based on polyaniline-assembled graphitic carbon nitride nanosheets. ACS Appl Nano Mater, 2023, 6: 5145-5154.

[62] Chen P, Zhao Z H, Shao Z G, et al. Highly selective NH_3 gas sensor based on polypyrrole/$Ti_3C_2T_x$ nanocomposites operating at room temperature. J Mater Sci-Mater El, 2022, 33: 6168-6177.

[63] Qiu J Y, Xia X L, Hu Z H, et al. Molecular ammonia sensing of PEDOT: PSS/nitrogen doped MXene $Ti_3C_2T_x$ composite film at room temperature. Nanotechnology, 2021, 33: 065501.

[64] Lu X D, Chen Z M, Wu H, et al. Isolating metallophthalocyanine sites into graphene-supported microporous polyaniline enables highly efficient sensing of ammonia. J Mater Chem A, 2021, 9: 4150-4158.

[65] Karmakar N, Jain S, Fernandes R, et al. Enhanced sensing performance of an ammonia gas sensor based on Ag-decorated ZnO nanorods/polyaniline nanocomposite. Chemistryselect, 2023, 8 (18): e202204284.

[66] Albaris H, Karuppasamy G. Investigation of NH_3 gas sensing behavior of intercalated $PPy-GO-WO_3$ hybrid nanocomposite at room temperature. Mat Sci Eng B-Adv, 2020, 257: 114558.

[67] Gai S J, Wang B, Wang X L, et al. Ultrafast NH$_3$ gas sensor based on phthalocyanine-optimized non-covalent hybrid of carbon nanotubes with pyrrole. Sens Actuators B: Chem, 2022, 357: 131352.

[68] Dehsari H S, Gavgani J N, Hasani A, et al. Copper(Ⅱ)phthalocyanine supported on a three-dimensional nitrogen-doped graphene/PEDOT-PSS nanocomposite as a highly selective and sensitive sensor for ammonia detection at room temperature. RSC Adv, 2015, 5: 79729-79737.

[69] Hakimi M, Salehi A, Boroumand F A, et al. Fabrication and characterization of an ammonia gas sensor based on PEDOT-PSS with N-doped graphene quantum dots dopant. IEEE Sens J, 2016, 16: 6149-6154.

第10章　气体传感器可靠性试验与可靠性水平的评价及性能改善

　　气体传感器是快速检测、泄漏超标报警等检测、控制装置和报警器的理想探头，目前已广泛用于科学测量、生产管理、环境监测和人民生活、军事等领域。然而，随着科学技术、传感器技术的发展和半导体气体传感器的广泛应用，传感器在功能、结构、使用条件等方面越来越复杂，对传感器的质量要求也越来越高，同时对其可靠性也提出了较高的要求。目前我国传感器的可靠性水平还比较低，与世界先进国家同类产品相比，失效率相差 2～3 个数量级，因此提高传感器的可靠性已成为我国当前可靠性技术与质量管理的重点。如何评价并提高敏感元器件与传感器的可靠性，设计并制造出高可靠度的产品，是当前传感器技术亟待解决的重点课题之一。半导体气体传感器的可靠性研究，在我国尚属起步阶段，距产生国家标准还有很远的距离，并且许多传感器无可靠性等级指标，也无相应的可靠性试验方法。半导体气体传感器目前已广泛用于工业、民用、国防等领域，在其应用不断扩大的同时，其可靠性问题就显得更为突出，甚至制约其推向市场。为了了解、评价和提高半导体气体传感器的可靠性水平和可靠性的试验方法、数据处理，根据半导体气体传感器的特点及应用情况，对其进行长期寿命的可靠性试验，从而探索半导体气体传感器的寿命变化规律，并为改善和提高气体传感器的可靠性提供试验和理论依据；对半导体气体传感器的可靠性、稳定性作深入的研究，探讨气体传感器可靠性试验的方法、数据处理和筛选条件等，为气体传感器可靠性研究和国家标准的起草奠定前期工作基础。本章立足于可燃性气体传感器（燃气气体传感器和丁烷气体传感器）和乙醇气体传感器的可靠性、稳定性考核和研究，通过试验，了解气体传感器的寿命分布、失效机理，评价和提高这些气体传感器的可靠性水平。

10.1　气体传感器筛选方案设计

　　筛选方案的设计是否合理很重要，如果设计不合理，就会事倍功半，白白浪费设备和人力。

　　筛选方案设计包括两方面的内容：一方面根据所要求的可靠性等级确定筛选项目，并确定每个项目的具体试验条件，包括试验应力水平、试验时间、测量参数、测量周期、筛选合格判据等；另一方面将各个筛选项目按一定的先后次序排列起来，成为一个完整的试验方案。

10.1.1 筛选项目的确定

筛选是针对元器件的失效机理和失效模式而进行的，所以必须将那些能有效地激发并剔除早期失效产品的试验项目列入筛选方案中。元器件的型号不同，或同一型号的元器件的材料、结构、工艺不同（这一点对半导体气体传感器而言更为突出），它们的失效机理也不同，并且早期失效与偶然失效的分界点各异，因此很难制订统一的可靠性筛选条件。只有针对元器件的特点，经过大量的试验或摸底试验，掌握元器件的失效机理与筛选方法、应力和时间的关系后，才能正确地制订出可靠性筛选条件。如果盲目地照搬其他元器件的筛选条件，一方面会使元器件筛选强度不够或过高，导致可靠性水平低或严重浪费；另一方面会漏掉必要的筛选项目，导致次品遗漏太多，使筛选效率很低。

为确定半导体气体传感器的筛选项目，我们根据过去的大量试验，统计分析了半导体气体传感器的失效模式和失效现象，表 10.1 列出了气体传感器的失效模式和失效现象。

表 10.1　气体传感器的失效模式和失效现象

序号	失效模式	失效现象	序号	失效模式	失效现象
①	开路、断路（断线）	无输出	⑥	$\alpha<5$	元器件对干扰气体敏感
②	电极短路	输出为零	⑦	$B_\beta>\pm90\%$	响应值 β 漂移
③	$B_R>\pm90\%$	V_0 值漂移	⑧	$\tau_{res}>15s$	响应慢
④	$\beta<3$	元器件对检测气体不太敏感	⑨	$\tau_{rec}>80s$	恢复慢
⑤	$B_r>0.9$	元件易饱和，线性差			

注：B_R 为初始电阻变化率；β 为响应值；B_r 为特征浓度电阻比；α 为分辨率；B_β 为响应值变化率；τ_{res} 为响应时间；τ_{rec} 为失效时间。

在表 10.1 中，对失效模式①，可选择高温储存、功率老练、检查等筛选项目；对失效模式②可选择检查筛选和功率老练；对失效模式③可选择功率老练、高温储存、低温储存、温度循环、热冲击等筛选项目；对失效模式④和⑦可选择功率老练、高温储存、低温储存、热冲击、温度循环、电测参数等筛选项目；对失效模式⑤可选择功率老练、高温储存、电测参数等筛选项目；对失效模式⑥可选择检查、功率老练、高温储存、电测参数等筛选项目；对失效模式⑧和⑨可选择高温储存、低温储存、热冲击、温度循环、电测参数等筛选项目。

根据失效模式和失效现象的统计分析，再结合实际的情况（时间、经费等），我们确定用检查（目测、仪器测量为主）、高温储存、功率老练、电测参数的筛选项目筛选气体传感器，以剔除有早期失效缺陷的产品。

10.1.2 筛选应力水平的确定

确定筛选应力水平的原则是能有效地激发隐藏于产品中的潜在缺陷,并使其暴露出来,但又不破坏性能好的产品。也就是说,所施加的应力强度只加速在正常使用条件下发生的失效机理,而不出现新的失效因子,以保证筛选的合理和高效率,使得在最短的时间内将早期失效的产品剔除,而对好的产品又不致受到损伤。

设计合理、工艺严格、生产质量管理良好的元器件,其失效概率和应力的关系如图 10.1 所示。图中区域 A 代表可靠产品的失效特征,是正态分布,它由可靠产品的使用统计得到。显然,可靠产品的平均失效应力远高于产品的平均使用应力。区域 B、C、D 代表不可靠产品(存在早期失效缺陷的产品)的失效特性。器件的平均使用应力也有一分布,其分布曲线与曲线 A 重合处即是该器件的失效概率。要将不可靠的产品剔除而不损坏可靠的产品,应在筛选应力上限以下选择恰当的应力强度。

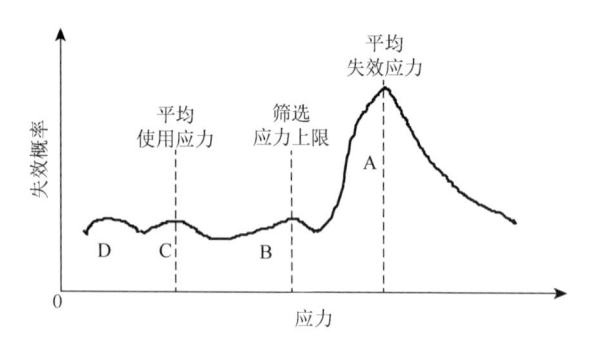

图 10.1 元器件的失效概率与应力的关系

筛选应力多种多样,各种元器件进行可靠性筛选时所需的应力水平可通过反复试验来确定。为达到同样的目的,若筛选应力水平高,所需筛选时间就短。但筛选应力水平的提高应以不改变元器件的失效机理为前提,因为提高筛选应力有时不仅不能提高剔除早期失效产品的效果,反而会掩盖产品的早期失效现象,甚至导致好的产品失效。

根据过去大量的实验,以及有关的标准(SJ 20025—1992《金属氧化物半导体气敏件总规范》、SJ 20026—1992《金属氧化物半导体气敏件测试方法》、SJ 20079—1992《金属氧化物半导体气敏件试验方法》、《全国气体传感器质量等级集中检测细则》),我们确定了半导体气体传感器的筛选应力强度:

高温储存:80℃±5℃,常压;

功率老练:$V_H = 6.0 \sim 6.5$V AC,$V_C = 10.5 \sim 11.0$V AC,常温,常湿;

电测参数:$V_H = 5.0$V DC,$V_C = 10.3$V DC,常温,常湿。

10.1.3 筛选时间的确定

不同种类的元器件,其早期失效和偶然失效的时间分界点是不同的,因此所需筛选时间也不同。只有掌握了各种元器件的失效分布规律，才有可能正确地确定元器件的筛选时间。根据实际的试验情况，由于失效分布规律试验前是未知的，本次试验的筛选时间的确定是通过以往大量的反复试验确定的。具体的筛选时间见表10.2。

表 10.2　筛选试验方案设计

	试验项目	试验仪器及应力水平、时间
筛选项目	检查筛选	目测、仪器测量
	高温储存	80℃±5℃；常压；50h
	功率老练	$V_H = 6.0 \sim 6.5$V AC；$V_C = 10.5 \sim 11.0$V AC；120h
	电测筛选	$V_H = 5.0$V DC；$V_C = 10.3$V DC；0.5h
筛选参数	初始电阻 R_0	气体传感器测试台；工作 0.5h 后测
	响应值 β	气体传感器测试台；工作 0.5h 后测
	分辨率 α	气体传感器测试台；干扰气体为乙醇、汽油
	τ_{res}、τ_{rec}	气体传感器测试台；$\tau_{res} \leqslant 10$s，$\tau_{rec} \leqslant 80$s

10.1.4　筛选参数及电参数测量周期的确定

1. 筛选参数的确定

要选择那些能灵敏地显示产品寿命特性，能预示产品早期失效的参数作为筛选参数。对于半导体气体传感器，我们选择初始电阻值 R_0、响应值 β、分辨率 α、响应时间 τ_{res}、恢复时间 τ_{rec} 作为筛选制定参数。

2. 电参数测量周期的确定

电参数的测量周期是根据具体情况而确定的，在全部筛选项目开始前，对样本进行一次参数测量，其目的一方面是获得原始数据；另一方面是保证参加筛选的产品都是符合技术条件规定的合格品。电参数的测量有的在试验后进行，如高温储存、功率老练；由于须考察、筛选因参数漂移而失效的气体传感器，有些参数在试验前后都要进行测量，如电阻值、响应值。

综上所述，本次试验的筛选试验方案设计可归结为表10.2。

10.2　气体传感器寿命试验方案设计

10.2.1　试验样品的抽取方法和数量的确定

寿命试验的目的是了解元器件的可靠性指标，因此试验样品必须从产品中具有代表批量产品特征的元器件中随机抽取。本试验的气体传感器样品，是在经过筛选试验的合格产品中随机抽取的。

受试样品的多少,将影响可靠性特征量估计的精确度,因此在确定样品的数量时,我们既考虑了试验结果统计分析的精度,又考虑了试验的经济性(即样品费用、试验设备数量和测试工作量的大小),对进行储存寿命试验的气体传感器,其样品数不少于 15;对进行工作寿命试验的气体传感器,样品数不少于 25。

10.2.2　试验条件的确定

本次试验分储存寿命试验和工作寿命试验两部分同时进行。储存寿命试验的目的是了解产品在储存状态下的寿命特征,因而不施加电负荷,只施加一定的环境应力(室温、常湿)。工作寿命试验的目的是了解产品在工作状态下的寿命特征,试验时施加气体传感器技术条件规定的额定应力:室温,常湿,$V_H = 5.0\text{V}$,$V_C = 10.0\text{V}$。

10.2.3　试验截止时间的确定

试验时间是寿命试验中一个十分重要的问题。从提高统计分析的精度来说,最好是做到全部样品失效才结束试验,但这需要很长时间,元器件的可靠性水平越高,达到相同失效数所需的时间越长。从统计分析的角度来看,只要有一部分试验样品失效就可以停止试验,这种试验就是截尾试验。对于低应力寿命试验,常采用定时截尾,即试验达到规定时间就停止试验;对于高应力下的寿命试验,常采用定数截尾,即当累积失效或累积失效概率达到规定值时就停止试验。

根据半导体气体传感器的特点,又由于本试验的寿命试验在低应力下进行,因此采用定时截尾试验,即在达到 3000h 后停止试验。

10.2.4　测试周期的确定

根据半导体气体传感器的特点,不能采用连续自动监测测试,只能采取间歇测试的方法,即相隔一定的时间进行一次测试。测试周期的选择将直接影响产品可靠性指标的估计精度。测试周期的长短与产品的寿命分布、施加应力的大小有关。测试周期太短,会增加测试工作量;太长又会失掉一些有用的信息量,如失效器件的准确失效时间。确定测试周期的原则是在不过多地增加检查和测试工作量的情况下,应尽可能比较清楚地了解产品的失效分布情况,不要使产品失效过于集中在一两个测试周期内,一般要求有五个以上的测试点(能测到失效产品的测试点),每个测试点上测到的失效数应大致相同。

由于气体传感器的失效分布情况并不确定,本次试验的测试周期只能是根据以往试验所积累的数据和资料,本着每个测试周期内失效数尽量相同的原则来确定试验的测试周期。不同类型的元器件,其测试周期也是不同的,须根据具体的情况来确定。

10.2.5 失效判据的确定

失效判据是判断器件失效的技术指标，通常以器件技术指标是否超出最大允许偏差范围作为失效判据；也可以用器件是否出现致命失效作为失效判据。由于气体传感器有几项技术指标（或性能参数），在寿命试验中规定：若器件有一项指标（或参数）超出标准就判为失效。表 10.3 为气体传感器的失效判据。

表 10.3 气体传感器的失效判据

名称	失效判定标准	名称	失效判定标准
初始电阻变化率	$B_R \geqslant \pm 20\%$	特征浓度电阻比	$B_r > 0.9$
响应值	$\beta < 3$	响应时间	$\tau_{res} > 10s$
响应值变化率	$B_\beta > \pm 20\%$	恢复时间	$\tau_{rec} > 80s$
分辨率	$\alpha < 5$		

10.2.6 在试验中需解决的问题

（1）气体传感器测试前，在规定的正常大气条件下恢复 2h。检查测试环境、测试仪器和试验设备符合产品技术标准的有关规定。

（2）测试时，气体传感器均在额定工作条件下工作 0.5h 后再进行测试。

（3）试验过程中，每次测试均应使用同一测试仪器和工具，如进行更换，则须进行计量，以便保证测试精度。

（4）由于测量的参数是多个，因此在测量时要避免各参数测量的相互影响。如测试元件分辨率时，应保证元件分别处于纯的检测气体和干扰气体中，检测气体和干扰气体间不能相互影响。

10.3 气体传感器可靠性试验数据处理

10.3.1 试验数据处理的目的和方法

试验数据处理的目的是从试验结果中获得产品质量的定量信息。即使是少量的数据，只要采用适当处理方法，经过科学的分析，就能从中得到有用的信息。根据这些信息，就可进一步研究影响产品可靠性的主要原因，提出改善产品可靠性的措施，评价产品的可靠性水平，研究保证产品可靠性的条件。

可靠性试验是数据处理的基础，是产品寿命分布函数及其参量之间的相互关系，据此就能推算出产品的可靠性的各种量值。可靠性试验数据处理的方法，可以分为统计法和可靠性物理法两大类。统计法提供了宏观的定量结果；可靠性物理法则提供产品失效原因、失效过程以及如何防止失效出现的微观过程，两种方法互为补充，就能更有效地达到可靠性试验的目的。

10.3.2 筛选试验结果及评价

根据筛选试验方案进行试验，得到的试验结果如表 10.4～表 10.8 所示。从五个表中的数据可看出，这几类气体传感器的早期失效缺陷主要是初始电阻值漂移、响应值漂移、响应值降低、恢复时间长。我们采用淘汰率 Q 来评价筛选方案。根据筛选试验数据，几种类型的气体传感器的淘汰率都在 10%～30%，这在一定程度上反映了产品质量的优劣，与我们以往的试验数据是相近的，可以认为筛选试验方案基本上是可行的、有效的。

表 10.4 丁烷气敏元件（Ⅰ）筛选试验数据

元件类型	元件总数 N	筛选项目	开路	$B_R>\pm20\%$	$\beta<3$	$\alpha<5$	$B_r>0.9$	$B_\beta>\pm20\%$	τ_{res}	τ_{rec}	剔除总数 n	淘汰率 n/N
D1-0-R	25	高温储存		2						2	5	20%
		功率老练		3		1						
		电测/检查										
D1-0-W	30	高温储存		2				1			4	13%
		功率老练						1				
		电测/检查		1								
D1-1-R	30	高温储存		4							5	17%
		功率老练		1								
		电测/检查										
D1-1-W	46	高温储存	1	1							5	17%
		功率老练		1		2						
		电测/检查										

表 10.5 丁烷气敏元件（Ⅱ）筛选试验数据

元件类型	元件总数 N	筛选项目	开路	$B_R>\pm20\%$	$\beta<3$	$\alpha<5$	$B_r>0.9$	$B_\beta>\pm20\%$	τ_{res}	τ_{rec}	剔除总数 n	淘汰率 n/N
D2-0-R	20	高温储存			3		3				5	25%
		功率老练			2							
		电测/检查										

续表

元件类型	元件总数 N	筛选项目	失效模式数								剔除总数 n	淘汰率 n/N
			开路	$B_R>\pm20\%$	$\beta<3$	$\alpha<5$	$B_r>0.9$	$B_\beta>\pm20\%$	τ_{res}	τ_{rec}		
D2-0-W	35	高温储存		3			5				9	26%
		功率老练		4								
		电测/检查										
D2-1-R	20	高温储存		1							3	15%
		功率老练				2						
		电测/检查										
D2-1-W	49	高温储存		2			2				6	12%
		功率老练				2						
		电测/检查	1									

表 10.6 燃气气体传感器（Ⅰ）筛选试验数据

元件类型	元件总数 N	筛选项目	失效模式数								剔除总数 n	淘汰率 n/N
			开路	$B_R>\pm20\%$	$\beta<3$	$\alpha<5$	$B_r>0.9$	$B_\beta>\pm20\%$	τ_{res}	τ_{rec}		
R1-0-R	21	高温储存		1							3	14%
		功率老练		1								
		电测/检查								1		
R1-0-W	40	高温储存		2							6	15%
		功率老练								2		
		电测/检查	1				1					
R1-1-R	29	高温储存		2							5	17%
		功率老练	1		1			1				
		电测/检查										
R1-1-W	40	高温储存		2							5	13%
		功率老练		1				1				
		电测/检查				1						

表 10.7 燃气气体传感器（Ⅱ）筛选试验数据

元件类型	元件总数 N	筛选项目	失效模式数								剔除总数 n	淘汰率 n/N
			开路	$B_R>\pm20\%$	$\beta<3$	$\alpha<5$	$B_r>0.9$	$B_\beta>\pm20\%$	τ_{res}	τ_{rec}		
R2-0-R	24	高温储存		1						1	4	17%
		功率老练		1								
		电测/检查				1						

续表

元件类型	元件总数 N	筛选项目	失效模式数							剔除总数 n	淘汰率 n/N
			开路	$B_R>\pm20\%$	$\beta<3$	$\alpha<5$	$B_r>0.9$	$B_\beta>\pm20\%$	τ_{res}	τ_{rec}		
R2-0-W	35	高温储存		1						1	4	11%
		功率老练	1									
		电测/检查		1								
R2-1-R	30	高温储存		2		1					6	20%
		功率老练				1		1				
		电测/检查										
R2-1-W	39	高温储存		1		1					4	10%
		功率老练	1									
		电测/检查					1					

表 10.8　乙醇气敏元件筛选试验数据

元件类型	元件总数 N	筛选项目	失效模式数							剔除总数 n	淘汰率 n/N
			开路	$B_R>\pm20\%$	$\beta<3$	$\alpha<5$	$B_r>0.9$	$B_\beta>\pm20\%$	τ_{res}	τ_{rec}		
J1-0-R	30	高温储存	1		3						6	20%
		功率老练			3							
		电测/检查										
J1-0-W	45	高温储存	1		6						12	27%
		功率老练			5							
		电测/检查										
J2-0-R	30	高温储存		2							4	13%
		功率老练		1								
		电测/检查					1					
J2-0-W	45	高温储存	1	2							6	13%
		功率老练		1		1						
		电测/检查		1								

10.3.3　寿命试验数据处理

如果已经知道产品的失效分布类型及其参数，我们就可以利用可靠性指标间的关系图来计算可靠性指标。寿命试验数据处理的主要问题就在于如何根据试验的数据来确定产品的寿命分布类型及其分布参数。

通常试验中，储存试验的应力低，元器件的失效数偏少，不能准确反映元器件的真实寿命指标，所以以下的数据处理只针对工作寿命试验的数据进行处理。

1. 试验数据处理

1) 试验样品失效时间的确定

在试验中,受试样品没有失效自动记录装置,只能采用定时方法测试。若在某一时刻测得有 K_i 只器件失效,它并不表示是在该时刻失效,而是表示在 ($t_{i-1} \sim t_i$) 时段中有 K_i 只器件失效,每只器件具体失效时间并不知,通常采用等间隔分配方法进行确定。其具体方法是将时间段 ($t_{i-1} \sim t_i$) 等分为 K_i+1 段,每一小段分配为一个产品的失效时间。因此,在此时间段中第一只器件的失效时间为

$$t_1 = t_{i-1} + \frac{t_i - t_{i-1}}{K_i + 1}$$

第二只器件的失效时间为

$$t_2 = t_{i-1} + \frac{t_i - t_{i-1}}{K_i + 1} \times 2$$

第 j 只器件失效的时间为

$$t_j = t_{i-1} + \frac{t_i - t_{i-1}}{K_i + 1} \times j \tag{10.1}$$

2) 数据处理

试验数据处理一般采用两种方法,一种是图分析法;另一种是数值分析法。通常将两者结合起来对数据进行分析,先由图分析法确定器件的寿命分布类型,再通过数值法估计器件的寿命分布参数。下面我们先利用图分析法进行数据处理,以确定器件的寿命分布类型。

图分析法是在概率纸上作图,以估计器件寿命分布的一种方法,该方法直观、简单,被广泛应用。图分析法实施的过程:将试验样品的失效时间 t_i ($i = 1, 2, \cdots, r$) 作横坐标,累积失效概率 $F(t_i)$ ($i = 1, 2, \cdots, r$) 作纵坐标,在单对数概率纸、正态概率纸、对数概率纸、韦布尔概率纸上描点后,若能配成一条回归直线,就可大致确定试验对象的寿命分布类型。

根据式 (10.1),失效概率 $F(t)$ 为

$$F(t) = \frac{r(t)}{N_0} \tag{10.2}$$

其中,$r(t)$ 为失效总数;N_0 为初始试验或工作产品总数。当受试样品总数小于 20 时,可查中位序表(见文献[1]表 5 位秩表),可以得到试验样品的失效时间和对应的累积失效概率,具体数据见表 10.9~表 10.18。

表 10.9　D1-0-W 元件失效时间和累积失效概率

失效时间/h	348	776	1204	1632	2060
累积失效概率/%	4.0	8.0	12.0	16.0	20.0

表 10.10　D1-1-W 元件失效时间和累积失效概率

失效时间/h	345	740	1135	1580	1925	2320
累计失效概率/%	2.5	5.0	7.5	10.0	12.5	15.0

表 10.11　D2-0-W 元件失效时间和累积失效概率

失效时间/h	245	380	605	830	1055	1280
累积失效概率/%	4.0	8.0	12.0	16.0	20.0	24.0
失效时间/h	1505	1730	1955	2180	2405	2630
累积失效概率/%	28.0	32.0	36.0	40.0	44.0	48.0

表 10.12　D2-1-W 元件失效时间和累积失效概率

失效时间/h	696	930	1164	1398	1632	1866	2100
累积失效概率/%	2.5	5.0	7.5	10.0	12.5	15.0	17.5

表 10.13　R1-0-W 元件失效时间和累积失效概率

失效时间/h	434	778	1122	1466	1810	2154	2498
累积失效概率/%	3.3	6.7	10.0	13.3	16.7	20.0	23.3

表 10.14　R1-1-W 元件失效时间和累积失效概率

失效时间/h	389	694	999	1304	1609
累积失效概率/%	3.3	6.7	10.0	13.3	16.7

表 10.15　R2-0-W 元件失效时间和累积失效概率

失效时间/h	280	555	830	1105	1380
累积失效概率/%	3.3	6.7	10.0	13.3	16.7
失效时间/h	1655	1930	2205	2480	2755
累积失效概率/%	20.0	23.3	26.7	30.0	33.3

表 10.16　R2-1-W 元件失效时间和累积失效概率

失效时间/h	882	1194	1506	1818	2130	2442	2754
累积失效概率/%	3.3	6.7	10.0	13.3	16.7	20.0	23.3

表 10.17　J1-0-W 元件失效时间和累积失效概率

失效时间/h	780	1120	1460	1800	2140	2480	2820
累积失效概率/%	3.3	6.7	10.0	13.3	16.7	20.0	23.3

表 10.18　J2-0-W 元件失效时间和累积失效概率

失效时间/h	324	450	576	702	828	954	1080
累积失效概率/%	2.5	5.0	7.5	10.0	12.5	15.0	17.5
失效时间/h	1206	1332	1458	1584	1710	1836	1962
累积失效概率/%	20.0	22.5	25.0	27.5	30.0	32.5	35.0
失效时间/h	2088	2214	2340	2466	2592	2718	
累积失效概率/%	37.5	40.0	42.5	45.0	47.5	50.0	

根据以上表中的数据，在概率纸上描图，得到各种元件在不同概率纸上的曲线。根据回归直线的曲线可以确定：D1-0-W 和 D1-1-W 元件服从二参数的韦布尔分布；其他类型的元件服从对数正态分布。

2. 分布参数的图估计值

1）韦布尔分布寿命的图估计法

韦布尔分布函数为 $F(t) = 1 - e^{-\frac{t^m}{t_0}}$，$t > 0$。式中，$t_0 > 0$，称为尺度参数；$m > 0$，称为形状参数。

A. 形状参数 m 的图估计值

韦布尔概率纸的中间有一个小圆圈，称为 M 点，它是专为估计形状参数 m 而设立的。过 M 点作平行于回归直线的平行线与 Y 轴相交，过该交点向右引水平线和 Y 轴相交，此交点的刻度的绝对值即是形状参数 m 的图估计值 $\hat{m}$。

采用上述方法，服从韦布尔分布的 D1-0-W 和 D1-1-W 元件的形状参数分别为

D1-0-W：$m = 0.90$

D1-1-W：$m = 1.11$

B. 尺度参数 t_0 的图估计值

首先从回归直线与 Y 轴的交点引一水平线和 Y 轴相交，该交点的刻度为 b。然后在 X 轴上找到刻度为 b 的点，由此点向下引垂线与 t 轴相交，垂足在 t 轴上的刻度即为 t_0。

因 D1-0-W 和 D1-1-W 元件服从二参数的韦布尔分布，t 轴经过变换后，t_0 的估计值可通过下面方法得出：

由于将 $t = 1$ 改变为 $t = 1000$，相应的 X 轴也应由 $X = 0$ 变为 $X = \ln 1000$。首先寻求回归直线与 $X = \ln 1000$ 的交点，然后列出方程 $Y = mX - B$，求解方程可得出 B 值，再由公式 $t_0 = e^B$ 得到 t_0 值。

根据上述方法，可以得出服从韦布尔分布的 D1-0-W 和 D1-1-W 元件的尺度参数 t_0：

对于 D1-0-W 元件，交点在 Y 轴上的刻度为 -4.32，列出如下方程

$$0.90\ln 1000 - B = -4.32$$

解方程得 $B = 10.54$，所以 $t_0 = e^B = 37798$（h）。

对于 D1-1-W 元件，交点在 Y 轴上的刻度为 -5.24，列出如下方程

$$1.11\ln 1000 - B = -5.24$$

解方程得 $B = 12.91$，所以 $t_0 = e^B = 404335$（h）。

C. 特征寿命 η 的图估计值

从回归直线与 X 轴的交点向下引一条垂线，垂足在 t 轴上的刻度即是 η 的图估计值。

对于 D1 = 0-W 元件：$\eta = 9600h$；

对于 D1 = 1 = W 元件：$\eta = 9750h$。

D. 平均寿命 $\mu = E(T)$ 的图估计值

过 M 点作回归直线的平行线，该平行线与 Y 轴相交，从该相交点向右引水平线和 $F(\mu)$ 轴相交。然后在 $F(t)$ 轴上找到 $F(\mu)$ 轴在该交点处的 $F(\mu)$ 值，过 $F(t)$ 轴上 $F(\mu)$ 值所在的点向右引一条水平线和回归直线相交，由该交点下引垂线，垂足在 t 轴上的刻度即是 μ 的估计值 $\hat{\mu}$。

对于 D1-0-W 元件：$\hat{\mu} = 11800h$；

对于 D1-1-W 元件：$\hat{\mu} = 15800h$。

2）对数正态分布寿命的图估计值

对数正态分布函数为 $F(T) = \dfrac{\lg e}{\sqrt{2\pi}\sigma t}\int_{-\infty}^{t}\exp\left[-\dfrac{1}{2}\left(\dfrac{\lg t-\mu}{\sigma}\right)^{2}\right]dt$，式中 μ 称为对数均值；$\sigma > 0$ 称为对数标准差。

A. 参数图估计的方法

a. 对数均值 μ 的图估计值

如果元件寿命 T 服从对数正态分布，其对数 $X = \lg T$ 服从正态分布，则 μ 是正态分布的 50% 的分位数。因对数正态概率纸的 F 轴是按标准正态分布函数值标明刻度，所以在 F 轴上由点 50% 向右引一水平线与回归直线相交，从该交点下引垂线，垂足在 X 轴的刻度就是 μ 的图估计值。

b. 对数标准差 σ 的图估计值

根据对数正态概率纸的构造原理，在 F 轴的 0.5 和 0.841 处有

$$\phi^{-1}(0.5) = \dfrac{\lg t_{0.5} - \mu}{\sigma}$$

$$\phi^{-1}(0.841) = \dfrac{\lg t_{0.841} - \mu}{\sigma}$$

因 $\phi^{-1}(0.5) = 0$，$\phi^{-1}(0.841) = 1$，上面两式相减得

$$\sigma = \lg t_{0.841} - \lg t_{0.5}$$

根据上述原理，在 F 轴上分别由 $F = 0.5$ 和 $F = 0.841$ 点向右引与回归直线相交的水平线，再从这两交点分别向下引垂线，即可得到两个垂足在 t 轴上的刻度，取它们的常用对数，其差值即是 σ 的图估计值。

c. 平均寿命 $E(T)$ 和方差 $D(T)$ 的图估计值

对数正态分布的平均寿命和方差分别为 $E(T) = 10^{\mu + 1.151\sigma^{2}}$ 和 $D(T) = [E(T)]^{2}\cdot(10^{2.303\sigma^{2}} - 1)$，将 μ 和 σ 的图估计值代入两式，即可得到 $E(T)$ 和 $D(T)$ 的图估计值。

B. 服从对数正态分布的各类型元件的参数图估计值

元件服从对数正态分布，可得到相关参数的图估计值。

a. D2-0-W 元件

对数均值 μ 的图估计值：$t_{0.5}$ = 2950h，$\hat{\mu}$ = lg2950 = 3.47。

对数标准差 σ 的图估计值：$t_{0.5}$ = 2950h，$t_{0.841}$ = 11509h，$\hat{\sigma}$ = lg11509−lg2950 = 0.59。

平均寿命 $E(T)$ 和方差 $D(T)$ 图估计值：$E(T) = 10^{3.47+1.151\times0.59^2}$ = 7424（h），$D(T) = 7424^2 \times (10^{2.303\times0.59^2} - 1)$ = 293984528（h）。

b. D2-1-W 元件

对数均值 μ 的图估计值：$t_{0.5}$ = 4550h，$\hat{\mu}$ = lg4550 = 3.66。

对数标准差 σ 的图估计值：$t_{0.5}$ = 4550h，$t_{0.841}$ = 12200h，$\hat{\sigma}$ = lg12200−lg4550 = 0.43。

平均寿命 $E(T)$ 和方差 $D(T)$ 图估计值：$E(T) = 10^{3.66+1.151\times0.43^2}$ = 7461（h），$D(T) = 7461^2 \times (10^{2.303\times0.43^2} - 1)$ = 92728312（h）。

c. R1-0-W 元件

对数均值 μ 的图估计值：$t_{0.5}$ = 7000h，$\hat{\mu}$ = lg7000 = 3.85。

对数标准差 σ 的图估计值：$t_{0.5}$ = 7000h，$t_{0.841}$ = 31000h，$\hat{\sigma}$ = lg31000−lg7000 = 0.65。

平均寿命 $E(T)$ 和方差 $D(T)$ 图估计值：$E(T) = 10^{3.85+1.151\times0.65^2}$ = 21692（h），$D(T) = 21692^2 \times (10^{2.303\times0.65^2} - 1)$ = 3951436296（h）。

d. R1-1-W 元件

对数均值 μ 的图估计值：$t_{0.5}$ = 6800h，$\hat{\mu}$ = lg6800 = 3.83。

对数标准差 σ 的图估计值：$t_{0.5}$ = 6800h，$t_{0.841}$ = 31500h，$\hat{\sigma}$ = lg31500−lg6800 = 0.67。

平均寿命 $E(T)$ 和方差 $D(T)$ 图估计值：$E(T) = 10^{3.83+1.151\times0.67^2}$ = 22217（h），$D(T) = 22217^2 \times (10^{2.303\times0.67^2} - 1)$ = 4842057324（h）。

e. R2-0-W 元件

对数均值 μ 的图估计值：$t_{0.5}$ = 5500h，$\hat{\mu}$ = lg5500 = 3.74。

对数标准差 σ 的图估计值：$t_{0.5}$ = 5500h，$t_{0.841}$ = 26500h，$\hat{\sigma}$ = lg26500−lg5500 = 0.68。

平均寿命 $E(T)$ 和方差 $D(T)$ 图估计值：$E(T) = 10^{3.74+1.151\times0.68^2}$ = 18716（h），$D(T) = 18716^2 \times (10^{2.303\times0.68^2} - 1)$ = 3717264836（h）。

f. R2-1-W 元件

对数均值 μ 的图估计值：$t_{0.5}$ = 7200h，$\hat{\mu}$ = lg7200 = 3.86。

对数标准差 σ 的图估计值：$t_{0.5}$ = 7200h，$t_{0.841}$ = 24500h，$\hat{\sigma}$ = lg24500−lg7200 = 0.53。

平均寿命 $E(T)$ 和方差 $D(T)$ 图估计值：$E(T) = 10^{3.86+1.151\times0.53^2}$ = 15252（h），$D(T) = 15252^2 \times (10^{2.303\times0.53^2} - 1)$ = 799107053（h）。

g. J1-0-W 元件

对数均值 μ 的图估计值：$t_{0.5}$ = 6800h，$\hat{\mu}$ = lg6800 = 3.83。

对数标准差 σ 的图估计值：$t_{0.5}$ = 6800h，$t_{0.841}$ = 23500h，$\hat{\sigma}$ = lg23500−lg6800 = 0.54。

平均寿命 $E(T)$ 和方差 $D(T)$ 图估计值：$E(T) = 10^{3.83+1.151\times0.54^2}$ = 14643（h），$D(T) = 14643^2 \times (10^{2.303\times0.54^2} - 1)$ = 792085206（h）。

h. J2-0-W 元件

对数均值 μ 的图估计值：$t_{0.5} = 3050$h，$\hat{\mu} = \lg 3050 = 3.48$。

对数标准差 σ 的图估计值：$t_{0.5} = 3050$h，$t_{0.841} = 10200$h，$\hat{\sigma} = \lg 10200 - \lg 3050 = 0.52$。

平均寿命 $E(T)$ 和方差 $D(T)$ 图估计值：$E(T) = 10^{3.48+1.151 \times 0.52^2} = 6183$（h），$D(T) = 6183^2 \times (10^{2.303 \times 0.52^2} - 1) = 122142935$（h）。

3. 分布检验

由图分析法知道，元器件分布的理论值在概率纸上应该是一条非常理想的直线。而样品的实测值却往往在直线附近摆动，即实测值是分布在理论值的周围。因此，理论分析与实验分布之间的偏差又形成了一种新的分布。如果能构成一个反映理论值与实测值之间偏差值的统计量，并且确定这种统计量的分布类型，就可以根据这个统计量的分布类型所允许的范围对实测值与理论值之间的偏差作出是否符合的判断。

1）分布检验的方法

假定构成的统计量为 u，并且已知 u 服从 u 分布。设 u_a 为 u 分布的 a 分位点，a 为显著性水平，且是一个比较小的数。

如果 $P(u \geq u_a) = a$，称事件"$u \geq u_a$"为小概率事件。根据概率论可知，小概率事件在一次试验中几乎是不可能发生的，因为这一事件发生的最大可能性是 a。也就是说，有 $1-a$ 的把握性是出现事件"$u < u_a$"，即在 $1-a$ 置信度下，如果 $P(u < u_a) = 1-a$，则原假设的分布是正确的，否则原假设就是不正确，必须重新假设，再按上述程序进行检验。

2）韦布尔分布的检验

对于韦布尔分布，采用韦布尔拟合检验的方法进行检验，此方法在实际应用中效果很好。现就 D1-0-W 元件的分布进行检验。

先假设 D1-0-W 元件服从韦布尔分布。设符合度为

$$S = \frac{\sum_{i=[r/2]+1}^{r-1} \left(\dfrac{X_{i+1} - X_i}{M_i} \right)}{\sum_{i=1}^{[r/2]} \left(\dfrac{X_{i+1} - X_i}{M_i} \right)}$$

式中，$M_i = E(Z_{i+1}) - E(Z_i)$，$E(Z_i)$ 可由"可靠性试验用表"查到。X_{i+1}、X_i、M_i 取值见表 10.19。

对于给定的显著性水平 α，检验规则为

若 $F_{1-\frac{\alpha}{2}}\left[2\left(r - \dfrac{r}{2} - 1 \right), r \right] \leq S \leq F_{\frac{\alpha}{2}}\left[2\left(r - \dfrac{r}{2} - 1 \right), r \right]$，则原假设成立，反之则假设不成立。

取 $[r/2] = [5/2] = 2$，根据表中的数据，可得 $S = \dfrac{1.6371}{3.3696} = 0.4858$。取 $\alpha = 0.10$，查 F 检验的临界值（F_a）表（见参考文献[1]第 284 页表八 F 检验的临界值（F_a）表）可得检验临界值：

$$F_{0.05}(3, 5) = 5.41, \ F_{0.95}(3, 5) = \frac{1}{F_{0.05}(3, 5)} = 0.1848$$

因为 $F_{0.95}(3, 5)<S<F_{0.05}(3, 5)$，所以原假设成立，这一结论与图分析法的结果是一致的，即可以认为 D1-0-W 元件服从二参数的韦布尔分布。

类似上述方法，经分布检验后可得到结论：D1-1-W 元件也服从二参数的韦布尔分布（表10.19）。

表 10.19 D1-0-W 元件符合度计算表

t_i	$X_i = \ln t_i$	$X_{i+1}-X_i$	M_i	$(X_{i+1}-X_i)/M_i$
348	5.8522	0.8020	1.017	0.7886
776	6.6542	0.4392	0.5176	0.8485
1204	7.0934	0.3042	0.3514	0.8657
1632	7.3976	0.2329	0.2687	0.8668
2060	7.6305			
Σ				3.3696

3）对数正态分布的检验

设试验数据为 X 且服从对数正态分布，令 $Y=\lg X$，检验 X 是否服从对数正态分布等于检验 Y 是否服从正态分布。一般正态分布函数为

$$F(y)=\frac{1}{\sqrt{2\pi}\sigma}\int_{-\infty}^{y}\mathrm{e}^{-\frac{(t-\mu)^2}{2\sigma^2}}\mathrm{d}t$$

式中，未知参数 μ、σ^2 可用无偏估计量代替：

$$\hat{\mu}=\frac{1}{n}\sum_{i=1}^{n}y_i,\ \hat{\sigma}^2=\frac{1}{n-1}\sum_{i=1}^{n}(y_i-\hat{\mu})^2$$

利用正态分布表计算 y_i 各点的分布函数值：$F(y_i, \hat{\mu}, \hat{\sigma}^2)$，然后计算检验统计量

$$\sigma_i=\max_{1\leqslant i\leqslant n}\left\{F(y_i)-\frac{i-1}{n},\frac{i}{n}-F(y_i)\right\}\quad i=1,2,\cdots,n$$

其中统计量的最大值即为统计量 $\hat{D}_n$ 的观察值，将其与临界值 $\hat{D}_{n\alpha}$ 比较，如果 $\hat{D}_n \leqslant \hat{D}_{n\alpha}$，则原假设成立，否则原假设不成立。

现就服从对数正态分布的 D2-1-W 元件进行分布检验。根据表 10.20 中的数据及上面的公式，可得

$$\hat{\mu}=\frac{1}{7}\sum_{i=1}^{7}y_i=\frac{1}{7}(2.843+2.968+3.066+3.146+3.213+3.271+3.322)=3.118$$

$$\hat{\sigma}^2=\frac{1}{6}\sum_{i=1}^{7}(y_i-\hat{\mu})^2=0.022,\ \hat{\sigma}=0.147$$

利用正态分布表计算 y_i 各点的分布函数值：

$$F(y_1, 3.118, 0.022)=\phi\left(\frac{2.843-3.118}{0.147}\right)=0.031$$

$$F(y_2, 3.118, 0.022) = \phi\left(\frac{2.968 - 3.118}{0.147}\right) = 0.154$$

同样可算出 y_i 点的 $F(y_i)$ 值,然后通过表 10.20 计算 σ_i。

表 10.20 σ_i 计算表

序号	1	2	3	4	5	6	7
y_i	2.843	2.968	3.066	3.146	3.213	3.271	3.322
$F(y_i)$	0.031	0.154	0.363	0.575	0.742	0.851	0.918
$(i-1)/n$	0	0.143	0.286	0.429	0.571	0.714	0.857
i/n	0.143	0.286	0.429	0.571	0.714	0.857	1
σ_i	0.112	0.132	0.077	0.146	0.171	0.137	0.061

若取显著性水平 $\alpha = 0.20$,则查 $\hat{D}_n$ 的临界值 $\hat{D}_{n\alpha}$ 表(见参考文献[2]第 554 页)可得 $\hat{D}_{n\alpha} = 0.285$,因为 $\hat{D}_n = 0.171 < \hat{D}_{n\alpha} = 0.285$。

取常用对数的数据 Y 是服从正态分布的,即可以认为数据 X 是服从对数正态分布的,即 D2-1-W 元件的寿命分布是服从对数正态分布的,这一结论与图分析法的结果是一致的。

类似上述方法,对其他类型的元件 D2-0-W、R1-0-W、R1-1-W、R2-0-W、R2-1-W、J1-0-W 和 J2-0-W 进行分布检验,其结论也与图分析法的结论一致,即它们的寿命分布均服从对数正态分布。

4. 试验结果讨论

通过上面的数据处理,可以将其结果归结为表 10.21。

表 10.21 各种元件的分布及参数比较

元件类型	元件型号	分布类型	平均寿命/h	m 或 μ	t_0 或 σ
丁烷类型	D1-0-W	韦布尔	11800	0.90	4744
	D1-1-W	韦布尔	15800	1.11	31311
	D2-0-W	对数正态	7413	3.47	0.59
	D2-1-W	对数正态	7464	3.67	0.42
燃气类型	R1-0-W	对数正态	20892	3.85	0.64
	R1-1-W	对数正态	21878	3.83	0.68
	R2-0-W	对数正态	18620	3.74	0.68
	R2-1-W	对数正态	15136	3.86	0.53
乙醇类型	J1-0-W	对数正态	14791	3.83	0.54
	J2-0-W	对数正态	6309	3.48	0.53

1）同一种类元件服从不同分布

从表中可以看出，丁烷敏元件分别服从韦布尔分布和对数正态分布。同一种类元件服从不同的分布，我们通过对元件的配方进行分析后认为，主要原因是由构成它们的敏感材料不同而造成的。材料本身的性能（晶体结构、晶粒度、比表面积、活性等）是决定传感器性能的主要因素，不同的材料，在相同的器件结构和工艺下，其性能有很大的差异。构成 D1-0-W 和 D1-1-W 元件敏感材料的基体材料为 SnO_2，而构成 D2-0-W 和 D2-1-W 元件敏感材料的基体材料为 $CdSnO_3$，这两种材料在性能上有一定的差异。SnO_2 是金红石型结构的晶体，晶粒大小约为 10^{-6}cm，比表面积为 $11.8 \sim 12.8 m^2/g$。而 $CdSnO_3$ 是典型的钙钛矿结构，晶粒大小约为 3×10^{-6}cm，比表面积为 $20 \sim 28 m^2/g$。

2）同一种分布下不同类型元件有不同的分布参数

在此仅讨论平均寿命这个参数。从表中数据可以看出，服从对数正态分布的元件，其平均寿命大致可分为三个档次，第一个档次是平均寿命为 20000～22000h（27～30 个月）；第二个档次是平均寿命为 15000～19000h（21～26 个月）；第三个档次是为 6000～8000h（8～11 个月）。第一档次、第二档次和第三档次之间的差异比较大。由于这些元件的结构和工艺都是相同的，只能从构成敏感体的材料本身进行分析。燃气元件（R1-0-W、R1-1-W、R2-0-W 和 R2-1-W）的敏感体材料均由 SnO_2 加入稳定剂、添加剂和催化剂构成，其平均寿命都在第一档次和第二档次；乙醇敏元件中 J1-0-W 的敏感体是由 SnO_2 掺杂稳定剂、添加剂和催化剂构成的，元件的平均寿命在第二档次；J2-0-W 的敏感体是 $ZnSnO_3$ 添加催化剂构成的，元件平均寿命属于第三档次，它们之间的平均寿命相差一倍多。

3）不同分布的同一种类元件有不同的分布参数

对于丁烷气敏元件（D1-0-W、D1-1-W、D2-0-W 和 D2-1-W），D1-0-W 和 D1-1-W 服从韦布尔分布，D2-0-W 和 D2-1-W 服从对数正态分布，由于构成的敏感材料不同，其平均寿命也相差比较大，D1-0-W 和 D1-1-W 的平均寿命分别约为 16 个月和 20 个月，而 D2-0-W 和 D2-1-W 约为 10 个月。可以看出，以 $CdSnO_3$（未添加稳定剂）为基体材料的元件的平均寿命比较低。从上面的分析可以看到，在基体材料中加入稳定剂对元件的寿命是非常重要的。对于 SnO_2 材料，经过多年来人们的研究，对其性能的认识比较深，对加入哪一种稳定剂比较合适，采用什么烧结工艺等技术问题都有比较好的解决办法。而 $ZnSnO_3$、$CdSnO_3$ 材料是比较新的气体敏感材料，对其性能的研究还不太深入，对于采用何种稳定剂，采用什么烧结工艺还有待深入的研究。本次试验为我们寻找与 $ZnSnO_3$、$CdSnO_3$ 材料相匹配的稳定剂和恰当的烧结工艺提供了比较有价值的数据和结果，为今后提高气体传感器的稳定性提供了试验依据。

10.4 提高气体传感器可靠性的措施

根据对气体传感器的失效分析，我们定性地提出以下提高元器件可靠性的措施。

10.4.1 合理设计器件的结构

1. 提高电极可靠性的措施

由于电极须长期工作在高温下,并暴露在空气中,为了降低 R_{MS} 和提高电极可靠性应考虑以下三个方面:

(1) 要形成欧姆接触。
(2) 不能与敏感体材料产生反应。
(3) 抗氧化,抗腐蚀,特别是抗环境气体和检测气体的腐蚀。

为达到以上目的,应采用抗氧化、耐腐蚀、机械强度高的材料。目前采用铂和金作电极是比较理想的。同时,为达到可靠的欧姆接触,应在制作工艺上进行改进。这可以通过在电极与敏感体之间涂敷一层 Sb_2O_3 以获得好的欧姆接触。

2. 提高加热器可靠性的措施

元件的加热器是一加热丝。从上面的讨论可以看到,温度是影响器件失效的一个主要因素,而加热丝是造成温度变化的因素之一。为减小因加热器变化而造成的温度变化,可以采取以下措施:

(1) 热场分布不均匀会使有些区域温度高于额定工作温度,有些区域温度低于额定工作温度。工作温度的不均匀加速了工作于高温区的敏感材料的变化(如晶粒长大、活性降低等),造成整个敏感体材料的晶粒度、活性等不均匀,从而使器件性能漂移和失效。因此,加热丝应采用能使热场分布均匀的结构(如圆柱状),同时在工艺上应能保证加热丝能产生均匀热场,这样可以避免因热场分布不均匀而造成敏感体的工作温度不均匀,保证工作的稳定性。

(2) 因为加热丝电阻率的变化是器件工作温度变化的主要原因,所以必须采用稳定性高、防氧化、耐腐蚀、机械强度高的材料为加热丝,同时在工艺上进行改进。我们采用镍铬合金丝作为加热器,这是比较好的材料,因此要求在工艺上进行改进。如在加热丝上涂上耐温绝缘材料,可增强机械性能,使表面光滑,污物不容易附着,起到隔离、屏蔽和阻挡保护层的作用,削弱了污物、环境温湿度、气流等影响器件稳定性的干扰因素。

10.4.2 材料问题

材料性能是影响器件性能的决定因素。上面的分析可以看到,引起器件失效和参数漂移的主要因素是材料的晶体粒度和各种元素的分布不均匀。

1. 增强材料的机械强度

根据 10.3 节的分析,元件经长期工作后,由于材料晶粒大小分布不均匀,局部晶界承受应力不均匀，使敏感材料产生大量的微细裂纹，这些裂纹使得元件的电阻增加，并随着裂纹的加宽和数量的增多，元件的电阻将不断增大，同时材料的表面积也加大，使气体在敏感体表面的覆盖度也增加，导致元件响应值升高。这样一来，元件的性能参数就发生漂移，最终导致失效。为了减小裂纹，必须增强材料的机械强度，可以通过以下三个方面来解决：一是在材料中添加黏合剂；二是使材料细化；三是混合均匀。因为敏感材料内部是由多种材料混合而成的，外加电压、机械和热应力越低，晶粒越小，晶界数目越大，发生形变的可能性越小。通过这次可靠性试验，我们可以从以上三个方面加以改进，以得到最合适的黏合剂和材料细化、混合均匀的工艺技术。此外，在元件的制作工艺上，应考虑减小材料晶粒间的应力，这样才能有效地增强材料的机械强度。

2. 选择恰当的稳定剂

稳定剂在材料中主要起到抑制晶粒生长的作用，使晶粒的畸变减小，晶粒更为稳定。这个工作也可以从两个方面进行：一是选择稳定剂；二是寻找与之相适应的烧结工艺。对于 $ZnSnO_3$ 和 $CdSnO_3$ 材料而言，这两方面的工作是比较艰巨的，也是很有价值的，它对器件的批量生产和实际应用都有很大的现实意义。而对于 SnO_2 材料，工作的重点是烧结工艺，即采取什么烧结工艺才能充分发挥稳定剂的作用。

3. 使构成敏感体材料各成分均匀混合

从上面的分析可看出，敏感体各成分间是否混合均匀，对元件的性能有很大的影响。目前我们所采用的混合工艺还不能完全满足这个要求，今后应在这方面进行深入的研究，采用一种比较理想的工艺来达到这一要求。

10.4.3 工艺问题

工艺对材料的影响是相当敏感也是多方面的，从制备基体材料、合成敏感材料、烧结、元件的制作、老化等各个工序都要严格控制。从基体材料的制备上，为提高元件的性能和可靠性，应力求制备微细的粉体材料。本次可靠性试验的敏感材料均是采用固相合成的方法制备的，这种方法的缺点是不能使各种元素的材料分布均匀，因此提高元件可靠性的一个措施就是采取相应的工艺，力求使各组分尽量均匀地分布。在元件制作上要采取相应的工艺，减小敏感体晶粒间的应力，以防止敏感体出现裂纹。

参 考 文 献

[1] 第四机械工业部标准化研究所. 可靠性试验用表. 北京：国防工业出版社，1979.
[2] 张福学. 可靠性工学. 北京：中国科学技术出版社，1992.